W0345842

Vorwort

Die Entwicklung im Maler- und Lackiererhandwerk geht zügig voran. Das betrifft neue Werkstoffe und Werkzeuge ebenso wie neue oder verbesserte Untergründe und Techniken (besonders auch in der Fahrzeuglackierung). Eine gründliche, umfassende und bei aller nötigen Theorie praxisnahe Ausbildung des Berufsnachwuchses ist daher wichtiger denn je. Deshalb wurde dieses Buch geschrieben.

Es bringt den gesamten Stoff für Maler und Lackierer. Großen Wert legt der Verfasser auf eine klare, systematische Gliederung. Sie erleichtert dem angehenden Gesellen und Meister nicht nur die Stoffaneignung, sondern später auch die Einordnung neuer Techniken. Praxisgemäß werden die Anstrichuntergründe mit den dazugehörigen Techniken zusammen behandelt. Zahlreiche Bilder veranschaulichen den Stoff, Tabellen bieten zusammenfassende Übersichten. Wesentliche Aussagen und wichtige Erkenntnisse werden in Merksätzen hervorgehoben. Zur Wiederholung und Festigung des Erlernten dienen Fragen und Aufgaben.

In erster Linie ist dieses Buch für den Einsatz in den berufsbildenden Schulen gedacht. Darüber hinaus wird es bei Berufsfortbildungskursen und bei der Vorbereitung auf die Meisterprüfung nützlich sein.

Den genannten Industrie- und Verlagsunternehmen danke ich für Informationsmaterial und Bildvorlagen. Für die Mitwirkung bei der Konzeption und Entwicklung sowie für die Buchgestaltung danke ich dem Verlag B.G. Teubner, vor allem Herrn Dr. Kalckhoff. Meinen Kollegen in berufsbildenden Schulen und den Benutzern bin ich dankbar für weiterführende Hinweise und Anregungen.

Murnau, April 1980 E. Jakubowski

Zur 2. Auflage

Die Beschichtungstechniken haben sich seit Erscheinen dieses Werkes zum Teil erheblich gewandelt. Neue Erzeugnisse und Verfahren wurden entwickelt. Technische Merkblätter und die VOB DIN 18363 – „Anstricharbeiten" sind überarbeitet worden. Eine bemerkenswerte Entwicklung gab es in der Fahrzeuglackierung. Hinzu kommt die nunmehr fast vollständige Abkehr von der Ölfarbentechnik. Und auch das Berufsgrundbildungsjahr ist inzwischen Wirklichkeit geworden. Dies alles erforderte eine gründliche Überarbeitung des Buches.

Der Verfasser dankt für Anregungen aus dem Kreis der Fachkollegen, die weitgehend berücksichtigt wurden. Auch in dieser Auflage wurden die von den Kollegen Wolfgang Imhof und Erich Weigl aus dem dreibändigen Werk eingebrachten Abschnitte und Abbildungen nach Überarbeitung weitgehend übernommen.

Meinen Dank statte ich auch wieder dem Verlag und damit Herrn Dr. Kalckhoff für die bewährte Gestaltung des Werkes ab.

Wiesbaden, Januar 1984 E. Jakubowski

Inhaltsverzeichnis

Hinweise auf DIN-Normen in diesem Werk entsprechen dem Stand der Normung bei Abschluß des Manuskriptes. Maßgebend sind die jeweils neuesten Ausgaben der Normblätter des DIN Deutsches Institut für Normung e.V. im Format A4, die durch den Beuth-Verlag GmbH, Berlin und Köln, zu beziehen sind. – Sinngemäß gilt das gleiche für alle in diesem Buch angezogenen amtlichen Richtlinien, Bestimmungen, Verordnungen usw.

1 Beruf

1.1 Beruf und Berufsfeld

Berufsfeld Farbe. Wenn man von „Farbberufen" spricht, denkt man in erster Linie an die Maler und Lackierer. Doch gehören zu unserem Berufsfeld noch andere Berufe, z.B. Lackierer (Holz und Metall), Schilder- und Lichtreklamehersteller, Kirchenmaler und Vergolder, Glas- und Porzellanmaler, Theatermaler, Siebdrucker und Schaufenstergestalter (**1**.1).

Tabelle **1**.1 **Berufsfeld Farbtechnik und Raumgestaltung**

Berufe der Arbeitsgebiete Farbe, Form, Werbung, Lack, Kunststoff, Raumausstattung	
Maler und Lackierer	Schaufenstergestalter (Schauwerbegestalter)
Lackierer (Holz und Metall)	Ausstellungsgestalter
Schilder- und Lichtreklamehersteller	Parkettleger (Bodenleger)
Kirchenmaler und Vergolder	Raumausstatter
Glas- und Porzellanmaler	Polsterer
Siebdrucker (handwerklich)	Fahrzeugpolsterer

Die Farbberufe unterscheiden sich in ihren Aufgaben, Arbeitstechniken und Werkstoffen z.T. erheblich voneinander. Sie erfordern jedoch alle ähnliche Grundkenntnisse in der Technologie (Werkkunde), Chemie und Physik. Der Maler muß z.B. ebenso die Gesetze der Farbenlehre kennen und anwenden wie der Glasmaler, Siebdrucker oder Raumausstatter. Gemeinsam sind den Farbberufen auch bestimmte handwerkliche Fertigkeiten, etwa das Schleifen, das Farbenmischen und -auftragen (**1**.2).

Tabelle **1**.2 **Vergleich wichtiger Kenntnisse und Fertigkeiten**

<table>
<tr><th>Maler</th><th>Lackierer</th><th>Schilder- und Lichtreklamehersteller</th><th>Schaufenster- und Schauwerbegestalter</th></tr>
<tr><td colspan="3">Vorbereiten des Arbeitsplatzes, der Werkzeuge und Geräte</td><td></td></tr>
<tr><td colspan="3">Prüfen und Auswählen der Werkstoffe, Geräte, Hilfsmittel usw.
Prüfen und Vorbehandeln der Untergründe bzw. alter Untergründe
Vorbereiten der Werkstücke, Spachteln und Glätten</td><td>Kennenlernen wichtiger Werkstoffe und ihrer Verwendung</td></tr>
<tr><td colspan="3">Ansetzen, Mischen und Abstimmen von Farbtönen
Lackieren und Polieren
Auftragen von Lackfarben und Lacken</td><td>Kenntnisse der Farbenlehre
Einfache Anstrich- und Tapezierarbeiten</td></tr>
<tr><td colspan="3">Zeichnen und Malen von Schriften und Zeichen sowie Schmuckformen</td><td>Maßstäbliche Zeichnungen, freies und perspektivisches Zeichnen, Schrift mit dem Pinsel</td></tr>
<tr><td colspan="2">Tauchen, Trommeln, Gießen, Walzen, Fluten, Wirbelsintern und Einbrennlackieren
Auftragen von Spezialwerkstoffen
Fertigkeiten in der Metall-, Holz- und Kunststoffbearbeitung
Bronzieren, Vergolden, Belegen mit Blattmetall</td><td>Vergolden und Versilbern von Flächen, Schriften und Werbemitteln</td><td>Kenntnis verschiedener Maltechniken</td></tr>
</table>

Berufsausbildung. Ein altes Sprichwort sagt, daß noch kein Meister vom Himmel gefallen ist. Vielmehr muß der Auszubildende seinen Beruf erst im Betrieb und in der Berufsschule erlernen. Für die eben besprochene breite Grundausbildung aller Berufe unseres Berufsfelds dient das Berufsgrundbildungsjahr (BGJ). Nach erfolgreichem Abschluß folgt die Fachstufe. Sie umfaßt das 2. und 3. Ausbildungsjahr. Hier erhalten sie die Fachausbildung zu Ihrem Lehrberuf (z.B. als Maler und Lackierer oder Raumausstatter) und legen am Ende die Gesellenprüfung ab.

Berufsfortbildung und -aufstieg. Dem tüchtigen Gesellen bieten sich über die Berufsaufbauschule, Fachschule, Fachoberschule und Meisterschule lohnende Aufstiegsmöglichkeiten:

a) **Spezialfacharbeiter.** Ausbildung zusätzlich zur Gesellenprüfung in mehreren Fachrichtungen nach Wahl (z.B. Baulackierer, Dekorationsmaler, Fachvorarbeiter). Die Entlohnung erfolgt nach dem Tarifvertrag mit bestimmten prozentualen Zuschlägen.

b) **Arbeitsstellenleiter.** Nach etwa zweijähriger Gesellenzeit zusätzliche Ausbildung, um kleinere Arbeitsstellen führen zu können. Übertarifliche Entlohnung. Ausbildung in Lehrgängen der Innungen.

c) **Technischer (oder kaufmännischer) Betriebsassistent.** Nach mindestens dreijähriger Gesellenzeit gründliche Ausbildung in den technischen bzw. den wirtschaftlichen und rechtlichen Fächern. Möglichst Meisterprüfung.

d) **Ausbilder.** Nach wenigstens dreijähriger Gesellenzeit Ausbildung in den praktischen, fachtheoretischen, berufs- und arbeitspädagogischen Bereichen mit Prüfung.

e) **Selbständiger Meister** mit Ausbildungsbefugnis nach Ablegen der Meisterprüfung, die alle Prüfungsteile umfaßt.

f) **Techniker** nach Ausbildung und zweijähriger Praxis sowie 4 Semestern an einer Technikerschule (Fachschule). Tätigkeit in Laboratorien, Industriebetrieben, Chemiewerken oder Schulen.

g) **Fachlehrer** für arbeitstechnische Fächer bzw. Lehrer für Fachpraxis an beruflichen Schulen nach mittlerem Bildungsabschluß, Meister- oder Technikerprüfung und Besuch eines Fachlehrerseminars. Zum Studienrat sind Abitur und Hochschulstudium Voraussetzung. Anforderungen und Studienwege sind in den einzelnen Bundesländern unterschiedlich geregelt.

Fachkräfte in Sonderberufen, z.B. als Spritz- oder Einbrennlackierer, Restaurateur, Kirchenmaler, Theatermaler, Vergolder, Siebdrucker, Schauwerbegestalter, Reisevertreter oder Fachberater in der Lack- und Farbindustrie – ebenfalls mit Gesellen oder Meisterprüfung.

1.2 Berufseignung

Voraussetzung für die Ausbildung im Maler- und Lackiererhandwerk ist eine ärztliche Eignungsuntersuchung (vor allem auf Farbenfehlsichtigkeit und Allergien gegen Lösungs- und Verdünnungsmittel). Danach legen Sie eine Probezeit von 1 bis 3 Monaten ab, die in der Ausbildungszeit enthalten ist. Vielfach führt der Betrieb oder die zuständige Innung einen Eignungstest durch. Schwerpunkte sind dabei die Prüfung des Farbensinns und des Formempfindens.

In der Probezeit stellen Sie und Ihre Ausbilder fest, ob Sie sich für den gewählten Beruf eignen. Die Ausbildung erfolgt nach einem vorgeschriebenen Ausbildungsrahmenplan. Einheitliche Prüfungsanforderungen für die Zwischenprüfung und Gesellenprüfung regeln die Prüfungen im Maler- und Lackiererhandwerk.

Gesunde Glieder brauchen Sie zum Arbeiten auf Leitern und Gerüsten, dazu guten Gehör- und Geruchssinn. Eine ärztliche Bescheinigung darüber muß vorliegen.

Eine gewisse Ausdauer ist nötig, denn oft hat man längere Zeit die gleichen Bewegungen auszuführen, z.B. der Maler beim Streichen einer Decke oder eines Zauns, der Schriftenmaler beim Schreiben von Schriftzeilen.

Unter Farbensinn versteht man sicheres und schnelles Erkennen und Behalten von Farbtönen, auch wenn sie sich nur geringfügig voneinander unterscheiden.

Das Erkennen und Behalten von Formen (Formempfinden) wie es etwa bei Schriftformen, Tapetenmustern oder Bauteilen sowie beim Lesen von Bauzeichnungen verlangt wird, sollte ausgeprägt sein.

1.3 Berufsaufgaben

Die Farbberufe erfüllen vielfältige und wichtige Aufgaben. Sie schützen, schmücken und informieren.

Lange nicht gestrichene Häuserfassaden werden unansehnlich, verschmutzen und verwittern, sobald sich der alte Anstrich gelöst hat. Der Anblick einer solchen Fassade macht uns Unbehagen, stößt uns ab. Wie wirkt dagegen eine hell und freundlich gestrichene Fassade auf Sie? Warum tapeziert man seine Räume in gewissen Abständen neu? Hätten Sie lieber ein graues, ein gelbes oder ein metallikfarbenes Auto? An einer Litfaßsäule hängen ein schwarzweiß und ein farbig gedrucktes Plakat. Welches davon fällt Ihnen zuerst auf (oft schon von weitem)? Verbotsschilder sind rot, Hinweisschilder blau. Warum hat man sich international dazu entschieden?

Der Schutz der Sachwerte steht an erster Stelle. Er spart hohe Kosten und ist daher für die gesamte Volkswirtschaft von großer Bedeutung. Alle gestrichenen Gegenstände, Bauten, Anlagen usw. halten länger. Der Anstrich schützt sie vor Witterungseinflüssen, vor Rost und Fäulnis sowie vor mechanischen Einwirkungen (Kratzer, Stoß, Abrieb).

Hygiene. Gestrichene oder lackierte Gegenstände oder Bauteile weisen Schmutz, Bakterien und Ungeziefer besser ab. Durch besondere Anstriche bleiben Läden, Lebensmittelbetriebe, Schulen und Krankenhäuser leichter keimfrei und lassen sich besser pflegen.

Verschönerung. Farbe verleiht allen Gegenständen und Bauteilen ein schönes, angenehmes Aussehen. Ohne Anstrich sähen Räume und Möbel, Hausfassaden, Kraftfahrzeuge, Maschinen und Eisenbahnwagen trostlos aus. Farbe dient deshalb unserem Wohlbefinden.

Werbung. Aus der Werbung sind Farben gar nicht fortzudenken. Schilder und Schaufenster, Werbungen an Häusern und Fahrzeugen sind farbig. Farbe erweckt unsere Aufmerksamkeit.

Kennzeichnung. Farbige Kennzeichen dienen der Sicherheit und Orientierung im Verkehr und in Betrieben. Denken wir nur an die Warn- und Verbotsfarbe Rot oder an die „Empfehlungsfarbe" Blau.

Kulturelle Aufgaben. In der Denkmalspflege, der Erhaltung von historischen Bauwerken, Kirchen oder Fachwerkhäusern erfüllt die Farbe eine wichtige Aufgabe. Die Wiederherstellung beschädigter, zerstörter oder verfärbter Baudenkmäler, Figuren oder Bilder nennt man Restaurierung. Hierzu gehören auch gewisse Reinigungsarbeiten.

Farben
- schützen vor schädlichen Einflüssen,
- dienen der Hygiene, verschönern unsere Umwelt, erleichtern die Information,
- dienen also der Volkswirtschaft, unserem Wohlbefinden und unserer Sicherheit.

1.4 Werkstatt und Arbeitsplatz

1.4.1 Werkstatt

Der Maler verbringt die meiste Zeit seiner beruflichen Tätigkeit nicht in der Werkstatt, sondern in den Gebäuden der Auftraggeber. Deshalb ist die Malerwerkstatt immer mehr zu einem Lager- und Vorbereitungsraum geworden.

Anforderungen. Die Werkstatt muß hell, trocken und möglichst beheizbar sein. Sauberkeit und Staubfreiheit sind selbstverständlich. Staubdichte Fenster und Türen, nichtstaubende Decken und feuchte Reinigungsmöglichkeit gehören zur Malerwerkstatt ebenso wie zu Lackiererwerkstätten und Ateliers.

Versuch Vergleichen Sie Farbproben Dunkelblau, Hellgrau und Gelb bei Tageslicht und bei künstlichem Licht auf grauem Grund. Vergleichen Sie auch verschiedene Tapeten und Stoffe bei Tageslicht und bei künstlicher Beleuchtung.

Tageslicht gibt die beste Beleuchtung. Es zeigt Aussehen und Wirkungen der Farben sicherer als die beste künstliche Beleuchtung. In Werkstätten und Ateliers müssen darum die Fensterscheiben stets sauber sein. Eine zusätzliche Beleuchtung bringt man blendfrei und direkt über den Arbeitsplätzen an.

Die Werkstattgröße richtet sich nach der Betriebsgröße (Zahl der Beschäftigten) und den üblichen Aufgaben, wie Anstrich, Verputz, Tapezieren, Bodenbelagsarbeiten, Vergolden und Gerüstbau.

Die Werkstatteinrichtung muß zweckmäßig und auf die Eigenart des Betriebs eingestellt sein. Dazu gehören genügend Regale und Schränke für die Werkzeuge und Geräte. Für Arbeiten auf der Baustelle gibt es tragbare Werkzeugkästen. Tische müssen ausreichend groß und stabil sein. Auch ein einfacher Schreibtisch oder ein Pult sollten zur Einrichtung gehören.

Im Arbeitsraum werden Fenster, Türen, Möbel, Schilder usw. bearbeitet. Wichtig sind auch hier genügend Platz und ein Boden, der sich gut mit Wasser reinigen läßt. Transportable Gestelle (Stapelgestelle) eignen sich besser für den Arbeitsraum als fest eingebaute Tische.

Ein Lagerraum dient für Werkstoffe, die man nicht gesondert aufbewahren muß, einschließlich der Pinsel, Bürsten, Farbroller, Eimer und Töpfe. In kleineren Betrieben lagern hier auch die Stehleitern, Tapeziertische und Dielen.

Im Farb- und im Lackraum lagern die Vorräte an Anstrichmitteln, Binde- und Verdünnungsmitteln und Lacken in gut verschließbaren Gefäßen. Feuergefährliche Löse- und Verdünnungsmittel sind gesondert zu lagern!

Werkstattregeln

Ordnung herrscht sowohl bei den Werkzeugen (nach Art, Größe und Zweck) als auch bei den Gefäßen (nach Größe und Inhalt). Der Inhalt von Gefäßen muß deutlich gekennzeichnet sein. Jedes Werkzeug und jeder Werkstoff müssen an ihrem bestimmten Platz zu finden sein. Sorgfalt beim Aufbewahren von Werkzeugen und Werkstoffen ist selbstverständlich.

Sauberkeit vor allem bei Geräten und Werkzeugen. Jeder Mitarbeiter möchte ein gereinigtes Werkzeug vorfinden.

Staub-, Putz- und Farbreste lassen sich in frischem Zustand leichter entfernen. Man reinigt deshalb Werkzeuge und Geräte am besten noch auf der Arbeitsstelle und bringt sie sauber in die Werkstatt zurück.

Lackfarbenpinsel sind nach Farbton getrennt aufzubewahren. Es kommen nur „ausgestrichene" Pinsel in die Behälter.

Farbtuben müssen ein sauberes Gewinde haben und immer gut zugedreht sein.

Packungen mit Leim, Kleister, Füllstoff sind unbedingt gegen Feuchtigkeit zu schützen. Man vermeide angebrochene Packungen (**1**.3).

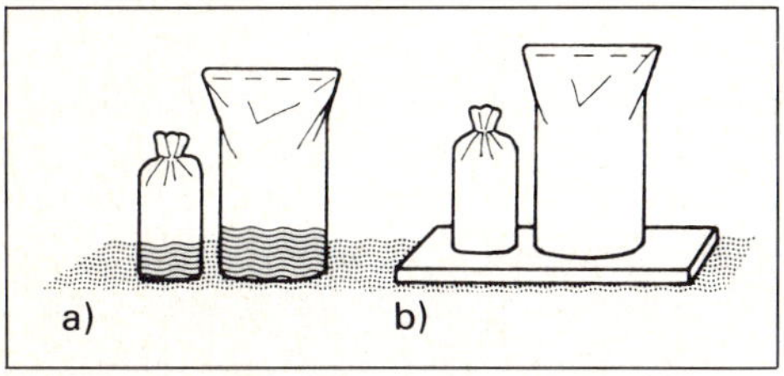

1.3 Lagern von pulverförmigen Werkstoffen

a) falsch: Feuchte Lagerung führt zu Knötchenbildung, schlechtem Anrühren und schlechtem Deckvermögen

b) richtig: Nur in trockenen Räumen auf entsprechenden Unterlagen aufbewahren

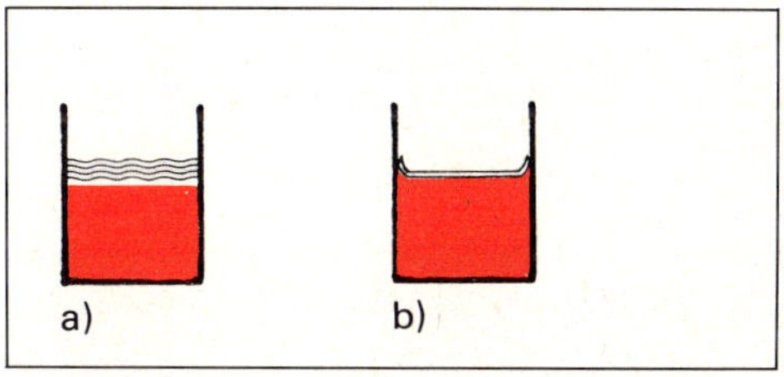

1.4 Abdecken angebrochener Pigmentpasten

a) falsch: Abdecken mit Wasser führt zu Eindikken, schlechtem Verlauf, streifigem Anstrich und Vergilbung

b) richtig: Paste nach Entnahme glatt streichen, mit Ölpapier oder Halböl abdecken

Farbbehälter muß der Maler sofort nach dem Gebrauch „abstippen". Aufzubewahrende Reste deckt man am besten mit Halböl ab. Genügend saubere Gefäße lagern auf Vorrat (**1**.4).

Glasgefäße für Tempera- und andere Farben (z. B. in Werkstätten der Werbung) müssen stets gut verschließbar sein. Eingetrocknete Farben sind ebenso unbrauchbar wie eingetrocknete Pinsel.

Lackkannen dichtet man mit dem mitgelieferten oder einem ähnlichen Verschluß ab. Gewinde sauber halten. Lackreste dürfen nicht in die großen Vorratskannen zurückgelangen.

Verdünnungs- und Lösemittel sind vor offenem Feuer zu schützen. Rauchverbot! Explosionsgefahr!

Giftige Stoffe müssen gekennzeichnet werden und sind nur in den vorgeschriebenen Gefäßen aufzubewahren. Keine Bierflaschen dazu verwenden!

Elektrische Maschinen (Rührwerke, Schleifmaschinen, Spritzapparate) sind nach den Sicherheitsbestimmungen zu benutzen, zu warten und zu pflegen. Wichtige Bedienungs- und Sicherheitsvorschriften müssen an gut sichtbarer Stelle aushängen.

Zeichenpapiere und Schablonen lagert man trocken und so, daß sie nicht beschädigt werden können.

Leitern und Gerüste sind vor der Witterung zu schützen. Durch richtiges Lagern oder Hängen vermeidet man ein Durchbiegen. Bei längeren Leitern ist eine ausreichende Unterstützung nötig.

1.4.2 Arbeitsplatz

Der Maler arbeitet auf den verschiedensten Arbeitsstellen, in Neu- oder Altbauten. Auf jeder Arbeitsstelle aber braucht er einen Raum für seine Werkstoffe und Werkzeuge, zum Umkleiden und Aufenthalt in den Pausen.

In Neubauten läßt man sich einen Raum zuweisen, der von keinen anderen Handwerkern benutzt wird (z. B. eine noch nicht gestrichene Küche, ein Kellerraum). In der Nähe sollten Wasser und ein Ausguß vorhanden sein.

Der Neubau bietet dem Auszubildenden vielfache Anschauungsbeispiele für die unterschiedlichen Anstrich- und Klebetechniken. Ein Neubau birgt aber für den Neuling auch erhöhte Unfallgefahren.

In Altbauten ist die Aufbewahrung der Werkstoffe und Werkzeuge oft schwieriger. In bewohnten Häusern oder Wohnungen bevorzugt man den zuletzt zu bearbeitenden Raum. Manchmal genügt auch schon eine Raumecke.

Altbauten bieten dem Auszubildenden Einblicke in die Behandlung bereits gestrichener oder belegter, beklebter Bauelemente. Hier merkt er auch, wie mühevoll und umfangreich oft die Vorarbeiten sind.

Sauberkeit und Vorsicht müssen natürlich in allen bewohnten Räumen walten. Dazu gehört z. B., als eine der ersten Arbeiten das Abdecken der Böden und evtl. im Raum verbliebener Möbel. Verschmutzungen darf es nur bei den zu bearbeitenden Räumen geben.

1.4.3 Lackierwerkstatt

Diese Werkstatt erfordert mehrere Arbeitsräume für die einzelnen Arbeitsgänge. Zumindest erwünscht sind ein Raum für Vorarbeiten (evtl. getrennt für gröbere und feinere Arbeiten), Spritz- und Trockenkabine (zusammenhängend oder getrennt), ein Raum für abschließende Arbeiten an gespritzten Werkstücken oder Fahrzeugen sowie Abstellflächen für Fahrzeuge auf dem Hof.

Aus Sicherheitsgründen und auch wegen der Staubgefahr müssen alle Räume von dem Spritzraum und der Trockenkabine fest abgeschlossen sein. Der abgesonderte Spritzraum muß völlig staubfrei sein.

Je nach Umfang des Betriebs sind weiter erforderlich: Lagerraum, Wasch- und Umkleideraum, WC, Büro- und Aufenthaltsraum.

Werkstattregeln

Ordnung, Sauberkeit und Sicherheit gelten auch in der Lackiererei. Die Sicherheit steht an erster Stelle. Die Unfallverhütungsvorschriften für Lackierbetriebe sind eingehende gesetzliche Vorschriften. Das Rauchverbot ist unbedingt einzuhalten. Aus Sicherheits- und Sauberkeitsgründen müssen Lackreste von Spritzgeräten, Arbeitsplätzen usw. von Zeit zu Zeit entfernt werden. Belüftungsanlagen sind wichtig und bei der Arbeit einzuschalten. Elektrische Anlagen sollen möglichst in einem besonderen Raum stehen und gegen Explosionen gesichert sein.

Lackvorräte dürfen nicht im Arbeitsraum gelagert werden.

Gebrauchte Putz- und Polierlappen lagert man wegen der Gefahr einer Selbstentzündung in feuersicheren, verschlossenen Blechbehältern.

Spritzgeräte, Schläuche usw. sind nach der gründlichen Reinigung laut Herstelleranweisungen zu warten und zu pflegen.

Feuerlöschanlagen und Handlöschgeräte müssen in ausreichender Anzahl und stets einsatzbereit vorhanden sein. Zugangswege dürfen nicht zugestellt werden.

1.5 Unfallschutz, Gesundheitsgefährdung, Umweltschutz

1.5.1 Unfallschutz

Arbeitsunfälle sind häufig. Ursachen sind fahrlässiges, unvorsichtiges oder rücksichtsloses Verhalten, Unkenntnis oder Mißachtung der Vorschriften und schließlich auch Materialfehler. Arbeitsunfälle bringen dem Betroffenen Schmerzen, Körperschäden, Lohnausfall und Sorgen, vielleicht gar den Tod. Für den Betrieb bedeutet der Ausfall eines Mitarbeiters Störung und Schaden. Die Unfallkosten (Krankenkosten, Rente) hat die Allgemeinheit zu tragen – also wir alle. Sie erhöhen die Soziallast.

Unfallverhütung. Um Unfälle zu vermeiden, muß man die Gefahren kennen. Die Berufsgenossenschaften (Träger der gesetzlichen Unfallversicherung) haben deshalb Vorschriften erarbeitet, die in jeder Werkstatt gut sichtbar angebracht sein müssen. Für den Maler und Lackierer enthält das Merkheft „Sicherheit für Maler und Lackierer" alle wichtigen Hinweise.

Feuer- und Explosionsgefahr besteht in den Werkstatträumen durch Lagerung und Umgang mit leicht brennbaren und explosionsgefährdeten Werkstoffen. Diese Stoffe müssen deutlich gekennzeichnet sein (**1**.5). Verboten ist in diesen Räumen das Rauchen, zu vermeiden sind Funken und offene Feuerstellen. Erhöhte Gefahr besteht in Lackierwerkstätten, weil beim Spritzen größere Mengen leicht brennbarer Lösemittel frei werden.

a)

b)

c)

1.5
Kennzeichnung
a) explosionsgefährlich
b) brandfördernd
c) leicht entzündlich

> Vorsicht im Umgang mit leicht entzündlichen oder explosiven Werkstoffen! Gefäße nicht ganz vollfüllen (wie Autotank) und stets verschlossen halten. Absauganlagen einschalten und Weg zu den Feuerlöschern offen lassen.

Elektrischer Strom bildet bei zunehmendem Einsatz von Maschinen eine weitere Unfallgefahr. Fehlerhafte Kabel und Stecker darf man auf keinen Fall selbst reparieren. Nur Schukostecker sind zu benutzen. Bei Arbeiten auf dem Gerüst müssen Freileitungen vorher abgeschaltet werden. Vor Tapezierarbeiten schraubt man die Sicherungen heraus.

Maschinen und Geräte. Die Spritzpistole darf nie auf einen Menschen gerichtet werden! Beim Arbeiten mit Abbrenngeräten sind Schutzhandschuhe anzuziehen.

Leitern und Gerüste stellt man standsicher auf. Auf glatten Böden sichern Schutzschuhe die Stehleiter vor dem Verrutschen.

Behelfsgerüste aus zwei Stehleitern und einer Bohle sind nur bis zu 3 m Höhe erlaubt. Die Bohle muß bei beiden Leitern auf zwei Sprossen aufliegen (**1**.6).

Von Anlegeleitern dürfen nur kleinere Arbeiten bis zu 8 m Höhe ausgeführt werden. Leitern in richtiger Neigung aufstellen und gegen Abrutschen sichern (Festhalten durch einen Kollegen).

Fahrbare Gerüste dürfen nur bewegt werden, wenn sich niemand darauf befindet.

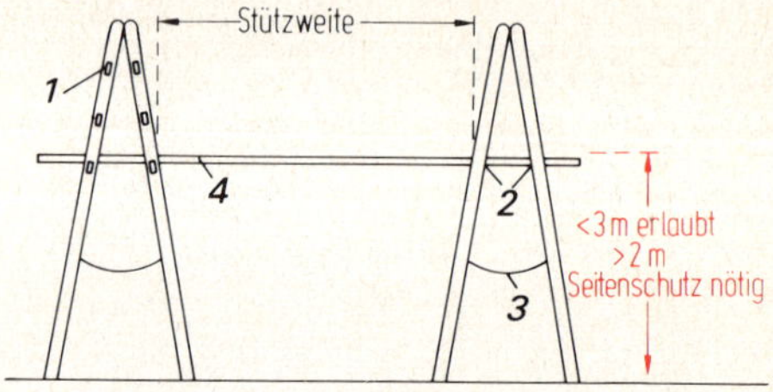

1.6 Behelfsgerüst aus Stehleitern und Bohle
1 Sprossen, die nicht belegt werden dürfen
2 Auflage auf zwei Sprossen
3 Sicherheitskette
4 Belag

1.5.2 Gesundheitsgefährdung

Hierfür gilt grundsätzlich dasselbe wie für den Unfallschutz. Schon eine kleine Nachlässigkeit kann zu dauerhaften Schäden führen.

Lösemittel sind in fast allen Anstrichmitteln vorhanden. Bestimmte Lösemittel erfordern Atemschutzmasken (**1**.7). Entsprechende Hinweise des Herstellers sind unbedingt zu beachten. Beim Verarbeiten von Lösemitteln sorgt man außerdem für gute Durchlüftung der Räume. Lösemittel greifen auch die Haut an. Sie sind deshalb nicht zum Händereinigen geeignet (Hautkrätze!). Auf die farbigen Aufkleber ist zu achten (**1**.8).

1.7 Gebotsschild Atemschutzmaske

1.8 Aufkleber gegen gefährliche Dämpfe (z. B. bei Lacken)

Alkalische Mittel (z. B. alkalische Abbeizmittel, Kalk – s. a. Abschn. 3.8) wirken ätzend auf die Haut und gefährden die Augen (**1**.9c). Schutzhandschuhe und Brille schützen uns.

Säuren (s. Abschn. 3.8) sind noch gefährlicher. Beim Verdünnen stets die Säure ins Wasser füllen – niemals umgekehrt! Auch hierbei sind Schutzbrille und Schutzhandschuhe selbstverständlich.

Giftige Farbmittel erkennen wir an den Wortanfängen „Blei-, Chrom-, Zink-" (**1**.9a). Nach dem Verarbeiten solcher Mittel muß man sich gründlich die Hände waschen. Alte Bleianstriche dürfen nicht abgebrannt werden, sondern sind naß abzuschleifen. Asbest und Benzol gelten als krebserregend.

a) b) c) d)

1.9 Aufkleber (graue Fläche = im Original gelb)
a) giftig, b) gesundheitsschädlich, c) ätzend, d) reizend

1.5.3 Umweltschutz

Durch die Verwendung von Lösemitteln, giftigen Farbmitteln und Lacken sowie durch gefährliche Abfälle können Maler und Lackierer bei Unvorsichtigkeit oder Gleichgültigkeit zur Umweltverschmutzung beitragen.

Luftverschmutzung vermeidet man durch Absauganlagen, auch zusammen mit einer Wasserberieselung von Spritzständen. Wichtig ist die Reinigung dieser Anlagen in bestimmten Abständen. Lösemittel erfordern einwandfrei arbeitende Be- und Entlüftungsanlagen.

Abfallbeseitigung. Die Beseitigung von Farben- und Lackresten oder abgebeizten Altanstrichen darf nicht zur Umweltverschmutzung führen. Größere Mengen dürfen nur an den dafür vorgesehenen Stellen abgelagert werden. Dort sind gewöhnlich auch Kunststoffbehälter und Folienreste abzulagern.

Wasserreinhaltung. Farben- und Lackreste, Altöle und Giftstoffe gehören keinesfalls in die Ausgußbecken! Mit Wasser nicht lösbare Lösemittel darf man wegen der Explosionsgefahr nicht in die Kanalisation schütten. Altöl darf nicht einfach in den Boden „abgelassen" werden (Grundwasserverschmutzung).

1.5.4 Sicherheits- und Kennzeichnungsfarben

Neben den einheitlichen Kennzeichen und Symbolen der Unfallverhütung gibt es besondere Sicherheits- und Kennzeichnungsfarben. Sie sind genormt (DIN = Deutsches Institut für Normung e.V.). Da sie der Maler anbringt, muß er die wichtigsten kennen.

Rot 3000 heißt Halt! Verbot! Es kennzeichnet Gefahrenstellen und bestimmte Einrichtungen, die von Unbefugten nicht bedient werden dürfen (z. B. Feuermelder, Löscheinrichtungen, Notventil).

Gelb 1004 heißt Achtung! Gefahr! Es zeigt z. B. das Umspringen der Verkehrsampel an, Lagerstellen von gefährlichen Stoffen und andere Gefahrenstellen (vorspringende Kanten, Krane usw.).

Grün 6001 bedeutet Sicherheit und Hilfe. Es kennzeichnet etwa freie Fahrt, aber auch Rettungsstellen, Notausgänge, Fluchtwege und Erste Hilfe (**1.**10 auf S. 20).

Blau 5010 ist Schriftuntergrund für Bekanntmachungen, z. B. Parkhinweise, Tempoempfehlungen. Die zugehörige Kontrastfarbe ist Weiß.

a)

b)

1.10 Hinweis (graue Fläche = im Original grün)
a) Erste Hilfe
b) Fluchtweg

1.6 Geschichtliches aus dem Malerhandwerk

Tabelle 1.11 **Übersicht**

Zeitabschnitt	Malerarbeiten	Werkstoffe	Anmerkungen
Frühzeit bis etwa 1000 n. Chr.	Handwerkliche Malerarbeiten und Vergoldungen bereits im Altertum (Griechenland, Rom), seit 8. Jahrhundert zunehmend im deutschen Wohnraum. Klöster als Lehrmeisterstätten, Buchmalerei in hoher Blüte	Bleiweiß und Bleimennige, Zinnober, Karmin und Indigo sind bekannt; Hautleim, Kasein und Eiweiß sowie Tempera als Bindemittel	Durch Karl den Großen Schaffung der ersten Handwerksberufe nach römischen Vorbildern
Frühes Mittelalter etwa 1000 bis 1150	Zunahme der Malerbetriebe, die nur sehr klein waren; hauptsächlich für repräsentative Zwecke, daneben auch Wohnungen	Ölfarbtechnik mit Leinöl seit 12. Jahrhundert. Ölmalerei auf Goldgrund (Tafelbilder), Ocker und bestimmte Farblacke sind bekannt	Kirchen, Fürsten und Städte als Auftraggeber, später auch die Bürger; im 12. Jahrhundert die ersten Malerzünfte
Hohes und spätes Mittelalter etwa 1150 bis 1500	Handwerker und Künstler in einer Person; auch Anstricharbeiten verschiedenartiger Objekte (Fachwerk, Saaldecken)	Zunahme der Werkstoffe, z. B. durch Leim-Kalktechnik, Ölfarbtechnik und Vergoldungen mehrerer Arten	Handwerker als ein besonderer, angesehener Stand; Entstehung des Malerwappens
Renaissance etwa 1500 bis 1600	Weitere Zunahme der Mal- und Anstricharbeiten in Kirchen, Schlössern und Wohnungen; der Tapezierer als besonderer Beruf	Neue Pigmente, wie schwarze, weiße und gelbe Erdfarben, Drachenblut, Malachitgrün, Ultramarinblau und Umbra bereichern die Farbpalette	Allmählich Trennung Malermeister–Künstler; farbenprächtige Wand- und Deckengemälde, auch Fassaden
Barock und Rokoko etwa 1600 bis 1790	Eine letzte hohe Blüte aller Handwerksberufe; Auftraggeber in erster Linie die Fürsten und die Kirchen, zahlreiche Schmuck- und Vergoldetechniken des Malerhandwerks; Entwicklung mehrerer besonderer Kalkfarbtechniken und neuer Ölfarbtechniken		

Tabelle **1**.11, Fortsetzung

Zeitabschnitt	Malerarbeiten	Werkstoffe	Anmerkungen
19. Jahrhundert	Handwerk verfällt nicht zuletzt durch Eitelkeit und Wohlstand, Nachlassen der Arbeitsqualität, Gewerbefreiheit begleitet Niedergang	Entwicklung und Zunahme chemisch gewonnener Pigmente und Bindemittel; erste Lackfabriken	Kapital und Technik bestimmen zunehmend auch das Malerhandwerk
20. Jahrhundert	Moderne Bauweise in Beton, Stahl und Glas sowie Erneuerung des Bauwesens (Bauhaus) erfordern Anstrich-, kaum noch Schmucktechniken; neue Anstrichuntergründe wie Bauplatten, Sperrholz	Zunahme der Werkstoffe und Spezialauftragstechniken in hohem Maße; Apparate und Maschinen in der Entwicklung	Ein immer mehr zunehmendes Wissen über Werkstoffe und Techniken auf den verschiedensten Untergründen ist notwendig geworden, andererseits Spezialisierung von Malerfirmen
Gegenwart	Das Maler- und Lackiererhandwerk beschäftigt in etwa 34000 Betrieben (davon 1330 Fahrzeuglackierbetrieben) etwa 190000 Mitarbeiter, dazu kommen etwa 38000 Auszubildende. Der Jahresumsatz aller dieser Betriebe erreichte im Jahre 1981 11,2 Milliarden DM		

Aufgaben zu Abschnitt 1

1. Nennen Sie je 3 Gegenstände, Gebäude oder Verkehrsmittel, bei denen der Anstrich schützen soll.
2. Zählen Sie 10 Anstrichobjekte auf, bei denen der Anstrich vor allem schmückt.
3. In welchen Häusern und Räumen erfüllt der Anstrich hygienische Aufgaben?
4. Geben Sie 5 Werbemittel an, bei denen die Farbe eine wichtige Rolle spielt.
5. Beschreiben Sie „Ihre" Werkstatt: Lage, Anordnung, Größe und Verwendungszweck der Räume; Lichtverhältnisse; Aufbewahrung von Werkzeugen und Werkstoffen. (Beachten Sie von Anfang an die richtige Schreibweise der Fachausdrücke.)
6. Welche besonderen Regeln gelten für die Lakkierwerkstatt?
7. Wie können Sie Arbeitsunfälle a) bei Innenarbeiten, b) auf Gerüsten vermeiden?
8. Welche Gefahren drohen Ihnen auf einem Neubau?
9. Was müssen Sie beim Aufstellen eines Behelfsgerüsts aus 2 Stehleitern und 1 Bohle beachten?
10. Wann dürfen fahrbare Gerüste nicht bewegt werden?
11. Zu welchen Arbeiten müssen Sie Schutzhandschuhe und Schutzbrille tragen?
12. Wie verdünnt man Säure mit Wasser?
13. Woran erkennen Sie giftige Farbmittel?
14. Was bedeuten die Kennzeichnungsfarben Rot, Gelb und Grün?
15. Wie vermeiden Sie Luftverschmutzung?
16. Wo lagern Sie eine größere Menge von Farb- und Lackresten ab?
17. Warum darf man Farb- und Lackreste, Öle und Giftstoffe nicht in die Ausgußbecken schütten oder in den Boden ablassen? (Denken Sie auch an den Ölwechsel beim Auto.)

2 Physikalische Grundbegriffe

Steine, Häuser, aber auch Luft und Wasser – alle uns umgebenden Dinge sind Körper. Sie bestehen aus Stoffen. Mit den Körpern und ihren Eigenschaften befaßt sich die Physik. Die Chemie beschäftigt sich dagegen mit den Stoffen und ihren Eigenschaften.

2.1 Körper und ihre Zustandsformen (Aggregatzustände)

Wenn wir Eis erwärmen, schmilzt es zu Wasser. Erhitzen wir Wasser, verdampft es (**2**.1). Körper treten also in drei Zustandsformen auf:

a) fest (z. B. Eis, Stein, Eisen, Holz, Putz, Beton),
b) flüssig (z. B. Wasser, Lösemittel, Anstrichmittel),
c) gasförmig (z. B. Wasserdampf, Luft, Heizgas).

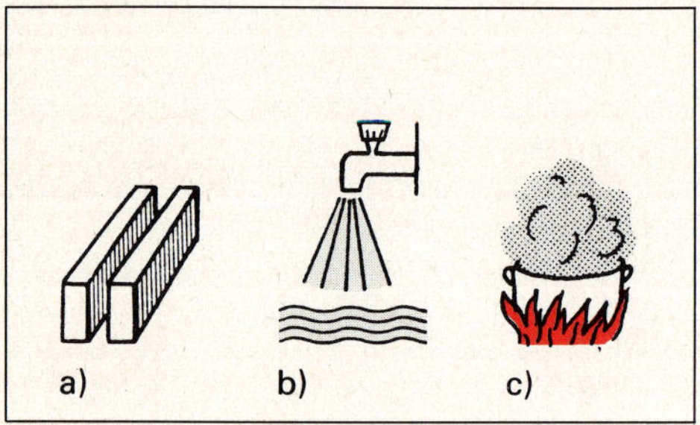

2.1 Aggregatzustände des Wassers
a) fest (Eis)
b) flüssig (Wasser)
c) gasförmig (Wasserdampf)

Temperatur. Wie wir bei unserem Beispiel Eis gesehen haben, hängt die Zustandsform oder der Aggregatzustand (lat. = zusammenfügen) von der Temperatur ab. Bei Wärmeeinwirkung bis zu einem bestimmten Grad schmilzt ein Körper – er hat seinen Schmelzpunkt erreicht. Durch Abkühlung bis zum Erstarrungspunkt gehen Flüssigkeiten wieder in festen Zustand über (Wasser im Winter → Eis). Beim Sieden wird die Flüssigkeit dagegen gasförmig, sie verdampft. Kühlen wir Gase ab, kondensieren sie, werden wieder flüssig (Wolken → Regen).

Schmelzpunkt = Temperaturgrad, bei dem sich ein fester Körper verflüssigt.
Erstarrungspunkt = die Temperatur, bei der ein Körper fest wird.
Siedepunkt = die Temperatur, bei der eine Flüssigkeit verdampft.

Druck. Der Aggregatzustand hängt aber auch vom Druck ab. Drückt man Gase oder Dämpfe auf engem Raum zusammen (Kompression), verflüssigen sie sich (z. B. flüssiger Sauerstoff in der Gasflasche). Eis schmilzt bei Erwärmung viel eher als Eisen, ein Lösemittel wird eher gasförmig als Wasser. Daraus sehen wir:

Schmelzpunkt, Erstarrungspunkt und Siedepunkt der einzelnen Körper sind verschieden.

2.2 Masse, Dichte und Gewichtskraft

Masse. Um einen Fußball anzustoßen oder im Tor abzufangen, brauchen wir Kraft. Wenn keine Kraft auf den Fußball einwirkt, bleibt er im Zustand der Ruhe oder der gleichförmigen Bewegung. Dieses Beharrungsvermögen eines Körpers nennen wir seine Masse. Sie hängt ab von seiner Menge (Volumen) und seiner Stoffart. Ein großer Stein ist schwerer aufzuheben als ein leichter, eine Feder kann man schon durch Blasen bewegen.

> Masse ist die Eigenschaft eines Körpers, sich Veränderungen seines Bewegungszustands zu widersetzen. Bestimmt wird die Masse durch eine Waage (Vergleich mit genormten Gewichten).
>
> Einheiten der Masse sind Kilogramm (kg) bzw. Gramm (g) und Tonne (t).
>
> 1 kg = 1000 g   1 t = 1000 kg

Dichte. 1 cm^3 Holz ist leichter als 1 cm^3 Blei. Die Körper haben also bei gleicher Menge (gleichem Volumen) verschiedenes Gewicht, eine verschiedene Dichte. Wir berechnen die Dichte eines Körpers, indem wir seine Masse durch sein Volumen teilen.

> Dichte ist das Verhältnis der Masse eines Körpers zu seinem Volumen.
>
> Einheiten der Dichte sind kg/dm^3, kg/l, g/cm^3 und t/m^3.

Beispiel 1 l Bleiweiß wiegt 6,500 kg. Wie groß ist seine Dichte?

Ergebnis $\text{Dichte} = \frac{\text{Masse}}{\text{Volumen}} = \frac{6{,}500\ \text{kg}}{1\ \text{l}} = \mathbf{6{,}500\ kg/l}$

Bei Stoffen mit Poren, Hohlräumen (z. B. Holz, Natursteine) nennt man die Dichte Rohdichte. Dichte und Rohdichte bezeichnet man mit dem griechischen Buchstaben ϱ (rho).

Gewichtskraft. Um zu verhindern, daß ein Körper zur Erde fällt, müssen wir ihn heben oder festhalten. Der Körper hat eine Kraft, die ihn nach unten zieht – er wird „von der Erde angezogen". Diese Kraft nennt man seine Eigenlast oder Gewichtskraft. Sie nimmt mit der Entfernung vom Erdmittelpunkt ab, ist also vom Ort abhängig (vgl. die „Schwerelosigkeit" im Weltraum).

> Die Kraft, die alle Körper zum Erdmittelpunkt zieht, ist die Erdanziehungs- oder Schwerkraft (Gravitation). Man nennt sie Eigenlast oder Gewichtskraft.
>
> Einheit dieser Kraft ist das Newton (N) mit seinen Ableitungen (1 daN = 10 N, 1 kN = 1000 N).

Umrechnung. Anstrichmittel werden nach Kilogramm oder nach Liter angeboten. Manchmal ist deshalb eine Umrechnung nötig.

Beispiel 2,5 kg Emaillelack sollen in l umgerechnet werden. Die Dichte beträgt 1,25.

Ergebnis $\text{Volumen} = \frac{\text{Masse}}{\text{Dichte}} = \frac{2{,}500\ \text{kg}}{1{,}250\ \text{kg/l}} = \mathbf{2\ l}$

Um Literpreis und Kilopreis miteinander vergleichen zu können, merken wir uns die Umrechnungsformeln:

$$\text{Literpreis} = \text{Kilopreis} \cdot \text{Dichte} \qquad \text{Kilopreis} = \frac{\text{Literpreis}}{\text{Dichte}}$$

2.3 Kohäsion (Zusammenhangskraft)

Alle Stoffe bestehen aus unvorstellbar kleinen Teilchen, den Molekülen (lat. = kleine Masse). Die Moleküle werden durch eine Kraft zusammengehalten, die Zusammenhangskraft (**2**.2). Die Größe dieser gegenseitig wirkenden Anziehungskraft ist bei jedem Körper unterschiedlich und bestimmt sein Verhalten gegen äußere Einwirkungen (mechanische Eigenschaften).

2.2 Kohäsion
1 Atom
2 Molekül
3 Zusammenhangskraft

Versuch Brechen Sie nacheinander ein Stück Tafelkreide, einen Holzstab und einen Eisenstab gleicher Dicke mit den Händen durch.

Ergebnis Die Kreide bricht leicht, der Holzstab erfordert schon mehr Kraftaufwand, den Eisenstab aber schaffen Sie nicht mit den Händen. Seine Kohäsion ist zu groß, er ist zu fest.

Die zwischen den Molekülen eines Körpers wirkende Kraft heißt Kohäsion oder Zusammenhangskraft. Sie hält die Moleküle in ihrer Lage zueinander fest („zusammen") und bestimmt wesentlich die mechanischen Eigenschaften eines Körpers.

Der Zusammenhalt der Körper in den Werkstoffen ist wichtig für den Maler (z. B. Wasser, Testbenzin – Klarlack, Tapetenkleister – Glas, magere Kunstharze).

Bei festen Körpern ist die Kohäsion sehr groß, die Moleküle liegen in einer starren Anordnung dicht beieinander. Zum Aufbewahren fester Körper brauchen wir daher nur eine Unterlage.

Bei Flüssigkeiten ist die Kohäsion gering. Die Moleküle sind leicht beweglich und verschiebbar – Flüssigkeiten fließen auseinander. Für sie brauchen wir daher ein Gefäß.

Gase haben nur eine sehr geringe Kohäsion. Ihre Moleküle hängen nur ganz lose zusammen, streben auseinander. Für Gase brauchen wir deshalb ein geschlossenes Gefäß.

Festigkeitsarten. Je nach Größe der Kohäsion unterscheidet man bei den mechanischen Eigenschaften eines Stoffs verschiedene Festigkeitsarten.

Harte Körper (z. B. Metalle, Beton, eingebrannte Lackfilme) haben eine große Zusammenhangskraft. Sie lassen sich durch äußere Einwirkungen nicht leicht beschädigen. Darauf beruht z. B. die Stoß- und Kratzfestigkeit einer harten Lackoberfläche. Die Härte eines Stoffs läßt sich mit einem Härteprüfer messen und wird nach der Mohsschen Härteskala angegeben[1]).

---

[1]) Mohs, deutscher Naturforscher, 1773 bis 1839

Spröde Körper (z. B. Glas, Gußeisen, magere Anstrichfilme) sind hart, aber unelastisch und daher leicht zerbrechlich.

Dehnbare oder elastische Körper (z. B. Gummi, Kunstharze, Filme fetter elastischer Lacke) kann man bis zu einem bestimmten Punkt belasten. Nach der Entspannung nehmen sie wieder ihre ursprüngliche Form und Größe ein. Diese Eigenschaft ist für viele Anstriche wichtig, die den Bewegungen eines Untergrunds folgen müssen.

Plastische Körper (Kunststoffe, s. Abschn. 3.9) lassen sich durch Drücken, Prägen, Pressen oder Ziehen in eine andere Form bringen (verformen), ohne zu reißen oder zu brechen.

2.4 Adhäsion (Anhangskraft)

Kräfte wirken jedoch nicht nur zwischen den Molekülen eines Körpers (Kohäsion), sondern auch zwischen den Molekülen verschiedener Körper. Sie bewirken, daß verschiedene Körper zusammenhaften (z. B. ein Anstrich auf dem Anstrichuntergrund).

> Die zwischen den Molekülen verschiedener Körper wirkende Kraft heißt Adhäsion oder Anhangskraft.

Von der Adhäsion zwischen Anstrich und Untergrund hängt es ab, ob der Anstrich gut haftet und überstreichbar ist. Wenn die Adhäsion des Anstrichträgers geringer ist als die Kohäsion des Bindemittels, kriecht oder perlt die Farbe.

Versuch Wir geben etwas Wasser auf eine saubere und auf eine eingefettete Glasplatte.

Ergebnis Die saubere Platte wird vom Wasser benetzt, es breitet sich darauf aus. Auf der eingefetteten Glasplatte dagegen bleiben die Wassertropfen zusammen, das Wasser „perlt" (**2.3**).

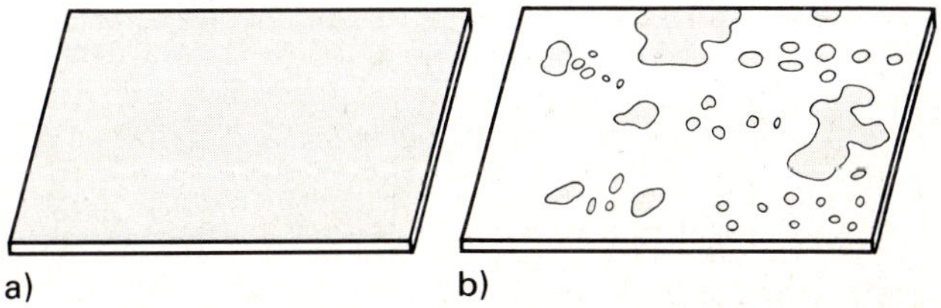

2.3
Benetzbarkeit einer Glasplatte
a) saubere Platte – benetzbar,
b) fettige, schmutzige Platte = nicht benetzbar, Anstriche perlen

Benetzbarkeit nennt man diese Eigenschaft fester Körper, an der Oberfläche Flüssigkeiten aufzunehmen. Die Benetzbarkeit ist gering, wenn die Oberflächenspannung (Kohäsion) der Flüssigkeit groß ist. So ist die Kohäsion des Wassers in unserem Versuch größer als die Adhäsion zwischen Wasser und eingefettetem Glas. Das Wasser haftet deshalb nicht. Ähnliches stellen wir bei manchen Trockenpigmenten fest, die sich nicht fein in Bindemitteln verteilen. Erst nach Zugabe von Netzmitteln kommt hier die Adhäsion zustande (z. B. beim Ansetzen einer Lasurfarbe).

Versuch Die eingefettete Glasplatte wird mit Putz- oder Waschmitteln gesäubert. Danach geben wir wieder etwas Wasser darauf.

Ergebnis Das Wasser benetzt nun auch diese Platte, weil sich seine Oberflächenspannung durch das Netzmittel verringert hat.

> Ein Anstrich haftet nur, wenn seine Kohäsion geringer ist als die Adhäsion mit dem Untergrund. Deshalb müssen Schmutz und Staub vom Anstrichträger entfernt werden.

Matte, rauhe Oberflächen haben eine vergrößerte Oberfläche und dadurch eine erheblich stärkere Anhaftung als glänzende, glatte Oberflächen (2.4). Deshalb wird der Untergrund vor einem Anstrich leicht geschliffen. Auch die Reibung beim Farbauftrag mit dem Pinsel begünstigt die Adhäsion.

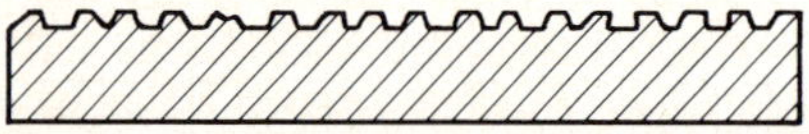

2.4
Matte, rauhe Oberfläche = vergrößerte Oberfläche

Beim Trocknen eines Anstrichmittels treten durch gleichzeitige Wirkung von Adhäsion mit dem Untergrund und Kohäsion des Anstrichs Spannungen auf. Sie lassen sich nur durch gutes Haftvermögen der Farbe überwinden. Sonst platzt der Anstrichfilm ab.

Für das Kleben ist die Adhäsion besonders wichtig. Klebstoffe (Leime, Kleister, Kleber) sind deshalb zähflüssige, hochmolekulare Verbindungen. Sie bewirken eine dauerhafte Oberflächenverbindung zwischen zwei Körpern. Die Adhäsion zwischen Kleber und Oberfläche wird verstärkt durch die Kohäsion der Klebstoffmoleküle untereinander.

2.5 Porosität und Kapillarität

Wir wissen nun, daß ein Anstrichmittel durch Adhäsion gut auf dem Untergrund haftet. Wie läßt es sich noch besser mit dem Anstrichträger verbinden?

Porosität. Wenn man die Oberfläche fester Körper unter dem Mikroskop betrachtet, erkennt man, daß sie nicht geschlossen ist, sondern zahlreiche kleine Öffnungen hat. Sie ist porös.

Holz ist in der Längs- und Querrichtung von feinsten Röhrchen (Kapillaren, lat. = Haar) durchzogen. Sie leiten das Wasser und damit die Nährstoffe (2.5).

2.5 Kapillaren im Holz

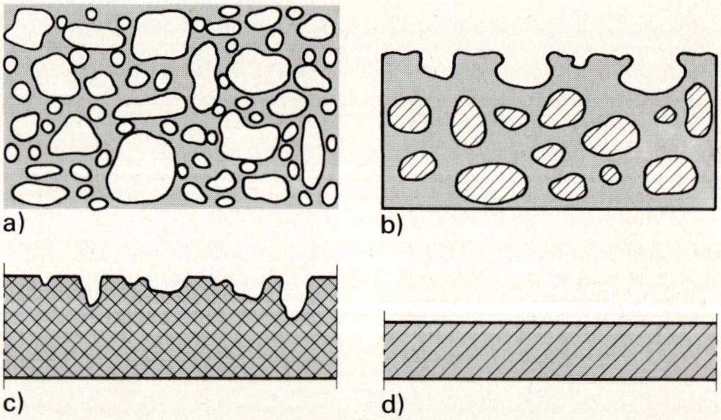

2.6 Porosität
Hohlräume a) im Putz, b) im Beton, c) Poren und Vertiefungen im Metall, d) keine Porosität bei Glas und Kunststoffen

Putz ist ein ein- oder mehrlagig aufgebrachter Mörtelbelag mit mineralischem Bindemittel. Er hat eine bestimmte Oberflächenstruktur bzw. Struktur. Je nach Art enthalten Putze kleine Hohlräume, die mit Luft oder Wasser gefüllt sein können, aber auch Flüssigkeiten ansaugen (2.6).

Metalle sind feste Körper mit großer Kohäsion. Sie haben daher auf der Oberfläche nur wenige und kleine Vertiefungen.

Glas und Kunststoffe dagegen sind nicht porös.

Warum steigt bei hölzernen Zaunpfählen und Telegrafenstangen sowie bei altem Grundmauerwerk (Keller) das Wasser (Grundfeuchtigkeit) langsam nach oben? Warum läßt sich eine auf Glas gestrichene Farbe (Glasschilder) mit einem scharfen Werkzeug ohne Mühe restlos entfernen? Warum bleiben dagegen bei gestrichenem Holz nach dem Abkratzen alter Anstriche immer noch Spuren haften?

Flüssigkeiten können nur in einen festen Körper mit Poren eindringen. Der Anstrich verankert sich dann in den Poren. Bei nichtporösen Untergründen (Glas, Kunststoffe) haftet die Farbe nur auf dem Anstrichträger.

Feste Körper haben, wie wir gesehen haben, verschieden starke Porosität. So unterscheidet man:

a) **dichte Körper** (Metall, Glas, getrocknete Lackfilme), die ganz oder fast unporös sind und deshalb kaum Flüssigkeiten ansaugen.

b) **poröse Körper** (Ziegelstein, Holz, Putz), die Flüssigkeiten saugen und auf denen der Anstrich besser haftet (**2**.7).

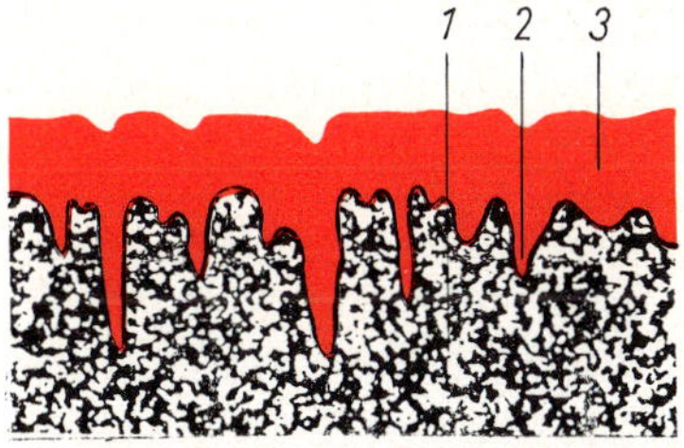

2.7 Porosität des Untergrunds
1 Untergrund *2* Poren *3* Anstrichmittel

Kapillarität. Die Saugkraft der Körperporen nennt man Kapillarität. Sie macht es erforderlich, daß der Maler und Lackierer grundiert (Grundanstriche), bevor er Zwischen- und Schlußanstriche ausführt. Die Grundierung ist ein Verbindungsglied zwischen dem Untergrund und dem folgenden Anstrich und dient als Haftvermittler. Dazu machen wir zwei Versuche.

Versuch 1 Wir tauchen einen Pinsel mit der halben Borstenlänge in Farbe.

Ergebnis Die Farbe zieht zwischen den Borsten hoch (**2**.8).

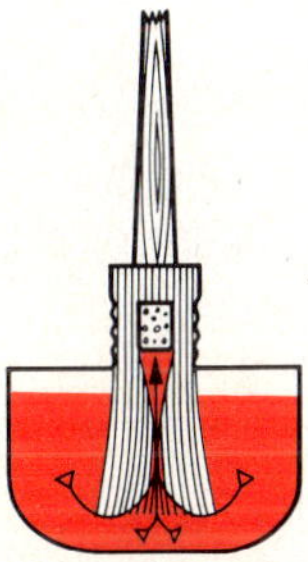

2.8 Kapillarwirkung des Pinsels: Beim Eintauchen wird die Farbe durch die Kapillaren der Borsten (Haare) in den Hohlraum vor dem Korken gezogen

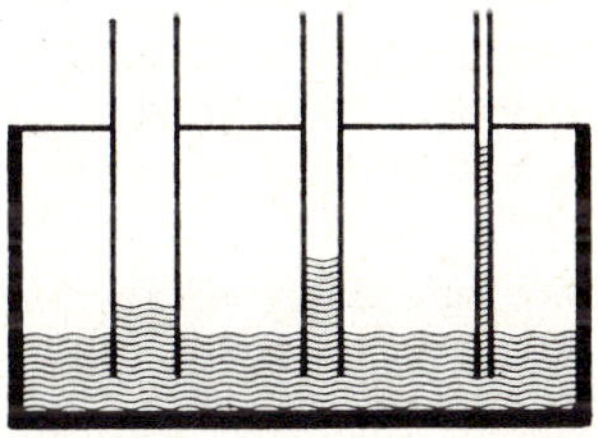

2.9 Kapillarität

Versuch 2 Wir stellen 3 Glasröhrchen mit verschiedenen Durchmessern (eines mit ganz kleinem Durchmesser = Kapillar oder Haarröhrchen) in eine mit gefärbtem Wasser gefüllte Glaswanne.

Ergebnis Das Wasser steigt in den Röhrchen verschieden hoch: in dem engsten am höchsten, in dem weitesten am niedrigsten. Zugleich sehen wir, daß das Wasser an der Glaswand etwas höher steht als im Glasinnern (**2**.9).

Ursache dieser Erscheinung ist die Adhäsion zwischen den Borsten bzw. dem Glas und der Flüssigkeit. Die Adhäsion ist größer als die nach innen gerichtete Kohäsion (Zusammenhangskraft). Deshalb steigt die Flüssigkeit nach oben oder wird an der Glaswand nach oben gezogen. Die gleiche Erscheinung sehen wir bei nicht gestrichenen, nicht isolierten oder verwitterten Kellergeschossen. Die Feuchtigkeit steigt im Lauf der Zeit hoch und kann sogar obere Geschosse erreichen.

Man unterscheidet dichte und poröse Körper. Die Saugkraft der Poren heißt Kapillarität. Auf porösem, saugfähigen Untergrund haften Anstriche gut.

a) b)

2.10 Imprägnierung

a) unbehandelte, b) mit Imprägniermittel behandelte Fläche

Grundierung und Imprägnierung. In der Malerpraxis macht die Kapillarität eine Grundierung vor dem Zwischenanstrich erforderlich. Sie verhindert eine zu starke Saugkraft und dient als Haftvermittler zwischen porösem Untergrund und Anstrich. Will man die Kapillarwirkung ganz aufheben (z. B. wasserabweisende Fassaden), behandelt man die Anstrichfläche mit Imprägniermitteln. Imprägnierte Baustoffe weisen Feuchtigkeit ab, wie wir es z. B. von imprägnierten Kleidungsstücken kennen (**2.10**).

2.6 Diffusion und Luftfeuchte

Wände „atmen". Die Poren eines Körpers bilden ein zusammenhängendes Netz, durch das Gase und Flüssigkeiten hindurchdringen. Deshalb werden Gebäude durch die Wände hindurch stetig durchlüftet – die Wände „atmen". Luft- und Wasserdampf dringt, unterstützt durch Luft- und Winddruck, durch das poröse Mauerwerk und durch Anstrichschichten. Umgekehrt strömen verbrauchte Luft und Wasserdampf durch die Wände ins Freie (**2.11**).

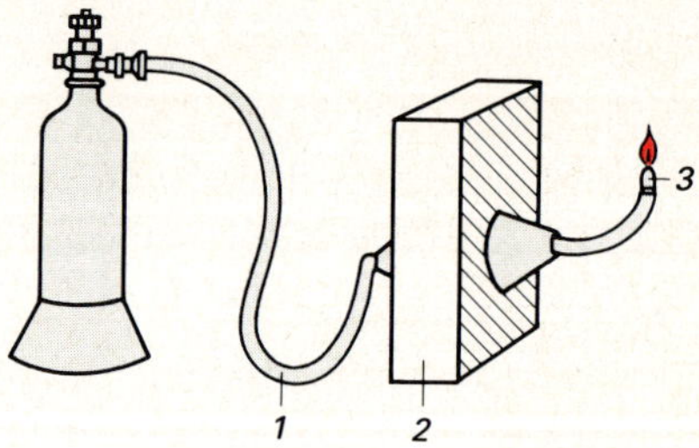

2.11 Durchdringung

1 Propangas *2* Ziegelstein *3* Flamme

Überlegen Sie die Auswirkungen nichtatmender Wände auf die Luft und den Feuchtigkeitsgehalt eines Gebäudes (Haltbarkeit des Materials, Wohlbefinden des Menschen).

Luft, Temperatur und Feuchtigkeit gleichen sich innerhalb und außerhalb von Gebäuden fortwährend aus. Dieser Vorgang ist für die Gesundheit wichtig.

Diffusion. Gase haben das Bestreben, sich im Raum auszubreiten. Dabei durchdringen sie auch feste poröse Körper. Mehrere im Raum vorhandene Gase durchdringen sich gegenseitig und vermischen sich, ebenso wie sich Flüssigkeiten miteinander vermengen. Diese Erscheinung heißt Diffusion (lat. = durchdringen).

Je größer der Druckunterschied zwischen den Gasen ist, desto stärker ist die Diffusion. Unterschiedliche Porosität und Kapillarität von Mauerwerk, Putz- und Anstrichschichten verringern die Durchlässigkeit. Die Diffusion hängt also ab von der Stoffart, der Dichte des Kapillarnetzes, dem Kapillardurchmesser sowie der Anzahl und Dicke der Anstriche oder Beläge.

Osmose. Das Durchdringen (Diffundieren) von Flüssigkeiten durch halbdurchlässige Stoffe (Schichten) heißt Osmose. Ein Anstrichfilm als halbdurchlässiger Stoff läßt Kondenswasser durch. Dabei lösen sich Salzreste z.B. auf Metalluntergründen. Aus der wassergefüllten Blase entsteht Korrosion, Unterrostung.

> Die gegenseitige Durchdringung der Gase oder Flüssigkeiten heißt Diffusion. Durch Anstriche oder Beläge auf Decken und Wänden kann man die Diffusionsfähigkeit verändern.

Luftfeuchte. Trocknung und Haftung der Anstriche hängen stark von der Luftfeuchte ab. Luft enthält immer eine gewisse Menge Wasserdampf, je nach Temperatur verschieden viel. Wärmere Luft nimmt mehr Wasserdampf auf als kältere (feucht-warme Tropen). Bei einem bestimmten Gehalt ist der Sättigungspunkt erreicht, der Wasserdampf kondensiert dann zu Tröpfchen. Es kommt zu Nebel und feuchtem Niederschlag auf Gegenständen (Schwitzen).

Ungestrichene Körper (wie Gipsputz oder Holz) nehmen Feuchtigkeit aus der Luft auf und vergrößern dadurch ihr Volumen. Bei Trockenheit und Wärme geben sie die aufgenommene Feuchtigkeit wieder ab und verkleinern ihr Volumen. Man sagt, sie sind hygroskopisch (griech. = flüssig, feucht), passen also ihren Feuchtigkeitsgehalt der umgebenden Luft an.

> Luftfeuchte ist der Wassergehalt der Luft. Hygroskopische Stoffe ziehen aus der Luft Wasserdampf an und geben ihn bei Trockenheit wieder ab.

In der Malerpraxis ist es darum in Jahreszeiten mit verhältnismäßig hoher Luftfeuchte und in den frühen Morgenstunden nicht ratsam, Außenanstriche auszuführen.

2.7 Viskosität

Testbenzin fließt leichter als Klarlack, Leim leichter als Kleister. Das Fließverhalten der Flüssigkeiten ist also verschieden. Man nennt es Viskosität (lat. = Vogelleim) und unterscheidet:

a) dünnflüssige (niederviskose) Stoffe, z.B. Testbenzin,

b) dickflüssige (mittelviskose) Stoffe, z.B. Klarlack,

c) zähflüssige (hochviskose) Stoffe, z.B. Farbpaste.

Versuch Nehmen Sie zwei gleiche Glasröhrchen. Füllen Sie das eine mit Wasser, das andere mit Klarlack. Dann werfen Sie eine kleine Kugel (vom Kugellager) hinein.

Ergebnis Die Kugel fällt im Wasser schneller nach unten als im Klarlack.

Ursache der Viskosität ist die „innere Reibung" der Moleküle aneinander. Bei großer Kohäsion halten die Moleküle stärker zusammen – die Flüssigkeit fließt langsamer. Bei Stoffen geringerer Kohäsion ist der Zusammenhalt der Moleküle schwächer – die Flüssigkeit fließt schneller.

Viskosität ist das Fließverhalten der Flüssigkeiten. Man unterscheidet dünn-, dick- und zähflüssige Stoffe.

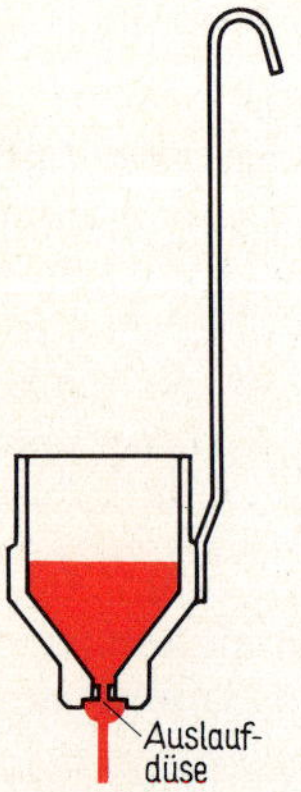

2.12 Auslauf-Viskosimeter

Viskosimeter. Für den Maler ist die Viskosität eine der wichtigsten Eigenschaften der Binde- und Anstrichmittel, die ja flüssig aufgebracht werden. Vom Flüssigkeitsgrad der Anstrichfarbe hängt es ab, wie dick und damit haltbar der Anstrichfilm (die getrocknete Farbschicht) wird. Zähflüssige Anstrichmittel ergeben dickere, dünnflüssige dagegen nur dünne Schichten. Auch das Auftragsverfahren wird durch die Viskosität mitbestimmt. Deshalb muß der Maler die nötige Viskosität der Anstrichmittel kennen und messen können. Zum Messen dienen Viskosimeter.

Der Auslauf-Viskosimeter ist am bekanntesten (**2**.12). Der Ford- oder DIN-Becher wird ganz mit der zu messenden Flüssigkeit gefüllt. Dann öffnet man die Auslaufdüse und stellt fest, wieviel Sekunden das vollständige Auslaufen dauert. Die Anzahl der Sekunden ist die Viskosität.

Beispiel Die Auslaufzeit beträgt 60 Sekunden. Die Viskosität ist 60 DIN/s.

Grob beurteilen läßt sich die Viskosität aus dem Ablaufen des Anstrichstoffs am Rührholz oder daran, wie schwer er sich mit dem Rührholz umrühren läßt.

Je dünner die Flüssigkeit, desto kürzer die Auslaufzeit und um so niedriger die Viskosität.

Thixotropie. Thixotrope Flüssigkeiten befinden sich während der Lagerzeit in einem eingedickten, starren Zustand (Gel-Zustand). Die Moleküle haben sich gerüstartig zusammengelagert. Vor dem Verarbeiten schüttelt und rührt man den thixotropen Lack und zerstört dadurch das Molekulargerüst – der Lack geht in einen fließenden Zustand über (Sol-Zustand). Nach dem Verstreichen stellt sich der starre Zustand wieder ein (**2**.13). Diese Eigenschaft erreicht man durch Säure- und Salzzugabe bei der Herstellung.

Thixotrope Anstrichmittel kann man satt auftragen, ohne daß sie von stehenden Flächen ablaufen. Sie tropfen beim Streichen nicht.

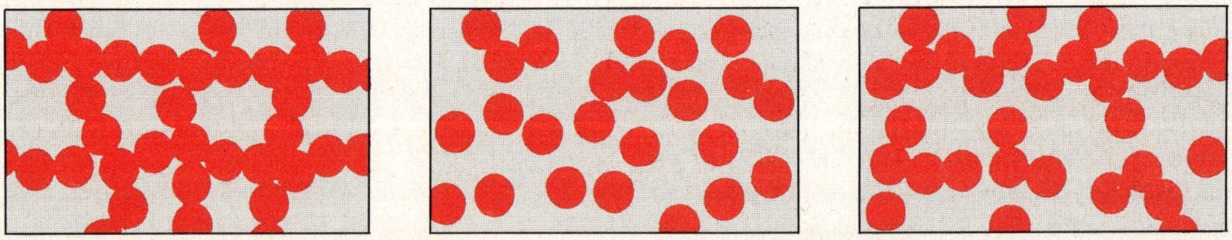

a) b) c)

2.13 Thixotropie

a) Gel-Zustand (in Ruhe), b) Sol-Zustand (nach Aufrühren), c) Bildung des Gel-Zustands (nach Auftrag des Anstrichmittels)

2.8 Wärme und Wärmeleitung

Temperatur. Wärme ist eine Energieform. Die Wärme eines Körpers nennt man seine Temperatur. Sie wird mit dem Thermometer nach Kelvin (K) oder Grad Celsius (°C) gemessen. Kelvin (nach einem engl. Physiker benannt) beginnt beim absoluten Nullpunkt – 273 °C. Bei 273 K ist der °C-Nullpunkt erreicht. Demnach sind 20 °C = 293 K.

Versuch Halten Sie einen Eisenstab und einen Glasstab jeweils mit einem Ende in eine Flamme.

Ergebnis Die Wärme pflanzt sich über den ganzen Stab fort, und zwar beim Eisenstab schneller, beim Glasstab langsamer.

Wärmeleitung. Der Versuch zeigt, daß sich Wärme auf kältere Körperteile überträgt (**2**.14). Man nennt diese Eigenschaft Wärmeleitung. Einige Körper leiten die Wärme besser (z. B. das Eisen in unserem Versuch), andere schlechter (Glas). Metalle sind sehr gute Wärmeleiter, künstliche Bausteine haben eine geringe Wärmeleitfähigkeit (geringere Verdichtung der Moleküle), mineralische und pflanzliche Stoffe sowie Kunststoffe eine sehr geringe. Diese Eigenschaften macht man sich im Bauwesen zunutze. Baustoffe mit schlechter Wärmeleitfähigkeit verhindern die Wärmeabgabe nach außen und die Wärmezufuhr von Außen. Solche Dämmstoffe sind z. B. Glaswolle, Kork, Asbestplatten und Polystyrol- und Moltopren-Schaumstoff. Umgekehrt nimmt man z. B. für Heizkörper die besonders wärmeleitenden Metalle.

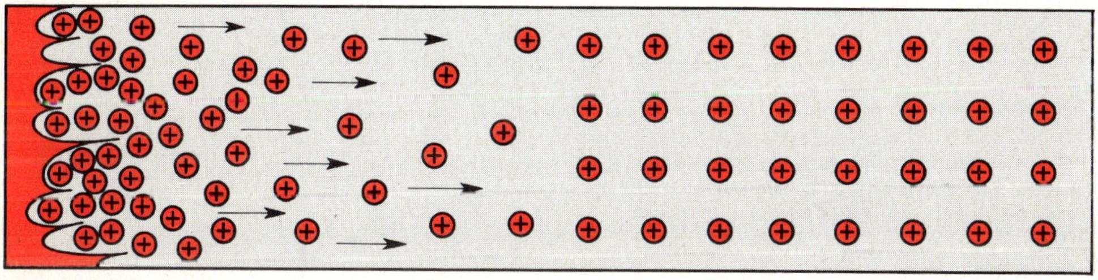

2.14 Wärmeausgleich

> Die Wärmeübertragung bei festen Körpern nennt man Wärmeleitung. Bei Flüssigkeiten und Gasen heißt sie Wärmeströmung.

Wärmemenge. Die vom wärmeren zum kälteren Körper übergehende Wärme heißt Wärmemenge. Ihre Einheit ist das Joule (J, sprich: dschul). Um 1 l Wasser um 1 °C oder 1 K zu erwärmen, braucht man eine Wärmeenergie von 4,19 kJ.

Wärmeausdehnung. Beim Erwärmen dehnen sich feste, flüssige und gasförmige Körper aus, vergrößern ihr Volumen. Bei Abkühlung ziehen sie sich wieder zusammen. Dabei verändert sich jeweils auch ihre Dichte. Deshalb lassen sich viele Anstrichmittel bei Kälte schwerer oder fast gar nicht streichen.

Wärmetrocknung ist das Härten von Anstrichmitteln unter Zuhilfenahme von Wärme (Warmluft- oder Infrarottrocknung). Wärme beschleunigt die Filmbildung durch schnelleres Verdunsten der Lösemittel oder durch Auslösung filmbildender Reaktionen bei chemisch trocknenden Lacken.

2.9 Schall und Schallschutz

Schallentstehung. Alles, was man mit dem Gehör wahrnimmt, bezeichnet man als Schall.

Versuch Schlagen Sie eine Stimmgabel leicht an.

Ergebnis Sie hören einen reinen Ton. Sie sehen und können durch Berühren feststellen, daß die Zinken der Gabel schwingen; sie bewegen sich leicht hin und her.

Als Schallträger ist immer ein Stoff erforderlich. Der Schallerreger überträgt die Schwingungen auf die angrenzenden Luftmoleküle. Von dort aus werden sie weiter auf benachbarte Teilchen übertragen.

> Schall entsteht durch Schwingungen eines Körpers, die Schallquelle. Diese Schwingungen breiten sich als Wellen (Schallwellen) nach allen Seiten im Raum aus.

Schallgeschwindigkeit. Wir sehen ein Flugzeug fliegen und hören den Schall erst nach einer bestimmten Zeit. Warum? Weil Schall für seine Ausbreitung Zeit braucht. Die Schallgeschwindigkeit in Luft beträgt bei 15°C (288 K) = 340 m/s (in Mauerwerk bis 4000 m/s).

Tonhöhe

Versuch Spannen Sie eine Stricknadel an einem Ende ein (Schraubstock) und versetzen Sie das freie Ende durch Ziehen und Zurückschnellen in Bewegungen.

Ergebnis Ein langes freies Ende der Stricknadel macht die Schwingungen sichtbar. Bei kurzem freien Teil schwingt die Nadel schneller; der Ton wird höher.

> Die Anzahl der Schwingungen, die ein frei schwingender Körper in der Sekunde ausführt, heißt Frequenz. Die Tonhöhe steigt mit zunehmender Frequenz.
> Einheit ist das Hertz (Hz). 1 Hertz = 1 Schwingung/s, 1000 Hz = 1 kHz (Kilohertz).

Lautstärke. Das Hören eines Tons ist neben der Höhe auch von seiner Lautstärke abhängig. Einheit der Lautstärke ist das Phon. Gemessen wird die Lautstärke mit dem Phonmeter. Töne über 130 phon empfindet der Mensch als Schmerz (Schmerzschwelle). Wohngeräusche haben 30 bis 40 phon, normaler Straßenlärm 50 bis 60 phon, verkehrsreiche Straßen und Motorräder 70 bis 80 phon.

Schallarten. Wir unterscheiden Luft-, Körper- und Trittschall. Luftschall breitet sich in der Luft aus. Körperschall breitet sich in festen Körpern (Wänden, Decken) aus und geht in die Luft über. Trittschall entsteht beim Begehen eines Fußbodens; er breitet sich in der Decke als Körperschall aus und wird ebenfalls zum Teil als Luftschall abgestrahlt. Schall ist lästig oder sogar gesundheitsschädlich. Deshalb ist Schallschutz durch Dämmung oder Schluckung vorgeschrieben.

Schalldämmung mindert die Schallenergie beim Durchgang des Schall durch einen Körper (Wände, Decken). Geeignete Dämmstoffe oder Bauweisen reflektieren einen Teil der auftreffenden Schallwellen; ein anderer Teil wird von dem Körper absorbiert (aufgenommen). Einheit der Schalldämmung ist das Dezibel (dB). Die Art und Dichte sowie die Dicke eines Stoffes beeinflussen die Schalldämmung.

Schallschluckung. Poröse und mit vielen kleinen Öffnungen versehene Stoffe, deren rückseitige Oberfläche geschlossen ist, vermeiden das Reflektieren auftreffenden Schalls, z.B. weiche Schaumstoffe.

2.10 Elektrizität

Elektrischer Strom entsteht durch die Elektronenbewegung in den Atomen (s. Abschn. 3.4). Die Elektronen fließen von einem Ort mit Elektronenüberschuß (negativer Pol) zu einer Stelle mit Elektronenmangel (positiver Pol). Bis sich die Ladungen ausgeglichen haben, besteht deshalb zwischen beiden Polen eine Spannung.

Voraussetzung für den Stromfluß ist eine geschlossene Leitung – ein Stromkreis. Bei Unterbrechung (z.B. durch einen Schalter) fließt kein Strom mehr (**2**.15).

Leiter und Nichtleiter. Nicht alle Stoffe leiten elektrischen Strom. Leiter sind Metalle, Wasser, Kohlenstoff (Graphit) u.a. – auch der Mensch. Nichtleitende Stoffe heißen Nichtleiter oder Isolatoren. Man benutzt sie in der Praxis z.B. zum Isolieren von Kabeln, um zu verhindern, daß Strom in Bauteile gelangt. Zu den Nichtleitern gehören Gummi, Kunststoffe, Glas, Lacke und Öle.

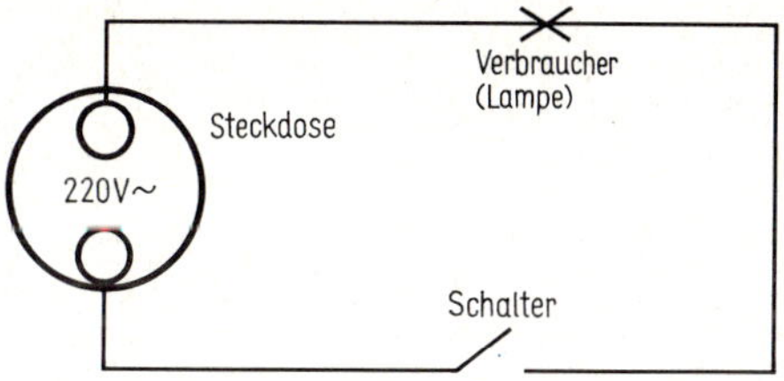

2.15 Stromkreisunterbrechung durch einen Schalter

Elektrischer Strom entsteht durch Elektronenbewegung. Er fließt nur bei geschlossenem Stromkreis. Nichtleiter leiten den Strom nicht.

Die Spannung (*U*) hat die Einheit Volt (V). Man mißt sie mit dem Spannungsmesser (**2**.16). Die normale Haushaltsspannung beträgt 220 Volt. Strom fließt nur, wenn eine Spannung vorhanden ist.

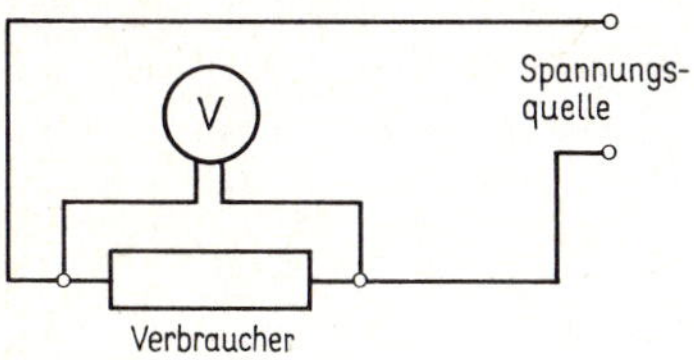

2.16 Schaltung eines Spannungsmessers

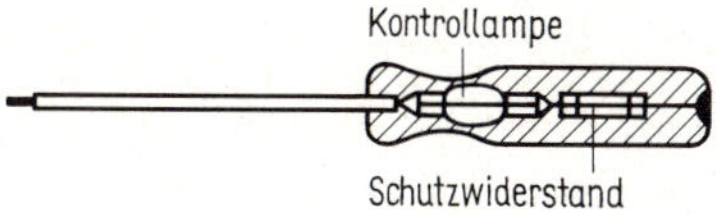

2.17 Spannungsprüfer

Mit dem Spannungsprüfer stellt man fest, ob eine elektrische Leitung unter Strom steht (**2**.17): Der Strom fließt von der Steckdose über eine kleine Lampe durch den menschlichen Körper zur Erde. Die Erde dient als Rückleitung (denn der Stromkreis muß ja geschlossen sein). Ein Schutzwiderstand sorgt dafür, daß nur eine geringe, ungefährliche Strommenge durch den Körper fließt. Sie läßt die Lampe aufleuchten und zeigt damit Stromfluß an. (Die Lampe leuchtet nur an einer Steckdosenbuchse auf, weil die andere Buchse an die Rückleitung angeschlossen ist.)

Elektrischer Widerstand (*R*). Die Spannung treibt den Strom durch den Stromkreis. Dabei setzen die Leitungen und vor allem der Verbraucher dem Strom Widerstand entgegen. Je stärker der Widerstand ist, desto mehr schwächt er die elektrische Energie. Die Einheit des elektrischen Widerstands ist das Ohm[1]) (Ω = griech. Omega).

Die Stromstärke (*I*) wird mit dem Strommesser in Ampere[2]) (A) gemessen. Sie zeigt die Elektrizitätsmenge an, die in 1 Sekunde durch den Stromleiter fließt. Die Stromstärke ist bei den Haushalts- und Malergeräten unterschiedlich. Eine Glühlampe braucht eine geringere Stärke als die Schleifmaschine oder ein Spritzgerät (100-Watt-Glühlampe = 0,45 A).

Ohmsches Gesetz. Die Stromstärke wächst mit zunehmender Spannung, nimmt dagegen mit zunehmendem Widerstand ab. Dabei ändert sich die Stromstärke im gleichen Verhältnis wie die Spannung und im umgekehrten Verhältnis wie der Widerstand. Dieses Ohmsche Gesetz drückt man in einer Formel aus:

$$\text{Strom} = \frac{\text{Spannung}}{\text{Widerstand}} \qquad \text{in Kurzzeichen:} \quad I = \frac{U}{R}$$

I in Ampere
U in Volt

Elektrische Leistung. Eine Maschine mit Elektroantrieb erbringt eine bestimmte Leistung (*P*). Diese Leistung wird in Watt (W) bzw. Kilowatt (kW) gemessen. Sie ergibt sich durch Multiplikation der Stromstärke *I* mit der Spannung *U*: $P = U \cdot I$.

Beispiel 1 Ein Heizwiderstand von 220 Volt hat 2,2 Ampere. Berechnen Sie die Leistung.

Ergebnis $P = U \cdot I = 220\,\text{V} \cdot 2{,}2\,\text{A} = \mathbf{484\,W}$

Beispiel 2 Ein Schleifrutscher erbringt bei 220 V eine Leistung von 1000 W. Berechnen Sie die Stromstärke.

Ergebnis $I = \frac{P}{U} = \frac{1000\,\text{W}}{220\,\text{V}} = \mathbf{4{,}55\,A}$

Elektrische Arbeit. Glühlampen, Elektrogeräte und Elektromotoren zeigen ihre Leistung jeweils in Watt oder Kilowatt an. Die Leistung entnehmen sie dem Stromnetz, d.h., sie verrichten elektrische Arbeit (*W*). Diese Arbeit muß man dem Elektrizitätswerk bezahlen. Gemessen wird sie, indem man die Leistung (*P*) mit der Zeit (*t*) multipliziert. Einheit ist die Kilowattstunde (kWh).

Beispiel Berechnen Sie die Stromkosten für die Beleuchtung einer Malerwerkstatt. Drei 60-W-Lampen brennen durchschnittlich 4 Stunden an 20 Tagen im Monat. 1 kWh kostet 0,14 DM.

Ergebnis $W = P \cdot t = 180\,\text{W} \cdot 80\,\text{h} = 14400\,\text{Wh} = 14{,}4\,\text{kWh}$
$1\,\text{kWh} = 0{,}14\,\text{DM}$
$14{,}4\,\text{kWh} = 14{,}4 \cdot 0{,}14 = \mathbf{20{,}16\,DM}$

---

[1]) Ohm, deutscher Naturforscher, 1789 bis 1854
[2]) Ampère, französischer Naturforscher, 1775 bis 1836

Sicherheitsvorkehrungen sind im Umgang mit elektrischem Strom besonders wichtig, denn ein Stromschlag kann tödlich wirken. Stromleitungen müssen einen Mindestquerschnitt haben, damit sie bei großen Belastungen nicht zu sehr erwärmen (Brandgefahr). Einen besonderen Schutz bieten die hinter dem Zähler angebrachten Sicherungen. Sie unterbrechen den Stromkreis bei zu starkem Strom. In feuchten Räumen (Küche, Badezimmer, Keller) und im Freien sind elektrische Leitungen so verlegt, daß die stromführenden Teile nicht feucht werden (abgekapselte Schalter, Abzweig- und Steckdosen).

Alle Elektrogeräte müssen mit Schuko-Steckvorrichtung ausgerüstet sein (Schuko = Schutzkontakt). Sie verhindert, daß bei einem schadhaften Gerät der Strom durch den menschlichen Körper fließt (Stromschlag).

Keine ungeschützten stromführenden Leitungen berühren! Grundsätzlich keine Reparaturen an elektrischen Leitungen und Geräten vornehmen! Elektrische Anlagen und Sicherheitsvorkehrungen nur von Elektro-Fachleuten anbringen, entfernen oder ändern lassen.

Elektrogeräte niemals mit nassen Händen ein- oder ausschalten. Elektrische Leitungen nicht knicken, Isolatoren von Leitungen nicht beschädigen. Auf festsitzende Kontakte achten.

Bei Unfällen den Strom sofort abschalten, erst dann Verunglückte berühren.

Keine Arbeiten in der Nähe von ungeschützten, spannungsführenden Leitungen oder Geräten vornehmen, bevor der Fachmann für Spannungsfreiheit gesorgt hat.

Alle diese Regeln gelten nicht nur in der Werkstatt und auf der Arbeitsstelle, sondern auch zu Hause.

Aufgaben zu Abschnitt 2

1. Welche Aggregatzustände gibt es?
2. Wovon hängen die Zustandsformen der Körper ab? Von ... und ...
3. Was versteht man unter Schmelzpunkt, Erstarrungspunkt und Siedepunkt?
4. Erklären Sie Kohäsion und Adhäsion.
5. Welche Festigkeitsarten unterscheidet man bei Körpern?
6. Warum ist die Benetzbarkeit eines festen Körpers für den Maler wichtig?
7. Warum begünstigen matte, rauhe Oberflächen und Pinselauftrag die Anhaftung?
8. Was bewirkt eine Verklebung?
9. Was bedeuten Masse und Dichte eines Körpers? Nennen Sie auch die Einheiten.
10. 1 cm^3 Holz wiegt 0,6 g, 1 cm^3 Blei wiegt 11,3 g. Wie groß ist die Dichte beider Stoffe?
11. Warum herrscht im Weltraum „Schwerelosigkeit"?
12. Nennen Sie die Einheit der Kraft.
13. Rechnen Sie 4,5 kg Lack in l um. Dichte 1,20.
14. Wie lauten die beiden wichtigen Umrechnungsformeln?
15. Zählen Sie je 5 dichte und poröse Körper auf.
16. Wie heißt die Saugkraft der Poren?
17. Ordnen Sie folgende Untergründe nach der Stärke ihrer Saugkraft ein: Stein, Putz, Blech, Pappe, Glas, Weichholz, Eisen, Hartholz, Beton, alte Lackierung, Asbestzement (porös, schwach porös, unporös).
18. Welchen Zweck erfüllt die Grundierung?
19. Wie kann man die Kapillarwirkung aufheben?
20. Was geschieht, wenn Sie Decke und Wände einer Küche mit nicht atmungsaktiven Anstrichmitteln streichen (z. B. Öl- oder Lackfarben)?
21. Ein mit magerer Lackfarbe gestrichener Fleck macht sich nach einiger Zeit durch Nachdunkeln bemerkbar. Wie erklärt sich das?
22. Was ist Diffusion?
23. Welche Bedeutung hat die Diffusion für den Maler?
24. Nennen Sie die Eigenschaften hygroskopischer Stoffe.

25. Wie verändert sich die Viskosität, a) wenn Sie einem Anstrichmittel Verdünnung zugeben? b) wenn im aufgestrichenen Lack der Trocknungsprozeß abläuft?

26. Messen Sie die Viskosität a) eines Verdünnungsmittels, b) einer Dispersionsfarbe und c) eines Kunstharzlacks. Vergleichen Sie die Auslaufzeiten.

27. Nennen Sie je 5 gute und schlechte Wärmeleiter.

28. Was bedeutet Wärmemenge, und welche Einheit hat sie?

29. Wodurch entsteht elektrischer Strom?

30. Erklären Sie die Entstehung des Schalls.

31. Was versteht man unter Schallschwingungen?

32. Wofür dient die Einheit Hertz (Hz), und was drückt sie aus?

33. Erklären Sie Luftschall, Körperschall und Trittschall.

34. Durch welche Maßnahmen bzw. Mittel kann man Schallschutz verwirklichen?

35. Wie müssen Stoffe für den Schallschluck beschaffen sein?

36. Wie funktioniert ein Spannungsprüfer?

37. Wie lautet das Ohmsche Gesetz (Satz und Formel)?

38. Ein Elektromotor von 220 V leistet 1500 W. Berechnen Sie die Stromstärke.

39. Ein 1000-W-Schleifrutscher arbeitet im Durchschnitt an 20 Wochentagen je 1,5 Stunden.
a) Wieviel Strom verbraucht er?
b) Errechnen Sie die Kosten (1 kWh = 0,14 DM).

40. Wie sichern Sie sich gegen Stromschlag?

3 Chemische Grundbegriffe

Neben physikalischen Vorgängen wirken auch chemische Vorgänge bei Anstrichen und Lackierungen. Die Chemie befaßt sich, wie wir schon festgestellt haben, mit den Stoffen.

Chemie ist die Lehre von der Zusammensetzung, den Eigenschaften und Umwandlungen der Stoffe.

3.1 Gemenge (Dispersion)

Versuch Eisen- und Schwefelpulver werden in einer Schale gut vermischt (vermengt). Dann halten wir einen Magneten an das Gemenge.

Ergebnis Das Eisenpulver wird angezogen und wieder unverändert vom Schwefel getrennt.

Gemenge oder Dispersionen (lat. feinste Verteilung) sind also Mischungen verschiedener Stoffe, die durch physikalische Verfahren wieder getrennt werden können (z. B. Magnetismus, Destillieren, Filtrieren oder Schlämmen). Die Stoffe bleiben dabei unverändert (**3**.1). Zu unterscheiden sind:

a) **Grobe Gemenge,** worin die Stoffe mit bloßem Auge zu erkennen sind (z. B. Zement-Sand-Gemisch),
b) **Suspensionen,** in denen sich ein fester, meist pulverförmiger Stoff fein in einem flüssigen verteilt (z. B. Pigmente in Bindemitteln),
c) **Emulsionen,** worin sich Flüssigkeiten in feinster Verteilung miteinander mischen (z. B. Milch = Fettkügelchen in Wasser),
d) **Lösungen,** in denen sich die Moleküle des gelösten Stoffs ganz fein, gleichmäßig und beständig mit der Flüssigkeit vermengen (z. B. Ammoniak in Wasser = Salmiakgeist, Kochsalz in Wasser, Leinölfirnis in Testbenzin). Lösungen sind daher einheitliche (homogene) Gemische und nur schwer wieder zu trennen.
e) **Kolloidale Lösungen** (griech. kolla = Leim) sind (scheinbare) Lösungen. Ihre Teilchen sind äußerst kleine Molekülzusammenfassungen (≈ 0,001 bis 0,1 μ), keine Einzelmoleküle. Die meisten organischen Bindemittel und damit die Lacke sind solche kolloidalen Lösungen.

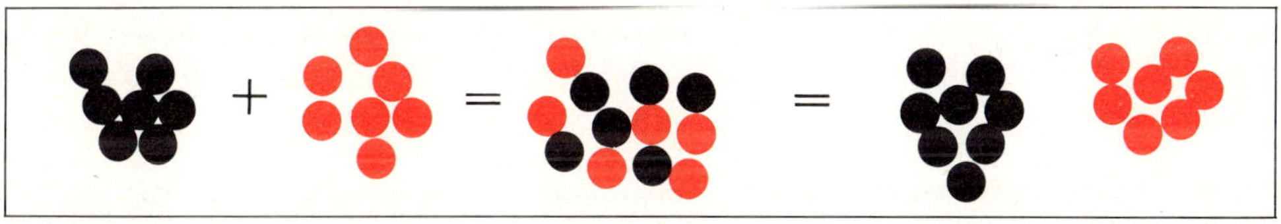

3.1 Gemenge

Gemenge oder Dispersionen sind Mischungen von Stoffen, die physikalisch wieder getrennt werden können. Die Stoffe bleiben unverändert. Man unterscheidet grobe Gemenge, Suspensionen, Emulsionen, Lösungen und kolloidale Lösungen.

Sedimentation (Ablagerung). Besonders schwere Pigmente (Bleifarben, Schwerspat) setzen in der Anstrichfarbe leicht ab. Sie bilden auf dem Gefäßboden einen Satz (Bodensatz, Sediment). Diesen Vorgang nennt man Sedimentation.

Agglomeration (Zusammenballung). Auch durch natürliche Anhäufung können sich in Anstrichmitteln Pigmentteilchen zusammenballen und langsam zu Boden sinken. Dies ist die Agglomeration. Um sie zu verhindern, gibt man bei der Herstellung Anti-Absetz- oder Schwebemittel zu, die die Pigmentteilchen in der Schwebe halten.

3.2 Chemische Verbindungen

Versuch Wir vermengen 7 g Eisen- und 4 g Schwefelpulver und erhitzen das Gemenge in einem Reagenzglas.

Ergebnis Das Gemenge glüht auf; es bleibt eine Substanz im Glas, die weder die Eigenschaften des Eisens noch des Schwefels hat und kaum magnetisch ist.

Chemische Reaktion. Eisen und Schwefel haben in unserem Versuch miteinander reagiert, eine chemische Reaktion ausgelöst. Dabei wird entweder Wärme (Energie) frei (wenn z.B. Branntkalk mit Wasser betropft wird) oder muß zugeführt werden (wie im Versuch). Aus den reagierenden Stoffen bilden sich neue Stoffe mit oft ganz anderen Eigenschaften (**3**.2).

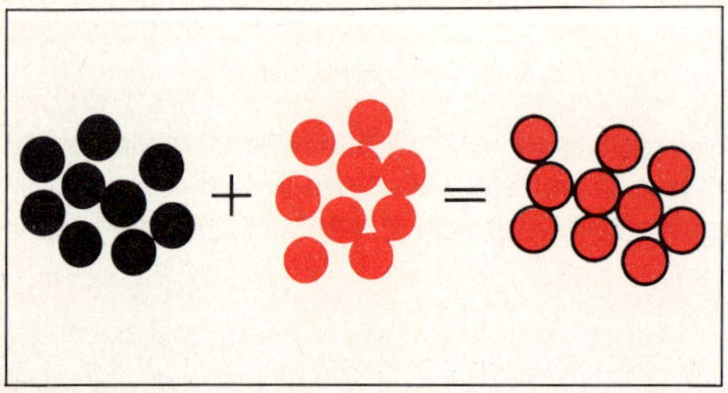

3.2 Verbindung

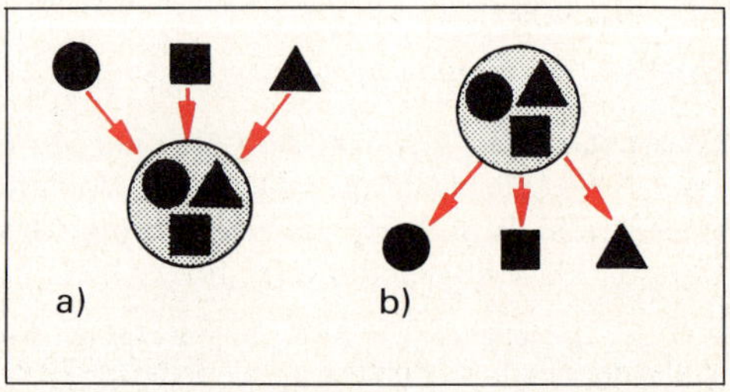

3.3 Chemische Reaktionen
a) Synthese, b) Analyse

Synthese und Analyse. Die Vereinigung von Stoffen durch eine chemische Reaktion nennt man Verbindung oder Synthese (griech. Zusammenfügung). Verbindungen lassen sich nicht physikalisch, sondern nur chemisch durch Analyse (griech. Zergliederung) wieder trennen und in ihre Ausgangsstoffe zerlegen (**3**.3).

Der Begriff „analysieren" begegnet uns fast täglich. In welchem Zusammenhang z.B.? Denken Sie an Zeitungsberichte und Tagespolitik. Ein vereidigter Sachverständiger analysiert einen Anstrichuntergrund. Was tut er? Was will er wissen?

Bei einer chemischen Reaktion verbinden sich die Stoffe zu neuen Stoffen mit anderen Eigenschaften (Synthese). Verbindungen lassen sich nur chemisch wieder trennen (Analyse).

3.3 Element und chemische Formel

Element. Bei der Analyse von Verbindungen stößt man schließlich auf Stoffe, die chemisch nicht mehr weiter zu zerlegen sind. Man nennt sie Grundstoffe oder Elemente. Es gibt über 100 davon. Die wichtigsten muß der Maler kennen, weil sie in seinen Werkstoffen enthalten sind (**3**.4). Die Grundstoffe haben Zeichen (Symbole), die von ihren lateinischen oder griechischen Namen abgeleitet sind (z.B. Fe = Ferrum = Eisen, O = Oxygenium = Sauerstoff, H = Hydrogenium = Wasserstoff).

Tabelle **3.4** **Wichtige Elemente**

	Name	Zeichen	Atommasse	Bemerkung
Metalle	Schwermetalle			
	Blei	Pb	207	Folien
	Chrom	Cr	52	Schutzüberzug bei Kfz
	Eisen	Fe	56	Anstrichuntergrund
	Gold	Au	197	Blattgold
	Kupfer	Cu	64	Untergrund
	Silber	Ag	108	Blattsilber, Dekoration
	Zink	Zn	65	Anstrichuntergrund
	Leichtmetalle			
	Aluminium	Al	27	Anstrichuntergrund
	Calcium	Ca	40	Anstrichuntergrund
Nichtmetalle	Fest			
	Kohlenstoff	C	12	in vielen Verbindungen
	Gasförmig			
	Fluor	F	19	Fluate
	Sauerstoff	O	16	in vielen Verbindungen
	Stickstoff	N	14	in vielen Verbindungen
	Wasserstoff	H	1	in vielen Verbindungen

Elemente sind Stoffe, die man chemisch nicht weiter zerlegen kann.

3.4 Atom und Molekül

Moleküle sind die kleinsten Teile einer chemischen Verbindung. Sie haben die Eigenschaften dieser Verbindung.

Das Atom ist das kleinste Teilchen eines Elements und für jedes Element verschieden. Jeder Grundstoff hat sein eigenes Atom, das durch das chemische Symbol angegeben wird. O bedeutet also nicht nur Sauerstoff, sondern 1 Atom Sauerstoff.

Die Atommasse ist äußerst klein. Ihre Einheit ist der 12. Teil der Masse eines Kohlenstoffatoms. Kohlenstoff hat also die Atommasse 12, Wasserstoff 1, Sauerstoff 16 (**3**.4).

Das Atom ist das kleinste Teil eines Elements, das Molekül ist das kleinste Teil einer chemischen Verbindung. Die Atommasse eines Elements zeigt an, wievielmal größer die Masse seines Atoms ist als $^1/_{12}$ der Masse eines Kohlenstoffatoms.

Bau des Atoms. Das Atom besteht aus den elektrisch negativ geladenen Elektronen, den elektrisch positiv geladenen Protonen und den neutralen Neutronen. Der Atomkern wird von den Protonen *p* und den Neutronen *n* gebildet. In bestimmten Abständen (Schalen) umkreisen ihn die Elektronen *e*, die die Atomhülle bilden (**3**.5 auf S. 40).

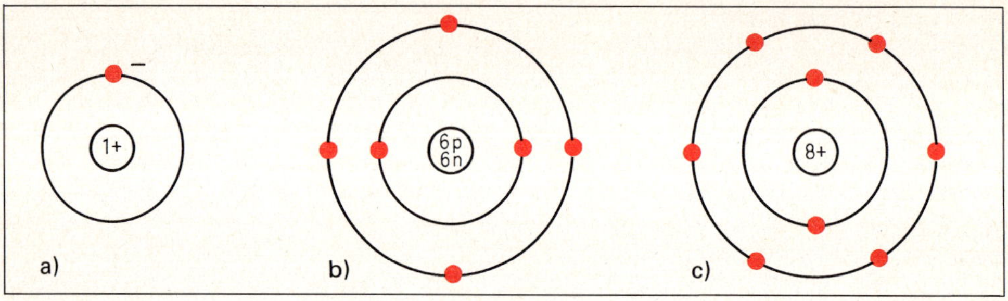

3.5 Atomaufbau
a) Wasserstoffatom, b) Kohlenstoffatom, c) Sauerstoffatom

Ein Atom hat immer die gleiche Anzahl Elektronen und Protonen. Es ist deshalb elektrisch neutral. Die Atome unterscheiden sich voneinander durch die unterschiedliche Anzahl der Protonen.

Ein Atom besteht aus Elektronen, Protonen und Neutronen. Durch die Anzahl ihrer Bausteine unterscheiden sich die Atome.

Im Periodensystem sind die Elemente nach der Zahl ihrer Protonen und Neutronen geordnet. Diese Ordnung sagt zugleich etwas über ähnliche Eigenschaften aus.

3.5 Wertigkeit

Elemente verbinden sich immer in ganz bestimmten Mengenverhältnissen. Je nachdem, ob ein Atom ein, zwei oder drei Atome eines anderen Grundstoffs an sich binden kann, spricht man von ein-, zwei- oder dreiwertigen Atomen. Sauerstoff ist zweiwertig, bindet also 2 Atome Wasserstoff. Kohlenstoff ist vierwertig (**3**.6). Die Wertigkeit drückt sich stets in der Formel von Verbindungen aus: H_2O bzw. CH_4 in unserer Zeichnung. Dabei geben Zahlen die Anzahl der Atome an.

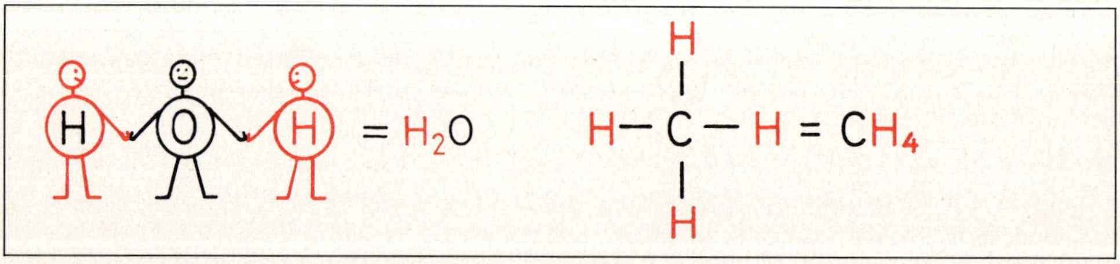

3.6 Elemente und Wertigkeit

Reaktionsgleichung. Wenn wir die Wertigkeit der Atome kennen, können wir ihre chemischen Reaktionen in Gleichungen darstellen.

Dazu verwenden wir wieder die Kurzzeichen:

$2\,H + O \rightarrow H_2O$ $\quad$ $C + 4\,H \rightarrow CH_4$ $\quad$ $Fe + S \rightarrow FeS$

3.6 Luft und Wasser

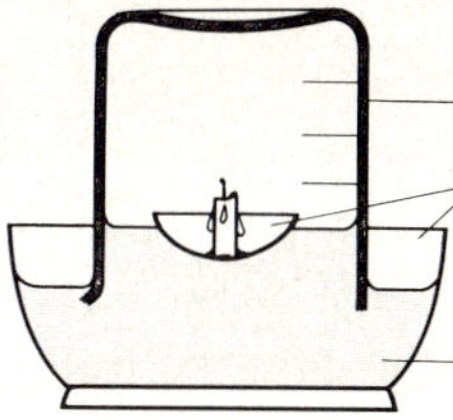

3.7 Luft unterhält die Verbrennung

Versuch Wir stellen eine Kerze in eine kleine Porzellanschale und diese in eine größere Schale mit Wasser. Die Kerze wird angezündet und ein Becherglas darüber gestülpt, so daß die Außenluft abgeschlossen ist (3.7).

Ergebnis Die Kerze erlischt nach kurzer Zeit, und das Wasser steigt im Becherglas hoch.

Luft ist ein Gemisch aus etwa 21% Sauerstoff, 78% Stickstoff und 1% Edelgasen. Nachdem bei unserem Versuch der Sauerstoff im Becherglas verbraucht war und keine neue Luft hinzutreten konnte, erlosch die Kerze. Luft unterhält also die Verbrennung.

Luft ist ein Gasgemisch aus Sauerstoff, Stickstoff und Edelgasen. Sie unterhält die Verbrennung.

Luft enthält aber auch Verunreinigungen, die sich schädlich auf Anstriche auswirken, außerdem schwankende Mengen Wasserdampf (s. Abschn. 2.6). Dieser Feuchtigkeitsgehalt verursacht u.a. das Rosten des Eisens (Korrosion, s. Abschn. 3.7). Er ist mit entscheidend für die Lagerung bestimmter Stoffe (z.B. Zement, Gips) und für Trocknungsvorgänge (Putz, Holz, Lacke).

Sauerstoff ist das häufigste und eins der wichtigsten Elemente. Er kommt in zahlreichen Verbindungen vor, ist nicht brennbar, unterhält aber die Verbrennung.

Sauerstoff ist das häufigste Element und verbindet sich leicht mit anderen Grundstoffen.

Wasser (chemische Formel H_2O) ist Hauptbestandteil aller Organismen und lebenswichtig. Ohne Wasser würden die Pflanzen verdorren, würde das Vieh verdursten. Wasser ist aber zugleich das wichtigste Lösemittel für alle Verbindungen. Es löst feste Stoffe (Farbmittel), flüssige Stoffe (Laugen, Säuren) und gasförmige (Mineralwasser). Manche Stoffe lösen sich völlig in Wasser auf (z.B. Salze), andere lösen sich zwar nicht, verteilen sich aber gleichmäßig.

Wasser übernimmt bei allen wäßrigen Anstrichmitteln die Aufgabe des Verteilungs-, Löse- und Verdünnungsmittels.

Überlegen Sie, zu wie vielen Arbeiten Sie Wasser brauchen.

Jedes Lösemittel kann nur eine bestimmte Menge aufnehmen. Ist diese Menge erreicht, sprechen wir vom Sättigungspunkt. Reste bleiben dann ungelöst.

Wasser löst feste, flüssige und gasförmige Stoffe.

3.7 Oxidation und Reduktion

Versuch Eine Kerze wird so unter einen Glaszylinder gestellt, daß von unten Luft nachströmen kann. Auf ein Drahtnetz im oberen Teil des Zylinders geben wir Natronkalk. Diese Anordnung hängt man an eine Waage und gleicht mit Gewichten genau aus. Dann wird die Kerze angezündet (**3**.8).

Ergebnis Die Schale mit den Verbrennungsprodukten senkt sich, wird also schwerer.

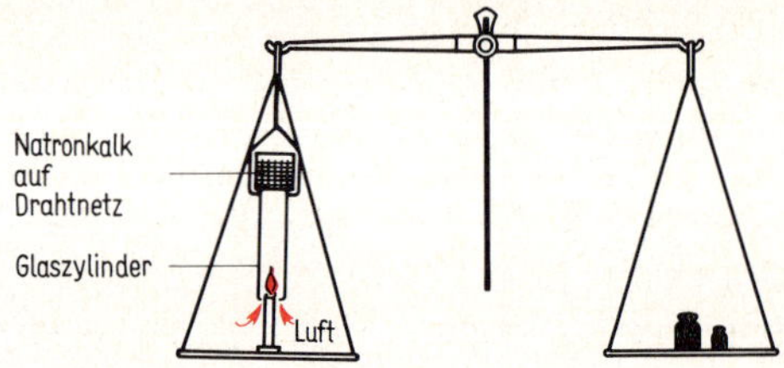

3.8 Verbrennung

Oxidation ist die Verbindung eines Stoffs mit Sauerstoff zu Oxid. Dabei wird Energie (Wärme) frei. Jede Verbrennung ist eine schnelle Oxidation. Weil der Ausgangsstoff Sauerstoff aufnimmt, wird die Verbindung (das Oxid) schwerer.

Zahlreiche Farbmittel sind Oxide, z. B. Bleimennige Pb_3O_4, Titanweiß TiO_2 und Zinkweiß ZnO.

Ein in der Anstrichtechnik sehr wichtiger Oxidationsvorgang ist die oxidative Trocknung fetter Öle (z. B. Leinöl, Leinölfirnis). Sie nehmen Sauerstoff auf und vernetzen. Die Öle werden in ihren Lösemitteln unlöslich und widerstandsfähig gegen mechanische Einwirkungen.

Bei der Reduktion geschieht das Umgekehrte: einer Verbindung wird der Sauerstoff entzogen. Dazu braucht man Energie. Zugleich oxidiert das Reduktionsmittel. Ein Beispiel dafür ist die Metallgewinnung aus Erzen. Hier entstehen durch Brennen Oxide, die man durch Koksbrand zu Metallen reduziert.

Oxidation ist die Vereinigung eines Stoffs mit Sauerstoff zu einem Oxid. Dabei wird Energie (Wärme) frei. Reduktion ist der Entzug von Sauerstoff aus einer Verbindung. Dabei wird Energie verbraucht, und das Reduktionsmittel oxidiert.

Korrosion. Feuchtigkeit läßt Eisen rosten, Säuren greifen Metalle an – diese aus dem Alltag bekannten schädigenden, zerstörerischen Einwirkungen von Luft und Wasser auf Metall nennt man Korrosion. Korrosion verursacht jährlich Milliardenschäden und tritt in Industriegegenden besonders stark auf.

Je rauher die Oberfläche ist oder wird, desto rascher geht die Korrosion vor sich. Bei einigen Metallen (z. B. Kupfer Magnesium, Aluminium) sind die Oxidationsschichten nicht porös und hemmen daher die weitere Korrosion (Patina). Edelmetalle (Gold, Silber usw.) werden nicht angegriffen.

Schutz vor Korrosion bieten Anstriche und Kunststoffüberzüge.

Korrosion ist die chemische Einwirkung von Luft und Wasser auf Metalle und Legierungen.

3.8 Säuren, Basen, Salze

Säuren entstehen, wenn sich Nichtmetalle mit Wasserstoff verbinden oder wenn sich Nichtmetalloxide in Wasser lösen.

Beispiele 2 Atome Chlor verbinden sich mit 2 Atomen Wasserstoff zu Salzsäure: $H_2 + Cl_2 \rightarrow 2\,HCl$.
Schwefeldioxid löst sich in Wasser zu schwefliger Säure: $SO_2 + H_2O \rightarrow H_2SO_3$.

Säuren schmecken sauer, greifen die Haut und unedle Metalle an. Sie färben blaues Lackmuspapier rot. (Lackmus ist ein Indikator = Anzeiger; ein Papier, das mit einem natürlichen Pflanzenfarbstoff getränkt ist.) Durch die Kontrolle mit blauem Lackmuspapier stellt man leicht Säurereste in Anstrichuntergründen fest.

Welche Wirkungen haben Säuren auf Anstriche? Wozu braucht man sie?

> Säuren sind Verbindungen von Nichtmetallen mit Wasserstoff oder von Nichtmetalloxiden mit Wasser. Besonders bei Putz und Beton können sie Anstrichschäden hervorrufen. Bei Metallen fördern sie die Korrosion (Rost).
> **Vorsicht bei Arbeiten mit Säure!** Stets Schutzbrille und Schutzhandschuhe tragen. Beim Verdünnen immer die Säure vorsichtig unter Umrühren ins Wasser geben – niemals Wasser in Säure gießen! Säureflaschen müssen mit Giftetikett versehen sein. Bei Unfällen (Säurespritzer) Säure mit viel Wasser fortspülen.

In der Malerpraxis rauht man neue Zinkflächen (Dachrinnen, Welltafeln) mit verdünnter Salzsäure an, damit der Anstrich besser haftet.

Tabelle 3.9 **Wichtige Säuren**

Salzsäure	HCl
Schwefelsäure	H_2SO_4
Salpetersäure	HNO_3
Kieselsäure	H_2SiO_3

Basen (Laugen) sind Verbindungen von bestimmten Metalloxiden mit Wasser. Sie gehören zur Hydroxidgruppe OH.

Beispiel Gebrannter Kalk (Calciumoxid) verbindet sich mit Wasser zu „gelöschtem Kalk" (Calciumhydroxid): $CaO + H_2O \rightarrow Ca\,(OH)_2$.

Laugen schmecken seifenähnlich und fühlen sich glitschig an. Sie ätzen die Haut (z.B. Kalkfarbe) und greifen unedle Metalle an, lösen Fette auf und verseifen Ölfarben beim Ablaugen. Basen färben rotes Lackmuspapier blau und lassen sich so schnell nachweisen. Mit Indikatorpapieren erkennt man durch wechselnde Farbtöne sowohl saure und alkalische als auch neutrale Reaktionen.

> Basen oder Laugen sind Verbindungen von Metalloxiden mit Wasser. Typisch ist die OH-Gruppe. Laugen färben rotes Lackmuspapier blau. In bestimmten Anstrichuntergründen können Basen enthalten sein und sich nachteilig auswirken.
> **Vorsicht bei Arbeiten mit Laugen!** Sie ätzen die Haut und sind besonders für die Augen gefährlich (Kalkspritzer). Schutzbrille tragen! Bei Unfällen mit viel Wasser spülen.

Tabelle **3.10** **Wichtige Basen**

Calciumlauge	$Ca(OH)_2$
Natronlauge	NaOH
Salmiakgeist	NH_4OH
Kalilauge	KOH

In der Malerpraxis erweicht (verseift) man mit Ammoniumlauge (Salmiakgeist) alte Ölanstriche, „laugt" sie an der Oberfläche an oder ab, bevor man mit Wasser nachwäscht. Schalöle und -wachse auf Beton werden mit bestimmten Laugen entfernt (verseift). Als Ablaugmittel verwendet der Maler neben Salmiakgeist auch Natronlauge und Kalilauge (**3**.10).

Salze

Versuch Wir gießen verdünnte Natronlauge in ein Reagenzglas und machen die Lackmusprobe bis zur Blaufärbung. Darauf geben wir so lange verdünnte Salzsäure zu, bis die Blaufärbung verschwunden und noch keine Rotfärbung zu sehen ist. Dann dampfen wir diese neutrale Salzlösung ein.

Ergebnis Beim Eindampfen scheiden Kochsalzkristalle aus nach der Formel $NaOH + HCl \rightarrow NaCl + H_2O$.

Salze entstehen also bei der Verbindung von Basen und Säuren. Zugleich bildet sich Wasser. Auch wenn sich Metalle in bestimmten Mengen mit Säuren verbinden, entstehen Salze, weil sich die Metallatome mit dem Säure*rest* verbinden.

Versuch Im Reagenzglas versetzen wir Zink mit Schwefelsäure. Dabei wird Wasserstoff frei. Dann wird die Lösung verdampft.

Ergebnis Salzkristalle scheiden aus nach der Reaktionsgleichung $Zn + H_2SO_4 \rightarrow ZnSO_4 + H_2$.

Salze bilden, wie wir gesehen haben, Kristalle. Man benennt sie nach dem Metall und dem Säurerest (z. B. Natriumchlorid, Kupfersulfat, Calciumcarbonat).

> Salze entstehen aus der Verbindung von Basen und Säuren oder von Metallen und Säuren.

In der Malerpraxis können Salze an Baustoffen und Bauteilen Schäden verursachen. Da sie wasseranziehend (hygroskopisch) sind, können sie Anstriche und Beläge zerstören oder ablösen. Typisch sind ihre klar erkennbaren „Ausblühungen". Im Malerhandwerk werden folgende Salze verwendet:

a) Gips = schwefelsaures Calcium = Calciumsulfat $CaSO_4$
b) Schlämmkreide = kohlensaures Calcium = Calciumcarbonat $CaCO_3$
c) Schwerspat = schwefelsaures Barium = Bariumsulfat $BaSO_4$
d) Soda = kohlensaures Natrium = Natriumcarbonat Na_2CO_3

Neutralisation zeigte sich in unserem Natronlauge-Salzsäure-Versuch. Es ist der Zustand, in dem sich die Wirkungen von Basen und Säuren gegenseitig aufheben: Blaues Lackmuspapier färbt sich nicht rot, rotes nicht blau. Indikatorpapier färbt sich orange. Die sich daraus ergebenden Salze reagieren weder alkalisch (laugenhaft) noch sauer; es bleibt weder ein Überschuß an Lauge noch an Säure.

> Bei Neutralisation heben sich die Wirkungen von Basen und Säuren auf.

In der Malerpraxis spielt die Neutralisation eine große Rolle, denn ein Untergrund darf die Anstrichschichten nicht zerstören oder verändern. Er muß neutral, chemisch unwirksam sein.

Kalkunbeständige Buntpigmente verändern unter alkalischer Wirkung ihren Farbton. Ölhaltige Anstrichfarben verseifen bei alkalischer Einwirkung und werden wasserlöslich.

Bei Kalkputz dauert die alkalische Wirkung etwa 6 Monate, bei zementhaltigem Untergrund bis zu 2 Jahren. Ein zu früh aufgetragener Anstrich wird nicht nur zerstört, sondern verzögert oder unterbindet auch den Verfestigungsvorgang im Putz. Die Neutralität muß daher stets geprüft werden.

Neutralitätsprüfung. Bei der Lackmusprobe feuchtet man rotes Lackmuspapier mit destilliertem Wasser an und drückt es auf eine angekratzte, angenäßte Putzstelle. Noch ungebundener Putzkalk färbt das Papier blau. Üblicher ist heute das erwähnte Indikatorpapier, das sowohl Laugen als auch Säuren anzeigt. Maßzahl dafür ist der pH-Wert.

Der pH-Wert an der neutralen Grenze beträgt 6,9. Ein pH-Wert von 8 gilt als schwach alkalisch (leichte Blaufärbung des Indikators), einer von 11 als stark alkalisch (starke Blaufärbung). Mit dem pH-Wert >5 beginnt der saure Bereich (Rotfärbung, **3**.11).

Zur Prüfung kann man auch Phenolphthalein benutzen, eine farblose organische Verbindung. Man streicht sie auf mehrere Stellen des Putzes, Rotfärbung zeigt noch ungebundene Kalk- oder Zementreste und damit alkalische Wirksamkeit an. Bei Säure bleibt die Flüssigkeit farblos.

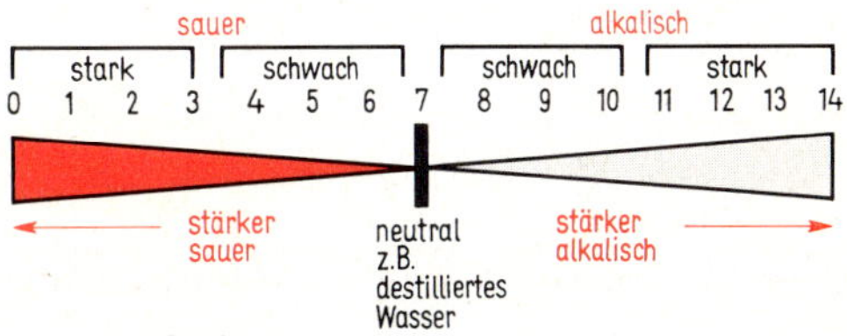

3.11 pH-Skala

3.9 Kunststoffe (Plaste)

Organische Stoffe. Die bisher erwähnten Stoffe waren Mineralien (Steine, Erdfarben) oder Metalle, also leblose, anorganische Stoffe. Dieser Zweig der Chemie heißt daher anorganische Chemie. Kunststoffe sind dagegen überwiegend Kohlenwasserstoffverbindungen, also pflanzliche, organische Stoffe (z.B. aus Holz, Erdöl, Kohle). Doch hat die organische Chemie inzwischen auch künstliche organische Stoffe geschaffen – Kunststoffe, ohne die wir uns das Leben nicht mehr vorstellen können (**3**.12). Im Maler- und Lackiererhandwerk werden Kunststofferzeugnisse schon seit Jahrzehnten verarbeitet, z.B. Decken-, Wand- und Bodenbeläge (s. Abschn. 15).

Tabelle **3**.12 **Einordnung der Kunststoffe**

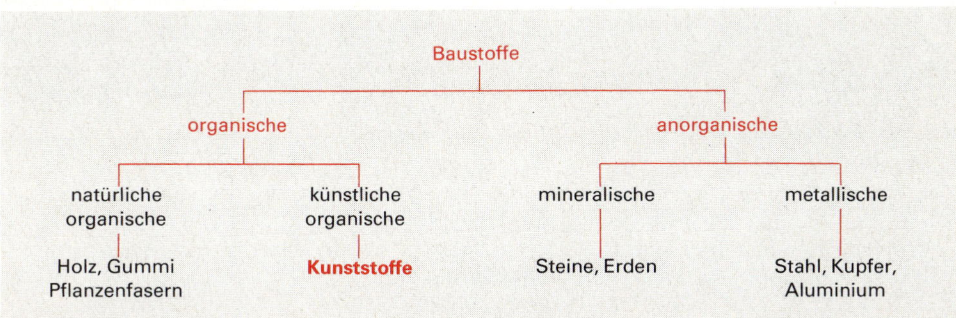

Chemie des Kohlenstoffs. Der Kohlenstoff ist Grundbaustein der zahllosen organischen Verbindungen. In der Natur kommt er in reinem Zustand als Graphit und Diamant, in Verbindungen u.a. im Erdöl und Erdgas, in Kohle und Bitumen vor. Ein Kohlenstoffatom kann vier Bindungen mit Kohlenstoff oder anderen Atomen eingehen – es ist vierwertig (**3**.6). Am häufigsten sind Verbindungen mit Wasserstoff, Sauerstoff, Stickstoff, Schwefel und Chlor. Aber auch untereinander können Kohlenstoffatome fast unbegrenzt Ketten und Ringe bilden.

Sehen Sie sich in Ihrem Bereich (Zuhause, im Beruf, an ihrem Fahrzeug) um und nennen Sie pflanzliche Stoffe und Kunststoffe. Manche Gegenstände hat man früher z.B. aus Holz gefertigt, die heute aus Kunststoff bestehen. Zählen Sie Beispiele auf.

Makromoleküle. Die Stoffe und Verbindungen der anorganischen Chemie bestehen aus Molekülen mit wenigen Atomen. Kunststoffe bestehen dagegen aus Riesen- oder Makromolekülen mit vielen Atomen (makro griech. groß). 1000 bis 1000000 Atome können sie enthalten, die fadenförmig aneinandergereiht sind. Immer sind Kohlenstoff C und Wasserstoff H dabei, ferner geringe Mengen anderer Elemente.

Beispiele Makromoleküle des Polyvinylchlorids (PVC)

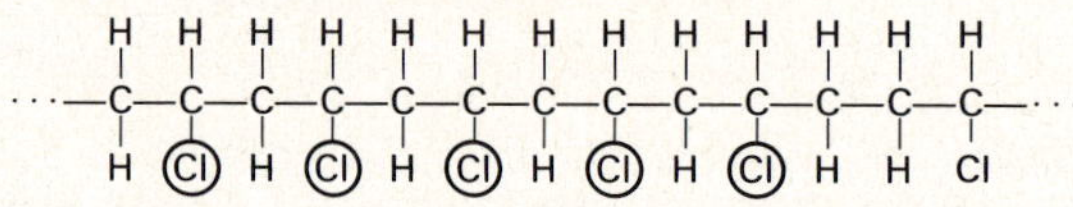

Ringförmige Bindung: Benzol

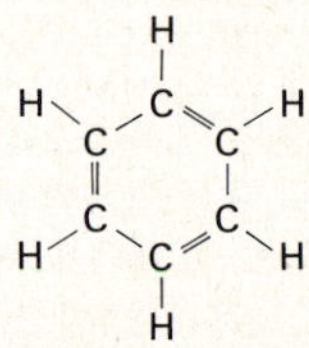

Kunststoffe stellt man durch Polymerisation, Polykondensation und Polyaddition her.

Bei der Polymerisation schließen sich gleichartige ungesättigte Kohlenwasserstoffmoleküle durch Aneinanderreihen zu einem Makromolekül zusammen. Diese Verbindungen heißen Polymerisate (**3**.13).

Bei der Polykondensation bilden ungleichartige Moleküle ein Makromolekül, wobei sich Nebenprodukte abspalten – meist Wasser (daher der Name Kondensation). Die Verbindungen nennt man Polykondensate (**3**.14).

Die Polyaddition verläuft wie die Polykondensation, jedoch ohne Wasserabspaltung. Dagegen lagern sich hierbei die Atome um. Die Produkte heißen Polyaddukte (**3**.15).

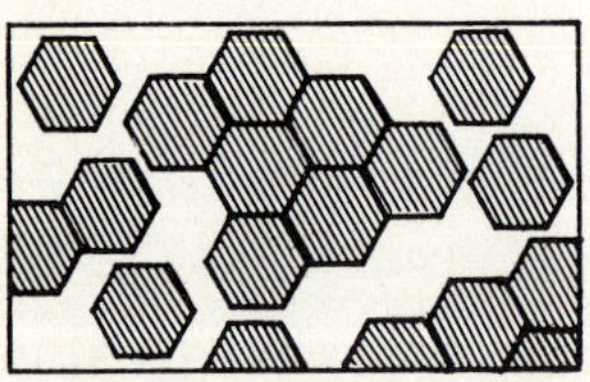

3.13 Polymerisation

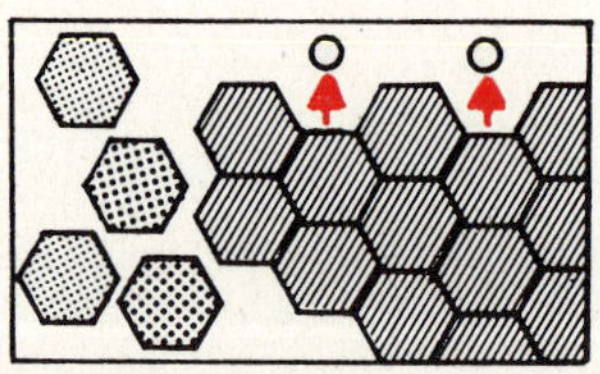

3.14 Polykondensation

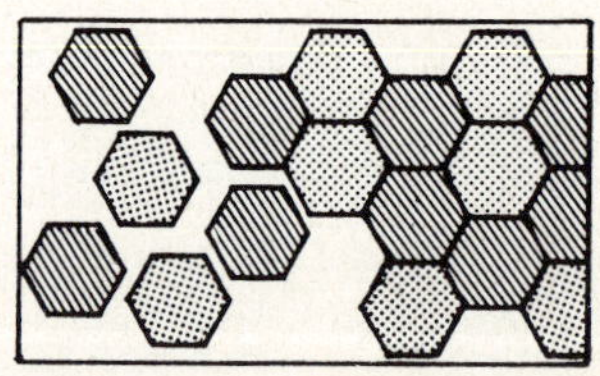

3.15 Polyaddition

> Kunststoffe entstehen durch Polymerisation (Polymerisate), Polykondensation (Polykondensate) oder Polyaddition (Polyaddukte).

Nach den Eigenschaften unterscheiden wir – unabhängig von der Herstellung – drei Arten von Kunststoffen: Thermoplaste, Duroplaste und Elastomere.

Thermoplaste (Plastomere) sind bei Wärmezufuhr plastisch und verformbar. Bei Abkühlung erhärten sie wieder. Beispiele: Polystyrol, PVC (z.B. PVC-Bodenbeläge und PVC-Sockelleisten).

Duroplaste bleiben auch bei Erwärmung hart und formbeständig. Beispiele: Phenoplast (z.B. harte Tischbeläge), Epoxidharz.

Elastomere bleiben in einem weiten Temperaturbereich elastisch. Beispiel: elastische Dichtungsmittel.

In der Malerpraxis begegnen uns an vielen Stellen Kunststoffe. Wir werden sie in ihrem Anwendungsbereich behandeln.

Aufgaben zu Abschnitt 3

1. Was versteht man unter Chemie?
2. Nennen Sie die Merkmale von Gemenge und chemischer Verbindung.
3. Was geschieht bei einer chemischen Reaktion?
4. Was geht bei einer Synthese und bei einer Analyse vor sich?
5. Beschreiben Sie den Aufbau eines Atoms.
6. Was versteht man unter der Wertigkeit eines Grundstoffs?
7. Woraus besteht Luft?
8. Welche besondere Eigenschaft hat der Sauerstoff?
9. Was geschieht bei einer Verbrennung (Oxidation)?
10. Beschreiben Sie die Vorgänge bei Oxidation und Reduktion.
11. Was versteht man unter Korrosion?
12. Welche Bedeutung hat die Korrosion in unserem Wirtschaftsleben?
13. Wie entsteht eine Säure?
14. Mit welchen Säuren hat auch der Maler zu tun?
15. Was müssen Sie beim Umgang mit Säuren beachten?
16. Welche Wirkungen haben Säuren auf Anstrichmittel und Untergründe?
17. Wie entsteht eine Lauge?
18. Mit welchen Laugen arbeitet der Maler und Lackierer?
19. Wie lassen sich Säuren und Laugen nachweisen?
20. Wozu dient der pH-Wert?
21. Was geschieht, wenn Säuren und Laugen vermischt werden?
22. Wie prüft man die Alkalität im Putz?
23. Woraus werden Kunststoffe gewonnen?
24. Beschreiben Sie die Herstellungsarten Polymerisation, Polykondensation und Polyaddition.
25. Welche Eigenschaften haben Thermoplaste, Duroplaste, Elastomere?

4 Optik und Farbenlehre

4.1 Licht und Farbe

Wenn bisher von „Farbe" gesprochen wurde, waren meist flüssige Anstrichfarben oder Farbmittel (farbgebende Stoffe) gemeint. Farbe bedeutet aber noch mehr.

„Farbe" hat jeder Gegenstand unserer Umwelt. Es ist seine Gegenstandsfarbe, sein Lokalton (z. B. rote Blume, blauer Mantel);

„Farbe" sagen wir zu bunten Tönen (Rot, Gelb, Blau) und drücken damit das Farbige, das Bunte aus;

„Farbe" charakterisiert auch die Farbrichtung eines Tons. So haben verschiedene gelbe Farbtöne die gleiche Farbrichtung Gelb;

„Farbe" bedeutet schließlich in der Physik die Farbigkeit als optische Erscheinung, deren Wesen sich aus dem Sonnenlicht erklären Läßt.

Lichtstrahlen, die uns von der Sonne oder von einer Lampe treffen, sind elektromagnetische Schwingungen. Sie breiten sich mit einer Geschwindigkeit von etwa 300 000 km/s (Lichtgeschwindigkeit) wellenförmig von ihrem Entstehungsort aus. Röntgenstrahlen, ultraviolette Strahlen, Infrarotstrahlen, Rundfunkstrahlen u. a. sind unsichtbar. Ihre Wellenlängen sind zu groß oder zu klein für das menschliche Auge. Nur der Wellenbereich zwischen 380 und 780 nm (Nanometer = $^1/_{1000000}$ mm) ist uns als Licht sichtbar (**4.1**).

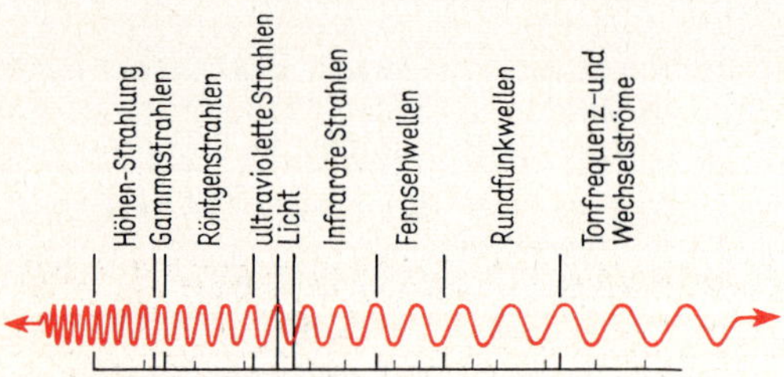

4.1 Elektromagnetische Wellen

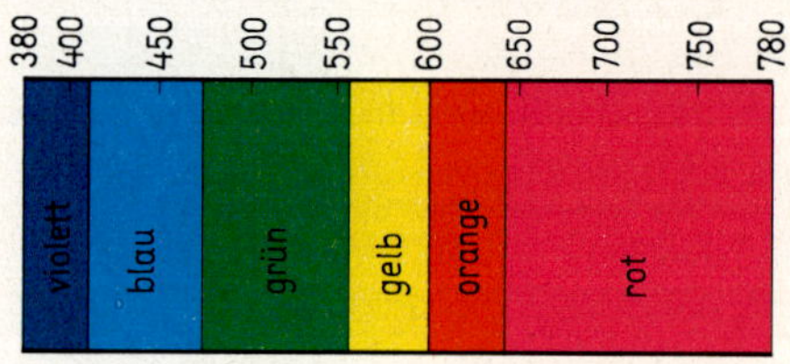

4.2 Das sichtbare Licht

Einheit der L i c h t stärke ist die Candela (Cd), Einheit der B e l e u c h t u n g s stärke ist das Lux (lx). Wir können die Beleuchtungsstärke berechnen, indem wir den Lichtstrom (Lichtleistung in Lumen = lm) durch die beleuchtete Fläche (m^2) teilen.

Farben. Die verschiedenen Wellenlängen im sichtbaren Lichtbereich oder Spektrum unterscheidet unser Auge als unterschiedliche Farben (**4**.2). Der Lichtstrahl tritt durch Hornhaut und Linse ins Auge und trifft dort auf die Netzhaut. Von hier aus wird der Lichtreiz durch die Sehnerven an das Gehirn weitergeleitet, das die einzelnen Farbwahrnehmungen entziffert. Unser Auge kann etwa 400 reine Bunttöne und 100 reine Grautöne unterscheiden. Je nach Übung kann ein menschliches Auge noch bis zu 1000 Übergänge von jedem reinen Bunt wahrnehmen.

Lichtstrahlen sind elektromagnetische Schwingungen, die sich mit Lichtgeschwindigkeit (300 000 km/s) im sichtbaren Wellenbereich ausbreiten. Die verschiedenen Wellenlängen in diesem Bereich unterscheidet das Auge als Farben.

4.2 Refraktion, Reflexion und Absorption

Refraktion (Lichtbrechung). Wenn der Lichtstrahl schräg auf einen durchsichtigen anderen Körper trifft, wird er in seiner Richtung abgelenkt, gebrochen. Wir sehen diese Erscheinung deutlich, wenn wir einen Stock ins Wasser tauchen: Er knickt an der Oberfläche optisch ab (**4**.3). Die Lichtbrechung der Körper ist unterschiedlich und wird als Brechungszahl angegeben (z.B. Wasser 1,3, Leinöl und Lacke 1,5, Zinksulfid 2,37, Titanoxid 2,7). Je stärker die Lichtstrahlen gebrochen werden, desto größer ist die Brechungszahl.

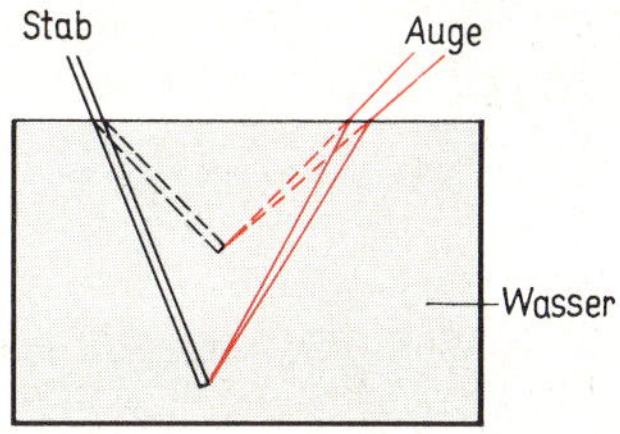

4.3 Lichtbrechung

Die Richtungsänderung eines Lichtstrahls beim Übergang von einem Medium (umgebender Stoff) in ein anderes hängt von beiden Medien ab. Wird ein Lichtstrahl zum Einfallslot hin gebrochen, nennt man das zweite Medium optisch dichter (Einfallslot = Lot auf der Einfallsfläche). Bei einer Brechung vom Einfallslot weg nennt man das zweite Medium optisch dünner. Man spricht in diesem Zusammenhang von der optischen Dichte.

In der Malerpraxis spielt die Brechungszahl (auch Brechungsindex genannt) eine wichtige Rolle. Je stärker sich nämlich die Brechungszahlen von Pigment und Bindemitteln unterscheiden, desto besser ist das Deckvermögen (s. Abschn. 8.1.2).

> Schräg auf einen durchsichtigen Körper treffende Lichtstrahlen werden gebrochen. Der Brechungsindex der Körper ist unterschiedlich.

Spektrum. Beim Durchgang durch ein Glasprisma wird ein Lichtstrahl zweimal gebrochen: beim Eintritt und beim Ausgang. Dabei wird das Licht in seine Farben zerlegt. In der Natur kennen wir diesen Vorgang durch den Regenbogen. Das Farbband nennt man Spektrum, die einzelnen Farben (Rot, Orange, Gelb, Grün, Blau, Violett) Spektralfarben oder auch Regenbogenfarben (**4**.4).

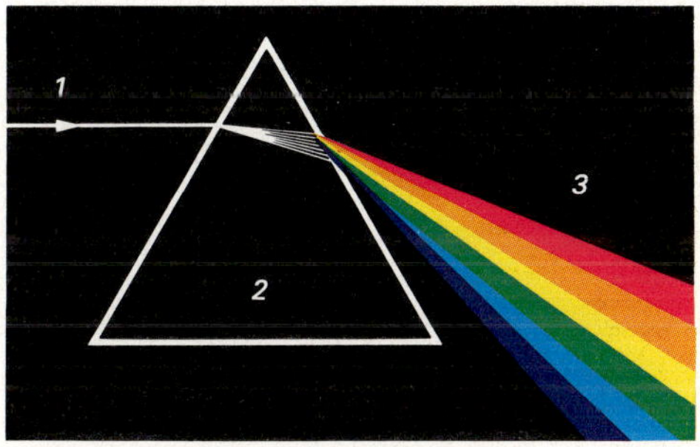

4.4 Zerlegung des Sonnenlichts
1 Sonnenstrahl, *2* Prisma, *3* Spektralfarben

Werden die Spektralfarben mit Hilfe einer Sammellinse wieder vereint, entsteht Weiß. Diese „reinen" Farben werden in unserem Handwerk seltener angewendet.

Reflexion und Absorption (lat. zurückbiegen bzw. aufnehmen). Wie entsteht die „Gegenstandsfarbe" (Lokalton) auf Körperoberflächen? Wie kommt es, daß uns z.B. eine grün gestrichene Wand „grün" erscheint? Dazu müssen wir wissen, was mit Lichtstrahlen geschieht, die auf einen undurchsichtigen Körper treffen.

a) Körper mit großem Brechungsvermögen lenken alle Lichtwellen ab (Refraktion) und werfen sie zurück (Reflexion). Dann erscheint uns die Fläche weiß (**4**.5 auf S. 50).

b) Körper ohne oder fast ohne Brechungsvermögen lenken das Licht nicht ab, sondern verschlucken, absorbieren es (Absorption). In diesem Fall erscheint uns die Oberfläche schwarz (**4**.6).

4.5 Volle Lichtreflexion – Weiß

c) Körper mit normalem Brechungsvermögen reflektieren einen Teil der Lichtstrahlen und absorbieren den anderen Teil. Die Oberfläche erscheint uns dann grau.

d) Körper brechen und reflektieren nur einzelne Wellenlängen, sie zerlegen das Licht (teilweise Reflexion). Uns erscheinen nicht die absorbierten Teile, sondern nur die reflektierten Teile auf der Oberfläche als „Farbe" (**4**.7).

4.6 Volle Absorption – Schwarz

4.7 Teilweise Reflexion – Farbe (z. B. Rot)

Damit ist die Frage beantwortet, warum uns eine Fläche grün erscheint: Die Strahlungswellen von Blau und Gelb (zusammen Grün) werden gebrochen und reflektiert, die roten dagegen absorbiert. Was bedeutet dies für den Maler und Lackierer? Es bedeutet, daß er durch pigmentierte Anstrichschichten das Lichtbrechungsvermögen eines Gegenstands ausschaltet und ihm einen anderen Farbton gibt.

Transmission ist die Durchlässigkeit von Lichtstrahlen durch einen Stoff (Glas). Solche Stoffe lassen parallele Lichtstrahlen durch; sie erscheinen farblos oder farbig durchsichtig.

Glanz. Bei der Reflexion auf glatten Flächen ist der Einfallwinkel gleich dem Ausfallwinkel. Bei dieser „gerichteten" Reflexion erscheint uns die Oberfläche glänzend (**4**.8).

Bei einer unebenen oder porösen Fläche kommt es zu einer „diffusen" (gestreuten) Reflexion, und die Oberfläche erscheint uns matt (Remission, **4**.9).

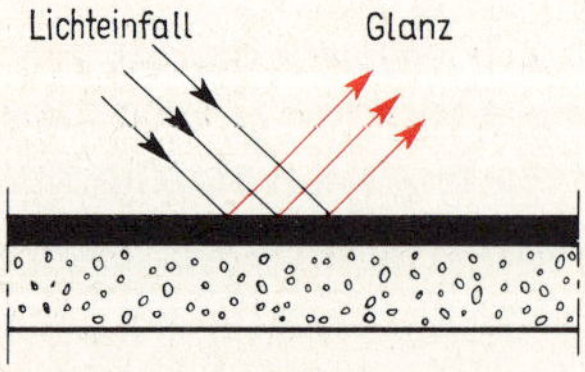

4.8 Gerichtete Reflexion (glatte Fläche = glänzende Oberfläche)

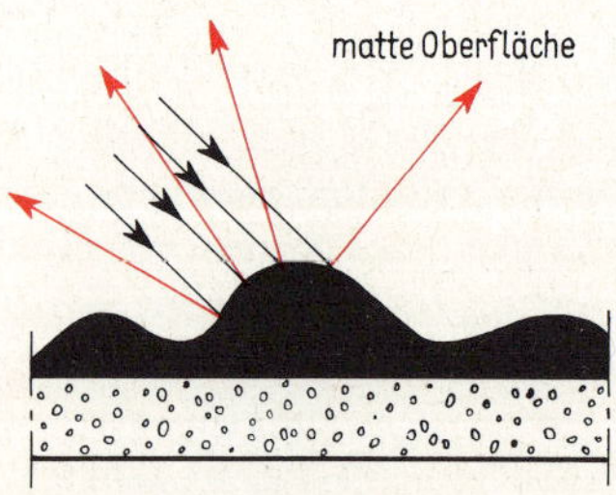

4.9 Diffuse Reflexion (unebene, poröse Fläche = matte Oberfläche)

4.3 Farbmessung und Farbmischung

Farbmessung. Verschiedene Personen empfinden einen bestimmten Farbton unterschiedlich. Das hängt von der Empfindlichkeit des Auges, den Lichtverhältnissen, von Stimmungen und auch von der Übung ab. In der Arbeitspraxis ist jedoch eine gemeinsame Verständigung (objektive Wertung) nötig. Deshalb mißt man Farbtöne mit besonderen Meßapparaten:

a) **nach dem Farbton,** d.h. der Wellenlänge im Spektrum = Farbtonstufen,

b) **nach der Reinheit** (Sättigung, Intensität), d.h. dem Anteil an reiner Farbe = Sättigungsstufen,

c) **nach der Reflexion,** also dem reflektierten bzw. absorbierten Lichtanteil. Reines Weiß hat den höchsten Reflexionswert (100%), Schwarz den geringsten (0%) = Dunkelstufen.

Aus diesen Werten kann man zugleich die Mischbarkeit der Farben und Farbtöne ableiten.

Additive Farbmischung

Versuch In einem verdunkelten Raum richten 3 Projektoren ihre Strahlenkegel auf eine weiße Wand. Ihnen sind die Farbfilter Orange, Grün und Violett vorgesetzt.

Ergebnis Überlagern sich zwei Strahlenkegel, entstehen aus Orange + Grün = Gelb, Orange + Violett = Rot, Violett + Grün = Blau. Überlagern sich alle drei Lichter, erscheint Weiß (**4**.10).

In unserem Versuch wird das Licht der drei Farbfilter addiert. Das Ergebnis ist Weiß. Damit ist auch bewiesen, daß Weiß die Summe aller Farben ist. In der Malerpraxis hat die additive Farbmischung im Gegensatz zur subtraktiven keine Bedeutung.

4.10 Additive Farbmischung

4.11 Subtraktive Farbmischung

Die subtraktive Farbmischung betrifft nicht Lichtfarben, sondern Körperfarben. Körperfarben sind Absorptionsfarben. Bei jeder Mischung mit Körperfarben wird deshalb Licht absorbiert (abgezogen, subtrahiert). Dadurch ist eine Farbmischung mit Körperfarben immer lichtärmer als die Ausgangsfarben (**4**.11).

Jede Mischung von Mal-, Anstrich- oder anderen „Farben" in der Praxis ist eine subtraktive Farbmischung. Mischt man Rot, Gelb und Blau in bestimmten Mengen, erhält man Schwarz, wie Bild **4**.11 zeigt.

> Eine Mischung mit Körperfarben ist lichtärmer als die Ausgangsfarben – es ist eine subtraktive Farbmischung.

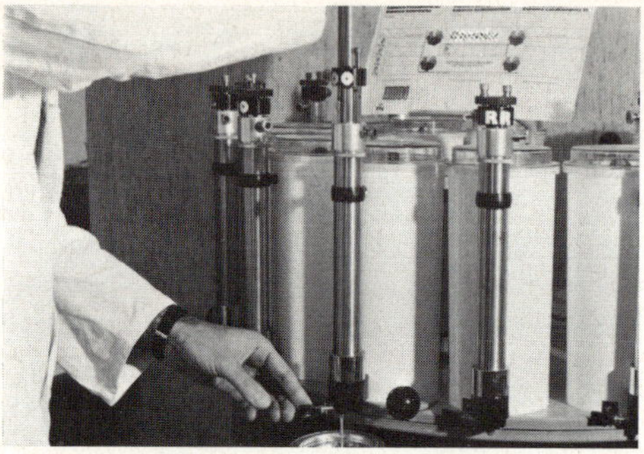

4.12 Elektronisches Farbmeß- und -mischgerät

Elektronische Mischgeräte in der Lack- und Farbenindustrie sowie im Farbenhandel gewährleisten heute die Mischung genau bestimmbarer Farbtöne (**4.**12). Als Grundlagen dienen von Lack- und Farbenherstellern herausgegebene Farbtonkarten. Hier sind Farbton, Dunkelheit und Sättigung durch Ziffern gekennzeichnet. Eine ermittelte Basisfarbe der Farbtonkarte wird dann mit den angegebenen Farbkonzentraten im Schellrührer gemischt. Aber auch jeder andere beliebige Farbton kann durch elektronische Messung genau bestimmt und nach „Rezept" nachgemischt werden.

4.4 Farbordnung

Wie oft wir auch einen Regenbogen sehen – stets ist die Anordnung der Spektralfarben gleich.

Farbkreis. Ordnen wir die Spektralfarben (**4.**4, S. 49) kreisförmig an, erhalten wir den sechsteiligen Farbkreis (**4.**13).

4.13 Sechsteiliger Farbkreis

4.14 Zwölfteiliger Farbkreis

Grund- oder Primärfarben sind Gelb, Rot und Blau.

Misch- oder Sekundärfarben entstehen aus Mischungen der Primärfarben (**4.**15): Gelb + Rot = Orange, Rot + Blau = Violett, Blau + Gelb = Grün. Die Sekundärfarben liegen im Farbkreis stets zwischen den Primärfarben, aus denen sie gemisch sind.

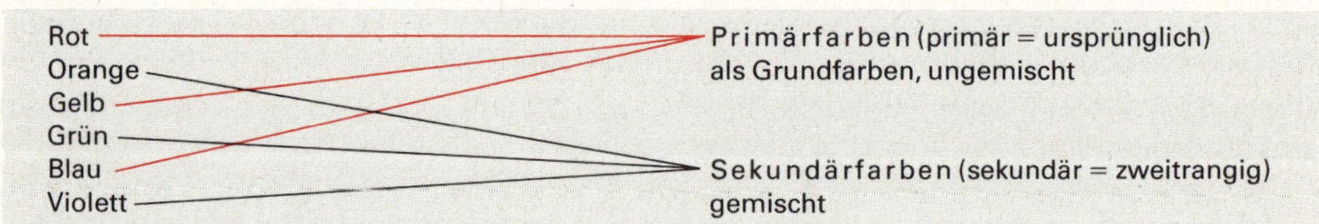

4.15 Primär- und Sekundärfarben

Zwischenfarben ergeben sich bei Mischungen von Primär- mit Sekundärfarben. Das Schema zeigt der zwölfteilige Farbkreis (**4.**14): Gelb – Gelborange – Orange – Rotorange – Rot – Rotviolett – Violett – Blauviolett – Blau – Blaugrün – Grün – Gelbgrün.

Gegenfarben (Ergänzungs- oder Komplementärfarben) heißen die Farben, die sich im Farbkreis gegenüberliegen. Sie ergeben bei additiver Mischung immer Weiß, sie ergänzen sich zu Weiß. Im sechsteiligen Farbkreis heißen die Gegenfarbenpaare Gelb und Violett, Rot und Grün, Blau und Orange. Jedes Paar besteht aus einer Grundfarbe und einer Mischfarbe. Aber auch die im 12- oder 24teiligen Farbkreis gegenüberliegenden Farbenpaare sind Komplementärfarben.

Warme und kalte Farben. In der Regel empfinden wir eine Farbe des Paares wärmer als die andere. Diese Unterschiede sind keine meßbaren Temperaturunterschiede. Warme Farben haben überwiegend Rot- und Gelbanteil (z. B. Orange, Gelbgrün, Rotviolett). Sie erscheinen uns näher. Kalte Farben haben überwiegend Blauanteile (z. B. Blauviolett, Blaugrün). Sie erscheinen uns entfernter.

Anwendung der Komplementärfarben. Reine, unveränderte Komplementärfarben kann man bei Farbgestaltungen in Räumen nur selten anwenden. Sie wirken zu farbstark und müssen deshalb verändert werden. Anders ist es dagegen bei Schildern oder Plakaten.

Beispiele Eine Komplementärfarbe unverändert, die andere aufhellen (Weiß) oder trüben (z. B. mit Umbra); beide Komplementärfarben in dieser Weise verändern;
eine Komplementärfarbe in kleinerer Flächenausdehnung anwenden als die andere;
eine Komplementärfarbe durch etwas Zugabe von der anderen brechen.

> Aus den Primärfarben Gelb, Rot und Blau lassen sich alle anderen reinen Farben mischen. Beim Mischen zweier Grundfarben entstehen die Sekundärfarben.
>
> Komplementärfarben heißen die im Farbkreis gegenüberliegenden Farbenpaare. Man wendet sie in der Farbgestaltung mehr oder weniger verändert an.

4.5 Farbkontraste

Welchen Eindruck macht Ihnen eine Fläche grau in grau? Und was empfinden Sie bei einer Gegenüberstellung von roten und gelben und blauen Flächen?

Unter Farbharmonie verstehen wir einen ausgeglichenen Zusammenklang mehrerer Farben. Sie sind auf ein mit Farben gestaltetes Objekt (Raum, Fassade, Plakat) bezogen, ausgerichtet.

Farbkontraste. Farbharmonie entsteht durch ein gewisses Spannungsverhältnis der Farben. Man schafft diese Spannung durch Gegensätze: hell – dunkel, rein – gebrochen, warm – kalt, viel – wenig. Diese Gegensätze oder Farbkontraste sind die Grundlage jeder farbigen Gestaltung. Durch sie entsteht ein lebendiger Eindruck, herrscht Spannung. Solche Kontraste werden durch die Unterscheidungsmerkmale der einzelnen Farben besonders deutlich.

Wie wir bei der Farbmessung (Abschn. 4.3) gesehen haben, werden die Farben durch drei Eigenschaften gekennzeichnet (**4**.16, S. 54): durch Farbtonstufen (Gelb, Rot, Blau), Sättigungsstufen (rein oder gebrochen) und Dunkelstufen (hell, mittel, dunkel). Die unbunten Farben Weiß, Schwarz und Grau unterscheiden sich nur durch ihre Dunkelstufen. Schwarz erhöht die Kontrastwirkung zu anderen Farben (**4**.17), Weiß verleiht einen heiteren Charakter. Abstufungen zwischen Weiß und Schwarz ergeben eine Graureihe (**4**.18).

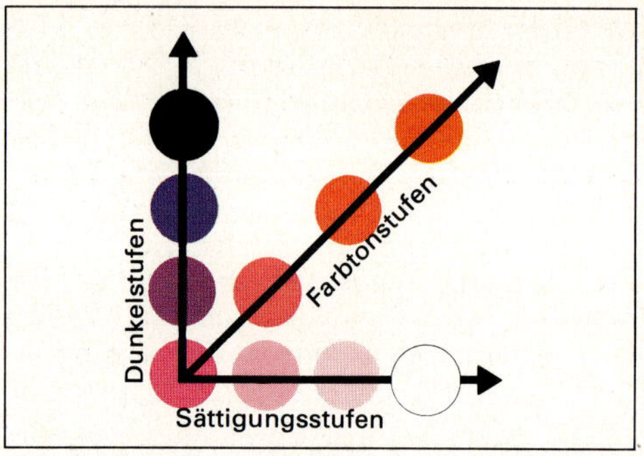

4.16 Dreidimensionaler Farbraum

4.17 Hell-Dunkel-Kontrast

4.18 Graureihe

Farbkontraste sind ein wichtiges Mittel farbiger Gestaltung und machen die Unterscheidungsmerkmale der Farben deutlich.

Farben unterscheiden sich durch Farbton-, Sättigungs- und Dunkelstufen, unbunte Farben nur durch ihre Dunkelstufen.

In der Farbenlehre kennt man verschiedene Kontraste.

Der Buntkontrast zeigt die Gegensätze reiner Farben. Er wirkt am stärksten und auffallendsten, wenn die Farben deutlich voneinander getrennt sind (**4.**19). Das ist z. B. wichtig bei Verkehrszeichen, Signalen oder Flaggen.

4.19 Buntkontrast bei Fahnen

Mildern kann man den Buntkontrast durch ähnliche Dunkelstufen oder unterschiedliche Mengen. Bunte Farben gleicher Dunkelstufen beunruhigen dagegen das Auge (Flimmerkontrast, **4**.20). Der Mengen- oder Quantitätskontrast bezieht sich auf die Ausdehnung der Farben und gleicht auch verschiedene Farbintensitäten aus (**4**.22). Man vermeidet damit, daß Farben hoher Sättigung neben gehellten, gebrochenen oder getrübten noch intensiver wirken (Intensitätskontrast). Bild **4**.21 zeigt auch die Grundregel:

Man nimmt die größere Fläche für die weniger gesättigte, die kleinere für die Farbe einer hohen Sättigungsstufe.

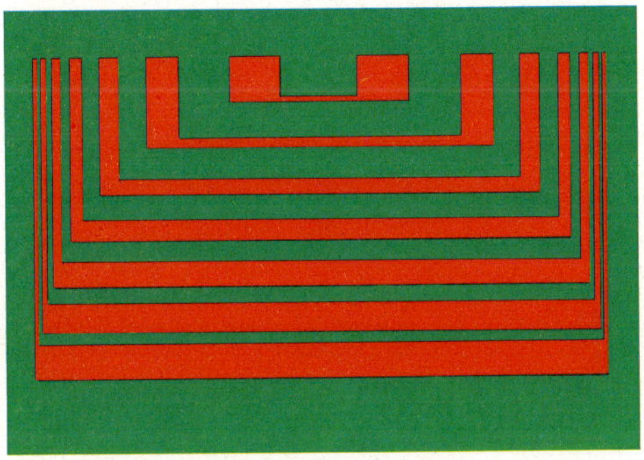

4.20 Flimmerkontrast in Rot-Grün

4.21 Komplementärkontrast bei deutlicher Mitwirkung des Hell-Dunkel-Kontrasts

Der Hell-Dunkel-Kontrast wirkt zwischen verschiedenen Farbhelligkeiten. Der größte Helligkeitsgegensatz besteht zwischen Gelb und Schwarz. Man nutzt ihn deshalb als Warnfarben an Gabelstaplern, Baugruben usw. Auch die Lesbarkeit der Schrift wird durch den Hell-Dunkel-Kontrast bestimmt (**4**.17).

Der Komplementärkontrast beruht auf den unterschiedlichen Farbtönen. Er ist am auffallendsten zwischen reinen und gesättigten Farben (**4**.21). Eine farbige Darstellung im Komplementärgegensatz wirkt immer besonders lebhaft.

Der Kalt-Warm-Kontrast steigert die Wirkung der kalten und warmen Farben. Ein reines Blau wirkt noch kühler auf uns, wenn es neben einem Gelb steht. Umgekehrt scheint uns das Gelb noch aktiver neben einem Blau (**4**.23).

4.22 Quantitätskontrast

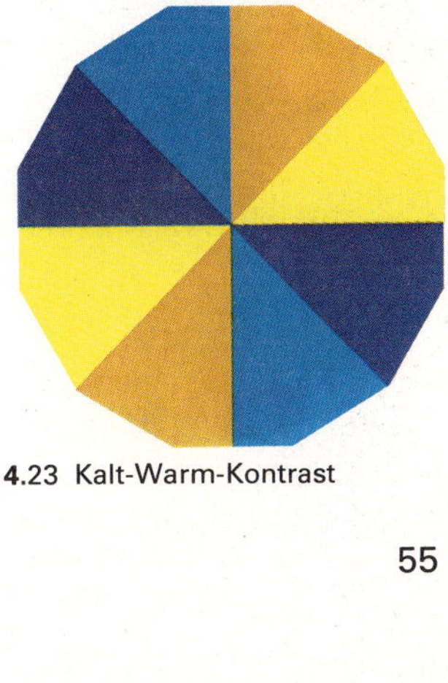

4.23 Kalt-Warm-Kontrast

4.6 Farbdynamik

Farben haben eine bestimmte Wirkung auf den Menschen. In einem hellen, freundlichen Zimmer fühlen wir uns wohler als in einem dunklen. Ein hellblau gestrichener Arbeitsraum wirkt beruhigender als ein grellroter. So schreibt man Farben psychologische Wirkungen zu, Einwirkungen auf die „Seele" (griech. psyche) des Menschen, auf sein Gemüt, sein Befinden (**4.24**). Doch ist die Wirkung der Farben auf die einzelnen Menschentypen verschieden.

Tabelle **4.24** **Psychologische Wirkung der Farben**

Farbe	Wirkung	Anwendung
Gelb	als hellste Buntfarbe leicht und heiter, angenehm und freundlich, schwerelos, durch Lichtreflexion anregend, belebend, raumauflösend	kleinen, dunklen Räumen gibt Gelb Wärme, sehr häufige Wandfarbe, aufgehellt, z. B. als Ocker
Rot	energisch (aggressiv), prächtig (Purpur), wärmend, aber auch alarmierend, ja beängstigend; leuchtendes Rot wirkt aufreizend	in kleinen Mengen zur Raumbelebung, in großen Mengen unruhig
Blau	erregungsfreie Ruhe, zurückhaltend, Dunkelblau bedrückend, Eisblau stark kühlend. Blau erscheint zurückhaltend, beruhigend	für Bereiche der Ruhe und Entspannung, bei Sonneneinstrahlung
Orange	festlich-freudig, erwärmend, mit mehr Rot prunkvoll, lebensvoll, Farbe der Reife	für Räume nur in hellen Tönen
Grün	sehr beruhigend, angenehm, ausgleichend, je nach Blau- oder Gelbüberschuß kalt oder warm	für Räume, in denen sich Menschen verschiedener Temperamente aufhalten und wo Konzentration gefordert wird
Violett	je nach Rot- oder Blauüberschuß erregend oder beruhigend, „geheimnisvoll" und unklar, Farbe zwischen Tag und Nacht	in großen Flächen unerträglich, unruhig, verunsichernd
Braun	als Erdfarben (Umbra) wärmend und dämpfend, beruhigend und ausgleichend, erdhaft und neutral	fast in allen Wohnbereichen, für ausgeglichene Farbgebungen
Weiß	licht und weit, ist von anderen Farben abhängig, will von ihnen umgeben werden	überwiegend für Decken und Türen, oft leicht gebrochen (Altweiß, Elfenbein)
Schwarz	Trauer und Abkehr	in Räumen kaum anwendbar, raumfeindlich, braucht andere Farben, häufigste Schriftfarbe

Überlegen Sie, wie Sie Ihr Wohnzimmer und Schlafzimmer streichen bzw. tapezieren würden – welche Farben bevorzugen Sie? Welche Farben fallen Ihnen an Fahrzeugen im Straßenverkehr sofort auf?

Farben, vor allem reine und intensive, wirken verschieden auf den Menschen. Aufhellungen mildern die Aussagen etwas. Die Farbmenge, Untergrundart und Oberflächenwirkung des farbigen Objekts beeinflussen die Farbwirkung.

Auch die Symbolwirkung der Farben ist bei der Raumgestaltung zu beachten. Rot steht für Gefahr und Alarm (Alarmgeräte, Feuerlöscher), Grün zeigt Sicherheit an (Ruheräume). Weiß ist die Farbe der Ordnung (Abstellplätze, Erste Hilfe).

Farbdynamik. Im Mittelpunkt der Farbdynamik steht der Mensch. Sein Wohlbefinden soll mit Hilfe psychologisch richtig gewählter Farben gefördert werden. Versuche haben gezeigt, daß bei entsprechender Farbwahl die Leistungsfähigkeit gesteigert, rasche Ermüdung ausgeschaltet und Unfälle verhütet werden. Dazu gibt Tabelle **4.**24 einige Hinweise.

Lampen und Licht. Die ausgesuchten Farbtöne der Räume müssen im Licht bestehen. Kunstlicht enthält praktisch kein ultraviolettes (UV-)Licht. Es hat daher stets die gleiche Beleuchtungsstärke und Lichtfarbe, sein Schatten ist immer gleich gerichtet. Leuchtstofflampen haben jedoch durch entsprechende Zusammensetzung des Leuchtstoffs verschiedene Lichtfarben. Wir unterscheiden:

tw = tageslichtweiß, also etwa dem Tageslicht entsprechend, wirkt bei geringer Beleuchtungsstärke bläulich-fahl. Beispiele sind NL-Leuchtstofflampen und Halogen-Metalldampflampen.

nw = neutralweiß, wirkt angenehmer, etwas wärmer als tageslichtweiß. Beispiele sind Mischlichtlampen und bestimmte NL-Lampen.

ww = warmweiß, ähnlich dem Glühlampenlicht, orange bis rötlich. Beispiele sind Warmton-Leuchtstofflampen.

Beispiele Richtige Farbgebung der Räume unter Beachtung der Lage und Beleuchtung (Süden – Norden, Tageslicht – künstliches Licht);

Verwendungszweck des Raums beachten, z. B. neutrale Farben für Wohnzimmer ungleichaltriger Bewohner, auf den Bewohner abgestimmte Farben (Lieblingsfarbe), Kinderzimmer in kräftigen, lustigen Farben (Kindertapeten), Dielen je nach Größe in belebenden Farben;

Pfeiler, störende Träger usw. in Läden und Werkstätten optisch „verschwinden" lassen durch gleiche Farbtöne wie Decke oder Wand;

Farbkennzeichnungen, etwa Grün für Maschinen, Rot für Schaltkästen (Gefahr), gelbe Bodenmarkierungen für Fluchtwege in Werkshallen.

Die Farbdynamik nutzt die Farbwirkungen auf den Menschen. Sie fördert durch farblich richtig gestaltete Umgebung das Wohlbefinden des Menschen.

4.7 Farbe und Raum

Möchten Sie in einem blau angestrichenen Zimmer mit hellrotem Tisch, grünen Stühlen und gelber Decke wohnen? Bei welchen Raumfarben fühlen Sie sich wohl?

Die Farbe ist ein wesentliches Gestaltungsmittel im Raum. Decke, Wände, Boden, Türen und Möbel sind harmonisch aufeinander abzustimmen (s. Abschn. 4.5). Dazu gehören auch die Raumtextilien (Vorhänge, Teppiche), etwaige Holztäfelungen oder bemalte Schränke. Mit zu berücksichtigen sind die Lage des Raums (**4.**25 auf S. 58), die Raumart, die Lichtverhältnisse im Raum, die Möblierung, Zweckbestimmung sowie modische Entwicklungen.

Optische Raumkorrekturen verändern Räume bei richtig gewählter Farbe, lassen sie heller, größer oder niedriger erscheinen. Dazu verhelfen uns nah- bzw. fernwirkende Farben, ihre Helligkeit und Mengenverteilung.

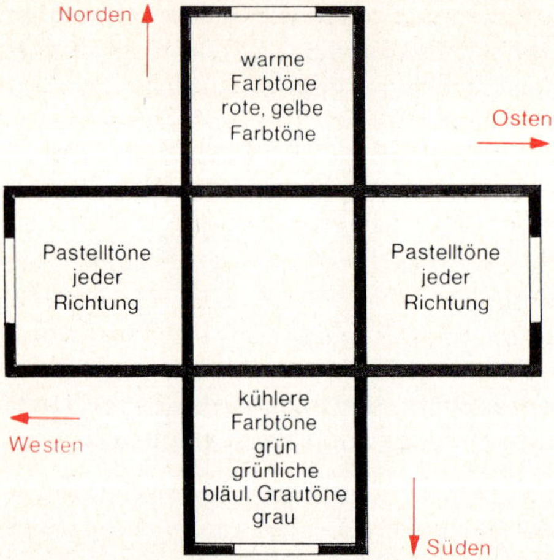

4.25 Raumlage und Farbe

Beispiele Lichte Farben und Tapeten mit kleinen Mustern lassen einen Raum größer erscheinen. Dunkle Farben und großgemusterte Tapeten machen ihn kleiner.

Eine dunkle, starkfarbige Decke drückt. Sie läßt den Raum niedriger erscheinen, vor allem bei hellen Wandfarben. Umgekehrt heben und befreien helle Decken den Raum, machen ihn scheinbar höher (**4.**26).

Senkrechte Tapetenmuster lassen den Raum enger und höher erscheinen, besonders bei heller Decke. Waagerechte, betonte Muster machen den Raum weiter und niedriger, vor allem bei dunkler Decke.

Eine dunkle Rückwand bei hellen Seitenwänden verkürzt einen langen schmalen Raum (Diele).

Zwei verschiedene Wand- oder Tapetenfarben lockern den Raum auf, machen ihn lebhafter.

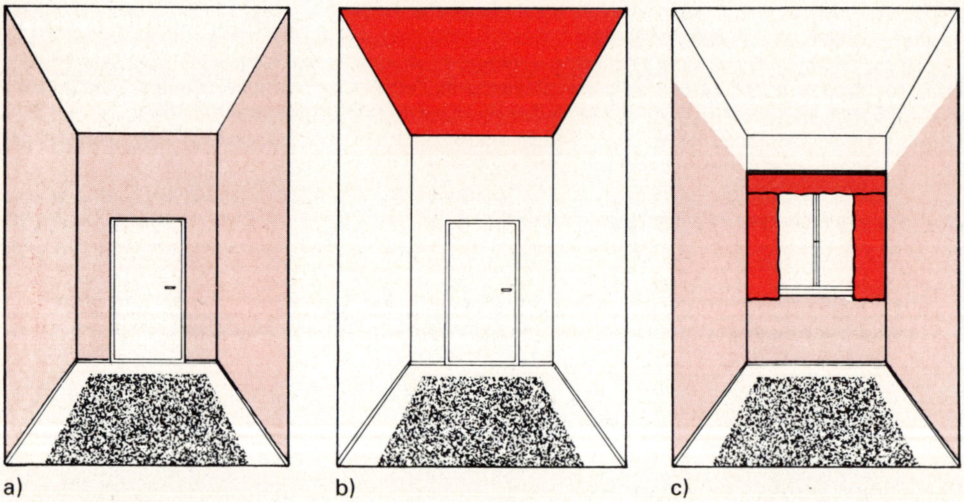

4.26 Optische Raumkorrekturen

a) Decke heller als Wand = Raum scheint höher
b) Decke dunkler als Wand = Raum scheint niedriger
c) Wandfries = drückt sehr hohe Räume

Der bewußte Einsatz nah- und fernwirkender Farben, heller und dunkler Farben, großer und kleiner Tapetenmuster oder Streifen sowie besondere Farbgebungen bei Decken führen zu scheinbaren (optischen) Raumveränderungen.

Decke und Wand sind verschiedene Bauelemente und werden gewöhnlich auch farblich verschieden behandelt. In der Regel ist die Decke heller als die Wände. Sie muß jedoch nicht weiß gestrichen werden; man kann sie auch abtönen. Dunkle Decken wirken schwer und drückend. Einen Fries – in hohen Räumen ist er oft noch vorhanden – streicht man in der Deckenfarbe. Geeignete Tapeten (z.B. in waagerechten Streifenmustern) kann man raumhoch kleben. Beim Betreten eines Raums wird die Wand stets zuerst wahrgenommen. Ihre Farbgebung vermittelt den ersten Eindruck.

Um die verschiedenen Räume einer Wohnung farblich zu gestalten, gibt es zahlreiche Möglichkeiten. Zu den Grundregeln gehören das Arbeiten mit Kontrasten (s. Abschn. 4.5), die Wahl einer leitenden und vorherrschenden Farbe, das Betonen eines wertvollen Möbels oder Gemäldes durch eine ruhige Wandfarbe, das Hervorheben eines edlen Teppichs durch einen neutralen Bodenbelag. Oberflächenwirkungen (Struktur, Glanz) ergeben viele weitere Gestaltungsmöglichkeiten.

4.27 Wohnraum in hellem Beige

4.28 Wohnraum in Hellgrün

Das Wohnzimmer erhält als Aufenthaltsraum für die ganze Familie neutrale, überwiegend warme Farbtöne (**4.**27). Die Farbigkeit wird eher von den Raumtextilien ausgehen. Das Zimmer muß vor allem wohnlich wirken, darf nicht den Eindruck einer „kalten Pracht" machen. Der persönliche Geschmack der Bewohner wird mit entscheiden. Hauptfarben der Tapeten sind helles Beige, Strohgelb, Hellgrün und ähnliche Töne (**4.**28). Manchmal wird man eine Wand anders streichen oder tapezieren. Dafür gibt es bei Tapeten von einem Muster mehrere Farbstellungen und auch Unitapeten (Eintontapeten) sowie Tapeten mit passenden Stoffen.

Das Schlafzimmer wird manchmal auch zum Wohnen benutzt, z.B. als Krankenraum, Nähzimmer der Hausfrau oder als Wohn-Schlaf-Zimmer der Tochter (**4.**29). Leichtere, gelegentlich auch lebhaftere Farben bzw. Tapetenmuster (Blumen, Ranken) sind hier angebracht. Zartes Grün oder lichtes Blau wirken beruhigend. Eine anders tapezierte Rückwand an der Bettenseite oder Tapeten und Vorhänge im gleichen Muster sind eine andere Möglichkeit. Deckentapeten wählt man kleingemustert.

4.29 Wohn-Schlaf-Zimmer (Tochterzimmer)

Das Kinderzimmer verlangt kräftigere Farben, z.B. Gelb, Grün oder Rosa – keinesfalls Ocker oder gar braune Farbtöne (4.30). Kleine Kinder lieben die Grundfarben Gelb, Rot und Blau. Ausgesprochene Kinderzimmertapeten mit Tieren, Figuren oder Blumen regen die Phantasie der Kinder an. Man wird jedoch nicht unbedingt alle vier Wände mit solchen Mustern tapezieren. Farbige oder farbig abgesetzte Möbel vor hellfarbigen Wänden sind eine gute Lösung.

4.30 Farbiger Kinderzimmerschrank

4.31 Küche mit Eßbar

Die Küche ist meist mit einem Keramik- oder Anstrichsockel versehen. Grundsätzlich stattet man die Oberwände und die Decke mit waschbeständigen Anstrichmitteln bzw. 100% waschbaren Tapeten aus. Helle Farbtöne (z.B. Hellgelb), Blumenmuster und die vielfältigen Küchenmotive bei Tapeten sind ratsam. Eine Eßecke in der Küche kann anders tapeziert werden, muß aber mit dem ganzen Raum harmonieren (4.31). Auch Tapeten-Stoff-Kollektionen verwendet man in der Küche.

Das Badezimmer wird heute wohnlich gestaltet (4.32). Auch hier finden wir meist einen Keramiksockel. Die oberen Wandbereiche und auch die Decke können wir etwas farbiger und harmonisierend zu Keramik oder Tapeten halten. Zahlreiche hoch waschbeständige Tapeten mit Blumenmustern eignen sich für Badezimmer.

4.32 Badezimmer

4.33 Altbauflur in Blau

Der Flur (Diele) ist die „Visitenkarte" einer Wohnung: Der Gast bekommt diesen Raum zuerst zu sehen. Hier kann man z.B. die Hauptfarbe der Wohnung bringen. Leichte Farben, spielerische Tapetenmuster, leichte Rankenmotive in engen Fluren, bei großen Fluren auch stärkere Farben und größere Muster sind zu empfehlen (4.33).

Der Bodenbelag wird in seiner Farbgebung oft vom Maler mitbestimmt. Bodenbelagsfarben-, -muster und -strukturen sind vielfältig, so daß man für alle Räume, Zwecke und Einrichtungen passende Bodenbelagsfarben findet (**4**.34). Bei versiegeltem Parkett tritt der Glanz, aber auch die Holzmaserung hinzu.

4.34 Bodenbelag in einem Wohnzimmer

Die Farben des Bodenbelags sind besonders von der Lichteinwirkung abhängig. Sie können bei künstlichem Licht anders wirken als bei Tageslicht. Darum sollen sie bei dem Licht ausgewählt werden, bei dem sie zur Wirkung kommen sollen. Im Wohnbereich haben sich die Farbtöne Beige–Sand am besten bewährt. Sie sind ziemlich neutral, vertragen sich mit vielen Mustern und Strukturen und sind weniger schmutzempfindlich. Warmes Grau läßt sich auch mit vielen Raumfarben verbinden und führt zu verschiedenen Raumwirkungen. Nach diesen Farbtönen folgen in der Häufigkeit der Anwendungen die goldgelben Töne.

Die Muster der Bodenbeläge sollen möglichst dem Raumzweck, der Raumgröße und den anderen Raumtextilien angepaßt sein. In Form, Farbe und Größe stehen zahlreiche Möglichkeiten zur Wahl. Keine lebhaften starkfarbigen Dessins (Muster) in kleinen Räumen. Auch die Form eines Dessins kann beeinflussen: geometrisch = streng, sachlich; Blumendessins (floral) = heiter und belebend. Wählt man einen farbig gemusterten Bodenbelag, müssen die Wände in den Mustern zurücktreten. Sehr farbige und vor allem teure Teppiche gehören auf neutrale Belagsfarben.

Strukturen bei Bodenbelägen führen zu anderen Lichtwirkungen. Sie reflektieren oder verschlucken auftreffendes Licht teilweise, anders als vollkommen glatte Beläge, die außerdem noch glänzen können.

Die Türen werden meist in hellen Lacken gehalten. Naturholztüren sind mittelhell oder dunkler, was bei der Farbgestaltung des Raums zu beachten ist. Auch die Möbelholzfarben berücksichtigt man. Mit Mattlacken lackiert wirken Türen dezenter. Um Türen zu gestalten, kann man Futter und Bekleidung in einer anderen, wandähnlichen Farbe absetzen, den Rahmen mit farbigen Leisten einfassen oder das Türblatt mit der Raumtapete vollflächig oder nur auf der Mittelfläche (Spiegel) bekleben, evtl. auch mit einer Tapetenleiste einrahmen. Für die Ecken von Einrahmungen gibt es aufklebbare runde Ornamente. Ein starkfarbiges Betonen der Bekleidung sollte unterbleiben (Warum?)

4.8 Farbe und Fassade

Grundregeln. Man setzt sowohl helle Farben einer geringen Sättigungsstufe als auch dunklere ein. Stärker gesättigte Farbtöne findet man häufiger bei Altbaufassaden. Die Fassadenfläche ist stets als eine ganze Fläche anzusehen und nicht durch falsch angebrachte farbige Absetzungen zu zerstören, zu zerschneiden. Alle farbigen Absetzungen oder Einfassungen müssen mit dem Hauptfarbton der Fassade harmonieren. Der Sockel eines Gebäudes erhält stets einen dunkleren Farbton, z.B. Wandfarbe gedunkelt oder passendes Grau. Solche Farbtöne sind unempfindlicher gegen Spritzwasser und Straßenschmutz. Dicht aneinander gebaute Häuser (Hauszeilen) sollten in ihren Hauptfarben miteinander harmonieren.

Neubauten. Die oft zu großen Wandflächen moderner Häuser bieten Gelegenheit für farbige Flächen (**4**.35). Außerdem kann man Fenster farbig einfassen, auch senkrechte Fenster- und Balkonreihen mit einer betonten Farbe zusammenfassen. Wirkungsvoll sind auch farbig abgesetzte Balkons und Sitzflächen (Loggien), farbige Eingänge (Haus- und Garagentore), abgesetzte Fensterläden und Dachüberstände (**4**.36).

4.35 Farbgebung für Hochhäuser

4.36 Farbige Betonung von Loggien und Giebel

4.37 Altbaufassade

Altbauten werden in zunehmendem Maß renoviert, wobei die Farbe eine wesentliche Rolle spielt (**4**.37). Doch Farbigkeit ist nicht Buntheit! Darum einige Regeln:

Für die Wandfläche hellere oder dunklere Farbtöne, einheitlich in einem Grundton. Diese Töne dürfen nicht auf hervortretende Gebäudeteile gebracht werden.

Der Sockel erhält am besten eine dunklere Farbe durch entsprechendes Trüben des Wandtons.

Alle plastisch hervortretenden Wandteile streicht man dunkler und betont sie plastisch, d. h., man setzt sie in zwei Farbtönen ab (Licht-Schatten-Wirkung).

Umlaufende Gesimse erhalten ihren eigenen, meist dunkleren Farbton.

Ausgesprochene Schmuckelemente (z. B. Rosetten, Girlanden) sollen farbiger abgesetzt werden.

Fachwerkhäuser streicht man je nach der Landschaft in überlieferten Farbgebungen. Oft stehen sie unter Denkmalschutz, so daß die Farben mit dem Denkmalspfleger abgesprochen werden müssen.

Grundsätzlich werden die Gefache weiß oder sehr hell gestrichen, die Balken braun, rotbraun, rehbraun, graugrün oder nur ungetönt – je nach der Landschaft. Auch für Türen und Fenster gibt es überlieferte Farbgebungen. Schnitzwerk bemalt man farbig. Inschriften findet man ebenfalls farbig auf dunklen Balken, manchmal sogar vergoldet.

4.9 Farbe als Ordnungsmittel

Warum eignen sich Farben besonders auch für Kennzeichnungen, Hinweise und Ordnungen? Welche Beispiele sind Ihnen heute begegnet? Wo?

Sicherheitsfarben. Die fortschreitende Rationalisierung und Spezialisierung der Betriebe mit Einsatz moderner Fabrikations- und Transporteinrichtungen sowie der zunehmende Arbeitsplatzwechsel der Arbeitnehmer (vor allem der Gastarbeiter) machen den Betrieb für den einzelnen Mitarbeiter immer weniger überschaubar. Zugleich erhöhen sie die Zahl der Unfallquellen. Deshalb wurde vom Deutschen Institut für Normung e. V. (DIN) mit der Norm DIN 4818 ein für die gesamte Wirtschaft geltendes Kennzeichnungssystem der Gefahrenstellen geschaffen. Es legt die Bedeutung bestimmter Farbtöne fest.

Kennzeichnungsfarben für Rohrleitungen legt DIN 2403 nach dem Durchflußstoff fest. Maßgebend sind die Art des Stoffs und der Grad seiner Gefährlichkeit für den Menschen.

Gefährliche Stoffe. Rot RAL 3003 (RAL = Reichsausschuß für Lieferbedingungen) zeigt Dampf an, Gelb RAL 1012 Gase, Orange RAL 2000 Säuren, Violett RAL 4001 Laugen.

Ungefährliche Stoffe. Grün RAL 6010 bedeutet Wasser, Blau RAL 5009 Luft, Grau RAL 7002 Vakuum (=absolut leerer Raum).

Hinweis- und Ordnungsfarben. Im Fabrikraum, am Arbeitsplatz, in Schulen, Büros usw. werden zunehmend Farben als Warn-, Sicherheits- und Leitfarben eingesetzt. Warnfarben machen auf Gefahren aufmerksam. Sicherheitsfarben weisen auf Geräte und Einrichtungen hin, die der Sicherheit dienen (z. B. Erste Hilfe, Werksapotheke, Verbandskasten, Unfallstation). Leitfarben sorgen für Ordnung, grenzen Bezirke oder Abteilungen voneinander ab, fordern zum Benutzen sicherer (gekennzeichneter) Geh- und Fahrwege auf usw.

Die wichtigsten DIN-Vorschriften für Sicherheits-, Kennzeichnungs- und Ordnungsfarben:

DIN 2403	Farben für Rohrleitungen
DIN 4818	Sicherheitsfarben
DIN 5381	Farben für Schilder, Behälter, Leitungen, Maschinen, Geräte usw.
DIN 40705	Farben für blanke elektrische Leitungen (VDE 705)
DIN 51502	Farben für Schmierstoffbehälter, -geräte und -stellen

Aufgaben zu Abschnitt 4

1. Welche Strahlen erscheinen dem Auge als Licht?
2. Nennen Sie andere Strahlen.
3. Erklären Sie den Sehvorgang.
4. Wann wird das Licht gebrochen?
5. Was bedeutet die Brechungszahl für die Malerpraxis?
6. Wodurch entsteht ein Spektrum?
7. Erklären Sie die Begriffe Reflexion und Absorption und geben Sie Beispiele dazu.
8. Wann erscheint uns eine Fläche a) weiß, b) grau, c) schwarz, d) als Farbe?
9. Erklären Sie das Zustandekommen a) eines gelben, b) eines violetten, c) eines grauen Farbtons.
10. Warum kommt es bei der Reflexion auf einer porösen Fläche nicht zu einer Glanzwirkung?
11. Erklären Sie die „gerichtete" Reflexion.
12. Welche Eigenschaften der Farben kennt und mißt man?
13. Warum heißt eine Mischung mit Körperfarben subtraktive Farbmischung?
14. Nennen Sie die 3 Primärfarben und erklären Sie den Unterschied zu den 3 Sekundärfarben.

15. Wie lauten die Farbbezeichnungen im zwölfteiligen Farbkreis?

16. Nennen Sie die Komplementärfarben zu Gelb, Blau und Orange.

17. Aus welchen Grundfarben bestehen a) Orange, b) Grün, c) Violett?

18. Worin besteht der Unterschied zwischen warmen und kalten Farben?

19. Warum kann man reine Komplementärfarben in der Raumgestaltung kaum anwenden?

20. Wie verändert man Komplementärfarben?

21. Mischen Sie mit Temperafarbe eine Graureihe zwischen Weiß und Schwarz in 8 gleichmäßigen Stufen.

22. Führen Sie die gleiche Übung mit einem weichen Bleistift auf Zeichenpapier aus.

23. Schneiden Sie den Großbuchstaben A oder E in 10 cm Größe aus farbigem Papier (gelb, rot, blau, schwarz und weiß). Legen Sie den Buchstaben auf verschiedenfarbiges Papier:
a) Gelb auf Schwarz, b) Rot auf Weiß, c) Blau auf Weiß, d) Weiß auf Blau, e) Schwarz auf Weiß, f) Rot auf Gelb. Vergleichen Sie die Lesbarkeit unter Beachtung des Hell-Dunkel-Kontrasts aus genügend großer Entfernung.

24. Mischen Sie mit Temperafarbe 8 warme und 8 kalte Farbtöne und ordnen Sie sie in zwei waagerechten Reihen an. Bei welcher Reihe fiel Ihnen das Mischen der 8 Töne schwerer? Warum?

25. Mischen Sie drei verschiedene Rottöne und drei Grüntöne. Schneiden Sie die Flächen in größere und kleinere Quadrate, so daß Sie die Proben abwechselnd auflegen können. Welche Zusammenstellung ergibt den größten Komplementärkontrast?

26. Wie wirken a) Rot, b) Violett, c) Gelb, d) Grün auf den Menschen?

27. Wie können Sie einen Raum enger und höher erscheinen lassen?

28. Wodurch lockert man einen Raum farblich auf?

29. Durch welche Mittel erscheint ein Raum a) größer, b) kleiner?

30. Erklären Sie die verschiedene Raumwirkung von waagerechten und senkrechten Tapetenmustern.

31. Nennen Sie eine Grundregel, nach der eine Wandfarbe für ein davor stehendes wertvolles Möbel ausgesucht wird.

32. Nennen Sie einige für Wohnzimmer geeignete Wandfarben.

33. Was wissen Sie über Muster von Deckentapeten in Schlafzimmern?

34. In welchen Farbgebungen gestaltet man Kinderzimmer?

35. Wie behandeln Sie eine Eßecke in der Küche farblich?

36. Welche Regeln ergeben sich beim Verlegen eines großgemusterten Bodenbelags?

37. Welche Regel gibt es für die Farbgebung eines Fassadensockels?

38. Nennen Sie Möglichkeiten, moderne Fassaden mit Farbeinfassungen zu beleben.

39. Wie soll man die Farbe der eigentlichen Wandfläche bei Altbaufassaden halten?

40. Fachwerkfassaden haben in den einzelnen Landschaften verschiedene Farbgebungen. Wodurch ist das bedingt?

5 Kleine Stilkunde

5.1 Stilgeschichte

Sehen Sie sich die Wohnhäuser und Kirchen Ihrer Stadt an. Auf den ersten Blick unterscheiden Sie moderne und ältere oder sogar ganz alte Bauten. Auch die Schmucktechniken sind sehr verschieden, je nachdem, aus welcher Zeit sie stammen. Gewöhnen Sie sich daran, solche Unterschiede zu bemerken, schulen Sie den Blick für Bau- oder Schmuckformen.

Wer im Berufsfeld Farbe und Gestaltung tätig ist, sollte historische Bauten, Schmucktechniken und Schriften an ihren wichtigsten Stilmerkmalen erkennen und zeitlich einordnen können. Er sollte auch einige wichtige Bauelemente und Schmuckformen nennen sowie die historischen Formen der Bauwerke mit den gegenwärtigen vergleichen können. Wichtige Fachausdrücke erläutert Tabelle **5**.1.

Tabelle **5**.1 **Wichtige Fachausdrücke zur Stilkunde** (Fortsetzung s. S. 66)

Apsis	halbrunde, meist gewölbte Nische, in Kirchen der Abschluß des Chors
Arkade	Bogen über Pfeilern oder Säulen, auch Bogenreihe
Balustrade	Brüstung aus nebeneinandergestellten Säulchen mit einem Handlauf
Basilika	hoher Raum mit Fenstern und niedrigeren Seitenräumen (Seitenschiffen)
Bündelpfeiler	mehrere mit einem Pfeiler verbundene Halbsäulen
Chor	begrenzter Raum im Ostteil einer Kirche, Abschluß: Apsis
Dienst	hohe wandvorgelagerte Halb- oder Dreiviertelsäulen zur Stützung des Gewölbes
Empore	Geschoß über Seitenschiff oder Kapelle einer Kirche
Fensterrose	radartig gegliedertes Fenster, meist über dem Mittelportal der Kirche
Gebundenes System	Vierungsgrundriß als Maßeinheit der Kirche, wobei die Aufteilung zwei Quadraten in den Seitenschiffen entspricht (Romanik)
Hallenkirche	längsgerichteter Kirchenbau, dessen Seitenschiffe so hoch wie das Mittelschiff sind und ein gemeinsames Dach haben
Hochaltar	Hauptaltar der Kirche
Kämpfer	Widerlager zwischen Bogenanfang und Stütze oder Wand
Kapellenkranz	dicht gereihte Kapellen um einen Chor (Gotik)
Kapitell	Kopf einer Stütze (Säule, Pfeiler), oft reich geschmückt
Kartusche	Zierschild, runde oder ovale Tafel für Inschrift oder Wappen (Barock)
Kassette	vertieftes vier- oder vieleckiges Feld einer Decke (Renaissance)
Knagge	verzierte Holzkonsole eines vorspringenden Balkens (Fachwerk)
Kolonnade	Säulengang (Barock, Klassizismus)
Konsole	plastisch aus der Wand vorspringender Block als Stütze (Kragstein)
Kreuzblume	blattförmiger Abschluß vom Türmen (Gotik)
Krypta	meist unter dem Kirchenchor gelegener Raum
Langhaus	vor dem Chor liegende Raumteile eines längsgerichteten Kirchenraums
Lettner	Trennwand zwischen Chor und Langhaus (Spätromanik, Gotik)
Maßwerk	gotisches Bauornament, aus Zirkelschlägen entwickelt, besonders reich in Fenstern ausgebildet
Medaillon	kreisförmiges oder ovales Zierschild
Netzgewölbe	spätgotisches Gewölbe mit netzartig angeordneten Rippen
Pfeiler	senkrechte Stütze, im Gegensatz zur runden Säule
Pilaster	der Wand vorgelagerter Flachpfeiler

Tabelle **5**.1 Fortsetzung

Portal	architektonisch besonders betonter Eingang, zur Tiefe hin gegliedert und mit Figurenanordnungen verziert (Romanik, Gotik)
Proportion	das Verhältnis der Einzelteile zueinander
Querhaus	quer zur Längsachse des Langhauses angeordnete Raumteile, die die Kreuzform des Grundrisses bilden
Rippe	plastischer profilierter Steinbogen im Gewölbe (Gotik)
Rocaille	muschelartiges Hauptornament im Barock und Rokoko
Rosette	rosenähnliches, rundes Ziermotiv
Segmentbogen	Bogen, der keinen vollen Halbkreis umschreibt
Strebebogen	brückenartiger Bogen, der die Last des Hauptschiffs über die Seitenschiffe auf Strebepfeiler leitet (Gotik)
Stützenwechsel	Wechsel von Säule und Pfeiler (Romanik)
Vierung	das bei der Kreuzung von Langhaus und Querhaus entstehende Raumgeviert
Wimperg	Ziergiebel über gotischen Fenstern und Portalen
Zentralbau	um einen Mittelpunkt angelegter Raum

Ein Kunststil bezeichnet die Zusammengehörigkeit aller Künste einer bestimmten Zeitepoche. So sprechen wir z. B. von der romanischen Buchmalerei, der gotischen Baukunst, der Renaissance-Plastik, der Literatur des Expressionismus und der Modernen Musik.

5.2 Griechisch-römische Grundlagen

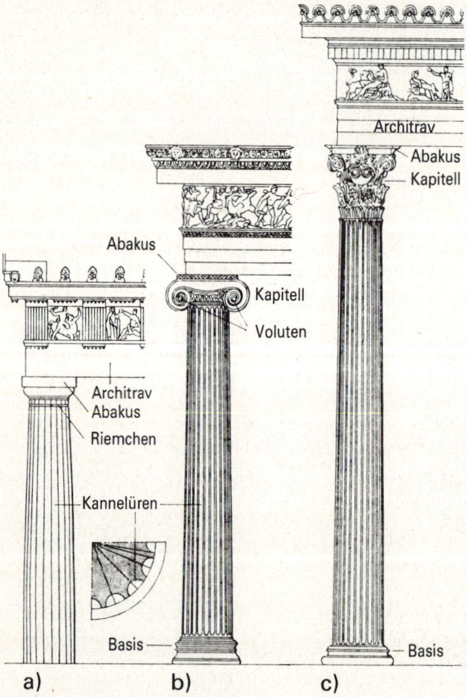

5.2 Griechische Säulenformen
a) dorisch, b) ionisch, c) korinthisch

Die griechisch-römische Zeit (Antike) bildet den Ausgangspunkt der europäischen Kunst.

Die Griechen schufen von etwa 1000 bis 150 v. Chr. die grundlegenden, auch später immer wieder angewendeten Formen der Säulen (**5**.2).

a) Dorische Säule. Sie hat keine Basis (Säulenfuß), weist nach den Seiten leichte Schwellungen auf und hat kein geprägtes Kapitell (Kopf).

b) Ionische Säule. Die Basis ist vorhanden und durch Hohlkehlen stark betont. Das Kapitell läuft in zwei schneckenartigen Gebilden (Voluten) aus.

c) Korinthische Säule. Die Basis ist wieder einfach gehalten, dafür das Kapitell reicher mit Blattformen verziert (z. B. Akanthusblatt), oft in mehreren Reihen übereinander.

Ein anderes typisches Merkmal griechischer Baukunst ist der flache Dreiecksgiebel, der ebenfalls in späteren europäischen Stilformen wiederkehrt. Der Mäander ist eine typisch griechische Schmuckform (**5**.3). Auch er ist in späteren Stilen bis heute anzutreffen.

Die Römer (≈2300 v. Chr. bis 450 n. Chr.) haben als erste die heute noch üblichen Gewölbeformen in großem Umfang angewendet. Sie haben diese Technik bis zu großen Kuppeln (Halbkugeln) entwickelt, so im Pantheon zu Rom mit 43,5 m Durchmesser. Die Gerichts- und Markthallen der Römer waren solche überwölbte Gebäude, deren Bauform man Basilika nennt.

5.3 Mäanderformen auf griechischen Vasenbildern

5.3 Stilepochen

Tabelle **5.4** **Übersicht** (Fortsetzung s. S. 68 bis 72)

Epoche/Beispiele	Typische Merkmale des Baustils	Dekor und Verzierung, Maltechniken
Romanik (≈750 bis 1240) = Einflüsse römischer Kunst Dom in Aachen, St. Michael in Hildesheim, Speyer, Worms und Mainz, Bamberg, Kloster Maria Laach (**5**.5)	Dicke, schwere Mauern, von kleinen Fenstern unterbrochen, Rundbogen (**5**.6), Stützenwechsel, einfache Kapitelle (Würfel), Kreuzgewölbe Kirchenform: Basilika. Später kamen Seitenschiffe hinzu, Grundriß bildet eine Kreuzform (**5**.5a).	Schmiedeeisen, Kerbschnitt, Marmor, Mosaik; **Malerei:** Wände und Bögen mit Pflanzen- und Tierschmuck bemalt (Leimkalkfarbe, Tempera, Fresko), oft bemalte Holzdecken; Tafelbilder mit Bernsteinüberzug

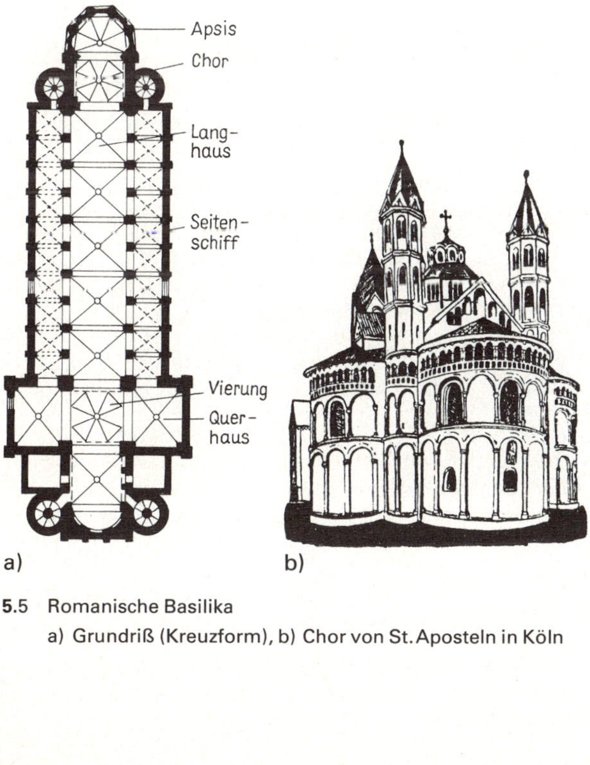

5.5 Romanische Basilika
a) Grundriß (Kreuzform), b) Chor von St. Aposteln in Köln

5.6 Innenaufriß des Speyerer Doms (Rundbogen)

Tabelle **5**.4 Fortsetzung

Epoche/Beispiele	Typische Merkmale des Baustils	Dekor und Verzierung, Maltechniken
Gotik (≈1240 bis 1500) Entstehungsgebiet Frankreich (Normandie)	Wesentlich höhere Fenster, aufgelöste Massen, Strebebogen und -pfeiler (= Strebesystem das Gebäude strebt in die Höhe) ausgebildete Säulen, Bündelpfeiler, Spitzbogen (**5**.8).	Schmiedeeisen, viel Schnitzerei (Altäre), zahlreiche Verzierungen in Sandstein innen und außen (Figuren, Fialen, Krabben, Knospen, **5**.7 b);
Dom in Köln, die französischen Dome (u.a. Reims, Laon, Chartres, **5**.7)	**Französische Gotik:** zweitürmig, breite Tore (Portale), viel Plastik, große Rundfenster	**Malerei:** vielgestaltiges Rankenwerk, Bänder, Leim-Kalk-Technik der Antike oder Kalk-Kasein-Technik, Eitempera; Malerei auf Goldgrund (Faßmalerei); Beginn der Ölfarbmalerei und Ölfarbanstriche; hervorragende Glasmalerei (Fenster);
Ulm und Freiburg, Stephansdom in Wien	**Deutsche Gotik:** Eintürmig, meist nur ein Tor, weniger Schmuck, starke Betonung der Senkrechten (sehr hohe Türme)	Gotische Schrift mit schlanken Buchstaben (Gitterwerk)
Marienkirche in Lübeck	**Backsteingotik** in Norddeutschland, breite und hohe Türme, sehr wenig Plastik	**Maler:** Konrad Witz, Michael Pacher, Stephan Lochner, Martin Schongauer
Elisabethkirche in Marburg	Hallenkirche, Sonderform bei der die Seitenschiffe dieselbe Höhe wie das Mittelschiff haben	

a) b)

5.7 Französische Gotik

a) Fassade von Notre Dame in Paris

b) Ziergiebel (Wimperg) über Fenstern und Portalen mit Fensterrose und Kreuzblume

5.8 Innenaufriß der Kathedrale von Reims (Spitzbogen)

Tabelle **5**.4 Fortsetzung

Epoche/Beispiele	Typische Merkmale des Baustils	Dekor und Verzierung, Maltechniken
Renaissance (≈1520 bis 1650) angestrebte Wiederbelebung der Antike, Hinwendung zur Natur, griechisch-römische Stilelemente, aus Italien kommend; Schlösser, Rat- und Bürgerhäuser: Rathaus Augsburg und Bremen, Heidelberger Schloß, Stadtkerne vieler Städte (**5**.9)	Harmonische, richtig ermittelte Verbindung zwischen Senkrechter und Waagerechter, Rundbogen, überdachte Gänge (Arkaden), Dreiecksgiebel über Fenstern; „klassische" Klarheit; prächtige Fassaden, (Figuren in Nischen, Balkon über säulengeschmückten Eingängen, steinerne Geländer-Balustraden) Säulen und Pilaster; Kassettendecken geschnitzt oder bemalt; Blütezeit der Theaterdekorationen, Ehrenpforten und Festplätze setzt ein	Schnitzerei, Intarsien (Holzeinlegearbeiten), Eisen und Bronze, reiche Profile; **Malerei:** bemalte Fachwerkhäuser und Giebel, farbenfreudige Wohnungen; Formenwelt der Antike (Mäander, Akanthus); Freskomalerei auf frischem Putz, dann zunehmend wieder Temperamalerei, Bilder in Öltempera; Einführung der Perspektive in die Malerei (Dürer); neue Farben: Erdschwarz, Asphalt, künstlicher Zinnober, Umbra **Maler:** Albrecht Dürer, Hans Baldung Grien, Matthias Grünewald, Lucas Cranach, Hans Holbein d. J.; Raffael, Leonardo da Vinci; Michelangelo, Tizian
Barock (≈1650 bis 1770) aus der Gegenreformation und dem Absolutismus der Fürsten hervorgehend. Residenzen in Versailles, Würzburg, Wallfahrtskirche Vierzehnheiligen, Kloster Weingarten (**5**.10)	Bauwerke nach einheitlichem Plan; Kirchen mit überreichem Schmuck; leidenschaftlich, kraftvoll bewegtes Linienspiel (Stuck), scheinbar überladenes Schmuckwerk innen und außen; Räume als Prunksäle, Kirchenräume, lichtdurchflutet, Spiegelkabinette	Alle Handwerke zeigen ihr vielseitiges Können; überreiches Schnitz- und Stuckwerk, Intarsien, Holzbildhauerei, Gold u.a. teure Werkstoffe (Porzellan); Rocaille-Ornament (**5**.11); **Malerei:** Beginn einer Farben- und Lackindustrie, Wand- und Deckenmalerei in Kasein-Kalk-Technik, reiche Stuckumrahmungen, Vergoldungen; als Volkskunst die „Bauernmalerei" **Maler:** Rembrandt, Rubens, van Dyck; Gebr. Asam, J.B. Zimmermann, Matthias Günther

5.9 Rathaus zu Augsburg, erbaut zwischen 1615 und 1620

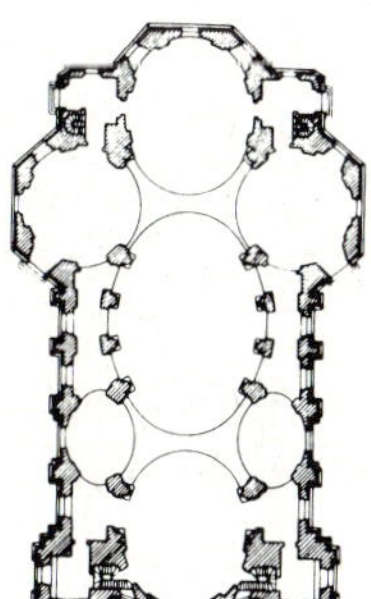

5.10 Vierzehnheiligen im Maintal, begonnen 1743

5.11 Rocaille-Ornament

Tabelle **5**.4 Fortsetzung

Epoche/Beispiele	Typische Merkmale des Baustils	Dekor und Verzierung, Maltechniken
Rokoko aus Frankreich Klosterkirche Ottobeuren	Letzte Vollendung des Barock; leichtere und elegantere Formen, „schwingende" Linien	Verbesserung des Putzes durch italienische Stukkateure; gewebte Stoffe und Ledertapeten **Maler:** Watteau, Fragonard, Tiepolo
19. Jahrhundert. Mit Barock und Rokoko gingen die letzten, in sich geschlossenen Stilepochen zu Ende. Von nun an wird in den einzelnen Stilbereichen nicht immer einheitlich gestaltet, d. h. Baukunst, Malerei, Plastik usw. gehen häufig verschiedene Wege		
Klassizismus (≈1770 bis 1830/40) Alte Wache und Brandenburger Tor in Berlin (**5**.12), Glyptothek in München, Münzstätte in Karlsruhe, Opernhaus in Hannover	Erneut Rückkehr zur Antike, Übernahme griechischer und römischer Bauelemente; Säulenhallen (dorische Säulen), Dreiecksgiebel, große Kuppeln; „klassische" Strenge, klare Maße, nüchterne Räume; Girlanden und Medaillons innen und außen	Sparsame Dekorationen, antike Ornamente; Stahl (Gußeisen) und später Beton als neue Baustoffe; **Malerei:** gußeiserne Säulen, Treppen usw. fordern neue Anstrichmittel = Metallschutzfarben; Entwicklung der Wasserglastechnik; allgemeiner Rückgang in der Anstrichtechnik; Kobaltblau, Chrom- und Zinkgelb, Ultramarinblau **Maler:** Philipp Otto Runge, Caspar David Friedrich
Biedermeier (≈1820 bis 1850)	Ein innenarchitektonischer Einrichtungsstil mit klassischen Grundformen; einfach, bürgerlich-gemütlich, Schmuck und Blumen (**5**.13)	Profile und Intarsien sparsam; schlichte Möbel, aber gute Holzmaserungen und helle Hölzer; Entwicklung der Papiertapete (Streifenmuster); Lithopone und Marsfarben erfunden **Maler:** Carl Spitzweg, Moritz von Schwind

5.12 Die Alte Wache in Berlin, erbaut zwischen 1816 und 1818

5.13 Biedermeierzimmer

Tabelle **5**.4 Fortsetzung

Epoche/Beispiele	Typische Merkmale des Baustils	Dekor und Verzierung, Maltechniken
Historismus (Gründerstil; ≈ 1860 bis 1900) keine eigentliche Stilform, eher Nachahmung, Rathäuser in Hamburg, Hannover und München, Gedächtniskirche und Reichstagsgebäude in Berlin	Bewußte Übernahme von Stilelementen vergangener Epochen; oft mehrere Stilformen in einem Gebäude vereinigt (**5**.14); „repräsentative" Gebäude: Rathäuser, Kirchen und „vornehme" Villen, Museen, Bahnhöfe Glas-Stahl-Konstruktionen (Kristallpalast London 1851, Pariser Weltausstellung 1889); seit 1890 „Wolkenkratzer" in den USA	Schnitzereien, Stuck und Gitter maschinell als Massenware, Zunahme der Furniere; **Malerei:** zahlreiche Vorlagenwerke für Dekorationsmalereien und Schriften sowie Ornamente; Plakatkunst und Reklame beeinflussen die Malerei, ebenso die Tapetenindustrie; Teerfarblacke nach der Erfindung des Anilins **Maler:** Adolph Menzel, Ludwig Thoma, Wilhelm Leibl, Max Liebermann

Die in dieser Stilepoche erbauten Häuser (vor allem als Neurenaissance oder Neuklassizismus zu bezeichnen) wurden in den letzten Jahren beliebte Objekte der farblichen Erneuerung unserer Städte. Fassadenwettbewerbe mit öffentlicher Unterstützung führten zu farblich ansprechenden Lösungen bei der Anstricherneuerung oft ganzer Straßenzüge. Bei der Farbgebung dieser Althausfassaden sind Gesetzmäßigkeiten zu beachten, wie z. B. das farbige Absetzen hervortretender Bauteile (Bild **4**.37).

Epoche/Beispiele	Typische Merkmale des Baustils	Dekor und Verzierung, Maltechniken
Jugendstil (≈ 1890 bis 1914) Turbinenhalle der AEG in Berlin, Siedlungsbauten (Reihenhäuser)	Abkehr vom Historismus; Technik „soll den Bauten dienen", Licht, Luft und Sonne in den Raum kommen; Suche nach „zeitgemäßen" Stilformen, Gründung von Werkkunstkreisen und Werkkunstschulen; neue Möbelformen, Gebrauchsgegenstände und Schriftformen	Metall herrscht vor (Konsumartikel, Tore, Zäune, Stahlbeton); weitere Zunahme der Werkstoffindustrie, 1900 Stärkeleim; der „Dekorationsmaler" arbeitet an Decken und Wänden (stilisierte Tier- und Pflanzenornamente, Einfassungen verschiedener Art); zuletzt überladenes Schmuckwerk auf Tapeten, Stoffen, Möbeln usw. **Maler:** Henri Toulouse-Lautrec, Ferdinand Hodler

5.14 Hauszeile aus dem Historismus

Tafel **5.4** Fortsetzung

Epoche/Beispiele	Typische Merkmale des Baustils	Dekor und Verzierung, Maltechniken
20. Jahrhundert. Der Jugendstil reicht bereits ins 20. Jahrhundert. Um 1910 bemerkte man im Bauen neue Formen, die „moderne Sachlichkeit“. Im Vordergrund stand der Zweck eines Gebäudes, unnötiger Zierat wurde fortgelassen, klare Linien waren ein wesentliches Merkmal. Würfelförmige und andere Gebilde wurden aneinandergereiht, große und klare Flächen üblich. **Maler:** Emil Nolde, E. L. Kirchner, Franz Marc, Pablo Picasso, Georges Braque, Otto Dix, Marc Chagall **Bauhaus.** 1919 von Gropius in Dessau gegründet, war eine neuartige Schule moderner Architekten und Gestalter. Diese Richtung verbreitete sich bald in viele Länder und andere Kontinente.		
Bauhaus Das Gebäude des Bauhauses selbst (**5.**15), Wohnblöcke in Berlin-Siemensstadt	Neue Wege des Bauens, Gestaltens und der Innenarchitektur; abgeleitet: „funktionsgerechte“ Lösung der Bauaufgaben (Le Corbusier), neue Ordnung des Entwurfs	Einrichtungen nach „rein praktischen“ Gesichtspunkten; **Malerei:** einfache Formen im Malerhandwerk, in Dekorationen und auf Ausstellungen; der „glatte“ Anstrich als Anstrichkunst, Anstrich als edler Werkstoff. **Maler:** Oskar Schlemmer, Lionel Feininger
Baukunst nach 1945 Bauten von Neutra, Mies van der Rohe u. a. Architekten. Aufbau bzw. Umbau ganzer Städte oder Stadtteile (**5.**16)	Beachtliches Niveau der Baukunst, nur zögernder Einsatz neuer Werkstoffe, aber fieberhafte Bautätigkeit; Rückwirkungen des Bauhausstils aus den USA; einfache geometrische Grundformen, oft Abkehr von der Senkrechten und Waagerechten; Fertigbau und zahlreiche vorgefertigte Teile	**Malerei:** Anstrich wird noch mehr von zahlreichen, oft synthetischen Werkstoffen und deren Wirkungen bestimmt; neue Werkstoffe auch in der Werbung, Schilderherstellung, Fahrzeuglackierung; zahlreiche „konfektionierte“ (verarbeitungsfertige) Werkstoffe; Trockenpigmente kaum noch üblich

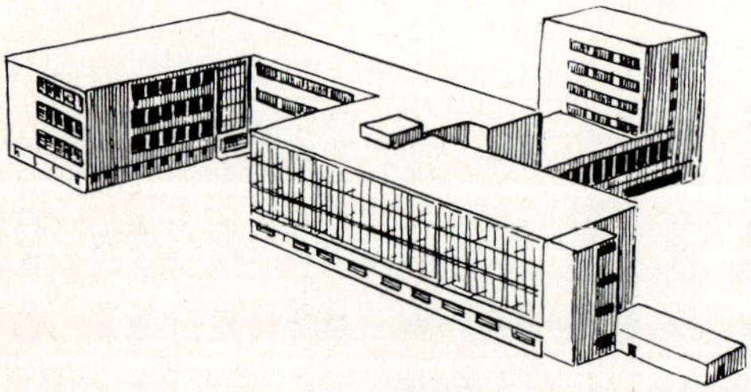

5.15 Bauhaus in Dessau (1915/1928)

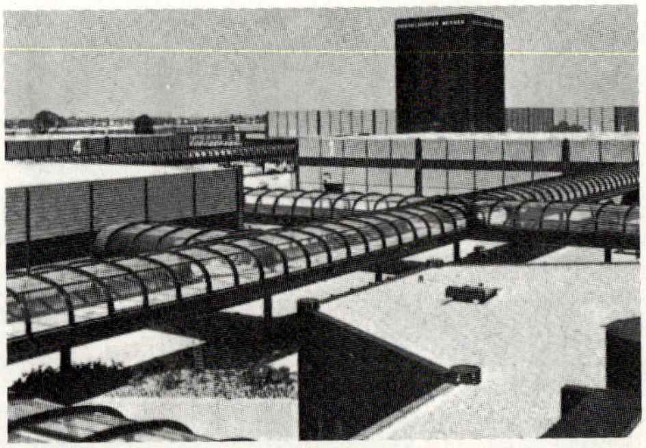

5.16 Messe-Ausstellungsgelände in Düsseldorf (eröffnet 1971)

Berufe der Denkmalspflege. Trotz der zahlreichen Zerstörungen durch Kriege und andere Einwirkungen gibt es noch viele historische Gebäude, die laufend restauriert (erneuert) werden müssen. Das Malerhandwerk ist dabei vor allem an der farbigen Gestaltung beteiligt: durch Kirchenmaler, Vergolder und Restauratoren. Grundlage für die Denkmalspflege bildet eine gründliche handwerkliche Lehre. Gefordert werden Geduld, Ausdauer, Feingefühl und Ehrfurcht vor dem Überlieferten. Techniken der alten Anstriche vor Jahrhunderten müssen gelernt und beherrscht werden. Bei historischen Bauten treten verstärkt Probleme des Untergrunds, der Techniken und Farbgebung auf. Hinzu kommen Einzelheiten wie Hausschilder, Haustüren und Möbel. Auch die Spezialisten dafür kommen aus dem Handwerk.

Aufgaben zu Abschnitt 5

1. Was versteht man unter einem Kunststil?
2. Welche wichtigen Elemente späterer Bautechnik verdanken wir den Griechen und Römern?
3. Nennen Sie einige typische Merkmale romanischer Baukunst.
4. Welche Arten der Gotik gibt es, und wie unterscheiden sie sich voneinander?
5. Nennen Sie einige berühmte Renaissance-Gebäude in der Bundesrepublik Deutschland.
6. Welche Bauteile sind für Farbgebungen und Malereien der Barockbauten typisch?
7. Welche Merkmale zeichnen klassizistische Bauten aus?
8. Nennen Sie einige Bauten des Historismus. Welche wesentlichen Merkmale zeigen diese Bauten?
9. Was wollte der Jugendstil erreichen?
10. Was brachte der Bauhaus für das Bauwesen des 20. Jahrhunderts?

6 Schrift

6.1 Schriftentwicklung

Was haben Sie in den letzten 8 Tagen geschrieben und gelesen? Wie würde sich Ihr Leben (auch beruflich) ändern, wenn Sie weder lesen noch schreiben könnten? Warum reicht die Sprache zur Verständigung, zum Lernen usw. nicht aus?

Die Schrift gibt dem Menschen die Möglichkeit, Gedanken festzuhalten und mitzuteilen. Die Geschichte der Schrift ist zugleich ein Spiegelbild der Kultur. (Inwiefern?) Schrift ist nicht nur ein Bindeglied von Mensch zu Mensch, sondern auch vom Vergangenen zur Gegenwart.

Eine Vorstufe der Schrift waren die sog. Kerbhölzer, Stäbe mit Kerbschnitten meist zahlenmäßiger Bedeutung. Die Mayas und andere Völker benutzten Knotenschriften, die aus zahlreichen Verschlingungen in Fäden bestanden. In den Bilderschriften der eiszeitlichen Höhlen und Felsen sind bereits Gedanken festgehalten (Jagdszenen). Aus China stammt die Erfindung von Wortbildern, wozu eine Unmenge von Wortzeichen nötig war. Daraus haben sich die ersten Zierschriften entwickelt. Die ägyptischen Hieroglyphen führten von der Bilderschrift zur ersten Stufe der Laut- und Buchstabenschrift. Dabei verzichtete man noch auf die Wiedergabe der Vokale (Selbstlaute – a, e, i, o, u). Die Semiten hatten schon im 13. vorchristlichen Jahrhundert ein Alphabet von 21 Buchstaben (Zeichen).

Die Griechen übernahmen diese Zeichen und schufen daraus das uns geläufige Alphabet. Nun konnte man Worte bilden, indem man die Buchstaben aneinanderreihte.

Die Römer übernahmen das Alphabet der Griechen und ergänzten es durch die Buchstaben X, Y und Z. Erst im 10. Jahrhundert unterschied man zwischen U und V, noch später trennte man I und J und fügte das W hinzu.

6.2 Schriftstammbaum

Tabelle **6.1** zeigt uns die Entwicklung der wichtigsten abendländischen (europäischen) Schriften von den Römern bis in unsere Zeit.

Römische Schriften

Die Capitalis quadrata (lat. capitalis = Haupt) ist eine Großbuchstabenschrift. Ihre Form wurde durch den Gebrauch des Meißels und die Anpassung an den spröden Stein bestimmt; sie beruht größtenteils auf der Grundlage eines Quadrats. Diese Schrift bildete durch fast zwei Jahrtausende das Vorbild der Großbuchstaben (= Versalien) lateinischer Schriften.

Römische Kursive (schrägliegende Schrift). Sie ist eine flüchtig geschriebene vereinfachte „Verkehrsschrift", in Wachstäfelchen eingeritzt. Die heute üblichen Ober- und Unterlängen bahnen sich in ihr an.

Die Unzialschrift (Unziale, „unzia" = $^1/_{12}$ Fuß = 1 Zoll als übliche Höhe) zeigt abgerundete Formen, die sich bequemer schreiben lassen. Dabei werden einzelne Buchstaben völlig umgestaltet, deren neue Formen man dann in etwa beibehält.

Die Halbunziale ist eine erste vollentwickelte Kleinbuchstabenschrift (Minuskeln; lat. minus = weniger), wobei neue Buchstabenänderungen vorgenommen werden.

Tabelle **6.1** **Schriftstammbaum**

CAPITALIS QVADRATA

1. Jahrhundert Großbuchstabenschrift

[illegible]

2.–4. Jahrhundert Schrägschrift

UNZIALE

5.–8. Jahrhundert letzte Großbuchstabenschrift

halbunziale

6.–8. Jahrhundert Kleinbuchstabenschrift

karolingische

Karolingische Minuskel

9.–11. Jahrhundert
voll ausgebildete Kleinbuchstabenschrift

Deutsche (gebrochene) Schriften

gotische minuskel

12.–15. Jahrhundert
„gebrochene" Kleinbuchstaben

Textura

14.–15. Jahrhundert
Hochgotische Schrift
Schrift Gutenbergs

Schwabacher

1480
behäbig, gotische Merkmale

Fraktur

1513
„gebrochene" Schrift,
von namhaften Künstlern geformt

Lateinische Schriften

Humanistische Minuskel

ca. 1450
daraus

Renaissance Antiqua

1470
(venezianische und französische Form)

Vorklassizistische Antiqua

(Barock-Antiqua)

Klassizistische Antiqua

1780
starker Unterschied zwischen Haar- und Grundstrich

Grotesk

Serifenlose Linear-Antiqua
1803 Blockschrift genannt, ohne Schraffuren

EGYPTIENNE

Serifenbetonte Linear-Antiqua
1815
mit eckigen Schraffuren

DIE·WOCHE

Jugendstil

1900
weiche, pinselhafte Schriften

Nationalschriften

Größere Beeinflussungen der Schrift traten durch die Völkerwanderung ein. Jedoch übernahmen alle Nationen die üblich gewordenen kleinen Buchstaben.

Die karolingische Minuskel, auf Karls des Großen Anweisungen geschaffen, zeigt eine vollkommen ausgebildete, abgeschlossene Kleinbuchstabenform. Wie teilweise schon ihre Vorgänger, wurde sie mit einer Federhaltung im Winkel von 45° geschrieben.

Die gotische Minuskel zeigt als erste (deutsche) Schrift eine „gebrochene" Form, d.h. ein Fortstreben von der gerundeten Form = Knickung der bisher gebogenen Elemente. Das Buchstabenbild wird schmaler, während die Höhe zunimmt.

Mit der Erfindung der Buchdruckerkunst (1440) scheidet die künstlerische Handschrift als Buchschrift langsam aus.

Humanistische Minuskel

Sie kommt aus Italien und entwickelt sich durch die Bestrebungen des Humanismus. Als Vorbilder dienen die besten Schriften des 8. und 9. Jahrhunderts.

Deutsche Druckschriften

Gotische Druckschriften entwickeln sich vornehmlich im mitteleuropäischen Raum, während in Italien die lateinischen Schriften Vorrang behalten. Die höchsten Formen gotischer Schriften bildet Gutenbergs Mitarbeiter Peter Schöffer aus.

Die Schwabacher beherrscht mit ihren sachlichen, schönen Formen als Druckschrift vor allem die Reformationszeit und die Renaissance.

Die Fraktur ist eine Abkehr von den bisher strengen Formen. Sie neigt zu übertriebenen Schnörkeln der Buchstabenanfänge und -endungen und weist bereits auf den Barockstil hin.

Lateinische Druckschriften

Sie entwickeln sich aus der Capitalis quadrata und der Karolingischen Minuskel. Diese bringt bereits als vorklassizistische Antiqua einen stärkeren Unterschied zwischen Grund- und Haarstrich (dünner Strich), später etwa im Verhältnis 8:1 bis 10:1. Typisch sind dann bei der klassizistischen Antiqua die Abschlüsse (Schraffuren, Serifen), die mit den Balken durch einen eleganten Bogen verbunden sind. Diese Formen der Antiqua sind äußerst klar und leserlich. Sie zeigen das klassische Schönheitsideal, so daß man heute noch mit ihnen arbeitet, auch in der Schilderherstellung.

Schriften des 19. und 20. Jahrhunderts

Die Egyptienne (serifenbetonte Linear-Antiqua) weist bereits deutlich auf das technische Zeitalter hin. Sie entstand unter dem Eindruck der Eroberung Ägyptens durch Napoleon I. Ihre Elemente sind einfach, die Balken haben fast gleiche Stärke, die Abschlüsse sind balkenförmig.

Die Grotesk (serifenlose Linear-Antiqua; Serifen = Querstriche an Kopf und Fuß) zeigt die einfachsten Elemente, es sind sog. Schnurzüge: Alle An- und Abstriche fehlen. Obwohl bereits 1803 in England entwikkelt, setzt sie sich erst nach 1925 mit der Bauhaus-Bewegung in Dessau durch. Der Name „Grotesk" trifft nicht zu, sie ist allenfalls „abstrahiert", da man Wesentliches fortgelassen hat (daher auch Blockschrift).

Die Merkmale der wichtigsten Schriften zeigt Tabelle **6.2**.

Tabelle **6.2** **Merkmale der wichtigsten Schriften**

Gotisch	Schwabacher	Fraktur	Renaissance-Antiqua	Klassizistische Antiqua	Kursive	Egyptienne	Grotesk
En	En	En	En	En	*En*	**En**	En

Versalien sind Großbuchstaben, Minuskeln oder Gemeine sind Kleinbuchstaben. Eine schrägliegende Schrift nennt man Kursive. Die heute weniger üblichen deutschen Schriften (Gotik, Schwabacher, Fraktur) heißen auch „gebrochene" Schriften.

6.3 Ziffern

Ziffern sind der Ausdruck von Zahlen in besonderen Zeichen. Wir unterscheiden arabische und römische Ziffern.

Die arabischen Ziffern sind die uns bekannten von 0 bis 9, wobei die Null das Zehnersystem vervollständigt. Die Araber übernahmen diese Zahlenzeichen von den Indern, die sie schon im 2. Jahrhundert verwendet haben sollen. In der uns bekannten Form stehen die arabischen Ziffern seit etwa dem 16. Jahrhundert fest.

Die römischen Ziffern werden von links nach rechts angeordnet und zusammengezählt. Ein Wert kann abgezogen werden, wenn er links vor einem größeren steht. Das ist bei I, X und C der Fall. Die Zeichen V, L und D können nicht links vor einem höheren Wert stehen (**6**.3).

Tabelle **6**.3 **Römische Ziffern**

1 I	2 II	3 III	4 IV	5 V	6 VI	7 VII	8 VIII	9 IX	10 X	89 LXXXIX
10 X	20 XX	30 XXX	40 XL	50 L	60 LX	70 LXX	80 LXXX	90 XC	100 C	344 CCCXLIV
100 C	200 CC	300 CCC	400 CD	500 D	600 DC	700 DCC	800 DCCC	900 CM	1000 M	1966 MCMLXVI

Römische Ziffern verwendet man für Jahreszahlen an Gebäuden, für Stockwerke sowie bei Papst- und Herrschernamen (Papst Paul VI., Kaiser Friedrich II.).

6.4 Schriftanwendung

6.4.1 Schrift und Bauten

Wo begegnet Ihnen an und in Gebäuden Schrift? Wozu dient sie?

Die Schrift ist heute aus der engen Verbindung mit Gebäuden nicht mehr fortzudenken. Sie dient dabei den verschiedensten Zwecken und kann innen oder außen an Gebäuden angebracht sein. In Gebäuden dient sie in erster Linie der Information (z. B. Hinweise in Verwaltungsgebäuden oder an Türen). An Bauwerken (Fassaden) dient sie vor allem der Werbung und Bekanntmachung. So weisen Firmen auf sich und ihre Erzeugnisse hin, werden Einfahrten gekennzeichnet, schmücken Schriften alte Gebäude (historische Hinweise, z. B. an Geburtshäusern berühmter Persönlichkeiten).

Schrift an und in Gebäuden erfüllt informierende und werbende Aufgaben.

Untergrund. Die Schrift ist aber nicht Selbstzweck, nicht für sich allein da. Stets ist sie mit einem tragenden Untergrund verbunden. Bei Gebäuden sind das gewöhnlich Putz, Glas, Holz, Metall oder ein bestimmter Anstrich. Dieser Untergrund hat folgende Aufgaben:

a) Aufnahme oder Befestigen der Schrift, um sie zu tragen und damit zu ihrer Lesbarkeit und Wirkung zu verhelfen.

b) Umgrenzen, Umrahmen der Schriftfläche, um sie gegen andere Teile abzugrenzen oder die beschriftete Fläche zusammenzufassen. Die Schrift ist in diese gegebenen Flächen leicht erfaßbar und gefällig, sinn- und bedeutungsgemäß einzuordnen, z.B. als rechteckiger Schriftblock (= Summe aller Zeilen) in ein Rechteck im Quer- oder Hochformat (**6**.4). Aus der Form der Fläche können sich auch schmückende Wirkungen ergeben, z.B. verzierte Blechschilder oder betonte Schildeinfassungen.

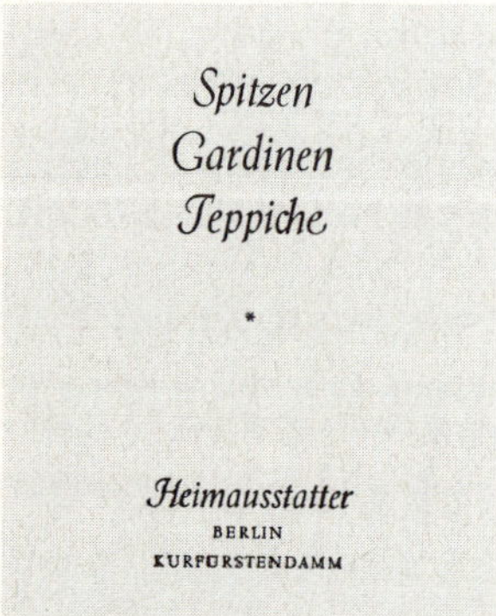

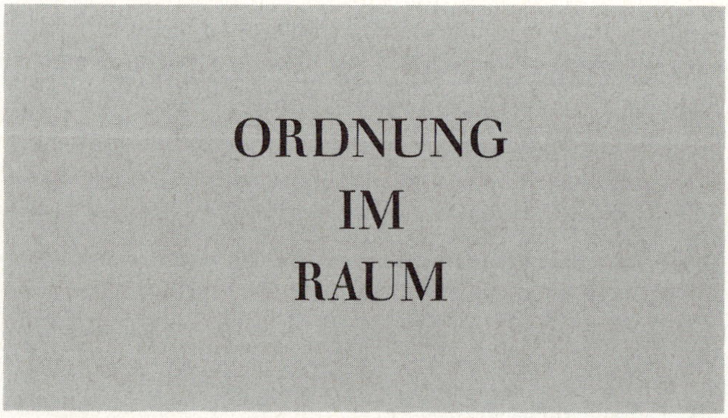

6.4 Untergrund als Umrahmung der Schrift

c) Als „stofflicher" Träger der Schrift bedingt der Untergrund gewöhnlich die Technik, z.B. Kunstharzfarbe auf Putz oder Glas. Die Schrift muß sich auch einer gegebenen Technik anpassen. So erfordert z.B. eine Mineralfarbfassade Schrift in Mineralfarben.

d) Als „farbiger" Schriftträger sind seine Eigenfarbe oder die vom Maler gewählte Farbe gut auf die Schriftfarbe abzustimmen bzw. umgekehrt. Dadurch wird vor allem die gute Lesbarkeit gesichert (s. Abschn. 4.5).

> Der Schriftuntergrund an und in Bauten hat mehrere Aufgaben gleichzeitig zu erfüllen. Er ist sorgfältig auszuwählen, gut vorzubereiten und auf die Schriftfarbe abzustimmen.

Die Schriftform (Schriftart) hat sich dem Gebäude anzupassen. Historische Bauwerke können mit alten Schriften versehen werden, z.B. klassizistische Häuser mit klassizistischer Antiqua. Für moderne Gebäude eignen sich vor allem Blockschriften (Serifenlose Antiqua) und gut lesbare Formen der Egyptienne (Serifenbetonte Antiqua). In bestimmten Fällen sind auch Schreibschriften angebracht, z.B. für Mode-, Parfümerie- oder Blumenläden.

Die Schriftgröße hängt einmal von der verfügbaren Fläche ab (z.B. Platz über einem Schaufenster), zum anderen von der Lesbarkeit. Giebelreklamen haben große Fernwirkung und sind daher in großer Schrift (Schriftgrad) anzubringen. Hinzu kommt, daß oft einzelne Wörter aus Fahrzeugen erkennbar sein müssen (z.B. Ortsschilder, Wegweiser).

Die Schriften haben sich der Gesamtfassade unterzuordnen. Sie sollen nicht zu stark betont werden, nicht selbständig sein und die Einheit der Hauses in Form und Farbe übertönen. Innen sollen sie ihren Zweck erfüllen (z.B. Hinweise auf Etagen, Firmen).

6.4.2 Schrift und Werbung

Im letzten Abschnitt wurden schon werbende Aufgaben der Schrift erwähnt, z.B. an Fassaden. Neben dem Maler gibt es verwandte Berufe, die sich fast ausschließlich damit beschäftigen: die Plakatmaler, Schilder- und Lichtreklamehersteller sowie die Schaufenstergestalter. Gute Wirkungen erzielt man bei Beachtung folgender Hinweise:

Die Signalwirkung der Schrift ist bewußt zu nutzen. Von jeder Schrift gehen Wirkungen aus, mit denen man beim Lesen bestimmte Begriffe verbindet (**6**.5).

Tabelle **6**.5 **Schriftwirkungen**

KUNSTHANDLUNG	WERBEAGENTUR
ANTIQUITÄTEN	STAHLBETONBAU
Alte und neue Kunst	Farben und Lacke
MUSEUM	Schönheit der Schrift
BUCHMESSE	Wir ziehen um
KERAMIK	Café Gisela
BAUHAUS	Modenschau
RECHENZENTRUM	Vierzehnheiligen
ARCHITEKTUR	

Beispiele Eine Werbung für einen Blumenladen – ausgeführt in gut gewählter, leichter Schreibschrift – drückt das Leichte, Beschwingte aus, das wir mit dem Begriff „Blumen“ in Gedanken verbinden. Die Werbung wird noch besser, wenn man eine an Blumen erinnernde Farbe verwendet. Für technische Erzeugnisse bietet sich dagegen eine sachliche Egyptienne-Schrift an.

Der Schriftcharakter soll dem Inhalt bzw. dem Zweck einer Werbung entsprechen.

Die Erinnerungswirkung der Schrift wird gezielt genutzt. Durch gleiche Schriftart und -farbe auf Briefbogen, an Gebäuden oder Fahrzeugen erinnern Firmen ihre Kunden immer wieder an das Unternehmen. Dieselbe Wirkung hat das Signet.

Das Signet (lat. signum = Zeichen) stellt einen bestimmten Begriff (z. B. Waren) oder Art und Namen einer Firma in kürzester, einprägsamster Form dar. Es wird gewissermaßen zum Symbol. Ein Signet kann aus Einzelbuchstaben, einem Wort, Zeichen oder Verbindungen daraus bestehen. Beispiele für alle Arten finden wir überall im Alltag.

Schrift und Zeichen können nicht nur beim Signet gemeinsam eingesetzt werden. Sie ergänzen sich vielfältig und steigern die Werbewirkung. Schrift und Zeichen müssen jedoch in der Art, Größe und Farbe zueinander passen (z. B. Antiqua-Text und ein Signet in Antiqua).

Die Farbgebung der Schrift muß dem Objekt angepaßt sein, für das geworben wird. So wird man zarte Farben für Parfümerie-Artikel nehmen, leuchtende Farben für „Blickfänge“, „Hausfarben“ für Erzeugnisse eines bestimmten Herstellers (z. B. Teubner-Bücher). Auch Modefarben können zur Beachtung beitragen.

Die Form der Schrift paßt man ebenfalls dem Zweck an. Schriften für kurzlebige Schilder und Plakate (Pinselschriften) eignen sich nur selten auch für dauernde Ladenbeschriftungen. Da Schriften häufig über die ganze Straßenbreite hinweg gelesen werden müssen, braucht man klare Formen, nicht zu große, fette Buchstaben. Schriftmischungen (d. h. gleichzeitige Anwendung verschiedener Schriften) müssen gekonnt sein. Sie erfordern Übung und Geschmack. Man sollte solche Anwendungen dem Schilderhersteller überlassen.

Die Größe der Schrift darf auch in der Werbung nicht übertrieben werden. Das gleiche gilt für die Balkendicke. Stets muß die Schrift gut lesbar sein.

Die Werbung nutzt die Signal- und Erinnerungswirkung der Schrift, ihre Farbgebung, Form und Größe jeweils für den bestimmten Zweck. Hauptforderung bleibt die gute Lesbarkeit einer Schrift. Schriftübertreibungen schaden der Werbewirkung.

6.4.3 Schrift an Fahrzeugen

In beachtlichem Umfang werden Schriften an Fahrzeugen angebracht, so an Lieferwagen, Fernlastern oder Waggons. Hier gelten z. T. andere Richtlinien, da sich bewegende Objekte das Erfassen und die Lesbarkeit erheblich beeinträchtigen.

Farbe. Die Schrift ist der Farbe des Fahrzeugs und dem Objekt, Motiv oder Inhalt der Werbung anzupassen. Die Fahrzeugfarben können in satten Farben gehalten sein, doch müssen Schriften darauf im Kontrast stehen (z. B. Hell-Dunkel-Kontrast).

Text. Die an sich kleinen Werbeflächen und die Lesbarkeit verlangen einen kurzen, ausdrucksvollen Text (z. B. Namen und Art des Unternehmens, Anschrift dagegen in kleinerer Schrift evtl. nur an den Türen).

Art. Die Schrift muß schnell erfaßbar sein, deutlich und augenfällig wirken. Etwas kräftigere Schriften wirken besser als sehr schmale, magere Schriften. Breitlaufende oder gesperrte Schriften sind bei einer klaren, überschaubaren Gliederung günstiger.

Anordnung. Die kleineren Flächen verlangen eine auffallende, vor allem jedoch gut lesbare Anordnung. Bei kleineren Fahrzeugen kommt gewöhnlich die obere Hälfte in Betracht, so daß die Schrift in Augenhöhe liegt. Große Lkw erhalten meist eine Beschriftung in der Aufbau- bzw. Kastenmitte (z. B. Speditionswagen), manchmal auch (zusätzlich) auf den Planen.

6.5 Schriftbeispiele

6.5.1 Grotesk (serifenlose Linear-Antiqua, Blockschrift)

Die Versalien (Großbuchstaben) sind der römischen Kapitalschrift entlehnt. Sie beruhen größtenteils auf dem Quadrat und haben mäßige Höhe (**6**.6).

Übungen. Blockschrift mit der Feder oder dem Filzstift ist zwar nicht für alle Berufe unseres Berufsfelds erforderlich, jedoch fördern die Übungen das Verständnis für die Schrift und die Buchstabenbreiten und sind zeichnerische Grundübungen.

6.6 Aufbau von Blockversalien nach der Kapitalschrift

6.7 Blockschrift-Versalien, mit der Schnurzugfeder oder mit dem Filzstift geschrieben

Erläuterungen zu Bild 6.7

1. Man lernt ein Alphabet nicht in der üblichen Reihenfolge, sondern nach den Schwierigkeitsgraden. Die einfachste Gruppe besteht aus senkrechten und waagerechten Strichen. Bei L und T sollen die Waagerechten nicht zu breit sein. Zwischen senkrechten Balken im Wort soll mindestens eine Balkenbreite (besser mehr) Zwischenraum sein. Betrachten Sie jede Übung aus größerer Entfernung wegen der Gesamtwirkung.

2. Ornamentreihen mit schräg geneigten Balken sind eine notwendige Vorübung. Dabei sollen alle parallelen Striche sehr regelmäßig verlaufen.

3. Die Breiten der Großbuchstaben sind (wie in allen anderen Gruppen) zu beachten. Z. B. stehen A und V fast im Quadrat, M und W sind sogar breiter.

4. Vorübungen für Kreis- und Bogenschnurzüge sind besonders schwierig. Der Kreis wird nicht in einem Zug geschrieben, sondern erst die linke Hälfte und dann die rechte bei sauberem Anschluß angesetzt.

5. Die dritte Buchstabengruppe erreicht nur bei O und Q die volle Quadratbreite. Jeder Teilbogen muß ein exakter Kreisteil sein.

Verwenden Sie 2 mm oder 3 mm breite Schnurzugfedern oder einen entsprechenden Filzstift.

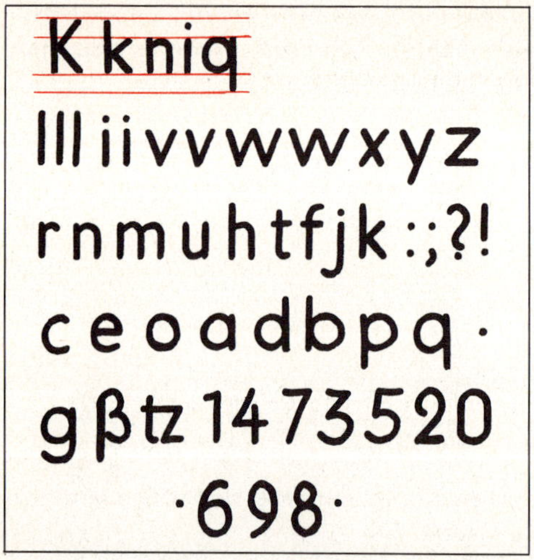

6.8 Blockschrift-Gemeine, mit der Schnurzugfeder oder mit dem Filzstift geschrieben

Die Gemeinen (Kleinbuchstaben) setzen sich aus denselben Elementen (Einzelteilen) zusammen wie die Versalien (**6**.8). Die Buchstaben v, w, x, o, c und s sind nur eine Verkleinerung der entsprechenden Großbuchstaben. Andere weichen nur geringfügig von den Versalien ab (z. B. k, p und y). Wichtig ist jedoch, daß es bei den Gemeinen drei verschiedene Längen gibt: Mittellänge = v, w, x, z und andere; mittel- und Oberlänge = l, k, b, h und d. Mittel- und Oberlänge entsprechen der Höhe der Versalien bei der Blockschrift. Unterlänge und Mittellänge haben y, j, p, q und g. Das Verhältnis der Mittellänge zur Ober- bzw. Unterlänge ist 2 : 1.

Die Ziffern haben entweder die Höhe der Versalien, oder man hält sie alle etwas geringer.

6.5.2 Breite Groteskschrift (serifenlose Linear-Antiqua)

Bild **6**.9 zeigt die wesentlichen Konstruktionsmerkmale. Zu beachten ist z. B., daß alle Mittelbalken (etwa die Buchstaben B, E, F, H und R) auf einer optischen Mitte stehen, d. h. etwas über der eigentlichen (mathematischen) Mitte. Für die Konstruktion legt man sich am besten ein Maß für die wesentlichen Abmessungen aus dünnem Karton an, um sie immer wieder genau übertragen zu können.

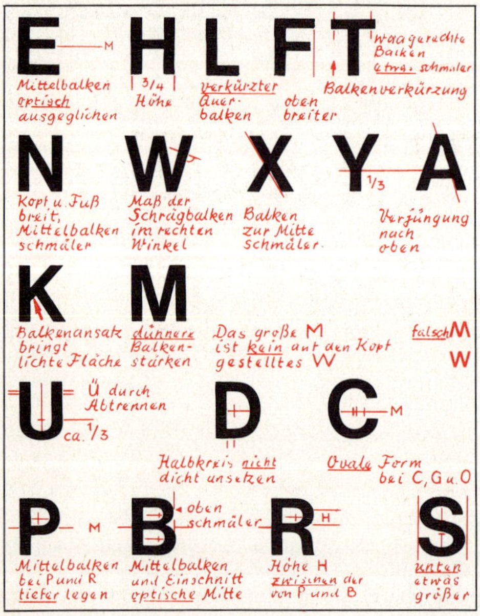

6.9 Konstruktionsmerkmale einer breitlaufenden Grotesk (Blockschrift)

6.10 Versalien, Minuskeln und Ziffern einer breitlaufenden Grotesk

Bild **6**.10 zeigt die Versalien und Minuskeln des Alphabets mit den Zahlen. Bei den Kleinbuchstaben ist darauf zu achten, daß bei den runden Buchstaben (z. B. a, b, d, g) die Bogen oben bzw. unten verjüngt in die Senkrechten einlaufen müssen.

6.5.3 Egyptienne (serifenbetonte Linear-Antiqua)

Die Grundmerkmale dieser Schrift sind aus Bild **6**.11 und den Erklärungen zu ersehen. Im Gegensatz zur breiten Grotesk wird hier eine schmallaufende Egyptienne gebracht (**6**.12). Angewendet wird die Egyptienne in letzter Zeit vielfach in der Industrie, im Bauwesen und in der Geschäftswelt.

6.11
Egyptienne-Versalien und ihre Konstruktionsmerkmale

1. Gegensatz zwischen Haar- und Grundstrichen ist fast fortgefallen.
2. Schraffuren und andere Abschlüsse sind nicht gerundete Balken.
3. Die Auslaufpunkte sind zu eckigen Formen geworden, z. B. E F. Buchstabenbreiten, auf 5 cm Höhe bezogen:
2,3 cm = E F C; 2,4 cm = S;
2,5 cm = G P B R; 2,6 cm = H T O Q;
2,7 cm = D; 2,8 cm = U;
2,9 cm = N X Y V K; 3,0 cm = A.
Die Buchstaben N X Y A V W M K U haben an den Schraffuren zum Teil leichte Bogen. Bei allen Querbalken ist auf die optische Mitte (B- und R-Einschnitt) bzw. auf die genau einzuhaltende mathematische Mitte zu achten, z. B. H.

6.12 Egyptienne-Minuskeln

6.5.4 Antiqua

Hier wird das Beispiel einer typisch klassizistischen Antiqua gewählt (**6**.13). Die Konstruktion erleichtert man sich durch verschiedene Schablonen aus dünnem Karton. Für andere Teilformen empfiehlt es sich, mit dem Kurvenlineal aus Kunststoff zu arbeiten (z. B. bei den Buchstaben C, D, J, O, R und S).

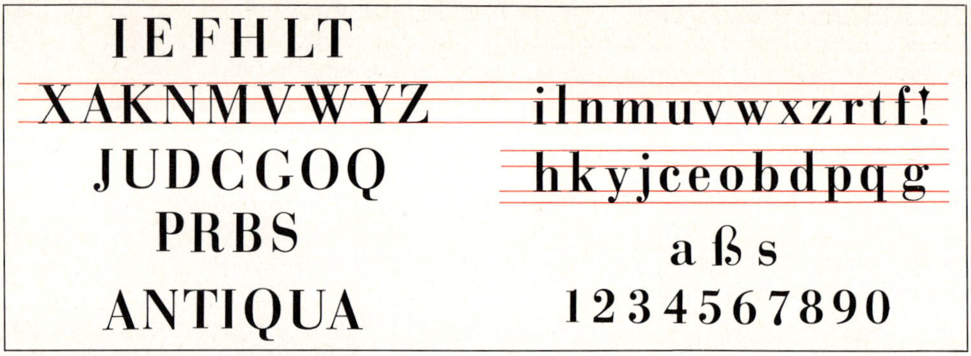

6.13 Klassizistische Antiqua-Schrift

1. Starker Kontrast Haar-Grundstriche, 2. Waagrechte Schraffuren, 3. Senkrechter Schraffurenabschluß. Bei E F L T und Z Schablonen für die Schraffuren benutzen. Schablonen für die waagrechten Schraffuren bei E F H I P R T X, ebenfalls bei den Buchstaben A K V W Y und Z

6.5.5 Plakatschrift (Schreibschrift)

Plakat- oder Pinselschriften werden mit einem Plattpinsel oder langhaarigem Plakatschreiber geschrieben. Die Schräglage beträgt ≈70°. Das Beispiel ist eine typische Kursivschrift.

Der Pinsel ist stets in der Diagonale eines Quadrats anzusetzen und darf niemals gedreht werden (**6**.14 oben links). Beachten Sie die oben rechts und unten links spitz auslaufenden Striche (Balken). Man erreicht sie nur durch unveränderte Pinselhaltung. Dadurch bilden sich auch die wechselnden Strichstärken.

Alle Striche werden von oben nach unten gezogen (Ausnahme: der dünne x-Balken). Bögen und runde Buchstaben sind sauber zusammenzusetzen. Die Pinsel müssen sorgfältig gereinigt werden, damit sie in der Spitze genau „schließen" (**6**.15 und **6**.16).

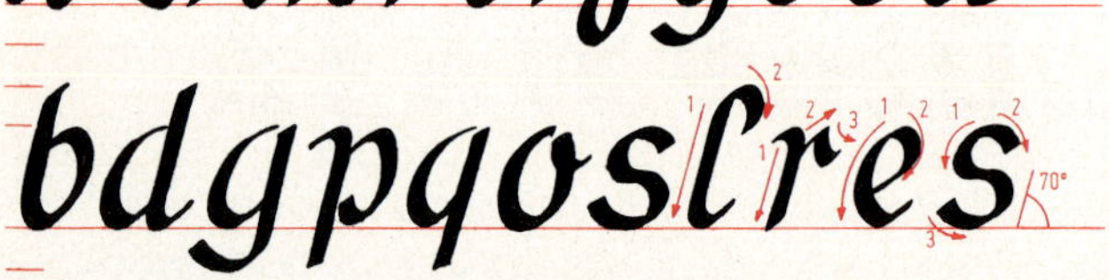

6.14 Pinselschrift (Plakatschrift) als Kursive, Grundübungen und kleines Alphabet

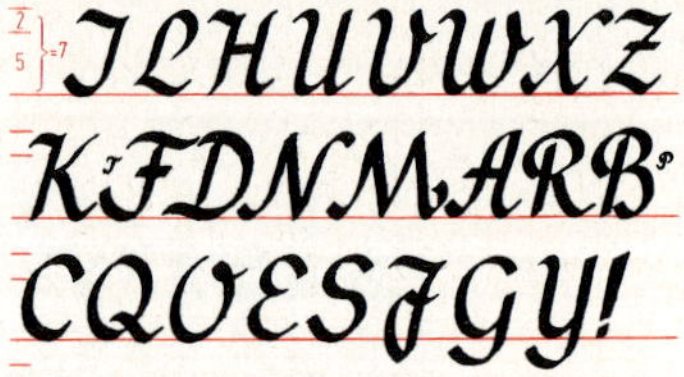

6.15 Pinselschrift, großes Alphabet

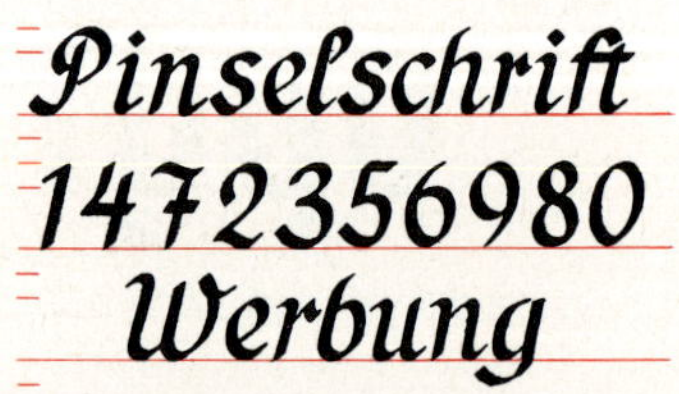

6.16 Pinselschrift, Ziffern und Anwendung

> Pinselschriften können vielfach angewendet werden, z.B. für Hinweise („Frisch gestrichen") und Plakate für Sport- und andere Vereine, gesellschaftliche Veranstaltungen, Werbezwecke.

6.6 Schriftabwandlung

Durch Abwandeln der Schriften erzielt man andere Wirkungen. Möglichkeiten bieten andere Maße, Konturen und plastische Schrift.

Abwandlungen der Maße. Durch Verändern der Balkenbreite oder der Höhen- und Breitenmaße der Buchstaben ergeben sich andere Wirkungen.

Schriften mit besonders großer Balkenbreite heißen fette Schriften im Unterschied zu mageren mit schmalen Balken. Dazwischen liegen die normalen und halbfetten Schriften.

Die Veränderungen der Balkenbreiten darf nicht zu weit gehen. Die Lesbarkeit muß stets erhalten bleiben.

Beispiele Vergrößern wir die Buchstabenhöhe bei gleicher Balkenbreite, erhalten wir eine magere Schrift (**6**.17). Auch wenn wir bei gleicher Buchstabenhöhe die Balkenbreite verringern, gibt es eine magere Schrift.

Buchstabenhöhe und Balkenbreite kann man nur im gleichen Verhältnis verändern, z. B. Breite zur Höhe 1 : 8. Bei sehr niedrigen Buchstaben sind alle Querbalken etwas schwächer zu halten (z. B. bei B, E, F, H).

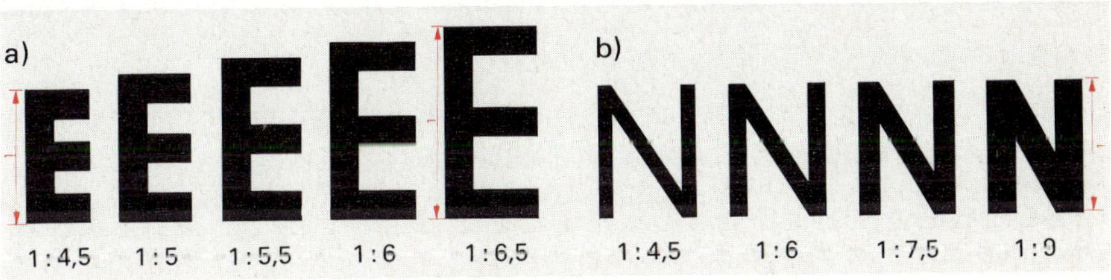

6.17 Maßabwandlung

a) Vergrößern der Höhe bei gleicher Balkenbreite
b) Verändern der Balkenbreite bei gleicher Höhe

Diagonalvergrößerung. Um ein Wort oder eine Schriftzeile nach Vorlage zu vergrößern, legt man die gewünschte neue Länge *AB* fest (**6**.18) und errichtet auf *A* eine Senkrechte. Die Zeichnung der bisherigen Schrift wird winkelgenau auf Punkt *A* befestigt. Nun zieht man von *A* über *C* eine lange Diagonale. Die Senkrechte *BD* gibt die neue Schrifthöhe an. Das neue Schriftrechteck *ABED* wird vervollständigt.

Buchstaben mit Konturen. Um Versalien Konturen (d. h. besondere Umrisse) zu geben, kann man sie einfassen oder in gewisser Entfernung umreißen (**6**.19 auf S. 86). Auch farblich passende Konturen eignen sich.

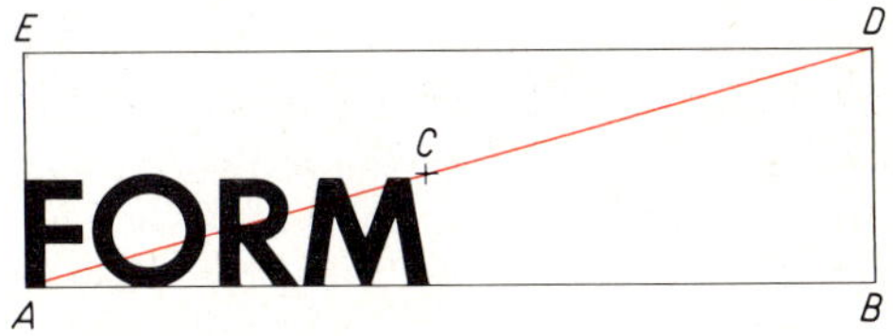

6.18 Diagonalvergrößerung

Konturen um Buchstaben folgen stets dem ganzen Umriß. Sie müssen die Buchstabenform einfassen, dürfen sie nicht zerreißen oder auflösen.

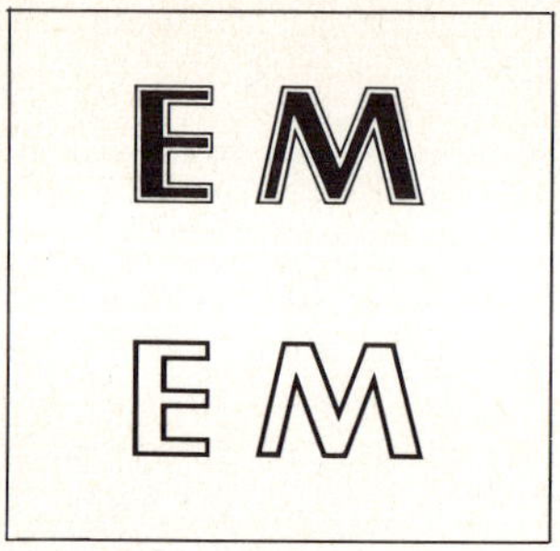

6.19 Buchstaben mit Konturen

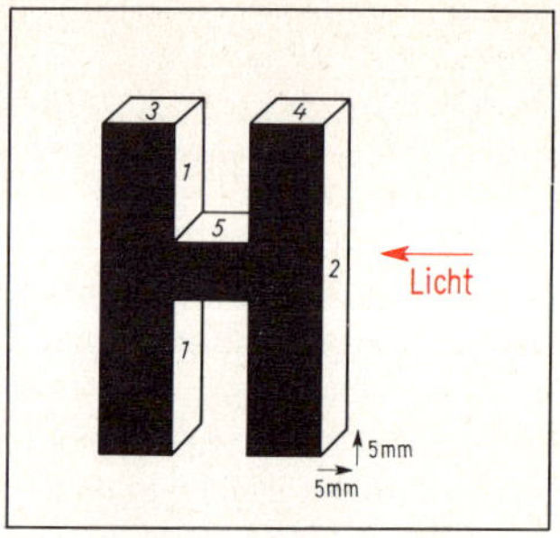

6.20 Anfertigen einer plastischen Schrift

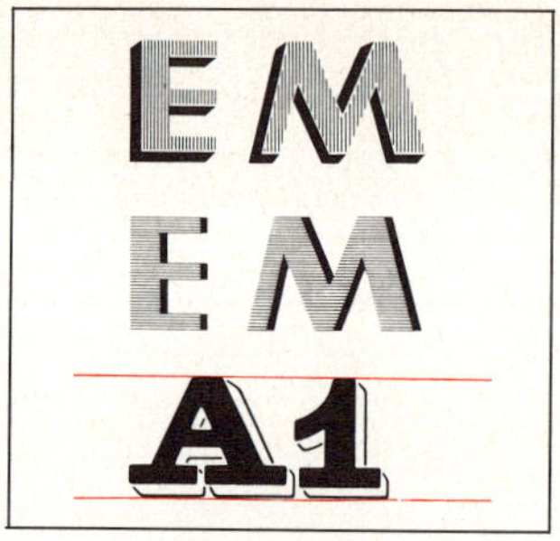

6.21 Plastische Schriftmuster

Plastische Schrift stellt man am besten mit einer Schriftpause auf Transparentpapier her (**6**.20). Hierzu wird nach dem Ausmalen der Schrift die Pause neu aufgelegt und gleichmäßig nach rechts und oben im selben Maß verschoben (hier je 5 mm). Die neuen Außenlinien geben die Schattengrenzen.

Die so gewonnenen Schattenpartien kann man farbig oder grau anlegen. Vorher muß man sich überlegen, wo die angenommene Lichtquelle steht, die den Schatten hervorruft (meist auf der rechten Seite). In Bild **6**.20 steht die Lichtquelle genau rechts neben der Schrift. Dann sind die Flächen *1* und *2* am hellsten; *3*, *4* und *5* legt man dunkler an, jedoch bei dunklen Buchstaben keinesfalls schwarz. Andere Lösungen zeigt Bild **6**.21.

Eine Aufsicht auf die Buchstaben und eine Untersicht unter die Buchstaben zugleich ist nicht möglich.

Eine Veränderung durch Schreibwerkzeuge ist möglich bei der Pinsel- oder Plakatschrift. Schreibt man eine Pinselschrift mit etwas dickerer Temperafarbe und einem nicht zu weichen, kurzen Haarpinsel, deckt die Schrift nicht in allen Teilen vollkommen. Die Wirkung wird erhöht, wenn man auf Rauhfaser oder wenig gestrichenem Putz schreibt. Doch erfordert diese Technik sorgfältige Übungen auf dem jeweiligen Untergrund.

6.7 Gestaltungsgrundsätze

Es genügt nicht, Schrift zeichnen oder schreiben zu können. Man muß auch die Grundsätze der Gestaltung kennen.

Das Ausgleichen oder Ausmitteln ist aus Bild **6**.22 zu erkennen. Die unterschiedlichen Umrißformen der einzelnen Buchstaben bedingen, daß wir beim Aneinanderreihen zu Wörtern verschieden breite Abstände verwenden.

Obere Zeile = nicht ausgeglichen, große Zwischenräume z. B. bei L T und A T. Mittelzeile = gleichmäßig ausgeglichen. Das Bild ist zwar gelockert, doch sind die Abstände zwischen Senkrechten noch zu schmal. Den Abstand zwischen Senkrechten nennt man Normalabstand, alle anderen sind schmäler. Untere Zeile = durch Erweitern der Normalabstände richtig ausgeglichene, ausgemittelte Schrift.

Die Zeilenanordnung zeigt Bild **6**.23. Mehrere Zeilen ergeben eine Satzgruppe, einen Zeilenfall. Man kann die Zeilen alle auf Mitte stellen = Mittelachse oder symmetri-

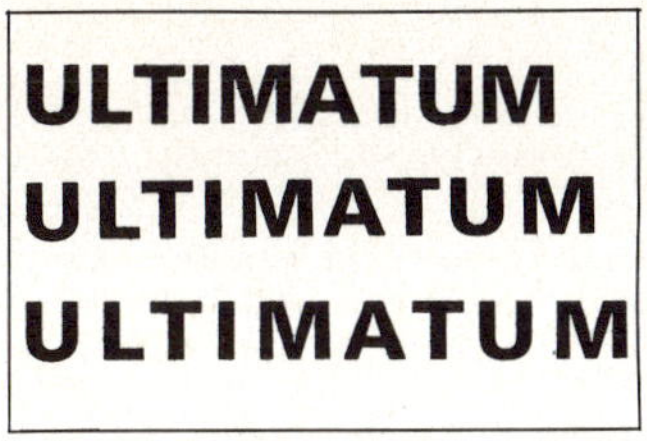

6.22 Ausgleichen oder Ausmitteln

6.23 Zeilenanordnung

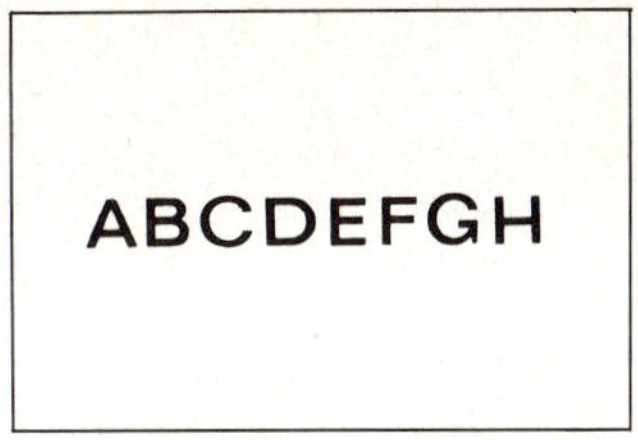

6.24 Optische Mitte

sche Anordnung. Die andere Möglichkeit bietet die Seitenachse oder asymmetrische Anordnung. Die Zeilenanordnung hängt stets vom Text und seiner sinngemäßen Gliederung ab; sie kann nicht willkürlich vorgenommen werden. Vor allem dürfen Sie die Zeilen nicht sinnlos trennen.

Das Format der zur Verfügung stehenden Fläche ist zu beachten. Niemals kann man die Fläche (Schild, Plakat, Fassade, Fahrzeug usw.) völlig oder fast ganz mit Schrift „überdecken". Zur Übersicht, Lesbarkeit und Wirkung braucht man stets einen unbeschriebenen Teil. In diesen Raum hat sich die Schrift einzuordnen. Dabei muß man auch das Umrißbild der ganzen Zeilengruppe berücksichtigen. Meist ist das Format bereits in Größe und Form festgelegt, so daß sich Schriftart und -größe, Zeilenanordnung und weitere Elemente (z. B. Signet) anpassen müssen.

Die optische Mitte ist zu beachten. Das bedeutet, daß sich die waagerechte Mitte der Schrift nicht genau mit der Formatmitte deckt. Die optische Mitte befindet sich immer etwas über der mathematischen, so daß unter der Schrift ein etwas größerer freier Raum bleibt (**6.**24).

Auch bei der Schrift gibt es verschiedene Möglichkeiten rationellen Arbeitens. Schon der Filzstift brachte wesentliche Erleichterungen gegenüber dem Pinsel oder der Feder.

Aufgaben zu Abschnitt 6

1. Suchen Sie nach der Natur, aus Ihrem Rechenbuch oder aus Fachzeitschriften Fassaden großen Maßstabs und legen Sie die Skizzen grob in Fassadentönen an.
2. Schneiden Sie aus farbigen Papieren schmale Streifen, die Schriften an diesen Häusern darstellen sollen. Legen Sie die Streifen auf die dafür bestimmten Stellen und verändern Sie Größe und Lage, bis Sie eine optisch gute Lösung gefunden haben. Dann kleben sie die Streifen fest.
3. Suchen Sie je zwei gute und schlechte Schriftbeispiele und begründen Sie, warum sie ihren Zweck erfüllen oder verfehlen.
4. Auf welche beiden antiken Völker führen wir die meisten heutigen Schriftzeichen zurück?
5. Erklären Sie die Ausdrücke Versalien und Minuskeln.
6. Welche Regeln gelten für das Schreiben römischer Ziffern?
7. Nennen Sie einige deutsche Schriften.
8. Beschreiben Sie die Merkmale einer Antiqua-Großbuchstabenschrift.
9. Wodurch unterscheiden sich Grotesk- und Egyptienne-Schriften?
10. Welche Namen sollte man für diese beiden Schriften nach der Norm anwenden?
11. Nennen Sie Beispiele für die Aufgaben der Schrift an Bauten.
12. Welche Aufgaben hat der Untergrund für Schriften zu erfüllen?
13. Wovon hängt die Größe einer Schrift ab?
14. Erläutern Sie das Schreiben einer Plakatschrift mit dem Pinsel (Schriftlage, Pinselhaltung usw.).
15. Was versteht man unter einem Zeilenfall?
16. Was bedeutet die optische Mitte?
17. Welche Regeln gelten für das Vergrößern von Schriften u. das Verändern ihrer Balkenbreiten?

7 Werkzeuge, Maschinen und Gerüste

Der Möbeltischler kann mit einer Baumsäge keinen Schrank anfertigen, der Maurer braucht seine Kelle, der Friseur die richtige Schere. Alle Handwerksberufe haben ihre eigenen Werkzeuge, die sich im Laufe der Jahrhunderte entwickelt haben. Nur wer gutes, zweckmäßiges Werkzeug benutzt, kann auch gute Arbeit leisten.

7.1 Farbwerkzeuge

7.1.1 Pinsel

Das Streichverfahren mit dem Pinsel ist die älteste Auftragstechnik von Anstrichfarben und Lacken. Pinsel werden seit mehr als 20000 Jahren verwendet. Und noch heute werden die meisten Anstriche mit dem Pinsel ausgeführt. Pinsel sind vielseitig einsetzbar, wirtschaftlich und leicht zu reinigen.

Nach der Borstenbindung unterscheidet man Ring-, Kapsel- und Kluppenpinsel.

Ringpinsel. Streichmaterial ist das Borstenbündel, das die Farbe ansaugt, festhält und beim Streichen abgibt. Durch Kapillarität der Hohlräume zwischen den Borsten wird diese Wirkung noch verstärkt. Der Bund verbindet die Borsten mit dem Stiel (**7**.1). Der Vorbund (Bindfaden, Metall oder Kunststoff) hält die Borsten zusammen. Der Korken spreizt die Borsten, ermöglicht durch einen Hohlraum die Farbfüllung und gibt Elastizität. Der Metallring schließlich, nach dem diese Pinselart benannt ist, gibt dem Bund Festigkeit (**7**.2). Zunehmend findet man an Stelle des Metallrings Kunststoffummantelungen.

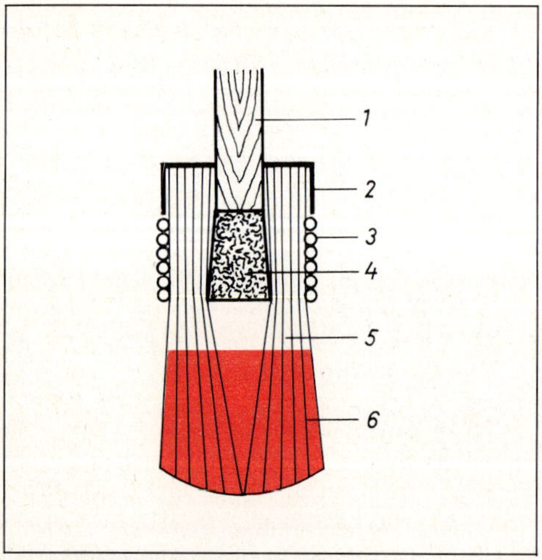

7.1 Ringpinsel (Schnitt)

1 Stiel
2 Metallring
3 Schnur (Vorbund)
4 Korken
5 Borstenbündel
6 angesaugte Farbe

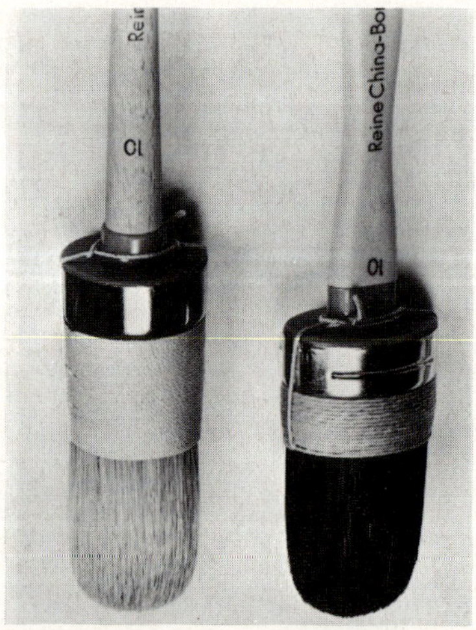

a) b)

7.2 Ringpinsel

a) Ringpinsel mit langem Vorbund
b) Lackier-Ringpinsel mit Chinaborsten

Beim Kapselpinsel sind die Borsten in einer runden, ovalen oder flachen Metallzwinge eingepreßt (**7**.3a). Diese Bundart erleichtert die Handhabung, den Farbauftrag und die Reinigung. Lackier-, Mal-, Heizkörperpinsel, Strichzieher u. a. sind Kapselpinsel.

Beim Kluppenpinsel ist das Borstenbündel in einem verdickten, ausgehöhlten Holzstiel eingeleimt und mit einer Schnur vorgebunden (**7**.3b). Man verwendet Kluppenpinsel für wässerige Anstrichmittel und für einfache Arbeiten.

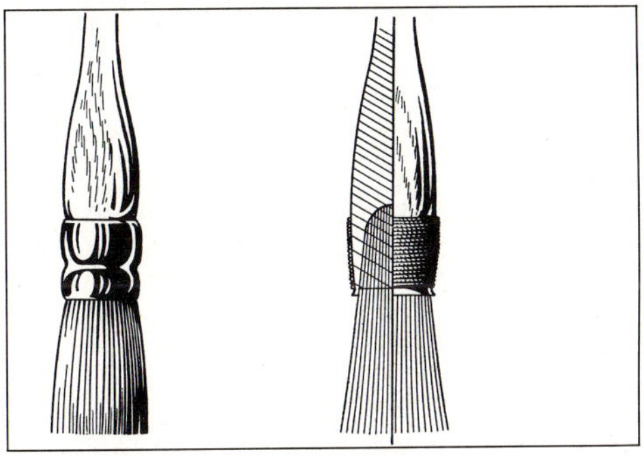

a) b)

7.3 Kapselpinsel (a) und Kluppenpinsel (b)

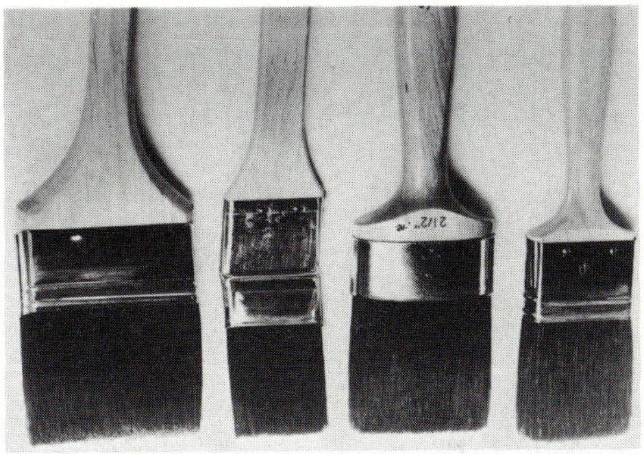

a) b) c) d)

7.4 Spezialpinsel

a) Spezial-Fassadenstreicher
b) Heizkörperpinsel
c) ovaler und
d) flacher Lackierpinsel

Spezialpinsel. Neben diesen Streichpinseln gibt es Spezialpinsel für Lackierungsarbeiten, Heizkörperstreichen, Vergoldungen, Hinterglas- und Schablonierarbeiten, Farbentfernung (Ablaugen) u. a. (**7**.4).

Malpinsel gibt es als kurz- oder langborstige Flachpinsel, kurz- oder langhaarige Rund- und Flachpinsel für Schriftmalerei (Schriftpinsel, Plakatschreiber, Konturierpinsel u. a.), Dekorationsarbeiten und Spezialtechniken des Malerhandwerks (**7**.5).

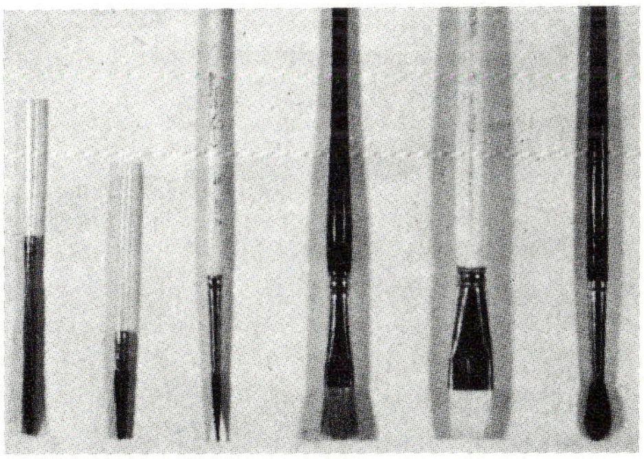

a) b) c) d) e) f)

7.5 Malpinsel

a) Schlepper, b) Federkielpinsel, c) Konturierpinsel, d) Plakatschreiber, e) Künstlerpinsel, f) Aquarellpinsel

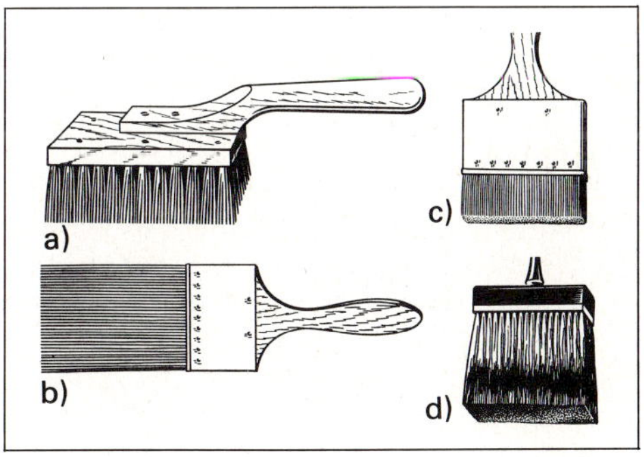

7.6 Farbverteilungswerkzeuge

a) Stupfbürste, b) Schläger, c) Modler, d) Dachshaarvertreiber

Flächenbelebungswerkzeuge sind Strichzieher (Berliner oder Greizer Strichzieher, Schräg- und Ölfarbstrichzieher), Zackenpinsel, Fingerpinsel u. a.

Farbverteilungswerkzeuge sind Stupfbürste, Modler, Vertreiber und Schläger (**7**.6).

Kennzeichnung der Pinselgrößen. Eine am Stiel eingeprägte Ziffer gibt die Größe an. Ringpinsel werden in den Größen 2, 4, 6, 8, 10, 12, 14, 16 bis 24 mit entsprechend dicken Borstenbündeln von 20 bis 75 mm Durchmesser hergestellt. Kapselpinsel sind lieferbar in den Größen 4 bis 20 mit Durchmesser von 10 bis 36 mm (runde Form) und in den Größen 1 bis 6 mit verschiedenen Durchmessern (ovale Form). Kluppenpinsel gibt es in den Größen 2 bis 24 mit 12 bis 48 mm Durchmesser.

Manche Spezialpinsel (z. B. Heizkörperpinsel, Plakatschreiber, Modler) haben Breitenangaben in Zoll (1 Zoll = 2,539 cm).

Borsten und Haare. Gute Pinsel und Streichbürsten haben kräftige Borsten. Zunehmend verwendet man auch Kunstborsten. Billigere Pinsel- und Bürstensorten (Haushaltspinsel) enthalten unterschiedliche Mengen Pferde- oder Rinderhaare (**7**.7).

Tabelle **7**.7 **Borsten und Haare**

Art	Eigenschaften	Verwendung
Borsten steife, konische Haare der Haus- und Wildtiere	spitz oder gespalten, schuppenartig kräftig, elastisch, wasserfest, laugenbeständig, säureempfindlich	für alle Anstrich- und Dekorationswerkzeuge gut geeignet; nicht in Kalk und Zement
Kunstborsten Nylon- oder Polyesterfaser	mit Fahnen oder besonderen Profilen versehene Spitzen, auch x-förmiges Profil, glatt, glänzend, unempfindlich gegen Chemikalien, langsame Abnutzung	für mehrere Kunstharz-Anstrichmittel, Lasuranstriche usw., Ablaugpinsel, Stupfbürsten, Fassadenstreicher
Haare vom Rind, Pferd, Dachs, Bär, Fischotter u. a.	wenig elastisch, spitz zulaufend, glatt, dünn, kalkempfindlich, schneller abnutzend	Mal- und Dekorationspinsel, Tapezierbürsten, Pferde- und Rinderhaare in billigen Streichbürsten
Feinhaare vom Rindsohr, Iltis, Marder, Eichhörnchen	kurz und sehr weich	Mal- und Künstlerpinsel

7.1.2 Bürsten

Eine Streichbürste besteht aus dem Bestückungsmaterial, dem Bürstenbrett und dem Griff (**7**.8). Das Streichmaterial (Borsten oder Haare) ist in Reihen gepreßt oder gebündelt und mit wasserfestem Kunstharzkleber im Bürstenholz verklebt. Der Griff wird im Borstenbrett (Bürstenholz) verschraubt. Es gibt die Größen 1 bis 3 bei Borstenlängen von ≈ 68 bis 95 mm.

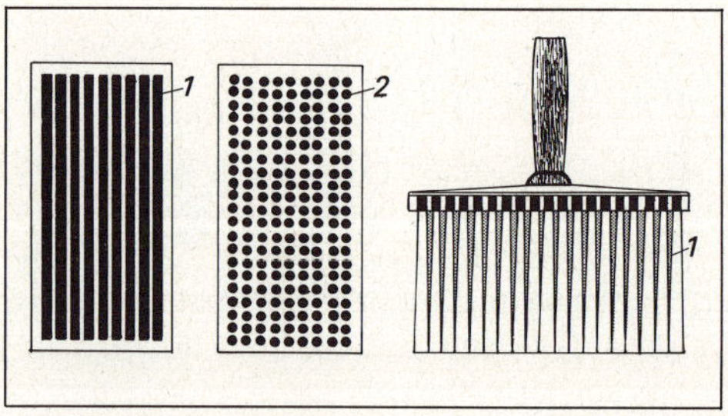

7.8 Streichbürste (Schnitt)
1 durchgehende Nuten
2 in Reihen angeordnete Löcher

Flächenstreicher sind ähnlich wie Streichbürsten, aber kleiner und schmaler bei geringerer Borstenlänge. Sie sind eine Art

Flachpinsel. Wegen ihrer flachen Form geben sie die Farbe gleichmäßiger ab als Ringpinsel. Man verwendet sie vor allem auf großen Anstrichflächen (Dispersionsfarben). Bestimmte Sorten sind für Lackierungen bzw. Bodenversiegelungen gut geeignet. Lieferbar sind mehrere Sorten und Größen, auch in Plastikkörpern.

Pinsel und Bürsten wählt man nach Art und Größe der zu bearbeitenden Flächen.

7.1.3 Farbroller

Vorteile. Farbroller kamen um 1950 von den USA nach Europa. Sie haben bei geeigneten Anstrichflächen gegenüber dem Streichpinsel und der Streichbürste unverkennbare Vorteile:

a) Mit dem Farbroller trägt man die Farbe schneller und damit (besonders bei großen Flächen) zeitsparender auf.

b) Farbroller hinterlassen im Farbauftrag eine gleichmäßige Struktur (Stupfwirkung, Korn) und vermeiden Ansatzspuren.

c) Sie bewirken eine gleichmäßige Filmdicke, weil der Farbaufnahmebelag der Rolle durch Ansaugen bzw. Abgeben der Farbe stets eine gleichbleibende Menge auf dem Anstrichgrund hinterläßt.

d) Farbroller eignen sich besonders zum Farbauftrag auf rauhen Flächen (Rauhfaser, Fassadenputz). Sie füllen die Vertiefungen des Untergrunds gut aus und passen sich unebenen Flächen an.

Nachteilig kann sich bei dünnen Farbmitteln und schnellem Rollen das Spritzen auswirken.

Farbroller lassen sich vielfältig einsetzen, z.B. zum Lackieren und Heizkörperstreichen. Mit einem Strukturroller erzielt man stärkere Strukturen.

Farbrollerbelag. Art und Qualität des Farbrollerbelags sind auf die Verwendung abgestimmt und bestimmen die Farbmenge, die auf die Anstrichfläche gelangt. Sie beeinflussen auch die gleichmäßige Farbabgabe, die Filmdicke und die Körnung des Farbfilms (**7**.9 und **7**.10). Es gibt auch auswechselbare Rollen und Verlängerungsstangen.

Tabelle **7**.9 **Farbrollerbeläge**

Art	Eigenschaften	Pflegehinweise
Lammfell	bestes Farbhaltevermögen, sehr gleichmäßige Farbabgabe bei feinstem Korn, hohe Anstrichleistung	Farbroller sofort nach Gebrauch mit Wasser, warmer Seifenlauge, Lösungsmittel oder Pinselreiniger reinigen. Bei Pinselreiniger ist gut nachzuspülen. Lammfellroller sind gegen mangelhafte Reinigung besonders anfällig; sie verkrusten schnell. Perlon- und Nylonroller lassen sich besser reinigen. Mohairbeläge wegen ihrer geringen Florhöhe äußerst sorgfältig reinigen. Schaumstoffroller können bei ungenügender Reinigung schnell verkrusten. Praktische Reinigung bzw. Aufbewahrung in Farbroller-Boxen.
Perlon- und Nylonplüsch	besonders widerstandsfähig gegen Chemikalien in Anstrichmitteln, verrotten nicht, geringeres Farbaufnahmevermögen, gröbere Struktur	
Mohair- oder Velourplüsch	bei einer Florhöhe von etwa 4 bis 6 mm zum Lackieren, vor allem für Polyesterharzlacke geeignet	
Schaumstoff	(Moltoprenwalzen) zum Lackieren geeignet, gut für Plastikmassen	

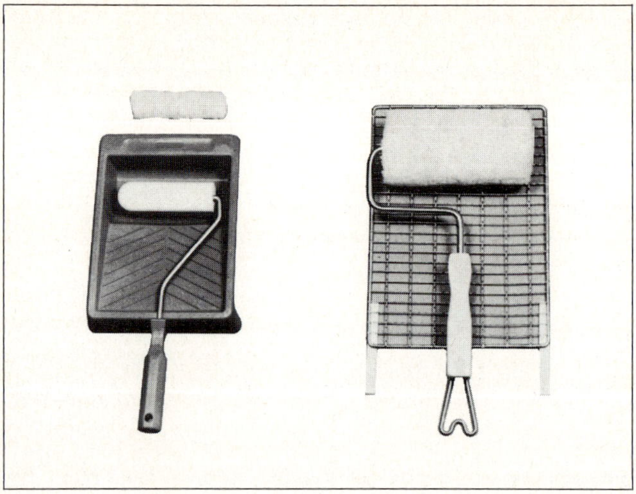

a) b)

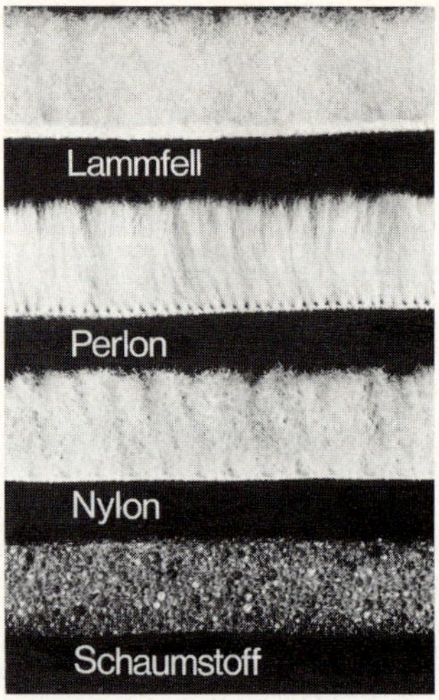

c)

7.10 Farbroller

a) Lackierroller (Moltopren) mit Farbwanne, darüber Kunstplüschroller
b) Farbroller mit Abstreichgitter
c) Rollerbezugswerkstoffe im Schnitt

Neue Farbroller sind vor Gebrauch mit Dispersionsfarben in Wasser zu tauchen und gut auszuschleudern, damit die Farbe in der Rolle nicht antrocknet.

7.1.4 Neuentwicklungen

Einige Neuerungen werden zunächst für Heimwerker angeboten.

Glattstrichpinsel haben einen auswechselbaren (wegwerfbaren) Streichkopf aus Hartschaum und sind leicht zu reinigen.

Anstrichkissen aus Schaumstoff gleiten gut auf der Anstrichfläche (**7**.11). Doch ist dieses Werkzeug umstritten, weil das Anstrichmittel so sehr verdünnt werden muß, daß leicht Adhäsion und Kohäsion, Deckfähigkeit und Schichtdicke außer Kontrolle geraten.

Farbroller mit Farbbehälter. Ein Kunststoffbehälter nimmt die Farbe auf. Darin läuft eine „Speisewalze" und gibt die Farbe gleichmäßig an die Auftragswalze ab. Farbspritzer gibt es kaum mehr.

Rand-Zusatzroller legen mit Hilfe einer Abdeckplatte alle Farbränder (an Decken, Wand, Türen usw.) mit derselben Struktur an.

7.11 Anstrichkissen

7.1.5 Werkzeugpflege

Was sagen Sie, wenn Ihnen ein Kollege auf der Arbeitsstelle ungereinigte Pinsel hinterlassen hat? Überlegen Sie, wieviel Arbeitszeit (und Arbeitsfreude) Ihnen verlorengeht, weil Sie die inzwischen hart gewordenen Pinsel erst aufweichen und reinigen müssen. Bedenken Sie, daß Sie auf einem Neubau u.U. das Reinigungsmittel gar nicht zur Hand haben.

> Pinsel und Bürsten sind sorgfältig zu behandeln und zu pflegen. Schiefgestrichene, verschmutzte und teilweise verhärtete Farbwerkzeuge sind für hochwertige Arbeiten nicht mehr zu verwenden.

Neue Pinsel und Bürsten taucht man vor dem ersten Gebrauch in Wasser, wobei sich der Schnurvorbund strafft. Nach Gebrauch in wässerigen Anstrichmitteln (Leim-, Dispersions-, Mineral- und Silikatfarben) sind sie sofort gründlich auszuwaschen und auszuschleudern, Bürsten dann mit den Borsten nach unten aufzuhängen.

Abgenutzte Borsten bindet man auf.

Hartgewordene Pinsel und Bürsten lassen sich durch Lösemittel wieder aufweichen:

bei Kalk stellt man die vorher abgebundenen Pinsel in verdünnte Salzsäure und wäscht gut nach, bevor man die Pinsel neu aufbindet,

bei Leimfarbe läßt man sie in warmem Wasser weichen,

bei Dispersionsfarbe wäscht man sie in heißer Seifen- oder Putzmittellösung aus und spült nach,

bei Öl- und Lackfarben (Lacke) verwendet man fertige Pinselreiniger.

Ölfarbpinsel (Lackfarben) werden mit Pinselreiniger oder Testbenzin und Seifenwasser ausgewaschen. Oder man streicht sie gut auf dem Rührholz aus und bewahrt sie in Halböl auf ($^1/_2$ Leinölfirnis, $^1/_2$ Testbenzin) – besser hängend als stehend, damit sich die Borsten nicht verbiegen (**7**.12). Bei längerer Aufbewahrung im Wasser verklebt und verschmutzt ein Ölfarbpinsel, weil Ölfarben durch Oxidation mit dem Sauerstoff des Wassers trocknen.

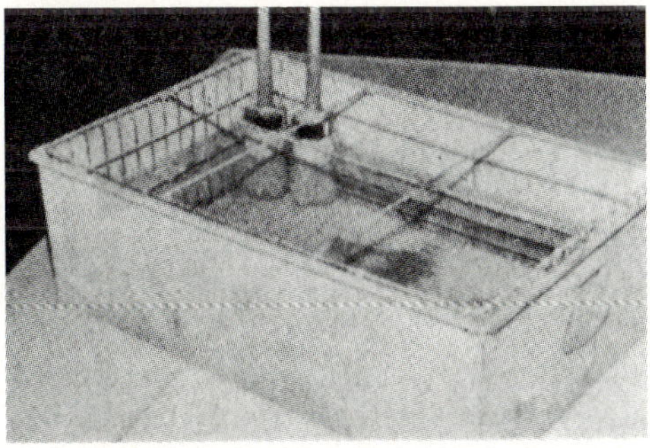

7.12 Pinselkasten (verzinkt) und Siebeinsatz mit 6 Fächern

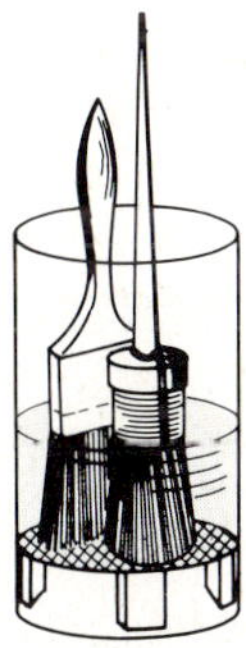

7.13 Behälter für Lackierpinsel

Lackierpinsel erfordern sorgfältigste und sauberste Aufbewahrung. Sie dürfen nicht in Wasser stehen, weil manche Lacke auch unter Wasser erhärten. Die Flüssigkeit richtet sich nach der Art des verarbeiteten Lackes (Halböl, Verdünnungsmittel, **7**.13).

Lackierroller, die in Kunstharzfarbe oder -lack gebraucht wurden, lassen sich auch unausgewaschen für einige Zeit in luftdichten Behältern aufbewahren (untergetaucht in Farbe oder Verdünnungsmittel). Zum Reinigen gibt es Reinigungstrommeln.

7.2 Farbspritzgeräte

Die Spritztechnik verkürzt die Arbeitszeit erheblich. Gespritzte Flächen sind außerdem glatter als gestrichene. Durch Spritzen lassen sich auch sehr schnell trocknende Anstrichmittel auftragen, die mit dem Pinsel nicht verarbeitet werden können.

7.2.1 Spritzpistole

Die Spritzpistole ist das eigentliche Spritzgerät. Ihre Bestandteile zeigt Bild **7**.14.

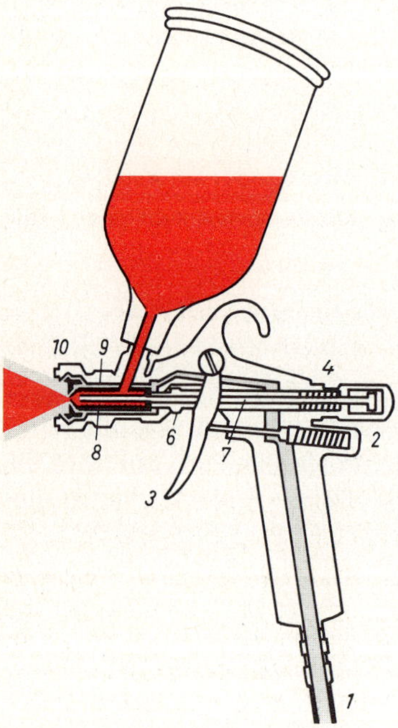

7.14 Spritzpistole

1 Griff mit Zuleitung
2 Luftkolben mit Feder und Dichtungskappe
3 Abzugsbügel
4 Nockenstange mit Feder
5 Farbreguliermutter
6 Feststellmutter
7 Düsen- oder Farbnadel
8 Farbdüse
9 Luftdüsen mit Verschlußkappen
10 Strahlkopf

Die Farbdüse (**7**.15) regelt die abzugebende Materialmenge. Man wählt ihre Größe so, daß die gewünschte Menge bei mittlerer Düsenöffnung erreicht wird. Die üblichen Düsengrößen liegen zwischen 0,7 und 2,5 mm. Größere Düsen für dickflüssige Anstrichmittel gehen bis zu 6 mm.

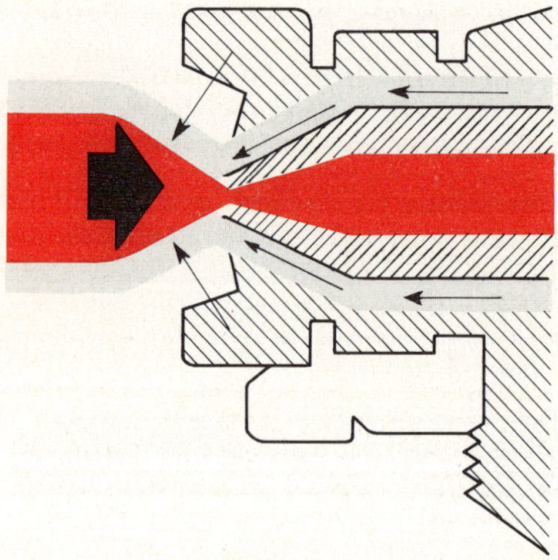

7.15 Strahlkopf (Düsenkopf) mit Außenmischung
0,5 bis 0,7 mm für wasserverdünnbare Werkstoffe
1,0 mm für Kunstharz- und Möbellacke aus dem Drucktank
1,2 mm für Lackierungen in der Kfz-Industrie
1,8 mm überwiegend bei Saugpistolen
2,2 mm größte Düsen für Saug- und Fließbecherpistolen
2,8 mm für schwere und gefüllte Werkzeuge
(Kleine Abweichungen bei einzelnen Fabrikaten sind möglich.)

Wirkungsweise der Spritzpistole. Das Anstrichmittel wird zur Farbdüse *8* gefördert. Den Farbfluß regelt die Düsennadel *7*, die durch den Abzugsbügel *3* betätigt wird. Beim Ziehen des Abzugsbügels öffnet zuerst die Luftzufuhr, dann kann das Anstrichmittel durch die Düse fließen. Farb- und Luftstrahl treffen sich außerhalb der Farbdüse. Dabei wird das Anstrichmittel in sehr kleine Teile zerstäubt (Außenmischkopf, **7**.15). Findet die Mischung von Luft und Spritzmaterial im Inneren des Strahlkopfes statt, spricht man von Innenmischung.

Farbdüsen und Farbnadeln müssen stets die gleiche Größenbezeichnung haben. Für feinste Zerstäubung verwendet man die kleinste Düsenbohrung.

Das beste Spritzergebnis erzielt man durch genaue Übereinstimmung von Luftdüse, Farbdüse und Farbnadel. Entsprechende Kombinationen geben die Hersteller heraus.

7.2.2 Kompressor

Ein Kompressor saugt Luft an, komprimiert (zusammendrücken) sie und gibt sie so an die Spritzanlage ab (Druckluftverdichter). Die Einheit für den Luftdruck ist bar (früher atü; 1 atü = 0,981 bar ≈ 1 bar).

Kompressoren gibt es als fahrbare und stationäre Anlagen. Angetrieben werden sie meist durch einen Elektromotor. Je nach Betriebsgröße stehen Kessel von 20 bis 750 l zur Verfügung. Das Ansaugvolumen reicht von 60 l/min bis zu 1000 l/min.

Wichtig bei Kompressoren ist der Luftfilter, der die Ansaugluft reinigt. Kompressoren für Fahrzeuglackierung stehen in besonderen Räumen, damit sie keinen Spritznebel ansaugen.

Zunehmende Bedeutung gewinnen die leicht zu transportierenden Druckluftverdichter. Mit diesen Geräten lassen sich viele Tätigkeiten rationeller ausführen, z.B. das Verarbeiten von Kitt und Fugendichtungsmassen, Schrauben und Nageln von Gipskartonplatten oder Heften und Klammern.

7.2.3 Spritzverfahren

Bei den herkömmlichen Nieder- und Hochdruckverfahren wird das Anstrichmittel durch Luft zerstäubt und aufgetragen, im Höchstdruckverfahren dagegen luftfrei gespritzt.

Niederdruckverfahren. Diese Geräte werden elektromagnetisch betrieben und zerstäuben das Spritzmaterial ohne Druckluft. Mit nur leichtem Druck von 0,2 bis 0,5 bar gelangt die Luft durch ein Gebläse (Staubsaugerprinzip) oder eine Kolbenpumpe in die Spritzdüse. Der Becher enthält in der Regel 0,5 l. Er kann über der Spritzpistole angebracht sein (Fließsystem, **7**.16a) oder sich darunter befinden (Saugsystem, **7**,16b).

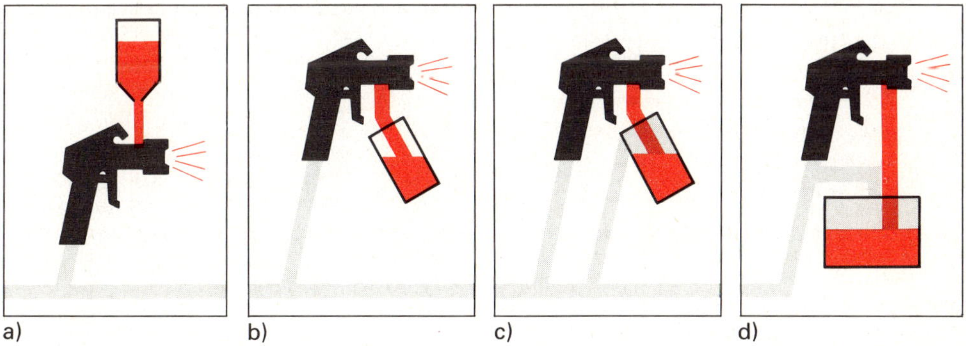

7.16 Arbeitsweise der Spritzpistole

a) Fließsystem, b) Saugsystem, c) Drucksystem mit Farbbecher bzw. d) Farbdruckgefäß

Fließbecherpistolen sind am meisten verbreitet. Angeschlossen wird das Gerät an eine Steckdose. So können alle üblichen Spritzlacke und auch wasserverdünnbare Anstrichmittel verarbeitet werden. Vorteile: geringer Spritznebel, leichter Transport.

Hochdruckverfahren. Hierfür ist ein meist elektrisch angetriebener Kompressor erforderlich. Es gibt leicht transportable und schwere, gewöhnlich fest montierte Kompressoren. Der Kompressor verdichtet die angesaugte Luft von 1 bis 5 bar auf einen Höchstüberdruck von $\approx$ 10 bis 20 bar. Die verdichtete Luft drückt das Anstrichmittel aus dem Farbbehälter durch einen Schlauch in den Pistolenkopf, wo es zerstäubt wird. Bei kleinen Unterbrechungen wird das Gerät durch einen Abstellhahn ausgesetzt. Für schwer erreichbare Flächen schrauben wir einen Spritzstab auf. Eingesetzt wird das Hochdruckverfahren für Spachtelfarben, Vorlacke und Lacke, weniger für wässerige Bindemittel. Der hohe Druck macht es besonders für große Flächen geeignet.

In Räumen darf im Hochdruckverfahren nur mit einer Atemmaske und bei guter Belüftung gearbeitet werden!

Wasserabscheider und Ölabscheider sind beim Hochdruckkompressor notwendig. Luft hat immer einen bestimmten Prozentsatz Feuchtigkeit. Durch Zusammendrücken und Entspannen der Luft bildet sich Kondenswasser, das nicht auf die Lackierung kommen darf. Es können auch kleine Öltropfen mit dem Luftstrahl mitgeführt werden. Wasser- und Ölabscheider vermeiden diese Ursachen für Lackierfehler.

Nieder- und Hochdruckverfahren sind die herkömmlichen (konventionellen) Spritzverfahren. Sie ermöglichen das rasche, einfache und stufenlose Ändern der Strahlbreite (Strahlform) und Farbmenge. Die Luftmenge wird mit dem Lufteinregler eingestellt, die Farbmenge grob durch Druckwahl und entsprechende Düse. Zum Feineinstellen ändert man die Hublänge der Farbnadel.

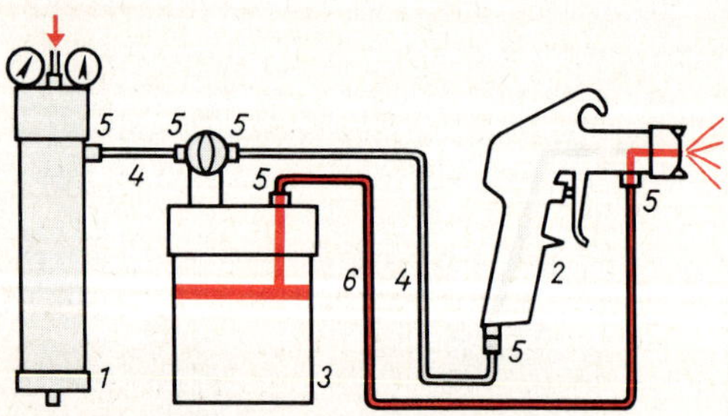

7.17 Druckkesselpistole mit Druckkessel
1 Luftreiniger
2 Spritzpistole
3 Farbdruckgefäß
4 Druckluftschlauch
5 Schlauchkupplungen
6 Farbschlauch

Drucksystem. Neben dem Fließ- und Saugsystem gibt es das Drucksystem. Dabei unterscheiden wir je nach der Lackierung zwei Arten. Bei dem untenhängenden Farbbecher preßt ein Teil der Druckluft die Farbe aus dem Farbbecher (**7.**16c, Einsatz z.B. beim Spritzen kleinerer Mengen oder bei Laborversuchen). Beim Druckkessel wird das Anstrichmittel im Druckgefäß unter Druck gesetzt und in die Pistole gepreßt (**7.**16d). Druckgefäße müssen den Sicherheitsvorschriften entsprechen; es gibt sie in Größen von 10 bis 300 l. Vornehmlich werden sie bei großem Materialverbrauch eingesetzt. Sie ersparen das ständige Nachfüllen der Handbecher und vermeiden somit Arbeitsunterbrechungen (**7.**17).

Vorteile: hohe Oberflächenqualität, gleichmäßiger Farbauftrag, einfache Regulierung der Farbabgabe, schneller Farbwechsel, gleichbleibendes Arbeitstempo.

Nachteile: Farbnebel bringt Farbverluste, Absaugen erforderlich, Leistung begrenzt (größere Leistung bei Druckzufuhrtank).

Höchstdruckverfahren (Airless-Verfahren). Hier wird die Farbe unter sehr hohem Druck (bis 360 bar) in die Airlesspistole gepreßt und luftlos (engl. = airless) in feinsten Teilchen zerstäubt (**7**.18). Der Druck wird von einer druckluftbetriebenen Kolbenpumpe (oder Membranpumpe) bewirkt. Es gibt Pistolen für Kalt- und Heißspritzen. Dieses Verfahren eignet sich besonders für große Stahlkonstruktionen oder große, zusammenhängende Wandflächen, für Türen-, Fahrzeugaufbauten- oder Möbelserien sowie für Oberflächen mit dicken Farbschichten. Die Anstrichmittel sind auf das Verfahren abzustellen. Wegen der feinen Düse (0,26 bis 0,48 mm) lassen sich nur feinpigmentierte Anstrichmittel verwenden. Das erfordert einwandfrei gefiltertes Spritzmaterial. Der Materialdruck beträgt ≈ 120 bis 250 bar. Die Pistole muß deshalb schon beim Öffnen in Bewegung sein.

Vorteile: hohe Spritzleistung, großer Arbeitsbereich, für alle Untergründe, geringer Farbnebel, geringe Absaugung; deckt sehr gut, auch dicke Farbschichten in ein bis zwei Arbeitsgängen bei weniger Lösemittel.

Nachteile: Düsenwechsel nötig bei Änderung der Strahlbreite und Farbmenge (auch Spezialdüsen mit gewisser Regulierung), hohe Anschaffungskosten.

Das Spray-mix-System ist eine Kombination des Airless- mit dem herkömmlichen Spritzen und nutzt die Vorteile beider Verfahren, ohne die Nachteile in Kauf zu nehmen.

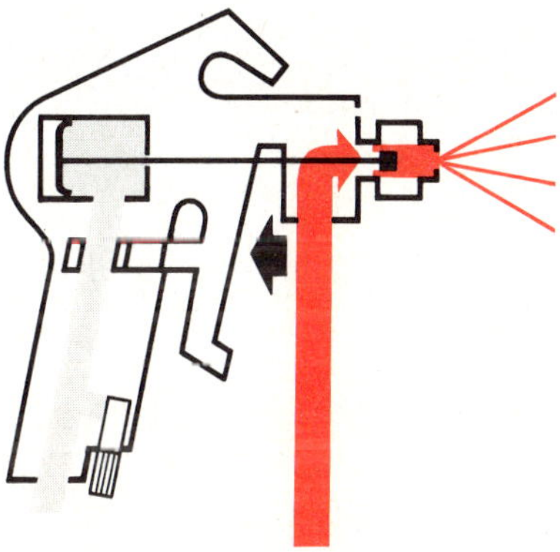

7.18 Airless-Spritzpistole

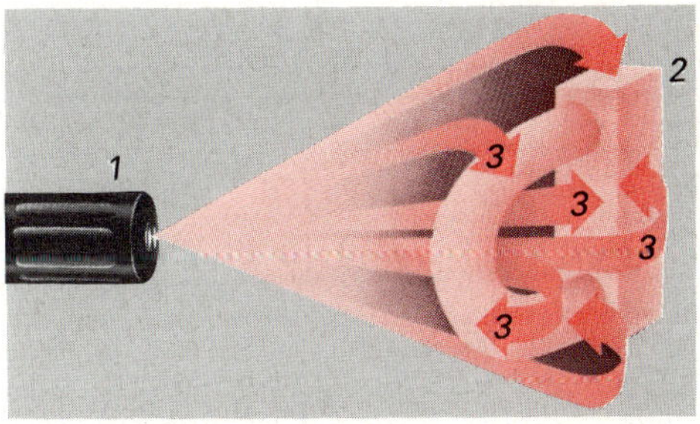

7.19 Elektrostatisches Spritzen

1 Farbspritzpistole
2 geerdetes Werkstück
3 allseitig gleichmäßiger Niederschlag der Lackpartikel

Elektrostatische Verfahren. Bei diesen Sprühverfahren werden die Farbteilchen beim Verlassen der Sprühpistole elektrisch aufgeladen und gehen durch ein Kraftfeld zum geerdeten Werkstück. Das elektrostatische Kraftfeld wird durch eine Gleichspannung (≈ 95 kV) zwischen dem geerdeten Werkstück und der Farbspritzpistole erzeugt (**7**.19). Höchste Wirtschaftlichkeit erreicht man durch Sprühen mit Pulverfarben und späteres Einbrennen.

Vorteile: geringe Farbverluste, gute Farbverteilung auf allen Seiten des Werkstücks, überall gleichmäßige Farbschicht.

Nachteile: ziemlich niedrige Leistung, Arbeiten mit besonderen Lösemittel-Mischungen; wegen der hohen Anschaffungskosten nur industriell einsetzbar.

Jede Spritzpistole muß nach dem Spritzen gründlich gesäubert werden. Der Farbbecher wird entleert, etwas Verdünnungsmittel eingefüllt und ausgespritzt. Düse abschrauben und ebenfalls gründlich säubern. Farbnadel säubern. Keinesfalls die ganze Spritzpistole in Verdünnungsmittel legen, weil Dichtungen zerstört werden können.

7.2.4 Spritzstände, -wände und -kabinen

Diese Anlagen sind erforderlich, um einwandfreie, hochwertige, von Umwelteinflüssen abgesicherte Oberflächen zu erzielen. Spritzstände verwendet man vor allem für kleinere, nicht zu schwere Objekte. Der Lacknebel scheidet meist durch veränderte Luftströmung ab; es gibt aber auch Wasserberieselung. Spritzwände kommen für größere, schwere Objekte in Betracht. Sie können mit Wasserberieselung und Lacknebelauswaschung ausgerüstet sein. Spritzkabinen gewährleisten das Lackieren in staubfreier Luft. Sie sind allseitig geschlossen und mit Be- und Entlüftungsanlagen ausgestattet.

Bei der Lacknebelabsaugung unterscheidet man zwei Verfahren: die Naß- und die Trockenabscheidung.

Naßabscheidung. Die farbnebelhaltige Luft wird durch einen schmalen Spalt abgesaugt und an der Spaltöffnung von einem Wasservorhang oder Wasserfilm gekreuzt. Dabei zerstäubt das Wasser zu kleinen Tropfen und mischt sich mit der Farbluft. Die in der starken Strömung gereinigte Luft wird nach oben abgesaugt, die Farbteilchen zersetzen sich durch Benetzungsmittel und fallen nach unten in den Wasserbehälter der Kabine (**7**.20 a). Dieses Verfahren gewährt eine höhere Lackabscheidung.

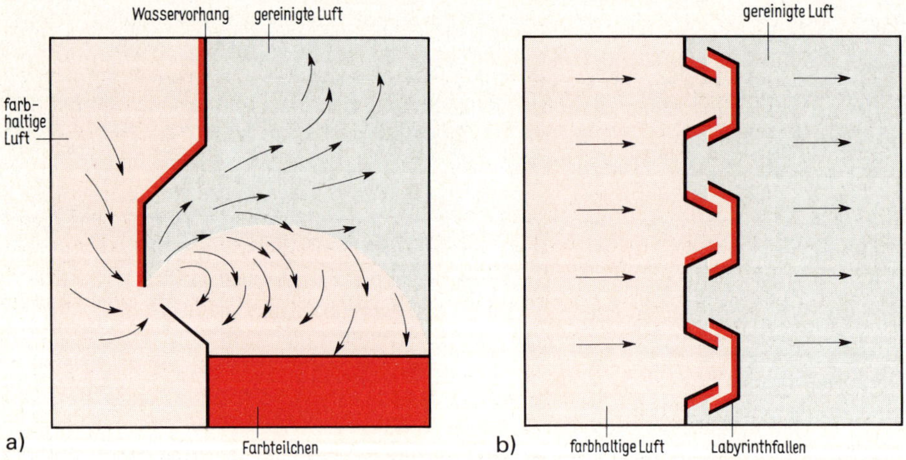

7.20 Spritzkabine

a) Naßabscheidung
b) Trockenabscheidung

Trockenabscheidung. Mit Hilfe eines Ventilators strömt die farbnebelhaltige Luft durch schmale Spalte (Labyrinthe). Die Geschwindigkeit nimmt dabei zu, die schweren Farbteilchen werden auf die Labyrinthfallen geschleudert und bleiben dort in Filtermatten hängen. Die gereinigte Luft wird aus der Kabine abgesaugt (**7**.20 b). Dieses Verfahren ist einfacher und billiger als die Naßabscheidung, jedoch ist die Abscheidung geringer. Es eignet sich vor allem für Betriebe, in denen nicht dauernd gespritzt wird.

Es ist untersagt, in ein und demselben Spritzstand ölhaltige Anstrichstoffe und Nitrocelluloselacke zu verspritzen. Die daraus gemischten Lackfilmschichten neigen zur Selbstentzündung!

7.2.5 Trockenanlagen

Die kombinierte Spritz- und Trockenkabine ist die kleinste Lackieranlage (**7**.21). Sie hat jedoch nur wenig Kapazität (Leistungsfähigkeit) und einen hohen Stromverbrauch durch abwechselndes Hochheizen und Herunterkühlen. Getrennte Trockenanlagen vermeiden diese Nachteile.

Die kombinierte Spritz- und Trockenkabine muß man nach dem Spritzen auf „Trocknen" umstellen. Dabei schalten die Abluftgebläse aus, und der Frisch-Umlaufventilator arbeitet wie bei einer getrennten Trockenkabine. Die Thermometereinstellung beträgt 80°C. Die vom Umlaufventilator angesaugte Kabinenluft wird durch einen Lufterhitzer erwärmt und über einen Deckenkanal mit Feinstfilterung von oben wieder in die Kabine zurückgeleitet. Die Lösemitteldämpfe führt man über eine besondere Leitung ins Freie. Auf der Frischluft-Ansaugseite muß Frischluft mit ≈10 bis 15°C zugeführt werden, damit sich keine gefährlichen Konzentrationen von Lösemitteldämpfen ergeben (max. 0,8 Vol.-%).

7.21 Kombinierte Spritz- und Trockenkabine

Grundsätzlich unterscheidet man zwischen dem Luft- und dem Ofentrocknen.

Das Lufttrocknen bei Raumtemperatur dauert verhältnismäßig lange. Es erfordert einen sauberen Raum mit geringer Luftfeuchtigkeit. Man kann das Trocknen beschleunigen durch Temperaturen von 25 bis 100°C. Für beschleunigtes Trocknen (Einbrennen) bei etwa 100 bis 300°C gibt es Lacktrockenöfen.

Die Ofentrocknung bei Temperaturen über 100°C (= 373 K) eignet sich gut für Farben und Lacke mit großer Oberflächenhärte und ausgezeichneter Haftfähigkeit. Ofentrocknung wird auch gern im Anschluß an automatische Spritzverfahren eingesetzt. Es gibt zwei Arten von Trocknungsöfen: Im Konvektionsofen trocknet man mit erhitzter Luft, im Strahlungsofen mit Infrarotstrahlen.

Konvektionsöfen gibt es als Kammeröfen (geschlossene Räume mit den notwendigen Öffnungen, geeignet für kleinere Arbeiten), Tunnelöfen (mit Transportöffnungen an beiden Enden) und Buckelöfen (wie zuvor, jedoch mit Einschluß der Warmluft).

Strahlungsöfen arbeiten mit Infrarotstrahlen. Sie beginnen bei 0,7 Mikrometer (1 Mikrometer = $^{1}/_{1000}$ mm). Diese Strahlen werden von den lackierten Objekten unter Erwärmung absorbiert. Je nach Wellenlänge werden verschiedene Wärmemengen abgegeben und je nach Werkstoff aufgenommen. Infrarotstrahler sind mit Reflektoren ausgestattet, die die Strahlung in die gewünschte Richtung lenken. Dabei unterscheidet man Dunkelstrahler, Hellstrahler und Gasheizung. Meist werden Dunkelstrahler verwendet. Für Hellstrahler müssen die Farben besonders eingestellt werden.

Schutzmaßnahmen und Unfallverhütung. Werkstoffe, Arbeitsgeräte und Maschinen bilden besonders in der Lackierwerkstatt Gefahrenquellen. Deshalb sind die Unfallverhütungsvorschriften und Bestimmungen genau zu befolgen.

Der MAK-Wert (**m**aximale **A**rbeitsplatz-**K**onzentration) gibt an, wieviel cm^3 Lösungsmitteldampf höchstens in 1 m^3 Luft am Arbeitsplatz vorhanden sein darf. Je niedriger die MAK-Zahl, desto gesundheitsschädlicher ist also das Lösemittel.

Beispiele Benzol MAK 25 = sehr gesundheitsschädlich
Benzin MAK 500 = wenig gesundheitsschädlich

Gefahrenklassen dienen u. a. zur Einteilung explosiver Mittel nach dem Flammpunkt. Der Flammpunkt ist die unterste Temperatur, bei der brennbare Flüssigkeiten noch entflammbare Dämpfe entwickeln.

Gefahrenklasse I Flammpunkt unter 21 °C (z. B. Leichtbenzin, Benzol, bestimmte Lacke)

Gefahrenklasse II Flammpunkt 21 bis 55 °C (z. B. Terpentinöl, Testbenzin)

Gefahrenklasse III Flammpunkt über 55 bis 100 °C (z. B. Gas- und Heizöl, Dieselöl)

Unfallverhütungsvorschriften gibt es für Lackierbetriebe in größerer Zahl. Sie sind gewissenhaft zu beachten. Dazu gehören Vorschriften über elektrische Anlagen und Betriebsmittel, über Farbspritzen, -tauchen und Anstricharbeiten (**7**.22), über Lacktrockenöfen sowie Richtlinien über den Gesundheitsschutz bei Lackier- und Anstricharbeiten.

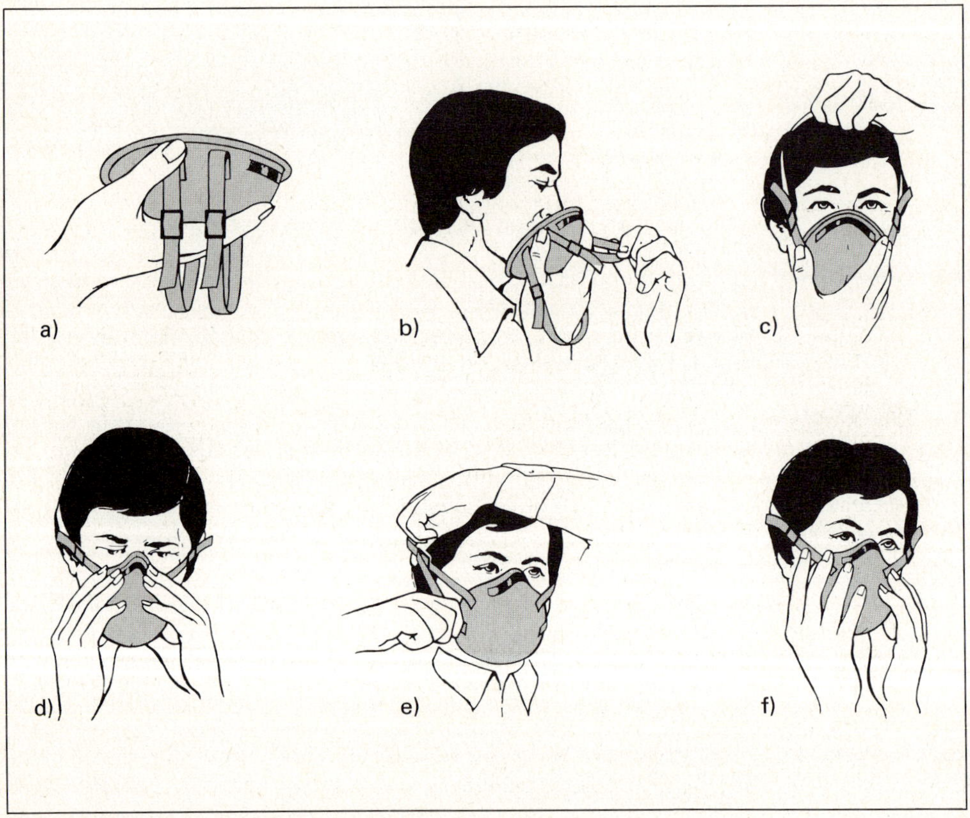

7.22 Aufsetzen der Atemschutzmaske gegen Lösemitteldämpfe und Farbnebel

a) Maske so in die Hand nehmen, daß die Bänder frei nach unten hängen
b) Maske unter dem Kinn ansetzen, Nasenbügel nach oben
c) oberes Halteband auf den Hinterkopf, unteres bis zum Nacken ziehen
d) Nasenbügel mit leichtem Druck der Nase anpassen
e) Bebänderung anziehen: mit der linken Hand die Schnalle vom Haar abheben, mit der rechten Hand das Bandende nach vorn ziehen
f) Sitzprüfung: Maske mit beiden Händen umschließen und kräftig ausatmen. Tritt am Dichtrand Luft aus, erneut anpassen oder Bänder straffen. Entweicht am Kinn Luft, unteres Halteband regulieren

7.3 Werkzeuge und Geräte für Vorarbeiten

7.3.1 Schleifmaschinen

Vorteile. Der Einsatz handlicher, leicht zu transportierender Schleifmaschinen bietet viele Vorteile:

a) Anschluß an jede Lichtleitung,
b) schnell einsatzbereit,
c) hohe Schleifleistungen,
d) rationelles Schleifen großer Anstrichflächen (z. B. Türen),
e) geeignet auch für schwer zugängliche Schleifstellen,
f) gleichmäßig geschliffene Anstrichflächen.

Feinschleifmaschinen (Rutscher) sind die gebräuchlichsten Schleifmaschinen des Malers. Ihre viereckige Schleifplatte kann sich kreisförmig oder gerade bewegen (Schwingschleifer). Die gerade verwendet man vor allem zum Schleifen von Holzoberflächen in der gewachsenen Holzrichtung. Für die verschiedenen Oberflächenformen gibt es auswechselbare Schleifplatten (**7**.23a). Zum Absaugen des schädlichen Schleifstaubs dienen transportable Elektrostaubsauger oder direkt anschließende Staubsäcke (**7**.23b). Rutscher mit Druckluftantrieb benutzt man in explosionsgefährdeten Räumen (Spezial-Lackierwerkstätten). Rundschleifmaschinen werden hauptsächlich für Grobschliff genommen.

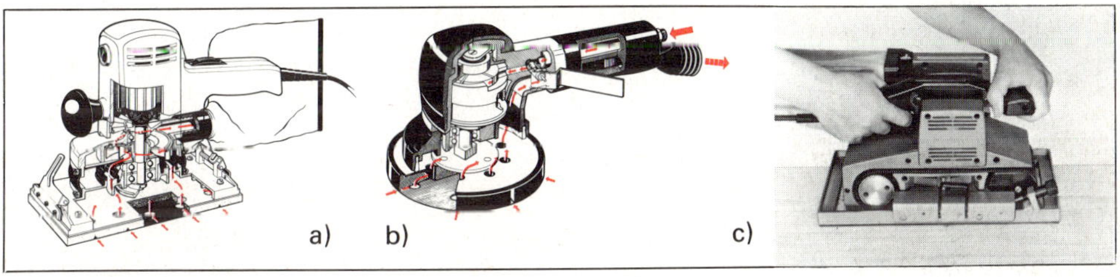

7.23 Schleifmaschinen
a) Feinschleifmaschine mit Staubabsaugung (direkt von der Schleiffläche durch gelochtes Schleifpapier)
b) Tellerschleifer mit Staubabsaugung (durch den Schleifteller)
c) Hand-Bandschleifer

Tellerschleifer (Rundschleifer) mit Elektro- oder Druckluftantrieb setzt man für Kleinflächen, Spachtelübergänge, Kanten und schwer zugängliche Stellen ein. Sie haben eine runde rotierende Schleifscheibe und z. T. auch Staubabsaugung (**7**.23b).

Winkelschleifer, nieder- bis hochtourig, sind leicht zu handhabende „Einhandschleifer". Je nach Typ und Schleifpapier dienen sie zum Entrosten, Entfernen alter Anstriche, Kantenbrechen, Entgraten oder zum Polieren. Mit ihnen kommt man auch gut an schwer zugängliche Stellen heran.

Exzenterschleifer sind eine Mischung aus Schwing- und Winkelschleifern. Sie kombinieren die schwingende mit der rotierenden Bewegung. Geeignet sind sie für große Flächen, Profile, alte Anstriche, Spachtelschliff und Überkopfarbeiten.

Minischleifer verringern die Arbeitsbelastung. Mit ihrem geringen Gewicht sind sie ebenfalls typische Einhandschleifer. Bei Fensteranstrichen, kleineren Lackierungen und stark profilierten Werkstücken sind sie vielseitig einsetzbar.

Zubehör. Je nach Art und Fabrikat gibt es auswechselbare Stahldraht-Entrostungsscheiben, Polierscheiben und Farbrührsätze sowie die zahlreichen Schleifpapiere (**8**.4).

Hand-Bandschleifer können oft große stationäre Schleifmaschinen ersetzen. Auch hier gibt es Staubabsaugung (**7**.23c). Durch sinnvolle Konstruktion, Schleifrahmen mit Anschlag zum Leisten- und Rahmenschleifen sind sie vielseitig verwendbar.

Achten Sie beim Benutzen von Schleifmaschinen auf die Schutzbestimmungen im Umgang mit elektrischem Strom! Verwenden Sie in explosionsgefährdeten Räumen nur Druckluft-Schleifmaschinen! Wählen Sie für den jeweiligen Zweck (Untergrund) das passende Schleifpapier mit der richtigen Körnung.

Das GS-Zeichen (**7**.24) steht für Maschinen, deren Sicherheit von der Berufsgenossenschaft geprüft wurde.

7.24 GS-Zeichen

7.3.2 Hilfswerkzeuge

Eine Übersicht über die wichtigsten Hilfswerkzeuge für Vorarbeiten zeigen Bild **7**.25 und Tabelle **7**.26 (Hilfswerkzeuge für Tapezier- und Klebearbeiten s. Abschn. 11.2.5).

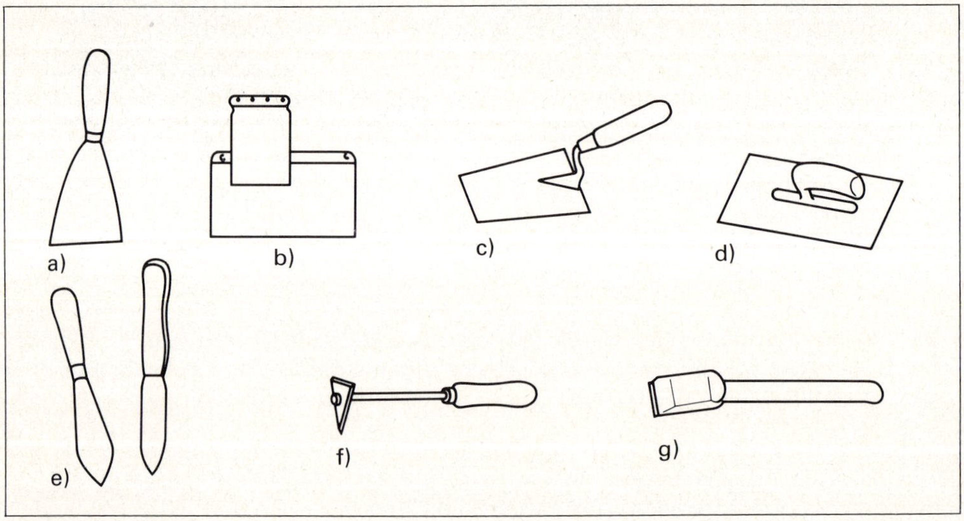

7.25 Hilfswerkzeuge

a) Malerspachtel
b) Flächenspachtel
c) Gipserkelle
d) Glättekelle
e) Kittmesser
f) Farbkratzer
g) Schaber

Tabelle **7**.26 **Hilfswerkzeuge für Vorarbeiten**

Werkzeug	Beschreibung	Verwendung
Malerspachtel	elastische, gehärtete, geschliffene Stahlklinge in Holzheft, auch rostfreier Stahl, Klingenbreite 1 bis 14 cm	Universalwerkzeug zum Abkratzen, Abstoßen, Abbrennen, Füllstoffanrühren, Vergipsen u. a.
Flächenspachtel (Japanspachtel)	breites Spachtelblatt mit Blechversteifung, Holzrücken oder Stiel, auch auswechselbare und verstellbare Blätter (Härteeinstellung), Blattbreite 3 bis 30 cm Abart: Quadrat- und Kunststoffspachtel mit verstärkter Griffleiste	zum Spachteln von Öl- und Spachtelmassen auf vorbereiteten Untergründen (z. B. Türen). Für Kunststoffputze; die Massen haften kaum, keine Bildung von Rostflecken
Glättekelle	trapezförmige, dreieckige oder andere Kelle aus rostfreiem Stahl, Kunststoff oder mit Filzbelag und Holzgriff in verschiedenen Ausführungen	für Gipser-, Stukkateur-, Putzer- u. ä. Arbeiten (Auftragen, Aufziehen, Glätten, Verfugen, Eckenausbilden usw.)
Kittmesser	elastische Messer mit spitzer, gerader oder anderer stumpfer Klinge, auch zweischneidig, verschied. Ausführungen, Holzgriff	zum Verkitten von Fugen und bei Verglasungsarbeiten
Farbkratzer und Schaber	Dreikantstahlplatte oder andere Form beim Zugschaber, langer Stiel mit Holzgriff; ferner Ziehklingen und rechteckige Wandschaber, Tapetenabkratzer	zum Abkratzen alter Anstriche und Lackierungen, auch nach Abbeizarbeiten; Ziehklingen zum Abziehen von Holzflächen; schwere Schaber für Estriche
Drahtstahlbürste	in gerade oder gebogene Holzkörper reihenförmig eingelassene Drahtbündel, verschiedene Formen und Größen	zum mechanischen Entfernen alter Anstriche und Roststellen, überwiegend auf Metallgrund, auch bei Heizkörpern
Schleifklotz	rechteckiger Klotz aus Gummi oder Kork mit Einspannvorrichtung für Schleifpapier, verschiedene Größen	zum Handschliff gestrichener, gespachtelter, auch alter Oberflächen (statt Schleifmaschine)

Hilfswerkzeuge wirken nur im sauberen und gepflegten Zustand. Verwenden Sie jedes Werkzeug nur für den vorgesehenen Zweck.

7.3.3 Farbabbrenngeräte

Eine wirksame Methode zum Entfernen glasharter und dicker Farbschichten ist das Abbrennen mit dem Propan-Farbabbrenngerät. (**7**.26). Die Lötlampe wird dazu kaum noch benutzt. Das Propangerät besteht aus der Stahlflasche (St), dem Zuführschlauch (Sch) und der handlichen Abbrennpistole (A) mit dem Brenner (B). Die Stahlflasche enthält Propan-Flüssiggas, das beim Hydrieren (Anlagern von Wasserstoff) von Kohle und Erdöl entsteht. Das Gerät ist ohne Anwärmzeit sofort einsatzbereit und arbeitet mit rußfreier Flamme.

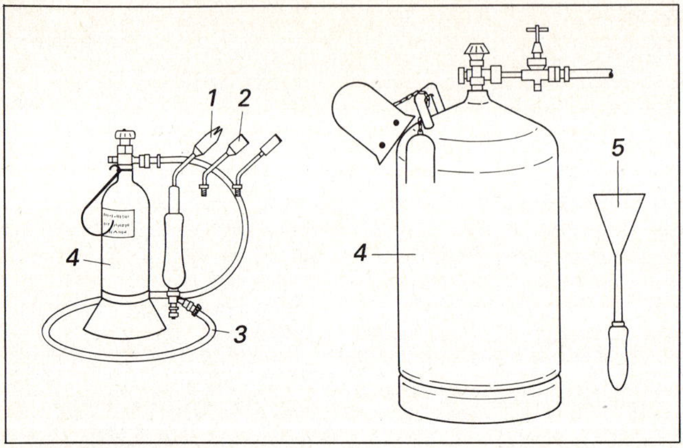

7.26 Propan-Farbabbrenngerät
1 Abbrennpistole *2* Brenner *3* Zufuhrschlauch *4* Stahlflasche *5* Abbrennspachtel

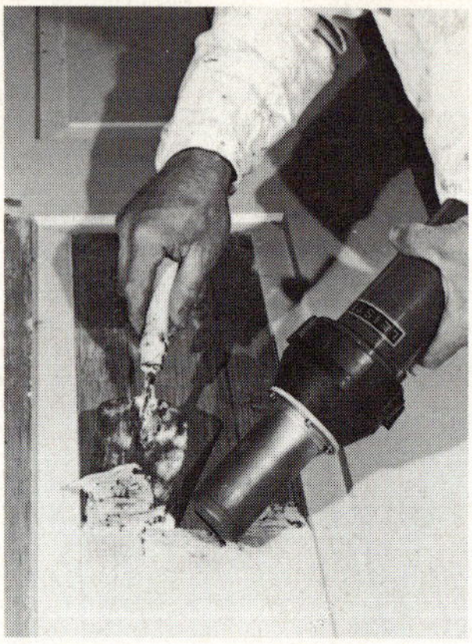

7.27 Abbrennen mit dem Heißluftgebläse

Die Brenner sind so eingerichtet, daß man nicht mit der direkten Flamme, sondern nur mit dem heißen Flammensaum schonend abbrennt. Die im Brennkopf sturmsicher untergebrachte Flamme läßt sich regulieren. Für die verschiedenen Anforderungen gibt es auswechselbare Brenner unterschiedlicher Breite.

Neuerdings hat man auch elektronisch regelbare Heißluftgebläse zum Entfernen alter Anstriche entwickelt. Der Altanstrich wird ohne Verbrennen des Untergrunds mit einem Heißluftstrahl angeblasen (**7**.27), wonach er mühelos abgehoben werden kann. Diese Heißluftgebläse eignen sich auch als Trockengeräte.

Wegen Erstickungsgefahr darf man nur in gut durchlüfteten Räumen abbrennen!

7.3.4 Rührgeräte

Anstrichmittel, Plastikmassen, Zweikomponenten-Materialien, Kunstharzputze, Mörtel und Kleber müssen vor der Verarbeitung gründlich aufgerührt werden bzw. sind die einzelnen Komponenten (Bestandteile) nach dem Zusammengeben gut zu verrühren. Dafür gibt es, je nach Werkstoffart und benötigter Menge, verschiedene Rührgeräte (**7**.28). Der Antrieb kann elektrisch oder mit Druckluft erfolgen, die Drehzahl läßt sich gewöhnlich stufenlos verstellen.

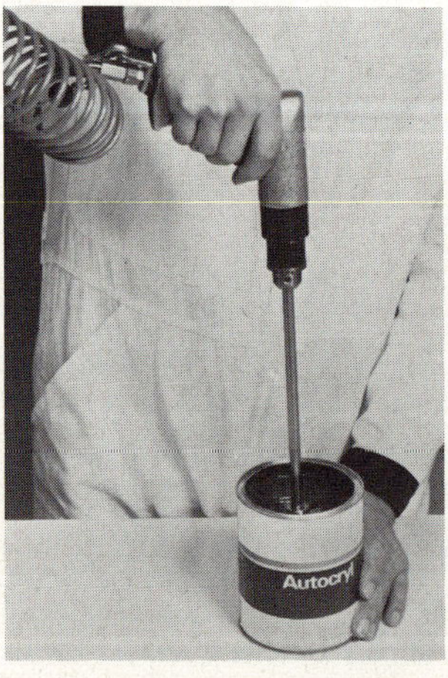

7.28 Rührgerät

7.3.5 Sandstrahlgeräte

Ähnlich der Arbeitsweise beim Farbspritzen wird unter Druck ein scharfkörniges Strahlmittel (Quarzsand, Stahlkies u.ä.) mittels Gebläse auf das Arbeitsobjekt geschleudert. Das Gebläse arbeitet mit einem Druck bis zu 6 bar. Anwendung zum Reinigen von Natur- und Kunststeinflächen (Beton), zum Entrosten oder Mattieren von Glasflächen (s. Abschn. 11.2.1).

7.4 Leitern und Gerüste

Stehleiter. Schon bei Decken- und Wandanstrichen in Räumen kommt der Maler nicht ohne ein einfaches Gerüst aus Stehleiter und Bohle aus. Die doppelschenklige Stehleiter (Malerleiter, Doppelleiter) wird freistehend benutzt. Ihre Teile heißen (**7**.29):

1 Holm (senkrechte Teile, oben gerundet, aus Weichholz),

2 Sprosse (aus Hartholz, im Holm eingesetzt und verleimt),

3 Spille (Eisenstab, oben und unten auf jeder Leiterseite, unterhalb einer Holzsprosse durch die Holme geführt und außen verschraubt, hält die Holme fest zusammen),

4 Gelenk (bewegliche Scharniere zur Verbindung der Holme),

5 Sicherheitskette (in halber Leiterhöhe an beiden Seiten, verhindert das Auseinandergleiten beider Leiterteile).

6 evtl. einhängbare Werkzeugtasche

7.29 Doppelleiter

Stehleitern aus Leichtstahl und Leichtmetall gelten als besonders unempfindlich.

> Bei Behelfsgerüsten sind die Unfallverhütungsvorschriften genau zu befolgen (s. Abschn. 1.5.1).

Gerüstbretter. Wie die Leitern müssen auch die Gerüstbretter (Bohlen, Dielen) in Werkstoff und Verarbeitung einwandfrei sein. Die Dicke des Belags richtet sich nach der Belastung. Bei Arbeitsgerüsten müssen die Bohlen $\geqq$30 mm dick sein, wenn ihre Stützweite 1,75 m ausmacht. Bei längeren Belagbrettern erhöht sich die Mindestdicke entsprechend.

Die Anlegeleiter lehnt man an einen Bau oder ein Gerüst an. Sie darf mit den Holmen nur an sichere Stützpunkte angelehnt werden. Ungeeignet sind z.B. Türen, Glasscheiben oder Fenster. Leichtstahl- und Leichtmetalleitern werden zunehmend eingesetzt.

> Anlegeleitern dürfen nicht für umfangreiche Arbeiten (z.B. Fassadenanstriche) oder für Arbeiten über 8 m Höhe verwendet werden.

Leiterverlängerungen dürfen insgesamt 8 m nicht überschreiten. Man darf nur Leitern mit gleichen Sprossenabständen zusammenbringen. Die Standleiter ist stets über die untere zu schieben, die Verdoppelung beider Leitern muß mindestens $^1/_5$ der Gesamtlänge betragen.

Rollgerüst. Zusammensteckbare Rollgerüste sind leicht zu bewegen, haben eine große Arbeitsfläche und lassen sich auf jede gewünschte Arbeitshöhe einstellen. Sie sind als Zimmer- oder Turmgerüste lieferbar (für Arbeiten in Sälen). Vor dem Benutzen ist das Fahrwerk gegen selbständiges Abrollen festzustellen (Stoppvorrichtung **7**.30).

7.30 Stoppvorrichtung für ein Rollgerüst

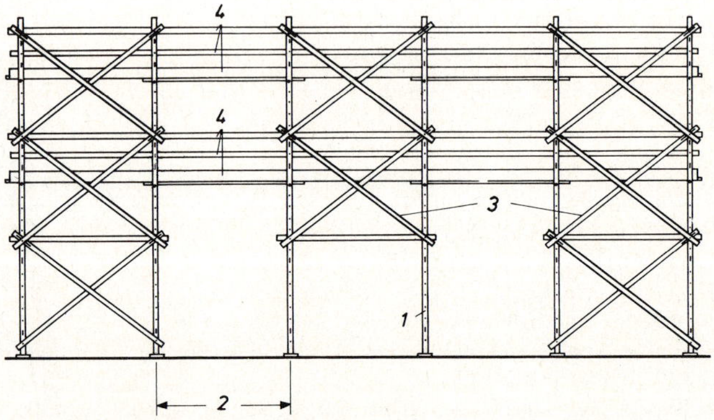

7.31 Leitergerüst
1 vorschriftsmäßige Gerüstleitern
2 vorgeschriebene Leiterabstände
3 vorschriftsmäßige Verstrebungen
4 Seitenschutz

Leitergerüst. Kräftige Standleitern aus Holz mit weitem Sprossenabstand stellt man in 3 bis 4 m Entfernung mit dem Holm zum Bauwerk auf und legt Bohlen (Gerüstbelag) auf die Sprossen. Das Gerüst wird durch die Kreuzstreben stabilisiert und im vorgeschriebenen Abstand lotrecht und waagerecht am Bauwerk befestigt (**7**.31). Das Befestigen mit Mauerhaken ist nach der Gerüstordnung DIN 4420 nicht mehr erlaubt. Es dürfen nur für das Mauerwerk geeignete Dübel und passende Anker gesetzt werden. Für den Gerüstanschluß gibt es hölzerne Dübelarme mit Haken oder verzinkte Stahlabsteifer aus Rundstahl. Beide werden durch Hakenschrauben mit dem Gerüst verbunden. Alles weitere steht im „Merkblatt für das Anbringen von Dübeln zur Verankerung von Fassadengerüsten".

Die Leitern müssen durch Unterlagen (Leiterschuhe) gegen Einsinken in den Boden gesichert werden.

Der Raum zwischen den Holmen ist mit Bohlen voll abzudecken.

Jeder Leitergang (Arbeitsboden), der >2 m über dem Erdboden liegt, muß ein Schutzgeländer (Rückenlehne) haben.

Metallgerüst. Aus wenigen, genau zueinander passenden Elementen konstruierte Stahl- oder Leichtmetallgerüste setzen sich immer mehr durch. Ständer, Längs- und Querriegel werden zusammengeschraubt, Kuppelungen (Verbindungsstücke) ermöglichen rechtwinklige Anschlüsse. Der Gerüstbelag besteht meist aus Holz- oder Metallplatten einheitlicher Abmessungen (**7**.32). Man unterscheidet Systemgerüste mit Kuppelungsverbindungen und Steckrahmengerüste (**7**.33).

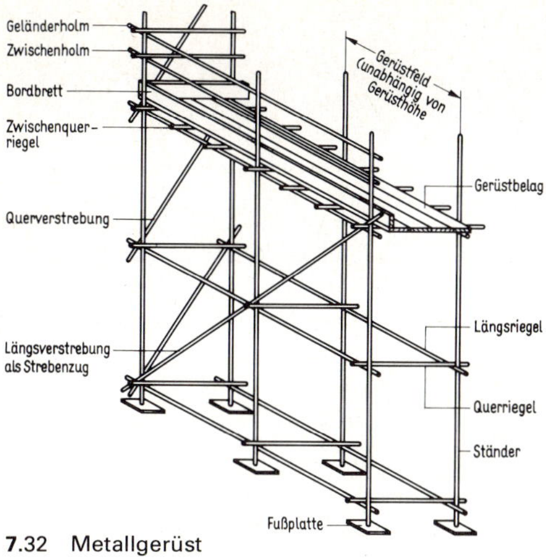

7.32 Metallgerüst

7.33 Steckrahmengerüst

Metallgerüste werden ebenfalls durch Stahlrohrabsteifer, Dübel und Kuppelungen mit den Ständern betriebssicher montiert (**7.34**).

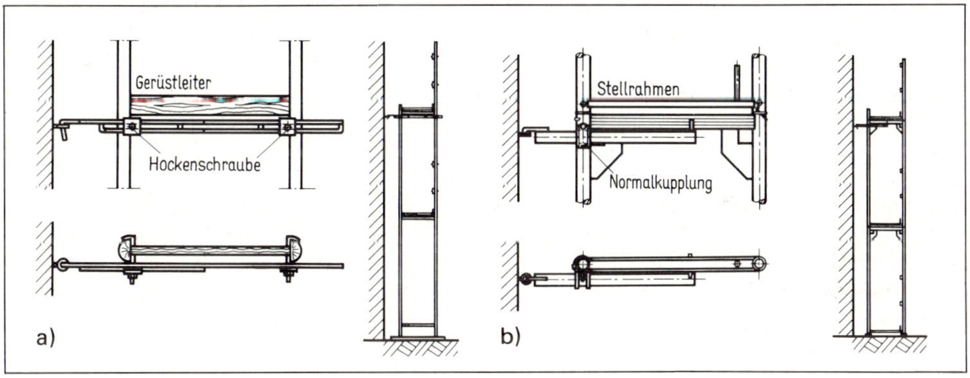

7.34 Vorschriftsmäßige Verankerung von Gerüsten
a) durch Rundstahlabsteifer,
b) durch Stahlrohrabsteifer

Spezialgerüste stehen für besondere Zwecke zur Verfügung.

Hängegerüste benutzt man z.B. beim Anstrich von Brücken und anderen Großmetallkonstruktionen. Sie werden an besonderen Stahlhaken aufgehängt.

Fanggerüste haben breit ausladende Konstruktionen und werden z.B. in Hallen und Kirchen verwendet, wenn Gerüste um ausladende Bauteile herumzuführen sind.

Aluminiumstege dienen zum Überbrücken von Einfahrten, Gräben usw. oder werden über Maschinen montiert. Sie lassen sich zu größeren Anlagen kombinieren.

Fenstergerüste (Fensterstühle) werden bei Fensteranstrichen benutzt, wenn man nicht die ganze Fassade einrüsten will. Sie werden in das Fenster eingehängt, ohne die Fassade zu beschädigen.

Hebebühnen sind auf Spezialfahrzeugen montierte Leitern, die sich durch Motorantrieb ausfahren lassen. Je nach Ausführung und Größe können sie bestimmte Entfernungen überbrücken (z.B. eine Straßenbreite). Der Maler befindet sich in einem Sicherheitskorb, der auch Material und Werkzeuge aufnimmt.

Aufgaben zu Abschnitt 7

1. Welche Pinselarten unterscheidet man nach der Borstenbindung?
2. Woran erkennt man Flächenstreicher? Wofür verwendet man sie?
3. Nach welchen Gesichtspunkten wählt man Pinsel und Bürsten aus?
4. Streichen Sie mit der Streichbürste eine etwa 0,5 m^2 große Fläche mit Dispersionsfarbe. Tragen Sie auf eine Fläche gleicher Art und Größe dieselbe Farbe mit dem Farbroller auf. Vergleichen Sie nach dem Trocknen die Oberflächenbeschaffenheit.
5. Nennen Sie die Vorteile des Farbrollers.
6. Welche Farbrollerbeläge gibt es, welche Eigenschaften haben sie, wie sind sie zu pflegen?
7. Binden Sie einen Pinsel nach Anweisung auf.
8. Wie weicht man hartgewordene Pinsel und Bürsten wieder auf?
9. Welche Aufgaben hat die Farbdüse einer Spritzpistole?
10. Erklären Sie die Unterschiede von Fließ-, Saug- und Drucksystem.
11. Welche Vorteile haben Hoch- und Niederdruck-Spritzverfahren?
12. Wofür eignet sich das Airless-Verfahren?
13. Erklären Sie die Naß- und Trockenabscheidung bei Spritzkabinen.
14. Welche Nachteile haben kombinierte Spritz- und Trockenboxen?
15. Welche Vorteile bietet die Ofentrocknung?
16. Erklären Sie den Begriff MAK-Wert.
17. Worauf achten Sie bei den einzelnen Phasen des Aufsetzens einer Atemschutzmaske?
18. Weshalb sind handliche Schleifmaschinen besonders vorteilhaft?
19. Wie arbeitet eine Feinschleifmaschine (Rutscher)?
20. Worauf ist beim Benutzen von Schleifmaschinen zu achten?
21. Welche Hilfswerkzeuge für Vorarbeiten kennen Sie? Wozu werden sie verwendet?
22. Wie arbeitet ein Propan-Abbrenngerät?
23. Woraus besteht eine doppelschenklige Stehleiter?
24. Welche Unfallverhütungsvorschriften gelten für Behelfsgerüste?
25. Weshalb sind die Stirnenden von Gerüstbrettern mit Metallband einzufassen?
26. Wofür dürfen Anlegeleitern nicht benutzt werden?
27. Was ist vor Benutzen eines Rollgerüsts zu tun?
28. Wie befestigt man vorschriftsmäßig ein Leitergerüst?
29. Welche Vorteile bietet ein Metallgerüst gegenüber herkömmlichen Leitergerüsten?

8 Werkstoffe

Der Maler verarbeitet eine große Anzahl vielfältiger Werkstoffe. Dazu gehören nicht nur die verschiedenen Farbmittel, Lacke und Dispersionen, sondern auch Binde-, Löse- und Verdünnungsmittel sowie Spezialanstrichmittel und nicht zuletzt Tapeten, Wand- und Bodenbeläge.

Wenn Sie sich später einmal ein Haus bauen lassen, erwarten Sie vom Architekten Fachkenntnisse nicht nur in der Bauplanung, sondern auch in den zur Wahl stehenden Baustoffen. Der Architekt schlägt Ihnen für jede Gegebenheit und jeden Zweck den richtigen Baustoff vor. Ebenso müssen Sie die Eigenschaften und Verwendungsmöglichkeiten Ihrer Werkstoffe kennen. Nur dann können Sie Ihre Auftraggeber fachkundig beraten, die Arbeit gut und dauerhaft ausführen und mit der Zufriedenheit Ihrer Kunden rechnen.

Wir behandeln in diesem Abschnitt die Farbmittel, Bindemittel, Löse- und Verdünnungsmittel, Hilfs- und Anstrichmittel sowie Klebstoffe. Tapeten, Wand- und Bodenbeläge folgen in einem eigenen Abschnitt.

8.1 Farbmittel

8.1.1 Begriffe und Einteilung

Farbmittel ist der Sammelname für alle farbgebenden Stoffe. DIN 55944 unterscheidet sie in Farbstoffe und Pigmente.

Farbmittel sind anorganische und organische unlösliche Farbmittel und organische Farbstoffe. Die natürlichen sind heute für den Maler kaum noch von Bedeutung. Sie werden fast nur noch als „Teerfarbstoffe" weiterverarbeitet (s. Abschn. 8.1.4).

Pigmente – die überwiegend benutzten Farbmittel für Anstriche sind feinteilige, praktisch unlösliche Substanzen. Sie bestimmen das farbliche Aussehen eines Anstrichstoffs (Anstrichs). Es gibt bunte und unbunte, pulver- und blättchenförmige Pigmente.

Die Bezeichnung „Ersatz ..." bringt zum Ausdruck, daß ein früher übliches Naturprodukt heute künstlich gewonnen wird (z. B. Zinnober echt – Zinnober-Ersatz).

Verschnittmittel sind billige, farblose oder weiße Stoffe, die man den teureren Pigmenten zugibt. Verschnittene Pigmente sind aber nicht nur wirtschaftlicher, sondern oft auch beständiger. Verschnittmittel dienen als Füllstoffe. Ein Beispiel ist Bleimennige V 40 = 40% Schwerspatzugabe (Bundesbahnmennige).

Abtönfarben in Tuben oder anderen Verpackungen erleichtern die Anwendung der Farbmittel. Die sehr feinen Pigmente haben ein hohes Färbevermögen. Die pastenförmigen Abtönfarben sind lieferbar für wässerige und ölige/lackartige Anstrichmittel. Um das Abtönen zu erleichtern, geben die Farbhersteller Mischtabellen heraus. Diese Tabellen beziehen sich nur auf wenige Farbtöne.

Benennung. Nur wenige Farbmittel haben durch Normen oder Handelsbräuche festgelegte Namen. Üblich sind Beinamen, abgeleitet von Aussehen, Herkunft und Überlieferung. Am zuverlässigsten sind Benennungen nach der chemischen Zusammensetzung (z. B. Bleiweiß, Zinkweiß, Chromgelb).

Einteilung. Farbmittel kann man einteilen nach dem Farbton (**8.1**), der chemischen Zusammensetzung (**8.2**), der Herkunft (z. B. Fundorte bei Erdpigmenten) oder Verwendung (z. B. Kalkfarben, Zementfarben, Universalfarben).

Tabelle **8.1** **Farbmittel nach dem Farbton**

Weißpigmente **Schwarzpigmente**	anorganisch	Bleiweiß, Zinkweiß Lithopone, Titandioxid Kreide, Schwerspat; Ruß
	organisch	Anilinschwarz
Buntpigmente	anorganisch	Ocker, Umbra Ultramarinblau Chromgrün, Zinkgrün Chromgelb, Zinkgelb, Eisenoxidgelb Eisenoxidrot, Bleicyanamid Bleimennige
	organisch	Hansagelb, Signalrot, Kalkgrün

Tabelle **8.2** **Farbmittel nach der chemischen Zusammensetzung** (DIN 55944)

Farbmittel	Pigmente/Farbstoffe	Gewinnung	Beispiele
Anorganische Farbmittel (unlöslich)	natürliche = Erdpigmente	durch mechanische Behandlung (Schlämmen, Mahlen) natürlicher anorganischer Stoffe	Kreide, Ocker, Umbra, Grünerde
	synthetische = Mineralpigmente	durch chemische und/oder physikalische Umwandlung (Fällen bzw. Glühen) anorganischer Stoffe	Weißpigmente, Chromgelb, Bleimennige, Kobaltblau, Ultramarinblau, Englischrot
	Metalleffektpigmente = Bronzen	durch Zerkleinern von Metallen	Bronzen
	Kohlenstoffpigmente = Ruß	durch Abbau von Graphit oder unvollständige Verbrennung von Gas, Öl	Ruß, Graphit
Organische Farbstoffe	natürliche Pigmente	durch Aufbereiten tierischer oder pflanzlicher Pigmente	Sepia, Indigo, Kasseler Braun
	synthetische Pigmente	aus Erdöl, Teer (= Pigmentfarbstoffe) oder durch Einfärben von Substraten (Farbstoffträger) mit löslichen Farbstoffen (= Farblacke)	zahlreiche, überwiegend starkfarbige Pigmente
Lösliche organische Farbstoffe	natürliche Farbstoffe	aus Tier- oder Pflanzenfarbstoffen	Cochenille, Schüttgelb (kaum üblich)
	synthetische	aus Erdöl oder Teer	

Farbmittel sind farbgebende Stoffe. Statt der löslichen Farbstoffe werden heute hauptsächlich die unlöslichen Pigmente verwendet.

8.1.2 Eigenschaften

Von Mal- und Anstrichfarben verlangt man vor allem, daß sie gut decken und färben, außerdem – je nach Verwendungszweck – licht-, alkali- und wetterbeständig sind.

Das Deckvermögen ist die Eigenschaft eines pigmentierten Stoffs (z.B. Anstrichmittel), die Farbe oder Farbunterschiede des Untergrunds zu verdecken. Sie hängt ab vom Lichtbrechungsvermögen des Pigments und dem Lichtbrechungsvermögen des ihn umgebenden Stoffes (Bindemittel oder Luft). Sind die Lichtbrechungswerte gleich oder fast gleich, tritt keine Deckwirkung ein. Je mehr sich jedoch die Lichtbrechungswerte unterscheiden, desto besser ist das Deckvermögen (s.a. Abschn. 4.2). Die Teilchengröße des Pigments, die Pigmentkonzentration (Farbmittelmenge), die Konsistenz des Anstrichmittels, die Schichtdicke und die Anzahl der Anstriche wirken dabei mit.

Je stärker ein Pigment einfallende Lichtstrahlen ablenkt, desto besser deckt es (**8.3**). Kleinere Teilchen lagern dichter beieinander und lenken daher Lichtstrahlen stärker ab als größere (**8.4**). Die Teilchengröße beträgt etwa 0,1 bis 5 µm (sprich „mü"; 1 µm = $^1/_{1000}$ mm). Das beste Deckvermögen haben gemischt disperse Pigmente. Weniger deckende Farbmittel nennt man Lasurfarben.

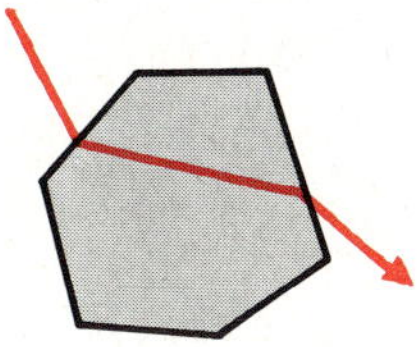

8.3 Lichtbrechung (Lichtablenkung) im Pigmentteilchen

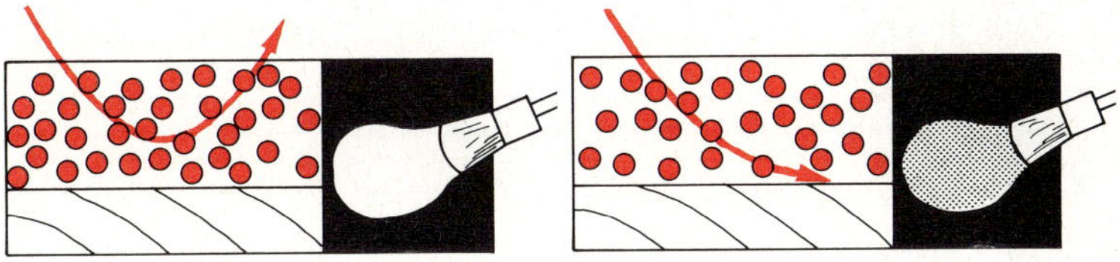

a) b)

8.4 Deckvermögen
a) Hoher Pigmentanteil = starke Lichtbrechung = gutes Deckvermögen des Anstrichs
b) Geringer Pigmentanteil = schwache Lichtbrechung = schlechtes Deckvermögen des Anstrichs

Das Färbevermögen ist nicht immer gleich dem Deckvermögen. Es ist die Eigenschaft eines Farbmittels, andere mit ihm vermischte Farbmittel im Farbton zu verändern (besonders Weiß). Dieses Vermögen hängt ab von der Teilchengröße, dem Reflexionsgrad und der Konzentration des Farbmittels.

Lichtbeständigkeit (Lichtechtheit) wird für alle Außenanstriche gefordert. Das Farbmittel darf durch Licht- und Sonnenstrahlen nicht erheblich ausbleichen, vergilben oder nachdunkeln. Beurteilt wird die Lichtbeständigkeit nach der internationalen Wollskala durch die Werte 1 bis 8 (1 = sehr gering, 3 = mäßig, 5 = gut, 8 = hervorragend lichtecht). Ausbleichende Farbmittel sind häufig organischer Herkunft.

Alkalibeständigkeit. Farbmittel sollen ihren Farbton durch Einwirken alkalischer Bindemittel (Kalk, Zement) möglichst nicht verändern. Beispiel: Chromgelb wird durch Kalkeinfluß rot; Kalkgelb bleibt gelb, ist also alkalibeständig.

Wetterbeständigkeit ist Voraussetzung für Außenanstriche. Sie müssen Witterungsunterschieden, Feuchtigkeit und Abgasen weitgehend widerstehen.

Pigmente müssen gut decken und färben, je nach Verwendung licht-, alkali- und wetterbeständig sein.

8.1.3 Anorganische Pigmente

Natürliche anorganische Pigmente (Erdpigmente) kommen als weiße oder farbige Erden vor. Sie werden gebrochen, geschlämmt, getrocknet, gemahlen und abgefüllt. Manche Sorten erhalten durch einen Brennprozeß einen anderen Farbton (z. B. Umbra gebr.). Man unterscheidet Weiß-, Schwarz- und Buntpigmente. Die Schwarzpigmente dieser Gruppe spielen für Anstriche kaum noch eine Rolle (**8**.5).

Tabelle **8**.5 **Erdpigmente**

	Name	Eigenschaften[1])	Verwendung
Weißpigmente	Kreide	D und F in Leim sehr gut, in Öl schlecht, L sehr gut, alkalibeständig	für Leim- und Dispersionsfarben, Kitte und Spachtelmassen
	Schwerspat	D und F in Leim gut, in Öl schlecht, L sehr gut, alkalibeständig	für Spachtelmassen, vor allem als Verschnittmittel
	Gips	nicht wetterbeständig	zum Verputzen (nur innen), Füllstoff
Buntpigmente	Ocker	D und F gut, L sehr gut, alkalibeständig	für alle Bindemittel
	Terra di Siena	D und F gering, L sehr gut, alkalibeständig	gute Lasurfarbe
	Rote Erdfarben	D, F und L sehr gut, alkalibeständig	als Mal- und Abtönfarben
	Umbra	D und L sehr gut, F gut, alkalibeständig	als Abtönfarben

[1]) D = Deckvermögen, F = Färbevermögen, L = Lichtbeständigkeit

Künstliche anorganische Pigmente (Mineralpigmente)

Weißpigmente dieser Gruppe verwendet man überwiegend für Öl-, Lack- und Dispersionsfarben und Lacke. Man kann sie in aktive und inaktive Pigmente einteilen. Aktive Pigmente gehen mit den öligen Bindemitteln eine chemische Verbindung ein (wasserunlösliche Metallseifen, **8**.6). Die Anstriche werden quellsicher, fester, haftfester und elastischer. Die inaktiven Pigmente werden dagegen vom öligen Bindemittel nur umschlossen (**8**.7). Sie neigen zum Kreiden, also zum Freilegen der Pigmente an der Oberfläche durch Abbau des Bindemittels (**8**.8).

8.6 Aktives Pigment

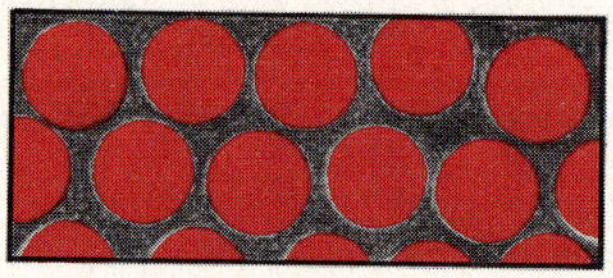

8.7 Inaktives Pigment

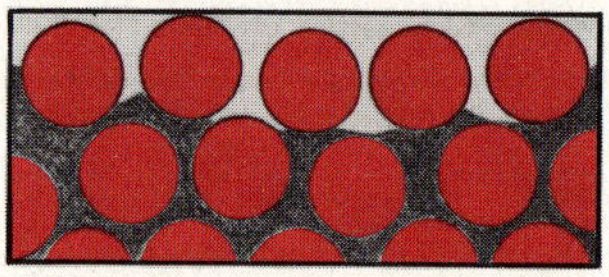

8.8 Abbau eines Anstrichs mit inaktivem Pigment

Buntpigmente bestehen aus Metallverbindungen. Die früher übliche Pulverform ist in den Malerwerkstätten weitgehend durch abgebundene Abtönfarben ersetzt worden. Für Mal- und Dekorationstechniken sind Buntpigmente auch heute noch unentbehrlich.

Bleiweiß wird stets in Pastenform mit Leinöl (Ölbleiweiß-Paste), Alkydharzen oder anderen Kunstharzen gebrauchsfertig geliefert. Durch Zugabe von Binde- bzw. Verdünnungsmittel entstehen streichfertige Bleiweißfarben.

Bleiweiß TZ-Farbe hat zunehmend die reinen Bleiweißpasten abgelöst. Ein Grund dafür ist die bessere Haltbarkeit (Aussehen) in Industrieluft. Die Pasten bestehen aus 70% Bleiweiß, 20% Zinkweiß und 10% Titandioxid.

Bleimennige wird ebenfalls nur in Pastenform geliefert, denn alle bleihaltigen Trockenpigmente sind besonders gesundheitsgefährdend. Angerieben wird Bleimennige mit Leinölfirnis (Öl-Bleimennige) bzw. mit langöligen Alkydharzen (**8**.15), Kunstharz-Bleimennige, aber auch mit Chlorkautschuk und anderen Bindemitteln.

Tabelle 8.9 **Mineralpigmente**

	Name und Zusammensetzung	Eigenschaften[1])	Verwendung
Aktive Weißpigmente	Bleiweiß = basisches Bleicarbonat	D und F gut, L sehr gut, besonders wetterbeständig, nicht mit allen Pigmenten verträglich, durch schwefelhaltige Gase Bräunung, **giftig!**	für Leinölfirnis Alkydharz u.a. Bindemittel, für Grundanstriche außen; für Innenanstriche verboten
	Zinkweiß = Zinkoxid (ZnO)	D und F gut, L sehr gut, wetter- und glanzbeständig, Vergilbung sehr gering, pilztötend	in Öl- und Lackbindemitteln für Innen- und Außenanstriche
Inaktive Weißpigmente	Lithopone = Zinksulfid + Bariumsulfat	D und F gut, L sehr gut alkalibeständig, Sorten nach Zinksulfidanteil: Rot- (30%), Grün- (40%), Silbersiegel (60%)	für Leim-, Öl-, Kunstharz- und Dispersionsfarben innen, Spachtelmassen
	Titandioxid (TiO_2)	D, F und L sehr gut, wetterbeständig	für Öl-, Kunstharz- und Dispersionsfarben; Anatas für Innen-, Rutil bes. für Außenanstriche
	Titanweiß = TiO_2 + Verschnitt	D, F und L gut	für Mal- und Anstrichfarben
Buntpigmente	Bleimennige = Bleioxid	D und F gut, dunkelt nach, alkalibeständig, **giftig!**	für Korrosionsschutzfarben, nicht für Deckfarben
	Bleicyanamid	D, F und L gut, alkalibeständig, **giftig!**	gelbe Korrosionsschutzfarben für Eisengrund- und -deckanstriche
	Chromgelb = Bleichromat	D gut, F sehr gut, dunkelt nach, nicht alkalibeständig (Orangeverfärbung), **giftig!**	in öligen und Kunstharzbindemitteln
	Chromgrün = Chromgelb + Berliner Blau	D und F sehr gut, dunkelt nach, nicht alkalibeständig (Rotbraunverfärbung), **giftig!**	für alle Bindemittel, Grün vielfach für Tür- und Fensteranstriche außen
	Zinkgelb = chromsaures Zinkkalium	D und F gering, L gut, nicht alkalibeständig (Rotverfärbung), **giftig!**	für Korrosionsschutzgrundierungen
	Zinkgrün	D, F und L gut, nicht alkalibeständig (Verfärbung), **giftig!**	
	Eisenoxidgelb	D, F und L sehr gut, alkalibeständig, wetterfest	sehr gute Mischfarben, auch als lasierende Pigmente
	Eisenoxidrot (Fe_2O_3)		
	Ultramarinblau	D gering, F gut, L sehr gut, alkalibeständig	ausgezeichnet für außen, für alle Bindemittel

[1]) D = Deckvermögen, F = Färbevermögen, L = Lichtbeständigkeit

Aktive Weißpigmente bilden mit öligen Bindemitteln wasserunlösliche Metallseifen und sind (vor allem in Mischungen miteinander) sehr wetterbeständig.

Die Blei- und Chromverbindungen unter den Buntpigmenten sind giftig!

Metalleffektpigmente (Bronzen) sind metallische Farbpulver. Die Sorten unterscheiden sich nach dem Farbton und dem Feinheitsgrad (z.B. Bleichgold – Reichbleichgold – Reichgold = stärkster Goldbronzeton). Nachträgliches Polieren erhöht den Metallglanz.

Höchste Glanzwirkung ergibt sich durch Pudern (Einstreuen in den noch „klebrigen" Öllack). Mischen mit Weiß und Buntpigmenten ist nicht üblich, beeinträchtigt überdies den Metallglanz (**8**.10).

Tabelle **8**.10 **Bronzen**

Name und Zusammensetzung	Eigenschaften[1])	Verwendung
Kupferbronze	D sehr gut, feine K. noch besser, F je nach Feinheit gut bis gering, L gut; gefärbte K. bleicht aus, W gering, schwach giftig	zum Bronzieren für Dekorationen und Schmucktechniken
Goldbronze = Kupfer + Zink	D sehr gut, F je nach Feinheit gut bis gering, L gut, nicht wetterbeständig	wie zuvor, außerdem für Bilderrahmen
Aluminiumpulver	D und L sehr gut, F gut, W sehr gut, durch Lacküberzüge noch besser	für hitzebeständige, reflektierende und rostschützende Beschichtungen, Effektlacke
Silberbronze = Kupfer-Zink-Nickel-Legierung	D gut bis sehr gut, F gut bis gering, L gut, kann aber nachdunkeln, nicht wetterbeständig	wie Goldbronze

[1]) D = Deckvermögen, F = Färbevermögen, L = Lichtbeständigkeit, W = Wetterbeständigkeit

Leuchtpigmente absorbieren energiereiche Strahlung (z. B. UV-Licht) und geben sie umgewandelt als sichtbares Licht zurück. Es gibt Tagesleuchtfarben und im Dunkeln leuchtende. Man verwendet sie als Sicherheits-, Signal- und Informationsfarben, für die Werbung u. a. Leuchtpigmente sind teuer, nur gering licht- und wenig wetterbeständig.

Kohlenstoffpigmente werden vor allem für Korrosionsschutz- und Schriftfarben verwendet. Graphit z. B. deckt gut, hat aber nur geringes Färbevermögen. Es ist sehr lichtbeständig und auch alkalibeständig.

Schwarzpigmente zeigen allgemein eine gute Farbtonbeständigkeit. Die schädlichen UV-Strahlen des Sonnenlichts wirken sich bei schwarzen Anstrichen nur gering aus.

8.1.4 Organische Pigmente

Natürliche organische Pigmente haben im Malerhandwerk kaum noch Bedeutung. Der Kunstmaler benutzt sie. Gewöhnlich werden diese Pigmente mit Füllstoffen angereichert.

Künstliche organische Pigmente und Farbstoffe (Pigmentfarbstoffe und Farblacke)

Ausgangsprodukt ist Teer. Durch komplizierte chemische Verfahren werden zahlreiche Sorten und Farbtöne erzeugt. Sie umfassen die Mehrzahl der starkfarbigen, leuchtenden Farbmittel überhaupt.

Ihre Verwendung erstreckt sich auf zahlreiche Anwendungen in der Farben- und Lackindustrie, bei der Farbgebung von Chemiefasern, Kunststoffen usw.

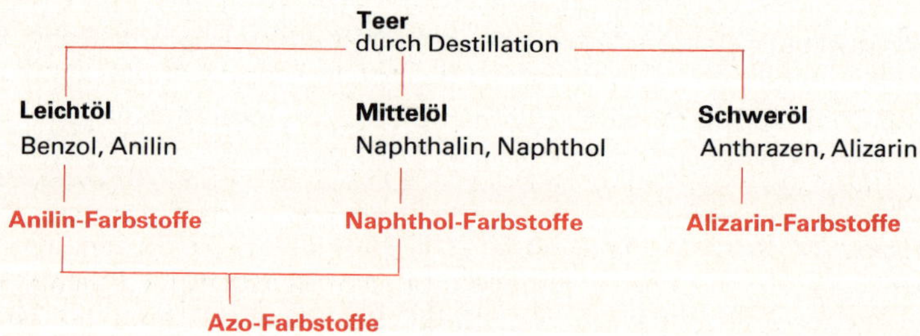

Teerfarbenpigmente bestehen aus dem Teerfarbstoff und der Farbunterlage, dem Substrat. Der Teerfarbstoff gibt den Farbton, die Farbunterlagen bilden den eigentlichen „Farbkörper", der überwiegend aus weißen Erden besteht. Es gibt zwei Wege der Herstellung: Verkollern und Verlacken.

Verkollern. Wasserunlösliche Teerfarbstoffe werden durch mechanische Verfahren fest mit Füllstoffen verbunden, weil sie sonst zu teuer und zu farbstark wären. Das Ergebnis sind Pigmentfarbstoffe.

Verlacken. Wasserlösliche Teerfarbstoffe überfärben das Substrat. Durch Zugabe von Chemikalien schafft man daraus eine wasserunlösliche Verbindung – die Farblacke.

Teerfarbenpigmente bilden die weitaus größte Gruppe der bunten Farbmittel. In allen Fällen werden durch verschiedene Verfahren Teerfarbstoffe an Farbstoffträger (Füllstoffe) unlöslich gebunden.

Sorten gibt es unter vielen Namen, die kaum etwas über die Zusammensetzung aussagen. Gelegentlich läßt der Name auf gewisse Eigenschaften schließen (z.B. Echtgelb, Kalkgelb, Signalrot, Zinnoberersatz, Universalblau, Anilinschwarz).

Eigenschaften. Das Deck- und Färbevermögen ist gut bis ausreichend, die Lichtbeständigkeit sehr unterschiedlich. Z.T. verblassen Teerfarben sehr schnell. Die Alkalibeständigkeit ist nur gering, gut bei „Kalkfarben". Mit anderen Pigmenten sind sie verträglich. Sie sind hitzebeständig und ungiftig.

Schwarzpigmente werden in dieser Gruppe am meisten benutzt (**8.**11).

Tabelle **8.**11 **Schwarzpigmente**

Name	Eigenschaften¹)	Verwendung
Knochenschwarz	D und L sehr gut, F gut, bei Elfenbeinschwarz gering, alkalibeständig	für Mal- und Anstrichfarben, beste Sorte Elfenbeinschwarz
Rebschwarz	D und L sehr gut, F gut alkalibeständig	für billige wässerige Anstrichfarben
Ruß	D und L sehr gut, F tiefschwarz, alkalibeständig, schwer benetzbar	nur in Ölen und Lacken
Anilinschwarz	D sehr gut, L gut, F tiefschwarz, alkalibeständig, schlecht benetzbar	für Öllacke

¹) D = Deckvermögen, F = Färbevermögen, L = Lichtbeständigkeit

Aufgaben zu Abschnitt 8.1

1. Erklären Sie die Begriffe Farbmittel, Farbstoffe und Pigmente.
2. Welche Aufgaben haben die Farbmittel?
3. In welche Haupt- und Untergruppen teilt DIN 55944 die Farbmittel ein?
4. Welche wichtigen Eigenschaften sind bei der Auswahl und Verwendung von Farbmitteln zu beachten?
5. Erklären Sie die Ausdrücke deckend und lasierend.
6. Wovon hängt das Deckvermögen eines Farbmittels ab?
7. Welche Bedeutung hat die Alkalibeständigkeit bei Farbmitteln?
8. Welche besonders guten Eigenschaften haben die natürlichen anorganischen Pigmente Ocker, Umbra und die roten Erdfarben?
9. Welche Merkmale haben aktive und inaktive Weißpigmente?
10. Welche Weißpigmente setzt man vornehmlich für außen ein?
11. Welche beiden Verfahren gibt es zur Herstellung von Teerfarbenpigmenten?
12. Was ist eine Farbunterlage (Substrat)?
13. Was sind Metalleffektpigmente?
14. Nennen Sie einige Anwendungen von Aluminiumpulver.
15. Wozu verwendet man Leuchtpigmente?

8.2 Bindemittel

DIN 55945 „Beschichtungsstoffe“ bringt neue einheitliche Begriffe in der Anstrich-(Beschichtungs-)Technik. Dazu zwei grundlegende Übersichten.

Beschichtung

- Anstrich, z. B. Fensteranstrich
- Lackierung, z. B. Fahrzeuglackierung
- Spachtelschicht
- Kunstharzputz, z. B. Fassadenputz

Beschichten kann durch Streichen (Anstrich), Spritzen, Tauchen, Gießen, Spachteln usw. erfolgen.

Beschichtungsstoff ist der Oberbegriff für Stoffe, die eine Beschichtung ergeben.

Beschichtungsstoff

- Anstrichstoff (Anstrichmittel)
- Lack
- Füller
- Spachtelmasse

8.2.1 Begriff und Einteilung

Bindemittel ist der nichtflüchtige Anteil eines Beschichtungsstoffs (ohne Farbmittel, aber einschließlich der Trockenstoffe und anderer Hilfsstoffe). Sie müssen in jedem Anstrichmittel vorhanden sein. Ihre Aufgabe ist es, die Farbmittel untereinander und mit dem Untergrund zu verbinden. Sie bilden den fertigen Anstrich, der nach dem Trocknen auf dem Untergrund haftet (Anstrichfilm), und geben ihm Haltbarkeit.

Einteilung

Bindemittel

wässerige	**ölige**	**Lacke**
= wasserverdünnbar bzw. wasserlöslich	= trocknende fette Öle, verdünnbar	= harzartige Bindemittel aus Natur-, veredelten Natur- oder Kunstharzen
anorganische organische	Naturöle Dicköle Firnisse	Öllacke Harzlacke Spirituslacke Kunstharzlacke Celluloselacke Kautschuklacke Asphaltlacke

Dispersionen

= feinverteilte feste oder flüssige Bindemittel in einem anderen Stoff

- Emulsionen = ölhaltige Dispersionen
- Suspensionen = ölfreie Dispersionen

> Bindemittel verbinden die Farbmittel untereinander und mit dem Untergrund. Sie bilden den Anstrichfilm und geben dem Anstrich Haltbarkeit.

8.2.2 Eigenschaften

Bindemittel müssen trockenfähig, überstreichbar, farbmittelverträglich, verdünnbar, verlaufbar und lichtbeständig sein. Diese Eigenschaften sind bei den einzelnen Bindemitteln unterschiedlich. Sie bestimmen weitgehend die Verwendung der jeweiligen Binde- bzw. Anstrichmittel.

Trockenfähigkeit. Trocknen ist der Übergang des Anstrichs oder einer Beschichtung vom flüssigen in den festen Zustand. Die Trocknung läßt sich gewöhnlich durch Trokkenstoffe oder Wärmeeinwirkung beschleunigen. Allerdings können Wärme bzw. Trokkenstoffe auch schädlich sein (z.B. Wärmeeinwirkung bei Kalk- und Silikatfarben, Zugabe falsch gewählter Trockenstoffe).

Man unterscheidet die physikalische, chemische und gemischte Trocknung. Das Lösemittel verdunstet bei der physikalischen Trocknung. Aus dem verbleibenden Bindemittel und Farbmittel bildet sich der Anstrichfilm. Bei der chemischen Trocknung reagieren zwei oder mehr Stoffe chemisch miteinander; es bildet sich ein fester Stoff. Bei Leinölfirnis entsteht durch Reaktion mit dem Luftsauerstoff ein fester Stoff (Linoxyn). Hier spricht man von oxidativer Trocknung. Die chemisch trocknenden Anstrichmittel enthalten gewöhnlich auch Lösemittel, z. B. Alkydharzlacke. Viele Anstrichmittel trocknen gemischt.

Trockenzeit ist die Zeitdauer zwischen dem Anstrich und einem bestimmten Trockenzustand (z. B. Staubtrocknung, Durchtrocknung).

Abdunsten ist das teilweise Verdunsten der flüchtigen Anteile, ehe die Filmbildung vollendet ist.

Härtung ist der Übergang vom flüssigen in den festen Zustand unter Abgabe von Lösemitteln (physikalische Trocknung) und/oder Sauerstoffaufnahme (oxidative Trocknung).

Überstreichbarkeit ist die Eigenschaft eines Bindemittels, nach dem Trocknen beim erneuten Überstreichen mit dem gleichen Bindemittel nicht wieder löslich (irreversibel) zu werden. Irreversibel sind chemisch trocknende Anstrichmittel. Physikalisch trocknende Anstrichmittel können oft durch Lösungsmittel an- oder aufgelöst werden. Sie sind reversibel (umkehrbarer Vorgang).

Anstrichmittel können oft durch Lösemittel an- oder aufgelöst werden. Sie sind reversibel (umkehrbarer Vorgang).

Farbmittelverträglich ist ein Bindemittel, wenn es ohne Eindickungen oder Farbtonänderungen mischbar ist. Leinöl + Bleimennige dicken z. B. bei längerer Lagerung ein, sind also nicht farbmittelverträglich.

Verdünnbar ist ein Bindemittel, wenn es sich mit bestimmten Verdünnungsmitteln verträgt und dünnflüssiger wird. Man unterscheidet wasser-, terpentinöl-, spiritus- und mit Spezialmitteln verdünnbare Bindemittel.

Verlauf ist das Vermögen eines noch flüssigen Anstrichs, die beim Auftragen entstehenden Unebenheiten selbst auszugleichen. Man prüft den Verlauf, indem man die Oberfläche bei Gegenlicht betrachtet.

Lichtbeständig ist ein Bindemittel, wenn es durch Lichteinwirkung oder -abschluß nicht bzw. kaum vergilbt (nachdunkelt). Die Vergilbung ist bei öligen Bindemitteln am größten.

> Die wichtigsten Eigenschaften eines Bindemittels bzw. der mit ihm hergestellten Anstrichmittel sind: Trockenfähigkeit, Überstreichbarkeit, Farbmittelverträglichkeit, Verdünnbarkeit, Verlauf und Lichtbeständigkeit.

8.2.3 Wässerige Bindemittel

Anorganische (mineralische) Bindemittel entstehen durch Brennen bzw. Schmelzen natürlicher Stoffe. Sie sind wasserverdünnbar, meist stark alkalisch und machen den Anstrich wasserunlöslich. Man verwendet sie in der Regel für waschfeste Innen- und wetterbeständige Außenanstriche auf mineralischem Untergrund.

VOB DIN 18363 „Anstricharbeiten" nennt die Bestandteile für Leimfarben: Leim, Pigmente, Füllstoffe (z. B. Faserstoffe). Als Bindemittel wird heute vorwiegend Methylcellulose verwendet. Dauernde Wischbeständigkeit ist bei Leimfarben nicht zu gewährleisten, da Leim relativ schnell abbaut. Leimfarbenanstriche müssen bei Erneuerungen durch Abwaschen leicht zu entfernen sein. Fertige Mischungen (Kaltwasserfarben) erleichtern zwar die Arbeit, verlieren aber zugunsten von Dispersionsfarben an Bedeutung.

Organische Bindemittel (Leime) sind tierischer oder pflanzlicher Herkunft und kommen als wasserlösliche Pulver in den Handel. Verwendet werden Leime vor allem in Leimfarben und Klebemitteln.

Tabelle **8.12 Wässerige Bindemittel**

	Name und Sorten	Eigenschaften	Verwendung
Anorganische Bindemittel	Kalk Luftkalk (lufthärtend) Wasserkalk (unter Wasser härtend)	trocknet chemisch (Aufnahme von Kohlendioxid), stark alkalisch **(Vorsicht für Augen und Haut!)**, verträglich nur mit kalkbeständigen Pigmenten bis 5% Zugabe, mit Kasein = wasserunlösliches Kalkkasein	Binde- und Farbmittel für atmungsaktive, wasser- und wetterbeständige Anstriche (Keller, Bäder, Waschküchen, Vorratsräume, Lagerhallen, Viehställe)
Anorganische Bindemittel	Zement graue und weiße Portlandzemente	hydraulisch trocknend, stark alkalisch **(Vorsicht für Augen und Haut!)**, verträglich nur mit zementbeständigen Pigmenten bis 5% Zugabe, mit Kalk (nicht mit Gips) in jeder Menge	Binde- und Anstrichmittel, Weißzement als Spezialpigment für weiße und helle Außen- und Innenanstriche
Anorganische Bindemittel	Wasserglas (Kaliwasserglas)	physikalisch und chemisch trocknend, im frischen Zustand stark alkalisch **(Vorsicht!)**, verträglich nur mit wasserglasbeständigen Pigmenten, nicht mit Kalk und Ölen, aber mit einigen Leimen und Dispersionen	Bindemittel für wasser- und wetterfeste Mal- und Anstrichfarben (Silikatfarben), auf mineralischen Untergründen (neue Kalk- und Zementputze, Stein, Asbestzement). Nur fabrikmäßig hergestellte Farben und Zusätze nach Herstellerangaben dürfen verwendet werden
(Organische) Tierleime	Kaseinleim	aufgeschlossener (durch Kalk oder Lauge löslich gemacht) Käsestoff, Trocknung durch Wasserverdunstung	Kaseinleim für Innenanstriche, Spezialsorten für Restaurierungen (Kirchenmalerei)
(Organische) Pflanzenleime	Celluloseleim	Trocknung durch Wasserverdunstung, chemisch neutral, verträglich mit allen Pigmenten und anderen Leimen (auch Dispersionen), gute Emulsionen mit Ölen	vorwiegend als Leimfarben-Bindemittel für wischbeständige Innenanstriche, plastische Massen und Spachtel, einfach zu verarbeiten

8.2.4 Ölige Bindemittel

Man gewinnt sie durch Auspressen zerquetschter Pflanzensamen (z. B. Leinsamen auf kaltem oder warmem Weg) und veredelt sie durch Aufbereiten (z. B. Entschleimen, Bleichen, Filtrieren). Beim Trocknen verbinden sich die ungesättigten Fettsäuren der Öle mit dem Luftsauerstoff (oxidative Trocknung von außen nach innen). Um die lange Trocknungszeit zu verkürzen, werden sie mit anderen Bindemitteln weiterverarbeitet, oder man gibt ihnen Trockenstoffe zu (**8**.13).

Tabelle **8**.13 **Ölige Bindemittel**

Name und Sorten	Eigenschaften	Verwendung
Leinöl	trocknet langsam, Film elastisch, irreversibel, verträglich mit allen Pigmenten, mit anderen öligen Bindemitteln, mit Leimen zu Emulsionen	für Öl- und Tubenfarben sowie Leinölkitte, zur Lackherstellung, verseift beim Ablaugen alter Anstriche
Leinölfirnis	schnellere Trocknung durch Zugabe von Trockenstoffen, irreversibel, nicht mit Nitro- u. ä. Lacken überstreichbar, im allgemeinen verträglich mit allen Pigmenten, öligen Bindemitteln, mit Leimen zu Emulsionen; Wachsfirnis weniger quellbar, matt auftrocknend	Leinölfirnis ist Hauptbindemittel für alle Ölfarben (Halböl = Leinölfirnis und Terpentinöl 1:1); Wachsfirnis Bindemittel für „Wachsfarben"

Leinöl und Leinölfirnis werden im Malerhandwerk immer seltener verarbeitet, weil Ölfarben kaum noch selbst angerührt werden. Fertige Anstrichfarben und Lackprodukte sind an ihre Stelle getreten. Doch werden viele Bautenlacke unter Verwendung von Leinöl und seinen Bestandteilen hergestellt. Hinzu kommen andere Öle, z. B. Rizinusöl und Sojaöl, aber auch Holzöl.

Ölige Bindemittel dienen zur Herstellung von Ölfarben. Viel verwendet werden sie in der Lackindustrie. Ölige Bindemittel verdünnt man mit Terpentinöl (Testbenzin).

Versuche 1. Rühren Sie etwas Leinölfirnis kräftig in Wasser ein und beobachten Sie das Verhalten dieser Mischung.

2. Rühren Sie etwas Leinölfirnis oder Klarlack in dickere Leimfarbe ein. Woran liegt es, wenn sich die Stoffe nicht entmischen?

8.2.5 Lacke

Welche Lacke kennen Sie? Welche Eigenschaften haben diese Lacke? Worin unterscheiden sie sich von Leim- und Ölfarben? Wozu lackiert man eine Fläche?

Lacke sind harzartige Bindemittel, die Anstriche mit besonderen Eigenschaften ergeben (z. B. in Verlauf, Durchhärtung, Widerstand). Es sind in flüchtigen Lösemitteln gelöste Filmbildner ohne Pigment- oder Farbstoffzusatz. (Im Unterschied dazu sind Lackfarben mit Pigmenten und Füllstoffen versehene Lacke.)

Lack ist auch ein Sammelbegriff für viele Beschichtungsstoffe auf der Basis organischer Bindemittel.

Einteilen kann man Lacke nach verschiedenen Gesichtspunkten (**8**.14).

Tabelle **8.14** **Einteilung der Lacke**

Rohstoff (Filmbildner)	**Ölhaltige Lacke** Öllack Alkydharzlack	**Ölfreie Lacke** Spirituslack Nitrocelluloselack Nitrokombinationslack Chlorkautschuklackfarbe	**Kunstharz- und Kunststofflacke** PVC-Lack Acrylharzlack Phenol- und Melaminharzlack DD-Lack Epoxidharzlack Polyesterlack
Verarbeitung	Streichlack, Spritzlack, Tauchlack, Flutlack, Gießlack		
Trocknung	oxidativ	physikalisch	chemisch
	gemischt (oxidativ und physikalisch, z. B. Alkydharzlack) thermisch		
Oberflächeneffekt	**Glanzeffekt** Mattlack Seidenglanzlack Hochglanzlack	**Farbeffekt** Lasurlack Transparentlack Klarlack	**Oberflächeneffekt** Hammerschlaglack Runzel-, Kräusel-, Schrumpf-, Tauchlack Strukturlack Reißlack
Beständigkeit	**mechanische** abrieb-, schlag-, stanzfest	**chemische** säure-, alkalibeständig	**Hitze** Heizkörperlack

Lacke dienen zur Herstellung von Anstrichmitteln mit besonderen Eigenschaften. Der Name Lack ist ein Sammelbegriff für viele verschiedenartige Erzeugnisse.

8.2.5.1 Oxidativ trocknende ölhaltige Lacke

Die Lacke dieser Gruppe trocknen durch Aufnahme von Luftsauerstoff = Oxidation und Polymerisation. Dazu gehören Öl- und Alkydharzlacke sowie Lackfarben.

Öllacke enthalten als wichtigsten filmbildenden Bestandteil eingedickte, trocknende Öle (Lein-, Stand-, Rizinusöl, Tran) mit oder ohne Zusatz von Harzen (Kopale, Alkydharz, Phenolharz). Sie können auf alle trockenen und neutralen Untergründe sowie auf Dispersions-, Öl- und Lackfarbenanstriche aufgetragen werden. Sie sind jedoch kaum noch üblich. Nach dem „Lexikon der Anstrichtechnik" spricht man wegen der Harzanteile hier allgemein von „Ölfarben und -lacken".

Sie sind leicht zu verarbeiten, haben Glanz und sehr gute Fülle. Fette Öllacke und Öllackfarben haben guten Verlauf, geringe Härte, große Elastizität. Sie sind irreversibel, gegen Lösemittel und Chemikalien nicht beständig. Magere Öllacke und -lackfarben zeigen mäßigen Verlauf, größere Härte, geringe Elastizität und sind durch Laugen verseifbar. Man benutzt sie für innen (Möbel).

Alkydharzlacke sind ölige Kunstharzlacke. Sie bilden den größten Teil der von Malern und Lackierern verarbeiteten Lacke. Durch Kombination mit anderen Harzen und Vereinigung mit Ölen erzielt man alle von einer durchschnittlichen Lackierung verlangten Eigenschaften (z. B. Klarlack für außen und innen, pigmentierte Alkydharz-Lackfarben für außen glänzend oder seidenglänzend, Lackfarben für Grund- und Zwischenanstriche außen und innen). Man nennt sie allgemein „Kunstharzlacke" und bezeichnet sie wegen ihrer hohen Elastizität und Oberflächenhärte als „stoß- und schlagfeste Lacke". Der Name setzt sich zusammen aus **Al**kohol + a**cid** (Säure). Den chemischen Aufbau zeigt Tabelle **8.15**, die Trocknung Bild **8.19** a.

Tabelle **8.15** **Aufbau der Alkydharzlacke**

Säuren (z. B. Phthalsäure) Alkohole (z. B. Glyzerin) Öle, Fette (z. B. Lein-, Soja-, Rizinusöl)

Alkydharze

kurzöliger (magerer) Typ	mittelöliger (mittelfetter) Typ	langöliger (fetter) Typ	überfetteter Typ
<40% Ölgehalt	40 bis 60% Ölgehalt	60 bis 70% Ölgehalt	70 bis 85% Ölgehalt
ofentrocknender Lack, auch mit Nitrocellulose u. a. kombiniert	Luft- u. ofentrocknender Lack, meist für Industrie, Spezialverdünnungsmittel üblich	lufttrocknender, fetter Malerlack für innen und außen	

Einige Alkydharzlacke sind thixotrop (nichttropfend). Ihre Moleküle lagern sich gerüstartig zusammen und verdicken den Lack vorübergehend (**8**.16a). Das Gerüst wird beim Rühren und beim Auftragen zerstört, so daß der Lack wieder fließt (**8**.16b). Im ruhigen Zustand lagern sich seine Moleküle erneut zu Gerüsten zusammen (**8**.16c).

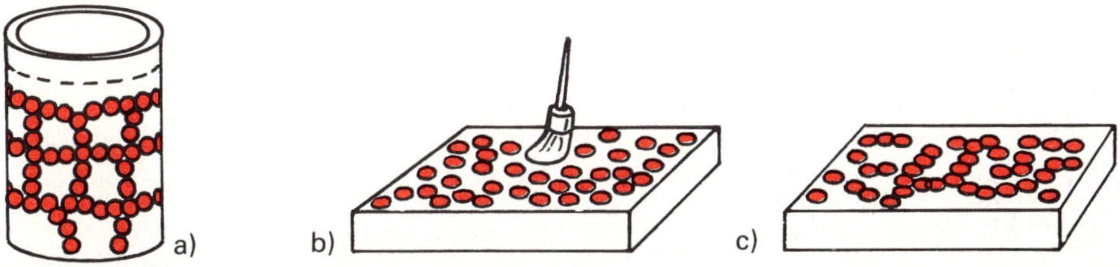

8.16 Verhalten thixotroper Alkydharzlacke

a) Gel-Zustand (in Ruhe), b) Sol-Zustand (nach Aufrühren und beim Streichen), c) Bildung des Gel-Zustands nach dem Auftrag

Tabelle **8**.17 **Alkydharzlacke**

Sorten	Eigenschaften	Verwendung
lufttrocknender A.	schnelltrocknend, elastisch, hart, widerstandsfähig, hoch- und seidenglänzend	Malerlack auf Holz und Putz, Heizkörper-, Metallschutz- und Autolack
ofentrocknender A. (Einbrennlack)	Trocknung in 10 bis 30 Minuten, hochglänzend	Fahrzeug-, Geräte- und Maschinenlack
überfetteter A.	füllig, wetterbeständig, leicht zu verarbeiten	Malerlack
thixotroper A.	nichttropfend	Heimwerkermarkt, Schichtdicken von 70 bis 100 µm in einem Arbeitsgang möglich
Vorlack	füllkräftig mit gutem Verlauf, weiß und farbig	Vorlackierungen auf allen entsprechend vorbereiteten Untergründen
Ventilationsgrund (Fenstergrund)	ventilierend (wasserdampfdurchlässig, aber wasserabweisend), läßt Holzfeuchte entweichen und verhindert erneutes Eindringen	Holzfenster, Holzverkleidungen
Alkyd-Aerosollack (Sprühdosenlack)	feinverlaufend, hochglänzend, weiß und bunt	kleinere Spritzlackierungen, Ausbesserungen von Lackschäden (z. B. an Fahrzeugen)

Alkydharzlacke bilden die bedeutendste Lackgruppe im Maler- und Lackiererhandwerk. Sie haben die klassischen Öllacke überwiegend abgelöst, weil sie bessere Eigenschaften haben. Sie sind irreversibel und werden mit Terpentinöl (Testbenzin) bzw. Spezialmitteln verdünnt. Die Herstellerhinweise sind zu beachten.

8.2.5.2 Alkydharz-Lackfarben

Pigmentierte „Kunstharz-Lackfarben" mit Alkydharz als Bindemittel. Sammelbegriff für die folgenden Typen, auch als Buntlackfarben (nach „Lexikon der Anstrichtechnik").

Tabelle **8.18** **Alkydharz-Lackfarben**

Sorten	Eigenschaften	Verwendung
für außen, glänzend	wetterbeständig, gut haftend, sehr gut deckend, geringe Wasseraufnahme, Abtönung mit Lack-Volltonfarben	Holz, Metall und nicht alkalisch reagierende Untergründe, Lack-auf-Lack-Technik möglich (s. Abschn. 10.4.5)
für außen, seidenglänzend	wetterbeständig, seidenmatt bis seidenglänzend	Verarbeitung und Untergründe wie zuvor, nur Volltonfarben gleichen Fabrikats, mit Eisenglimmer oder Graphit als Korrosionsschutz-Schlußanstrich
für Grund- und Zwischenanstriche außen	gut füllende Vorlackfarben, schnell trocknend, überstreichbar mit allen Alkyd- und Öl-Außenlacken	Untergründe wie oben, nicht für seidenglänzende Schlußanstriche verwendbar
für Grund- und Zwischenanstriche innen	gut füllende Vorlackfarben, schnell trocknend, gut schleifbar, überstreichbar mit allen Glanz- und Seidenglanz-Lackfarben	Holz, Holzwerkstoffe, Metall und nichtalkalische Putzflächen
für innen, glänzend	schnelltrocknende Lackfarben, hornhart, als Schleiflack geeignet, gut zu reinigen, Abtönung mit Lackfarben gleichen Fabrikats	Putz, Metall, Holz und Holzwerkstoffe, durch Abbeizmittel entfernbar
für innen, hitzebeständig	glänzend bis hochglänzend, schnelltrocknend, vergilbungsfrei bis +120 °C, meist weiß pigmentiert, Abtönen nur in hellen Pastelltönen ratsam	(grundierte) Heizkörper, auch zum Spritzen, Fluten nur bei besonderer Kennzeichnung, 2 bis 3 Anstriche, besser auf hitzebeständigem Zwischenanstrich
für innen, hitzebeständig, Zwischenanstrich	sehr gut deckend, gut füllend, schnell trocknend, Überstreichen/Überspritzen mit den zuvor genannten	Stahl- und Gußheizkörper bei Anstrichmitteln desselben Fabrikats
für innen, seidenglänzend	gewöhnlich satter auftragbar als glänzende, Spritzen ist besser als Streichen, gut trocknend, gut bis befriedigend verlaufend, bei kräftigen Farbtönen bereits den Zwischenanstrich wie Schlußanstrich tönen	Putz, Metall, Holz und Holzwerkstoffe
Mattlackfarben für außen	allgemein 2 Anstriche (für Grundanstrich mit Testbenzin verdünnen), matt bis seidenmatt, in zahlreichen Farbtönen, leicht verstreichbar, gut haftend, schnell trocknend, geringe Wasseraufnahme	für mineralische Untergründe lösemittelhaltige Grundanstrichmittel nehmen
Mattlackfarben für innen	gut scheuerbeständig und reinigungsfähig, mit Dispersions- und Ölfarben überstreichbar	auf harten, festen und trockenen mineralischen Untergründen, als Absperrmittel und Schlußanstrich, auch für Gipsputz, nicht für Feuchträume

8.2.5.3 Physikalisch trocknende ölfreie Lacke und Kunststofflacke

Diese Lacke trocknen durch Verdunsten des Lösemittels (**8**.19b). Dazu zählen Spiritus-, Celluloselacke, Dispersions-, Chlorkautschuk-Lackfarben und Polymerisatharzlacke.

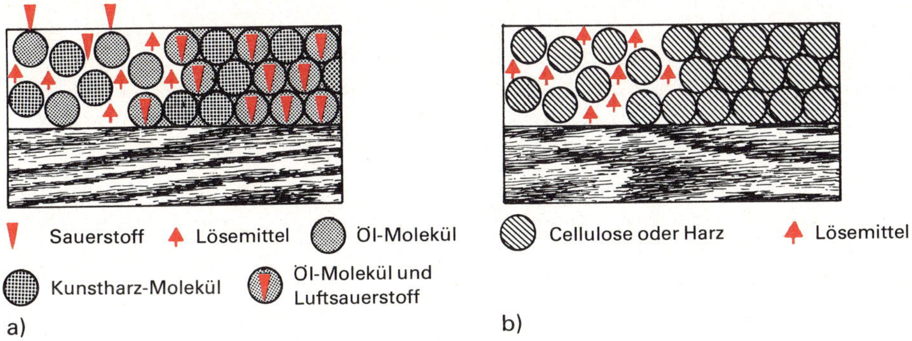

8.19 Trocknen der Lacke

a) Trocknen der Alkydharzlacke. Physikalisch durch Verdunsten der Lösemittel, durch Verfestigen des Kunstharzes sowie chemisch durch Sauerstoffaufnahme (Oxidation)

b) Trocknen der ölfreien Lacke, physikalisch durch Verdunsten der Lösemitel

Spirituslacke sind Lösungen von Natur- und Kunstharzen in Spiritus, vielfach mit einem Weichmacher-Zusatz (Balsam oder Rizinusöl). Sie haben nur noch als Modellacke Bedeutung und zum Lackieren billiger Massenartikel (z.B. Spielwaren).

Celluloselacke (hauptsächlich Nitrolacke) trocknen schnell und meist matt auf (vgl. Bild **8**.28), weil der Lack nicht mehr gleichmäßig verlaufen kann. Durch Schleifen und Polieren erhält man hochglänzende Oberflächen. Man verdünnt Celluloselacke mit Spezialverdünnung. Mit anderen Bindemitteln dürfen sie nicht gemischt werden. Vorsicht – Celluloselacke sind feuergefährlich, und ihre Dämpfe sind gesundheitsschädlich.

Tabelle **8**.20 **Celluloselacke**

Sorten	Eigenschaften	Verwendung
Nitro(cellulose)lack	körperarm (≈ 25% Filmbildner, ≈ 75% Lösungs- und Verdünnungsmittel), reversibel, leicht brennbar, **feuergefährlich,** Dämpfe schädlich (gut durchlüften)	hauptsächlich mit Spritzpistole für Industrielackierungen auf Holz und Metall, bei denen es auf rasche Trocknung ankommt
Zaponlack	besonders dünnflüssiger Nitrolack mit ≦ 8% Filmbildner	zum Überziehen blanker, polierter Metallteile (Schutz vor Anlaufen)

Nitrokombinationslacke bestehen aus Nitrocellulose und nichttrocknenden Alkydharzen (Verhältnis 1 : 2 bis 1 : 3). Sie sind füllkräftiger, elastischer, glanzvoller, haft- und wetterbeständiger als Nitrolacke und trocknen schneller als Alkydharzlacke (vgl. Bild **8**.28).

> Nitrolacke sind schnelltrocknend und reversibel. Wegen ihrer schlechten Überstreichbarkeit werden sie meist im Spritzverfahren aufgetragen. Sie dürfen nicht mit anderen Bindemitteln gemischt werden, sind sehr feuergefährlich, ihre Dämpfe gesundheitsschädlich.

Chlorkautschuk-Lackfarben sind immer pigmentiert. Chlorkautschuk gewinnt man durch Chlorieren von natürlichem oder künstlichem Kautschuk (Chlorgehalt 62 bis 66%). Chlorkautschuk-Lackfarben sind chemikalien-, wasser- und wetterbeständig, unempfindlich gegen Reinigungsmittel, hart, aber elastisch. Sie sind nicht hitzebeständig (60 bis maximal 90°C) und nicht beständig gegen Fette, Öle und die meisten Lösemittel. Verdünnt werden sie nur mit Spezialverdünnungen. Der getrocknete Film ist unbrennbar.

Man verwendet Chlorkautschuk-Lackfarben für alkalische Untergründe (z. B. Beton), Behälter, Schwimmbecken, Schiffsanstriche, Stahlkonstruktionen, chemische Fabriken, Metallschutzanstriche in Industrie- oder Meeresnähe, Laboratorien, Straßenmarkierungen.

Chlorkautschuk-Lackfarben sind sehr wasser-, chemikalien- und wetterbeständig. Sie ziehen sehr schnell an und sind darum zügig zu verarbeiten. Gegen Fette, Öle und die meisten Lösemittel sind sie nicht beständig.

Cyclokautschuk-Lackfarben sind Lösungen aus Kautschuk in Testbenzin mit zusätzlichen Filmbildnern. Eigenschaften und Verwendung ähneln den Chlorkautschuk-Lackfarben. Cyclokautschuk-Lackfarben sind aber leichter zu verarbeiten, weil sie beim Überstreichen nicht so leicht anlösen.

Polymerisatharzlacke sind Kunststofflacke, die durch Verdunsten der Lösemittel trocknen (**8.19**b). Durch unterschiedliche Zusammenstellungen fertigt man Lacke für die verschiedensten Zwecke. Die chemikalien-, wasser- und abriebfesten Anstriche und Beschichtungen benutzt man vor allem in der Industrie (**8.21**).

Tabelle **8.21** **Polymerisatharzlacke**

Sorten	Eigenschaften	Verwendung
Polyvinylchloridlack (PVC)	wetter- und chemikalienbeständig, unbrennbare Filme von großer Härte, schlechte Haftung auf blanken Metallen (Auftrag auf Grundanstrich), schnelltrocknend	Unterwasser-, Zement- und Holzanstriche, Leuchtfarben, Korrosionsschutz (z. B. Lagertanks, Kesselwagen, Zement- und Parkettboden, Kunststoffobjekte)
Polyvinylacetatlack (PVAC)	gut haftend, aber wasserquellbar	Isolierlack, ölfreie Grundiermittel, Klebelack, Leichtmetall- und Einbrennlackierungen

Acrylharzlacke sind luft- oder ofentrocknende Kunstharzlacke, die immer mehr an Bedeutung gewinnen. Sie setzen sich aus Polymerisatharzen (Acrylharze), zusätzlich anderen Kunstharzen (Filmbildner), künstlichen Weichmachern und Lösemitteln zusammen. Man stellt sie kalt durch Lösen in geschlossenen Behältern mit Rührwerken her.

Tabelle **8.22** **Acrylharzlacke**

Sorten	Eigenschaften	Verwendung
unpigmentierter A.	lufttrocknend, farblos, licht-, alters- und wetterbeständig, sehr elastisch und haftfähig	Grundierungen und Überzüge, als Schlußanstrich auf Sichtbeton, Alulegierungen
Acrylharz-Lackfarben	physikalisch trocknend, schnell überstreichbar, viele günstige Eigenschaften, seidenmatte bis glänzende Filme	streich-, roll- und spritzbar; auf Holz, mineralischen Untergründen, vorbereiteten Eisen- und Nichteisenmetallen und bestimmten Kunststoffen

Acrylharz-Lackfarben (Dispersions-Lackfarben) sind Anstrichstoffe auf der Basis wäßriger Kunststoffdispersionen; sie ergeben einen lackartigen Anstrichfilm. Weil man hauptsächlich Acrylharze dafür verwendet, heißen sie auch Reinacrylatfarben. Sie sind evtl. wasserverdünnbar, trocknen schnell, sind geruchlos und unbrennbar, haften sehr gut (auch auf feuchten Untergründen), quellen nur gering, sind säure-, hoch vergilbungsbeständig, sehr lichtbeständig; nicht gut zu reinigen, nicht sehr kratzfest. Bekannte Sorten: wasserfreie Fassadenfarben, Einschichtfarben. Untergründe: Holzbauteile innen, auch farblose Überzüge. Holz außen, deckend und lasierend. Mineralische Untergründe, wie Beton, Asbestzement, Putz und Mauerwerk, wobei die Oberflächen nicht zugeschlämmt werden. Auch auf Alulegierungen.

Polymerisatharzlacke sind Kunststofflacke und trocknen durch Verdunsten der Lösemittel.

Acrylharz-Lackfarben sind wasserverdünnbar und geruchlos. Sie finden zunehmend Anwendungen auf Innen- und Außenbauteilen und verschiedenen Untergründen.

8.2.5.4 Chemisch trocknende Kunstharz- und Kunststofflacke

Diese unter dem Sammelbegriff „Reaktionslacke" zusammengefaßten Lacke trocknen (härten) durch eine chemische Reaktion unter Abgabe von Lösemitteln. Eingeleitet wird die Reaktion durch Zusammenmischen mehrerer Bestandteile (Komponenten). Damit beginnt die eigentliche Filmbildung und -härtung dieser Mehrkomponentenlacke. Es gibt jedoch auch Einkomponentenlacke.

Nach der Art der Reaktion unterscheidet man Polykondensations-, Polyadditions- und Polymerisationslacke (s. Abschn. 3.9).

Polykondensationslacke härten durch Wärme- oder Säureeinwirkung. Dabei vernetzen die Moleküle von Stammlack und Härter zu großmolekularen Lackfilmen (**8**.23). Die auskondensierten Lackschichten sind sehr widerstandsfähig gegen chemische und mechanische Einwirkungen.

Phenol-, Harnstoff- und Melaminharze zählen zu dieser Gruppe. Sie sind Duroplaste, d.h., die erhärteten Lackschichten können nicht mehr erweichen oder plastisch gemacht werden (**8**.24).

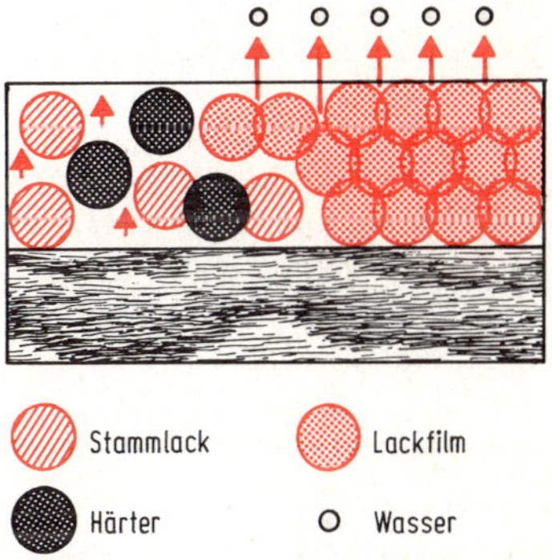

8.23 Trocknen der säurehärtenden Lacke durch Polykondensation

Tabelle **8**.24 **Polykondensationslacke**

Sorten	Eigenschaften	Verwendung
Phenolharzlack	säurehärtbarer, lufttrocknender Zweikomponenten- bzw. hitzehärtbarer Einbrennlack, sehr hart und widerstandsfähig, vergilbt	für Holzlackierungen auf Parkett, Büro- und Schulmöbeln, in Gaststätten-, Labor- und Ladeneinrichtungen, Einbrennlack auf Metall
Harnstoff- und Melaminharzlack	säure- bzw. hitzehärtbarer Lack mit sprödem Film, hart, widerstandsfähig, lichtbeständig, glänzend	für Parkettversiegelung und Möbel, Einbrennlack für Metallgehäuse (z.B. Waschmaschinen)

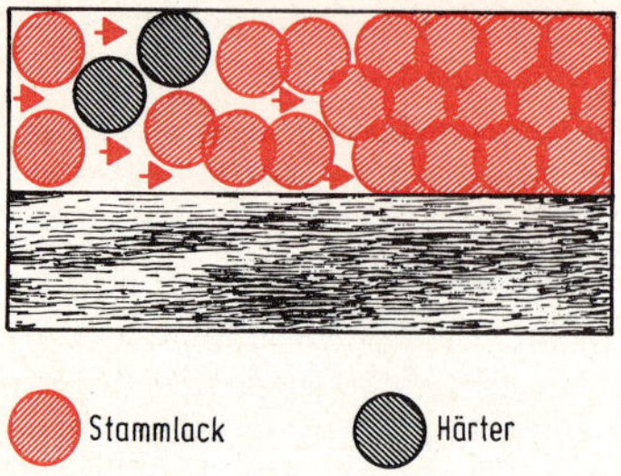

8.25 Härten der Polyurethanlacke durch Polyaddition

Polyadditionslacke bestehen aus zwei Komponenten: dem Stammlack (Pigmentträger) und dem Härter. Beim Mischen vernetzen die Moleküle dieser Komponenten zu Großmolekülen – sie addieren sich (Polyaddition, **8**.25). Nach dem Auftragen auf das Werkstück setzt sich die Reaktion fort, das Lösemittel verdunstet, und es bildet sich ein sehr widerstandsfähiger, hochmolekularer Film.

In diese Gruppe gehören die Polyurethan- und die Epoxidharzlacke. Sie dürfen nur mit Spezialmitteln verdünnt werden. Einkomponentenlacke werden gebrauchsfertig geliefert, die flüssigen Komponenten von Zweikomponentenlacken mischt man erst kurz vor dem Verarbeiten miteinander. Die Arbeitsräume müssen warm, trocken und gut durchlüftet sein.

Polyurethanlacke (PUR- oder DD-Lacke) setzen sich zusammen aus Polyester (Desmophen) und Polyisocyanaten (Desmodur). Desmophen nennt man den Stammlack, Desmodur den Härter (**8**.26). Aus den beiden Anfangsbuchstaben ergibt sich der Kurzname DD-Lacke.

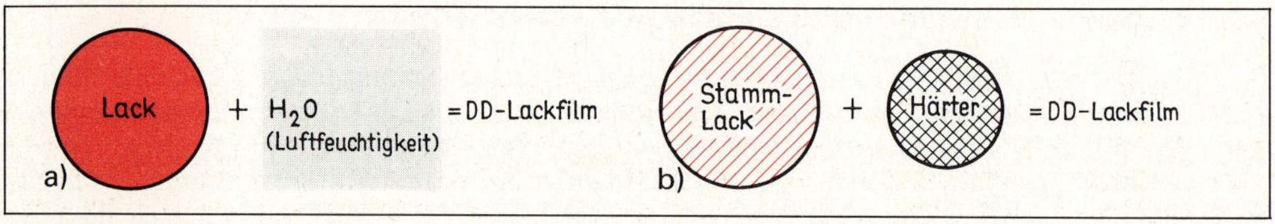

8.26 DD-Lack
a) Einkomponentensystem, b) Zweikomponentensystem

DD-Lacke sind füllig, hartelastisch, haft-, abrieb-, schlag- und kratzfest sowie wetter-, wasser- und chemikalienbeständig. Im flüssigen Zustand sind sie sehr empfindlich gegen Feuchtigkeit. Den Härteprozeß kann man durch Wärmeeinwirkung beschleunigen, die Eigenschaften durch entsprechende Zusammensetzung bestimmen (z. B. hart bis elastisch). Es gibt auch lösemittelfreie Typen. Einkomponentenlacke härten durch Luftfeuchtigkeit (**8**.26). Verwendet werden DD-Lacke für besonders beanspruchte Objekte (z. B. Holztreppen, Parkettböden, Boote, Einrichtungen in Schiffen, Laboratorien, Schulen, Gaststätten, Läden). Hauptsächlicher Anstrichuntergrund sind Holz und Putz (**8**.27).

Tabelle **8**.27 **DD-Lacke**

Sorten	Trocknungsgrad in °C	Trocknungszeit trocken in Std.	Trocknungszeit durchgehärtet in Std.	chemikalienbeständig in Tagen
kalthärtender (lufttrocknender) DD-Lack	20	4 bis 6	24	8 bis 14
ofentrocknender DD-Lack (Einbrennlack)	80 120 180	2 1 1/2	12 6 3	8 bis 10
feuchtigkeitsreagierender DD-Einkomponentenlack	20	6	24	8
lösungsmittelfreier, dünnflüssiger DD-Lack	20	1/2 bis 1	8 bis 10	8

Polyurethan-Lackfarben sind pigmentiert und entsprechen den Polyurethanlacken (DD-Lacken). Oberflächen seidenmatt bis hochglänzend. Hitzebeständigkeit bei 2 bis 4 Anstrichen etwa bis + 150 °C. Verwendung je nach Typ für mineralische Untergründe, Holz und Metall sowie Kunststoff und als Ein- und Zweikomponenten-Grundfarben auf Metall.

Topfzeit ist die Zeit, in der Zwei- und Mehrkomponentenlacke nach dem Zusammengeben verarbeitungsfähig bleiben. Eine Verlängerung der angegebenen Zeit ist nur selten möglich.

Polyurethanlacke (DD-Lacke) trocknen chemisch durch Polyaddition. Sie sind sehr widerstandsfähig und werden vor allem auf Holz und Putz verarbeitet. Die getrennten Komponenten mischt man erst kurz vor dem Verarbeiten und sorgt für gute Durchlüftung des warmen, trockenen Arbeitsraums. Einkomponentenlacke sind gebrauchsfertig.

Epoxidharzlacke bestehen aus gelöstem Epoxidharz als Stammlack und Aminen als Härter. Sie haften gut, sind elastisch, abriebfest, wetter- und chemikalienbeständig. Mischungen der Sorten untereinander oder mit anderen Bindemitteln sind nicht ratsam. Amine greifen Haut und Schleimhäute an. Deshalb ist der Arbeitsraum gut durchzulüften.

Lufttrocknende Epoxidharzlacke trocknen in 4 bis 8 Stunden und werden für widerstandsfähige Innen- und Außenlackierungen benutzt (Türen, Fenster, Holzverkleidungen, Fußböden, Möbel, Maschinen usw., Spezialsorten auf Kupfer außen).

Kalthärtende Epoxidharzlacke (Trockenzeit 3 bis 6 Stunden, chemikalienbeständig nach 7 bis 10 Tagen) nimmt man für chemikalienfeste und korrosionsverhindernde Anstriche und Beschichtungen (z. B. Unterwasseranstriche in Hafenanlagen, Schwimmbädern, Tanks). Lösemittelfreie Flüssigkunststoffe erreichen schon bei einmaligem Auftrag Schichtdicken von 200 µm (normalerweise 4 Arbeitsgänge). Man verwendet sie besonders im Oberflächenschutz für Eisen- und Stahlkonstruktionen sowie Rohrleitungen, für Innenbeschichtungen von Öltanks sowie zur Beschichtung von Fußböden und Wänden. Saubere Untergründe sind Voraussetzung für eine gute Haftung.

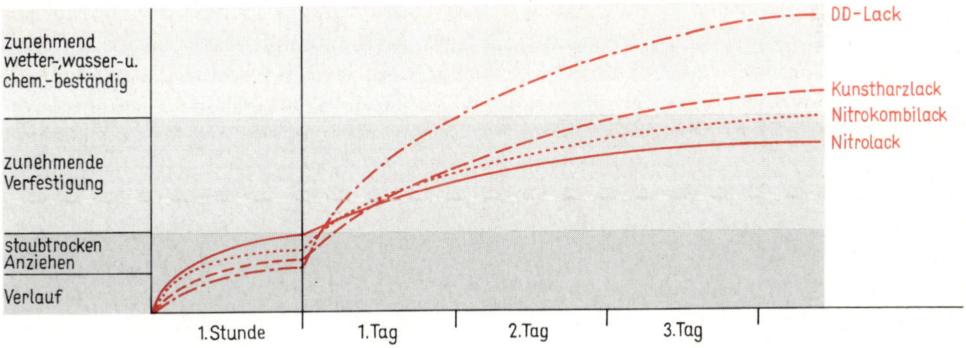

8.28 Trocknungskurven einiger Lacke

Epoxidharzlacke zeichnen sich durch schnelles Trocknen, gute Haftung, große Härte und Elastizität aus. Sie sind sehr beständig gegen Chemikalien, Wasser, Wetter- und Korrosionseinflüsse. Mischungen untereinander oder mit anderen Bindemitteln sind zu vermeiden.

Polymerisationslacke

Polyesterlacke bilden Makromoleküle aus Polymerisation und Polykondensation (s. Abschn. 3.9). Sie bestehen aus ungesättigten Polyesterharzen als Stammlack und Peroxid als Härter. Unter Gegenwart eines Katalysators schließen sich die Moleküle zusammen. Zusätze sind Pigmente und Weichmacher.

Die sehr harten Polyesterlackfilme sind besonders widerstandsfest gegen Alkalien, Wasser und Abrieb und ergeben einen ausgezeichneten Metallschutz. Sie trocknen matt, seiden- oder hochglänzend auf und sind polierfähig. Es entstehen unbrennbare Lackfilme großer Schichtdicke schon in einem einzigen Auftrag (weil das Lösungsmittel kaum verdunstet, sondern mitpolymerisiert wird). Das Lösungsmittel Styrol reizt die Schleimhäute.

Polyesterlacke dienen hauptsächlich als Klarlacke und Lackfarben zum Beschichten von Holz, vereinzelt auch von Beton und Metall (nach Wash-Primer-Grundierung), auf neutralen und trockenen Untergründen ohne Vorbehandlung (abgesehen vom Wässern, Schleifen, Ausbürsten). Objekte sind vor allem Hotels, Banken, Kaufhäuser, Laboratorien, Schiffs- und Möbelbau. Aufgetragen werden diese Lacke meist durch Spritzen oder Gießen. Die Topfzeit ist allgemein sehr kurz.

> Polyesterlacke trocknen chemisch durch Polymerisation und ergeben glasharte, einheitliche Oberflächen von größter Widerstandsfähigkeit gegen mechanische und chemische Einflüsse.

8.2.6 Dispersionen

8.2.6.1 Begriffe und Einteilung

Dispersion nennt man eine verhältnismäßig stabile Mischung verschiedener Stoffe, von denen Teilchen des einen Stoffs (Pulver, Tröpfchen) im umgebenden anderen Stoff gleichmäßig verteilt sind (lat. dispergere = zerteilen, zerstreuen). Der Verteilerstoff (meist Flüssigkeit) ist das Dispergiermittel, der in ihm verteilte Stoff die „disperse Phase". Die Teilchen der dispersen Phasen sind immer noch Zusammenballungen riesiger Molekülmengen. Dispersionen hießen früher „Binder". Sie haben gegenüber den bis dahin verwendeten Leimfarben die Farbmittel fester „gebunden", abgebunden. Die Bezeichnung ist heute kaum noch üblich.

Die feine Verteilung von flüssigen (wässerigen oder öligen) Bindemitteln ergibt Emulsionen, die von festen (harzartigen) Bindemitteln Suspensionen.

Emulsionen sind Dispersionen aus Öl in Wasser (O/W-Typ) oder Wasser in Öl (W/O-Typ). Im ersten Fall ist Öl in Wasser verteilt (innere Phase), in W/O-Emulsionen bildet Wasser die verteilte, innere Phase. Wasser und Öl sind schwer mischbar und entmischen sich leicht. Man gibt deshalb Emulgatoren zu.

Natürliche Emulsionen sind z.B. Milch, Latex und Eidotter. Künstliche Emulsionen gewinnt man aus wässerigen Bindemitteln (Kasein-, Cellulose- oder Gummileim) oder aus öligen (Leinöl, Holzöl, Öllack). Die Bedeutung der Emulsionen ist nur noch gering.

Suspensionen sind fein verteilte feste Kunststoffe (Kunstharze) in Flüssigkeit (meist Wasser, **8**.29). Vor allem Polymerisationsharze (PVAC, PVP, PA u.a.) werden dazu verwendet. Grobdisperse Suspensionen bevorzugt man wegen ihrer guten Stabilität und Pigmentverträglichkeit. Feindisperse Suspensionen dringen tiefer in den Untergrund ein und werden deshalb vor allem als Grundier- und Überzugsmittel benutzt.

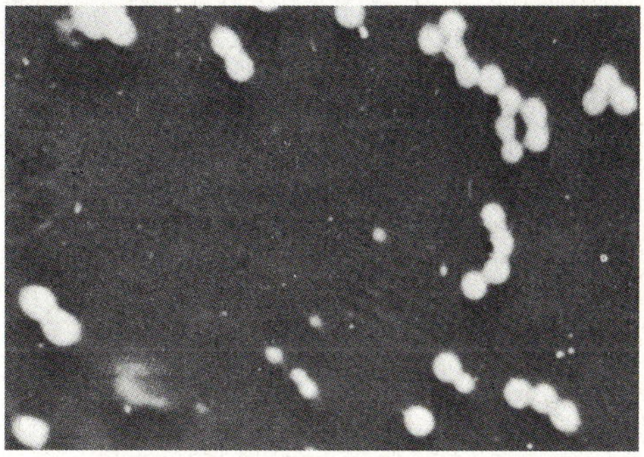

8.29
Kunststoff-Dispersion, etwa 1:1000 mit Wasser verdünnt und durchs Mikroskop bei 1250facher Vergrößerung betrachtet. Die Teilchengröße der einzelnen weißen Kunststoffkügelchen beträgt etwa $^{1}/_{1000}$ mm. D.h.: 1000 dieser Kügelchen ergäben aneinandergereiht eine Strecke von 1 mm. Oder anders: In einem Fingerhut hätten etwa 1 Million Kügelchen Platz.

Dispersionen sind Bindemittel aus fein in Flüssigkeit verteilten flüssigen oder festen Bestandteilen. Sie sind im umgebenden Verteilerstoff gleichmäßig verteilt.

8.2.6.2 Eigenschaften und Anwendung

Dispersionen und die mit ihnen hergestellten Anstrich- und Beschichtungsmittel liegen mit ihren Eigenschaften zwischen den wässerigen und öligen/lackartigen Bindemitteln. Sie sind mit Wasser verdünnbar, die getrockneten Anstrichfilme jedoch wasserunlöslich.

Trocknung. Emulsionen trocknen durch Verdunsten des Wassers und Oxidation der öligen Bestandteile, Dispersionen trocknen dagegen physikalisch durch Verdunsten des Wassers und „kalten Fluß“, d.h. Zusammenfließen der Kunstharzteilchen zu einem geschlossenen Anstrichfilm (**8**.30 und **8**.31 auf S. 130). Beim Anstrich ist darauf zu achten, daß eine Temperatur von über 5°C herrscht. Sonst kommt es zu Fehlern in den Anstrichschichten.

Waschbeständigkeit. Darunter versteht man, daß ein Anstrich nach entsprechender Trockenzeit mit Schwamm und Wasser unter Zusatz eines neutralen Feinwaschmittels gewaschen werden kann, ohne daß sich das Reinigungswasser färbt. Die Waschbeständigkeit hängt ab vom Bindemittelgehalt. Streichfertige Kunststoff-Dispersionsfarben für Innen sind schon vom Hersteller waschbeständig eingestellt. Geringfügige Verdünnungen für Grundanstriche bzw. erste Anstriche darf man nur nach Anweisung vornehmen.

Scheuerbeständig ist ein Anstrich, wenn man ihn nach dem Trocknen mit einer Waschbürste aus Naturborsten und Wasser unter Zugabe eines Feinwaschmittels ohne Anstrichbeschädigung bzw. Wasserfärbung scheuern kann = „erhöhter nasser Abrieb (innen)“. Auch diese Eigenschaft haben die streichfertigen Kunststoff-Dispersionen.

Beim Selbstherstellen von Anstrichdispersionen lassen sich durch unterschiedliche Zugaben von Bindemittel (unpigmentierte Dispersion) zum Pigment-Wasser-Brei wischfeste bis wetterbeständige Anstricheinstellungen erzielen.

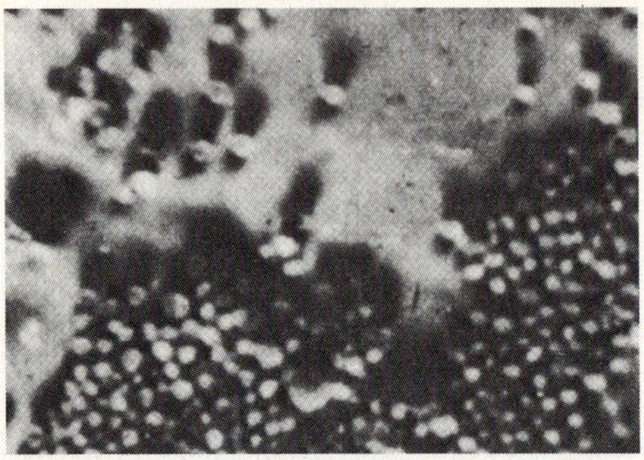

8.30 Trocknende Dispersion

Ein Tropfen der stark verdünnten Dispersion unter dem Mikroskop. Der dunklere Rand zeigt die Grenze des Tropfens, die helle Fläche den Wasseranteil der Dispersionsfarbe.
Gut zu erkennen ist, wie die einzelnen Dispersionskügelchen danach streben, sich miteinander zu verbinden und einen Film zu bilden. Mit zunehmender Wasserverdunstung schließen sich die Kügelchen zu einem mikroporösen Trockenfilm zusammen.

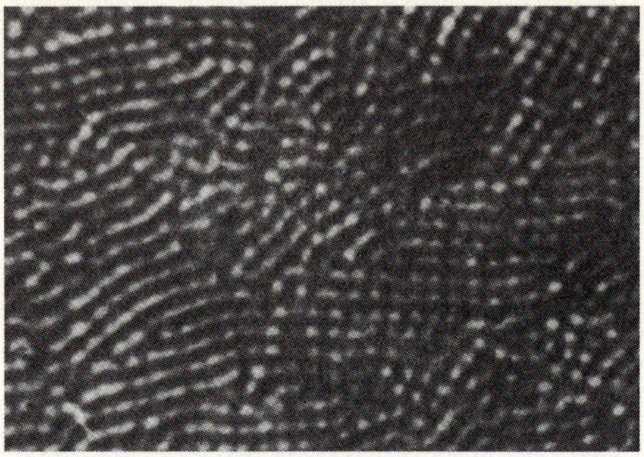

8.31 Getrockneter Dispersionsfilm

Die Dispersionskügelchen haben sich eng aneinandergeschlossen und bilden nach restloser Austrocknung der wässerigen Bestandteile einen mikroporösen Film.
Die kleinsten Lücken zwischen den Kügelchen sind Poren, die den Wasserdampf durchlassen (Atmungsfähigkeit). Auch ein getrockneter Dispersionsfilm hat – selbst wenn er dickschichtig aufgetragen worden ist und glänzt – durch die Kugelformen immer noch feine Poren.

Wetterbeständigkeit ist gegeben, wenn ein Anstrich unter normalen Witterungsbedingungen nach zwei Jahren noch in zweckentsprechendem Zustand ist, d.h. noch sein Aussehen (abgesehen von unvermeidbaren Verschmutzungen) und seine volle Schutzwirkung hat. Leichte Kreidungen der Oberfläche sind nicht zu beanstanden (Selbstreinigung). Wetterbeständig sind die matt bis seidenglänzend auftrocknenden Fassadenfarben. Die vom Hersteller empfohlenen Auftragsmengen sind einzuhalten.

Prüfverfahren. Werkstoffe werden bei der Entwicklung und Herstellung ständig geprüft. Die Verfahren, Apparate und Geräte dafür sind in vielen DIN-Blättern festgelegt. Sie sichern gleichbleibende Werkstofftypen.

DIN 53778 normt diese Beständigkeiten und ihre Bezeichnungen. Sie legt auch die Glanzgrade fest: HG = hochglänzend, G = glänzend, SG = seidenglänzend, SM = seidenmatt, M = matt.

Chemische Eigenschaften. Die ölhaltigen Emulsionen sind meist schwach alkalisch, Kunststoff-Dispersionen dagegen ziemlich neutral. Dispersionen sind im allgemeinen mit allen Pigmenten verträglich (nicht aber die unpigmentierten Überzugsmittel). Die ölhaltigen Emulsionen sind verträglich mit Leim- und Ölbindemitteln, die ölfreien Suspensionen dagegen gewöhnlich nur mit Leimen. Die Öl- und Kalkverträglichkeit sind verschieden und durch Vorversuche zu klären.

Lichtbeständigkeit. Reinacrylat-Dispersionen sind lichtbeständig, Kunststoff-Dispersionen vergilben mehr oder weniger unter Lichteinwirkung.

Lager- und Frostbeständigkeit sind im allgemeinen begrenzt.

Verwendung als Bindemittel für wasch-, scheuer- und wetterbeständige Malereien und Anstriche. Die Beständigkeit hängt ab von der Menge, der Art und dem Mischungsverhältnis der einzelnen Bestandteile. Dispersionen werden nur selten selbst angesetzt.

Tabelle 8.32 **Verwendung besonderer Dispersionsmittel**

Füllfarben	wetterbeständige Dispersionsfarben mit Füllstoffen (z. B. Quarzmehl) für füllende Fassaden- und Wandanstriche auf Neuputz und Gasbeton, Einbettungsmasse für Armierungen
Plastikmassen	stark pastose Mischungen aus Dispersionen, Weißpigmenten und Füllstoffen für plastische Wandanstriche, Schleif- u. Schnittplastiken
Spachtelmassen	stark pastose Mischungen aus Dispersionen und Füllstoffen zur Untergrundglättung und -ausbesserung
Faserstoffarben	Dispersionsfarben mit Faserstoffzusätzen für plastische dekorative Innenanstriche
Streichvliese	Dispersionsfarben mit Glasfaser- und Kunststoffaser-Zusätzen für Putzanstriche auf Haarnetz- und Schwundrissen
Kunststoffputze	für putzartige Beschichtungen in verschiedenen Auftragsverfahren, innen und außen, mit unterschiedlicher Oberflächenwirkung (s. Abschn. 9.5.4)
Grundiermittel	feindisperse Suspensionen als Grundanstrich für Anstrich- und Klebearbeiten
Überzugsmittel	weichmacherfreie Dispersionen zum Schutz oder zur Glanzerhöhung auf Anstrichen oder Tapeten (weniger üblich)

Aufgaben zu Abschnitt 8.2

1. Was versteht man unter einem Bindemittel?
2. Erklären Sie die physikalische, chemische und gemischte Trocknung.
3. Nennen Sie heute noch übliche anorganische Bindemittel und einige Anwendungen dafür.
4. In welchen Anstrichmitteln ist noch Leinöl?
5. Was versteht man unter Lacken?
6. Nennen Sie einige Bestandteile von Lacken.
7. Erklären Sie ölhaltige, ölfreie und Kunstharzlakke in Bezug auf die Hauptbestandteile.
8. Welche Oberflächeneffekte lassen sich mit Lakken erzielen?
9. Ordnen Sie Öllacke nach den Anwendungen.
10. Was versteht man unter kurz-, mittel- und langöligen Alkydharzlacken?
11. Was heißt Ofentrocknung von Lacken?
12. Erläutern Sie den Trockenvorgang von Alkydharzlacken.
13. Welche Sorten Alkydharzlacke kennen Sie?
14. Was versteht man unter thixotropen Alkydharzlacken?
15. Nennen Sie einige Anwendungen für Chlorkautschuk-Lackfarben.
16. Erklären Sie die Begriffe Ein- und Mehrkomponenten-Reaktionslacke.
17. Erläutern Sie den Ansatzvorgang eines Zweikomponenten-DD-Lacks.
18. Was versteht man unter Topfzeit?
19. Woraus bestehen Dispersionen?
20. Nennen Sie Eigenschaften von Dispersions-Lackfarben.
21. Nennen Sie einige Dispersions-Anstrichmittel und ihre Verwendungen.
22. Erläutern Sie die Trocknung von Dispersions-Anstrichmitteln.
23. Was besagen die Eigenschaften wasch-, scheuer-, wetterbeständig?
24. Erläutern Sie die Verträglichkeit von Dispersionen mit anderen Bindemitteln.

8.3 Löse- und Verdünnungsmittel, Trockenstoffe

Löse- und Verdünnungsmittel sind aus dem Anstrich oder aus Klebstoffen heraus verdunstende Flüssigkeiten.

Lösemittel lösen organische und anorganische Verbindungen (Bindemittel), ohne sie chemisch umzusetzen. Sie machen die Anstrichstoffe verarbeitungsfähig (z. B. streich-, spritz- oder tauchfähig) und sind daher unentbehrlich. Sie müssen flüchtig sein.

Verdünnungsmittel setzt der Maler erst kurz vor dem Auftrag zu, um die Konsistenz des Anstrichmittels auf den jeweiligen Untergrund einzustellen. Es sind aus einer oder mehreren Komponenten bestehende Flüssigkeiten. Sie sollen die Eigenschaften eines Anstrichmittels der Verarbeitung anpassen. Wird zuviel Verdünnungsmittel zugesetzt, magert das Bindemittel aus: Durch das nach dem Auftrag völlig verdunstende Verdünnungsmittel verringert sich die Schichtdicke (die Naßschicht ist daher stets dicker als die Trockenschicht).

Wählen Sie immer das richtige Verdünnungsmittel für den jeweiligen Anstrichstoff! Achten Sie auf die Einhaltung der unbedingt nötigen Verdünnungsmittelmengen – zu große Zugaben verändern den Anstrichstoff nachteilig (Schichtdicke, Deckvermögen, Haltbarkeit).

Eigenschaften. Löse- und Verdünnungsmittel sind farblos, denn sie sollen den Farbton des Anstrichs nicht verändern. Eine wesentliche Eigenschaft ist die Flüchtigkeit. Man unterscheidet schnell-, mittel- oder normal- und langsamflüchtige Mittel. Entsprechend führen sie neben der Verdünnung zu schneller, normaler oder langsamer Trocknung.

Schnellflüchtige (schnelltrocknende) Lösemittel in Anstrichmitteln bringen einen schlechten Verlauf und führen zu Spannungen im Anstrichfilm.

8.33 Offenes Feuer und Rauchen verboten!

Feuergefahr. Fast alle Löse- und Verdünnungsmittel sind brennbar und damit feuergefährlich. Achten Sie deshalb immer auf die Kennzeichnungsschilder (s. Abschn. 1.5.1) und auf das unbedingte Rauchverbot (**8.33**). Das Lösemittel-Luft-Gemisch ist explosionsgefährlich und daher am Boden abzusaugen.

Gesundheitsgefährdend sind die Dämpfe der Lösemittel, auf die jeweils in Schildern hingewiesen wird. Gegen Hautschäden schützt man sich durch Spezialreinigungsmittel oder Fettcreme. Eingeatmete Lösemitteldämpfe schädigen Gehirn und Nervensystem und führen in stärkerer Konzentration zu Vergiftungen mit Leber- und Nierenschäden. Gute Belüftung und Atemschutzgerät sind daher erforderlich.

Fast alle Löse- und Verdünnungsmittel sind feuergefährlich und in Vermischung mit Luft explosionsgefährlich. Kennzeichnungsschilder und strenges Rauchverbot sind zu beachten.
Gegen die gesundheitsschädigenden Wirkungen der Lösemittel und ihrer Dämpfe schützt man sich durch Spezialreinigungsmittel und Fettcremes, gute Belüftung und Atemschutzgerät. Auch hier sind die Hinweisschilder zu beachten.

Sind für Speziallacke bestimmte Verdünnungsmittel vorgeschrieben, so müssen sie auch unbedingt verwendet werden. Dasselbe gilt auch für die Einstellung auf Spritzviskosität.

Tabelle **8**.34 **Löse- und Verdünnungsmittel**

Wasser	für Kalk-, Kalkzement-, Leim-, Silikat-, Dispersions- und Temperafarben
Terpentinöl, Testbenzin	für Ölfarben, Leinöl, Firnis, Standöl, Holzöl, Öl- und Harzlacke, ölhaltige Alkydharzlacke, Asphaltlacke
Alkohol	für Spiritus- und Phenolharzlacke
Ester	für Nitrocellulose- und Chlorkautschuklacke
Xylol, Toluol, Aceton (Keton), Tetralin, Dekalin	für Nitrocellulose-, Chlorkautschuk- und Kunststofflacke (z. B. Polyurethanlacke, Acrylharzlacke)

Trockenstoffe setzt man vor allem Ölfarben zu. Sie bewirken eine schnellere Trocknung und bessere Härtung. Da sie eine Beschleunigung der Sauerstoffübertragung bewirken, werden sie nur bei oxidativ trocknenden Anstrichmitteln eingesetzt. Sikkative entstehen durch Schmelzen oder Fällen von Metalloxiden (Blei, Mangan oder Kobalt). Sie beschleunigen die Sauerstoffaufnahme öliger Bindemittel durch Sauerstoffübertragung (Katalysation).

Aufgaben zu Abschnitt 8.3

1. Wofür verwenden Sie Lösemittel?
2. Was bewirken zu große Zugaben von Verdünnungsmittel?
3. Beschreiben Sie die Kennzeichnung für Rauchverbot.
4. Womit verdünnen Sie Speziallacke?

8.4 Hilfsmittel

Hilfsmittel sind keine Anstrichstoffe und dienen auch nicht ihrer Herstellung. Ihre Aufgaben sind vielmehr Vor- und Nachbehandlung von Anstrichuntergründen bzw. Anstrichen:

a) Vorbereiten von Anstrich- und Klebeuntergründen (Grundier-, Isolier-, Imprägniermittel, Fluate und Fungizidfarben),

b) Entfernen, Glätten usw. alter Anstriche, Tapeten und Beläge (Reinigungs- und Entfettungsmittel, Abbeiz-, Glättungs- und Schleifmittel sowie Dichtungsstoffe),

c) Nachbehandeln von Lackierungen,

d) Imprägnieren zum Holzschutz.

Grundiermittel zum Streichen, Spritzen oder Tränken schließen je nach Art die Poren saugender Untergründe, isolieren gegen Fremdstoffe, härten klebende Anstriche, verfestigen durch tiefes Eindringen die Anstrichuntergründe und schaffen gleichmäßig saugende Flächen (**8**.35 u. **8**.36).

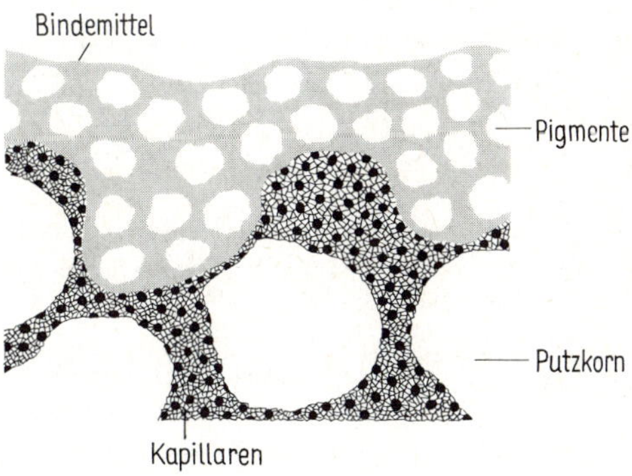

8.35 Wirkung eines Grundiermittels auf Putz
Links ist das Grundiermittel in die Kapillaren eingezogen, rechts nicht – hier sind die Kapillaren offen

Tabelle **8**.36 **Grundiermittel**

Sorten	Eigenschaften	Verwendung
Sperrgrund, Schnellschliffgrund	farblos, schnelltrocknend, verhindert das Einziehen nachfolgender Lacke	überwiegend auf Holz, auch für Papier, Pappe, Gewebe; nicht für außen
Grundier- und Isoliermittel verschiedener Fabrikate	sehr hell, mit Pigmenten verträglich; Isoliermittel lösen die obere Anstrichschicht leicht an	für Holz, Putz, Stein, Metalle, teilweise auch für außen Erhärten und Isolieren von Ästen, Teer usw.
Tiefgrundiermittel lösemittelhaltig	unpigmentiert, dringen sehr tief ein, festigen den Untergrund (einschl. alte haftende Anstriche)	außen: Altputz, alten und neuen Beton, alten Asbestzement, haftende Altanstriche innen (geruchsfreundliche Typen): Mineralfarbanstriche, Gipsbauplatten und -elemente, Gipsputze, vor Neutapezierung
lösemittelfrei	wie zuvor	innen: Mauerwerk, Putz, Gipsbauplatten, Gipsputz, Gipskartonplatten, vor Neutapezierungen
Grundiermittel auf Alkydharzbasis	schnelltrocknende Korrosionsschutzgrundierungen für außen und innen, gut haftend, matt, deckend	auf Stahl, NE-Metalle, Holz; zum Streichen und Spritzen
Grundiermittel auf Kunstharzbasis (Universalprimer)	gut deckend, sehr elastisch, gut haftend, gewöhnlich seidenglänzend	Grundfarben für außen und innen, auf Holz, Metall, NE-Metallen, Kunststoffen
Grundierfarben auf Kunstharzbasis lösemittelhaltig	vermitteln die Haftung, egalisieren die Saugfähigkeit, decken bereits	Putz, Beton, abgebeizte Putzflächen, festsitzende Altanstriche
lösemittelfrei	wie zuvor	innen auf Putzflächen (auch abgebeizten), festsitzenden Altanstrichen, teils fleckenisolierend
Epoxidharz-Grundanstrichmittel	unpigmentiert, dringen tief ein, trocknen rasch, Haftvermittler für Epoxidharz- und DD-Lacke	Mischungsverhältnis der Komponenten einhalten, für saugende mineralische Untergründe, sollen keinen Film bilden

Alkydharz-Lackfarben für Grund- und Zwischenanstriche s. Tabelle **8**.18

Grundiermittel bewirken eine Verbindung zwischen Untergrund und Anstrich. Pigmentierte Mittel (Grundfarben) bringen zugleich eine erste Abdeckung des Untergrunds.

Informieren Sie sich vor der Verarbeitung über Eignung und Auftrag des Erzeugnisses.

Isoliermittel (Absperrmittel) sind schnelltrocknende Lackfarben, die schädliche Einwirkungen des Untergrunds auf nachfolgende Anstriche verhindern (**8**.37). Sie dürfen den Untergrund nicht absperren und damit die Atmung beeinträchtigen. Polymerisatharzmittel dienen für alle Zwecke, z.B. Wasser-, Rauch- und Rußflecken. Alle Aufträge nimmt man mit vollem, weichem Pinsel zwei- bis dreimal vor.

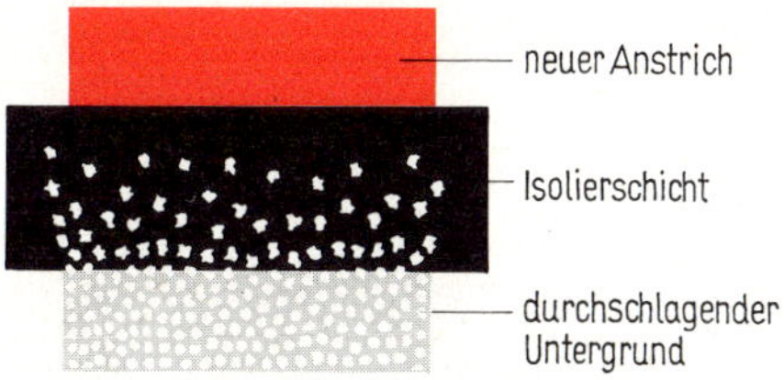

8.37 Wirkung einer Isolierschicht

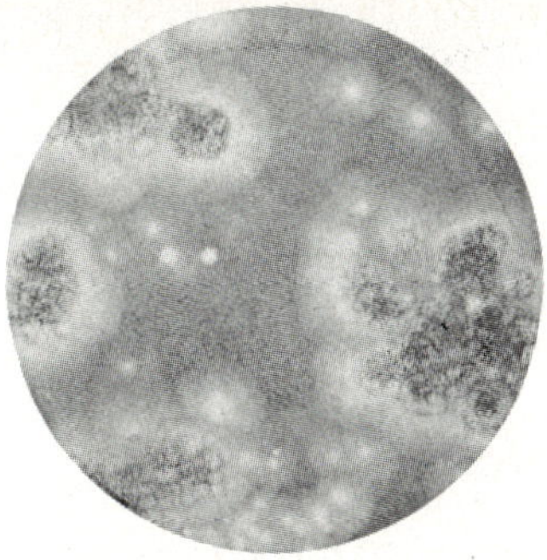

8.38 Schimmelpilze, etwa 200fach vergrößert

Imprägniermittel auf Silikonharzbasis setzt man als farblose, wasserabweisende Tränkung auf Putz und Stein bei Fassaden ein. Sie ziehen in die Kapillaren ein, ohne die Poren des Untergrunds zu verstopfen. Diese Mittel sind wasserabweisend und regenfest. Es gibt silikonhaltige Lösungen für Mauerwerk, trockene Klinker, Edelputze usw. Man streicht sie ein- bis zweimal, nur bei trockenem Wetter. Methylsilikonate für saugende Gründe und abgebundene Putze werden einmal, und zwar auch bei feuchtem Wetter aufgetragen.

Fluate sind wässerige Lösungen aus Metallsalzen der Kieselflußsäure (Fluorsilikate). Sie wirken chemisch als Neutralisations- und Härtungsmittel auf kalkhaltigen Untergründen (Kalk- und Zementputze, Beton, Asbestzementplatten). Zinkfluate konservieren Holz. Fabrikfertige Mischungen verschiedener Fluatsorten steigern die Wirkung. Glasflächen sind vorher abzudecken!

Fungizidfarben verhindern die Bildung von Schimmelpilzen. Diese fadenförmigen Pilze durchdringen Anstriche und zerstören sie (**8**.38). Die eingearbeiteten Wirkstoffe (Fungizide von lat. fungi = Pilz) wirken je nach Art unterschiedlich. Gleichzeitig wirken sie gegen Bakterien (bakterizid). Man verwendet sie in Küchen, Bädern, Wäschereien, Bäkkereien, Fleischereien, Lagerhallen usw. Vom Schimmel befallene Stellen sind abzuwaschen und mit der Wurzelbürste nachzuwaschen. Die Fungizidfarben trägt man einmal verdünnt und ein- bis zweimal unverdünnt auf.

Reinigungs- und Entfettungsmittel befreien den Anstrichuntergrund von Schmutz, Staub, Öl-, Fett-, Teer-, Wachs- und Nikotinflecken. Lösemittelfreie Reinigungskonzentrate sind abwasserunschädlich. Man unterscheidet die mechanische und die feuchte Entfernung.

Mechanische Entfernung ist das Entstauben, Abschleifen, Abkratzen, Abbürsten oder Abwaschen der Fremdstoffe. Setzt man dem Wasser chemisch wirkende Mittel (z.B. Alkalien) zu, erhöht sich die Reinigungskraft durch besseres Benetzen der Schmutzteilchen.

Zur feuchten Reinigung nimmt man warmes oder heißes Wasser ohne Zusatz, Seifenwasser von Kern- oder Schmierseife, Waschmittellösungen (Haushaltswaschmittel), Salmiaklösung (Wasser mit Salmiakgeist) oder stark verdünnte Lauge (Kali-, Natron- oder Ammoniaklauge).

> Werden Untergründe mit chemisch wirkenden Waschmitteln gereinigt, ist ein gründliches Nachwaschen mit Wasser erforderlich. (Warum?)

Öl-, fett- oder wachshaltige Oberflächen (meist Metalle oder Glas) sind besonders gut zu reinigen, weil die Anstriche sonst schlecht haften und trocknen. Dazu nimmt man:

a) alkalische Mittel (Ätznatron oder Soda in Wasser gelöst), die verseifend und wasserlöslich wirken,
b) lösende zersetzende Mittel (Testbenzin, Benzol, Azeton, Tetrachlorkohlenstoff u.a.),
c) Netz- oder Emulgiermittel (Wasch- oder Spülmittel).

Stark alkalisch wirkende Entfettungsmittel greifen Leichtmetalle, alte Öllackanstriche an und zerstören sie.

Abbeizmittel entfernen alte Öl-, Lack- und Dispersionsanstriche. Alkalische Mittel wirken chemisch durch Verseifen ölhaltiger Anstrichstoffe und erfordern Nachwaschen mit heißem Wasser und Wurzelbürste. Gerbstoffhaltige Hölzer (z.B. Eiche) werden braun und sind mit verdünnter Säure zu neutralisieren (wieder aufzuhellen). Abbeizfluide wirken physikalisch durch Erweichen, Lösen, Ab- oder Hochheben alter Anstriche (**8**.39). Man verwendet sie für Dispersions-, Öl-, und Lackfarben. Die Fluide verfärben die gerbstoffhaltigen Hölzer nicht. Mit besonderen Zusätzen lösen sie jeden alten Anstrich. Die Schutzvorschriften sind zu beachten. Man muß mit Lösemitteln (Testbenzin, Nitroverdünnung) nachwaschen, um die Paraffinreste aus dem Abbeizfluid zu entfernen. Abgebeizte Flächen werden nach dem Trocknen mit Grundierfarben vorgestrichen.

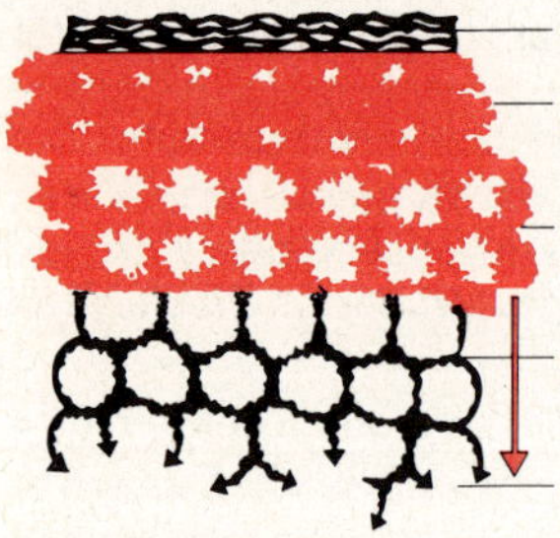

8.39 Wirkung eines lösenden Abbeizfluids

8.40 Füllstoffgemische verschiedener Teilchengrößen bei Spachtelmassen (Packungen) sind vorteilhafter

Glättungsmittel sind zieh-, streich- oder spritzbare Massen. Sie glätten rauhe Untergründe oder Anstrichflächen. Wir unterscheiden Kitte und Spachtelmassen.

Kitte bestehen aus Kreide und Bindemittel. Die zäh-elastische, erhärtende und überstreichbare Masse eignet sich für kleinere Risse und Löcher, Fensterkitt zum Fensterverglasen (trocknet schlecht). Ferner gibt es Dach-, Fußboden-, Mennige-, Lack- und Wasserglaskitt (s.a. Tab. **8**.43).

Spachtelmassen bestehen aus Füllstoffgemischen und Bindemitteln (**8**.40). Sie sind zügiger als Kitte, d.h. ziehbar, ohne zu rollen oder zu bröckeln. Sie müssen gut schleifbar und überstreichbar sein. Die Trocknung ist verschieden lang und hängt auch von der Dicke ab. Man verwendet:

Gipsspachtel (Füllspachtel) für Wände und Decken,
Zementspachtel auch für Beton und Bauplatten,
Dispersionsspachtel für Holz und Putz innen,
Ölspachtel auf Holz, Putz, Eisen innen und außen,
Lackspachtel für viele Anwendungen,
Nitro- und Nitrokombinationsspachtel für Fahrzeuge und Möbel,
Polyesterspachtel auch für sehr dicke Schichten.

Schleifmittel dienen zum Schleifen von Untergründen, Anstrich- und Lackflächen sowie Spachtelungen. Dazu gibt es Schleifpapiere, Bimssteine und Poliermittel.

Schleifpapiere sind lieferbar als Bogen von 75 bis 225 g/m²-Gewicht mit aufgeleimtem Schleifmaterial (z. B. Glas, Flint, Edelkorund = Aluminiumoxid, Siliciumcarbid). Flintpapiere eignen sich wegen ihrer schnellen Abnutzung weniger. Wasserfeste Papiere für Naßschliff haben geölte Unterlagen. Ferner gibt es Verbindungen von Papieren mit Geweben. Selbstklebende Schleifpapiere ohne Schutzfolie sind bei Schleifscheiben besonders geeignet. Die Streuung entscheidet über Härte und Ausgiebigkeit. Papier- und Körnungsart mit Feinheitsgrad bestimmen die Auswahl beim Glätten der verschiedenen Oberflächenabweichungen (**8**.41). Die Bezeichnung erfolgt nach der Körnung: Korndurchmesser oder Maschenzahl eines Quadratzolls vom Sieb, das die betreffende Korngröße durchläßt (1 Zoll = 2,54 cm, **8**.42; s. a. Abschn. 11.6.1). Die Härte richtet sich nach der Härteskala von Mohs (z. B. 1 = Talkum, 9 = Korund).

Tabelle **8**.41 **Oberflächenabweichungen**

Gestaltabweichung	Darstellung	Abweichung
Formabweichung	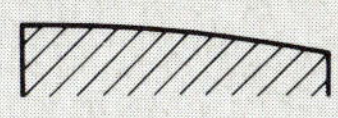	Unebenheit, Unrundheit
Wertigkeit		Wellen
Rauheit		Rillen
Rauheit		Riefen, Schuppen Kuppen

Schleifvlies. Für das letzte Schleifen hat man Vlies auf Nylonfaser-Basis entwickelt, das eine Vielzahl von Schleifpartikeln aufweist. Schleifriefen oder Kratzer treten hier nicht auf. Es gibt sie in verschiedenen Formen und Feinheitsgraden.

Schleifpasten sind in Wachs- oder Paraffinemulsionen eingerührte Schleifpulver und Pigmente. Grobkörnig dienen sie zum Vorschleifen, als Feinschleifpasten zum feinen Nachschleifen.

Tabelle **8**.42 **Schleifpapiere**

	Schleifmittelart	Härte	Körnung	Einsatzbereiche
Trockenschliff	Glaspapier	4 bis 6	40 bis 180	Schleifen weicher Untergründe, Holz, Hartfaser, Spachtel, Gipsfüllspachtel, Leimspachtel, Dispersionsfarben
	Flintpapier	7	60 bis 180	Vorschleifen, Holzschliff, Altanstriche schleifen
	Korundpapier	8 bis 9	40 bis 220	Grobschliff, Zwischenschliff, Altlackierungen, Spachtel
	Korund Aluminiumoxid	8 bis 9	12 bis 40	Entrostung, PE-Spachtel, Kunststoffspachtel
Naßschliff	Siliciumcarbid	9,5	80 bis 220	Grobschliff, Zwischenschliff, Altlackierungen Spachtel
	Edelkorund Aluminiumoxid	9 bis 9,5	180 bis 360 400 bis 800	Füller, Vorlack, Feinschliff Füller-Haftfüllgrund
	Siliciumcarbid		1000 bis 1200	Ausbesserungsfeinstschliff an Decklackierungen

Das Schleifmittel muß in der Härte größer sein als der zu bearbeitende Werkstoff. Je höher die Härte des Schleifmittels, desto besser wird der Werkstoff geschliffen.

Bimssteine gibt es natürliche und künstliche, dazu ein feines, mittleres oder grobes Bimssteinpulver. Bei den Steinen sind Kornfeinheit und Härtenummer aufgestempelt (I weich, II mittel, III hart, IV extra hart).

Poliermittel sind Emulsionen oder Lösungen von Ölen und Wachsen. Sie sind Glanz- und Glättungsmittel für Lackierungen. Schleifpoliermittel wirken reinigend und glättend, weniger glanzgebend und greifen den Untergrund mehr oder weniger an. Hochglanzpoliermittel entwickeln Überzüge dünner Öl- oder Wachsschichten und konservieren zugleich den Lack.

Dichtstoffe auf der Basis von Kunststoffharzen werden heute immer unentbehrlicher zum Ausfüllen und Abdichten, vor allem bei breiteren Fugen (**8.43** u. **8.44**).

Tabelle **8.43** **Dichtstoffe**

Sorten	Eigenschaften	Verwendung
dauerplastische	pastose, nicht völlig erhärtende Massen, oberflächentrocknend (Hautbildung)	Fugenbreiten ≧6 mm auf zahlreichen Untergründen (Fenster), gewöhnlich überstreichbar
elastische (**8.45**)	dauerhaft elastische Massen, erhärtend durch Luftfeuchtigkeit (Vulkanisieren) oder Härterzusatz, chemikalienbeständig, Verarbeitung aus Kartuschen	Beton-, Holz-, Metall- und Fertigteilbau sowie im sanitären Innenausbau, nicht ganzflächig überstreichen
plastoelastische	nach Abtrocknen eine zähplastische Masse	mit Hand- oder Kittspritzen besonders für Dehnungsbewegungen (Fenster- und Fertigteilbau)

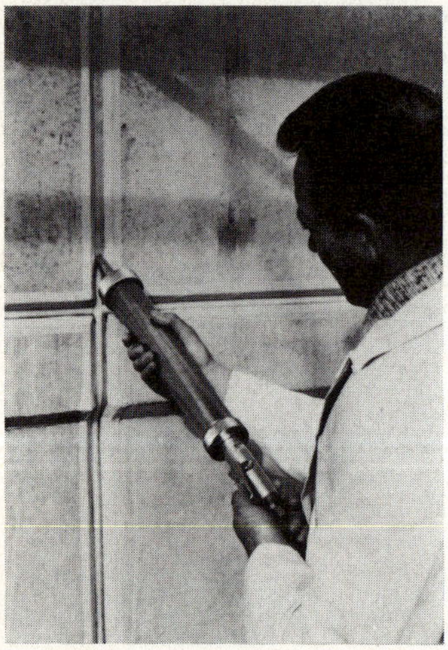

8.44 Ausfugen mit Hilfe einer Kittpistole mit Kartusche

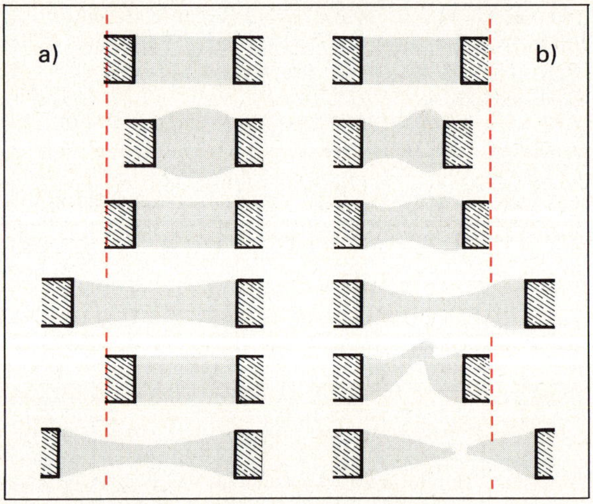

8.45 Elastische und plastische Dichtungsmittel
a) elastische Dichtungsmassen gehen in die Ursprungsform zurück (Rückstellvermögen)
b) plastische Massen reißen bei Überbeanspruchung ab

Der Einsatz von Dichtstoffen im Zusammenhang mit Maler- und Lackiererarbeiten (besonders in Fenster- und Sanitärbereichen) sollte immer erwogen werden.

Aufgaben zu Abschnitt 8.4

1. Nennen Sie Anwendungen für verschiedene Hilfsmittel.
2. Welche Aufgaben erfüllen Grundiermittel?
3. Welche Grundiermittel wenden Sie an, wenn Sie auf einem Altanstrich spannungshaltige Anstriche aufbringen sollen?
4. Welche Wirkung haben Imprägniermittel auf Silikonbasis bei Fassadenanstrichen?
5. Wofür benutzt man Fluate?
6. Was versteht man unter Fungizidfarben, und wo setzt man sie ein?
7. Erklären Sie den Unterschied zwischen Ablaugmittel und Abbeizfluid in Wirkung und Anwendung.
8. Welche Eigenschaften müssen Spachtelmassen haben?
9. Welchen Vorteil haben Polyesterspachtelmassen gegenüber anderen Spachteln?
10. Nennen Sie die Anwendungsbereiche der Körnungen von Schleifpapieren.
11. Welche Körnung wenden Sie beim Schleifen von Vorlack an?
12. Wofür setzt man Poliermittel ein?

8.5 Anstrichmittel

Anstrichmittel oder -stoffe sind flüssige bis pastenförmige Stoffe oder Stoffgemische (z. B. Binde-, Farb- und Verdünnungsmittel). Sie bestehen aus Bindemitteln, evtl. Farbmitteln, Füllstoffen, Lösemitteln und sonstigen Zusätzen. Sie passen sich im flüssigen Zustand der Oberfläche des jeweiligen Untergrunds an. Aufgetragen werden sie durch Streichen, Spritzen, Tauchen, Fluten oder andere Verfahren. Anstrichmittel trocknen physikalisch und/oder chemisch und ergeben einen festen Anstrich.

Einteilung. Anstrichmittel lassen sich nach zahlreichen Gesichtspunkten einteilen, z. B. nach dem bestimmenden Bindemittel, den Farbmitteln, Lösemitteln, der Konsistenz, dem Deckvermögen, dem Auftragsverfahren, den Anwendungsbereichen. Nach der VOB DIN 18363 „Anstricharbeiten" unterscheiden wir wasserverdünnbare und lösemittelverdünnbare Anstrichmittel. So können wir die vielen Anstrichmittel in zwei Hauptgruppen teilen. Unter Berücksichtigung der Bindemittelbasis bzw. der Trocknungsart gelangen wir zu einer klaren Übersicht.

Anstrichmittel
- **auf Leimbasis**
- **mineralische**
- **auf Dispersionsbasis**
- Lacke und Lackfarben
  - oxidativ trocknend
  - physikalisch trocknend
  - chemisch oder durch chemische Umsetzung trocknend (Zwei- und Mehrkomponenten)
  - Spezial-Anstrichmittel

8.5.1 Anstrichmittel auf Leimbasis

„Leimfarben" sind wasserverdünnbar und nur für innen geeignet (s. Abschn. 8.2.3). Sie ergeben in ein oder zwei Anstrichschichten matte, wischbeständige, wasserdampfdurchlässige (diffusionsfähige), gut deckende Anstrichfilme. Als Bindemittel dienen nur noch Celluloseleime. Leimfarben sind wasserlöslich und deshalb bei Erneuerungsanstrichen abwaschbar. Dabei wird der Untergrund weitgehend freigelegt. Abgetönt wird mit Abtönfarben (s. Abschn. 8.1.1). Die Hauptanwendung sind trockene Wände und Decken in Wohn- und Arbeitsräumen.

Wischbeständigkeit ist die Eigenschaft eines Anstrichs, bei leichtem, trockenem Reiben nicht abzufärben. Bei Kunststoff-Dispersionsfarben sind nur die Güteklassen „waschbeständig" und „scheuerbeständig" üblich.

8.5.2 Mineralische Anstrichmittel

Unter diesem Begriff ordnet die VOB DIN 18363 Kalk- und Zementfarben sowie Silikatfarben ein. Sie werden mit Wasser angesetzt und sind wasserverdünnbar. Man kann sie innen und außen anwenden.

Kalkfarben bestehen aus Baukalk (Kalk nach DIN 1060) und bis zu 10% Gewichtsanteilen (GT) kalkechte, lichtbeständige Buntpigmente. Der Kalk ist zugleich Bindemittel und Weißpigment (s. Abschn. 8.2.3).

Kalkfarben erhärten unter Aufnahme von Kohlendioxid an der Luft, sie carbonisieren. Der Anstrichfilm ist gut wetterbeständig. In Industrieluft verwittert er wegen der darin enthaltenen schwefligen Säure verhältnismäßig schnell. Gut deckende Anstriche erzielt man mit drei nicht zu dickflüssigen Schichten. Anwendung auf Putzen der Mörtelgruppen I, II und III (**8.46**), besonders aber auf frischem, rauhem Kalkputz.

Tabelle **8.46** **Mörtelgruppen** nach DIN 18550 (Kalk- und Zementputz, Gipsputz s. a. Tab. **9.8**)

Mörtelgruppe	Eigenschaften	Verwendung
I a Kalkputz (aus Luftmörtelkalk) I a Kalkhydratputz (aus Kalkhydratmörtel)	gut wasserdampfdurchlässig, stark saugend, elastisch, druckfest	Innenputz, Außenputz für normale Beanspruchungen
I b Hydraulischer Kalkputz		Außenputz für starke Bewitterung und einlagiger Innenputz
II Hochhydraulischer Kalkputz II Kalkzementputz	wasserdampfdurchlässig, wenig saugend, widerstandsfähiger als Gruppe I	Außenputz für Kunststoff-Dispersionen, Innenputz für erhöhte Beanspruchung
III Zementputz	wenig wasserdampfdurchlässig, kaum saugend, sehr widerstandsfähig	für Sockelflächen, unter der Erdoberfläche liegende Wandpartien, Untergrund für fugenlose Wandbeläge innen und außen

Kalkfarben aus gelöschtem Feinweißkalk haben die besten Eigenschaften, vor allem ein hohes Bindevermögen. Zum Abtönen eignen sich farbige Erdpigmente (natürliche anorganische Pigmente) besonders gut.

Zementfarben (eigentlich Kalk-Zementfarben) liegen auf der Basis von Weißzement, der für Anstrichzwecke besonders vorbereitet ist. Es gibt weiße und durch Abtönung mit zementechten Pigmenten hellgetönte Pulver zum Anrühren in Wasser. Anstrichausführung auf saugfähigen Untergründen (Mörtelgruppe I, II, III), evtl. nach vorherigem Annässen.

Silikatfarben sind mineralische Anstrichmittel auf Wasserglas-Bindemittel-Basis (Fixativ genannt, s. Abschn. 8.2.3). Man setzt sie mit wasserglasechten Pigmenten kurz vor dem Anstrich an, wenn man nicht fertig angeteigte Silikatfarben benutzt. Das Verhältnis Fixativ : Pigment richtet sich nach den Herstellerangaben. Den Grundanstrich stellt man auf die Saugfähigkeit des Untergrunds ein oder verwendet besondere Grundanstrichmittel auf Wasserglasbasis. In der Regel werden zwei Anstriche ausgeführt.

Silikatfarben haben eine matte Oberfläche, sind sehr gut wasserdampfdurchlässig, decken gut und haben eine flammhemmende Wirkung (**8**.47).

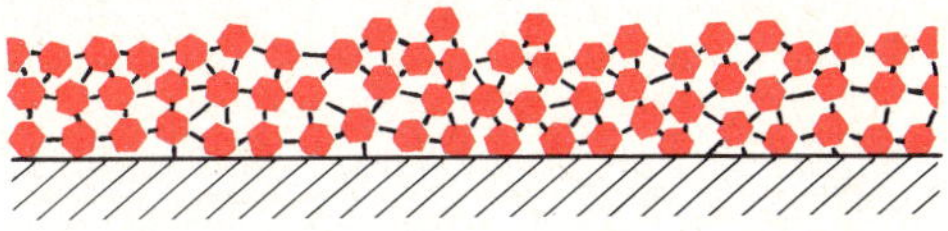

8.47 Silikatfarben: Pigmente, Füllstoffe und Untergrund sind durch silikatische Metallgitter untereinander verbunden und bilden bei der Trocknung keine Filme aus.

Silikat-Reinacrylat-Farben sind eine Weiterentwicklung. Sie sind streichfertig, sehr wetter- und UV-beständig, lösemittelfrei, wasserabweisend, vollatmungsfähig und thixotrop eingestellt. Der Anstrich erfolgt auf allen mineralischen Untergründen nach evtl. Grundanstrich mit Spezial-Verdünnungsmittel.

Arbeiten mit Silikatfarben müssen unter besonders sorgfältiger Schutzabdeckung (vor allem der Fensterscheiben) durchgeführt werden. Wegen ihrer ätzenden Wirkung sind Augen und Hände zu schützen.

8.5.3 Dispersions-Anstrichmittel (KD-Farben)

Es sind wasserverdünnbare Kunststoff-Dispersionsfarben. Nach den Anfangsbuchstaben kürzt man sie KD-Farben ab. Sie kommen fabrikfertig, pigmentiert auf den Markt. Sie können dünnflüssig oder pastös sein. Weiß pigmentierte KD-Farben tönt man mit Volltonfarben ab. Es gibt zahlreiche Sorten, bei denen jeweils die Verarbeitungshinweise genau zu beachten sind.

Für Innenanstriche dürfen nur KD-Farben verwendet werden, die den Anforderungen der DIN 53778 hinsichtlich Reinigungsfähigkeit, Wasch- und Scheuerbeständigkeit entsprechen (**8**.48, s.a. Abschn. 8.2.6.2).

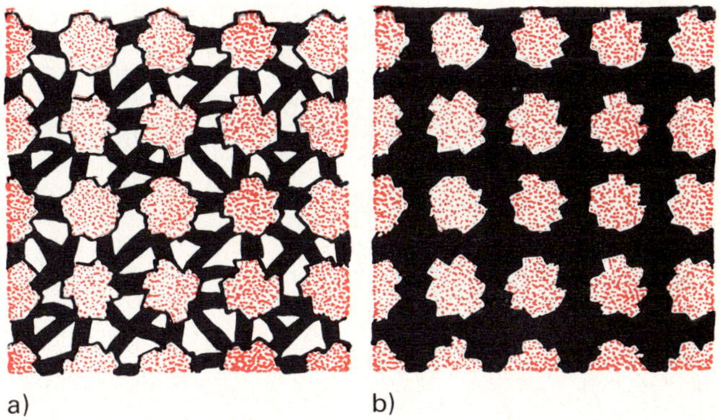

8.48
Wasch- und wetterbeständige Bindung

a) Bei der waschbeständigen Bindung sind die Pigmentteilchen durch größere Bindemittelmengen zu einem beständigeren Film verbunden (zur Scheuerfestigkeit muß die Bindemittelmenge noch mehr erhöht werden)

b) Bei der wetterbeständigen Bindung liegen die Pigmentteilchen vollkommen im Bindemittelfilm

Tabelle **8.49** **Kunststoff-Dispersionsfarben (KD-Farben)**

Sorten	Eigenschaften	Verwendung
KD-Einschicht-Außen- und Innenfarben	Außenfarben mit Füllstoffen = gut deckend, matt bis seidenmatt, bei Untergrund mit geringem Saugvermögen ohne Grundanstrich; Innenfarben scheuerbeständig, matt bis seidenglänzend	außen: auf mineralischen Untergründen (weniger Mörtelgruppe I), ein Anstrich bringt 200 bis 300 µm; auch als Schlußanstrich auf Armierungsfarben; innen: ein Anstrich auf nicht zu dunklem Untergrund (250 µm), auf dunklem Untergrund evtl. zwei Anstriche
KD-Farben waschbeständig (innen)	gut deckend, waschbeständig, reinigungsfähig, matt	Hauptdispersionsfarben für Wände und Decken innen, meist 2 Anstriche (starkgetönte gleich beim ersten richtig abtönen!)
KD-Farben scheuerbeständig (innen)	scheuerbeständig, matt bis seidenglänzend	für Wände und Decken innen, Verarbeitung wie zuvor
KD-Farben für Holzflächen (Acrylharz-Lackfarben)	hohes Dehnvermögen, geringe Altersneigung, sehr gut haftend, seidenglänzend (s. Abschn. 8.2.5.3)	auf Holzaußenwerk, meist 3 Anstriche (Schlußanstrich mit Alkydharz-Lackfarbe möglich)
KD-Faseranstrichmittel (innen)	mit Füllstoffen und holzschliffartigen Papierfasern, Buntfasereffekt bei verschiedenfarbigen Fasern	Auftrag mit Rolle = Struktureffekt (Rauhfaser)
KD-Farben pastos (innen)	hohe Viskosität, große Filmdicke, besonders strapazierfähig, Einstellen auf Wasch- und Scheuerbeständigkeit möglich	in stark beanspruchten Räumen (Flure, Treppenhäuser), rauhe Untergründe vorher spachteln; waschbeständige Typen lassen sich mit Kunststoffdispersion überziehen
KD-Farben heizölbeständig (innen)	hochelastisch, heizölbeständig, seidenmatt bis -glänzend	für Ölüberlaufwannen nur mit Prüfzeichen, meist 3 Anstriche
KD-Lasurfarben (außen und innen)	wetterbeständig, sehr gut haftend, geringe Altersneigung, Fungizideinstellung üblich	für Holzanstriche innen und außen (Gartenzäune, Dachuntersichten, Holzverkleidungen); bei Fenstern Kittfalze mit Lackfarben wasserdicht streichen
KD-Farben für innen mit Füllstoffen bis 3 mm ∅	Putzcharakter, verschiedene Strukturen je nach Zusätzen, schwer auszubessern	gleichmäßig auftragen, Untergrund mit Tiefgrundiermitteln vorbehandeln, keine Abtönung durch den Maler!
KD-Farben wetterbeständig (Fassadenfarben)	großes Deckvermögen, wetterbeständig, matt bis seidenglänzend	für Fassaden, 2 bis 3 Anstriche, bei stark saugenden Altanstrichen oder altem Putz tiefgrundieren, für mineralische Untergründe bei Außenputz Mörtelgruppe II nur nach guter Abbindung (u.a. für Kalksandstein)
KD-Farben wetterbeständig mit Füllstoffen bis 2 mm ∅	wetterbeständig, mehr füllende Anstrichfilme	für alle mineralischen Untergründe innen, für härtende außen (z.B. Mörtelgruppe II oder Ziegelmauerwerk)

Fortsetzung s. nächste Seite

Tabelle **8**.49 Fortsetzung

Sorten	Eigenschaften	Verwendung
wie zuvor, mit erhöhtem Füllstoffanteil	feinputzähnlich (Spritz-, Roll- od. Kunststoffputz), wetterbeständig	Auftrag durch Rollen, Spritzen, Streichen; Anwendung wie zuvor
wie zuvor, mit Füllstoffen über 1 mm ∅	kunstharzgebundene Putze oder Kunststoffmörtel, mittlere bis starke Struktur, matt	Auftrag mit Holztraufel oder Kunststoffkelle, vorher KD-Grundanstrich

KD-Farben sind fabrikfertig pigmentiert und nach Herstelleranweisung zu verarbeiten. Abtönung mit Volltonfarben. Innenanstriche müssen DIN 53778 entsprechen.

8.5.4 Lacke und Lackfarben

Lacke ist der Oberbegriff für verschiedenartige Lösungen aus Filmbildnern in flüchtigen Lösungsmitteln (s. Abschn. 8.2.5). Lacke sind immer unpigmentierte Anstrichmittel und ergeben einen Anstrich mit besonderen Eigenschaften (z.B. gut verlaufend, gut durchhärtend, widerstandsfähig gegen Chemikalien, Witterung oder mechanische Einwirkungen).

Lackfarben sind pigmentierte Anstrichstoffe auf Lackbasis. Auch sie haben je nach Zusammensetzung und Verwendung verschiedene Eigenschaften.

Lacke sind unpigmentierte Anstrichmittel, Lackfarben dagegen stets pigmentiert.

Die Lacke sind in Abschn. 8.2.5 ausführlich behandelt. Tabelle **8**.50 gibt daher hier nur noch einen Überblick.

Tabelle **8**.50 **Lacke und Lackfarben**

Verwendung	Oxidativ trocknend	Physikalisch trocknend	Zwei- und Mehrkomponenten
außen und innen	Alkydharzlacke glänzend oder seidenglänzend Alkydharz-Lackfarben glänzend oder seidenglänzend Alkydharz-Lackfarben für Grund- und Zwischenanstriche Alkydharz-Mattlackfarben	Mischpolymerisatharz-Lackfarben PVC-Lacke PVC-Lackfarben Acrylharzlacke Acrylharz-Lackfarben Chlorkautschuk-Lackfarben Cyclokautschuk-Lackfarben Aluminiumlackfarben Nitrocelluloselacke	Epoxidharzlacke Epoxidharz-Lackfarben Polyurethanlacke Polyurethan-Lackfarben Polyesterharzlacke ungesättigt Polyesterharz-Lackfarben Säurehärtende Lacke Säurehärtende Lackfarben
außen	Lasurfarben für außen Ölfarben für außen Korrosionsschutzmittel auf Öl- und Alkydbasis		
innen	Alkydharz-Lackfarben hitzebeständig Heizkörper-Grundanstrichmittel	Mehrfarbeneffekt-Anstrichmittel	

8.5.5 Spezialanstrichmittel

Sie wurden für bestimmte Untergründe, Anforderungen oder Effekte entwickelt. Hier könnte man auch die in Abschn. 8.4.3 besprochenen Imprägniermittel auf Silikonbasis einordnen.

Tabelle **8**.51 **Spezialanstrichmittel**

Sorten	Eigenschaften	Verwendung
Flammschutz-Lackfarben	feuerhemmend, lösemittelhaltig, seidenmatt bis seidenglänzend	für mineralische, Holz- und Metalluntergründe; saugende Gründe mit besonderen KD-Grundanstrichmitteln behandeln, glatte Flächen aufrauhen
Flammschutz-Lacke	unpigmentiert, feuerhemmend, lösemittelhaltig	wie zuvor
Schaumschichtbildner (**8**.52)	flammhemmend, bildet bei Feuereinwirkung hitzedämmende Schicht, matt	fester Untergrund, frei von Altanstrichen, auch Sorten für Stahl u.a., Zahl der Anstriche einhalten
Bronzelacke	fein verteilte Metallteilchen in hellem Lack, auch mit Teerfarbstoff angefärbt	Auftrag mit weichem Pinsel auf die im Bronzeton getönten Flächen, ohne Zusätze
Effekt-Lackfarben	besonders strukturierte Oberfläche, verschiedene Farbtöne, dekorativ und schützend, schnelltrocknend (Spritzlacke)	überwiegend auf Metallen nach Herstelleranweisung (Eisblumen-, Hammerschlag-, Metall-, Kristall-, Kräusel-, Tupf-Effektlack)

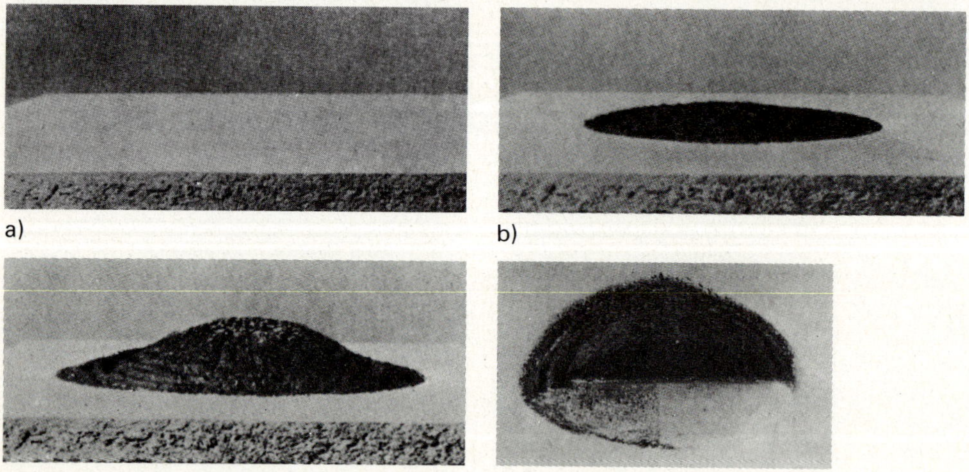

a) b) c) d)

8.52 Schaumschichtbildner

a) Anstrich auf einer Spanplatte
b) Beginn des Aufschäumens unter Feuereinwirkung
c) voll ausgebildete Dämmschicht
d) angeschnittene Dämmschicht

Holzschutzmittel sind Anstrichstoffe und Imprägniermittel gegen Fäulnis, Pilz-, Bläue- und Insektenbefall des Holzes. Sie müssen DIN 68800 (Holzschutz im Hochbau) entsprechen und im amtlichen Teil des Holzschutzmittel-Verzeichnisses aufgeführt sein. Holzlasuren sind nicht darunter zu verstehen. Man unterscheidet Holzschutzmittel mit nur vorbeugender und mit bekämpfender und vorbeugender Wirkung.

Holzlasuren (Lasuranstrichmittel) sind Lasuranstrichmittel auf verschiedener Basis.

Tabelle **8**.53 **Holzschutzmittel und Holzlasuren**

Sorten	Eigenschaften	Verwendung
Holzschutzmittel ölartig (DIN 68800)	organische Lösungen, fungizid und insektizid, dünnflüssig, dringen tief ein, Trockenzeit 1 bis 2 Tage	Auftrag durch Streichen oder Tauchen (z. B. Fensterrahmen) auf alle Holzarten; stark riechende Typen nicht in bewohnt. Räumen
Holzschutzmittel wasserlöslich (Salze)	aktive Wirksubstanzen, tief eindringend, Holz leicht einfärbend	wie zuvor; die so „imprägnierten" Holzflächen sind nicht mehr für andere Anstrichmittel geeignet!
Holzschutzlasuren	fungizid, UV-beständig, Grundfarbtöne untereinander mischbar	speziell für außen oder Laub- bzw. Nadelhölzer, auf Hölzern oder Holzwerkstoffen einfach zu verarbeiten
Holzlasuren	auf Alkydharz- oder anderer Lackbasis, fungizid, wetterbeständig, seidenmatt bis seidenglänzend, verschiedene Farbtöne	Dünnschicht-L. bis ca. 15 µm, Dickschicht-L. bis ca. 30 µm bei je 3 Anstrichen; maßhaltige Holzkonstruktionen (Fenster) nur mit Dickschicht-L., besonders gleichmäßig auftragen, Kittfalze vorher wasserdicht lackieren
Lasuranstrichmittel für innen	nicht wetterbeständig, gewöhnlich fungizid, matt bis seidenmatt, zahlreiche Farbtöne	für alle Holzflächen und -werkstoffe innen, zur besseren Reinigung mit farblosem Alkydharzlack überziehen

Beizmittel sind keine Anstrichstoffe, sondern dienen nur zum Anfärben von Holz. Die Farbstofflösung dringt nur in die oberste Holzschicht ein und bildet keinen Anstrichfilm. Beizmittel dürfen nur auf ungestrichenen bzw. unlackierten Holzflächen aufgebracht werden. Sie erhalten beim Abtönen die Maserungen des Holzes (**8**.54).

Tabelle **8**.54 **Beizmittel**

Sorten	Eigenschaften	Verwendung
Farbbeizen	gebrauchsfertige, lichtechte Lösungen oder Pulver (wasserlösliche Teerfarbstoffe), zahlreiche Farbtöne, untereinander mischbar	auch für Edelhölzer (Edelholzbeizen), Ansatz nach Anweisung in heißem Wasser in metallfreien Gefäßen; Sonderarten: Hartholz-, Rustikal-, Colorbeizen
Chemische Beizen (Entwicklungsbeizen)	Lösungen von Metallsalzen, endgültiger Farbton erst nach Stunden	besonders für Weichhölzer, Vor- und Nachbeizen, gleichmäßig und lückenlos aufstreichen, keine Metallgefäße

Farbbeizen zeigen ein negatives Holzbild: dunkles Früh- und helles Spätholz.
Chemische Beizen zeigen ein positives Holzbild: helles Früh- und dunkles Spätholz.

Temperafarben (lat. temperare = wohlabgewogen mischen) sind Malfarben (Studien- und Künstlerfarben). Sie enthalten meist ölfreie Gummi- oder Dextrinlösungen und waren früher überwiegend Emulsionsfarben. Sie trocknen schnell durch Wasserverdunsten unter Oxidation etwa vorhandener öliger Stoffe. Pastose Temperafarben müssen mit Wasser malfertig gemacht werden. Sie trocknen etwas heller und stumpfer mit matter Oberfläche auf. Überzüge trockener Temperaflächen mit Klarlack sind möglich (Fixieren durch Übersprühen).

Es gibt Leim-, Kasein-, Wachs-, Eigelb- und Öltempera. Gebraucht werden sie viel als Plakatfarben.

Siebdruckfarben enthalten sehr feinkörnige Farbmittel verschiedener Grundlagen und meist Bindemittel auf Lackbasis (z. B. Alkydharz). Man verdünnt sie am besten mit Spezialverdünnern, evtl. auch mit Testbenzin. Für die verschiedenen Arten und Anwendungen gibt es entsprechend eingestellte Farben mit Zusatzmitteln (**8**.55). Dazu gehören auch Reinigungs- und Überzugsmittel.

Siebdruckfarben sollen gut durch die Siebmaschen gehen und schnell trocknen. Sie müssen lichtecht und bei Außenanwendungen ausreichend wetterbeständig sein. Ge-

Tabelle **8**.55 **Siebdruck-Standardfarben**

Sorten	Eigenschaften	Verwendung
Mattfarben	trocknen physikalisch-oxidativ in ≈ 20 bis 30 Min., in 4 Std. durchgehärtet; Mischungen mit bestimmten Hochglanzfarben geben unterschiedliche Glanzstufen	Papier, Pappe, Karton, Holz, Holzfaserplatten u. a.; vor allem direkte und indirekte Fotoschablonen (Ausnahmen beachten)
schnelltrocknende Siebdruckfarben	trocknen in ≈ 15 bis 20 Min., nach ≈ 5 bis 10 Min. überdruckbar; gewöhnlich mit bestimmten Mattfarben mischbar	Papier, Pappe, Karton, Schablonen wie zuvor
PVC-Siebdruckfarben	trocknen in ≈ 5 bis 20 Min. und sind in ≈ 5 Min. überdruckbar;	meist auch für Acrylglas und Polystyrol, Versuchsdrucke machen; Schablonen wie zuvor
Ofentrocknende (hochdeckende) Siebdruckfarben	trocknen chemisch-physikalisch, z. B. in 40 Min. bei 120 °C	Metalle, Metallegierungen, Glas, Keramik, gewöhnlich auch für duroplastische Kunststoffe; Schablonen wie zuvor
Textildruckfarben	kochfeste Farben auf natürlichen und/oder synthetischen Geweben; Trocknung durch thermische Fixierung (Wärmeverfahren)	Textilien, auch für Handbemalung; Wärmebehandlung nach dem Druck, Temperatur und Dauer laut Anweisung, Schablonen nach Anweisung
Kunstharzfarben für Objekte im Freien	trocken oxidativ, in ≈ 30 Min. staubtrocken, 6 bis 12 Std. durchgehärtet, gute Glanzbeständigkeit im Freien	vorlackiertes Holz, Hartfaser, Papier, Pappe, Karton, verschiedene Kunststoffe; Schablonen nach Anweisung
Universalfarben	luft- und ofentrocknende Sorten, hochelastisch, wetterbeständig	viele natürliche, künstliche, auch vorlackierte Stoffe, Fahrzeugbeschriftung; Schablonen wie zuvor
Glasschilderfarben	trocknen oxidativ in ≈ 4 bis 6 Std., in 24 Std. durchgehärtet; brillante, deckende, transparente und halbtransparente Sorten	besondere Fassadenschilder und Glastransparente; Schablonen wie zuvor

forderte mechanische Eigenschaften: Kratz-, haft-, knitter-, knick- und scheuerfest, bei bestimmten Kunststoffobjekten thermisch verformbar.

Siebdruck-Spezialfarben sind u.a. Bronzefarben, die man vor dem Verarbeiten aus besonderen Bronzepulvern und bestimmten Bronzebindern mischt. (Beim Lagern verlieren sie Glanz.) Dazu gehören auch Leuchtfarben (z.B. nachtleuchtende für Schilder und Markierungen) und Tagesleuchtfarben für Werbung, Markierung und Beschilderung.

Hilfsmittel sind u.a. Drucklacke als schützende Überzüge auf Siebdrucken, Abdeckfarben zur Diapositiv-Korrektur sowie Antistatikum für bestimmte Kunststoffe.

> Bei der Vielzahl der zu bedruckenden Stoffe, den verschiedenen Möglichkeiten der Siebherstellung und den unterschiedlichen Sorten der Siebdruckfarben ist es wichtig, alle Anweisungen der Farbenhersteller genau zu befolgen. Das gilt auch für Zusatz- und Reinigungsmittel.

Siebdrucklacke. Besondere Überzüge sollen die Oberflächen matter Siebdruckfarben gegen mechanische Beanspruchungen und Verschmutzungen schützen. Es gibt Universal-Siebdrucklacke, aber auch spezielle Erzeugnisse für Papier, Pappe, Karton, Kunststoff und andere Druckträger. In den meisten Fällen ist eine Zugabe von UV-Absorbern gegen den Einfluß des ultravioletten Lichts möglich.

Aufgaben zu Abschnitt 8.5

1. Erklären Sie den Begriff Anstrichmittel.
2. Was versteht man unter Wischbeständigkeit?
3. Nennen Sie die Mörtelgruppen I bis III, ihre wichtigsten Eigenschaften und ihre Anwendungen.
4. Welche Schutzmaßnahmen müssen Sie vor dem Verarbeiten von Silikatfarben treffen?
5. Was bedeutet der Begriff KD-Farben?
6. Welche KD-Farben setzt der Maler am häufigsten ein?
7. Welche Regel gilt für das Abtönen starkgetönter KD-Farben, wenn man gut deckende Anstriche erzielen will?
8. Womit grundieren Sie starksaugende Untergründe, wenn Sie KD-Farben darauf streichen wollen?
9. Welche besonderen Eigenschaften haben KD-Farben mit Füllstoffen?
10. Warum müssen Sie bei KD-Farben die Herstelleranweisungen besonders beachten und genau befolgen?
11. Welche Merkmale unterscheiden Lacke und Lackfarben?
12. Nennen Sie einige oxidativ trocknende Lacke und Lackfarben für außen und innen.
13. Durch welchen Vorgang erhärten Zwei- und Mehrkomponentenlacke?
14. Nennen Sie einige Spezialanstrichmittel und ihre Aufgaben.
15. Welchen Zweck erfüllen Flammschutzlacke und Flammschutz-Lackfarben?
16. Wofür setzt man Effekt-Lackfarben ein?
17. Welche Eigenschaften müssen Holzschutzmittel vor allem aufweisen?
18. Was bedeuten die Ausdrücke fungizid und insektizid?
19. Welches Auftragsverfahren ist bei Holzschutzmitteln besonders wirksam?
20. Welche Wirkungen erzielt man mit Holzschutzlasuren?
21. Erklären Sie die mit Farbbeizen zu erzielenden negativen und positiven Holzbilder.
22. Wie trocknen Temperafarben in ihrem Erscheinungsbild auf?
23. Können Temperafarben überzogen werden? Wenn ja, womit?
24. Welche Eigenschaften müssen Siebdruckfarben haben?
25. Nennen Sie einige Siebdruckfarbensorten mit ihren Einsatzmöglichkeiten.

8.6 Klebstoffe

Unter Klebstoffen verstehen wir nichtmetallische Werkstoffe, die Stoffe miteinander verbinden, ohne daß sich Aufbau und Gefüge dieser Körper dabei verändern.

Leimen erfolgt mit wässerigen Bindemitteln (Leime, Leimlösungen, Kleister). Sie sind tierischer, pflanzlicher oder künstlicher Herkunft. Die Rohstoffe werden durch physikalische und chemische Verfahren wasserlöslich gemacht. Leime trocknen physikalisch; die Leimfilme bleiben wasserlöslich (ausgenommen Kaseinleime).

Kleben ist das Verbinden von Körpern durch Oberflächenhaftung. Die Klebstoffe können wäßrig oder lösemittelhaltig sein. Beide Arten trocknen physikalisch (Verdunsten oder Entzug des Lösemittels).

Reaktionsklebstoffe bestehen aus zwei Komponenten. Sie härten innerhalb einer bestimmten Topfzeit durch chemische Reaktion (Vergleich mit Reaktionslacken).

Alle lösemittelhaltigen Klebstoffe sind feuergefährlich! Weil oft größere Flächen mit ihnen einzustreichen und bestimmte „Ablüftezeiten" einzuhalten sind, besteht erhöhte Explosionsgefahr.

Klebvorgang. Adhäsion und Kohäsion sind beim Kleben von wesentlicher Bedeutung. Die Adhäsion wirkt beim Kleben weniger physikalisch-mechanisch als spezifisch durch die Anziehung zwischen dem Klebstoff und den Oberflächen der zu verbindenden Körper. Weil die Adhäsion fast immer größer ist als die Kohäsion (die innere Festigkeit) der Klebstoffe, sind aufgerauhte Klebflächen meist unnötig. In jedem Fall ergeben sich bei Verklebungen große Moleküle. Sie sind entweder schon im Klebstoff vorhanden oder bilden sich während des Klebens (Abbindens) durch chemische Reaktionen (s. Abschn. 3.4 und 3.9).

Der Leim bzw. Kleber muß für den zu klebenden Stoff geeignet sein. Leime auf wäßriger Basis weichen bestimmte Werkstoffe auf. Dünne Papiere und Tapeten dehnen sich dabei mehr als dickere, festere Sorten. Leime sind für feste, glatte Stoffe kaum oder gar nicht geeignet (z.B. Beläge ohne Papier- oder Textilträger). Lösemittel aus Klebern können sich auch auf die zu verklebenden Stoffe negativ auswirken. Zu dicker Klebstoffauftrag (Klebstoffnester) führt z.B. zu Blasenbildungen, weil die Lösemittel nicht entweichen können.

Klebstoff ist der Sammelbegriff für Mittel, die zum Kleben dienen. Bei fast allen Verklebungen ist die Adhäsion größer als die Kohäsion der Klebstoffe.

Arten. Tabelle **8.**56 bringt eine Gliederung nach der Konsistenz (Zähflüssigkeit) der Klebstoffe in ihrem Verarbeitungszustand.

Weil für unser Berufsfeld vor allem die flüssigen Klebstoffe wichtig sind, werden nur diese hier besprochen.

Tabelle **8.56** **Gliederung der Klebstoffe nach der Konsistenz**

flüssig	Dispersionskleber Lösemittelkleber	Leimlösungen (überwiegend organische Grundstoffe) Dispersionskleber (Aufschwemmungen von wasserunlöslichen thermoplastischen Kunstharzen oder bestimmten Kautschuksorten) Lösemittelkleber (in organischen Lösemitteln gelöste Stoffe)
plastisch	Klebkitte	Plastizität wird durch größere Füllstoffmengen erreicht
fest	Schmelzklebstoffe	härtende und nichthärtende; für die Verarbeitung vorübergehend geschmolzen (**8.57**)

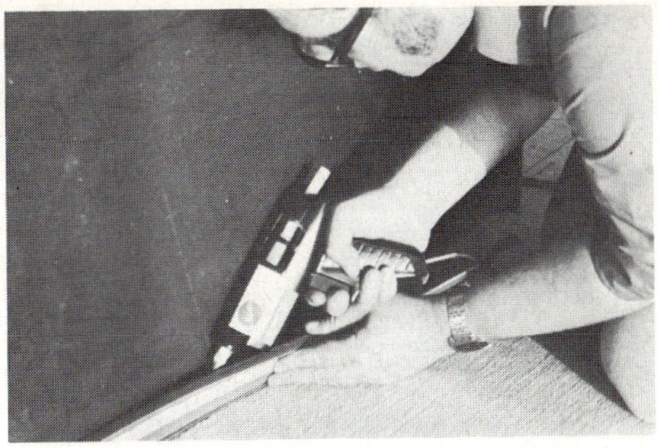

8.57 Auftrag schnell erstarrender Schmelzklebstoffe mit einer elektrisch beheizten Klebpistole beim Verlegen von Sockelleisten

Organische Leimlösungen

Leime (Leimfarben, s. Abschn. 8.2.3).

Tapeten-Klebstoffe (s. Abschn. 15.1.4).

Sulfitablauge-Leimlösungen, gewonnen aus cellulosehaltigen Stoffen, sind bei Linoleumverlegungen üblich. Sie sind wasserlöslich.

Thermoplastische Kunstharze (z.B. Polyvinyläther) bilden die Grundlage für wasserlösliche Klebstoffe (Kaschierleime, Isolierbänder, Klebestreifen, Abdeckbänder).

Dispersionskleber (Klebedispersionen) sind wasserverdünnbar; die Filme alterungsbeständig und bakterienfest. Die Abbindung geschieht durch Entzug des Dispersionsmittels (z.B. Wasser), also ohne chemische Reaktion. Durch Verwendung verschiedener Kunstharze gibt es auch unterschiedlich zusammengesetzte Dispersionskleber für zahlreiche Anwendungen (z.B. Kleben von Kfz-Verdecken oder Wagenplanen, Imprägnieren und Kaschieren von Geweben, Papieren oder Vliesen, Verkleben dieser und anderer Stoffe mit sich selbst oder anderen Stoffen, auf Wandflächen usw.).

Kautschukkleber stellt man aus dem Milchsaft Latex oder aus synthetischem Kautschuk her. Synthetische Sorten altern nicht. Härtezugaben sind bei bestimmten Klebstoffen möglich. Sie geben erhöhte Wasser- und Hitzebeständigkeit.

Flüssige Klebstoffe sind für unser Berufsfeld am wichtigsten. Sie lassen sich leicht verarbeiten. Als Leimlösungen oder Dispersionskleber gibt es sie für zahlreiche Anwendungen – je nach dem Zweck.

Lösemittelkleber sind Lösungen von Kunstharzen in geeigneten Lösemitteln, ähnlich wie bei der Lackherstellung (daher auch die Bezeichnungen Kleblacke oder Lösemittelkleber). Nach dem Verdunsten des Lösemittels erhält man stark klebende bis klebfreie Filme, die sehr geschmeidig sind. Sie sind wasserbeständiger als Dispersionskleber und sehr beständig.

Neoprenekleber sind typische Vertreter der „Kontaktkleber". Hier müssen nach Verdunstung des Lösemittels beide eingestrichenen Klebflächen genau und fest zusammengefügt werden. Diese Kleber haben „offene Zeiten", in denen die Flächen zusammenzufügen sind. Meist sind weder Härter noch Verdünner erforderlich. Man verwendet sie vor allem für Kunststoffe auf verschiedenen Untergründen und muß die Herstelleranweisungen genau beachten. Die einmal zusammengefügten Flächen lassen sich (z. B. Korrektur) nicht mehr trennen.

Hinweise. Einen Klebstoff für alle Fälle gibt es nicht. Papier und Pappe verklebt man mit wasserarmen Klebstoffen unter leichtem Druck. Einige Lagen Papier nehmen die Feuchtigkeit auf. Pappen beklebt man immer zweiseitig mit demselben Material, sonst wölben sie sich. Für anspruchsvolle Verklebungen nimmt man Buchbinderleime.

Ölpapiere, lackierte Papiere und Folien erfordern Dispersionskleber. Für Glas gibt es Lösemittelkleber auf Epoxidharzbasis. Sie arbeiten als Zweikomponentenkleber mit einem Härter. Kunststoff-Wandbekleidungen verklebt man durch Einstreichen des Untergrunds oder der Bahnenrückseite.

Aufgaben zu Abschnitt 8.6

1. Was versteht man unter Kleben?
2. Auf welche Art binden Dispersionskleber ab?
3. Was versteht man bei Klebstoffen unter „offener Zeit"?
4. Was bewirken Härter bei bestimmten Klebern?
5. Welche negative Auswirkung können Klebstoffnester bei Lösemittelklebern haben?
6. Welche Gefahr besteht beim Umgang mit Lösemittelklebern?
7. Wofür kann man Schmelzklebstoffe einsetzen?

---

9 Anstrichtechnik auf mineralischen Untergründen

9.1 Anstrichuntergründe und -techniken

Vergleichen Sie Putz, Beton, Metall, Holz und Kunststoff. Was haben diese Anstrichuntergründe gemeinsam, was trennt sie? Denken Sie dabei etwa an die Oberflächenbeschaffenheit, Saugfähigkeit, Wetterbeständigkeit oder an die nötigen Vorarbeiten. Kann man alle genannten Untergründe in der gleichen Anstrichtechnik behandeln? Überlegen Sie die Gründe.

Anstrichuntergründe oder -träger sind alle Flächen, die mit Anstrichen oder Beschichtungen versehen werden. Die Anstrichmittel müssen auf den Untergrund abgestimmt sein. Nach der Eignung für bestimmte Anstrichmittel faßt man daher die Untergründe zu Gruppen zusammen (**9**.1).

Tabelle **9**.1 **Anstrichuntergründe**

Mineralische Untergründe	Putze	Kalkputz, Hochhydraulischer Kalkputz, Kalkzementputz, Zementputz, Gipsputz
	Edelputze Zementestriche	Kratzputz, Spritzputz, Waschputz (frühestens bei Renovierungsarbeiten zu streichen)
	Beton Asbestzement Ziegel Kalksandstein Natursteine	Schal-, Sicht-, Leicht-, Gas-, Fertigbeton
Organische Untergründe	Holz	Vollholz, Lagenholz, Verbundplatten, Holzspanplatten, Holzfaserplatten
Metallische Untergründe	Stahl, Edelstahl NE-Metalle	Zink, Aluminium, Kupfer, Messing
Kunststoffuntergründe	Plastomere Duromere Elastomere	
Andere Untergründe	Kartonagen, Papier, Pappe Textilien, Chemiefasern Glas Gummi, Leder, Asphalt, Teer, Dichtungsmassen, Anstriche	

Anstrich ist nach DIN 55945 der gleichmäßig verteilte Auftrag von Anstrichmitteln auf einen Untergrund durch Streichen, Spritzen, Tauchen, Rollen, Fluten oder andere Verfahren. Der Sammelbegriff für das Aufbringen einer oder mehrerer Schichten nach diesem Verfahren heißt „Beschichten". Nach dem Trocknen muß der Anstrich auf dem Untergrund haften.

Zur näheren Kennzeichnung eines Anstrichs sind bestimmte Benennungen üblich, z.B.

- nach der Bindemittelart: Dispersionsfarbenanstrich,
- nach dem zu beschichtenden Untergrund: Holzanstrich,
- nach der Anwendung im Aufbau: Grundanstrich,
- nach der Art des Objekts: Fensteranstrich,
- nach der Funktion: Korrosionsschutzanstrich.

Anstrichsystem. Nur selten erfüllt eine einzige Anstrichschicht den geforderten Zweck. Meist ist ein Anstrichsystem, d.h. eine bestimmte Folge von mehreren Anstrichen nötig. So brauchen Bindemittel mit nur geringer Trockenfilmdicke mehr Aufträge als körperreiche (warum?), ebenso Außenanstriche mehr als einfache Innenanstriche. Das Anstrichsystem muß gut durchdacht werden, um Spannungen zwischen den Schichten zu vermeiden. So muß der Pigmentanteil des folgenden Auftrags jeweils geringer sein.

Anstrichregel: Von mager nach fett.

Tabelle **9**.2 gibt eine Übersicht über die Anstriche (Anstrich- oder Beschichtungstechniken) nach dem Untergrund und den Bindemitteln (s. Abschn. 8.2). Da der Untergrund in der Regel feststeht, muß sich die Anstrichtechnik danach richten.

Tabelle **9**.2 **Anstrichtechniken (Beschichtungstechniken)**

Mineralische Untergründe	Organische Untergründe	Metallische Untergründe	Andere Untergründe
Anorganische Bindemittel Kalktechniken Kalkzementtechniken Silikattechniken **Organische Bindemittel** Leimfarbentechniken **Dispersionsfarbtechnik** Innentechniken Außentechniken Kunststoffputztechniken	Vorarbeiten **Kunstharzfarben-Technik** Holzschutztechniken Lasur- u. Beiztechniken **Lackiertechnik** Innentechniken Außentechniken Verarbeitungstechnik verschiedener Lacktypen Fensteranstriche	Vorarbeiten Grundanstriche Deckanstriche Anstrich- u. Lacksysteme Effektlackierungen Spezialbeschichtungen **Fahrzeuglackierung** Spritzverfahren Spritztechnik Reparaturlackierung Neulackierung Auflackierung Verschiedene Lacktechniken Sondertechniken	**Kunststoffe** Vorarbeiten Plastomere Duromere Elastomere **Papier und Pappe** Gipskartonplatten Schablonentechnik **Textilien** und Chemiefasern **Glas** Glasbeschriftungen Hinterglasarbeiten Glastransparente

Durch die Abstimmung der Anstrichmittel auf den Untergrund ergibt sich die in Tabelle **9**.2 dargestellte Bindung der meisten Anstrichtechniken an bestimmte Untergründe. Darum werden in diesem und den folgenden Abschnitten die Anstrichuntergründe mit „ihren" Anstrichtechniken zusammen besprochen.

Anstrichzerstörung. Anstriche werden im Laufe der Zeit durch schädigende Einflüsse mehr oder weniger schnell zerstört. Neben Einwirkungen des Untergrunds (z.B. Feuchtigkeit, Alkalität, Säuren, Schädlinge, Pilze) führen vor allem Licht (ultraviolette Strahlung), Kälte, Wärme, Regen, Abgase der Industrie zu sichtbaren Veränderungen, bzw. zur Zerstörung der Anstriche. Bei bestimmten Bauteilen können Stoß, Schlag, Kratzer und mechanischer Abrieb schädigend einwirken (z.B. bei Böden, Treppen, Handläufen, Sockeln, Türen). Mit fortschreitender Zerstörung der Anstrichschichten wirken sich die schädigenden Einflüsse auch auf den Untergrund aus, weil der Schutz durch den Anstrich verloren geht.

9.2 Mineralische Untergründe

9.2.1 Putze

Putz ist ein künstlicher mineralischer Stoff, eine erhärtende Mörtelschicht aus einem Bindemittel (Kalk, Zement oder Gips) und Sand mit Wasser. Diese Schicht haftet auf dem Putzträger (Mauerwerk, Bauplatten u. a.) und bildet eine ebene Fläche (**9**.3).

Aufgaben

Schützende Aufgabe: Putz schützt das Mauerwerk. Ohne Putz würden Witterung und Ungeziefer den Mauermörtel allmählich zerstören;

egalisierende Aufgabe: Putz schafft eine ebene, glatte und tragfähige Fläche für Anstriche und Beläge;

hygienische Aufgabe: Verputztes Mauerwerk verschmutzt nicht so stark;

wirtschaftliche Aufgabe: Putzschichten (innen und außen) isolieren und sparen Heizkosten;

ästhetische Aufgabe: Verputzte und gestrichene bzw. belegte Flächen verschönern und geben ein gepflegtes Aussehen.

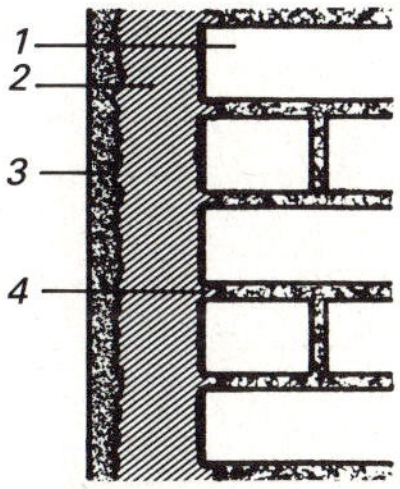

9.3 Haftung der Putzschicht auf dem Putzträger
1 Mauerwerk
2 Unterputz (Rauhputz)
3 Oberputz (Feinputz)
4 Fuge

> Putz erfüllt wichtige schützende, egalisierende, hygienische, wirtschaftliche und ästhetische Aufgaben.

Anstrichbedürftigkeit. Putz, besonders Außenputz, wäre ungestrichen der Alterung und dem Zerfall viel stärker ausgesetzt. Die abwechselnde Aufnahme und Abgabe von Feuchtigkeit (Atmungsaktivität) weicht den Putz im Lauf der Jahre auf, mindert seine Festigkeit und Härte. Im Putz gefrorene Feuchtigkeit sprengt das Putzgefüge; der Putz wird mürbe und sandet, er verschmutzt rasch. Schwefelhaltige Industrieabgase zersetzen das Bindemittel des Putzes. Pilze, Moose, Flechten und Bakterien setzen sich in seinen Poren fest. Um alle diese Gefahren auszuschließen, wird Putz beschichtet oder belegt.

Untergrundbeschaffenheit. Laut VOB DIN 18363 „Anstricharbeiten" hat der Auftragnehmer den Untergrund zu prüfen, ob er für die Durchführung seiner Leistung geeignet ist. Bedenken sind geltend zu machen bei weichem, rieselndem Putz und anderen Schäden, bei mineralischem Untergrund mit zu hoher Feuchtigkeit, Sinterschichten, Salzausblühungen und nicht ausreichend abgebundenem Kalkzementputz.

Warum werden Sie einen abblätternden oder feuchten Putz nicht einfach überstreichen? Ist es nicht einfacher, einen Riß oder ein Nagelloch in der Wand einfach „zuzustreichen" als es auszubessern? Lassen sich Unebenheiten des Untergrunds nicht durch etwas dickeren Farbauftrag ausgleichen?

Festigkeit, Härte, Rissefreiheit. Ein Anstrich ist nur auf stabilem Anstrichträger dauerhaft und sinnvoll. Durch Abklopfen der Wände prüft man deshalb, ob der Putz überall fest auf dem Mauerwerk haftet. Hohlklingende Stellen schlägt man ab und bessert sie aus. Die Putzhärte hängt ab von der Art und Menge des Bindemittels. Schlecht gebundene Putze sanden oder sind gerissen. Durch Ausbessern und Auftragen härtender Grundiermittel (Fluat, Alaunlösung, Grundanstrichmittel) kann man den Schaden beheben. Risse kann ein Anstrichmittel nicht zudecken! Sie müssen durch Verputzen oder Verfilzen beseitigt werden (s. Abschn. 9.5.1). Mit feinen Rissen übersäte Flächen (z.B. Fassaden) werden auch armiert: Glasfasermatten, Vlies oder synthetische Gewebe werden in KD-Farben eingebettet, damit verklebt (oder in Kleber eingelegt) und überstrichen. Anstriche mit Spezial-Armierungsfarben können auch bereits Abhilfe schaffen.

Ebenheit, Sauberkeit. Anstriche und Beläge verlangen gleichmäßige und ebene Flächen. Unebene Stellen geben durch Licht-Schatten-Wirkung ein unschönes Ansehen. Nur sehr dicke Beläge können gewisse Unebenheiten verdecken. Ebene Untergründe erzielt man durch ein- oder mehrmaliges Spachteln. Verunreinigungen stören die Einheit von Putz und Anstrich. Staubige, rußige oder andere schädliche Verschmutzungen verstopfen die Poren und verhindern die Haftung des Anstrichfilms. Fetthaltige Putzstellen weisen wässerige Anstrichmittel ab. Isolier- oder Lösemittel sind hier einzusetzen.

Feuchtigkeit. Wasser löst Salze, die aus Mauersteinen, Fugenmörtel oder Putz stammen und zu umfangreichen Anstrichschäden führen können. Feuchtigkeit vermindert auch die Wärmedämmung und verursacht schlechte Anstrichhaftung bei verschiedenen Anstrichmitteln.

Feuchtigkeit ist ein stets zu beachtender Faktor bei allen Anstrichen.

Luftfeuchtigkeit wirkt sich auf das Trocknen der meisten Anstrichmittel aus. Maßstab ist die relative Luftfeuchtigkeit, wie sie der Luftfeuchtigkeitsmesser (Hygrometer) anzeigt. Diese Feuchtigkeit beeinflußt die Trocknung oxidativ trocknender Anstrichmittel (z.B. 60 bis 80% Trocknung von Leinölfirnis). Bei mehr als 90% relativer Luftfeuchtigkeit haben Außenflächen einen sehr feinen Wasserbelag, der das Haften öliger und lackartiger Anstrichmittel verhindert. Das in Neubauten verdunstende Wasser bewirkt eine sehr hohe relative Luftfeuchtigkeit, die begierig von ungestrichenen Bauteilen (z.B. Holz) aufgenommen wird.

Untergrundfeuchtigkeit wirkt sich auf alle Anstriche schädlich aus. Sie kann die Schichten abdrücken (Blasenbildung). Natürliches Austrocknen ist hier am wirksamsten. (Nur Kalkfarben sollen bei relativ hoher Luftfeuchtigkeit gestrichen werden.)

Bei Untergrundfeuchtigkeit unterscheiden wir:

a) Feuchtigkeit vorübergehender Dauer (z.B. übergelaufene Badewanne) – Abhilfe durch natürliche oder künstliche Austrocknung (Heizung, Heizstrahler);

b) Feuchtigkeit längerer Dauer – Abstellen der Ursache erforderlich, z.B. Regenrinne ausbessern.

Zur Feuchtigkeitsmessung in Anstrichuntergründen dienen Feuchtigkeitsmeßgeräte, das sind elektronische Bau- und Holzfeuchtemesser mit sofort ablesbarem Feuchtigkeitsgehalt (s. Abschn. 10.1.3).

Neutralität, Porosität, Atmungsaktivität. Aus Abschn. 3.10 kennen wir die alkalische Wirkung von Putzen und die Prüfung der Alkalität. Nicht kalk- bzw. zementbeständige Bindemittel und Farbmittel können auf alkalischen Untergründen Flecken und Farbtonveränderungen hervorrufen, abplatzen oder verseifen. Darum sollte man Kalkputz erst nach genügender Abbindung streichen, also etwa nach 6 Wochen. Erst nach 2 Jahren ist Zementputz so weit neutral, daß man alle Bindemittel verwenden kann. Mit alkalischen Anstrichmitteln kann man etwa nach einem Jahr streichen. Kalk- und zementhaltige Anstrichuntergründe müssen mit Fluaten behandelt werden.

Porosität ist zum Verankern der Anstrichfilme nötig. Putze sind in der Regel poröse, saugfähige Untergründe. Durch Verschmutzungen oder bei alten Anstrichen können die Poren jedoch verstopft sein. Hier helfen Reinigen (Abwaschen) oder Aufrauhen (Abbürsten, Schleifen). Bei zu rauhen Oberflächen (Neuputz) arbeitet man mit porenfüllenden Werkstoffen vor (Grundanstrichstoff, Spachtelmasse). Atmungsaktivität setzt voraus, daß Poren und Kapillaren des Putzes und des Anstrichs nicht verstopft sind (s. Abschn. 2.5). Verstopfungen durch Schmutz oder Anstrichreste behindern die Diffusion. Weil beim Abwaschen alter Anstriche zusätzliche Verstopfungen auftreten können, bürstet man die Putzoberfläche oft besser mit der Stahlbürste ab. Auf keinen Fall dürfen Rauch-, Ruß- oder Wasserflecken vor dem Anstrich mit Dispersions- oder gar Lackfarbe überstrichen werden – dunkle Stellen im Anstrich wären die Folgen.

9.2.1.1 Kalkputz und hydraulischer Kalkputz

Merkmale. Kalkputz hat eine rauhe und harte Oberfläche (Kornwirkung des Sandes bzw. Sinterschicht durch Kalkabbindung). Fetter Kalkmörtel schwächt oft die Saugfähigkeit (beim Annässen bleiben Wassertropfen stehen). Kalkputz ist alkalisch, wenn er noch nicht völlig abgebunden ist.

> Kalkputz ist rauh, hart und alkalisch. Fetter Kalkputz ist oft nur schwach saugfähig.

Sorten. Kalkputz aus Luftkalkmörtel, aus Kalkhydratmörtel; hydraulischer Kalkputz und hochhydraulischer Kalkputz (s. Mörtelgruppen in Abschn. 8.5.2).

Zusammensetzung des Kalkputzmörtels nach DIN 18550:

Mörtelgruppe I a

Luftkalk- und Wasserkalkmörtel
a) 1 Teil Kalkteig + 3,5 Teile Sand
b) 1 Teil Kalkhydrat + 3 Teile Sand

Mörtelgruppe I b

Hydrierter Kalkmörtel
1 Teil Hydratkalk + 3 Teile Sand

Mörtelgruppe II

Hochhydrierter Kalkmörtel
1 Teil hochhydrierter Kalk + 3 Teile Sand
Kalkzementmörtel
1,5 Teile Kalkteig (oder 2 Teile Kalkhydrat) + 1 Teil Zement + 9 Teile Sand

Kalkputzfehler müssen vor dem Anstrich erkannt und beseitigt werden. Durch unsachgemäße Arbeit später auftretende Anstrichfehler erfordern ein Vielfaches an Aufwand, Arbeitszeit und damit Kosten.

Kalkmännchen sind aus dem Putz abgesprengte, noch nicht völlig abgelöschte Kalkteilchen, die erst beim Verarbeiten des Mörtels löschen.

Kalkgrieben sind kleine Treiberscheinungen durch zu kurz eingeweichten Sackkalk (Kalkhydrat, **9**.4).

Blasen entstehen bei noch zu frischem oder zu schnell verarbeitetem Sackkalk (Kalkhydrat).

Risse gibt es bei zu wenig Bindemittel (Schwundrisse) oder zu viel Kalk (Spannungsrisse), evtl. auch bei zu feinem oder zu grobem Sand (Risse s. Abschn. 9.5.1).

Sanden droht bei mürbem Putz. Man kann die Sandkörner an der Oberfläche abreiben. Ursachen sind unreiner Sand, zu wenig Bindemittel, Frost oder Salpeter.

Abplatzen der Oberschicht (Feinputz) ist die Folge mangelhafter Verbindung beider Putzschichten, wenn der Unterputz zu glatt oder zu trocken ist.

9.4 Kalktreiber

Ausblühungen entstehen durch Mauerfeuchtigkeit und lösliche Salze. Die Salzkristalle treten an die Oberfläche des Putzes und zersetzen ihn (**9**.5).

Schlechte Haftung wird verursacht durch ungenügende Verankerung auf künstlichen Putzträgern (z. B. Rohrmatten, Streckmetall).

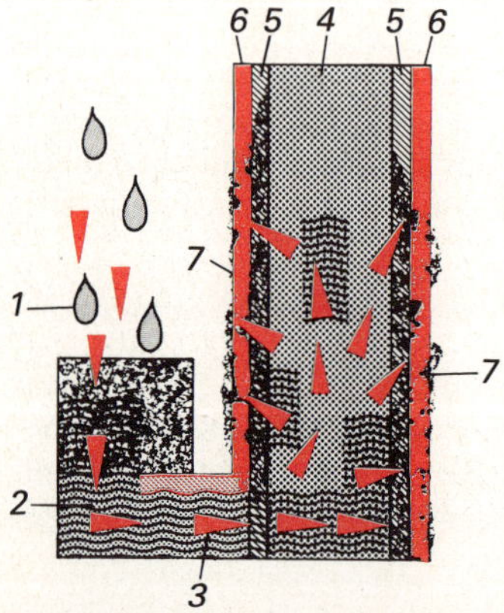

9.5
Entstehen von Ausblühungen
1 Feuchtigkeit
2 Erdreich
3 Weg der löslichen Salze
4 Mauerwerk
5 Putz
6 Anstrich
7 Ausblühungen

Hydraulischer Kalkputz ist ein Außenputz für starke Witterungsbeanspruchungen oder ein einlagiger Innenputz. Als Bindemittel dienen hydraulisch erhärtende Kalke, die auch bei Luftabschluß und unter Wasser feste Schichten bilden. Sie enthalten reaktionsfähige Bestandteile (z. B. Tonerden, Eisen), die sich mit dem Calcium verbinden. Auch hier können die genannten Putzfehler auftreten.

Hochhydraulischer Kalkputz ist ein besonders für KD-Farben geeigneter Außenputz. Innen nimmt man ihn für hochbeanspruchte Flächen. Auch hier gibt es die beschriebenen Putzfehler.

Verwendung. Kalkputz und den verwandten Putzen sind fast keine Grenzen gesetzt. Man nimmt sie z. B. als Innen- und Außenputze, Unterputze und veredelte Oberputze, auch in Feuchträumen (denn sie sind wasserunlöslich gegenüber Gipsputzen). Nichtmineralische Putzträger müssen mit künstlichen Putzträgern (Rabitzgewebe, Streckmetall u. a.) versehen werden.

Versuch 1 Mischen Sie Mörtelproben aus Kalk und Sand im Verhältnis 1 : 1, 1 : 3, 1 : 5 und 1 : 8 und tragen Sie diese 2 cm dick auf einer Hartfaserplatte nebeneinander auf. Beobachten Sie die Rißbildung.

Versuch 2 Streichen Sie Leimfarbe, die Chromgelb enthält, auf frischen Kalk- oder Zementputz und beobachten Sie die Veränderung im Farbton.

> Bei allen Kalkputzarten können Putzfehler auftreten, die vor dem Anstrich oder Kleben erkannt und beseitigt werden müssen.

9.2.1.2 Kalkzementputz und Zementputz

Merkmale, die oft erst bei näherer Untersuchung feststellbar sind: Härte (Nägel sind kaum einzuschlagen), besonders feste Verbindung mit dem Mauerwerk, schwache Porosität (dichtes Mörtelgefüge), stark wasseraufnahmefähig, betonartiger Farbton (hell- bis mittelgrau), hohe Alkalität, die über ein Jahr anhalten kann.

Zementputzfehler können durch zu lange gelagerten Zement auftreten.

Risse entstehen bei zu geringen oder zu großen Sandanteilen, auch durch zu große Wasserzugaben (**9**.6a).
Abplatzen durch Frost gibt es bei Putzarbeiten im Winter (**9**.6b).

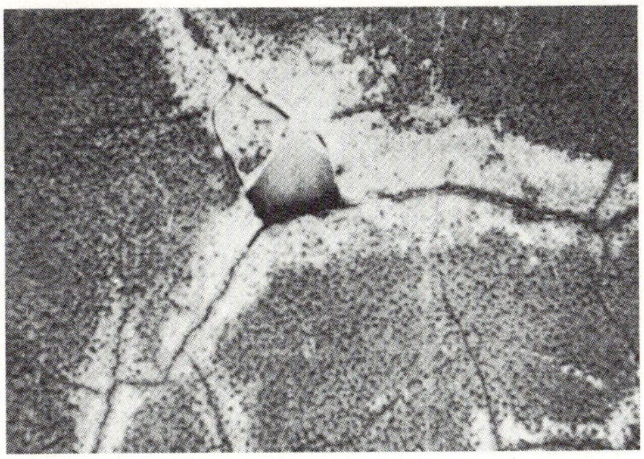

a)

b)

9.6 Zementputzfehler
a) Schwundspannungsrisse
b) Abplatzen von Putz

Sanden (Rieseln) kann sich ergeben, wenn der Putz bei zu starker Sonneneinstrahlung aufgebracht wird. Der ausgetrocknete Untergrund oder die Sonne entziehen das nötige Abbindewasser, so daß die Erhärtung ungenügend ist.

Salzhaltige Ausblühungen bedrohen auch den Zementputz.

Verwendung. Kalkzementputz ist ein besonders für KD-Farben geeigneter Außenputz sowie ein Innenputz für hochbeanspruchte Flächen. Zementputz nimmt man für Sockelflächen und unter der Erdoberfläche liegende Bauteile sowie als Unterputz für wassersperrende Anstriche.

Für den Anstrich auf Zementputz müssen Anstrichmittel gewählt werden, die mit dem Putz chemisch verträglich sind. Darum ist die Kenntnis der Zusammensetzung des Putzmörtels wichtig. In der Regel ist Zementputz vor einem Anstrich zu neutralisieren.

Mörtelzuschlagstoffe. Sand ist als Füllstoff ein wichtiger Bestandteil des Mörtels; er macht die Masse des Putzes aus. Die alleinige Verwendung eines Bindemittels wäre nicht sinnvoll, weil Kalk, Zement oder Gips viel teurer sind als Sand und weil Kalk oder Zement ohne Sandzusatz fehlerhaften Putz ergeben. (Nur Gips ist auch ohne Sand verwendbar.)

Sand ist ein Gemenge verschiedener Steinkörper unterschiedlicher Durchmesser. Verputzt wird meist mit Quarzsand. Dieser ist als natürlicher Zerfall von Granit, Gneis oder Sandstein entstanden. Mahlen ergibt Quarzmehl für Außenputz. Je nach Aussehen, Festigkeit und Verwendung unterscheidet man Bruchsand, Quarzmehl, Gruben-, Bims- und Schlackensand sowie Kies.

Technische Vorschriften fordern die Verarbeitung von Sanden, die frei sind von allen schädlichen (lehmigen, erdigen, salzigen, pflanzlichen und tierischen) Beimischungen.

Trockenmörtel sind industriemäßig hergestellte Fertigputze. Sie werden gekörnt, verschieden gefärbt und wasserlos in Papiersäcken angeliefert, auf der Baustelle mit Wasser angerührt und sofort verarbeitet. Die Bestandteile nach Rezept sichern immer gleichbleibende Mörtelqualität. Eingemischte Spezialbindemittel und kieselsäurehaltige Zuschlagstoffe geben eine sehr gute Härte und Wetterbeständigkeit. Trockenmörtel müssen immer trocken gelagert werden und sind nach Herstelleranweisung zu verarbeiten. Lieferformen:

als Edelputz-Trockenmörtel für Spritz-, Kratz- und Reibeputze auf Fassaden,

als Steinputz-Trockenmörtel mit besonders hohem Härtegrad für Putzarbeiten an Sockeln, Säulen, Pfeilern, Eingängen (glatt, scharriert, gehämmert usw.),

als Ausfuge-Trockenmörtel mit hoher Härte zum Ausfugen von Ziegel-, Klinker- oder Natursteinmauerwerk,

als Waschputz-Trockenmörtel mit farbigen, zerkleinerten Natursteinen und besonders hoher Kornwirkung zur Waschputzherstellung.

9.2.1.3 Gipsputz

Gips ist schwefelsaures Calcium (Calciumsulfat). Beim Brennen des Gipssteins wird das in den Kristallen gebundene Wasser ganz oder teilweise entzogen. Höhere Brenntemperaturen entziehen mehr Wasser und führen damit zu einer langsameren Erhärtung nach dem Ansetzen.

Merkmale. Gipsputz ist heller als Kalk- oder Zementputz, weil er weniger Sand enthält. Er ist sehr porös und saugt deshalb stark. Gipsputz wird nicht so fest wie kalk- oder zementhaltige Putze – Ecken stoßen leicht ab. In der Regel ist er glatt, weil Gips nur feineren Sand abbindet und nach dem Auftragen meist abgeglättet wird. Feuchtigkeit weicht Gipsputz auf, er verliert an Festigkeit (**9**.7 und **9**.8).

Gipsputzfehler. Ungenügende Festigkeit ergibt sich durch langes Lagern des Gipses, bei zu grobem oder unreinem Sand. Zu frischer Gips ist schwer zu verarbeiten und bindet zu

Tabelle **9**.7 **Gips**

Gipsart	Brenntemperatur	Abbindezeit	Verwendung
Stuckgips	150 bis 180°C	15 bis 20 Min.	Deckenputz, Gipsdielen, Gipsbausteine und -platten, Ausbesserung, Stuckarbeiten
Putzgips, Hartputzgips	300 bis 400°C	langsam	Putzarbeiten innen
Ofengips	Gemisch aus Stuck- und Putzgips	noch langsamer	Putz- und Stuckarbeiten
Estrichgips	1000 bis 1300°C	3 bis 4 Tage	fugenlose Unterböden für Bodenbeläge
Marmorgips	wie Putzgips, mit Alaun gehärtet, sehr hart	5 bis 6 Std.	künstlicher Marmor, Fugenmörtel, harte Wandputze
Anhydritbinder nach DIN 4208	Gemisch aus Anhydrit (= wasserfreier, ungebrannt gemahlener Gips) und Zement- oder Kalkpulverzusatz	30 Min. bis 4 Std.	Mauer- und Putzmörtel, Fußbodenestriche

Tabelle **9.8** **Gipsputzsorten**

Mörtelgruppe nach DIN 18550	Eigenschaften und Verwendung
IVa Gipsputz (ohne Sand), Maschinenputz IVb Gipssandputz a) 1 T Putzgips + 2 T Sand b) 1 T Hartputzgips + 3 T Sand c) 1 T Estrichgips + 3 T Sand	gut wasserdampfdurchlässig, stark saugend (Maschinenputz nicht saugend); bei größerem Sandzuschlag höhere Festigkeit; unbeständig gegen größere Wassereinwirkungen
IVc Gipskalkputz a) 1 T Weißkalk + 0,5 bis 1 T Gips + 3 T Sand b) 1 T Kalkhydrat + 0,5 bis 1 T Gips + 3 T Sand	Innenputz für Räume mit normaler Luftfeuchtigkeit (in Küchen, Bädern usw. wasserfeste Anstriche auftragen) nicht bei stärkerer Wassereinwirkung
V Anhydritputz 1 T Anhydritbinder + 2,5 T Sand V Anhydritkalkputz	wasserdampfdurchlässig, saugfähig, ausreichend fest nicht für stärkere Wassereinwirkungen, überwiegend Innenputz

schnell ab. Bei erneuter Wasserzugabe „ersäuft" er, ist nicht mehr fest, sondern „totgerieben".

Weicher Gipsputz entsteht durch Quellvorgänge in Räumen mit feuchter Luft. Trockene Wärme schafft Abhilfe.

Ablösen ist die Folge einer ungenügenden Verbindung mit dem Putzträger (**9**.9).

Schimmel bildet sich durch Pilze, vor allem in feuchtwarmer Luft.

Verunreinigungen, Zersetzungen und fauliger Geruch ergeben sich durch Bakterienansiedlungen.

Risse bedrohen vor allem Kalkgipsputz, der zu schnell erhärtet ist.

Kalkausblühungen sind auch bei Anhydritkalkputz möglich, wenn er alkalische Bestandteile hat.

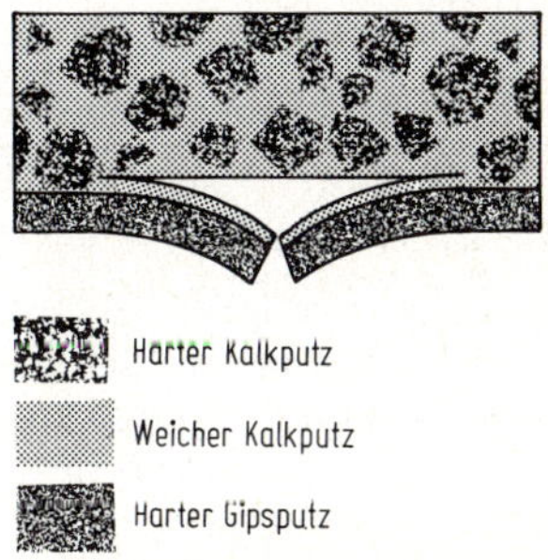

9.9 Ablösung eines gipshaltigen Oberputzes (Abplatzen)

Gips bindet durch chemische Verbindung mit Wasser (Hydratation) ab. Durch zu langes Lagern, zu groben oder unreinen Sand, zu schnelles Abbinden und dauernde Feuchtigkeit treten Putzfehler auf.

9.2.2 Edelputze

Kratzputz ist ein durch Schaber und Kratzeisen in feuchtem Zustand aufgerauhter, grobkörniger Außenputz.

Waschputz wird auf Zementunterputz aufgebracht und dient als Sockel oder Wandbekleidung. Nach dem Anziehen wäscht man mit Wasser und weicher Bürste, um die oberste Bindemittelschicht zu entfernen und die Sandkörner freizulegen. Nach 2 bis 3 Tagen wäscht man nach gutem Vornässen mit verdünnter Salzsäure nach, um einen evtl. grauen Belag zu entfernen.

9.2.3 Zementestriche

Zementestriche sind tragfähige Untergründe zum Beschichten von Wohn-, Nutz- und Industrieböden. Beschichtungsmittel liegen auf der Basis von Kunststoff-Dispersionen, Acryl- oder Epoxidharzen, Polyurethanen (DD-) oder ungesättigten Polyestern (s. Abschn. 8.2.5). Zementestriche müssen sauber, trocken, risse- und fehlerfrei sein.

Bodenbeschichtungen. Es gibt vier Techniken der Beschichtung zementhaltiger Unterböden. Sie unterscheiden sich durch die Pigmentierung der Beschichtungsmittel und ihre Eindringtiefe (**9**.10).

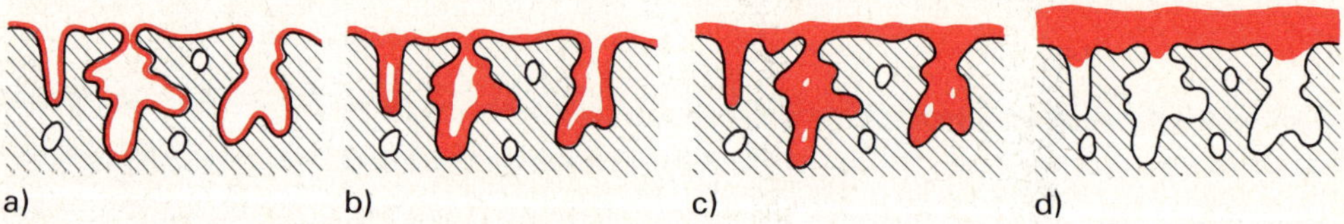

9.10 Beschichtungen auf Zementestrichen
a) Imprägnierung (pigment- und füllstofffreie Mittel, kein Porenverschluß)
b) Tiefengrundierung (Vorbereitung des Untergrunds für eine Beschichtung)
c) Versiegelung (Weiterführung der Imprägnierung bis zum Schließen der obenliegenden Poren)
d) Beschichtung (Dünn- oder Dickbeschichtung mit pigmentierten, füllstoffangereicherten Mitteln, Schichten von ≈ 100 bis 300 μm)

9.2.4 Andere mineralische Untergründe

9.2.4.1 Beton

Beton ist nach DIN 1045 ein „künstlicher Stein". Er entsteht aus einem Gemisch von Zement, Zuschlagstoffen, Zusatzmitteln und Wasser durch Erhärten. Meist wird Beton über Drahtgeflechte (Bewehrung) in geformte Holzverschalungen gegossen. Für die Entschalung nach dem Abbinden sollen möglichst solche Entschalungs- oder Trennmittel benutzt werden, die für Anstriche unschädlich sind. Seine höchste Festigkeit erreicht Beton erst nach ≈ 28 Tagen, die Endhärte noch viel später.

Sorten. Beton unterscheidet man nach dem Mischort, der Rohdichte und der Schalung.

Mischort. Ortbeton wird „an Ort und Stelle" (Baustelle) gemischt, Transportbeton fertig im Betonmischwagen angeliefert.

Rohdichte. Üblicher Konstruktionsbeton ist der Schwerbeton mit einer Rohdichte von 1,9 bis 2,5 kg/dm^3. Leichtbeton mit 1,8 bis 0,2 kg/dm^3 Rohdichte hat leichte porige Zuschläge oder ein poriges Gefüge. Er ist daher leicht und hat gute Wärmedämmeigenschaften bei geringerer Festigkeit (**9**.11).

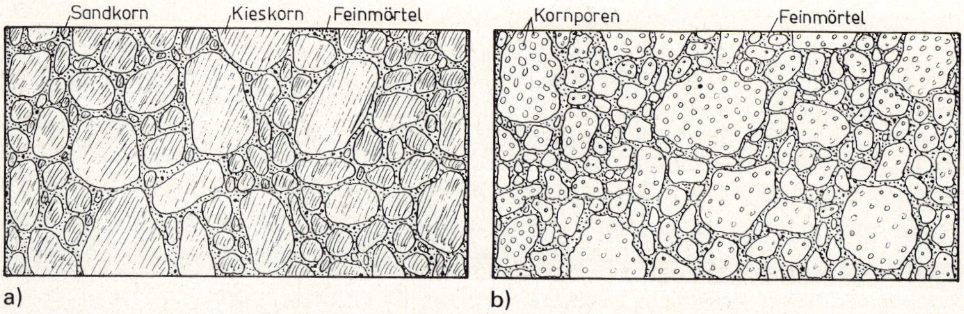

9.11 a) Normalbeton mit geschlossenem Gefüge aus natürlichem Betonzuschlag
b) Leichtbeton mit geschlossenem Gefüge aus künstlichem Betonzuschlag

Bei Leichtbeton unterscheidet man Gasbeton (verdichtet, gewonnen unter Zugabe eines gasentwickelnden Mittels, meist Aluminiumpulver), Schaumbeton mit zellenartigem Porengefüge (entstanden durch Schaumbildner, z. B. Emulsionen), Bimsbeton mit Bimskornzuschlag und Kunststoff-Schaumbeton mit Kunststoffschaumkügelchen. Diese Leichtbetone haben sehr unterschiedliche Strukturen.

Schalung. Sichtbeton ist ein durch geeignete Schalungen glatter Beton, Beton schalungsrauh dagegen ein grober Schalbeton (**9**.12) Fertigbeton-Bauteile werden als stahldrahtbewehrte Bauelemente in Betonwerken hergestellt.

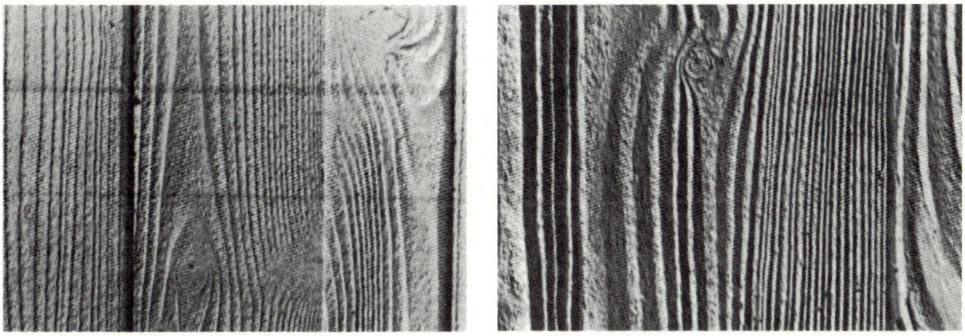

a) b)

9.12 Sichtbeton-Oberfläche
a) Schalung mit gehobelten Brettern
b) Schalung mit ungehobelten Brettern

Anstrichbedürftigkeit. Betonflächen erhalten einen Anstrich aus gestalterischen Gründen bei erwünschter Farbigkeit, aus optischen Gründen bei fehlerhafter oder schlecht aussehender Oberfläche, schließlich aus technischen Gründen zum Schutz der Oberfläche.

Durch Witterung, Industrieabgase und chemische Einflüsse werden die Zementanteile im Beton angegriffen. Die sauren Bestandteile unserer Atmosphäre (CO_2 = Kohlendioxid + SO_2 = Schwefeldioxid) verringern die Alkalität des Betons von der Oberfläche her (= Carbonatisation). Dadurch geht diese schützende Alkalität für immer verloren. Gelangt Feuchtigkeit mit gelösten sauren Gasen an den Bewehrungsstahl des Betons, setzt Korrosion ein. Das geschieht auch, wenn die Stahlelemente zu wenig mit Beton überdeckt sind. Bei diesen drei Ursachen sind Schäden am Beton unausbleiblich.

Hinzu kommt, daß schädliche Salzlösungen oft erst nach Monaten aus dem Beton auskristallisieren; der Beton platzt auf und zerfällt stellenweise. Auch gehen lösliche Teile der Salze in lösliche Verbindungen über.

Wegen der ständigen Zunahme der Industrieabgase, Korrosion der Stahlbewehrung, Abplatzungen und Rissebildung sowie äußere Verschmutzungen muß Beton saniert (ausgebessert) und anstrichtechnisch geschützt werden.

Nennen Sie gestrichene und ungestrichene Betonbauwerke in Ihrer Umgebung. Welche gefallen Ihnen besser? Warum?

Betonsanierung nennt man die weitgehende Beseitigung der Zerstörungserscheinungen mit abschließender Beschichtung. Durch Anstriche und Beschichtungssysteme lassen sich Betonoberflächen gleichmäßig farblos, lasierend oder in jedem gewünschtem Farbton und Glanzgrad sowie jeder Struktur gestalten und gegen Feuchtigkeit schützen.

Beispiel Stahlbeton bei Unterrostungen:

Trocken-, Naß-, Flamm- oder Wasserhochdruck-Strahlen (evtl. mit Abbürsten usw.), Fräsen an bestimmten Stellen;

verrostete und überflüssige Stahldrähte bis in die Tiefe des Betons entfernen;

statisch notwendige Drähte freilegen, entrosten, mit Korrosionsschutzanstrich zweimal streichen;

Ränder der Ausbrüche begradigen, um sicheren Verbund mit der Spachtelung zu erreichen;

alle vorbereiteten Betonflächen mit Preßluft gut abblasen; alle Fehlstellen mit einem hydraulisch abbindenden Betonspachtel (mit Zugabe von geeigneter Dispersion) oder anderem geeignetem Mörtel sauber ausspachteln;

nach Trocknen ein Epoxidharz-Grundanstrich.

Voraussetzungen für einen stabilen Anstrich:

Sauberkeit. Schmutz, Sand, lose Stellen und Zementschlempe (reine Zementschicht) sind vor dem Anstrich mit Bürsten, Säuren oder Flammstrahlen zu entfernen (**9**.13). Dasselbe gilt für wachshaltige Schalungsmittel und Schalölreste, die die Haftung vermindern (emulgierende Reinigungsmittel, gut nachwaschen). Oberflächlich mehlender Beton ist zu entfernen, Risse sind zu schließen, Rostaufbrüche zu reinigen, zu mennigen und zu vermörteln.

Saugfähigkeit. Durch Benetzen mit Wasser stellt man sie fest. Die Flächen müssen gleichmäßig saugen. Zu große Poren (Kiesnester) füllt man mit Zementmörtel aus. Undichte Fugen dichtet man gewöhnlich bauseits ab.

Hindernisse. Herausragende Rödeldrähte sind weitgehend zu entfernen und die Stellen abzuspachteln. Absicherungen des Betons gegen aufsteigende oder seitlich eindringende Feuchtigkeit (bauseitige Isolierung) ist notwendig. Unebenheiten durch die Schalung bessert man aus, so daß sich eine gleichmäßige Betonoberfläche ergibt (Schalungsstruktur, Farbton).

Schädliche Zusatzmittel (z.B. wasserlösliche Frostsalze) vermindern die Haftung und sind daher auszuschließen.

Alkalität des Betons soll immer genau gemessen werden.

Tabelle **9**.13 **Methoden zur Vorbehandlung**

Methode	mechanisch	thermisch	chemisch
von Hand	Drahtbürste Stahldrahtbesen (bei kleinen Flächen)	Flammstrahlen (Sauerstoff-Acetylen-Flamme)	
maschinell	rotierende Topfdrahtbürste (höhere Leistung) Handfräser Korundscheiben		Schaumwäsche (Ammoniak- und Fluat-Schaumwäsche)
Strahlen	staubfreies Sandstrahlen		Dampfstrahlentfettung mit Industriereinigerzusatz

Eine zu streichende Betonfläche muß eben, griffig und porig, hart, sauber und gleichmäßig saugfähig sein.

Anstrichausführung. Anstrichmittel auf Beton müssen dünnschichtig aufgetragen werden. Über Jahre hinweg dürfen sie nicht kreiden. Sie sollen kaum thermoplastisch sein, eine hohe chemische und alkalische Beständigkeit haben. Für Grundanstriche setzt man lösungsmittelhaltigen Tiefgrund ein.

Farblose, schlagregendichte Anstriche auf Silikonharzbasis können gegen Durchfeuchtung und Verschmutzung ausreichen. Dispersionen auf Acrylharzbasis sind andere geeignete Anstrichmittel. Betonlasuren (z.B. Polymerisatharzbasis) dienen zum Auffrischen der Oberflächen. Beschichtungen mit Dispersionslackfarben lassen sich matt bis glänzend ausführen. Mit Kunstharzputzen erzielt man dickere, haltbarere Beschichtungen. Farbige Gestaltung auch mit Silikatfarben (**9**.14).

Tabelle **9**.14 **Anstrichausführung** (s.a. Tabelle **9**.38)

Untergrund	Ausführung
Sichtbeton (glatt oder schalungsrauh), Gasbeton	Vorarbeiten einschl. Ausbessern mit geeigneten Werkstoffen Annässen vor dem Anstrich Grund- und Schlußanstrich mit Kalkzementfarbe, ebenso mit KD-Farbe waschbeständig
Gasbeton	Vorarbeiten wie zuvor Grundanstrich auf Wasserglasbasis Zwischen- und Schlußanstrich mit Silikatfarbe
Sichtbeton glatt	Vorarbeiten wie zuvor Grundanstrich mit Acrylharzlack oder Lasuranstrichmittel (Acrylharzbasis), mit Spezialverdünnungsmittel eingestellt Schlußanstrich wie zuvor, unverdünnt (Ein Zwischenanstrich verbessert Wetterbeständigkeit und Glanz)

Asbestzement (Asbestbeton) ist ein Gemisch aus einem Teil Asbest (Magnesiumsilikat unbrennbar) und drei Teilen Wasser. Das Gemisch wird unter hohem Druck zu ebenen, gewellten oder anderen Platten gepreßt (z.B. Abflußrohre). Sie haben oft eine hohe Alkalität. Man verwendet sie für Außenbekleidungen (z.B. Wände, Bedachungen, Rohre). Sinngemäß gelten die gleichen Anstrichvoraussetzungen wie bei Beton. Neben den beiden Anstrichmitteln in Tabelle **9**.15 haben sich Reinacrylatfarben bewährt.

Tabelle **9**.15 **Anstrichausführung** (s.a. Tabelle **9**.38)

Untergrund	Ausführung
Asbestzementplatten allseitig	**Einschichtfarben auf KD-Basis** für außen Reinigen der Fläche Grundanstrich mit pigmentiertem Grundanstrichstoff auf Polymerisatharzbasis (lösungsmittelverdünnbar) Schlußanstrich mit Einschichtfarbe auf KD-Basis für außen nach Herstellerrichtlinien **Polymerisatharz-Lackfarben** (Basis PVC) Reinigen der Fläche Grundanstrich mit einer PVC-Lacklösung, durch Spezialverdünnung eingestellt Zwischen- und Schlußanstrich mit Polymerisatharz-Lackfarbe (PVC-Basis), am besten im Spritzverfahren

Beim trockenen Schleifen von Asbestzementerzeugnissen kann der auftretende Asbestfeinstaub zu Lungenerkrankungen (Staublunge) führen. Sicheren Schutz bietet eine Atemschutzmaske.

9.2.4.2 Ziegel

Ziegel gewinnt man aus Lehm, Ton oder tonhaltigen Massen durch Brennen. Magerungsmittel bei fettem Lehm oder Ton sowie porenbildende Stoffe können zugegeben werden. Normale Mauerziegel und Lochziegel sind frostbeständig. Von nicht frostbeständigen Ziegeln kann der Anstrich abblättern.

Sorten. Mauerziegel werden nach den Abmessungen, nach Form und Art, ihrer Rohdichte, Druckfestigkeit und Frostbeständigkeit unterschieden. Man unterteilt sie in Vor-, Hintermauerziegel und Klinker. Vormauerziegel und Klinker müssen frostbeständig sein, Hintermauerziegel nicht. Für die Ziegelarten verwendet man Kurzzeichen:

für Innenmauerwerk

MZ = Vollziegel
HLZ = Hochlochziegel
LH Lz – Leichthochlochziegel
LLZ = Langlochziegel

für Außenmauerwerk

VMz = Vormauervollziegel
VH Lz = Vormauerhochlochziegel
KMZ = Vollklinker
KHLZ = Hochlochklinker

DIN 105 erfaßt alle Arten der gebrannten Mauerziegel für tragendes Ziegelmauerwerk. Danach werden Mauerziegel aus Ton, Lehm oder tonigen Massen mit oder ohne Zusatz von Magerungsmitteln oder porenbildenden Stoffen geformt und gebrannt. Diese DIN legt auch die Ziegelmaße, die Arten und Gestalt der Ziegel sowie technische Eigenschaften und die Prüfverfahren fest.

Klinker sind bis zur Sinterung gebrannt und frostbeständig. Sie bedürfen wegen ihrer dichten und schönen Oberfläche keines Anstrichs.

Anstrichtechnische Voraussetzungen. Das Ziegelwerk muß fest, gleichmäßig, saugfähig, risselos, sauber, trocken, frostsicher und frei von Ausblühungen sein. Risse sind (notfalls bauseits) zu schließen, Mörtelfugen müssen dicht an die Ziegel anschließen. Moos-, Algen- und Pilzbefall sind durch Schleifen, Abkratzen oder Dampfstrahlen zu entfernen. Treibende eingeschlossene und andere schädliche Stoffe dürfen im Ziegelmauerwerk nicht enthalten sein (**9**.16).

Geeignete Anstrichmittel sind Schlämmfarben (s. Abschn. 9.3.2) mineralisch-anorganisch, in 2 bis 3 Schichten; ferner Kalk-, Silikat-, KD- und Zementfarbenanstriche, farblos mit Silikon- und Acrylharzlösungen.

Tabelle **9**.16 **Anstrichausführung**

Untergrund	Ausführung
Ziegel (Vormauerziegel)	**KD-Farben wetterbeständig** Reinigen der Mauerfläche Grundanstrich mit Grundanstrichstoff auf Polymerisatharzbasis (lösungsmittelverdünnbar) 1. Zwischenanstrich mit KD-Farbe wetterbeständig, gering verdünnt 2. Zwischenanstrich (nur bei starker Wetterbeanspruchung) mit KD-Farbe wetterbeständig Schlußanstrich mit KD-Farbe wetterbeständig
Ziegel (Vormauerziegel oder Hochbauklinker)	**Silikonharzlösungen** Reinigen der Mauerfläche Ein- oder zweimaliges Aufsprühen von Silikonharzlösung bei geringem Druck (vom Hersteller empfohlene Mengen einhalten)

Ziegelmauerwerk ist vor dem Anstrich auf Alter, Feuchtigkeit, Verfugung, Festigkeit und Oberflächenbeschaffenheit zu prüfen.

9.2.4.3 Kalksandstein

Kalksandsteine sind glatte, aus Kalk und quarzhaltigen Zuschlagstoffen hergestellte Mauersteine. Das Gemisch wird unter Dampfdruck gehärtet. Vormauersteine müssen frostbeständig sein, Hintermauersteine nicht. Zu unterscheiden ist außerdem zwischen Voll-, Loch- und Hohlblocksteinen. Die Steine sollen eine Wasserdampf-, jedoch eine geringe Wasserdurchlässigkeit haben. Ausblühungen von Calciumsulfat, Risse oder Lunker (vor allem in den Fugenbereichen) müssen vor dem Anstrich beseitigt bzw. ausgebessert werden (**9**.17 und **9**.18).

9.17 Ausblühungen auf Kalksandstein-Mauerwerk

Versuch Betrachten Sie ein Sichtmauerwerk aus Ziegeln oder Kalksandsteinen genau aus der Nähe. Entscheiden Sie, ob ein Anstrich ohne weiteres möglich ist.

Tabelle **9**.18 **Anstrichausführung** (s. a. Tabelle **9**.38)

Untergrund	Ausführung
Kalksandstein (unverputzt außen)	**Einschichtfarben auf KD-Basis** für außen Reinigen der Fläche Grundanstrich mit lösungsmittelhaltigem Grundanstrichstoff, bei starkem Saugvermögen mehrmals naß in naß. Schlußanstrich mit Einschichtfarbe auf KD-Basis für außen nach Herstellerrichtlinien
Kalksandstein (unverputzt außen)	**Kalkzementfarben** Reinigen der Fläche Vornässen mit Wasser direkt vor dem Grundanstrich Grund- und Schlußanstrich mit Kalkzementfarbe

9.2.4.4 Natursteine

Besonders zur Gestaltung von Außenflächen, wie Sockeln, Ziermauern, Verkleidungen, Säulen, Pfeilern und Verblendungen verwendet man Natursteine. Natursteinmauerwerk unverputzt begegnet uns als Zyklopenmauerwerk aus unregelmäßigen Bruchsteinen, als Bruchsteinmauerwerk aus Bruchsteinen verschiedener Größen mit unregelmäßigen Fugen, als Sichtmauerwerk aus Steinen wechselnder oder gleicher Höhe, als Quadermauerwerk aus gleichmäßig zubehauenen Steinen und als Mischmauerwerk nur als Sichtfläche vor anderen Baustoffen (**9**.19).

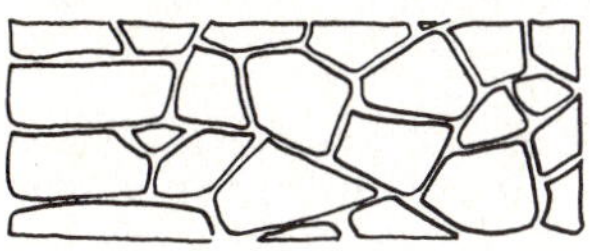

a)

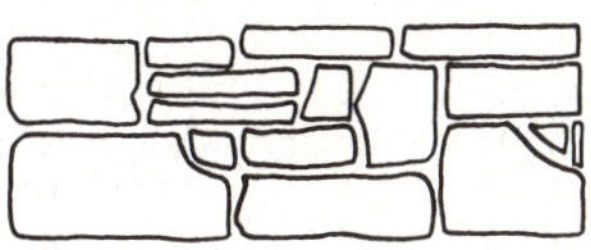

b)

c)

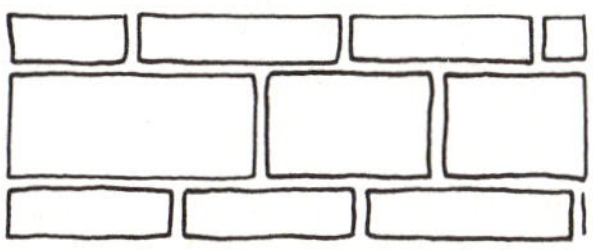

d)

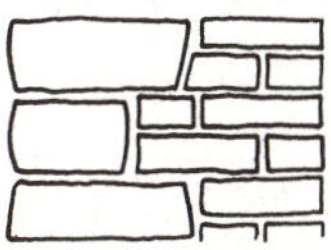

e)

9.19 Natursteinmauerwerk

a) Zyklopenmauerwerk
b) Bruchsteinmauerwerk
c) Schichtenmauerwerk
d) Quadermauerwerk
e) Mischmauerwerk

Voraussetzungen. Natursteine sind mehr oder weniger porös. Gewöhnlich ist eine sorgfältige Reinigung erforderlich, z.B. mit verdünnter Salzsäure (gründlich nachwaschen) oder Fluat (nachwaschen). Bürsten (z.B. Messingdrahtbürsten), Sandstrahlen oder Scheuern mit waschaktiven Flüssigkeiten (s. Abschn. 8.4) sind der Säurereinigung vorzuziehen. Bei ständig feuchten, mit Ausblühungen oder anderen Fehlern behafteten Natursteinflächen müssen die Ursachen und die Mängel beseitigt werden.

Auch bei Natursteinflächen sind Sauberkeit, Trockenheit und Porosität Voraussetzungen für einen haltbaren Anstrich.

Anstrichausführung. Steinfassaden, Steinverkleidungen usw., bedürfen vor allem wegen der Luftverschmutzung eines schützenden Anstrichs. Nach gründlicher Reinigung trägt man transparente Anstriche auf Acrylharzbasis auf (Bürstenauftrag oder Spritzverfahren). Diese Filme sind auch später leicht zu reinigen. Ebenfalls haben sich Überzüge auf Silikonharzbasis gut bewährt. Es dürfen keine filmbildenden Anstriche aufgetragen werden, weil sie den „Wasserhaushalt" der Steine stören und zu Schäden führen können.

9.3 Anstriche mit anorganischen Bindemitteln

9.3.1 Kalktechniken

Untergründe. Kalkanstriche lassen sich nur auf mineralischen anorganischen Untergründen haltbar aufbringen. Wegen der Verwandtschaft mit dem kalkhaltigen Putz können sie Feuchtigkeit aufnehmen und abgeben. Auf frischem, nicht zu glattem Kalkputz kann ein Kalkanstrich mit dem Putz zusammen erhärten. Rauhe Putzflächen sind mit Kalkmilch zu grundieren, zu glätten. Kalkanstriche werden heute nur noch wenig ausgeführt, z.B. bei Restaurierungen oder in Kirchen. Bild **9**.20 zeigt uns den Kreislauf des Kalks.

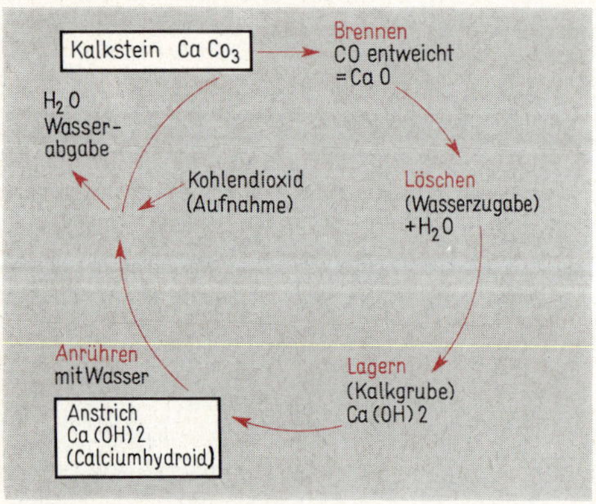

9.20 Der gebrannte, gelöschte und aufgestrichene Kalk (Kalkfarbe) wird nach dem Trocknen wieder kohlensaurer Kalk

Geeignet sind Kalk- und Kalkzementputz, alte und festsitzende Kalkfarbenanstriche, poröses Natursteinmauerwerk, Kalksandsteinmauerwerk, schalölfreier Sichtbeton.

Ungeeignet sind Gipsputz, Gipsbauplatten, Stuck, Holz, Metalle, Glas, Asbestzement, zu glattes Ziegelmauerwerk, alte Leimfarben-, Silikatfarben-, Dispersionsfarben-, Ölfarben- und Lackfarbenanstriche.

Frischer, nicht zu glatter Kalkputz ist der beste Untergrund für Kalkanstriche. Der Anstrich haftet darauf unlöslich.

Vorarbeiten

Putze. Neue Putze reibt man ab, um lose Sandkörner zu entfernen. Sandende Putze festigt man durch Grundanstriche (Alaunlösung oder Fluat; auch Überfilzen mit feinem, dünnem Kalkmörtel ist in einigen Gegenden üblich). Risse dürfen nicht mit Gips ausgebessert werden! Alte Putze und Anstriche befreit man von losen Teilen. Verstaubte, verrußte oder bemooste Untergründe werden trocken abgebürstet und nachgewaschen. Frischer, rauher Kalkputz ist am besten geeignet.

Mauerwerk. Natursteinmauerwerk reinigt man durch Abwaschen, Abbürsten, Abscheuern oder Sandstrahlen. Kunststeinmauerwerk ist auf Feuchtigkeitsgehalt, Verfugung, Festigkeit und Oberflächengestalt zu prüfen (**9**.21). Neigt das Mauerwerk zu Ausblühungen, ist es ungeeignet (**9**.22).

Überlegen Sie, warum!

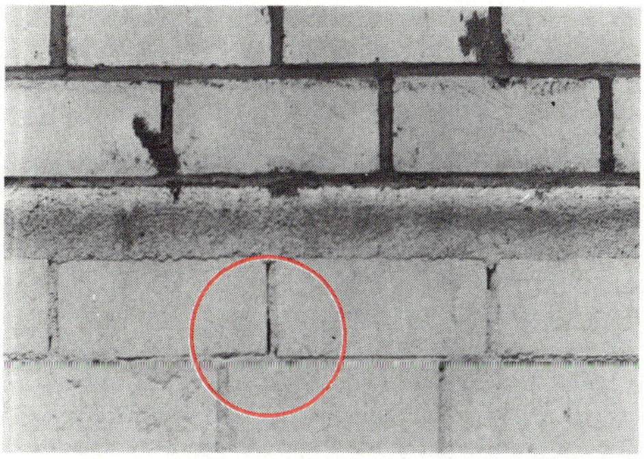

9.21 Nicht einwandfreier Haftschluß zwischen Stein und Fugenmörtel (Lunker)

9.22 Durchfeuchtung im Mauerwerk aufgrund schlechter Vermörtelung

Kalkfarbenzubereitung

Gelöschter Feinweißkalk (Grubenkalk) wird mit Wasser zu einer gut verstreichbaren Kalkmilch verdünnt (Schutzbrille aufsetzen!). Kalkbeständige Buntpigmente rührt man am Tag zuvor in Kalkwasser ein. Man gibt sie dem Kalkbrei vor dem Wasser in kleinen Mengen zu. Die Kalkfarbe siebt man durch ein feinmaschiges Sieb in einen sauberen Eimer.

Kalkhydrat wird heute auch für Kalkanstriche verwendet. Man sumpft es mindestens 48 Stunden vor der Verarbeitung ein. Zusatzmittel verbessern die Eigenschaften der Kalkfarben, z. B. $<20\%$ Kreide oder 2 bis 5% Celluloseleim erhöhen das Deck- bzw. Bindevermögen.

Es gibt auch fertige, pulverförmige, in Wasser anzusetzende Kalkfarben.

Anstrichausführung. Kalkfarben trägt man dünn und mehrfach auf, aber niemals in gleicher Streichrichtung. Nicht bei trockener, sommerlicher Witterung, direkter Sonneneinstrahlung oder auf zu trockenem Untergrund streichen! (**9**.23). Die ätzende Wirkung des Kalks gefährdet vor allem Augen und Haut; die Verwendung von Schutzbrillen und Hautschutzsalben ist deshalb dringend zu empfehlen!

Tabelle **9**.23 **Anstrichausführung**

Untergrund	Ausführung
Innenanstriche Putz (Mörtelgruppe I bis III)	Grundanstrich mit stark verdünnter Kalkfarbe (evtl. bis zu 5% Celluloseleimzugabe) Zwischenanstrich mit verdünnter Kalkfarbe im Farbton des Schlußanstrichs Schlußanstrich mit Kalkfarbe
Außenanstriche (mit Kalk wenig üblich) Putz (Mörtelgruppe I)	Grundanstrich wie innen 1. und 2. Zwischenanstrich mit verdünnter Kalkfarbe im Farbton des Schlußanstrichs Schlußanstrich mit Kalkfarbe

Kalkfarben werden dünn, mehrfach, und zwar stets in anderer Streichrichtung aufgetragen.

9.3.2 Kalkzementtechniken

Kalkzementfarben (Zementfarben) werden als Pulver in mehreren Pastellfarbtönen geliefert, mit Wasser angeteigt und bis zur Streichfähigkeit verdünnt. Sie binden hydraulisch ab, sind wasserdampfdurchlässig, erreichen eine große Festigkeit und lange Haltbarkeit. Sie verlangen einen saugenden, griffigen Untergrund (am besten Neuputz).

Mischrezept: 1 Raumteil Pulver (bzw. Paste) ≈ $^1/_2$ Eimer, 0,5 RT Kalkbrei ≈ $^1/_4$ Eimer, 1,5 RT Wasser ≈ $^3/_4$ Eimer. Vor dem Wasser kann man Buntpigmente zusetzen, für einen Schlämmeffekt auch etwas Quarzmehl oder feinen Sand.

Schlämmanstrich. Bestimmend für die Haltbarkeit der Kalkzementfarben sind ausreichende Schichtdicken, normal ≈ $^1/_{10}$ bis $^1/_{15}$ mm. Bei dickerem Auftrag spricht man von Schlämmanstrich. Der Untergrund wird mit verdünntem Material vorgeschlämmt. Nach ≈ 24stündiger Abbindung folgen zwei weitere Anstriche im Abstand von ≧24 Stunden. Den besten Schlämmeffekt erzielt man mit der Streichbürste. Geschlämmte oder auch gestrichene Außensichtmauern sehen gut aus und bieten zusätzlichen Wetterschutz. Innenanstriche wirken dekorativ und schützen vor Wohnbeanspruchungen.

9.3.3 Silikattechniken

Untergründe. Geeignet sind lufttrockene Kalk- und Kalkzementputze, Sichtbeton, Ziegelsichtmauerwerk, Kalksandsteinmauerwerk, Asbestzement und alte, festsitzende mineralische Anstriche. Die Untergründe müssen frei sein von Kunstharzen, Dichtungs- und Frostschutzmitteln sowie Gips. Silikatfarben dringen tief in den Untergrund ein und bilden mit ihm ein dichtes mineralisches Kristallgefüge, das einwandfrei verkieseln muß.

Alte Anstriche werden gereinigt, abgewaschen oder abgebürstet, Risse gipsfrei ausgebessert. Leim- und Dispersionsfarben sind gründlich zu entfernen. Noch nicht abgebundene Kalk- und Zementputze fluatiert man (Überstreichen alkalisch wirkender Untergründe mit Fluaten). Sichtbetonflächen müssen frei von Schalungsmitteln sein. Sichtmauerwerk muß gut gefugt, lufttrocken und saugfähig sein (**9**.24).

Farbzubereitung. Heute werden fast nur noch fabrikmäßig hergestellte Silikatfarben verwendet. Sie sind genau nach Herstellerangaben anzusetzen und zu verarbeiten. Die gelieferten Farbpulver rührt man direkt in das Bindemittel (Fixativ) ein ($\approx$2 kg Pigment in 3 kg Bindemittel). Zum Abtönen setzt man vor dem Verdünnen Silikat-Volltonfarben zu.

9.24 Schlecht gefugtes, teilweise ungefugtes Mauerwerk darf nicht so gestrichen werden

Anstrichausführung. Silikatfarben trägt man satt, gleichmäßig und gut verschlichtet auf. Die angesetzte Farbe erhärtet rasch und muß daher ohne Pause verbraucht werden. Bei Sonneneinstrahlung oder Regen dürfen keine Silikatfarben gestrichen werden. Silikatfarben ätzen. Augen und Haut, aber auch Fensterglas, evtl. Möbel und Fußböden sind sorgfältig abzudecken. Werkzeuge wäscht man sofort nach dem Anstrich gut aus (**9**.25).

Tabelle **9**.25 **Anstrichausführung**

Untergrund	Ausführung
Putz (Mörtelgruppen I bis III)	Grundanstrich bei stark saugenden Untergründen mit Silikat-Grundiermittel (1:1 oder 1:2 verdünnt), mit der Bürste auftragen Zwischenanstrich mindestens ebenso stark abgebunden wie Schlußanstrich, Verdünnung nach Herstellerangaben (bis zu 25% Silikatfarbenverdünner) Schlußanstrich durch Streichen, Rollen oder Spritzen, Verdünnung bis zu 10% möglich
Sichtbeton und Sichtmauerwerk	Grundanstrich mit Silikonharzlösung Zwischenanstrich verdünnt oder unverdünnt mit Sand- bzw. Quarzmehlzugabe Schlußanstrich mit Sand- oder Quarzmehlzugabe (Schlämmwirkung **9**.26 und **9**.27)

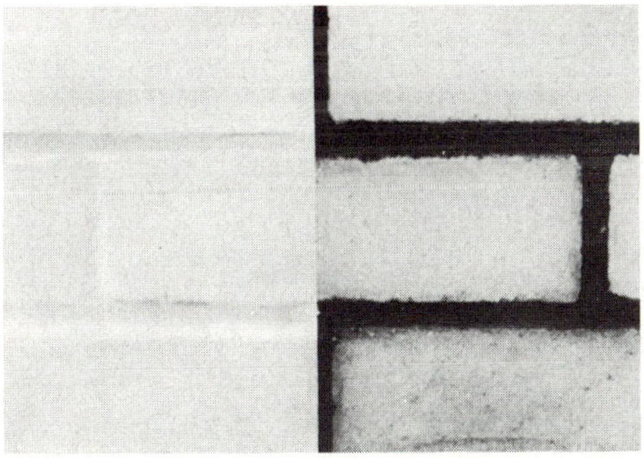

9.26 Sichtmauerwerk geschlämmt (links) und unbehandelt (rechts)

9.27 Silikat-Marmorputz, in einer Dicke von 4 bis 5 mm angeworfen

Silikatsondertechniken. Sichtbeton kann man mit Silikat-Betonlasuren streichen. Die unverdünnten Farben werden mit der Bürste eingerieben. Stark saugende Flächen muß man vorlasieren. Quarzhaltige Silikatfarben benutzt man z. B. für Industrieanstriche. Sie sind pilzabweisend, vollatmend, hygienisch, geruchlos, reinigungsfest, unbrennbar und schmutzunempfindlich. Restaurierungen an historischen Bauten werden ebenfalls mit Silikatfarben ausgeführt. Weil diese Farben keinen starken Film bilden, eignen sie sich besonders, den Charakter alter Bauten zu bewahren.

Tabelle **9**.28 **Anstrichfehler**

Fehler	Ursache
streifiges Auftrocknen	schlechter Farbauftrag und/oder ungenügendes Verschlichten
Glanz, glasige Flecken	zu stark abgebundene Farbe
Farbe wischt	zu schwache Abbindung, evtl. auch zu schnell getrocknet
Farbtonveränderungen	ungeeignete Pigmente
Abplatzen	zu dicker Farbauftrag
Ablösen auf Kalksandstein	Fugenrisse, hinterwandernde Feuchtigkeit

Silikatfarben sind genau nach Herstellerangaben anzusetzen und zu verarbeiten. Angesetzte Farben müssen gleich verbraucht werden. **Vorsicht – Silikatfarben ätzen!**

9.4 Anstriche mit organischen Bindemitteln

9.4.1 Leimfarbentechniken

Untergründe. Leimfarben kann man nur auf festen, ebenen, porösen, trockenen, neutralen und fleckenlosen Untergründen in Innenräumen auftragen.

Geeignet sind Kalk-, Kalkzement- und Zementputze, Gips, Beton, Bauplatten, festsitzende alte Dispersionsanstriche.

Ungeeignet sind mürber Putz, dauernd feuchte Untergründe, Metalle, Glas, Stein, nicht feste alte Dispersionsanstriche, gerissene Altanstriche.

Warum eignen sich Leimfarbenanstriche nur für innen und nicht auf dauernd feuchten Untergründen?

Tabelle **9**.29 **Untergrundbeschaffenheit**

Angestrebte Beschaffenheit	Vorarbeit
eben, rissefrei	glätten, füllen, spachteln mit Leim- oder Dispersionsspachtelmasse, gipshaltigen Füllstoffen, Mörtel
fest	abbinden, härten mit dünnem Mörtel, Fluat, Tiefengrundiermittel; durchfilzen (Tüncher und Weißbinder)
sauber	abwaschen, abbürsten, abkratzen, abschaben mit Wasser
trocken	natürliche oder künstliche Austrocknung
fleckenlos	isolieren mit magerem Lack, Isolierfluat, Dispersionsfarbe, Makulatur
neutral	neutralisieren mit Fluat
porös	aufrauhen, anschleifen, überfilzen, dünner Mörtel
gleichmäßig	vorleimen (grundieren) mit Vorleimfarbe, verdünnter Dispersionsfarbe

Leimfarben sind nur innen, auf festen, porösen, trockenen, neutralen, fleckenlosen und sauberen Untergründen zu streichen. Die Farbe darf nicht tropfen.

Anstrichausführung. Wegen der geringen Anforderungen an Leimfarbenanstriche schreibt die VOB DIN 18363 einen Grundanstrich mit gering pigmentierter Leimfarbe und einen Schlußanstrich vor. Der Grundanstrich besteht aus Leimlösung mit etwa 20% abgebundener Leimfarbe (wie im Schlußanstrich). Man arbeitet mit der Streichbürste und an den Rändern mit einem Pinsel. Um Ansätze zu vermeiden, wird der Grundanstrich quer zum Lichteinfall, der Schlußanstrich dagegen vom Licht weg aufgetragen. Bequemer und üblicher ist der Farbrollerauftrag. Die Farbe trocknet gleichmäßig und ansatzfrei mit leichter Struktur auf. Tabelle **9**.30 zeigt die Ursachen von Anstrichfehlern.

Tabelle **9**.30 **Anstrichfehler**

Fehler	Ursache
Abplatzen	nicht oder nur ungenügend abgewaschene alte Leimfarbenanstriche
Abwischen	ungenügende Leimzugabe; bei späterem Auftreten: starke Feuchtigkeitseinwirkung
Abblättern	dicke Schichten bei zu geringer Abbingung aufgetragen oder nicht genügend tragfähiger Untergrund. Man prüft die Rückseiten der Abblätterungen, ob alte Farb- oder Putzschichten daran haften
Flecken	nicht entfernte Wasser-, Ruß- oder Rauchflecken oder lösliche Farbstoffe alter Anstriche bzw. Tapeten

9.4.2 Techniken mit Alkydharz- und Acrylharz-Lackfarben

Das „klassische Anstrichverfahren" der Ölfarbentechnik (Leinöl oder Leinölfirnis) ist heute fast vollkommen durch Anstrichmittel auf der Basis von Alkydharzen, weniger von Acrylharzen abgelöst worden. Ölfarbenanstriche sind aber noch als Untergründe für Neuanstriche anzutreffen. Bei den hier zu besprechenden Anstrichtechniken handelt es sich um Innenanstriche auf Putz, Holz und Holzwerkstoffen. Wir behandeln hier den Untergrund Putz, Holz dagegen in Abschnitt 10.3.3. Das „Lexikon der Anstrichtechnik" unterscheidet bei Putz zwei Beanspruchungsgruppen:

- **erhöhter nasser Abrieb innen.** Darunter sind Anstrichobjekte zu verstehen, die von Zeit zu Zeit feucht gereinigt werden (z. B. Sockelflächen).
- **erhöhte Feuchtigkeit innen.** Dies sind Anstriche in Feuchträumen, die einer ständigen Belastung durch Kondenswasser unterliegen (z. B. Duschen, Waschmaschinenräume).

Tabelle **9**.31 **Untergrundbeschaffenheit** (Prüfungen s. Abschn. 10.3.3)

Angestrebte Beschaffenheit	Vorarbeiten
Putz ungestrichen	
trocken	natürliche (≧2 bis 3 Jahre) oder künstliche Austrocknung; fluatieren (neutralisieren)
eben, rissefrei	glätten, füllen, spachteln (Dispersionsspachtel, gipshaltige Füllstoffe oder Gips für innen); Risse innen auskratzen, anfeuchten, vergipsen und glattreiben
Putz gestrichen	
porös	gut erhaltene alte Ölfarbenanstriche mit feinem Schleifpapier aufrauhen, entstauben
sauber	abwaschen, abbürsten, abschaben mit Wasser und Reinigungsmittel
frei von ungeeigneten Altanstrichen	gerissene, schadhafte oder klebende Altanstriche abbeizen (alkalische, weniger lösende Abbeizmittel) oder abbrennen mit Abbrenngerät

Tabelle **9.32** **Anstrichausführung**

Untergrund	Ausführung
Erhöhter nasser Abrieb innen	
Gipsputz (Mörtelgruppe IV bis V)	**Alkydharz-Lackfarben** glänzend/seidenglänzend Reinigen, Ausbessern geringer Schäden mit Gips-Spachtelmasse Grundanstrich mit verdünnter Alkydharzlösung, leicht pigmentiert Zwischenanstrich mit Alkydharz-Lackfarbe für Grund- und Zwischenanstriche innen Schlußanstrich mit Alkydharz-Lackfarbe für innen
Putz (Mörtelgruppe I)	Reinigen, Putz mit Holzbrett abreiben Fluatieren und Nachwaschen noch alkalisch reagierender Flächen, Ausbessern wie zuvor Grundanstrich, Zwischenanstrich und Schlußanstrich wie zuvor
Putz (Mörtelgruppe I)	**Alkydharz-Lackfarben** glänzend/seidenglänzend **mit Spachtelung** Reinigen und abreiben wie zuvor Fluatieren und Nachwaschen, Ausbessern wie zuvor Grundanstrich wie zuvor Spachteln mit Spachtelmasse auf Alkydharzbasis bis zur vollkommenen Glätte, Spachtelschicht nach Erhärtung schleifen und abstauben Zwischenanstrich und Schlußanstrich wie zuvor
Erhöhte Feuchtigkeit innen	
Beton (Sichtbeton) glatt	**Acrylharz-Lackfarben** Reinigen, Entfernen der Trennmittelreste Schließen größerer Löcher und Egalisieren von Unebenheiten mit Zement-Spachtelmasse Grundanstrich mit Epoxidharz-Grundanstrichmittel Zwischenanstrich mit verdünnter Acrylharz-Lackfarbe Schlußanstrich mit Acrylharz-Lackfarbe
Auf Altanstrich	
Altanstriche (Ölfarbe, Alkydharz-Lackfarbe)	**Alkydharz-Lackfarbe** Reinigen durch gründliches Abwaschen mit Salmiakwasser, Nachwaschen bzw. Abschleifen Spachtelstellen zuvor mit Alkydharzlack seidenglänzend vorstreichen Spachteln mit Alkydharz-Spachtelmasse, nach dem Trocknen schleifen Grund-, Zwischen- und Schlußanstrich wie bei Putz, Mörtelgruppe I

Aufgaben zu den Abschnitten 9.1 bis 9.4

1. Nennen Sie einige wichtige mineralische Untergründe.
2. Welche Aufgaben erfüllt der Putz?
3. Warum sind Festigkeit, Härte, Sauberkeit und Trockenheit des Putzes wichtige Voraussetzungen für haltbare Anstriche?
4. Welche Merkmale haben Kalkputz und hydraulischer Kalkputz?
5. Nennen Sie die Merkmale von Zementputz.
6. Nennen Sie die Mörtel der Gruppen IV und V (Gipsputze) und einige Anwendungen dafür.
7. Welche Eigenschaften haben Gipsputze?
8. Beschreiben Sie das Aussehen einiger Edelputze.
9. Erklären Sie den Ausdruck „Anstrichsystem".
10. Was bedeutet die Regel „Von mager nach fett"?
11. Warum kann man Kalkanstriche nur auf mineralischen Untergründen aufbringen?
12. Wie bereiten Sie Sichtbeton für einen Kalkanstrich vor?
13. Beschreiben Sie das Ansetzen einer Kalkfarbe mit Grubenkalk.

14. Welche Verbesserungen erreicht man durch Magermilch- oder Kaseinzugaben zur Kalkfarbe?
15. Warum müssen Sie Kalkfarben dünn und mehrfach auftragen?
16. Zu welchem Zweck gibt man Kalkzementfarben Quarzmehl oder feinen Sand zu?
17. Welche Vorarbeiten müssen Sie auf Altanstrichen für Silikattechniken ausführen?
18. Welche Schutz- und Vorsichtsmaßnahmen sind bei diesen Anstrichen nötig? Warum?
19. Warum wendet man Silikatfarben auch bei Industrieanlagen an?
20. Welche Vorteile bietet der Leimfarbenauftrag mit Farbrolle gegenüber dem Bürstenauftrag?
21. Warum kann man Beton streichen?
22. Welche Voraussetzungen muß Beton für eine anstrichtechnische Behandlung erfüllen?
23. Welche Fehler können bewitterte Kalksandsteinflächen aufweisen?
24. Kann man Natursteinmauerwerk streichen? In welchen Techniken?
25. Wofür wendet man Techniken mit Alkydharz-Lackfarben innen an?
26. Was versteht man unter „erhöhtem nassen Abrieb" innen?
27. Womit erfolgen Grundanstriche innen?
28. Ergänzen Sie: „Spachtelschicht nach Erhärtung schleifen ...."

9.5 Anstriche mit Dispersionsfarben

9.5.1 Vorarbeiten

Untergründe von Innenflächen. Geeignet sind Putze der Mörtelgruppen I bis IVc, Beton (Sichtbeton) glatt oder schalungsrauh, Gasbeton, Ziegel, Gipskartonplatten, festsitzende Tapeten und Rauhfaser. Von Altanstrichen eignen sich festsitzende Dispersionsfarbenanstriche, seltener dagegen gut erhaltene und angeschliffene Ölfarbenanstriche. Die Untergründe müssen trocken sein, ausreichend fest und saugfähig, frei von Staub, losen Teilchen, Sinterschichten und Ausblühungen. Putze müssen eine gleichmäßige Struktur haben, Ausbesserungsstellen ebenso strukturiert sein wie die übrige Fläche. Risse sind auszubessern oder zu armieren.

Untergründe von Außenflächen. Wetterbeständig sind nur Putze der Mörtelgruppen II und III. Gut vorbereitete Dispersionsfarben-Altanstriche kommen auch in Frage. Die Bedingungen für Innenflächen gelten auch hier. Außerdem müssen alle Flächen vor aufsteigender und rückseitiger Feuchtigkeit geschützt, Fugen und Anschlüsse dicht sein. Bewehrungen dürfen nicht freiliegen oder sich abzeichnen. Risse sind unbedingt zu armieren (**9**.33).

Tabelle **9**.33 **Vorarbeiten**

Prüfen auf	Vorarbeiten
Feuchtigkeit: dunkle Verfärbung	abrocknen lassen, Innenräume lüften
Festigkeit: Abrieb oder Erweichen nach Annässen	putzfestigende Grundanstrichmittel auftragen, lockere Teile vorher entfernen
Sinterschichten: zeigen Glanz und geringe Saugfähigkeit	von Hand oder maschinell entfernen, evtl. fluatieren
Saugfähigkeit: bei Wasserbenetzung unterschiedliche Wasseraufnahme und Dunkelfärbung	durch geeignete Grundanstriche egalisieren; grundsätzlich bei Mischmauerwerk (**9**.34)
Risse: Dunkelfärbung beim Benetzen mit Wasser	Risse füllen oder ausspachteln, auf die jeweilige Anstrichtechnik abstellen
Rödeldrähte, Roststellen: Rostverfärbung	möglichst tiefgehend entfernen, absperren und spachteln

9.34 Mischmauerwerk aus Hohlblock- und Kalksandsteinen, Betonsturz, Heraklithplatten

Risse, besonders an Außenflächen, sind stets zu beseitigen. Nach den Ursachen unterscheidet man:

Windrisse, entstanden durch zu schnelles Verdunsten des Wassers beim Verputzen,

Schwundrisse, durch ungünstige Sandmischungen oder bei Mischmauerwerk vorhanden,

Netzrisse, hervorgerufen durch einen zu hohen Bindemittelanteil des Mörtels,

Setzrisse, entstanden durch Erschütterung oder Senkung des Gebäudes, ausgehend vom Fundament,

Fugenrisse, im Mauerwerk oder bei Fertigteilen, die meist auch Bewegungsrisse sind.

Rissebeseitigung erfolgt durch Überbrücken und Abdecken mit Anstrichmitteln (Armierungsfarben auf KD-Basis mit feinsten Faserstoffen) oder durch Einbetten von Vliesen oder Geweben in den Anstrich bzw. Armierungskleber. Geeignet sind Vliese aus Glas- oder Chemiefasern (Nylon, Perlon). Sie sind wasser-, chemikalien- und wetterbeständig. Das $\approx$0,4 mm dicke Vlies wird in Rollen von 1 m Breite geliefert (**9**.35). Aus den gleichen Materialien gibt es Gewebe (**9**.36). Rißbrücken (Mehrfacharmierungen) überbrücken größere Risse (**9**.37).

9.35 Armierungs-Vlies

9.36 Armierungs-Gewebe

9.37 Rißbrücke

Vor der Armierung wird der Untergrund gründlich gesäubert, mürbe und verwitterte Putzstellen entfernt bzw. ersetzt man ebenso wie nicht haftende Altanstriche. Die Fläche wird mit einem Grundiermittel oder mit einer hydrophobierenden (= wasserabweisenden) Imprägnierung behandelt. Wenn der Putz bis in eine Tiefe von 4 bis 7 mm seine Alkalität verloren hat und der pH-Wert <9 ist, schützt eine 4- bis 5%ige Silikonharzlösung vor eindringendem Regenwasser.

Bei Anstrichen mit KD-Farben ist sorgfältig auf die Bedingungen für Innen- und Außenanstriche zu achten.

Entfernung von Dispersionsfarb-Anstrichen. Stark abgewitterte Schichten werden mit Spachtel, Drahtbürste oder einer Schleifmaschine entfernt, evtl. auch mit besonderen Dispersions-Abbeizmitteln (stark lösende Abbeizfluide). Sie sind mehr oder weniger feuergefährlich. In geschlossenen Räumen ist für gute Durchlüftung zu sorgen bzw. sind Atemschutzmasken zu tragen. Aufgetragen wird das Fluid mit dem Spachtel, Pinsel oder einer Bürste aus Naturborsten. Bei starken Schichten sind mehrere Aufträge notwendig. Nach dem Abkratzen soll sofort mit Wasser und einem Spülmittel abgespült werden. Hochdruckreiniger (Dampfstrahlgeräte) sind wirksamer.

Hochdruckreiniger sind elektrisch beheizte Reinigungsgeräte. Dem Reinigungswasser werden bestimmte Chemikalien oder Reinigungsmittel in vorgeschriebenen Mengen zugesetzt. Sie liefern ein Dampf-Wasser-Gemisch mit einer Temperatur von $\approx 140\,°C$. Wassertemperatur und Druck werden auf die zu reinigenden Objekte eingestellt. Der Sprühstrahl steht unter einem Druck von 5 bis 9 bar. Durch die Wärme trocknen die gereinigten Flächen schnell ab.

Farbenzubereitung. KD-Farben bestehen gemäß VOB DIN 18363 aus Kunststoff-Dispersionen, Pigmenten, Füllstoffen und Hilfsstoffen. Meist nimmt man fabrikmäßig hergestellte, streichfertig gelieferte KD-Farben. Sie müssen genau nach Herstelleranweisungen verarbeitet werden. Zusätze (etwa Leimbindemittel) sind von der VOB nicht gestattet.

Wichtig für die Schichtdicke und Haltbarkeit ist die Viskosität der Farbe. Der Wasseranteil beträgt gewöhnlich 30 bis 50%. Bei zu starker Verdünnung entstehen Hohlräume im Film, durchbrechende Feuchtigkeit kann zu Kraterbildungen führen. Schnellere Verschmutzung und geringere Haltbarkeit sind die Folgen. Für den Grundanstrich verdünnt man gewöhnlich im Verhältnis 1:3. Schlußanstriche können $<10\%$ Wasser enthalten, wodurch die Streichfähigkeit verbessert wird. Um die Viskosität zu erhöhen, kann man wiederum Pigmente zusetzen (Lithopone, Titanweiß). Pigmente und Füllmittel (z.B. Quarzmehl) sollen vorher in stark verdünnter Dispersion angeteigt werden. Dispersionsfarbe wird verdünnt, indem man unter ständigem Umrühren portionsweise Wasser zugibt.

Durch zu starke Verdünnung der KD-Farben wird die Viskosität gesenkt. Mit abnehmendem Pigmentanteil gewinnen die Farben an Glanz-, Wisch- und Wetterbeständigkeit, jedoch steigt die Verschmutzungsgefahr.

Beim Verdünnen gibt man unter stetem Umrühren portionsweise Wasser in die Dispersionsfarbe.

9.5.2 Anstrichtechniken

Regeln für Anstriche mit KD-Farben

1. Probeanstrich an wenig sichtbarer Stelle, Trocknung abwarten und prüfen.
2. Farbe zügig, aber nicht zu hastig auftragen, öfter umrühren. KD-Farben verschiedener Herkunft nicht miteinander mischen.
3. Ansätze vermeiden (evtl. mehrere Arbeitskräfte einsetzen).
4. Auf rauhen Untergründen (Rauhfaser, plastische Anstriche, Sichtbeton, Mauerwerk) Grundanstrich mit der Bürste „einreiben".
5. Zwischenanstriche, evtl. Schlußanstrich, immer mit dem Farbroller anlegen.
6. In Räumen zuerst an Türen, Fenstern und an der Decke mit dem Pinsel beschneiden, dann die Flächen anlegen.

Tabelle **9.38** **Anstrichausführung**

Untergrund	Ausführung
Innenanstriche	
	KD-Farben waschbeständig
Gipsputz (Mörtelgruppe IV bis V), Gipskartonplatten	Grundanstrich mit Grundanstrichmittel Zwischenanstrich wie Schlußanstrich (nach Saugfähigkeit verdünnt) Schlußanstrich mit Farbroller
Putz (Mörtelgruppe I bis III)	Grundanstrich mit Grundanstrichmittel 1. Zwischenanstrich (je nach Saugfähigkeit verdünnt) 2. Zwischenanstrich (wenig verdünnt) Schlußanstrich mit Farbroller
Tapeten, Rauhfaser	Grundanstrich (wenig verdünnt) Schlußanstrich mit Farbroller
	KD-Farben waschbeständig pastös
Gipsputz (Mörtelgruppe IV bis V)	Grundanstrich mit Grundanstrichmittel Zwischenanstrich abgetönt wie Schlußanstrich (wenig verdünnt) Schlußanstrich mit Farbroller
Putz (Mörtelgruppe I bis III)	Grundanstrich mit Grundanstrichmittel Zwischenanstrich abgetönt wie Schlußanstrich (wenig verdünnt) Schlußanstrich mindestens 500 g/m² (Struktur mit Roller oder Stupfbürste)
	KD-Farben mit groben Füllstoffen (<3 mm Korn-Ø)
Putz (Mörtelgruppe I bis III)	Grundanstrich mit Grundanstrichmittel Zwischenanstrich mit KD-Farbe waschbeständig, abgetönt wie Schlußanstrich Schlußanstrich mit Farbroller (Strukturputz Herstelleranweisung)
	KD-Farben scheuerbeständig (bessere Ausführung)
Gipsputz (Mörtelgruppe IV bis V), Gipskartonplatten	Grundanstrich mit Grundanstrichmittel 1. Zwischenanstrich (je nach Saugfähigkeit verdünnt) 2. Zwischenanstrich (wenig verdünnt) Schlußanstrich mit Farbroller
Putz (Mörtelgruppe I bis III)	Grundanstrich mit KD-Farbe scheuerbeständig (je nach Saugfähigkeit verdünnt) Zwischenanstrich (wenig verdünnt) Schlußanstrich mit Farbroller

Fortsetzung s. nächste Seite

Tabelle **9**.38 Fortsetzung

Untergrund	Ausführung
Putz (Mörtelgruppe I)	**KD-Einschichtfarben** Grundanstrich mit Grundanstrichmittel Schlußanstrich mit Farbroller
Beton (Sichtbeton) glatt	**KD-Farben heizölbeständig** Grundanstrich mit KD-Farbe heizölbeständig 1. (evtl. noch 2.) Zwischenanstrich mit KD-Farbe heizölbeständig Schlußanstrich mit KD-Farbe, heizölbeständig, Farbroller
Außenanstriche	
Asbestzementplatten allseitig	**KD-Farben wetterbeständig** Grundanstrich mit Grundanstrichmittel 1. Zwischenanstrich (wenig verdünnt) 2. Zwischenanstrich (nur bei starker Bewitterung) Schlußanstrich mit Farbroller
Beton (Sichtbeton) glatt	Grundanstrich mit Grundanstrichmittel 1. Zwischenanstrich (wenig verdünnt) 2. Zwischenanstrich (nur bei starker Bewitterung) Schlußanstrich mit Farbroller nach Herstelleranweisung
Kalksandstein unverputzt	Grundanstrich mit Grundanstrichmittel (bei starker Saugfähigkeit evtl. mehrmals) Zwischenanstrich wie Schlußanstrich (wenig verdünnt) Schlußanstrich mit Farbroller (auch mit Fassadenfüllfarbe)
Putz (Mörtelgruppe II und III)	Grundanstrich mit Grundanstrichmittel 1. Zwischenanstrich (wenig verdünnt) 2. Zwischenanstrich (nur bei starker Bewitterung) Schlußanstrich mit Farbroller
Putz (Mörtelgruppe II und III)	**KD-Farben wetterbeständig** (Fassadenfüllfarben mit Füllstoffen $<0{,}2$ mm Korn-∅) Grundanstrich mit Grundanstrichmittel Zwischenanstrich (wenig verdünnt) Schlußanstrich mit Farbroller

Tabelle **9**.39 zeigt Anstrichfehler und ihre Ursachen.

Tabelle **9**.39 **Anstrichfehler**

Fehler	Ursache
Abplatzen	Mangel an Bindemittel bei selbstangesetzter KD-Farbe; Altanstriche nicht entfernt; zu glatter Untergrund; Innenfarbe für außen verwendet
Blasen	Wasser oder Wasserdampf dringt nach außen
Risse im Film	mager, unelastischer Anstrichfilm (**9**.40 auf S. 178); gerissene Altanstriche ohne Ausbesserung einfach überstrichen (**9**.41); Sonneneinstrahlung beim Anstrich; wechselnde Untergrundfeuchtigkeit
Flecken	Pigmente oder Abtönfarben schlecht verrieben; lösliche Stoffe im Untergrund nicht isoliert; ungleichmäßig saugender Untergrund; Regen auf feuchtem Untergrund; frischer Putz überstrichen
Verfärbungen	nicht kalkbeständige Pigmente auf frischen alkalischen Putz gestrichen
Abkreiden	zuviel Pigment bei selbstangesetzter KD-Farbe; Fassaden zu mager gestrichen; außen keine wetterbeständige KD-Farbe verwendet

9.40 Abplatzender Anstrich. Die Putzrisse bestimmen den Verlauf des Abplatzens

9.41 Rißbildung im Anstrichfilm; der Film ist nicht elastisch genug

9.5.3 Fassadenanstriche

Fassadenanstriche werden heute meist mit wetterbeständigen KD-Farben ausgeführt und sind deshalb hier behandelt. Sie dienen der farbigen Gestaltung von Alt- und Neubauten und zugleich dem Bauschutz (**9.**42).

9.42 Fachwerkfassade, die vom Putz freigelegt wurde, nach der Renovierung mit Reinacrylat-Fassadenfarbe

9.43 Vorschriftsmäßige Absicherung mit Warnzeichen und Schutzwehren für Fußgänger

Vor dem Fassadenanstrich prüft man das Gerüst auf ordnungsgemäßen Zustand. Bürgersteige, Blumenbeete und Zieranlagen im Gefahrenbereich werden vor Farbspritzern oder Beschädigungen gesichert. Publikumsverkehr ist abzusperren (**9.**43). Fenster, Sockel, Verblendungen usw. deckt man mit Folie oder Spezialabdeckungen ab. Den Farbton stimmt man mit dem Auftraggeber ab (Probeanstriche und Trockenprobe, denn KD-Farben trocknen etwas dunkler auf). Schließlich stellt man genügend Farbe bereit.

Überlegen Sie die Folgen (und Kosten) einer Bürgersteigverschmutzung, Beetbeschädigung oder gar schlechter Absperrung. Genügt es nicht, die Farbtöne im Auftrag festzulegen, ohne vorher Proben mit dem Auftraggeber abzustimmen?

Während des Fassadenanstrichs teilt man die Flächen ein, um Ansätze zu vermeiden (bei sehr großen Flächen mit mehreren Männern arbeiten). Fensterleibungen, Dachrinnen, Gesimse und Balkone streicht man zuerst heraus, bevor man zügig die Flächen anlegt. Erhalten diese Gebäudeteile andere Farbtöne, kann man sie meist nach einmaligem Voranstrich mit den entsprechenden Farbtönen anlegen. Die Farbe wird gleichmäßig aufgetragen, ihre Konsistenz laufend geprüft (umrühren, evtl. nachverdünnen). In Vertiefungen von Edelputz, Sichtbeton usw. reibt man die Farben mit kurzer Bürste ein. Nicht bei direkter Sonneneinstrahlung, Frost oder Regen streichen! Bei Hitze arbeitet man stets an den Schattenseiten.

Nach dem Fassadenanstrich. Sobald eine Wand gestrichen ist, prüft man, ob nichts vergessen worden ist, und streicht in diesem Fall sofort nach. Anschließend wäscht man Spritzer auf Glas, Fensterbänken, Geländern usw. ab. Nach Arbeitsende werden die Streich- und Rollwerkzeuge sofort gründlich gereinigt. Weitere Anstriche darf man erst nach etwa 24 Stunden aufbringen. (Fassadenreinigung ist auch ein Arbeitsgebiet des Malers.)

Würden Sie einem Maler wieder einen Auftrag erteilen, der bespritzte Fensterscheiben und Geländer hinterläßt?

> Die Mindestauftragsmenge Farbe je m^2 ist Voraussetzung für die vorgeschriebene Wetter-, Scheuer- oder Waschbeständigkeit.

9.5.4 Kunstharzputztechniken

Kunstharzputze haben als Bindemittel Polymerisatharze (s. Abschn. 8.2.5.2) in Form von Dispersionen oder Lösungen. Sie heißen darum auch „kunstharzgebundene Putze". Füllstoffe sind die bei Kunststoff-Dispersionen verwendeten. Farbige Putze werden vor allem mit Eisenoxidpigmenten und einigen anderen abgetönt. Als Sand verwendet man Quarze, Kalksandstein- und Marmorsande.

Kunstharzputze werden anwendungsfertig geliefert. Sie haften auf fast allen sauberen, trockenen und tragfähigen Untergründen. Sie trocknen gleichmäßig auf, sind hart, aber flexibel, decken jedoch nicht arbeitende Risse ab. Ihre Regendichtigkeit ist eine hervorzuhebende Eigenschaft. Kunstharzputze trocknen rein physikalisch. Sie dürfen weder unter +5°C noch bei starker Luftfeuchtigkeit und direkter Sonneneinstrahlung verarbeitet werden.

Je nach Art des Putzes, des Beschichtungsverfahrens und der Oberflächenbehandlung unterscheidet man Kratz-, Reibe-, Rillen-, Spritz-, Roll-, Streich-, Modellier- und Buntsteinputze (**9**.44 auf S. 180).

Kunstharzputze verlangen einen festen, tragfähigen und griffigen, trockenen, sauberen, ebenen und neutralen Untergrund. Neue Putze sind zu fluatieren und wie bei Dispersionsanstrichen zu grundieren. Alte Putzschichten werden ebenfalls wie bei KD-Farben vorbehandelt. Schlecht haftende, schwach gebundene und verwitterte Anstriche müssen entfernt werden (Abbeizen).

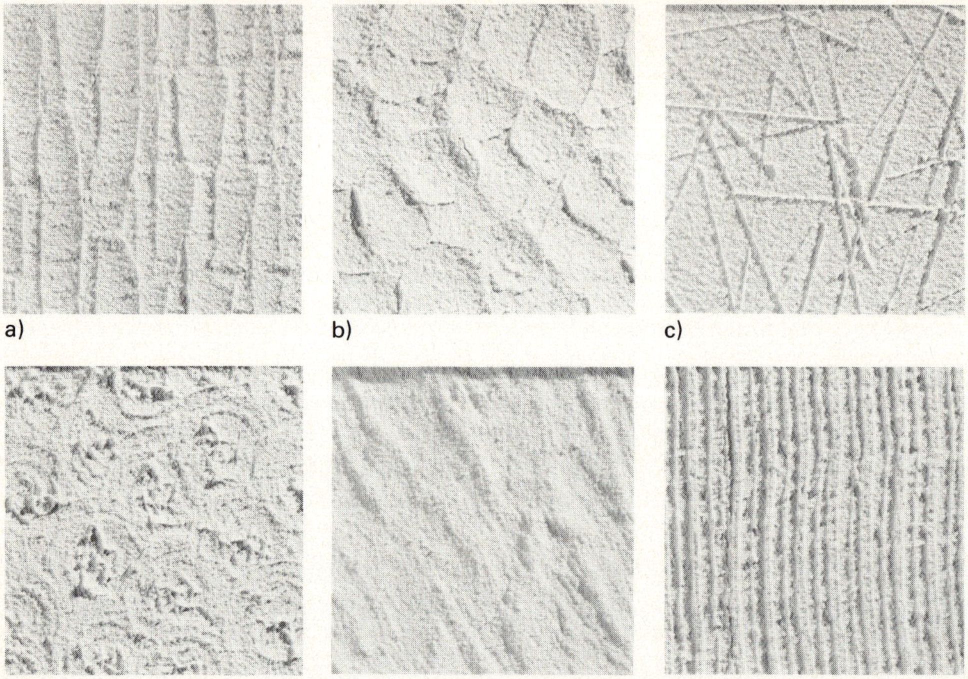

a) b) c) d) e) f)

9.44 Beispiele für Kellenputz-Strukturen durch geschickte Hände

a) Struktur „Birkenrinde", b) Struktur „Kellenschlag", c) Struktur „Mikado", d) Struktur „Butzenscheibe", e) Struktur „Ibiza", f) Struktur „Rillendekor"

Reibeputze (Streich- oder Scheibenputz) haben eine Korngröße von etwa <2 mm. Die Körnung des Quarzmaterials bestimmt die Auftragsdicke. Aufgetragen wird mit der Stahlkelle (Glättscheibe) oder einer halblangen Bürste. Mittels Glättspan, Glättkelle oder Reibebrett strukturiert man nach kurzem Antrocknen in nassem Zustand. Man kann aber auch mit der Stupfbürste, einem Kamm oder anderen Werkzeugen arbeiten. Das Abreiben geschieht in kreisender oder nur in senkrechter bzw. waagerechter Bewegung.

9.45 Spritzputz

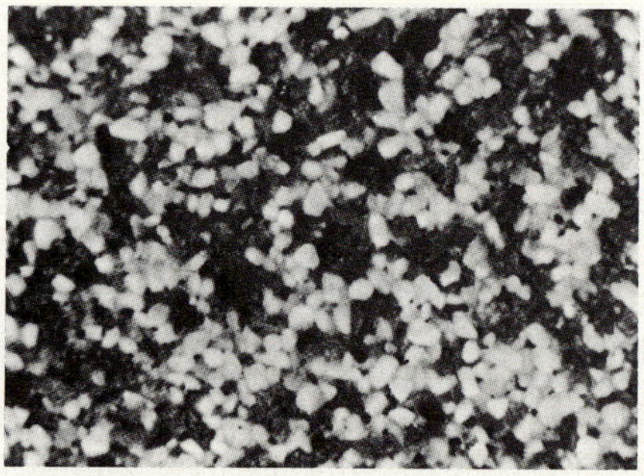

9.46 Fassadenputz

Spritzputze werden mit der Spritzpistole (Düsengröße etwa 6 mm) im Hoch- oder Niederdruckverfahren gleichmäßig aufgespritzt (**9**.45), so daß sie „stehen bleiben". Vorher kann man sie mit Volltonfarben (max. 30%) abtönen.

Fassadenputze mit Zusätzen von Quarzmehl (Korngröße <3,5 mm) werden mit der Glättscheibe gleichmäßig aufgetragen und verrieben (**9**.46).

Natursteinputze (Korngröße <2,2 mm) werden mit rostfreien Stahlglättekellen aufgezogen, rund abgerieben und dann in einer Richtung geglättet. Man verbraucht etwa 5000 bis 7000 g/m^2.

Beim Arbeiten mit Kunstharzputzen sind die Anweisungen der Hersteller maßgebend. Um Ansätze zu vermeiden, arbeitet man mit mehreren Gesellen in zügiger Folge. Anschlüsse an bereits bearbeitete Flächen müssen naß in naß geschehen.

Aufgaben zu Abschnitt 9.5

1. Zählen Sie geeignete Untergründe für KD-Farbenanstriche innen und außen auf.
2. Beschreiben Sie die wichtigen Vorarbeiten für Dispersionsfarbenanstriche.
3. Wie beseitigt man Risse auf Putzuntergründen?
4. Was schreibt die VOB für die Verarbeitung streichfertig gelieferter KD-Farben vor?
5. In welchen Fällen sind KD-Farben zu verdünnen?
6. Was bewirkt eine zu starke Verdünnung von KD-Farben?
7. Wie viele Innenanstriche waschbeständig sind auf Putz der Mörtelgruppe I bis II erforderlich?
8. Warum soll man vor allem Schlußanstriche innen mit dem Farbroller auftragen?
9. Warum sind KD-Farben zügig aufzutragen?
10. Welche Ursachen können zum Abplatzen von KD-Farben führen?
11. Wodurch können Flecken bei KD-Farbenanstrichen auftreten?
12. Warum müssen Sie KD-Farben bei wenig glatten Untergründen im ersten Anstrich mit kurzer Bürste einreiben?
13. Welche Arten von Kunstharzputzen gibt es?
14. Wie strukturiert man Reibeputze?

10 Anstrichtechnik auf organischen Untergründen

10.1 Holz

Man sagt, wir leben im Beton-, Stahl- und Kunststoffzeitalter. Wo begegnet uns da noch der Holzbau? Abgesehen von Holzbauten gibt es aber auch in technisch modernsten Bauten noch viele Bauteile aus Holz. Welche? Sehen Sie sich in Ihrem Haus, in Ihren Räumen um.

Holz setzt sich aus verschiedenen organischen Stoffen zusammen. Seine Eigenschaften werden wesentlich vom Anbaugebiet, Wachstum und Alter sowie von der Faserbeschaffenheit bestimmt. Holz verwittert schnell und muß deshalb geschützt werden. Dazu muß der Maler das Verhalten des Holzes gegenüber klimatischen Einwirkungen, aber auch gegenüber den Anstrich- und Beschichtungsmitteln kennen. Wichtig sind außerdem Auswahl, Schnitt, Trocknung und Lagerung des Holzes. Daraus ergibt sich, daß Holz kein einheitlicher Anstrichuntergrund ist.

10.1.1 Aufbau und Beschaffenheit

Zellen. Ein Baum besteht aus vielen Zellen verschiedener Art und Größe. Leitzellen transportieren den Saft, Speicherzellen speichern die Nährstoffe, Stütz- und Faserzellen geben dem Holz Festigkeit.

Den Aufbau des Holzes zeigt der Querschnitt **10.**1. In der Mitte des Stamms liegt das Mark, das bei älteren Bäumen zu einer Markröhre austrocknet. Das anschließende Kernholz besteht aus schon abgestorbenen Zellen. Es ist daher dunkler und fester als das Splintholz. Dessen Zellen leben zwar noch, sind noch voller Saft, können sich aber nicht mehr teilen. Die teilungsfähigen Zellen bilden das Kambium, die Wachstumsschicht des Baumes. Nur hier wächst der Baum, indem er nach außen Bast- und Rindenzellen bildet. Die Borke schützt den Baum. Sie besteht aus abgestorbenen, abplatzenden Rindenzellen. Einige Baumarten entwickeln Reifholz statt Kernholz (Tanne, Fichte).

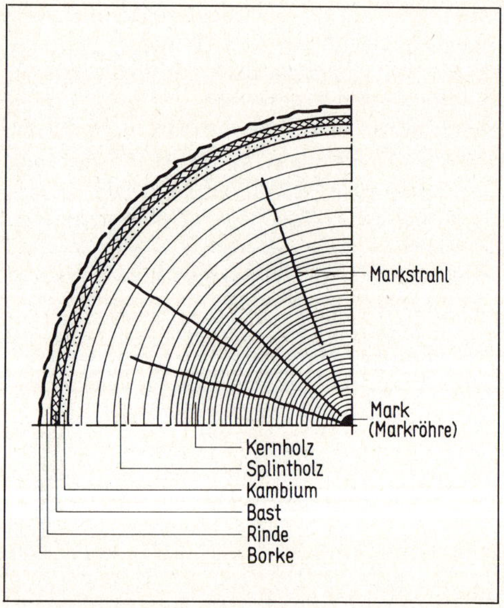

10.1 Querschnitt durch einen Baum

Wachstum. Jedes Jahr bildet der Baum in der Kambiumschicht einen neuen Jahresring. Weil er im Frühjahr schneller wächst, sind die Zellen des Frühholzes größer und dünnwandiger als die des langsamer wachsenden Spätholzes vom Sommer und Herbst (**10.**2). Im Winter bildet der Baum keine neuen Zellen und wächst daher nicht. Die Zellwände sind heller als die Zellhohlräume, so daß sich farblich ein Ring abzeichnet. Durch Zählen dieser Jahresringe kann man also das Alter eines Baumes bestimmen. Tropische Hölzer wachsen gleichmäßig im ganzen Jahr und bilden daher keine Jahresringe. Ein Baum wächst jedoch nicht nur in der Dicke, sondern auch in der Höhe.

Betrachten Sie bei nächster Gelegenheit im Wald einen gefällten Baum und bestimmen Sie durch Zählen der Jahresringe sein Alter.

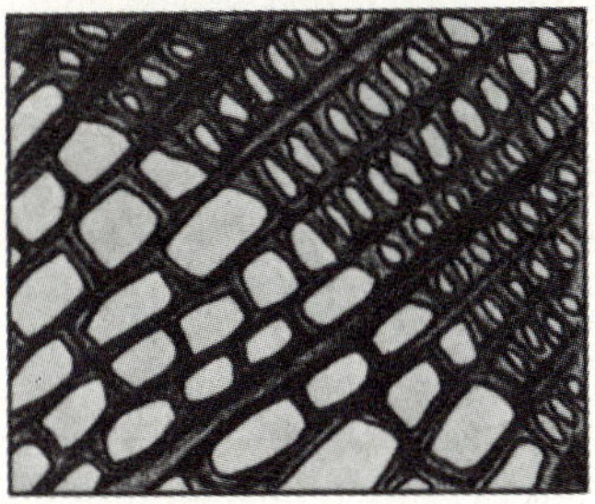

10.2 Zellenaufbau des Holzes, Übergang vom Früh- zum Spätholz

10.3 Drehwüchsiges Holz

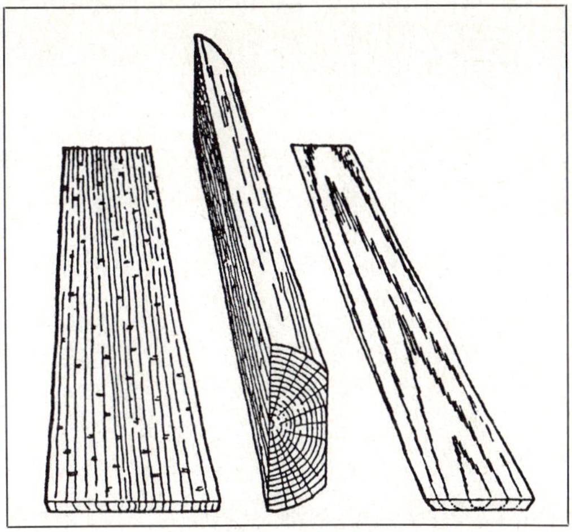

10.4 Radial und tangential (in Jahresrichtung) geschnittenes Holz

Abweichungen im Wuchs. Am Längsschnitt erkennt man, ob ein Baum gerade gewachsen ist. Verlaufen seine Fasern schraubenförmig um die Stammachse, spricht man von Drehwuchs (**10**.3). Drehwüchsiges Holz kann undichte Konstruktionen verursachen und läßt Feuchtigkeit eindringen.

Die Zeichnung (Maserung) wird sichtbar, wenn die Fasern durch Sägen und Schneiden freigelegt sind. Bei unterschiedlicher Farbe von Früh- und Spätholz der Nadelhölzer spricht man von „Flammen". Die sichtbaren Markstrahlen der Laubhölzer nennt man „Spiegel". Flammen zeigen sich bei tangentialem, Spiegel bei radialem Schnitt (**10**.4). Die Art des Sägeschnitts beeinflußt also das Aussehen des Holzes.

Holz besteht aus Zellen, das Frühholz aus großen, das Spätholz aus kleineren. Früh- und Spätholz ergeben zusammen den Jahresring. Die inneren Jahresringe bilden das dunklere, härtere Kern- oder Reifholz, die äußeren das hellere, weichere Splintholz.

10.1.2 Holzarten

Bei Bauholz unterscheidet man vor allem zwischen Laub- und Nadelhölzern.

Im Laubholz bestehen die Markstrahlen aus Bündeln dünnwandiger kurzer Zellen. Die Markröhre wird umringt von Poren (**10**.5 auf S. 184). Diese Gefäße (Tracheen) speichern die Nährstoffe. Größe und Anordnung der Gefäße sind ein wichtiges Merkmal zum Bestimmen der Holzarten. Wir unterscheiden:

- **grobe Ringporen** im Frühholz schon mit dem bloßen Auge (z. B. Eiche, Esche, Ulme, Teak, **10**.5),
- **feine zerstreute Poren** im Früh- und Spätholz nur unter der Lupe (z. B. Buche, Nußbaum, Linde, **10**.6).

Die Faserzellen der Laubhölzer bestehen aus dicht gelagerten dickwandigen Zellen.

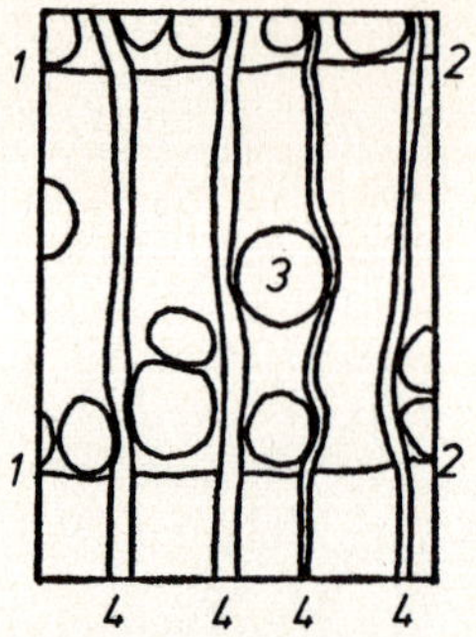

10.5 Anordnung der Gefäße in ringporigem Holz

1 und *2* Jahresringgrenze
3 Gefäße
4 Markstrahlen

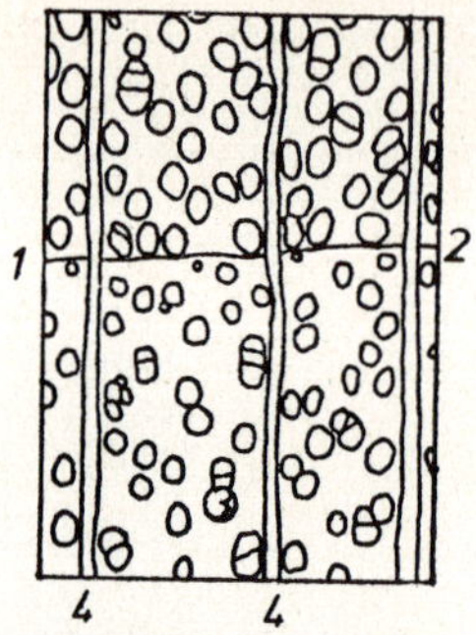

10.6 Anordnung der Gefäße in zerstreutporigem Holz

1 und *2* Jahresringgrenze
3 Gefäße
4 Markstrahlen

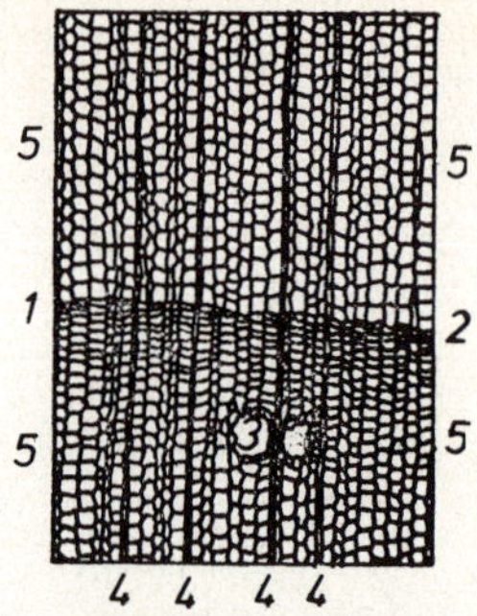

10.7 Anordnung der Tracheiden im Nadelholz

1 und *2* Jahresringgrenze
3 Harzkanäle
4 Markstrahlen
5 Tracheiden

Nadelholz ist einfacher und regelmäßiger aufgebaut als Laubholz. Es hat weniger und zugleich dünnere Markstrahlen. Die Farbunterschiede zwischen dem hellen Frühholz und dem dunklen Spätholz sind deutlicher als bei den Laubhölzern. Die Nadelholzzellen heißen Tracheiden. Im Frühholz dienen sie als Leit- und Speicherzellen (wie die Poren bei Laubhölzern), im Spätholz als Faserzellen (**10**.7).

Mit Ausnahme von Tanne und Eibe haben Nadelhölzer (aber auch einige tropische Laubhölzer) vertikal verlaufende Harzkanäle. Beim Verletzen des Holzes (durch Fällen des Baums, aber auch durch Sägen und Schneiden der Bretter) quillt das Harz heraus.

Harzstellen oder harzreiche Äste lösen auch nach längerer Zeit noch ölige Bindemittel des Anstrichs an. Sie schlagen als gelblich-braune Flecken durch.

Farbe. Vom fast reinen Weiß der Hainbuche bis zum Schwarz des Ebenholzes gibt es eine große Farbtonskala. Gelb, Braun und Rot sind am häufigsten. Tropische Hölzer zeigen kräftigere, auffallendere Farbtöne als einheimische. Eine Einteilung der Hölzer nach Farben ist schwierig wegen der zahlreichen Übergänge.

10.1.3 Eigenschaften der Hölzer

Die Rohdichte ist wichtig für die Festigkeit des Holzes. Sie kann sehr unterschiedlich sein, sogar innerhalb eines Stamms. Leichtes Holz hat im allgemeinen eine geringere Festigkeit als schweres.

Holzfeuchte nennt man den Feuchtigkeitsgehalt des Holzes, ausgedrückt in Gewichtsprozenten des getrockneten Holzes (Darrgewicht). Leichte Hölzer mit vielen Hohlräumen können einen hohen Feuchtigkeitsgehalt erreichen, schwere nur einen geringen. Splintholz enthält meist mehr Feuchtigkeit als Kernholz. Holz ist hygroskopisch (wasseranziehend). Deshalb sind auch Luftfeuchtigkeit und Lufttemperatur mitbestimmend für die Holzfeuchte. Deckt sich die Holzfeuchte mit der relativen Luftfeuchtigkeit, spricht man von Ausgleichsfeuchtigkeit – das Holz ist „lufttrocken". Der Fasersättigungspunkt dagegen ist der Augenblick, in dem kein freies Wasser mehr in den Zellen vorhanden ist, die

Zellwände jedoch noch mit Wasser gesättigt sind. Bei weiterer Wasserabgabe beginnt das Holz zu schwinden.

Schwinden und Quellen des Holzes ergeben sich aus der Feuchtigkeitsabgabe unterhalb des Fasersättigungspunkts bzw. der Feuchtigkeitsaufnahme. Man sagt, das Holz „arbeitet". Die verschiedenen Holzarten arbeiten unterschiedlich, Weichhölzer mehr als Harthölzer. Tropische Hölzer trocknen nur sehr langsam aus.

Trocknungsfehler treten als Verziehen und Reißen auf, weil das Holz nicht in allen Richtungen gleich arbeitet. Senkrecht zur Faserrichtung ist der Schwund größer. Unter hohen Temperaturen oder bei austrocknendem Wind können die äußeren Holzschichten schneller trocknen als die inneren. Dann gibt es Risse.

Zulässige Holzfeuchte. Eine bestimmte Holzfeuchtigkeit begünstigt die Festigkeit und Verarbeitbarkeit des Holzes. Weil sich andererseits ein Anstrich nicht auf nassem Holz verankern kann, hat man zulässige Werte zusammengestellt (**10**.8). Besteht der Auftraggeber bei höherer Feuchtigkeit auf einer geschlossenporigen Anstrichausführung (s. Abschn. 10.4.3), muß sich der Maler durch schriftliche Vorbehaltserklärungen von der Gewährleistungspflicht befreien.

Tabelle **10**.8 **Zulässige Holzfeuchte für geschlossenporige Anstriche**

Holzart	maximale Holzfeuchtigkeit bei einer Temperatur von 20°C
Nadelhölzer	15%
Laubhölzer	12%
Tropische Hölzer	12% (in der Mitte der Holzdicke 15%)
Furniere	≈7 bis 10%
Holzfeuchte innen	≈8 bis 10% bei Zentralheizung

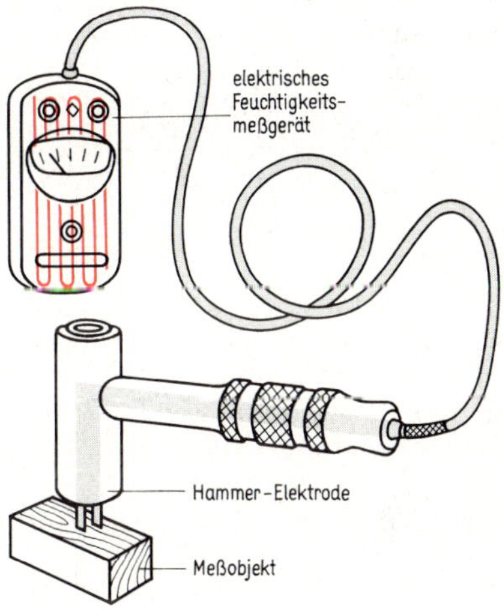

10.9 Messen der Holzfeuchtigkeit

Zum Messen der Holzfeuchtigkeit benutzt man einen Feuchtigkeitsmesser (**10**.9). Die Meßelektroden müssen mindestens 5 mm tief, bei dünneren Hölzern etwa bis zum Mittelpunkt eingeschlagen bzw. eingeschraubt werden. Um Fehlmessungen auszuschließen, mißt man bei normaler Temperatur (20°C). Bei abweichenden Temperaturen liest man die wirkliche Holzfeuchte in einer Wärmeberichtigungstabelle ab.

> Holz ist hygroskopisch, es „arbeitet" durch Feuchtigkeitsaufnahme und -abgabe. Die anstrichgerechte Holzfeuchte beträgt bei Nadelhölzern maximal 15%, bei allen anderen Hölzern für außen 12%, für innen bei Zentralheizung 8 bis 10%.
>
> Gemessen wird die Feuchtigkeit in mindestens 5 mm Tiefe bzw. etwa im Mittelpunkt dünnerer Hölzer.

Die Verwitterung des Holzes führt zu Farbveränderungen, rauhen Oberflächen, Rissen und vor allem bei feuchtem Holz zu Pilzbefall. Wasser kann bestimmte Stoffe aus dem Holz herauslösen. Der chemische Widerstand des Holzes ist je nach Holzart verschieden hoch. Er kann beträchtlich sein.

Tabelle **10.10** **Eigenschaften der wichtigsten Holzarten** (N = Nadelholz, L = Laubholz, T = tropisch, K = Kernholz, S = Splintholz)

Holz	Eigenschaften Fasern/ Poren	elastisch	harz-	anfällig	Bemerkungen	Merkmale Farbe K/S	Verwendung
Weichhölzer							
N Fichte	lang-faserig	ja	reich	Pilze und In-sekten		gelblichweiß	Möbel, Fenster, Türen, Fußböden, Bau- und Sperrholz
N Tanne	lang-faserig	wenig	arm	Pilze und In-sekten		gelblichweiß bis rötlich	Möbel, Innenausbau, Blind- und Bauholz
N Kiefer	fein- bis grob-faserig	wenig	sehr reich	Pilze und In-sekten	Harz mit Nitroverdünnung abwaschen	K rötlichgelb S gelblichweiß	Möbel, Fenster, Türen, Treppen, Fußböden, Furniere
L Linde	fein-porig	ja	–	–	arbeitet wenig, zäh	gelblichweiß bis rötlichweiß	Sperr- und Schnitzholz, Zeichenbretter
TN Douglasie		ja	reich	Pilze Wetter	mit Lösemittel abwaschen	K gelblichbraun S weiß	Bauholz, Innenausbau, Sportböden, Furniere
TN Redwood		sehr	los	–		K hell- bis braunrot S gelblichweiß	Bauholz, Fenster, Möbel, Innenausbau, Fassaden, Schiffsbau
Mittelharte Hölzer							
N Lärche	lang-faserig	ja	reich	Pilze	dauerhaft, zäh	K gelbrot/rot S gelblich	Möbel, Fenster, Türen, Innenausbau
L Eiche		ja	–	–	dauerhaft, gerbsäurehaltig	K gelb- bis rotbraun, S grau	Möbel, Türen, Fußböden, Treppen, Bauholz, Furniere, Fahrzeug- und Schiffsbau
Harte Laubhölzer							
L Buche	fein-porig	nein	–	Pilze und In-sekten		gelblichweiß bis rötlichbraun bzw. grauweiß	Fußböden, Möbel, Fahrzeugbau, Sperrholz, Werkzeuge, Furniere, mit Kunstharz = Preßholz
TL Teak		sehr	–	–	fettig-wachsig, trocknungsverzögernd, mit Lösemittel abwaschen	K gelb, schwarze Adern, S graugelb	Möbel, Furniere, Innenausbau, Fenster, Wagen- und Schiffsbau

DIN 4076 teilt die Hölzer nach ihrer Härte und nach Laub- und Nadelhölzern ein. Weiche Hölzer haben eine geringere Dichte, viele Hohlräume und können eine hohe Holzfeuchte erreichen. Harte Hölzer haben dichteres Gefüge und weniger Hohlräume. Sie sind kaum fettreich. Der Maler muß die wichtigsten europäischen und außereuropäischen Hölzer kennen (**10**.10).

Merkmale zum Bestimmen von Holzarten:
- Farbtöne Kern- und Splintholz und ihre Unterschiede
- Fasern bzw. Poren fein oder grob
- Weich- oder Hartholz
- Harzstellen

Bauschnittholz. Die Verwendung von Bauschnittholz zeigt Tabelle **10**.11.

Tabelle **10**.11 **Bauschnittholz**

Art	Verwendung
Kantholz	Dachgerüste, Fertighausbau, Formenbau, Fachwerkbau, Schalungen für Beton- und Stahlbetonbau, Gerüstbau
Balken	Dachgerüst, Gerüste, Fachwerkbau, Holzbalkendecken, Flachdächer, Aussteifungen, Unterfangungen
Bohlen	Gerüstbau, Abdeckungen, Absperrungen, Treppenbau
Bretter	Brettschalungen, Schaltafeln, Verkleidungen, Zäune, Dachdeckungen, Verschwertungen, Brettbinder
Latten	Dachlatten, Zäune, Schalungs- und Formenbau

Die Holzoberfläche muß vom Schreiner richtig bearbeitet, allseitig glatt geschliffen (bei Lasurbehandlung in Faserrichtung) und unbeschädigt sein. In der Regel wird jedoch bei neuen Holzbauteilen der Maler schleifen und abstauben müssen.

Die Holzkonstruktion muß anstrichgerecht sein. Dies gilt besonders für Bauteile, die der Witterung ausgesetzt sind, z. B. Fenster, Balkontüren, Holzverkleidungen (**10**.12). Scharfe Kanten werden nur von geringen Anstrichschichten bedeckt (Kantenflucht), die schon bei geringfügiger Dehnung des Holzes reißen.

Holzfensterprofile müssen so gestaltet sein, daß das Wasser abgeleitet wird. Eckverbindungen, Ansätze, Dübelungen usw. müssen richtig ausgeführt und dauerhaft fugendicht sein. Verleimungen sind nach den Richtlinien durchzuführen. Auch der Schreiner muß die Holzfeuchtigkeit beachten.

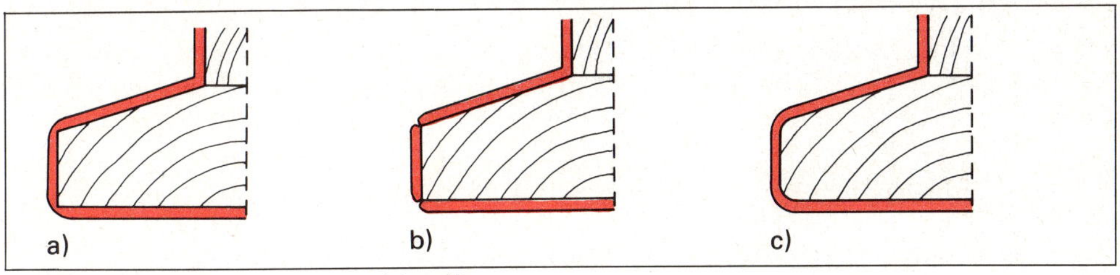

10.12 Anstrichgerechte Holzkonstruktion: Kanten

a) Scharfe Kanten werden nur zu 1/4 der normalen Anstrichdicke bedeckt
b) Bei Volumenänderung des Anstrichträgers (feuchtes Holz) reißt der Anstrich an scharfen Kanten
c) Gestumpfte Kanten werden mit gleichbleibender Anstrichfilmdicke überzogen

10.1.4 Holzschutz

Unbehandeltes Holz wird durch Feuer, Feuchtigkeit, tierische und pflanzliche Schädlinge gefährdet. Jährlich wird auf diese Weise allein in Deutschland Holz im Wert von vielen Millionen DM zerstört. Vorbeugende Maßnahmen sind deshalb besonders wichtig. Sie sind einfacher, wirkungsvoller und erheblich billiger als nachträgliche Maßnahmen. Zur Vorbeugung zählen konstruktive Maßnahmen (Einhalten der Bauordnung), chemische Verfahren (z.B. Besprühen gegen Pilzbefall) und physikalische Maßnahmen (z.B. Anstrich gegen Witterungseinflüsse).

> Unter Holzschutz versteht man alle Maßnahmen, die der Erhaltung und Gebrauchsfähigkeit von Holz dienen. Dazu gehören Maßnahmen gegen tierische und pflanzliche Schädlinge und die Zerstörung durch Feuer sowie gegen die Einwirkung von Witterung. Grundlegende Norm ist die DIN 68800 „Holzschutz im Hochbau".

Klimatisieren ist das einfachste Verfahren. Man versteht darunter die Angleichung der Holzfeuchtigkeit an die umgebende Luftfeuchtigkeit von $\approx 65\%$. Bei höherer Holzfeuchtigkeit ist ein geschlossener, haltbarer Anstrichaufbau nicht mehr gesichert. Deshalb darf man Holz erst nach dem Austrocknen mit Holzschutzmitteln bearbeiten. Ausnahmen bilden die offenporigen bzw. ventilierenden Anstrichsysteme (s. Abschn. 10.4.7).

10.1.4.1 Feuerschutz

Tabelle **10.13** **Baustoffklassen nach dem Brandverhalten** (DIN 4102)

A Nichtbrennbare Baustoffe	B Brennbare Baustoffe
A1 z.B. Kalk, Sand, Gips, Beton	B1 Schwerentflammbare Baustoffe
A2 mit organischen Bestandteilen (z.B. Gipskartonplatten ab 12,5 mm Dicke)	B2 Normalentflammbare Baustoffe (z.B. Holz und Holzwerkstoffe von mehr als 2 mm Dicke)
	B3 Leichtentflammbare Baustoffe (z.B. Holz mit weniger als 2 mm Dicke)

Brennbare Stoffe lassen sich durch Anstrichsysteme nicht völlig unbrennbar machen, werden aber schwerentflammbar. Zur Vorbehandlung kommen nur farblose und schnelltrocknende Holzschutzmittel in Betracht. Mit unbekannten Mitteln bereits gestrichenes Holz muß auf die Verträglichkeit geprüft werden. Neues Holz kann man mit Holzschutzlasuren behandeln, muß es aber mit einem darauf abgestimmten farblosen Dämmschutzlack überziehen. Selbstverständlich müssen alle Hölzer staub-, schmutz- und fettfrei sein. Alte Anstriche sind durch Abkratzen oder Abbeizen restlos zu entfernen.

Wasserlösliche Mittel bringt man im Kesseldruckverfahren ein, schaumbildende Mittel werden gestrichen oder gespritzt (besonders auf eingebautem Holz). Sie bilden bei Erhitzung einen Gasschleier bzw. eine Schaumschicht, die dem Sauerstoff den Zutritt versperrt und damit das Feuer erstickt.

Schaumschichtbildner (Dämmschichtbildner) auf Dispersionsbasis weiß oder farblos trägt man ein- bis zweimal auf (300 g/m^2) und tönt mit Dämmschutz-Abtönpasten ab. Zusätzlich kann man einen Dämmschutzlack farbig, seidenmatt auftragen. Schaumschichtbildner auf Lösemittelbasis verarbeitet man ebenso, braucht aber etwa 350 g/m^2.

Holzwerkstoffe werden in der Regel wie Holz behandelt, doch sind die Auftragsmengen größer, z.B. Spanplatten 400 g/m^2 für Dispersions- und 450 g/m^2 für Lösemittelbasis.

10.1.4.2 Feuchtigkeitsschutz

Feuchtigkeitsschutz bewahrt Holz vor Fäulnis. Dazu dienen konstruktive Maßnahmen und Anstriche. Solche Maßnahmen sind z. B. Vermeidung scharfer Kanten, Fugen und fehlerhafter Abdichtungen, abgeschrägte Wetterschenkel, sauber eingesetzte Abdeckleisten, genügend tiefe Tür- und Fensternischen, ausreichend tiefe Dachvorsprünge.

10.1.4.3 Tierische Schädlinge

Sie werden mit chemischen Mitteln bekämpft. Bei fortgeschrittenem Befall ist das Holz nicht mehr zu retten. Es muß ausgebaut und verbrannt werden, damit die Schädlinge nicht auf noch gesundes Holz überwechseln. Die wichtigsten tierischen Schädlinge sind der Hausbockkäfer und der Holzwurm. Sie befallen verarbeitetes Holz.

Der Hausbockkäfer bevorzugt Nadelhölzer. Er nistet vorwiegend in Dachstühlen, bei möglichst hoher Temperatur (**10**.14). Die Larven fressen sich 3 bis 7 Jahre durch das Splintholz, ohne an die Holzoberfläche zu kommen. Mit Fraßmehl und Kot verstopfen sie die Gänge hinter sich, so daß sich wulstartige Erhöhungen zeigen. Die ausgewachsenen Larven verlassen als Käfer das Holz durch Schlupflöcher. Diese Löcher markieren den fortgeschrittenen Befall.

10.14 Dachsparren, vom Hausbock zerstört

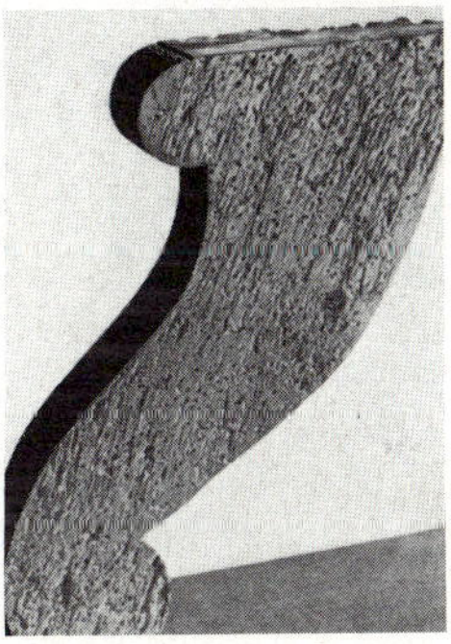

10.15 Holzwurmbefall an einem Möbelteil

Der Holzwurm, auch Klopf- oder Pochkäfer genannt, befällt Nadel- und Laubholz (**10**.15). Man findet ihn in Räumen mit hoher Luftfeuchtigkeit und mäßiger Temperatur (Kirchen, Museen, Erdgeschosse), und dort in Möbeln und Schnitzereien. Aus den etwa 1 bis 2 mm großen Schlupflöchern rieselt feines Bohrmehl; dieses Mehl zeigt den Befall an.

Die Bekämpfung. Befallenes Holz wird durch neues, imprägniertes ersetzt, das übrige Holz mit einer Stahlbürste ausgebürstet. Auf jeden Fall muß die Tragfähigkeit der Holzkonstruktion geprüft werden. Insektentötende Mittel werden gespritzt, geimpft (Löcher bohren, nach der Impfung verdübeln) oder mit einem weichen Pinsel auftragen.

Allseitige Imprägnierung bei unterschiedlicher Saugfähigkeit des Holzes (Kern-, Splint-, Früh- und Spätholz) garantiert das Tauchverfahren (**10**.16, S. 190). Es erreicht auch die besonders gefährdeten, schwer zugänglichen Verbindungsstellen, Hirnschnitte. Beim Auftrag mit dem Pinsel verbraucht man zwar weniger Holzschutzmittel, doch dringt auch weniger ins Holz ein. Die allseitige Imprägnierung und Grundierung sollen – möglichst

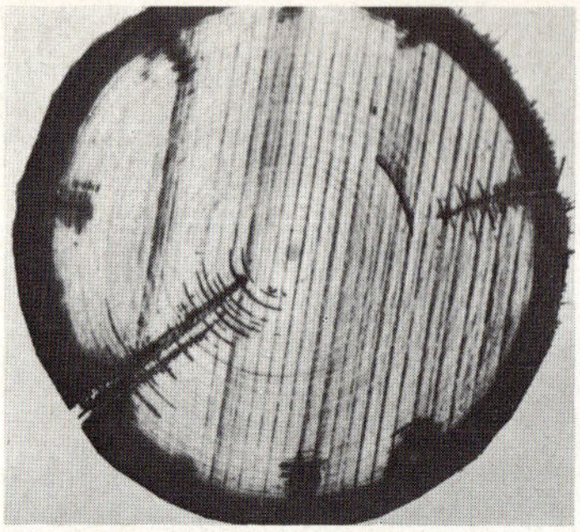

a)

b)

10.16
Eindringtiefe des Imprägniermittels
a) Schnittbild,
b) Eindringen ins Hirnholz

mit der Tauchanlage (**10.17**) – in der Schreinerwerkstatt vorgenommen werden, damit keine Baufeuchte eindringt. Um den Auftrag zu kontrollieren, kann man fungiziden (pilztötenden) Holzschutzmitteln <5% Trockenfarbe (lasierend) zugeben.

Die zu imprägnierenden Bauteile müssen staubfrei sein. Beim Imprägnieren mit dem Pinsel ist darauf zu achten, daß alle Holzteile einschließlich Ecken und Rillen gut getränkt werden. Besonders die Hirnholzenden brauchen viel Imprägniermittel.

10.17
Tauchen des Holzes
Diese von zwei Personen bequem zu transportierende Tauchanlage ist für alle gängigen Fenstergrößen geeignet. Der Deckel dient gleichzeitig als Abtropfblech. In geschlossenem Zustand ist die Wanne verdunstungssicher verschlossen

10.1.4.4 Pflanzliche Schädlinge

Es sind Pilze, die auf oder in dem Holz wachsen. Sie ernähren sich aus dem Abbau der Holzsubstanz und zerstören das Holz durch ihre Ausscheidungen. Zum Wachsen brauchen die verschiedenen Pilzarten jeweils eine bestimmte Temperatur und Holzfeuchtigkeit. Manche Pilzschäden kann man schon vermeiden, wenn man trockenes Holz (<18% Feuchtigkeit) einbaut. Gegen Pilzbefall setzt man vorbeugend chemische Mittel ein. Befallenes Holz muß wie bei tierischen Schädlingen ausgebaut und verbrannt werden. Am gefährlichsten sind Echter Hausschwamm und Bläuepilz.

Stockigkeit (Schimmelpilze) tritt sowohl bei rohem als auch bei behandeltem Holz auf. Anzeichen sind je nach Umgebung schwarze, graue, grüne, braune, rosa, gelbe oder weiße Flecken mit flauschigem Belag. Die Pilze dringen mit ihrem feinfaserigen Gewebe tief ins Holz ein und tragen dabei auch fäulniserregende Spaltpilze in die Zellen. Sie vermehren sich schnell.

Der Echte Hausschwamm ist der gefährlichste Feind des bearbeiteten Holzes. Er bildet sich besonders auf feuchten Nadelhölzern (optimal für ihn sind 20% Holzfeuchtigkeit und 20°C = 293 K). Hat der Hausschwamm einmal Fuß gefaßt, läßt er sich auch durch Austrocknen nicht mehr vertreiben, denn er erzeugt dann die nötige Feuchtigkeit selbst. Von der Oberfläche aus dringt der Pilz tief ins Holz ein, macht es weich, brüchig und faulig (**10**.18). Während des Reifungsprozesses bilden sich pfannkuchenförmige Fruchtkörper, die auf der Oberfläche zu schwammartigen Gebilden weiterwuchern (**10**.19). Seine Sporen werden durch Menschen, Geräte und den Wind verbreitet.

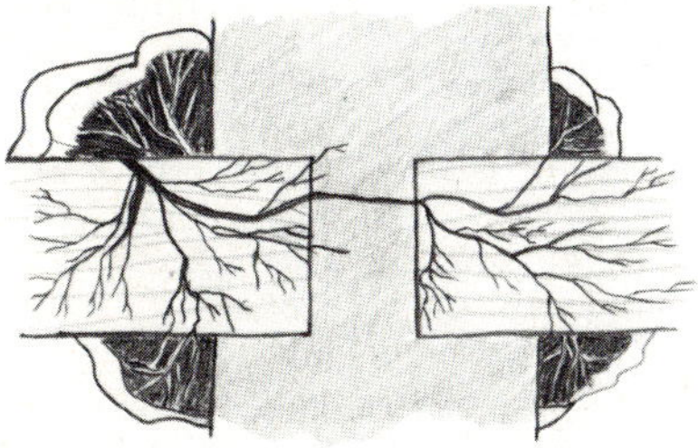

10.18 Hausschwammbefall (Schema)

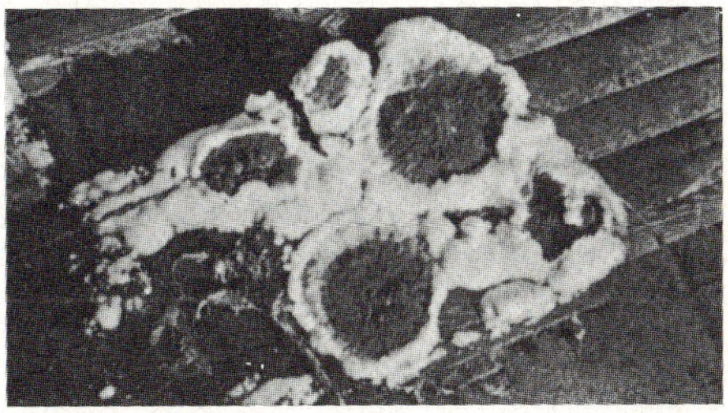

10.19 Hausschwammbefall

Bläuepilze gefährden vor allem das Splintholz der Kiefer, das hoher Feuchtigkeit ausgesetzt ist. Die Pilze zerstören den Zellinhalt. Die Zellwände bleiben erhalten, die Festigkeit wird also nicht beeinträchtigt. Dagegen wird das Holz poröser, nimmt mehr Feuchtigkeit auf und wird ungeeignet für Anstriche. Ein Bläuepilz wächst auch unter der Farbschicht weiter und zerstört sie. Befallen wird gelagertes und eingebautes Holz. Ohne Zwischenraum gelagertes feuchtes Kiefernholz kann schon in einer Nacht verblauen. Kenntlich sind Bläuepilze an den grauschwarzen Verfärbungen.

Die Sekundärfäule (Anstrichbläue) bildet sich nach der Trocknung und ist an den Flecken und Streifen erkennbar. Die Lackschichten schwellen zu Blasen an, reißen und blättern ab (**10**.20). Auch in nachträglich entstandenen Rissen und Lackschichten sowie bei unbehandeltem Holz kann Bläuebefall auftreten.

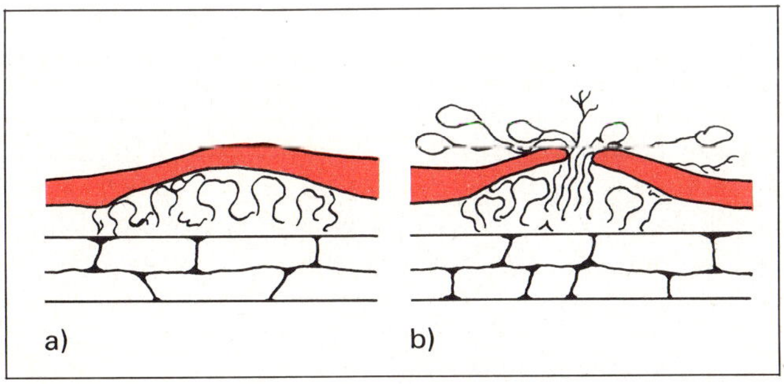

10.20 a) Fruchtknotenbildung unter der Lackschicht
b) Durchbrechen der Lackschicht und weitere Ausbreitung

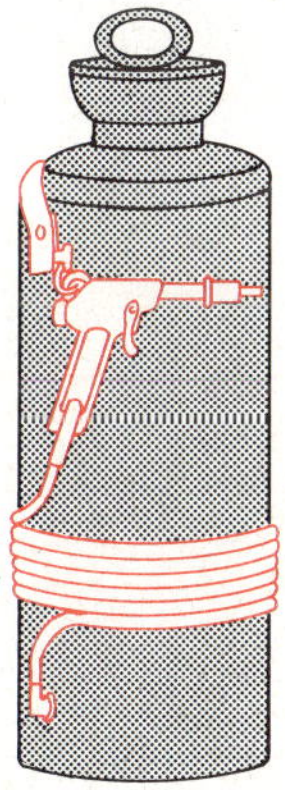

10.21
Imprägnier-Injektionsapparat

Pilzbekämpfung. Für die Imprägnierung stehen Injektionsgeräte zur Verfügung, die auch sonst unzugängliche Stellen erreichen (**10**.21). Schon befallenes Holz scheidet für Naturlackierungen aus. Bei Bläuebefall kann man die blaugrauen Verfärbungen durch

Bleichen beseitigen. Nach dem Austrocknen und Schleifen des Holzes kann man bei fungizider Imprägnierung eine haltbare Lackierung erzielen. In schwierigen Fällen verwendet man fertige Holzlasuren (s. Abschn. 10.3.2).

Vorbeugender Holzschutz ist leichter, wirkungsvoller und billiger als Bekämpfungen. Unbehandeltes Holz ist durch Feuer, Feuchtigkeit, tierische und pflanzliche Schädlinge gefährdet. Durch Anstrichsysteme kann man Holz schwerentflammbar machen. Hausbockkäfer und Holzwurm zerstören das Holz von innen. Der Echte Hausschwamm läßt es verfaulen, die Bläuepilze zerstören den Anstrich.

Von tierischen oder pflanzlichen Schädlingen stark befallenes Holz muß ausgebaut und verbrannt werden.

10.2 Holzwerkstoffe

Holzwerkstoffe vermeiden die Nachteile des Holzes und verbessern seine guten Eigenschaften. Dazu wird das Holz in Scheiben geschnitten oder zu Spänen und Fasern zerkleinert und mit Bindemitteln zu neuen Stoffen aufgebaut.

Sperrholz sind nach DIN 68705 alle Platten, die aus mindestens drei kreuzweise aufeinandergeleimten Holzlagen bestehen. Die wichtigsten technologischen Eigenschaften sind in beiden Hauptrichtungen der Platte gegeben – parallel und rechtwinklig zur Faserrichtung der Deckfurniere. Das bedeutet gleiche Schwind- und Quellwerte in beiden Richtungen und damit hohe Dimensionsstabilität. So wurde es möglich, großflächige Platten zu verarbeiten. Zu unterscheiden sind Furnier- und Tischlerplatten.

Furnierplatten bestehen aus Furnierlagen (**10**.22). Die Zahl der Lagen ist immer ungerade (3-5-7 ...). Beim Grundanstrich ist ein dreimaliger Kantenschutz erforderlich, damit keine Feuchtigkeit eindringen kann. Furnierplatten für außen sind wetterfest verleimt und werden mit Lasur- oder Lackanstrich versehen.

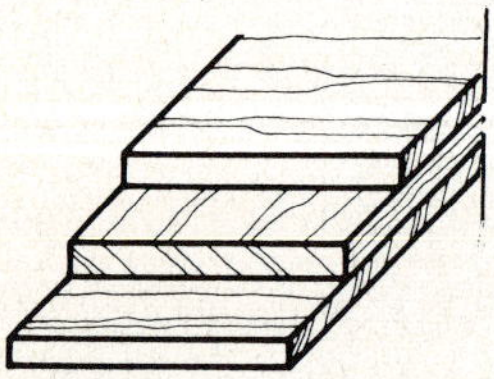

10.22 Sperrholz-Furnierplatte, dreifach verleimt

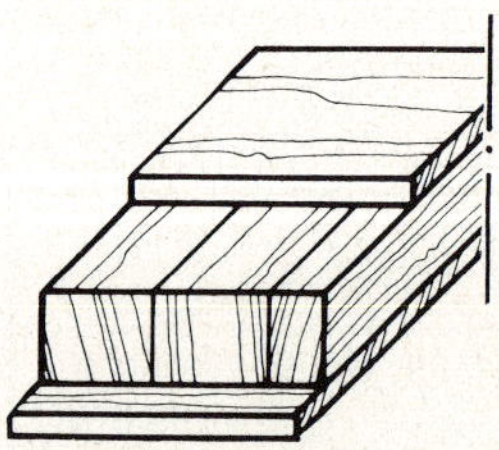

a)

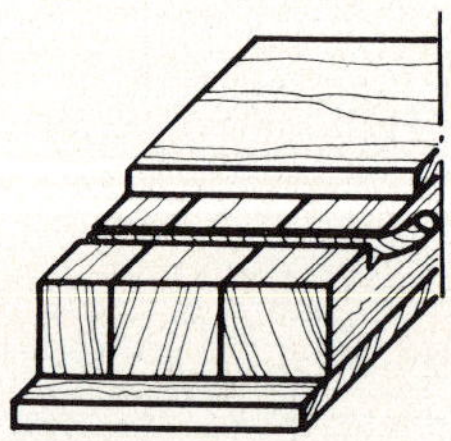

b)

10.23 Tischlerplatten
a) Stab-Tischlerplatte
b) Streifen-Tischlerplatte

Tischlerplatten bestehen aus Furnieraußenlagen und einer dickeren Mittellage aus nebeneinandertragenden Holzleisten. Je nach Ausbildung der Mittellage heißen sie Stab-, Stäbchen- oder Streifenplatten (**10**.23). Ausgewählte Holzarten und wetterbeständige Verleimungen machen die Tischlerplatten widerstandsfähig gegen Temperaturschwankungen und Feuchtigkeit. Der Anstrichaufbau bzw. die Lackierung richtet sich nach dem Furnierholz und der Verwendung.

Holzspanplatten verdrängen (vor allem in den größeren Dicken; 6 bis 32 mm) die Furnier- und Tischlerplatten immer mehr, weil sie fast die gleichen Eigenschaften haben, aber billiger sind. Sie bestehen aus zerkleinertem Vollholz (Holzspäne) und werden mit Leim zu Platten gepreßt (**10**.24). Flachpreßplatten sind Spanplatten, bei denen die Späne überwiegend parallel zur Plattenebene liegen. Die Oberfläche kann ungeschliffen (preßblank), geschliffen, furnier- oder kunststoffbeschichtet sein. Es gibt Flach- und Strangpreßplatten (**10**.25) in Form von Voll- oder Röhrenplatten (**10**.26). Anstrichtechnisch behandelt man sie wie die entsprechenden Hölzer: Grundanstrichmittel, spachteln, lackieren; bei Dispersionsfarben 1:4 verdünnt oder mit Tiefgrund grundieren.

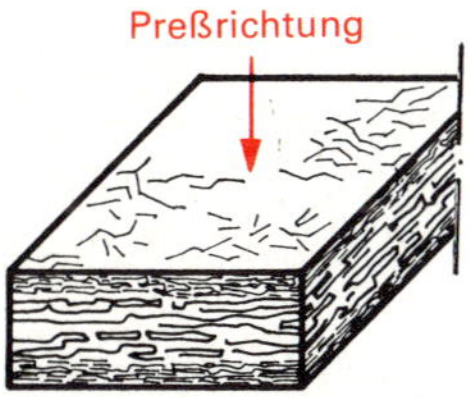

10.24
Holzspanplatte mit Feinspanoberfläche

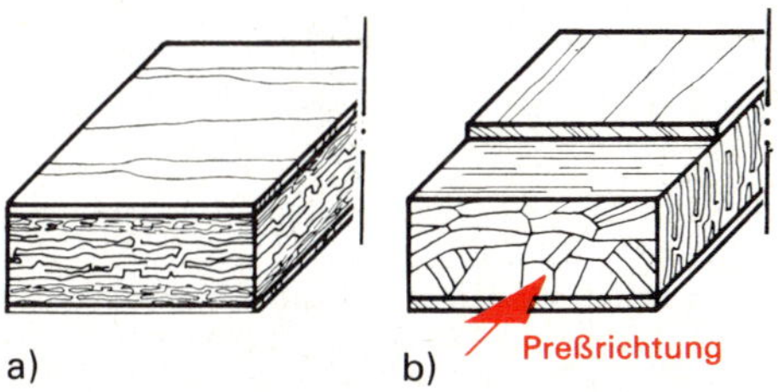

10.25 Holzspanplatten
a) Flachpreßplatte
b) Strangpreßplatte

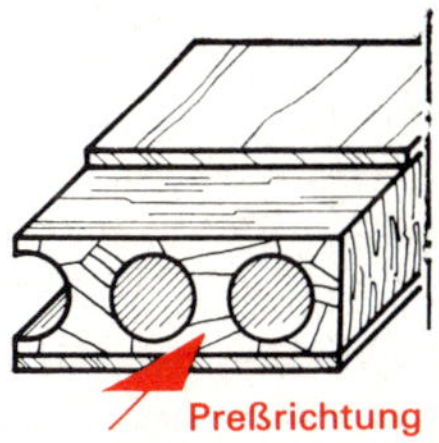

10.26
Röhrenpreßplatte, furniert

Holzfaserplatten stellt man durch Zerfasern von minderwertigem Nadelholz her. Der Faserbrei wird mit Kunstharzen versetzt, zu großen Platten geformt, auf einem Sieb entwässert und gepreßt. Holzfaserplatten haben deshalb eine sehr glatte Oberfläche und eine gewebeartig eingepreßte Unterseite. Die Oberfläche läßt sich mit Wachs, Öl oder Kunstharz vergüten. Je nach Preßdruck und Verdichtung entstehen harte, halbharte oder weiche Platten. Die halbharten benutzt man vor allem für Decken und Trennwände, die weichen als Dämmplatten (Isolier-Bauplatten).

Gewachste Hartplatten müssen vor dem Anstrich abgesperrt werden, bei Klarlacken durch Sperrgrund (z.B. DD-Sperrgrund), bei Decklackierungen durch farbigen Primer. Das Abwaschen der Platten mit Nitroverdünnung ist nicht zu empfehlen, weil die Platten dadurch verquellen und immer mehr Paraffin- und Weichmacherstoffe an die Oberfläche gelangen. Schleifen sollte man die Platten nur mit feiner Körnung.

Holzwolle-Leichtbauplatten bestehen aus Holzwolle und einem mineralischen Bindemittel (Normzement, Baugips oder Magnesit). Man verwendet sie als Dämmplatten oder Trennwände und verputzt sie in der Regel. Mehrschicht-Leichtbauplatten sind eine Kombination aus Holzwolle-Leichtbauplatten und Schaumkunststoffen. Es gibt auch Platten mit einer anstrich- bzw. tapezierfähigen Deckschicht.

Holzwerkstoffe nennt man die miteinander durch Leime fest verbundenen Holzlagen, -fasern oder -späne, meist plattenförmigen Bauplatten. Anstrichtechnische Oberflächenbehandlungen sind stets auf die Deckfläche abzustellen.

Anstrichtechniken

Welche Elemente aus Holzwerkstoff haben Sie zu Hause im Innen- und Außenausbau? Nennen Sie auch Beispiele aus Ihrer Schule.

Untergründe. Innen streicht man Holzwerkstoffe wie Vollholz. Die werkseits geschliffenen Platten sind saugfähig und eignen sich besonders für Anstriche. Weil sich die Wetterbeständigkeit nur auf die Verleimung bezieht, müssen Außen-Sperrholz und -Spanplatten durch Anstriche zusätzlich geschützt werden.

Vorarbeiten. Innen bestimmen vor allem die auf Holzwerkstoffen aufgebrachten Deckfurniere die Anstrichtechnik (Ausgleichsfeuchte ≈ 8 bis 12%). Diese Deckfurniere sind nach Güteklassen eingeteilt (Klasse I ist die beste Sorte). Auf fehlerfreie Deckfurniere ist zu achten. Neue Spanplatten, vor allem ungeschliffene, enthalten oft noch Trennöle aus dem Fertigungsprozeß. Sie müssen restlos entfernt werden, sonst hält der Anstrich nicht. Nicht anschleifen, sondern abwaschen! Grundanstrich auf Polymerisatharzbasis.

Außen sind anstrichgerechte Konstruktionen und einwandfreie Beschaffenheit erforderlich (z.B. Luftzirkulation hinter den Platten). Decklackierungen schützen hier wesentlich besser als Klarlackierungen, vor allem gegen UV-Strahlung. Anstriche vor und Fertiglackierungen nach dem Einbau haben sich bewährt. Wegen der Phenolharz-Bindemittel in den Holzwerkstoffen darf man keine verseifbaren Lacke aufbringen (**10**.27 und **10**.28).

Tabelle **10**.27 **Anstrichausführung**

Vorarbeiten	Grundanstrich	Zwischenanstrich	Schlußanstrich
Innen Feinschliff bei Spanplatten, staubfrei, mindestens dreimaliger Kantenschutz bis zur Porenfreiheit	**Klarlackierung** Füll- oder Schnellschleifgrund (spritzen) oder säurehärtender Spachtellack (schleifen mit 150/180er), evtl. 2. Grundanstrich und Feinschliff (400er)	Nitro- oder säurehärtender Lack (spritzen) oder Alkydharzlack (streichen)	
	Decklackierung pigmentierter Grundlack und Feinschliff (180er)	schnelltrocknender, stark filmbildender Vorlack (satt auftragen)	Alkydharz-, Nitro- oder säurehärtender Lack
Außen Kantenschutz wie zuvor (DD- oder Chlorkautschuklack)	**Klarlackierung** DD-Lackfüller (satt auftragen)	DD-Lack (mindestens 2 Grundanstriche)	DD-Lack
	Decklackierung Kunststofffüller	DD-Lack-Grundfarbe (nicht zu dunkel pigmentiert)	DD-Lackfarbe lösungsmittelarm, glänzend oder seidenmatt

Tabelle **10**.28 **Anstrichfehler**

Fehler	Ursache
Quellungen im Kantenbereich und bei Bohrlöchern (Außen-Sperrholz)	fehlender Kanten- und Bohrlöcherschutz; beim Neuaufbau Kantenschutz und sehr elastische Anstrichmittel verwenden
schlechte Haftung	ungeschliffene Holzspanplatten; bei Neuanstrich anschleifen
klebrige Holzfaser- und Hartfaserplatten	ungleichmäßige Oberflächenwirkung, Paraffinschicht nicht abgeschliffen; schleifen und mit Sperrgrund streichen
beschädigte Weichfaserplatten	vor Dispersionsanstrich überkleben, mit Faserspachtel überziehen

10.3 Anstrichtechniken auf Holz

10.3.1 Vorarbeiten

Unbehandelte Holzuntergründe werden geschliffen und entstaubt, scharfe Kanten durch Schleifen leicht gebrochen, Ast- und Harzstellen isoliert. Stark harzhaltige Hölzer (besonders tropische) wäscht man mit Nitroverdünnung allseitig ab, um die Holzinhaltsstoffe der obersten Holzschicht zu entfernen.

Gestrichene Holzuntergründe dürfen nur geringe Schäden aufweisen. Der Altanstrich darf nicht zu dick sein, muß genügend haften und elastisch sein. Ungeeignete farblose Altanstriche werden abgebeizt, alte Deckanstriche bis aufs Holz abgebrannt und mit Nitroverdünnung sorgfältig nachgewaschen. Verbrennungsrückstände schleift man bis aufs gesunde Holz ab. Altanstriche werden schwach angelaugt und angeschliffen. Metallteile (Beschläge) entrostet man gründlich und streicht sie zweimal mit Metallschutzfarbe. Dunkle Stellen auf Eichenholz mit Bleichmitteln aufhellen und neutralisieren.

Tabelle **10.29** **Vorarbeiten auf Altanstrichen**

Verfahren	Arbeitsgang
Abbeizen mit alkalischen Mitteln (überwiegend bei ölhaltigen Anstrichmitteln)	Pulverförmige Mittel unter langsamer Wasserzugabe zu streichbarer Masse ansetzen, pastöse Mittel unverdünnt verarbeiten; Auftrag mit Fiberpinsel, Farbschichten mit Spachtel abheben; **Vorsicht für Augen, Hände und Kleidungsstücke!** Reste mit viel Wasser und einer Bürste abwaschen, mit verdünnter Säure neutralisieren
mit lösenden Mitteln (für alle Anstricharten)	Dünnflüssige Mittel mit Borstenpinsel, pastöse mit Spachtel satt auftragen; Schichten nach erneutem Einstreichen fortlaufend mit dem Spachtel abheben; Ecken und Profile mit getränkten Stahlspänen bearbeiten; **auf gute Durchlüftung achten!** je nach Abbeizfluid mit Testbenzin oder Nitroverdünnung nachwaschen
Bleichen vergrauter oder mit alkalischen Mitteln abgebeizter Hölzer	Holz mit Salmiakgeist einstreichen, in die nasse Fläche Wasserstoffsuperoxid einträufeln, mit Kunstfaserpinsel gleichmäßig verteilen; **Schutzhandschuhe und Schutzbrille tragen!** Oder mit 30%igem Wasserstoffsuperoxid + Zusatz von 5% Salmiakgeist bleichen; wiederholen bis zum gewünschten Bleichton; den entstehenden trockenen Schaum abwaschen und mit verdünnter Säure neutralisieren; zuletzt mit warmem Wasser und etwas Natriumsulfidzugabe nachwaschen. Eichenholz mit fertigen oxalsauren Mitteln bleichen; vor dem Anstrich sorgfältig ausbürsten
Abbrennen mit dem Abbrenngerät (s. Abschn. 7.3.3)	Farbschicht mit Flamme abbrennen und sofort mit Spachtel abheben; Holz nicht verkohlen; Hand vor herunterfallenden Farbschichten schützen, Glasscheiben mit Asbest abdecken; Rückstände mit Drahtbürste oder Stahlwolle entfernen, schwarz verfärbte Stellen mit Essigsäure behandeln **(Vorsicht!)**

Abgebeizte und abgebrannte Hölzer müssen gut trocknen und können dann wie neue Hölzer behandelt werden.

Beim Bleichen mit Säuren stets zuerst das Wasser und dann die Säure einfüllen!
Beim Abbrennen für gute Durchlüftung sorgen!

Günstige Anstrichbedingungen sind für den wetter- und feuchtigkeitsempfindlichen Anstrichuntergrund Holz besonders wichtig. Deshalb merken wir uns diese Regeln:

1. Vor der Bearbeitung Holzfeuchte messen. Sie darf bei europäischen Nadelhölzern $\leqq$15%, bei Laub- und tropischen Hölzern $\leqq$12% betragen, Innenanstriche $\approx$8 bis 10%.
2. Alle für Außenanstriche vorgesehenen Holzteile sind vor dem Einbau durch den Maler zu imprägnieren und mit einem ventilierenden Anstrichmittel zu grundieren. Die folgenden Anstriche werden nach dem Einbau und dem Absinken auf entsprechende Holzfeuchte aufgebracht.
3. Keine Außenanstriche bei Regen, Nebel, Tau oder Rauhreif. Nur getrocknete Holzteile streichen.
4. Lackierarbeiten nur in staubfreier Umgebung (saubere Arbeitskleidung, Boden anfeuchten, keine unnötigen Bewegungen).

Bläueempfindliche Hölzer sind grundsätzlich vor dem Anstrichaufbau mit Bläueschutzmitteln zu imprägnieren. Diese Mittel müssen sich mit den folgenden Anstrichmitteln vertragen und für Außen- bzw. Innenanstriche geeignet sein (s. Abschn. 10.1.4.4).

Ausreichendes Durchtrocknen der einzelnen Anstrichschichten ist wichtig. Die Trockenzeiten sind je nach Witterung vorgegeben.

Ein feiner Zwischenschliff bewirkt eine bessere Haftung des folgenden Anstrichs (**10**.30). Der Schleifstaub ist sorgfältig zu entfernen. Spezialgrundierungen auf tropischen Hölzern dürfen wegen der Gefahr des Durchschleifens nur sehr leicht angeschliffen werden.

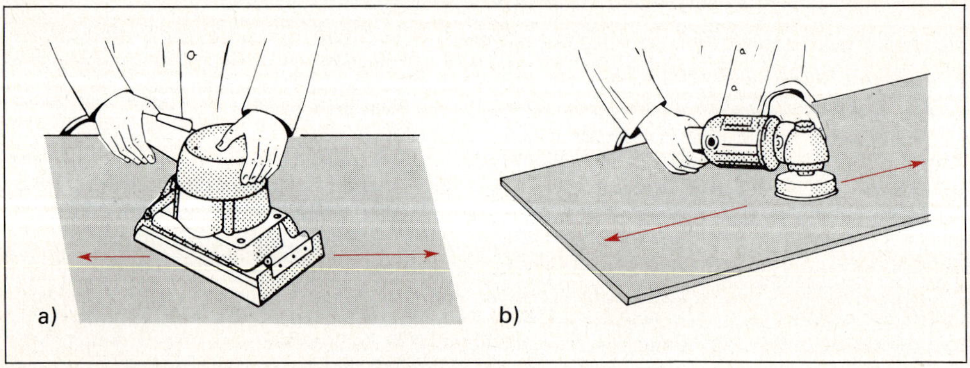

10.30 Schleifen

a) mit dem Rutscher (Schwingschleifmaschine)
b) mit der Rundschleifmaschine (Winkelschleifer)

Ausreichende Schichtdicken sind besonders für Holzuntergründe wichtig. Um die erforderlichen Dicken von 80 bis 140 µm zu erreichen, sind $\leqq$4 Anstriche nötig. Farblose Aufbauten brauchen gewöhnlich mehr Aufträge als deckende. Das hängt jedoch vom Objekt und vom Anstrichsystem ab.

Unter Schichtdicke versteht man in der Regel die nach dem Trocknen einer Beschichtung verbleibende Filmdicke = Trockenfilmdicke. Sie ist abhängig

- von der Oberflächenstruktur: rauhe Untergründe erfordern dickere Schichten und einen höheren m^2-Verbrauch (warum?)
- von der Beschichtungsmethode: Spritzauftrag erfordert mehr Verdünnung, dadurch geringere Schichtdicke
- von der Neigung, an glatten, senkrechten Flächen abzulaufen, wenn eine bestimmte Auftragsdicke erreicht ist
- Viskosität und Deckvermögen beeinflussen ebenfalls die Schichtdicke, schließlich auch der Festkörpergehalt (Farbmittelanteile), z. B. Dünnschicht- oder Dickschichtlasur.

10.3.2 Lasurtechniken

Lasuren dienen dem Holzschutz innen und außen, aber auch als Schmuck. Man unterscheidet Imprägnier- und schichtbildende Lasuren.

Imprägnierlasuren (Dünnschichtlasuren) haben einen geringen Bindemittelgehalt und färben die Holzoberflächen durch transparente Pigmente ein. Sie sind fungizid und tauschen bei Witterungswechsel schnell Feuchtigkeit aus. Außen trägt man sie mindestens zweimal auf.

Schichtbildende Lasuren (Dickschichtlasuren) verhindern ebenfalls Holzfeuchteschwankungen und eignen sich gut für Renovierungen. Alte Lasuren braucht man nur leicht anzuschleifen. Hauptvorteil ist die kombinierte Anwendung mit Imprägnierlasuren.

Beispiel Außenanwendung in beliebigem Farbton:
2 Anstriche Imprägnierlasur und
1 Anstrich Dickschichtlasur

Bessere Ausführung je nach Bewitterung:
1 Anstrich Holzschutzgrund
1 Anstrich Imprägnierlasur und
2 Anstriche Dickschichtlasur

Oder: je nach Lasurart jeweils zwei Aufträge (nur für Farbtöne mittel bis dunkel)

Sofern Klarlacküberzüge laut Herstellerangaben möglich sind, dürfen nur die empfohlenen Erzeugnisse genommen werden. In der Regel ist jedoch bei mehrschichtigem Auftrag keine Abschlußlackierung nötig.

Lasuranstriche für innen gibt es auf Alkydharz- und Dispersionsbasis in zahlreichen Farbtönen, matt bis seidenmatt. Der Effekt erhöht sich, wenn man die Lasur kurz vor dem Auftrocknen mit einem Schwamm oder weichem Lappen abreibt. Überzüge mit farblosem Alkydharzlack erleichtern die Pflege der lasierten Holzflächen.

Beim Arbeiten mit Lasuren sind die Herstelleranweisungen genau zu beachten.

Anstrichausführung. Lasuranstrichmittel für innen sind für alle Hölzer und Holzwerkstoffe innen geeignet (z. B. Verkleidungen, Möbel). Damit der Untergrund gleichmäßig saugt, grundiert man ihn farblos. Die getrockneten Flächen müssen matt und griffig sein. Meist ist ein Überschleifen mit sehr feinem Schleifpapier nötig. Farbloses Überlackieren mit Alkydharzlack ist üblich, da der bloße Lasuranstrich schlecht zu reinigen ist. Deckend ist eine Innenlasur im allgemeinen mit allen Alkydharz-Lackfarben überstreichbar.

Für gestaltendes Lasieren gibt es besondere Werkzeuge: Modler, Vertreiber und Schläger (**10**.31).

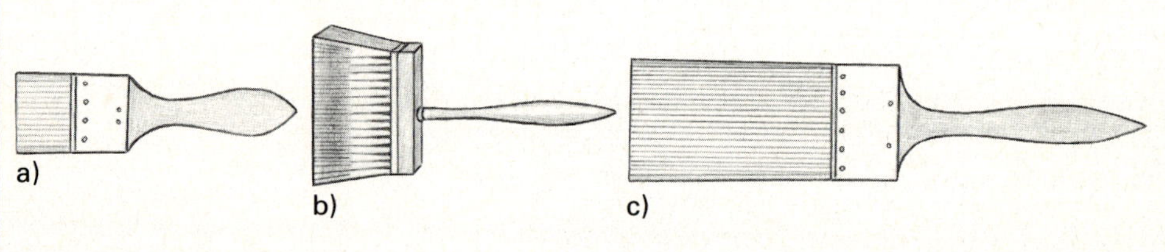

10.31 Lasurwerkzeuge
a) Modler
b) Vertreiber
c) Schläger

10.3.3 Techniken mit Alkydharz-Lackfarben (auf mineralischen Untergründen s. Abschn. 9.4.2)

Tabelle **10**.32 **Untergrundbeschaffenheit Holz**

Angestrebte Beschaffenheit	Vorarbeit
Holz ungestrichen	
eben, sauber	säubern, mit feinem Schleifpapier aufrauhen, entstauben
harzfrei	Harzstellen und Äste mit Sperrgrund isolieren
schädlingsfrei	Grundanstrich mit Holzschutzgrund, der gut einziehen muß
rissefrei	erst jetzt verkitten (vorher keine Haltbarkeit!) mit Ölkitt oder (kleinere Unebenheiten) Spachtelmasse
Holz gestrichen	
eben	ganze Fläche mit feinem Schleifpapier leicht anschleifen und entstauben
porös	gut erhaltene Altanstriche mit Anlaugemitteln und/oder feinem Schleifpapier leicht anrauhen
sauber	Fett, Wachs und dgl. mit Testbenzin oder Salmiakgeist (1:10 verdünnt) entfernen
fleckenlos	mit Sperrgrund Teer und andere Flecken absperren
frei von ungeeigneten Altanstrichen	wie bei Putz entfernen mit Abbeizmittel, Abbrenngerät, Schabeisen oder Kratzer

Prüfen alter Anstriche. Da Ölfarbenanstriche in der Regel überlackiert wurden, sind die Vorarbeiten auch von der Altlackierung abhängig. Um die Beschaffenheit des Untergrundes zu prüfen, gibt es verschiedene Methoden: die Abreißprobe mit Klebeband, den Gitterschnitt, die Kratz- oder Groschenprobe, die Anlöseprobe und die Schichtdickenmessung.

Die Abreißprobe mit Klebeband (Klebestreifentest) zeigt die Haftfestigkeit von Anstrichfilmen auf glatten Untergründen (**10**.33). Auf eine, besser mehrere Anstrichstellen wird ein etwa 2 cm breiter Selbstklebestreifen gelegt und gut angedrückt. Nach 2 Minuten reißt man den Streifen scharf ab. Die Menge der am Streifen haftenden Anstrichreste (besonders Lackfilme) läßt auf die Haftfestigkeit schließen.

Zum Gitterschnitt braucht man ein scharfes Messer oder ein Gitterschnittmesser. Im Abstand von 1 bis 2 mm führt man damit auf dem Anstrichfilm etwa 10 Parallelschnitte, im rechten Winkel dazu 10 weitere. Am Ausbrechen der einzelnen Karos läßt sich die Haftfestigkeit erkennen (**10**.34). Diesen Gitterschnitt sollte man an mehreren Stellen machen.

10.33 Klebebandtest nach einem Gitterschnitt

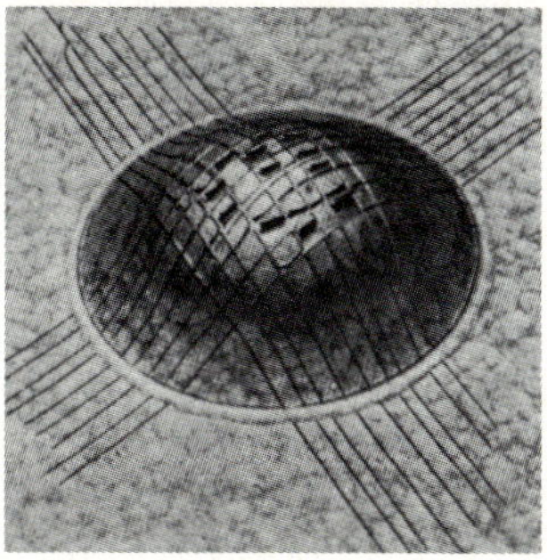

10.34 Gitterschnitt

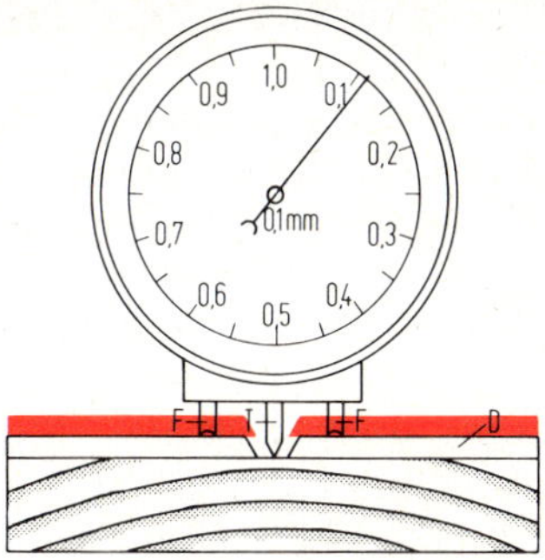

10.35 Trockenfilm-Dickenmesser F = Füße, T = Taster, D = Höhenunterschied

Mit der Kratz- und Groschenprobe beurteilt man die Elastizität des Altanstrichs. Mit einem Spachtel, Messer oder scharfkantigen Zehnpfennigstück kratzt man Späne vom Film ab. An Art und Eigenschaft der abgekratzten Späne wird die Spröde deutlich. Spröde Altanstriche brechen pulverartig ab. Sie müssen deshalb vor einem Neuanstrich entfernt werden.

Bei der Anlöseprobe tränkt man einen Wattebausch mit Testbenzin oder milder Nitroverdünnung (kein anderes Lösemittel!) und legt ihn auf die Anstrichfläche. Wird der Altanstrich angegriffen oder gar gelöst, ist er für einen Neuanstrich ungeeignet.

Zur Schichtdickenmessung setzt man den Trockenfilm-Dickenmesser mit den Füßen F auf die Anstrichfläche (**10**.35). Dann mißt man den Höhenunterschied D zwischen der Oberfläche und dem freigelegten Untergrund mit Hilfe des Tasters T. Beträgt die Schichtdicke >300 µm, ist der Altanstrich ungeeignet und muß entfernt werden.

Lackfarben. Fabrikmäßig hergestellte streichfertige Innen- und Außenfarben sind heute die Regel. Sie werden nach Bedarf verdünnt. Auf Alkydharzbasis aufgebaute „Vorstreichfarben" eignen sich für Grund- und Zwischenanstriche auf vorbehandeltem Putz, Holz oder Metall. Diese Anstrichmittel sind oft auch hitzebeständig (bis 80 °C). Man streicht, rollt oder spritzt sie (s. Abschn. 9.4.2).

Selbstansetzen mit Farbpasten. Zusammensetzung und Verdünnung richten sich nach der Saugfähigkeit des Untergrundes (**10**.36). Jeder vorangehende Anstrich muß matter auftrocknen als der folgende. Falsch angesetzte Farbpaste kann zum Kreiden, Rissebilden oder Abplatzen der Anstriche führen. Spachtelförmige Rührhölzer oder elektrische Rührer erleichtern die Arbeit.

Tabelle **10**.36 **Zusammensetzung der Farbpasten**

Bezeichnung	Farbpasten in Leinölfirnis
vollfett	unverdünnter Leinölfirnis
$^3/_4$ fett	3 Teile Leinölfirnis und 2 Teile Verdünnungsmittel
$^1/_2$ fett	1 Teil Leinölfirnis und 6 Teile Verdünnungsmittel mit Trockenstoffzusatz
mager	nur Verdünnungsmittel mit Trockenstoffzusatz

Alkydharz-Lackfarbe (Kunstharz-Lackfarbe) ist eine pigmentierte Anstrichfarbe und für viele Untergründe geeignet. Altanstriche müssen vor dem Neuanstrich auf Haftfähigkeit geprüft werden.

Anstrichausführung innen

Die Grundierung mit Lackfarben für Grund- und Zwischenanstriche festigt und dichtet den Untergrund. Das Anstrichmittel ist mit Verdünnung auf die Saugfähigkeit des Untergrundes einzustellen. Nicht saugende Untergründe grundiert man mit mageren Farben, die matt auftrocknen. Nach dem Trocknen schleift man mit feinem Schleifpapier (180er) ab und entstaubt. Unebenheiten werden verkittet.

Der 1. Zwischenanstrich soll die Saugfähigkeit ganz aufheben, den Untergrund möglichst decken, gut haften und halbmatt auftrocknen. Bei Farbpasten nimmt man eine halb- bis dreiviertelfette Farbe. Nach dem Trocknen wird wieder abgeschliffen, entstaubt, nachgekittet und/oder nachgespachtelt.

Der 2. Zwischenanstrich soll den Untergrund vollständig abdecken und mattglänzend auftrocknen. Er ist evtl. entsprechend zu verdünnen. Nach dem Trocknen wird mit 220er Schleifpapier geschliffen und entstaubt. Bei einfachen Innenarbeiten kann man auf den 2. Zwischenanstrich verzichten.

10.37 Aufbau eines Lackfarbenanstrichs

Der Schlußanstrich soll abdichten und die Fläche vor Verschmutzungen und äußeren Einflüssen schützen. Dazu verwendet man Alkydharz-Lackfarbe (Kunstharz-Lackfarbe) für innen, glänzend (**10**.37). Für Mattglanzeffekte gibt es geeignete Mattlackfarben.

> Die bindemittelreichste Anstrichschicht mit dem geringsten Pigmentanteil bildet den Schlußanstrich.

10.38 Abstreifgitter für Farbroller

Beim Auftrag verstreicht man die Lackfarbe mit dem Pinsel oder Flächenstreicher zunächst senkrecht und waagerecht. Dann wird weich und ansatzfrei durchgezogen und sauber verschlichtet (**10**.39). Bei Türen zieht man noch einmal leicht von unten nach oben ganz durch. In gleicher Weise erfolgt die Pinsellackierung. Lammfell- oder Perlonroller ergeben eine schwache Struktur. Die Rolle wird in die Farbe eingetaucht und am Abstreifgitter von der überschüssigen Farbe befreit (**10**.38). Der Auftrag geschieht gleichmäßig, weitausholend und kreuzweise. Ränder und Ecken legt man besser vorher mit dem Pinsel an.

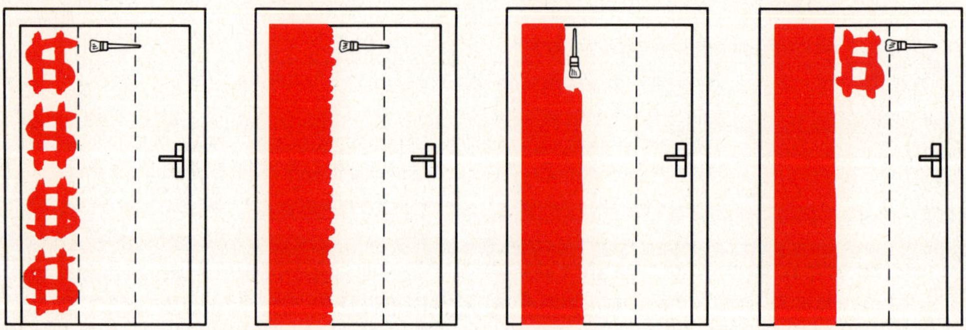

10.39 Arbeitsvorgang beim Streichen und Lackieren mit dem Pinsel

Tabelle **10.40** **Alkydharz-Lackfarben glänzend oder seidenglänzend**

Untergrund	Ausführung
Innenanstriche	
Vollholz, Sperrholz, Tischlerplatten	Reinigen mit gründlichem Schleifen Bei Vollholz Harzgallen ausstechen, Aststellen absperren (Mittel auf Polymerisatharzbasis) Grundanstrich mit leicht pigmentierter Alkydharz-Lacklösung, verdünnt nach Saugfähigkeit Verkitten von Löchern und Unebenheiten mit Alkydharz-Spachtelmasse o. ä. Erste Spachtelung mit Alkydharz-Spachtelmasse Zweite Spachtelung, nach Erhärtung schleifen und abstauben Zwischenanstrich mit Alkydharz-Lackfarbe für innen, gering verdünnt Schlußanstrich mit Alkydharz-Lackfarbe unverdünnt.

Werkzeug- und Gerätepflege. Gebrauchte Ringpinsel und Flächenstreicher werden auf dem Rührholz gut abgestreift, Stiel und Bund mit dem Lappen gereinigt. Bei täglichem Gebrauch stellt man sie bis zum Bund in Wasser, damit sie nicht hart werden. Ein Sieb auf dem Boden des Behälters befreit die Werkzeuge von Schmutzteilchen. Nur gelegentlich gebrauchte Werkzeuge reinigt man sofort in Testbenzin und wäscht mit Schmierseife in heißem Wasser nach. Fabrikmäßig hergestellte Pinselreiniger benutzt man wie Testbenzin und wäscht unter fließendem Wasser nach.

Farbroller reinigt man am besten mit Seife und Wasser. Bei täglicher Benutzung empfehlen sich geeignete Behälter, in denen sie unter Luftabschluß in Testbenzin aufbewahrt werden.

Aufgaben zu den Abschnitten 10.1 bis 10.3

1. Beschreiben Sie den Aufbau und die Bestandteile des Holzes.
2. Was sind Jahresringe?
3. Nach welchen Gesichtspunkten teilt DIN 4076 Holzgruppen ein?
4. Nennen Sie einige wichtige europäische Hölzer und ihre Eigenschaften.
5. Inwiefern kann sich der Harzgehalt des Holzes schädlich auf Anstriche auswirken?
6. Erklären Sie den Ausdruck „Holz arbeitet".
7. Nennen Sie Holzfeuchte-Prozentsätze, bei denen Anstriche aufgebracht werden dürfen.
8. Wie wird die Holzfeuchtigkeit gemessen?
9. Welche Arten von Bauschnittholz gibt es?
10. Vor welchen Gefahren ist Holz zu schützen?
11. Welche Vorarbeiten erfordern Flammschutzanstriche beim Holz?
12. Woran erkennen Sie den Befall eines Holzes durch Hausbockkäfer?
13. Beschreiben Sie ein Verfahren zur Insektenbekämpfung beim Holz.
14. Was bewirkt der Echte Hausschwamm?
15. Beschreiben Sie die Schäden durch Bläuepilze.
16. Warum muß man das von tierischen oder pflanzlichen Schädlingen befallene Holz ausbauen und verbrennen?
17. Was ist Sperrholz?
18. Welche Sperrholzarten gibt es?
19. Wie sind Holzspan- und Holzfaserplatten anstrichtechnisch zu behandeln?
20. Ein Altanstrich auf Holzspanplatten haftet nicht gut. Woran liegt das? Was tun Sie beim Neuanstrich?
21. Wie entfernen Sie ungeeignete Altanstriche auf Holz?
22. Welche Vorsichtsmaßnahmen sind beim Beizen, Bleichen und Abbrennen erforderlich?
23. Beschreiben Sie das Abbeizen von Altanstrichen mit lösenden Mitteln.
24. Wie bleicht man ergraute Hölzer?
25. Welche vorbereitenden Arbeiten an Außenobjekten aus Holz müssen in der Schreinerwerkstatt ausgeführt werden? Nennen Sie auch die Gründe.

26. Was versteht man unter Klimatisieren des Holzes?
27. Bei welchem Wetter darf man Holzuntergründe außen nicht streichen?
28. Worin liegt die unterschiedliche Wirkung von Imprägnierlasuren und schichtbildenden Lasuren?
29. Mit welchen Werkzeugen lasiert man?
30. Wie beseitigen Sie Risse und Löcher auf Holzuntergründen?
31. Womit behandelt man Teer-, Wachs- und andere Flecken auf Holz?
32. Welche Möglichkeiten gibt es, die Beschaffenheit von Altanstrichen auf Holz zu prüfen? Beschreiben Sie Verfahren.
33. Wie verwendet man streichfertige Lackfarben?
34. Wie setzen Sie eine Anstrichfarbe aus Farbpaste an?
35. Erklären Sie, warum die bindemittelreichste Anstrichschicht den Schlußanstrich bildet.
36. Aus wie vielen Anstrichen baut sich ein guter Lackfarbenanstrich auf?
37. Warum müssen Sie erhärtete Spachtelschichten schleifen und abstauben?

10.4 Lackierungen

10.4.1 Lackiertechniken

Welche Lacke eignen sich nach Ihrer Meinung gut zum Streichen oder Rollen? Welche spritzt man besser? Überlegen Sie die Vorteile der Spritzlackierung.

Die Lackiertechnik wird vor allem durch die Eigenschaften des Lacks bestimmt. Die hier besprochenen Auftragsverfahren durch Pinsel oder Roller, Spritzen, Tauchen, Fluten u.a. Beschichtungen sind nicht auf den Werkstoff Holz beschränkt.

Die Pinsellackierung entspricht dem Auftrag, Verteilen und Verschlichten von Lackfarben mit Pinsel. Jedoch sollte man Lackierpinsel mit Spezialborsten in flacher Zwinge benutzen, außerdem noch sorgfältiger verteilen und verschlichten. Bei senkrechten Flächen zieht man ansatzfrei von unten nach oben durch, bei gegliederten Flächen lackiert man Füllungen vor dem Rahmen. Von Zeit zu Zeit werden die Füllungsecken auf Läufer kontrolliert. Schnell antrocknende Lacke (wie Chlorkautschuk-Lackfarben, Polyester- und schnell anziehende Alkydharzlacke) sind mit weichem Pinsel zügig zu verarbeiten. Dazu legt man schmale Felder an. Diese Lacke lassen sich nicht länger verschlichten.

Lackierroller rationalisieren die Arbeit. Geeignet sind Mohairroller mit Nylon- oder Wollplüschbelag. Überschüssiger Lack wird am Abstreichgitter oder in der Abstreichwanne abgerollt. Wenn beim Rollen Bläschen im Lack entstehen, rollt man ohne Druck nach (**10**.38).

Wichtig ist die Reinigung bzw. Pflege von Lackierpinsel und -roller sofort nach dem Benutzen. Bei Spezialverdünnungsmitteln muß man das Werkzeug in entsprechenden Speziallösemitteln reinigen. Ratsam ist das anschließende Nachwaschen mit Pinselreiniger.

Die Spritzlackierung ist rationeller. Sie empfiehlt sich besonders für schnell trocknende Anstrichmittel, die mit dem Pinsel nicht verschlichtet werden können. Gespritzte Lackflächen zeigen auch ein glatteres und schöneres Oberflächenbild. Oft erfordern Großobjekte (z.B. Türenserien) das rationellere Spritzen.

Die Viskosität des Lacks wird mit dem Auslauf-Viskosimeter oder dem DIN-Becher (nach DIN 53211 mit 4-mm-Düse) richtig eingestellt (s. Abschn. 2.7).

Lesen Sie im Abschn. 7.2 über Aufbau und Funktion der einzelnen Spritzgeräte nach. Tabelle **10**.41 bringt eine Zusammenfassung.

Tabelle **10**.41 **Spritzverfahren**

Verfahren	Spritzmaterial	Merkmale
Niederdruckspritzen große Luftmenge (≈ 20 bis 70 m^3/Std.), niedriger Druck (0,2 bis 0,5 bar)	stärkere Verdünnung = niedrigviskos; hochviskose Mittel schlecht oder gar nicht verspritzbar	Nebelbildung gering, Zerstäubung gröber; geringe Arbeitsleistung
Hochdruckspritzen geringe Luftmenge (≈ 6 bis 13 m^3/Std.), hoher Druck (1 bis 6 bar)	hochviskose, pigmentreiche, wenig verdünnbare Anstrichmittel, höheres Deckvermögen	verhältnismäßig starke Nebelbildung, feine Zerstäubung, z. T. größerer Verlust an Spritzgut
Warm- und Heißspritzen Heißspritzen: Pistole mit Durchlauferhitzer	auf 50° bzw. 70 bis 80 °C erwärmte Lacke, keine Verdünnungsmittel	schnelleres Arbeiten und Trocknen; bessere Oberflächen
Airless-Spritzen (luftlos) sehr hoher Druck (z. B. bei 6 bar Luftdruck = 180 bar)	hochviskoses Material (z. B. 100 DIN/s), großer Materialfluß, keine oder nur geringe Verdünnungsmittel, Spritzgut genau einstellen	geringer Nebel (kein Luft-Farbe-Gemisch); gutes Haft- und Deckvermögen; wenig Spritzgänge, kein Spritzgutverlust
Elektrostatisches Spritzen (**10**.42) Spannung < 120 000 V, geringer Druck (0,8 bis 1,2 bar)	spez. Einstellung des Materials (Serienlackierungen in der Industrie), praktisch kein Farbnebel	Spritzgut und Werkstück gegenpolig elektrisch aufgeladen, das geerdete Werkstück zieht Lackteile an; kaum Farbnebel und Spritzgutverlust
Pulverspritzen	aufgesprühtes Lackpulver schmilzt und verfließt unter Wärmeeinwirkung	Pulver statt Lack elektrostatisch aufgeladen; hochwertige Oberflächen

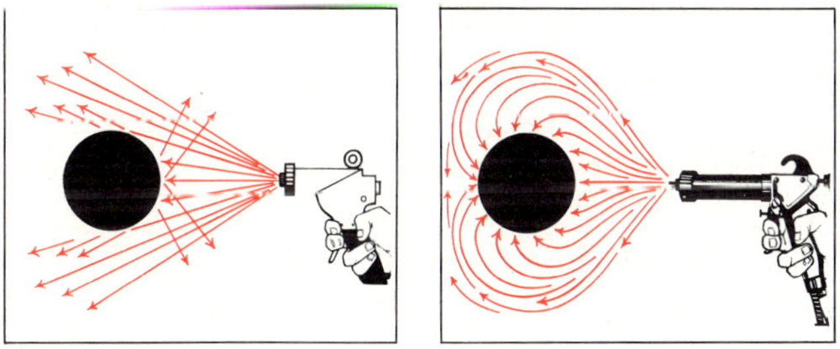

a) b)

10.42 Farbspritzen
a) normal, b) elektrostatisch

10.43 Fluten von Heizkörpern

Die Tauchlackierung hat sich in der Industrie bewährt. Sie wird (im Gegensatz zur Tauchimprägnierung und -grundierung) im Malerhandwerk kaum angewendet, weil Art und Größe des Werkstücks Grenzen setzen. Zum Tauchlackieren eignen sich nur glatte Objekte ohne Vertiefungen, an denen der Lack gut ablaufen oder abtropfen kann. Rationelles Arbeiten ist nur mit einer umfangreichen Einrichtung möglich.

Zum Flutlackieren dient dem Maler eine transportable Flutanlage. Das Objekt wird darin gleichmäßig mit Lack übergossen, das überschüssige Material läuft wie beim Tauchen ab (**10.43**). Die Anlage besteht aus einer Feinblechwanne mit Vertiefungen für den Lack, einem Sieb, einem Pumpenständer mit explosionsgeschützter Pumpe sowie einem langen Material-Spezialschlauch mit drehbarer Beflutungsdüse. Hinzu kommen Abtropfbleche, verstellbare Abtropfständer und Greifhaken.

Man stellt das Werkstück über der Wanne auf den Abtropfrost. Eine Pumpe bringt den Flutlack (meist Einschichtlack) in Umlauf und flutet ihn über das Objekt. Am besten arbeitet man von unten nach oben. Der Materialverlust ist sehr gering. Nach Arbeitsende pumpt man das restliche Material in den Farbbehälter zurück. Die Reinigung ist leichter, wenn man vorher eine Plastikfolie eingelegt hat.

Beim Fluten dringt der Lack wie beim Tauchen auch in schwer zugängliche Stellen. Es eignet sich daher besonders für Heizkörper, Roll- und Klappläden sowie Bänke.

Die Elektrophorese verlangt eine ähnliche Einrichtung wie das Tauchlackieren. Die Gegenstände werden jedoch nicht in den Lack getaucht, sondern in ein Bad aus Lacksubstanzen (≈20%) und Wasser (≈80%) mit chemischen Zusätzen. Durch Elektrolyse (Trennung in Flüssigkeit gelöster Verbindungen durch elektrischen Strom) gelangen die Lackteilchen an das zu beschichtende Objekt. Getrocknet wird im Trockenofen.

Lackiermaschinenbeschichtungen nimmt die Industrie vor. Man benutzt Walzenlackiermaschinen und Lack-Gießmaschinen. Flache Werkstücke (Möbelteile, Holz- und Blechtafeln u. a.) kann man damit rationell in Serien lackieren.

10.4.2 Versiegelungsverfahren

Vergleichen Sie die Oberfläche von versiegeltem und unversiegeltem Parkett. Beschreiben Sie beide Proben mit einem Fettfarbstift. Nun versuchen Sie, diese Spuren zu beseitigen.

Durch Versiegeln mit Lack füllen sich die Poren des Untergrunds. Es bildet sich ein haftfester, widerstandsfähiger Film, der die Lebensdauer vor allem von Böden erhöht. Die Pflege ist einfach und kostensparend; das sonst nötige mühsame Parkettspänen entfällt. Die Holzstruktur wird nicht beeinträchtigt. Vier Versiegelungsmittel sind zu unterscheiden:

Öl-Kunstharz-Siegel (Imprägniersiegel) aus Ölen und Kunstharzen, auch lufttrocknende Alkydharzlacke, Härtung durch Sauerstoffaufnahme aus der Luft. Lieferung gebrauchsfertig, Verarbeitung wie normaler Lack.

Säurehärtende Siegel (Schwedensiegel) aus Harnstoff-Formaldehydharzen, Melamin- oder Phenolharzen und Lösemittel. Sie härten durch Säurezusatz 10:1 unmittelbar vor dem Verarbeiten oder durch gebrauchsfertig eingebauten Härter. Diese Siegel trocknen sehr schnell.

DD-Siegel aus Desmodur, Desmophen und Lösemittel 1 : 1 oder gebrauchsfertig. Härtung durch chemische Vernetzung der beiden Komponenten.

PVC-Siegel aus Kunststoffen und Lösemittel. Für das Gießverfahren wurden spezielle Mittel entwickelt, die den PVC-Bodenbelägen ebenbürtig sind und seidenglänzend auftrocknen.

Vorarbeiten zum Versiegeln. Der Parkettfußboden muß trocken (Holzfeuchtigkeit ≈ 12%), frei von Öl, Wachs und Schmutz, glatt geschliffen und staubfrei sein. Die Qualität der Versiegelung hängt weitgehend vom Schliff ab (Parkett-Schleifmaschine). Alle Schleifspuren bleiben sichtbar. Man beginnt deshalb mit 25er Schleifpapier und geht über 30er, 40er, 60er, 100er auf 120er Papier. Das Schleifpapier verwachst rasch und muß deshalb immer wieder gewechselt werden. Der Schleifstaub wird mit Staubsauger und lösemittelfeuchtem Lappen entfernt. Holzschäden und Fugen bessert man aus mit einem streichfertigen Holzkitt je nach Holzart (auch selbst herzustellen aus Schleifstaub und Fugenkittlösung). So fallen die Ausbesserungen am wenigsten auf. Exotische Hölzer müssen mit Spezial-Absperrgrund oder DD-Absperrgrund isoliert werden (**10.44**).

Tabelle **10.44** **Versiegelungsverfahren**

Mittel	Grundierung	Versiegelung
Öl-Kunstharz bzw. Alkydharzlacke	mit 10 bis 15% Testbenzin verdünnt	je nach Beanspruchung 2- bis 3mal unverdünnt
säurehärtend	mit 10 bis 20% Spezialverdünnung	2mal unverdünnt
DD-Einkomponentenlack	meist mit 12% Spezialverdünnung	1. mit 3 bis 5% Spezialverdünnung 2. unverdünnt
DD-Zweikomponentenlack	DD-Lack, DD-Härter, DD-Verdünnung 1:1:1 oder 2:1:1,5	1- bis 2mal DD-Lack, DD-Härter 1:1 und <10% DD-Verdünnung
PVC-Gießbeschichtung	mit 10 bis 20% Spezialverdünnung	2mal unverdünnt, mit Flächenstreicher oder Roller verteilen

Mischungs- und Verarbeitungsvorschriften der Hersteller sind einzuhalten. Jede Schicht wird nach dem Trocknen mit feinem Schleifpapier geschliffen und wieder staubfrei gemacht. Der nächste Auftrag soll in der Regel nicht später als 48 Stunden folgen. Zum Auftrag nimmt man breite Flächenstreicher (≈22 cm) oder Rollen (auch mit längerem Stiel). Die Arbeit muß zügig und ansatzfrei vor sich gehen.

Versiegelte Böden sind haltbarer, wenn sie gelegentlich mit Wachs gepflegt werden. Sie sind hygienischer, weil das Wachs den Staub bindet; sie dürfen aber nicht gespänt werden. Mäßig beanspruchte Böden sind trocken zu reinigen.

Versiegelungen verlangen einen trockenen, sauberen und glatt geschliffenen Boden (systematischer Schleifaufbau).

10.4.3 Klarlackierungen innen

Je nach Beanspruchung und Effekt kann man bei Naturlackierung innen zwischen offen- und geschlossenporigen Lackierungen wählen. Beim Lackiereffekt mit offenen Poren bleibt die Oberflächenstruktur des Holzes weitgehend erhalten. Geschlossenporige Lackierungen ergeben dagegen glatte Flächen (Porenverschluß).

Offenporige Klarlackierung. Die Fläche wird fein geschliffen (erst 120er, dann 180er, evtl. 220er Körnung), der Schleifstaub sorgfältig mit Fiberbürste ausgebürstet oder ausgeblasen! Falls gewünscht, erst jetzt beizen.

Polyurethanlack-Aufbau (DD-Lack) als Beispiel. Für hohe Beanspruchung: Grundierung mit DD-Feinschlifflack mit weichem Flachpinsel oder Spritzauftrag. Schleifen (nach ≈4 bis 6 Std., je nach Fabrikat) mit 280er oder 320er Körnung, Schleifstaub sorgfältig entfernen.

Lackierung glänzend: DD-Glanzlack bis zu viermal auftragen wie zuvor, Zwischenschliff mit 280er Körnung, Schleifstaub sorgfältig entfernen.

Lackierung seidenmatt: nur einmal mit DD-Seidenmattlack.

DD-Einschichthartlacke geben ein sehr schönes Porenbild: einmal auftragen, mit 280er bzw. 320er Körnung schleifen, abstauben. Danach ein zweiter Lackauftrag.

Offenporige Klarlackierung nach dem Lack-auf-Lack-System. Hier arbeitet man von der Grundierung bis zur Schlußlackierung mit dem gleichen Feinschlifflack. Bei Seidenglanz grundiert man nach den Vorarbeiten mit einem rasch trocknenden, 1:1 verdünnten Seidenglanzlack auf Alkydharzbasis. Nach Trocknung und Zwischenschliff wird ein- bis zweimal unverdünnter Seidenglanzlack aufgetragen. Bei Hochglanz grundiert man mit einem 1:1 verdünnten Feinschlifflack und trägt nach dem Zwischenschliff ein- bis zweimal unverdünnten Innen-Klarlack auf (Verdünnungen nach Anweisung).

Geschlossenporige Klarlackierung. Feinschliff wie bei offenporiger Klarlackierung. Grobporige Hölzer mit Porenfüller (Füllack) ein- bis zweimal „abporen" (= Poren füllen). Man kann auch Porenfüllpulver in vorgeschriebenem Bindemittel selbst ansetzen und ein- bis zweimal abporen. Dies geschieht mit grobem Leinentuch quer zur Holzstruktur. (Warum quer?) Den Überschuß zuerst quer, dann längs sorgfältig entfernen. (Tropenhölzer nach Anweisung mit verdünntem DD-Lack einmal abporen, nicht schleifen.) Danach zwei- bis viermal Feinschlifflack nach Anweisung, Zwischenschliff mit 280/320er Körnung, sorgfältig abstauben.

Pinselauftrag mit Klarlacken muß mit einem weichen, breiten Flachpinsel zügig, ohne Ansätze in Holzmaserrichtung erfolgen.

Bei Seidenglanz spritzt man dann Seidenglanzlack ≈ 10 bis 20% verdünnt einmal im Kreuzgang auf. Bei Hochglanz nimmt man Alkydharzlack oder Nitro-Klarlack. Widerstandsfähiger sind Kunststofflack-Beschichtungen mit glänzendem Härterlack (säurehärtender Lack) auf Phenolharz-, Melaminharz- oder Harnstoffharzbasis im Spritzverfahren. Auch mit Epoxid-, DD- und Polyesterlacken ergeben sich hochglänzende, glatte und sehr widerstandsfähige Beschichtungen. Mit Dickschichtlacken (Polyesterlacke) erreicht man die gewünschte Schichtdicke und Fläche in einem Auftrag.

10.4.4 Decklackierungen innen

Das Innenlackier-System. Mit ausgesprochenen Innenlacken ist dieses System für alle Innenlackierungen gut geeignet. Bei Hochglanzlackierungen sollen die Lacke stark glänzend sein. Sie sollen voll verlaufen, schnell trocknen und kratzfest sein (**10**.45).

Tabelle **10**.45 **Anstrichausführung**

Untergrund	Ausführung
Holz, Holzwerkstoffe	Grundanstrichmittel auf Alkydharzbasis bei ungestrichenen Untergründen, auch Universal-Primer weiß getönt
	trocknen, mit 220er Körnung schleifen, gut abstauben
	mit Alkydharz-Lackspachtel ein- bis zweimal spachteln, Planschleifen mit dem Rutscher, abgerundete Flächen und Profile mit feiner Stahlwolle, evtl. Profile nachspachteln, abstauben (bei guter Ausführung einmal Vorstrichfarbe weiß, nach Trocknen schleifen)
	Zwischenanstrich mit Vorlack weiß, nach Trocknen mit 400er Ölschleifpapier und Rutscher (naß) schleifen, entstauben, mit feuchtem Fensterleder abwischen
	Lackierung mit hochglänzendem oder seidenglänzendem Innen-Weißlack bzw. Buntlack (bei stärkeren Farbtönen Zwischenanstrich bereits abtönen)

Beim Lackieren muß auf gleichmäßiges Verteilen und Verschlichten und nicht zu dicken Auftrag geachtet werden. Bei senkrechten Flächen (z. B. Türen) besteht die Gefahr der Läuferbildung (Gardinen). Darum sind geeignete Objekte liegend zu lackieren und auf Trockenständern auszulegen.

Dreischichtensystem. Die Lackindustrie bietet heute Werkstoffe an, die sich rationeller in nur 3 Arbeitsgängen verarbeiten lassen. Bei diesem Dreischichtensystem entfällt das Grundieren (**10**.46).

Tabelle **10.46** **Anstrichausführung**

Untergrund	Ausführung
Holz, Furnierflächen, Holzwerkstoffe	Auf die gründlich geschliffene, gereinigte und abgestaubte Fläche Porenfüller auftragen (= Abziehen, Zuziehen der Poren) Löcher und größere Unebenheiten mit Alkydharz-Spachtelmasse spachteln Grundanstrich mit Sreich- oder Spritzfüller auf Alkydharzbasis verhältnismäßig dick auftragen (mit Pinsel, Flächenstreicher, Mohairroller, auch im Airless-Spritzverfahren), evtl. nur wenig nachschleifen, abstauben lackieren mit einem Innen-Weißlack, auch mit Alkydharz-Lackfarbe

Das Dreischichtensystem ist rationell und hat nur 3 Arbeitsgänge: Zuziehen der Poren, Streich- oder Spritzfüllen, Lackieren.

10.4.5 Klarlackierungen außen

Für außen sind mindestens zwei Zwischenanstriche erforderlich. Außer dem Schlußanstrich sollen die Arbeiten, mindestens aber zwei Aufträge, in der Schreinerwerkstatt durchgeführt werden. Um Lackierung und Oberfläche vor den schädlichen UV-Strahlen zu schützen, kann man dem Klarlack Lasurpigmente zusetzen (**10.47** und **10.48**).

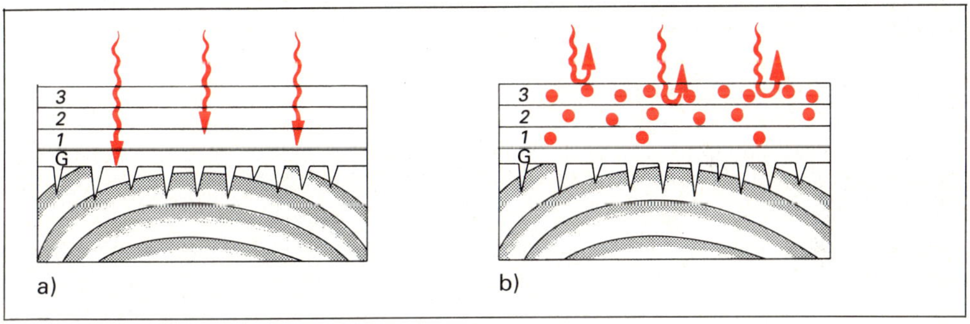

10.47 UV-Strahlenwirkung auf Anstriche

a) Klarlackierungen lassen die UV-Strahlen bis auf den Untergrund dringen

b) Pigmentierte Klarlacke (sog. Lasuren) reflektieren die UV-Strahlen

G Grundanstrich, *1* 1. Zwischenanstrich, *2* 2. Zwischenanstrich, *3* Schlußanstrich

Tabelle **10.48** **Anstrichausführung**

Untergrund	Ausführung
Holz	Reinigen; soweit erforderlich, Harzgallen entfernen imprägnieren mit Holzschutzmittel (kann bei Laubhölzern meist entfallen) Grundanstrich mit stark verdünntem Alkydharzlack für außen verkitten von Rissen und Löchern mit Holzkitt im Originalfarbton des Holzes Erster Zwischenanstrich } mit gering verdünntem Zweiter Zwischenanstrich } Alkydharzlack für außen (nach Möglichkeit dritter Zwischenanstrich) Lackierung mit Alkydharzlack für außen, glänzend oder seidenglänzend

10.4.6 Decklackierungen außen

Machen Sie sich noch einmal den Unterschied zwischen Klarlackierung und Decklackierung klar.

Lack-auf-Lack-Technik. Vom 1. bis zum 3. Anstrich verwenden wir die gleiche Lackfarbe (bzw. Lack). Dabei verdünnen wir für Grund- und Zwischenanstrich nach Herstellervorschrift, für den Schlußanstrich jedoch im allgemeinen nicht (**10.49**). Diese Technik soll nur mit den von den Herstellern empfohlenen Erzeugnissen ausgeführt werden, in der Regel Klarlacke (langölige Alkydharzlacke, auch Acrylharzlacke).

Tabelle **10.49** **Anstrichausführung**

Untergrund	Ausführung
	Alkydharz-Lackfarben für außen, glänzend
Holz außen	Reinigen der Flächen; soweit erforderlich, Harzgallen entfernen; absperren von Dübeln und Aststellen mit Absperrmittel (Polymerisatharzbasis)
	imprägnieren mit Holzschutzmittel (kann bei Laubhölzern meist entfallen)
	Grundanstrich mit Alkydharz-Lackfarbe für außen, glänzend, höchstens mit 10 Vol.-% Verdünnungsmittel
	Verkitten von Rissen und Löchern mit Alkydharz-Spachtelmasse
	Zwischenanstrich mit Alkydharz-Lackfarbe für außen, glänzend, höchstens mit 5 Vol.-% Verdünnungsmittel
	Schlußanstrich mit Alkydharz-Lackfarbe für außen, glänzend
	(Bei Ausführung für Winter-Bauten ein zweiter Zwischenanstrich. Warum?)

10.4.7 Fensteranstrichsysteme

Überlegen Sie, welche Witterungseinflüsse auf ein Fenster eindringen; wie sich Temperatur- und Feuchtigkeitsunterschiede zwischen außen und innen auf das Fenster auswirken; wie oft ein Fenster geöffnet und nicht selten heftig geschlossen wird; wie stark Putz- und Scheuermittel das Fenster beanspruchen.

Fenster gehören zu den am stärksten beanspruchten Bauteilen. An das Holz und seine Verarbeitung, vor allem aber an die Anstriche werden daher besonders hohe Anforderungen gestellt. Hinzu kommt, daß Fenster nicht leicht und schnell zu streichen sind. Das Anstrichsystem muß jeweils gut durchdacht sein. Hier hilft die Lackindustrie mit modernen, rationellen Werkstoffen und Verfahren.

10.4.7.1 Technische Richtlinien für Fensteranstriche

Nach dem Merkblatt des Deutschen Maler- und Lackiererhandwerks (Stand Sep 1980) haben „Fensteranstriche nur dann Aussicht, allen Beanspruchungen auf längere Zeit zu widerstehen, wenn allen Einflüssen durch eine anstrichgerechte Bau- und Fensterkonstruktion und durch einen technisch einwandfreien Anstrichaufbau mit geeigneten, aufeinander abgestimmten Werkstoffen entgegengewirkt wird."

Die Mehrzahl der Fenster ($\approx$80%) besteht immer noch aus Holz. Die Haltbarkeit der Holzfenster ist von der richtigen Auswahl der Anstrichmittel im geeigneten Aufbau (Anstrichsystem) abhängig. Das gilt sowohl für Deckanstriche als auch für lasierende Aufbauten. Aus optischen Gründen werden heute die Lasursysteme überwiegend bei exotischen Laubholzarten angewendet.

Tabelle **10**.50 **Untergrundbeschaffenheit Holzfenster**

Angestrebte Beschaffenheit	Erläuterungen/Vorarbeiten
Neue Fenster	
Oberfläche fehlerfrei	Holz muß gesund, frei von Markröhren, Pilzen und Insekten sein
Oberfläche glatt	eben, keine Säge- und Hobelspuren, faserarm, sauber
rissefrei	evtl. nur kleine Längsrisse dauerhaft ausgebessert, Querrisse unzulässig
astfrei	Dübel auch an den Kanten vollflächig verleimt; bei Lasuranstrich sind ausgedübelte Äste unzulässig
möglichst harzarm	harzreiche Hölzer können bei dunklen Anstrichen außen bis ≈ 80 °C erwärmen, dadurch Harzfluß (**10**.51)
anstrichgerechte Konstruktion	Profile mit gerundeten Kanten; scharfe Kanten abrunden, rohe Nadelholzflächen mit Holzschutzgrund (**10**.12)
Fenster mit Altanstrichen	
geeignete Altanstriche	nur geringe Anstrichschäden; Lösemittelprobe zur Bestimmung der Anstrichart (Verträglichkeit), Abreiß- oder Kratzprobe (s. Abschn. 10.3.3)
einwandfreie Verkittung	losen Kitt entfernen, rohe Nadelholzflächen Holzschutzgrund streichen
einwandfreie Dichtstoffe	lose Teile entfernen, Haftflächen reinigen, rohe Nadelholzflächen Holzschutzgrund
einwandfreie Glashalteleisten	defekte, pilzbefallene, faserige u. ä. Leisten ausbauen, Falze säubern, neue Leisten allseitig mit Holzschutzgrund behandeln, nach 1. Zwischenanstrich einbauen (Warum?)
einwandfrei aufgesetzte Wasserschenkel	Schäden wie zuvor möglich, defekte Schenkel ausbauen, allseitig mit Holzschutzgrund behandeln, nach 1. Zwischenanstrich einbauen
keine offenen Fugen, Gehrungen usw.	offene Verbindungen keilförmig und tief aufkerben, rohe Nadelholzflächen mit Holzschutzgrund, nach Trocknen mit Holzfüllmasse ausfüllen, nachschleifen
einwandfreie Dichtungen (Bänder)	defekte Dichtungen entfernen, Haftflächen gut reinigen, neue Dichtungen erst nach dem Schlußanstrich (Warum?)

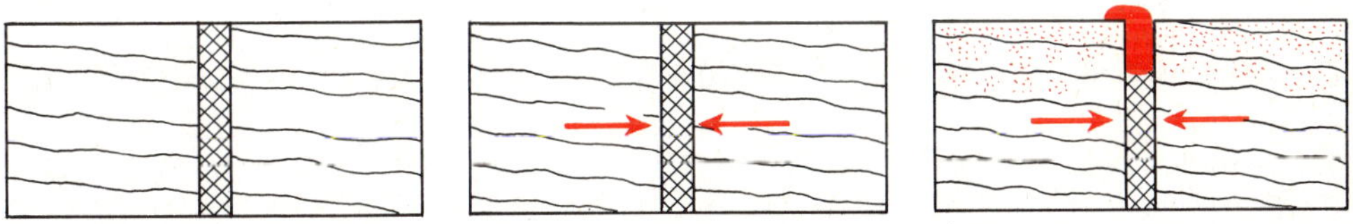

a) b) c)

10.51 Ursachen des Harzaustritts bei dunkelgestrichenem Nadelholz

a) Holz verkleinert durch Trocknung sein Volumen.
b) Der Harzkanal (wasserfrei) behält seine Abmessung, wird aber unter starken Druck gesetzt.
c) Bei Sonneneinstrahlung wird der Untergrund – besonders bei dunklen Anstrichen – aufgeheizt. Das vorher feste Harz wird dabei teilweise verflüssigt und an die Oberfläche gepreßt.

Lösemittelprobe: Nitroverdünnung mit Lappen aufreiben. Alkydharzanstriche werden nur schwach, Dispersions-Lackfarben dagegen stark angelöst.

10.52 Wirkungsweise ventilierender Anstrichmittel

Ventilationslackfarben sind Vorlackfarben für Außenholzwerk, überwiegend Holzfenster. Es sind Alkydharz-Lackfarben für Grund- und Zwischenanstriche (**10.**52), überstreichbar mit allen handelsüblichen Außenlacken auf Alkydharzbasis, glänzend oder seidenglänzend.

Bei hoher Wasserfestigkeit haben sie gleichzeitig eine gute Wasserdampfdurchlässigkeit des Anstrichfilms. Dadurch werden Blasen- und Rißbildungen weitgehend verhindert.

10.4.7.2 Anstrichausführung

Alle Anstriche müssen vor den folgenden Anstricharbeiten getrocknet sein. Dazu sind die Herstellerangaben genau zu beachten. Zu lange Wartezeiten zwischen den einzelnen Anstrichen können die Haftung des nächsten Anstrichs stören (zu starke Durchhärtung, chemische Veränderung, Staub und Schmutz). Verkitten der Schrauben- und Nagellöcher, Fugen, Risse usw. nur mit geeigneten Kitten bzw. Dichtstoffen, im Holzton gefärbt bei Lasuranstrichen. Kanten und Profile dürfen beim Schleifen nicht durchgeschliffen werden. Nachgehobelte Stellen sind in gleichem Aufbau beizuarbeiten. Spachtelarbeiten außen sind unzulässig (warum?), außer Fleckspachteln kleinerer Stellen. Fensterflügel erst nach klebfreier Durchtrocknung schließen.

Alle getrockneten Anstrichschichten sind zu schleifen; der Schleifstaub ist sorgfältig zu entfernen. Kanten und Profile dürfen beim Schleifen nicht durchgeschliffen werden!

Grundanstriche (Grundierungen) von Holzfenstern sind möglichst im Tauch- oder Flutverfahren auszuführen. Diese Grundierung und der erste Zwischenanstrich sind vor dem Einbau in der Werkstatt des Fensterherstellers auszuführen, damit keine Feuchtigkeit auf dem Transport und dem Bau eindringen kann.

Zwischenanstriche. Nach dem Einbau des Fensters ist noch mindestens ein Zwischenanstrich aufzutragen. Deckende Anstriche müssen den Untergrund vollständig abdekken. Müssen Dichtstoffe überstrichen werden, ist mit dem Anstrich ≈ 1 mm auf dem Glas zu beschneiden.

Anstrichgruppen. Die „Technischen Richtlinien für Fensteranstriche" ordnen die Fenster (auch Außentüren usw.) nach den zu erwartenden klimatischen Beanspruchungen in Anstrichgruppen ein:

Außenraumklima nach DIN 50010: indirekte Bewitterung, Bauteile gegen Witterung geschützt (z. B. zurückgesetzte Fenster in Loggien).

Freiluftklima I: ungehinderte, direkte Bewitterung durch normale Klimaeinflüsse (z. B. Gebäude bis zu 3 Geschossen).

Freiluftklima II: ungehinderte, starke, direkte Bewitterung durch extreme Klimaeinflüsse, darunter Gebäude mit mehr als 3 Geschossen.

Nach diesen Anstrichgruppen haben die Hersteller von Anstrichmitteln ihre Anstrichsysteme eingestuft und geben das in ihren Technischen Merkblättern an. Dabei werden die Farbtöne der Hölzer bei Lasuranstrichen bzw. Farbtöne der Deckanstriche berücksichtigt (**10.**53).

Tabelle **10.53** **Anstrichausführung Holzfenster**

Anstrichgruppe Untergrund	Ausführung
Neue Holzfenster deckend	
Freiluftklima I und II, z. B. Kiefer, Fichte	**Vor** Einbau und Verglasung: einmal Holzschutzgrund fungizid, möglichst tauchen Grundanstrich auf Alkydharzbasis, weiß (Ventilationsgrund- oder Vorlackfarbe) **Nach** Einbau und Verglasung: Zwischenanstrich wie zuvor Lackierung mit langöliger Alkydharz-Lackfarbe hochglänzend oder seidenmatt, weiß oder farbig
Neue Holzfenster Lasuranstrich (Dünnschichtlasur)	
Freiluftklima I, Holzart: Redwood, Farbton: mittelbraun	**Vor** Einbau und Verglasung: Grundanstrich mit Holzschutzgrund fungizid 1. Zwischenanstrich mit Dünnschichtlasur **Nach** Einbau und Verglasung: 2. Zwischenanstrich wie zuvor Schlußanstrich mit Dünnschichtlasur
Überholung gestrichener Fenster, deckend	
Freiluftklima I und II, auf Altanstrich	Nach Durchführung notwendiger Vorarbeiten (**10**.50). Zwischenanstrich auf ganzer Fläche mit Fenster-Zwischenanstrichfarbe weiß (nach Bedarf zweimal) Lackierung mit langöliger Alkydharz-Lackfarbe, hochglänzend oder seidenmatt
Fenster-Innenanstrich, deckend (Überholungsanstrich)	
auf Altanstrich	Nach Durchführung notwendiger Vorarbeiten (**10**.50) Ausbesserung vorher grundierter/imprägnierter Holzteile mit Alkydharz-Decklackfarbe weiß Lackierung wie zuvor nach Trocknung Nut zwischen Glas und Holz mit dauerelastischem Dichtstoff abdichten

Kunststoff-Fenster s. Abschn. 12.1.2

Der Zustand des Innenanstrichs bei Fenstern beeinflußt den Zustand des Außenanstrichs. Schadhafte Innenlackierungen müssen vor Beginn der Außenarbeiten ausgebessert werden.

Fensterwartung. „Erhalten ist besser als erneuern" gilt auch hier. Darum sollen Holzfenster in regelmäßigem Zeitabstand überprüft werden. Diese Prüfung soll sich auf den Zustand des Anstrichs, der Dichtung und Beschläge erstrecken. Die Wartungszeit beträgt in der Regel zehn Jahre. Für alte Fenster gilt die Zeit von der ersten Renovierung an. Folgende Punkte soll der Malermeister vertraglich festlegen:

Reinigungs- und Schleifarbeiten, Säuberung von Konstruktionsfugen
Entfernen loser Anstriche, Imprägnieren roher Holzteile
Festigen und Ölen von Beschlägen
Auswechseln von Flügeldichtungen
Ausbessern von Fugen am Baukörper
Ausbessern von Glasversiegelungen außen und innen, Versiegeln offener Holzverbindungen
Feststellen von Glas- und Beschlagdefekten für andere Handwerker
Ausführen von Anstricharbeiten (Teil- oder Ganzrenovierung) unter Einbeziehung der Innenseiten

10.4.8 Lackschäden und Anstrichfehler

Lackschäden. Ursachen von Anstrich- und Lackschäden bei Holz sind meist folgende Fehler:

a) Verwendung von Erzeugnissen verschiedener Hersteller,
b) zu kurze oder zu lange Trockenzeiten zwischen den einzelnen Anstrichschichten,
c) zu stark verdünnte Farben und Lacke, zu geringe Schichtdicke,
d) Spachtelung und Außenholzflächen,
e) Holz mit zu hohem Feuchtigkeitsgehalt (**10**.54),
f) übermäßiger Schwund des Holzes, dabei Auftreten von feinsten Holzrissen,
g) zu große Temperatur- und Feuchtigkeitsunterschiede zwischen innen und außen
h) wasseransammelnde Holzkonstruktion und zu scharfe Kanten an Holzbauelementen,
i) faserige, bereits vermorschte Holzoberflächen.

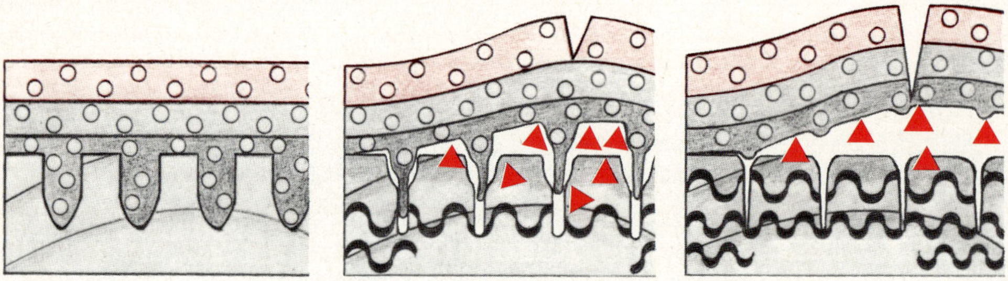

a) b) c)

10.54 Anstrichgründe und Auswirkungen auf die Beschichtung
a) trocken
b) feucht
c) naß

Anstrichfehler haben überwiegend ihre Ursachen in fehlerhafter Ausführung der Anstricharbeiten durch den Maler und lassen sich vermeiden. Das falsche Beurteilen des Untergrunds, ungenügende Vorarbeiten, die Verwendung ungeeigneter Anstrichstoffe, ungleichmäßiges Streichen (Pinselfurchen) und auch Nichtbeachten der Witterung sind die häufigsten Ursachen. Die Tabelle **10**.55 bringt hierfür Beispiele.

Tabelle **10**.55 **Anstrichfehler auf Holz**

Fehler	Ursache
Nadelhölzer (weich)	
braune Flecken	Holzschutzmittel schlägt durch; mit Sperrgrund überstreichen
Blasen	starke Feuchtigkeit außen; alte Anstrichfarbe entfernen; mit Alkydharz-Grundfarbe streichen
Laubhölzer (hart)	
Flecken, Verzögerung der Trocknung	Holzinhaltstoffe; Anstrich entfernen, mit Nitroverdünnung auswaschen, mager mit Polyurethan-(DD-)Sperrgrund vorstreichen

Aufgaben zu Abschnitt 10.4

1. Wie bestimmt man die Viskosität eines Lacks mit dem DIN-Becher?
2. Erklären Sie die Ausdrücke niedrig- und hochviskos.
3. Welche Merkmale und Vorteile hat das Airless-Spritzverfahren
4. Wie lackiert man durch Fluten?
5. Warum versiegelt man Parkettböden?
6. Beschreiben Sie die Vorarbeiten bei einem alten, vielfach gewachsten Parkettboden für eine Versiegelung.
7. Mit welchen Werkzeugen versiegelt man?
8. Beschreiben Sie die Arbeitsgänge einer geschlossenporigen Innenlackierung.
9. Welche Vorteile bietet das Dreischichtensystem?
10. Erläutern Sie die Technik des Lack-auf-Lack-Systems.
11. Nennen Sie häufige Vorarbeiten, die Sie beim Erneuerungsanstrich alter Holzfenster ausführen werden.
12. Warum empfiehlt sich auf Holzfenstern ein zusätzlicher Zwischenanstrich?
13. Warum darf man nur Anstrichmittel desselben Herstellers miteinander verwenden?
14. Welchen Vorteil bietet das Ventilations-Anstrichsystem?
15. a) Erklären Sie die Lösemittelprobe auf Altanstrichen.
    b) Warum soll sie durchgeführt werden?
16. Womit und auf welche Art werden Grundanstriche bzw. Imprägnierungen bei Holzfenstern durchgeführt?
17. Beschreiben Sie den Anstrichaufbau für ein neues Holzfenster, deckend.
18. Erklären Sie die möglichen Ursachen für folgende Lackschäden:
    a) Lackierung hat zu wenig Glanz,
    b) Anstrich und Lackierung platzen nach kurzer Zeit ab,
    c) Anstrich und Lackierung beginnen an den Holzkanten abzuplatzen.
19. Was müssen Sie beim Handlackieren von Türen mit Füllungen beachten?
20. Wie reinigt man Lackierroller?

11 Anstrichtechnik auf metallischen Untergründen

Metalluntergründe sind vor allem Eisen (Gußeisen) und Stahl, weniger die Nichteisenmetalle (NE-Metalle) Aluminium, Blei, Kupfer, Zink und Zinn sowie ihre Legierungen Messing (Kupfer + Zink) oder Bronze (Kupfer + Zinn). Hinzu kommen einige Metallüberzüge auf Stahl, z. B. Verzinkung, galvanische Überzüge.

Die Eigenschaften der Metalle hängen vom Herstellungsprozeß und von der Bearbeitung ab. Den Maler interessieren die Oberflächenbeschaffenheit und das Verhalten bei Hitze und Kälte, Wasser und Luft, Chemikalien und mechanischen Einwirkungen.

> Metalle dehnen sich bei Hitze aus und ziehen sich bei Kälte zusammen. Gute metallische Wärmeleiter (z. B. Kupfer) erwärmen sich rasch und geben die Wärme auch schnell wieder ab. Durch mechanische Beanspruchung nutzen sich Metalle ab.

11.1 Metallische Untergründe

11.1.1 Eisen und Stahl

Korrosion

Eisen rostet, Kupfer setzt Patina an (Kirchdächer), Zink und Blei verlieren ihren Glanz – sie verändern ihre Oberfläche. Diese chemische Veränderung eines Metalls durch Sauerstoff, Wasser und Chemikalien nennt man Korrosion (s. Abschn. 3.7). Am bekanntesten ist die Korrosion von Eisen und Stahl, das Rosten. Die Korrosion kann chemisch, elektrochemisch oder metall-physikalisch ausgelöst werden.

Chemische Korrosion. Rost bildet sich besonders schnell in feuchter und salzhaltiger Luft bzw. bei säurenhaltigem Wasser oder Industrieabgasen. Luft und Wasser reagieren chemisch mit dem Metall.

Die elektrochemische Korrosion kann man mit einem galvanischen Element vergleichen.

Versuch Wir hängen eine Kupfer- und eine Zinkplatte in ein Glasgefäß mit verdünnter Schwefelsäure und verbinden sie mit einem Spannungsmesser (**11**.1).

Ergebnis Die Metalle reagieren unterschiedlich stark mit der Schwefelsäure. Dadurch entsteht eine elektrische Spannung, es fließt Strom. Das unedlere Zink entlädt sich und wird zersetzt, das edlere Kupfer lädt sich auf.

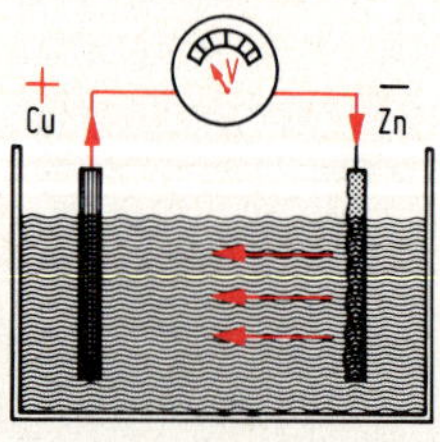

11.1 Galvanisches Element

Die stromleitende Flüssigkeit (hier Schwefelsäure) des galvanischen Elements heißt Elektrolyt, die beiden Metalle sind die Elektroden. Die positive Elektrode (hier Kupfer) bezeichnet man als Kathode, die negative (hier Zink) als Anode. Je edler die Metalle sind, desto stärkere elektrische Spannungen erzeugen sie als Kathode. Und je unedler ein Metall ist, desto schneller löst es sich als Anode dem edleren Metall gegenüber auf (**11**.2).

Korrosionsarten. Zu unterscheiden sind die allgemeine Korrosion, die Lochfraß-, Kontakt- und kristalline Korrosion.

Die allgemeine Korrosion zerstört die Metalloberfläche gleichmäßig. Rost tritt dabei als Flugrost, leichter, mittlerer bis schwerer Rost und als Unterrostung auf (**11**.3). Schwerer Rost überdeckt in dicker Schicht die gesamte Oberfläche. Unterrosten ist ein Korrodieren unter dem Anstrich. Ursachen dafür sind nachlässig ausgeführte Vorarbeiten oder eingelagerte Fremdstoffe, wie Feuchtigkeit oder Öl. Walzhaut entsteht beim Bearbeiten des Eisens in Rot- bis Weißglut. Sie neigt zum Abplatzen und Unterrosten und muß daher vor dem Anstrich entfernt werden (**11**.4).

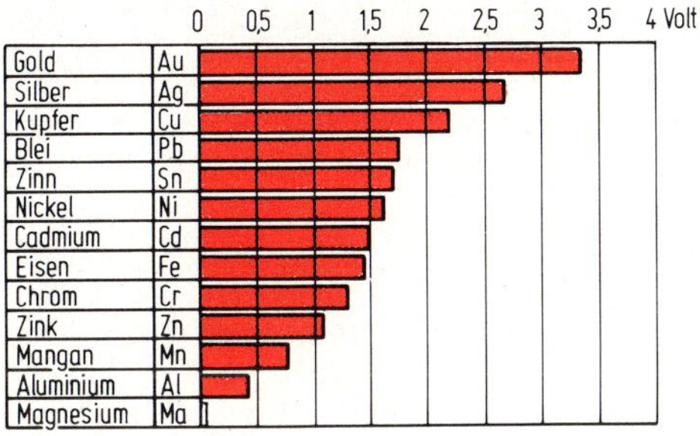

11.2 Spannungsreihe der Metalle

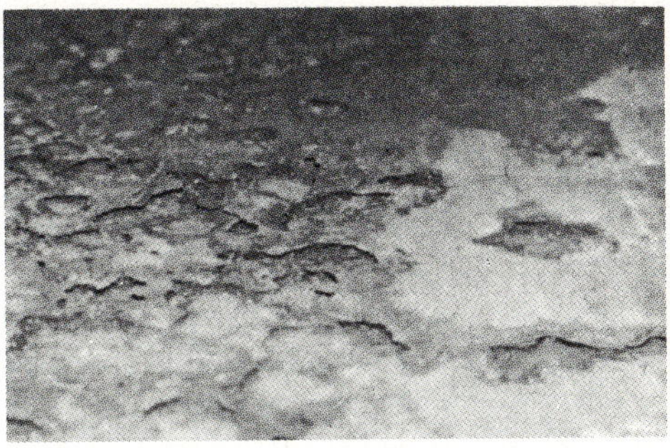

11.4 Unterrostung des Anstrichs

11.3
Fortschreitende allgemeine Korrosion: Flugrost, leichter, mittlerer, schwerer Rost und unterrostete Walzhaut

Bei der Lochfraßkorrosion treten punktartig tiefere Anfressungen auf (**11**.5), die zu erheblichen Metallschäden führen (z. B. Löcher in Behältern).

Die Kontaktkorrosion entsteht an Verbindungsstellen von Metallen, die in der Spannungsreihe weiter auseinanderliegen (elektrochemische Korrosion). Bei Berührung (Kontakt) bilden sich unter Zutritt von feuchter Luft galvanische Elemente (**11**.6).

Kristalline Korrosion. Bei Feuchtigkeitszutritt entstehen zwischen den einzelnen Metallkristallen Ströme wie im galvanischen Element. Dabei zersetzen sich die Minuspol-Kristalle – das Gefüge wird zerstört (**11**.7).

11.5 Fortschreitende Lochfraßkorrosion

a)

11.7
Kristalline Korrosion
a) Zersetzung des Metallgefüges durch kristalline Korrosion
b) Kristalliner Korrosionsvorgang

11.6 Kontaktkorrosion

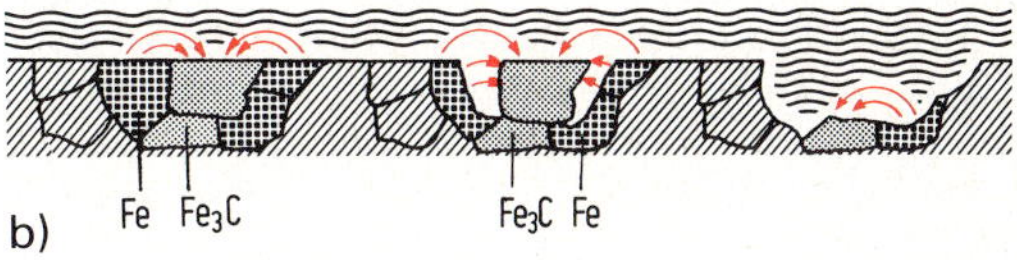

b)

Entrostung. Vor dem Anstrich eines korrodierten Metalls ist eine gründliche Entrostung erforderlich. Die Entrostungsmittel sind je nach Rostgrad verschieden. Eine Orientierungsskala sind die Rostgrade gleichmäßig mit Rost bedeckter Anstrichfilme. Die Skala reicht von rostfrei bis mehr als 50% Rostbedeckung (R0 bis R5, s. S. 218). Entrostungsgrade zeigen an, welche Art Rostfreiheit metallische Untergründe beim Entrosten erreichen sollen (**11**.8). Neuer Begriff „Normreinigungsgrad".

Tabelle **11**.8 **Entrostung**

Entrostungsgrad	Entrostungsverfahren
1 Reinigung und Entrostung mit teilweise verbleibendem Anstrich	Handentrostung mit Hammer, Schaber, Stahlbürste usw.
2 metallisch reine (wolkige) Entrostung	mit maschinell betriebenen, rotierenden Hämmern, Bürsten und dgl. sowie Flammstrahlen
3 metallisch blanke Entrostung	Sandstrahlen bzw. Stahlkiesstrahlen

Durch Korrosion verursachte Schäden werden in der Bundesrepublik auf jährlich ≈30 Mrd. DM geschätzt. Der Korrosionsschutz durch Anstriche oder Beschichtungen ist daher eine besonders wichtige Aufgabe des Malerhandwerks.

Korrosion nennt man die Reaktion eines metallischen Werkstoffs mit seiner Umgebung. Sie bewirkt eine meßbare Veränderung des Werkstoffs und führt zu Korrosionsschäden. Die Reaktion kann chemischer, elektrochemischer oder metallphysikalischer Art sein.

Anstrichgerechte Voraussetzungen für den Korrosionsschutz sind eine anstrichgerechte Gestaltung und Verarbeitung der Metallkonstruktionen. So sind waagerechte Flächen, auf denen sich Wasser und Schmutz sammeln (Winkelprofile), ebenso zu vermeiden wie Löcher, Nieten und Schrauben, scharfe Kanten und spitze Winkel.

Gitterschnitt nach DIN 53151. Der Gitterschnitt ist ein geeignetes Verfahren zur Prüfung der Haftfestigkeit alter Anstriche (**10**.34).

11.1.2 NE-Metalle

Zink ist korrosionsbeständig und wird nur durch Säuren und Salze (Industrieabgase) angegriffen. Man setzt es daher als Schutzüberzug für Stahl ein (z.B. Garagentore, Fenster, Stahlkonstruktionen). In Form von Zinkblech wird es im Bauwesen vielfach verwendet (z.B. Dachrinnen, Regenfallrohre, Abdeckungen; Verzinkungen s. **11**.16).

Anstrichtechnische Voraussetzungen. Verzinkte Flächen sind auf Oberflächenmängel zu prüfen (z.B. Verzinkungsfehler, Rückstände = Krusten, Verunreinigungen, mechanische Beschädigungen, Schweiß- oder Lötstellen). Die Flächen müssen sauber und entfettet sein. Zinkblech ist auf jeden Fall zu reinigen und muß mit einem phosphorsaurem Reinigungsmittel entfettet werden (gründlich nachwaschen!).

Aluminium. Das silberweiß glänzende Aluminium überzieht sich an der Luft mit einer grauen, vor weiterer Korrosion schützenden Oxidschicht. Es verliert dadurch seinen Glanz. Gegen Chemikalien ist es nur wenig beständig. Deshalb müssen Aluminiumbauteile in industrieverseuchter Luft durch Anstrich geschützt werden.

Anstrichtechnische Voraussetzungen. Die Oberflächen müssen frei sein von mechanischen Beschädigungen und Korrosionsschäden (Ausblühungen) sowie von Fett, Öl, Mörtelspritzern usw. Zu prüfen sind sie auch auf ungeeignete Grundanstriche und nicht entfernte Abziehlacke.

Kupfer hat eine hohe Leitfähigkeit für Wärme und Elektrizität. An der Luft bildet sich auf der Oberfläche eine dünne grüne Schutzschicht (Patina). Feuchtigkeit und Großstadtluft beschleunigen diesen Prozeß. Für einen Anstrich kommen farblose Überzüge in Frage (z. B. Epoxidharzlack-Kombinationen), um das Ablaufen wasserlöslicher Salze über Fassadenflächen zu verhindern. Auch Dispersionslackfarben haben sich bewährt.

Messing ist eine Legierung aus Kupfer und Zink. Es setzt an der Luft ebenfalls eine grüngraue Schutzschicht an. Um den Farbton zu erhalten, kann man allenfalls mit Klarlacken überziehen. Dazu muß die Oberfläche entfettet, gereinigt und vorsichtig aufgerauht werden.

Blei. Auf Blei haben sich besondere Bleistaub- und Bleimennige-Anstrichstoffe bewährt. Außerdem eignen sich die üblichen Grundanstrichstoffe außer Graphit.

Nennen Sie Beispiele von gestrichenen und ungestrichenen Metallbauteilen. Ist Ihnen ungestrichenes Eisen begegnet? Wo finden sich Bauteile aus Zink und Aluminium?

11.2 Anstriche auf Eisen und Stahl

11.2.1 Korrosionsbeseitigung

Wirksamer Metallschutz durch Anstrich ist nur möglich, wenn sich der korrosionsverhindernde Anstrich auf dem zu schützenden Metalluntergrund direkt verankern kann. Deshalb müssen alle rostfördernden Bestandteile restlos entfernt werden. Die Reinigungs- und Entrostungsverfahren hängen von den rostfördernden Bestandteilen, dem Zustand und der Beschaffenheit der Anstrichobjekte ab.

Beseitigung rostfördernder Bestandteile

Artfremde Bestandteile (Schmutz-, Staub-, Seifen-, Öl-, Fett- und andere Schichten) lassen sich durch Abwaschen und Abspritzen entfernen. Dazu nimmt man alkalische Lösungen (Soda, Natronlauge, Seife usw.) oder Lösungsmittel (Waschbenzin, Benzol, Toluol, Spiritus). Zeigt sich danach das blanke Metall, reicht das Verfahren aus. Der gereinigte Untergrund muß auf jeden Fall gut trocknen.

Arteigene Bestandteile sind Rost, Walzhaut- und Zunderschichten. Frischer Rost kann eine Schichtdicke von 20 µm, alter von 350 µm und Walzhaut von 20 bis 25 µm erreichen. Nach DIN 55928 (Schutzanstrich von Stahlbauteilen) unterscheidet man bei Renovierungsanstrichen drei Fälle der Oberflächenvorbereitung (**11.9**).

Tabelle **11.9** **Vorarbeiten bei der Renovierung von Stahlbauteilen**

Zustand des Objekts	Oberflächenvorbereitung
alter Anstrich an der Oberfläche verwittert, keine Rosterscheinung	Oberfläche gründlich reinigen, ggf. mechanisch aufrauhen, bevor neuer Schlußanstrich aufgebracht wird
alter Anstrich noch ganz oder teilweise erhalten, vereinzelt Roststellen	Festhaftender Anstrich darf bleiben, einwandfrei reinigen und aufrauhen; Roststellen bis auf den metallischen Untergrund reinigen und zweimal mit Metallschutzfarbe grundieren
Flächen sind überwiegend verrostet	Rost und alte Anstriche sind bis auf den metallischen Untergrund zu entfernen

Rostskala. Zur Kennzeichnung und einheitlichen Beurteilung des Rostgrads dient die Rostskala nach DIN 53210. Es werden 6 unterschiedliche Rostgrade bestimmt:

R 0 = Fläche rostfrei
R 1 = 0,5 bis 1% der Fläche mit Rost bedeckt
R 2 = ≈5% der Fläche mit Rost bedeckt
R 3 = ≈15% der Fläche mit Rost bedeckt
R 4 = 30 bis 40% der Fläche mit Rost bedeckt
R 5 = >50% der Fläche mit Rost bedeckt

> Rostgrade dienen zur einheitlichen Beurteilung gerosteter Oberflächen.
> Entrostungsgrade zeigen an, wie weit Altanstriche und/oder Rost zu entfernen sind.

Entrostungsverfahren

Man unterscheidet im allgemeinen drei Reinigungs- und Entrostungsverfahren: das mechanische, das thermische und das chemische Verfahren.

Mechanisches Entrostungsverfahren. Beim Handentrosten entfernt man den Rost durch Schleifen, Bürsten, Schaben und Abklopfen vor allem auf Bauteilen. Rationeller arbeitet man mit Schlagscheiben (**11**.10) und Drahtnadel-Druckluft-Entrostungspistolen (**11**.11). Die elektrisch oder durch Druckluft betriebenen Geräte schlagen Rost, Schmutz und Anstrichreste durch schnelle Bewegungen ab.

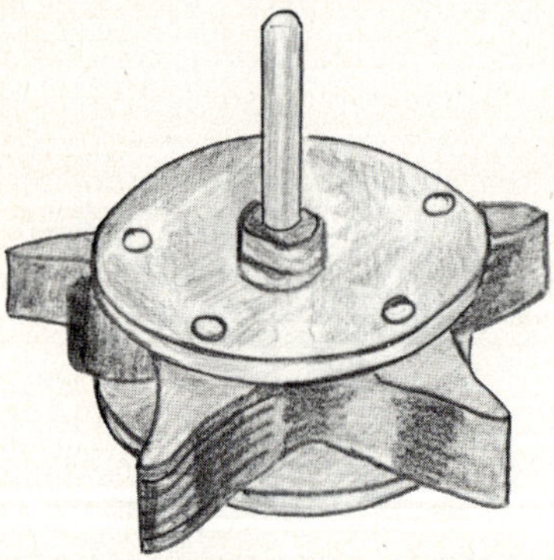

11.10 Schlagscheiben zum Entrosten von Stahl

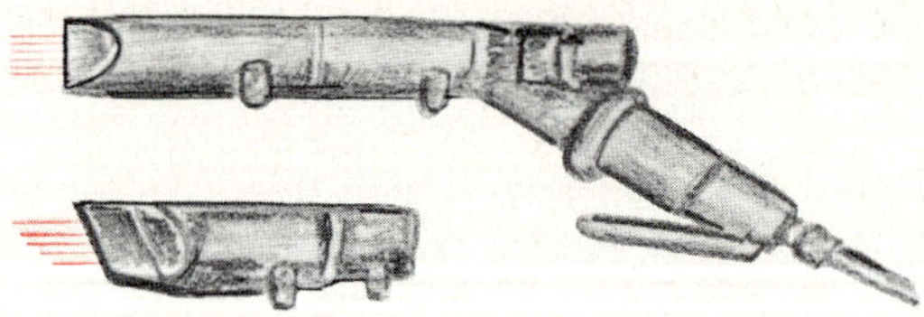

11.11 Drahtnadel-Druckluft-Entrostungspistolen

Sandstrahlen ist das bisher vollkommenste Verfahren, doch ist es nur in bestimmten Fällen zugelassen (mit reinen Silikatmitteln verboten). Das Sandstrahlgebläse schleudert mit Druck bis zu 6 bar scharfkantigen Quarzsand, Strahlsand oder Stahlkies durch eine Düse auf die Flächen. Das Metall wird gründlich gereinigt, die Walzhaut abgesprengt. Nach dem Entrosten oder Sandstrahlen ist sofort zu grundieren bzw. durch Washprimer oder Zinkstaubanstriche zu passivieren.

Im Freien führt Sandstrahlen zu starker Staubentwicklung. Zur Abschwächung gibt es mehrere Verfahren: Zeltartige „Blashäuschen", Strahlgerät mit Ringdüse zum Wiederaufsaugen des Strahlguts, Naß-Sandstrahlen unter Verwendung rosthemmender Stoffe (Phosphate, Nitrate, Natriumcarbonate).

Sandstrahlen erfordert besondere Arbeitsschutzmaßnahmen: Gut schließende Arbeitsanzüge, Staubschutzmasken bzw. -helme mit Frischluftzufuhr.

Thermisches Entrostungsverfahren ist auch unter dem Namen Flammstrahlen bekannt und wird dort eingesetzt, wo Sandstrahlen unangebracht ist. Die Flammen (3000 °C) entstehen aus einem Sauerstoff-Azetylen-Gemisch. Der Brenner wird mit den Flammspitzen in einem Winkel von $\approx 45°$ zur Metalloberfläche geführt. Dabei kann sich das Metall bis auf ≈ 300 °C erhitzen. Durch die Oberflächenausdehnung lockern sich Rost und Walzhaut und springen ab. Dabei erhält man gleichzeitig trockene und passivierte Untergründe. Auf die sauberen, evtl. noch etwas warmen Oberflächen (≤ 50 bis 60 °C) kann bei Objekten geeigneter Größe der metallschützende Grundanstrich aufgetragen werden.

Chemische Entrostungsverfahren arbeiten überwiegend mit Phosphorsäure (5- bis 10%ig), weniger mit verdünnter Schwefel- oder Salzsäure. Säuren wandeln Eisenhydroxid (Rost) in wasserlösliches Eisenchlorid bzw. Eisensulfat um. Der dabei frei werdende Wasserstoff sprengt die Rostschichten ab. Die Rostschichten lassen sich auch durch pastose Mineralsäuren mit Zugaben chemisch lockern. Die verrosteten Metallteile werden mit den Mitteln eingestrichen. Das Eintauchen in säuregefüllte Becken nennt man Beizen. Dieses Verfahren geht besonders schnell. Nach dem Entrosten mit chemischen Verfahren ist das blanke Eisen sofort mit Wasser gut abzuspülen und mit alkalischen Mitteln (Natronlauge, Salmiakgeist) zu neutralisieren. Bei Phosphorsäure entfällt wegen der gebildeten Schutzschicht das Neutralisieren.

Schutzkleidung und Schutzbrille sind bei allen diesen Verfahren zu tragen!

Dic Schwierigkeit beim Phosphatverfahren besteht im genauen Abwägen der nötigen Menge: Säureüberschuß kann das Metall angreifen – zu wenig Säure wandelt den Rost unvollständig um. Vor allem deshalb sind chemische Verfahren noch immer umstritten.

11.2.2 Grundanstriche

Der Grundanstrich übernimmt den eigentlichen Schutz des Eisens und Stahls vor Rost. Dieser Schutz wirkt durch chemische und elektrochemische Vorgänge auf der Metalloberfläche. Das Bindemittel muß die Eisen- und Rostporen gut füllen; die Pigmente sollen passivierende Eigenschaften haben.

Der erste Grundanstrich ist sofort nach den Vorarbeiten aufzubringen, um erneutes Verschmutzen und Anrosten zu vermeiden. Man arbeitet grundsätzlich nur auf trockenem Untergrund und bei trockenem Wetter. (Emulgierende Primer können auch bei feuchtem Wetter gestrichen werden.) Es ist ratsam, alle Flächen vorher mit Verdünnung abzureiben. Auf genügenden Kantenschutz ist gleich beim ersten Grundanstrich zu achten (Kantenflucht).

Für Grundanstriche stehen verschiedene Pigmente (auch Pigmentkombinationen) und Bindemittel (und Bindemittelkombinationen) mit unterschiedlicher Trockenfähigkeit zur Verfügung (**11.**12).

Tabelle **11**.12 **Grundanstrichmittel zum Korrosionsschutz**

Pigment bzw. Pigmentkombination	Bindemittel bzw. Bindemittelkombination	Trockenfähigkeit	Anwendung				
			Land-atmosphäre	Meeres-atmosphäre	Industrie atmosphäre	starke Ind.-atmosphäre	hohe Luftfeuchtigkeit
Bleimennige	Leinölfirnis	langsam	+	+	+	–	–
Bleimennige/Zinkchromat/Eisenoxid	Öl/Alkydharz	schnell, matt	+	+	+	–	–
Bleimennige	Alkydharz	schnell	+	+	+	–	–
Bleimennige	Öl/Phenolharz	schnell, matt	+	+	+	+	+
Bleimennige/Zinkchromat/Eisenoxid	Öl/Phenolharz	schnell, matt	+	+	+	+	+
Bleimennige	Phenolharzdispersion	sehr schnell	+	+	+	+	+
Zinkchromat	Phenolharzdispersion	sehr schnell	+	+	+	+	+
Zinkchromat/Zinkoxid/Eisenoxid	Chlorkautschuk	schnell	–	+	+	+	+
Zinkstaub	Epoxidharz	schnell, matt	+	+	+	+	+
Zinkstaub	Silikat (anorganisch)	schnell, matt	+	+	+	+	+

\+ Anwendung
– keine Anwendung

Zinkstaub-Anstrichmittel. Neben den alten Mineralpigmenten (s. Abschn. 8.1.3) haben sich Grundanstrichmittel mit Farbenzinkstaub als Pigment in bestimmten Bindemitteln bewährt, z.B. Alkydharz-, Chlorkautschuk- und Epoxidharzbasis. Es gibt Ein- und Zweikomponenten-Zinkstaub-Anstrichmittel. Je nach Bindemittel sind sie widerstandsfähig gegen mechanische, thermische (Wärme-) und Feuchtigkeitsbeanspruchung. Ungestrichene Metallflächen müssen metallisch blank entrostet sein. Es sind nur aufeinander abgestimmte Anstrichsysteme einzusetzen.

11.2.3 Deckanstriche

Deckanstriche sollen die Grundanstriche vor zersetzender Witterung und mechanischer Zerstörung schützen. Dazu ist ein porenfreier und quellfester Film erforderlich. Durch das Entrosten, besonders beim Sandstrahlen, wird die Metalloberfläche uneben. Bei einem Aufrauhprofil von 25 bis 75 µm ist eine Filmdicke von 150 bis 200 µm erforderlich (**11**.13). Nur so werden die Metallspitzen und Kanten genügend durch Farbe geschützt. Deshalb ist ein zweimaliger Deckanstrich erforderlich.

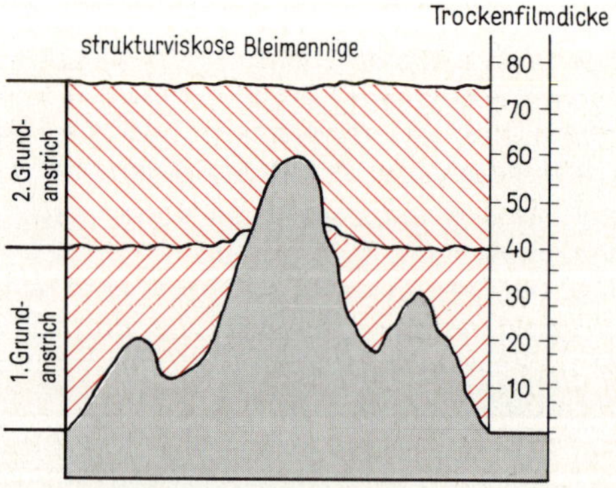

11.13 Abdeckung der Rauhtiefen

Anstrichsysteme. Für normal beanspruchte Metallschutzanstriche haben sich die klassischen und konventionellen Systeme bewährt. Die klassischen beruhen auf Ölbasis, konventionelle auf Kunstharzbasis. Richtlinien dafür bilden die Bundesbahnvorschriften (die DBB ist der größte Auftraggeber für Metallschutzanstriche). Spezialanstrichsysteme für hohe Beanspruchungen (Chemikalien, Rauchgase usw.) bauen auf Chlorkautschuk-, PVC-, Epoxidharz- und DD-, bituminöser und Teerpechkombinations-Basis auf (**11**.14).

Tabelle **11**.14 **Anstrichsysteme (Deckanstriche)**

Deckanstriche	Durchtrocknung	Grundanstrichbasis	Trockenschichtdicke in µm	Anstrichaufbau	
				Grundanstriche	Deckanstriche
Ölbindemittel	1 bis 2 Tage	Leinöl Haftgrund	35	2	2
Kunstharzanstrichmittel	etwa 1 Tag	Kunstharz	35	2	2
Chlorkautschukanstrichmittel	1 Tag	Kunstharz-Chlorkautschuk	25	2	4
PVC	1 Tag	Haftgrund Spezialgrundanstriche	20	2	4
Epoxidharz- und DD-lösungsmittelhaltig	1 Tag	Haftgrund Spezialgrundanstriche	40	2	2
Bitumenkombinationen	1 Tag	Leinölbleimennige, Kunstharz- und Chlorkautschukmennige	55	2	2
Teerpech-Kunststoffkombination	1 Tag	Haftgrund	etwa 100	1	2

Dickschichten-Systeme. Die Ein- oder Zweikomponenten-Anstrichmittel haben den Metallschutz rationalisiert. Einkomponenten-Anstrichmittel enthalten in den Grundanstrichen Bleimennige, Eisenoxid-Zinkchromat oder Zinkstaub. Deckanstriche gibt es auf Spezialkunstharz-Basis, Zweikomponenten-Anstrichmittel auf Epoxid-, DD- und Polyesterbasis und Kombinationen von Teer mit Epoxidharz.

Diese Anstrichmittel lassen sich leicht verarbeiten und in dicken Schichten auftragen, weil sie eine Dickflüssigkeit (Strukturviskosität) mit hoher Thixotropie aufweisen (**11**.15). Im Ruhezustand sind sie dickflüssig. Beim Verstreichen nimmt die Viskosität geringfügig ab, nachher dicken sie sofort wieder ein – ein Verschlichten ist nicht mehr möglich. Diese „Verschlichtungsbremse" verhindert das Ablaufen des Anstrichs an senkrechten Flächen. Die Anstrichmittel trocknen mit hoher Trockenschichtdicke gut durch. Gegenüber herkömmlichen Anstrichmitteln bieten sie bessere Kanten-, Schrauben- und Nietenkopfbeschichtungen bei kürzerer Arbeitszeit. Die Anstrichmittel auf Polyesterbasis bieten

Tabelle **11**.15 **Dickschichten-Anstrichsystem**

Grundanstrich	dickschichtig	(80 µm)
Deckanstrich	dickschichtig	(80 µm)

Metallschutz in einer einzigen Schicht. Das beruht auf dem Verdünnungsmittel Styrol, das filmbildende Eigenschaften hat (s. Abschn. 8.2.5.3). Um den Glanz zu erhalten, empfiehlt sich jedoch ein dünner DD-Decklack-Überzug.

Für den Metallschutz stehen heute verschiedene Grundanstrichmittel und Anstrichsysteme auf unterschiedlicher Basis zur Verfügung. Grund- und Deckanstriche zusammen müssen ausreichende Trockenfilmdicken ergeben. Das ist in der Regel nur mit 4 Aufträgen zu erreichen. Dickschichten-Systeme erzielen diese Filmdicken bereits mit 3 Aufträgen.

11.2.4 Metallfenster

Stahlfenster

Vorarbeiten. Die Flächen müssen sorgfältig von Walzhaut und Rost, Öl, Fett, Schmutz und anderen Ablagerungen befreit werden. Verwitterte und abgeplatzte Altanstriche sind zu entfernen.

Fenster aus blankem Walzstahl sind sorgfältig zu entfetten. Man entrostet möglichst auf Entrostungsgrad 2. (Bei Zinkchromatanstrichen wird Entrostungsgrad 3 gefordert.) Ungeeignete Grund- und Montageanstriche sind zu entfernen, beschädigte geeignete Grundanstriche auszubessern. Den Grundanstrich trägt man unmittelbar nach dem Entrosten auf.

Erstanstriche

Anstrich mit Kunstharz-Lackfarbe

Vor dem Einbau	Grundanstrich mit Korrosionsschutz-Grundanstrichmittel 1. Zwischenanstrich wie zuvor
Nach Einbau und Verglasung	2. Zwischenanstrich mit Kunstharz-Lackfarbe Schlußanstrich mit Kunstharz-Lackfarbe

Anstrich mit Polymerisatharz-Lackfarbe (Alkydharz-Lacksysteme sind hier ungeeignet)

Vor dem Einbau	Grundanstrich mit Zinkstaub-Grundanstrichmittel auf metallisch blanken Flächen 1. Zwischenanstrich mit Polymerisatharz-Lackfarbe
Nach Einbau und Verglasung	2. Zwischenanstrich wie zuvor, nach Angaben des Herstellers Schlußanstrich wie zuvor

Bei Überholungsanstrichen darf der Altanstrich nur geringe Anstrichschäden aufweisen, z.B. an Wasserschenkeln. Nach sorgfältiger Untergrundvorbereitung trägt man Zwischen- und Schlußanstrich mit Kunstharzlackfarbe auf.

Verzinkte Stahlfenster

Nach entsprechender Untergrundvorbehandlung ist ein für Zink geeigneter haftungsvermittelnder Grundanstrich aufzubringen. Zwischen- und Schlußanstriche müssen darauf abgestimmt sein.

11.2.5 Hitzebeständige Lackierungen

Die üblichen Anstrichmittel halten nur einer Wärmetemperatur von 50 bis 80°C stand. Heizkörper, Dampfkessel, Industrieanlagen usw. erfordern deshalb hitzebeständige Anstrichsysteme.

Heizkörperlackierung. Anstrichobjekte sind Radiatoren aus Stahl oder Gußstahl, die von Warmwasser, Heißwasser oder Heißsattdampf durchströmt werden. Die auftretenden Höchsttemperaturen liegen zwischen 80 und 160°C. Die Temperaturen mißt man mit Temperaturmeßstiften (Thermochrom), Temperatur-Indikatoren oder einem magnetischen Haftthermometer. Heizkörper verlangen einen Grund- und einen Deckanstrich.

Zum Streichen verwendet man spezielle Heizkörperpinsel und -roller. Für Spritzpistolen gibt es Vorsatzstücke, die das Lackspritzen an schwer erreichbaren Stellen erleichtern. Außerdem können Heizkörper in Tauch- oder Flutanlagen mit Flut-Heizkörperlacken sehr rationell getaucht oder geflutet werden (**10.**43).

Grundanstrich. Die Grundanstrichfarben des Heizkörperherstellers müssen sich nach DIN 55900 für Heizkörperanstriche eignen, mit den gängigen Tauch- und Spritzeinrichtungen aufbringen lassen und den üblichen Anforderungen an einen Metallschutz genügen. Sie dürfen zum Aufbringen des späteren Anstrichs nur matt bis seidenglänzend auftrocknen. Zur Kontrolle sind auf die Heizkörper der Vermerk „DIN 55900" und der Herstellername aufzubringen. Der Maler ist verpflichtet, durch Gitterschnitt oder Groschenprobe (s. Abschn. 10.3.3) Elastizität, Festigkeit und damit die Eignung zum Grund- und Deckanstrich zu prüfen. Mangelhaft grundierte Heizkörper sind abzulaugen und mit einer elastischen hitzebeständigen Grundfarbe zu streichen. Für Zwischenanstriche nimmt man hitzebeständige Alkydharz-Lackfarben. Sie decken gut und trocknen matt bis seidenmatt auf.

Decklackierung. Alkydharzfarben für innen/hitzebeständig, glänzend bis hochglänzend und schnelltrocknend, haben eine Vergilbungsbeständigkeit des Films bis etwa 120°C. Sie sind die üblichen Heizkörperlacke, von anderen geeigneten Erzeugnissen abgesehen. Die Hersteller geben die Hitzebeständigkeit an. Gewöhnlich sind ein Zwischen- und ein Schlußanstrich erforderlich. Der Lackauftrag durch Fluten in nur einem Arbeitsgang ist besonders rationell (s. Abschn. 10.4.1). Erzeugnisse für das Fluten müssen den Vermerk „geeignet zum Fluten" aufweisen. Beim Streich- und Rollauftrag sind zwei Aufträge erforderlich. Gußheizkörper brauchen oft einen dritten Auftrag. Gestrichen wird mit speziellen Heizkörperpinseln oder Heizkörperrollern. Für Spritzpistolen gibt es Vorsatzstücke, um auch an schwer erreichbare Stellen zu kommen.

Nicht alle Heizkörperlackfarben sind für alle Heizungsarten bzw. Heizanlagen geeignet. Die Bindemittel können u.U. bei hohen Temperaturen vergilben. Die an der Oberfläche auftretenden Temperaturen sind zu messen oder zu erfragen.

11.3 Anstriche auf NE-Metalle

Verzinkte Stahlbauteile und Zinkbleche finden im Bauwesen immer weitere Anwendung (z.B. Fassadenbauteile, Tore, Türen, im Innenbereich als Abdeckungen und Verkleidungen). Aufgetretene Schwierigkeiten im Haften der Anstrichstoffe hat die Industrie durch Zink-Haftprimer ausgeschaltet.

Aluminium, Zink und Kupfer bilden in feuchter Luft an der Oberfläche eine schützende Oxidschicht. Dieser Eigenschutz reicht wegen der zunehmenden Luftverschmutzung heute nicht mehr aus. Deshalb werden diese NE-Metalle durch Anstriche geschützt. Auch die farbliche Gestaltung kann ein Grund für Anstriche auf NE-Metalle sein. Tabelle **11.**16 gibt einen Überblick.

Tabelle **11.16** **Reinigungs- und Anstrichtechniken auf NE-Metallen**

Reinigung und Anstrichvorbereitung	Anstrichtechniken
Aluminium Nicht beständig gegen Alkalien. Nur neutrale Reinigungs- und Entfettungsmittel, gründlich säubern (Test- oder Waschbenzin, Nitroverdünnung und Spezialmittel). Anstriche nur mit lösenden Mitteln abbeizen, nicht abbrennen	Keine blei- und kupferhaltigen Anstrichmittel! Grundanstrich: Reaktions-Primer oder Einkomponenten-Grundanstrichstoff (z. B. Alkydharzbasis). Die weiteren Anstriche im selben System, z. B. Alkydharz-Lackfarbe (2 Aufträge). Zweikomponenten-Leichtmetall-Klarlacke erhalten die Oberflächenwirkung
Zink Zur Vermeidung von Haftschwierigkeiten Reinigung mit Nitroverdünnung o. a. Lösemitteln. Besser: Naßschleifen mit Ammoniak-Mittel (10 l Wasser + 0,5 l Salmiakgeist + etwas Netzmittel), Schleifen mit Schleif-Vlies. Bewittertes Zink gut abbürsten, leicht schleifen, mit Nitroverdünnung abreiben	üblich sind Zink-Haftprimer (Kunstharzbasis), die jedoch erst nach 1 Jahr überlackiert werden dürfen. Besondere Epoxid- und DD-Systeme sind sehr beständig, ferner PVC- und Acrylharzbasis. KD-Farben für Grund- und Deckanstriche haben sich ebenfalls bewährt.
Verzinkungen Feuerverzinkung (= Tauchen des Stahls in flüssiges Zink). Merkmal: größere und kleinere „Zinkblumen" Elektrolytisches Verzinken (= galvanischer Niederschlag von Zink, s. S. 214): Durch den gleichmäßigen Niederschlag glatte Oberflächen. Spritzverzinkung (= geschmolzenes Zink wird aufgespritzt): porig wirkende Oberflächen	Oberflächen durch Schleifen mit Kunststoffvlies, Reinigen mit Salmiakgeist und einem Netzmittel schmutz-, fett- und ölfrei machen. Spritzverzinkung zeigt kaum Haftschwierigkeiten. Zum Beschichten gibt es besondere Zinkhaft-Anstrichmittel (Dispersionslackfarben, Polymerisatharz-, Epoxidharz- und DD-Basis) für innen und außen. Sie müssen genau nach Anweisung verarbeitet werden!
Kupfer Reinigung mit Waschbenzin, Nitroverdünnung oder Trichloräthylen (**Vorsicht**) gut nachspülen, evtl. mit feinem Schleifpapier leicht anrauhen	Klarlacke zur Erhaltung des natürlichen Farbtons, z. B. Zweikomponenten-Acrylharzlacke (Speziallack). Sofort nach dem Reinigen lackieren.

> Anstriche auf NE-Metallen erfordern gesäuberte und entfettete Untergründe. Leichtes Anschleifen ist zu empfehlen. In allen Fällen sind speziell für die einzelnen Untergründe geeignete Grund- und Deckanstriche einzusetzen.

11.4 Effektlackierungen

Bei diesem Verfahren trocknen die Lacke bzw. Lackfarben mit besonderen Oberflächeneffekten auf. Sie sind interessanter als andere farbige Lackierungen und erfordern weniger Spachtel- und Schleifvorgänge. Effektlacke werden auf säurehärtender, DD-, PVC- und Kombinations-Basis hergestellt, luft- oder ofentrocknend. Man spritzt sie auf.

Tabelle **11.17** **Effektlackierungen** (Fortsetzung s. S. 225)

Effektlack	Merkmale	Verarbeitung und Verwendung
Hammerschlaglacke (aluminiumhaltig)	Zusatzmittel (z. B. Silikone) richten die Aluminiumblättchen zu gleichmäßig verteilten Kratern (ringförmig) aus, dadurch Hell-Dunkel-Kontrast	genau nach Vorschrift (Viskosität, Auftragsmenge). Für Industrie-, Büro- u. a. Maschinen, Werkzeuge, optische Geräte
Runzel-, Kräusel-, Schrumpf- oder Tuchlacke	Fältchenbildung während der Trocknung durch Sauerstoffaufnahme, Umfangzunahme; endgültige Struktur nach beendigter Trocknung	„Satter" Schichtauftrag zur Erzielung des Effekts

Tabelle **11**.17 Fortsetzung

Effektlack	Merkmale	Verarbeitung und Verwendung
Struktur-, Sprenkel- oder Kleckerlacke	tupfenförmige Lackerhöhungen, weil die einzelnen Lacktropfen nicht zusammenfließen	Verarbeitung bei 130 bis 150 DIN/s im 4-mm-Becher. Vorspritzen mit verdünntem Tupflack = geschlossene Oberfläche. Fertigspritzen nach 10 min. in 1 bis $1^1/_2$ Kreuzgängen. Ofentrocknung 30 min. bei 100°C
Metalleffektlacke (Mischungen von Lackfarben mit Alupulver)	Metallschimmernde Flächen geben ein edleres Aussehen. Langsam verdunstende Lösemittel = mehr Metalleffekt	genau nach Vorschrift. Sehr nasses Spritzen gibt satte, dunklere Tönungen. Vor allem in der Fahrzeuglackierung
Bunteffektlacke (Mehrfarbeneffekte)	Zweiphasensystem aus Nitro-Lackfarben mit wässerigen Leimlösungen (Lackfarben in der Leimlösung grob verteilt); sehr strapazierfähig	Anwendungen vor allem auf Wänden (Treppenhäuser) und Türen

11.5 Kunststoffbeschichtungen

Kunststoffüberzüge auf Metall (Pulver- oder Flammspritzverfahren) wirken korrosionsverhindernd und elektrisch isolierend. Als Material dienen thermoplastische Kunststoff-Pulvermassen, wie reines PVC oder Polyäthylen-Pulver. Sie werden aus einem Pulverbehälter angesaugt, in der Pistole durch eine Gasflamme verflüssigt und mit Hilfe von Druckluft verspritzt. Es empfiehlt sich, die Metalloberfläche sehr kräftig aufzurauhen (Haftung). Nach gründlicher Reinigung ist das Werkstück je nach Material auf eine bestimmte Temperatur vorzuwärmen. So erreicht man eine bessere Haftung und ein gutes Zerfließen. Die Schichtdicke beträgt wie bei Lackierungen 80 bis 130 µm, kann aber beliebig größer sein (>1 mm). Kunststoffbeschichtungen führt man meist industriell durch.

Aufgaben zu den Abschnitten 11.1 bis 11.5

1. Nennen Sie die wichtigsten Grundlagen eines wirksamen Metallschutzes.
2. Mit welchen Mitteln und Verfahren entfernen Sie artfremde Bestandteile auf Metallen?
3. Erklären Sie den Unterschied zwischen Rostgrad und Entrostungsgrad.
4. Nennen und beschreiben Sie mechanische Entrostungsverfahren.
5. Warum sind chemische Entrostungsverfahren umstritten?
6. Was versteht man unter thermischem Entrostungsverfahren?
7. Wie reinigen Sie Aluminium und Zink?
8. Welche Grundanstriche setzt man auf Aluminium und Zink ein?
9. Kann man Zinkdachrinnen mit KD-Farben streichen?
10. Warum ist der 1. Grundanstrich auf Stahl/Eisen sofort nach dem Entrosten aufzutragen?
11. Nennen Sie einige geeignete Grundanstrichmittel für Metall mit Pigmenten und Bindemitteln.
12. Wieviel Anstriche sind für einen wirkungsvollen Metallschutz mindestens erforderlich?
13. Welche Vorteile bieten Dickschichten-Anstrichsysteme auf Metall?
14. Auf welcher Basis liegen Spezial-Anstrichsysteme für hohe Beanspruchungen?
15. Welche Bedeutung hat der auf Heizkörpern angebrachte Vermerk „DIN 55900"?
16. Welche Vorarbeiten fallen bei mangelhaft grundierten Heizkörpern an?
17. Nennen und beschreiben Sie ein System für Stahlfenster-Anstriche.
18. Nennen Sie einige Effektlackierungen.
19. Wozu verwendet man Effektlackierungen?
20. Welche Vorteile bieten Kunststoffbeschichtungen auf Stahl und Eisen?

11.6 Fahrzeuglackierung

11.6.1 Vorarbeiten

Was geschieht, wenn Sie verschmutzte, fettige oder verrostete Flächen ohne Vorbehandlung lackieren? Würden Sie das bei Ihrem eigenen Auto tun?

> Sorgfältige Vorarbeit ist Voraussetzung für einwandfreie Fahrzeuglackierungen. Der Untergrund muß vollkommen rost-, salz- und fettfrei sowie trocken sein.

Aus- und Einbau von Kfz-Teilen. Der Lackierer sollte nur einfache, geringe Ausbeularbeiten selbst durchführen. Richt- und Meßarbeiten sind Aufgaben des Karosseriebauers. Die Reihenfolge der auszubauenden Teile beschreibt der Reparaturleitfaden für das entsprechende Modell. Hat man keinen Leitfaden, notiert man sich die Reihenfolge. Alle Kleinteile (Schrauben, Scheiben, Bolzen usw.) werden gereinigt und in eine Schale gelegt. Ist Ofentrocknung bis 80°C vorgesehen, muß man alle Kunststoffteile ausbauen oder mit besonderen Asbesthüllen schützen. Transportable Lackierständer, in Höhe und Breite verstellbar, nehmen mehrere Karosserieteile gleichzeitig zur Bearbeitung auf.

Der Einbau der Kfz-Teile geschieht in umgekehrter Reihenfolge wie beim Ausbauen.

Ausbeulen. Kleinere Schäden (Beulen, Risse) kann man selbst beseitigen. Dabei geht man überlegt und langsam vor, denn jeder falsche Schlag kann neue Beulen bringen. Nach Möglichkeit kommt man von innen nach außen an die Schadensstelle. Kleine Beulen beseitigt man mit dem Ausbeulhammer und einem Gegenhalter. Seine gerasterte Schlagfläche verteilt das Blech gleichmäßig zu einer glatten Fläche. Man schlägt den Ausbeulhammer nicht wie einen herkömmlichen Hammer, sondern „zieht" ihn nach dem Auftreffen etwas. Dabei wird von innen ein Vorhalteklotz gegengehalten.

Mechanische Reinigung. Durch Abklopfen, Abbürsten, Abschaben oder Abschleifen wird die Altlackierung gereinigt. Dabei muß man auf die richtige Körnung des Schleifpapiers achten.

Die chemische Entrostung ist in Abschn. 11.2.1 beschrieben. Die Mittel sollen nicht zu lange einwirken. Auf jeden Fall gründlich nachspülen und trocknen. Wegen der Wasserrückstände bei der chemischen Entrostung zieht man oft Beizmittel auf Phosphorsäure-Basis vor.

Das Entfetten ist wichtig, damit die folgenden Schichten gut haften und keine neue Korrosion entsteht. Fette verzögern auch die Trocknung. Man entfettet mit organischen (z.B. Nitroreiniger) oder speziellen Entfettungsmitteln. Vorsicht beim Umgang mit Lösemitteln – keine Dämpfe einatmen, Schutzbrille tragen! Am besten trägt man das Entfettungsmittel stückweise von oben nach unten mit einem Pinsel oder einer Bürste auf. Bloßes Abreiben mit Verdünnung genügt meistens nicht. Vergessen Sie dabei die Ränder und Kanten nicht. Besser sind spezielle Waschanlagen.

Das Abbeizen alter Lackierungen ist vor allem bei größerer Unterrostung oder sehr starken Rissen nötig. Man arbeitet mit lösenden Abbeizmitteln (s. Abschn. 8.4) und reinigt gründlich nach. Je nach Lackart, Schichtdicke und Anweisung der Fabrikathersteller wird die Einwirkzeit verschieden sein. Der Abbeizvorgang ist evtl. zu wiederholen. Nicht ausgehärtete Lackierungen müssen entfernt werden.

Silikonrückstände von Pflegemitteln der Altlackierung können die Haftung beeinträchtigen und werden deshalb entfernt. Dazu nimmt man gleich nach dem Wagenwaschen einen Silikonentferner. Nach dem Mattschleifen noch einmal mit Silikonentferner nachwaschen. Noch sicherer ist es, die Fläche vor dem Füllen mit deckendem Aktivgrund zu überspritzen (**11**.18).

Tabelle **11**.18 **Reinigungsmittel**

Name	Verwendung	Verarbeitung
Abbeizpaste	Abbeizfluide zum Entfernen alter Nitro-, Kunstharz-, Einbrenn- u.a. Lacke auf allen üblichen Untergründen	satter Pinselauftrag, soll nicht „ablaufen", sehr sorgfältig mit Reinigungsmittel nachwaschen
Entfettungsmittel	zum Entfetten von Altlackierungen, eingefetteten Ersatzteilen usw.	abwaschen mit einem Borstenpinsel, gut entlüften (kein Lackverdünnungsmittel nehmen!)
Kaltentroster	für verrostete Eisenteile, auch für Unterboden	gewöhnlich tauchen, sprühen oder spritzen
Reinigungsverdünnung	Waschverdünnung für Geräte und Spritzpistolen	für Gitterroste usw. gibt es Entlackungsmittel im Tauchverfahren
Silikonentferner	zum Entfernen von Silikonrückständen	gleich nach dem Waschen und nach dem Mattschliff

Gereinigte Flächen darf man nicht mehr mit den Händen berühren – Handschweiß kann Korrosion (Bläschenbildung) hervorrufen!

Schleifen erfordert viel Zeit, doch entfallen durch die Kunststoff-Werkstoffe Zwischenschliffe immer mehr. Rationell sind verbesserte Schleifmaschinen (z.B. mit Staubabsaugung, **11**.19) und selbstklebende Schleifpapiere. Schleifpasten haben Schleifpulver, die in Wachs- oder Paraffinemulsion eingebettet sind. Zum Vor- und Nachschleifen gibt es verschiedene Körnungen. Schleifpapiere gibt es in zahlreichen Ausführungen für alle Arten von Schleifarbeiten.

Schleifpapier-Normen. Die Numerierung nach Korngrößen ist leider nicht einheitlich. Im US-Standard gibt es Unterschiede zwischen Siliciumcarbid (SiC) und Aluminiumoxid (Al-Oxid) und dem europäischen FEPA-Mikro-Maß. Zur besseren Unterscheidung wird teilweise die Körnungsnummer der europäischen Norm mit einem P gekennzeichnet (**11**.20, Seite 228).

Der Handschliff eignet sich vor allem für kleinere Flächen. Man arbeitet mit Schleifklotz oder -korken und einem Schleifpapier richtiger Körnung. Das Schleifwasser soll nicht zu hart sein; es gibt Entsalzungsmittel

11.19 Schwingschleifer (Rutscher) mit Staubabsaugung

Tabelle **11**.20 **Schleifpapier-Normen**

US-Standard SiC	Al-Oxid	europäische FEPA-Norm
180	180	P180
220	220	P220
240	–	P240
–	240	P280
280	–	P320
320	280	P360
–	320	P400
360	360	P500
400	400	P600

11.21 Spachtelflächen am Heck eines Pkw

zum Zusetzen. Zum Abspülen nehmen wir einen Schwamm und enthärtetes Wasser. Dann bilden sich keine Rückstände, die später Bläschen hervorrufen.

Verwitterte Lackierungen schleift man bis auf die intakte Schicht ab. Spachtelstellen schleift man zuerst mit grober Körnung, kleine Ausflickstellen mit sehr feiner Körnung, ebenso Füller. Den Schleifstaub spült man laufend ab. Durchgeschliffene Stellen müssen sofort gegen Rost geschützt werden. Geschliffene Flächen ledert man gleich ab, denn wenn das Schleifwasser verdunstet, bleiben leicht Rückstände.

Spachtelarbeiten werden durch die neuen Kunststoff-Füllgründe immer weniger notwendig. Die Füllgründe auf verschiedener Basis verdrängen zunehmend die Kunstharzspachtel. Man spachtelt fast nur noch auf sehr groben Flächen (z.B. Polyesterspachtel) oder bei sehr feinen Arbeiten (z.B. mit Fleckspachtel, **11**.21).

Spachtelmassen sollen sich gut ziehen, streichen bzw. spritzen lassen und auf dem Untergrund gut haften. Die verschiedenen Einfärbungen der Massen erleichtern die Egalisierungskontrolle beim Schleifen. Der getrocknete Spachtel muß eine gleichmäßige, geschlossene und porenfreie, gut schleifbare Oberfläche haben.

Polyesterspachtel kann man in dickeren Schichten auftragen. Die Mengen, Topf- bzw. Trockenzeiten sind jeweils angegeben und genau einzuhalten (**11**.22).

Tabelle **11**.22 **Spachtelmaterialien**

Name	Verwendung	Verarbeitung
Nitro-Kombi-Spachtel	Karosseriespachtel für grundiertes Metall, Expreßspachtel für eilige Arbeiten	Auftrag in dünner Schicht mehrmals am Tag, Naßschliff mit 280er Körnung, überspritzbar mit allen Füllern/ Grundierfüllern gleichen Fabrikats
KH-(**K**unst-**H**arz)-Spachtel	Karosseriespachtel für grundiertes Metall, evtl. Holz	auf Spritzkonsistenz verdünnbar, auch Schnellspachtel üblich
KH-Spritzspachtel	auf festhaftenden, angeschliffenen Altlacken oder entfetteten Blechen, bei blanken Blechen ist Grundierung vorteilhafter	Druckluftspritzen in 3 bis 5 Kreuzgängen ≈ 500 µm, mit allen Decklacken überspritzbar
Grundierspachtel	Spachtel mit grundierenden Eigenschaften	auf blankes, geschliffenes Metall, für schnelle Arbeiten
KH-Schweißnaht-spachtel	zum Egalisieren hervorstehender Schweißnähte	nach Herstelleranweisung

Tabelle **11**.22 Fortsetzung

Name	Verwendung	Verarbeitung
Polyester-Füllspachtel	vor allem für tiefe Blechverformungen (angeschliffen), auf festhaftenden Altlackierungen, nicht auf Grundierungen	mit Härterpaste ansetzen, Topfzeit beachten; leicht trocken schleifbar, beigeschliffene Flächen mit Kombifüller abreiben
Polyester-Ziehspachtel	wie zuvor, doch als Ziehspachtel entwickelt	wie zuvor; Polyester-Spachtel dürfen nicht verdünnt werden; jedes fremde Mittel stört den Härteprozeß
Polyester-Schnell-Reparaturharz	Einbettungsmasse für Glasfaser-Reparaturtechnik	s. Bild **11**.26
Glasfaserspachtel	für kleinere Rostlöcher ohne, bei größeren mit Glasfasermatte verwenden	mit Härterpaste ansetzen, Topfzeit beachten, über die Reparaturstelle hinaus verspachteln, sonst wie Bild **11**.26

Spachtelstellen schleift man mit einem Papier gröberer Körnung und wechselt dann zu feinerer über. Je ausgeglichener man spachtelt, desto weniger muß man schleifen.

Das Grundieren soll eine feste Verbindung zwischen dem Untergrund und den Werkstoffen gewährleisten. Einige Mittel wirken zugleich korrosionsschützend. Grundiermaterial kann ein Haftvermittler, Rostschutzmittel, Spachtel oder ein Füller sein. Darüber entscheidet die Beschaffenheit des Untergrunds. Zweikomponenten-(= 2K-)Primer (= Grundanstriche), Haftgründe, Füller und Grundfarben gibt es auf verschiedener Basis, für alte und neue Untergründe. Sie trocknen beschleunigt und eignen sich für viele folgende Werkstoffe und Decklacke. Bei älteren Nitro- oder Kunstharz-Spachteln grundiert man immer. Neuentwicklungen bei Grundiermitteln und Füllern führten zu fast universell einsetzbaren Erzeugnissen, wobei die Einsparung von Arbeitsgängen wesentlich ist.

Die Erzeugnisse sind stets nach Herstellerangaben zu verarbeiten, z. B. Technische Merkblätter, Gebindeaufschriften.

Füller „tragen" die Decklacke, sind mehr mit Pigmenten versetzt und bestimmen weitgehend die Qualität der Fahrzeuglackierung. Sie können dicker aufgetragen werden. Immer mehr ersetzen sie den Kunststoffspachtel. Man kann sie etwa mit den Vorlacken anderer Lackierverfahren vergleichen. Füller liegen auf Nitrokombi- und Kunstharz-, vorwiegend aber auf Kunststoffbasis. Die Einkomponentenfüller der ersten beiden sind weitgehend von den Grundierfüllern abgelöst worden. KH-Nonstop-Füller eignen sich für eilige Reparaturen. Grundierfüller decken blanke Metalle rostschützend ab und geben zugleich den Decklacken einen guten Stand. Zweikomponentenfüller auf Epoxidharz-, Polyurethan-, Polyester- und Polyacryl-Basis werden immer mehr verwendet (**11**.23, Seite 230). Die Haftung der Werkstoffe beruht auf der Wirkung der Härter (Phosphorsäure-Basis). Durch chemische Verbindung des Werkstoffs mit der Metalloberfläche entsteht eine Phosphatierungsschicht, vergleichbar mit der Phosphatierung der Werkslackierung.

Tabelle **11.23** **Isolier-, Grundier- und Füllmittel**

Name	Verwendung	Verarbeitung
Korrosionsschutz und Isolierung		
KH-Rostschutzgrund	universeller Korrosionsschutz für Stahl- und Eisenteile, gut haftend	auf trockenen, fett- und rostfreien Metallflächen, streich- und spritzbar
KH-Zinkchromat-grund	altbewährter Korrosionsschutz für Metall und Holz, erlaubt größere Schichtdicken	auf gereinigten und entfetteten Karosserieblechen, Trockenzeit 3 bis 8 Std.
Zweikomponenten-Haft- und -Rostschutz-grund (Epoxidbasis)	auf blankes Eisenblech, verzinktes Stahlblech, Leichtmetall, auch Holz und Kunststoffe, gereinigte u. angeschliffene Altlackierungen	mit Härter ansetzen, Topfzeit beachten, 1 bis 1 1/2 Kreuzgänge, nach Trocknung mit 400er Körnung schleifen, nicht durchschleifen
2K-Isoliergrund (auch Versiegler oder Sealer genannt)	(z. B. Acryl-Polyurethanbasis) isoliert Altlackierungen und Polyester-Materialien	mit Härter ansetzen, am selben Tag verarbeiten, 1/2 bis 1 Kreuzgang spritzen, nach Ablüften gewöhnlich Decklackierung möglich
Mattierungsmittel	zur Erzielung seidenglänzender Kfz-Lackierungen	Zugabe nach Anweisung, z. B. 2K-Acryllacke : Mattierungsmittel : Härter = 1 : 1 : 1
Grundierungen		
Reaktionsgrund (aus Wash-Primer entwickelt)	passivierender und phosphatierender Haftgrund, gut füllend, haftet gut auf Metall, Holz und Kunststoff	mit Zusatzlösung ansetzen, am selben Tag verarbeiten, 1 Kreuzgang deckend, nach ≈ 30 Min. schleifbar, nicht mit Polyester-Werkstoffen weiterarbeiten
2K-Haftvermittler, lasierend	für schwierige Untergründe, ungeschliffene Altlackierungen, Isolierung von Spachtelstellen	mit Härter ansetzen, Topfzeit beachten
Kunstharz-Haftgrund	Grundierung von Stahlblech und Holz, gewöhnlich nitrofest	Streichen bei kleineren Ausbesserungen, sonst 1 Kreuzgang spritzen

Die Topfzeiten, vor allem bei Polyester-Werkstoffen, sind variabel (veränderlich); sie werden von der Raumtemperatur beeinflußt. In Grenzen kann man dem durch Verminderung oder Vergrößerung der Härtermengen entgegenwirken (s. Technische Merkblätter).

Name	Verwendung	Verarbeitung
Füller		
2K-Füller (Füllprimer)	passivierender und phosphatierender Grundierfüller für Stahlblech und angeschliffene Altlackierungen, isoliert auch Polyester-Werkstoffe, schnell trocknend	mit Härterlösung ansetzen, Topfzeit beachten, 1 Kreuzgang deckend, nach ≈ 40 Min. trocken oder naß schleifen, nicht mit Polyester-Werkstoffen weiterarbeiten
Nitro-Kombi-Füller	auf grundiertem bzw. gespacheltem Karosserieblech oder erhaltenen und angeschliffenen Altlackierungen	1 1/2 bis 2 Kreuzgänge spritzen, Spachtelstellen vornebeln (Warum?), mit Naßschleifpapier 400er Körnung fein ausschleifen
Kunstharz-Non-Stop-Füller (Naß-in-Naß-Füller)	füllender, verbindender Zwischengrund für KH-Lackierungen	1 Kreuzgang, ≈ 15 Min. ablüften, nicht schleifen, mit KH-Lack Naß-in-Naß überspritzbar
2K-Fillsealer	Acryl-Polyurethan-Basis, farbloser Haftvermittler und zugleich Füller, für Naß-in-Naß-Technik	zur Abisolierung geschliffener Spachtelstellen und auf gereinigtem, ungeschliffenem Lack

Fortsetzung s. nächste Seite

Tabelle **11.23** Fortsetzung

Name	Verwendung	Verarbeitung
Kunstharz-Grundierfüller	wie KH-Non-Stop-Füller, ferner als Untergrund für Zweischicht-Metallic-Lackierungen	mit Härterlösung ansetzen, 1 Kreuzgang deckend, nicht mit Polyester-Werkstoffen weiterarbeiten
Reaktionsfüller	passivierender und phosphatierender Grundierfüller, für Stahlblech und angeschliffene Altlackierungen, Untergrund für Zweischicht-Metallic-Lackierungen	mit Zusatzlösung ansetzen, am selben Tag verarbeiten, 1 Kreuzgang deckend, nicht mit Polyester-Werkstoffen weiterarbeiten
2K-Füllprimer	Grundierfüller für hochbeanspruchte Lackierungen, auf blankes Eisenblech und angeschliffene Altlackierungen	mit Zusatzlösung ansetzen, am selben Tag verarbeiten, $1^1/_2$ Kreuzgang, mit 400er Körnung fein anschleifen
2K-Grundfüller (Kompaktfüller)	Dickschichtfüller, auch grobe Unebenheiten in einem Arbeitsgang ausfüllend, Spachtelschichten entfallen, vor allem für Zweischichten-Aufbau	mit Härter ansetzen, Topfzeit beachten, in einem Arbeitsgang bis max. 300 µm auftragen, schleifbar nach Trocknung über Nacht
Polyester-Füllgrund	zum Ausfüllen grober Unebenheiten, auf angeschliffenem Blech oder festhaftenden Einbrennlacken, Vorteil wie zuvor	mit Härter ansetzen, nur kurze Topfzeit, Auftrag in großer Schichtdicke möglich
PUR-Grundfüller	Haftvermittler für Polyester (GFK), auch Kunststoffe und Beschriftungen auf Kunststoff-Flächen, auf verzinktem Blech grundsätzlich immer	mit Härter ansetzen, Topfzeit beachten, naß oder trocken mit 280/320er Körnung schleifen

Die Vielzahl der Isolier-, Grundier- und Füllmittel kann leicht verwirren, Unterscheidungen sind manchmal schwer. Darum geben wir die Tabelle **11.24** als Übersicht für die Anwendungsgebiete (nach „Deutsches Taschenbuch für Maler und Lackierer 1981").

Tabelle **11.24** **Anwendung der Vormaterialien**

Grundier- und Haftmittel			**Spachtel**	**Füller**
	Reaktionsgrund	Grundfüller	1. Kombispachtel 2. KH-Fleck-Spachtel 3. Polyester-Füllspachtel 4. Polyesterharz + Glasmatte	1. Kombifüller 2. KH-Grundier-Füller 3. Non-Stop-Füller 4. 2K-Grundfüller 5. Epoxi-Füllprimer
Zinkchromatgrund KH-Rostschutzgrund	Reaktionsgrund 2K-Haftvermittler (auch gefüllter Wash-Primer)	Reaktionsfüller 2K-Haft- und Rostschutzgrund 2K-Füllprimer		
für folgende Anwendungen				
Grundierung + Haftung + Korrosionsschutz	Grundierung + Haftung + Korrosionsschutz	Grundierung + Haftung + Korrosionsschutz + Egalisierung	Egalisierung zu 1 + 2: Flecken zu 3: Vertiefungen zu 4: Fehlstellen bei Kunststoffaufbauten	Egalisierung des Untergrundes Filmdickeaufbau Farbgebung (Metallic-Lack)

Alle auch zum Spritzen geeigneten Werkstoffe dürfen nur mit dem empfohlenen Verdünner auf Spritzkonsistenz eingestellt werden. Im übrigen dürfen wir wie bei allen anderen Lackiertechniken im gesamten Aufbau nur Werkstoffe desselben Herstellers verwenden!

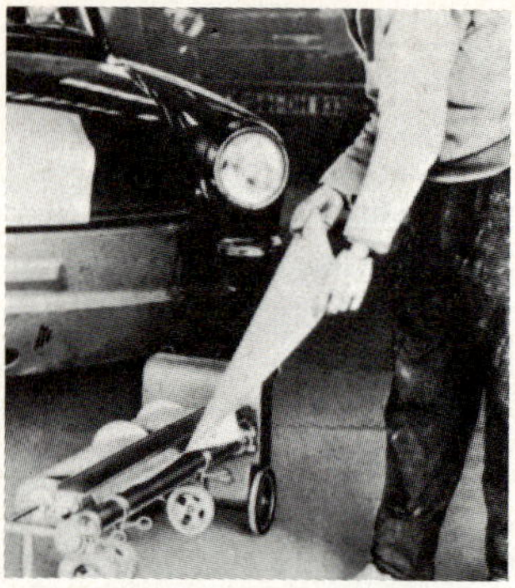

11.25 Abdecken größerer Kfz-Teile mit Klebeband von der Rolle

Abdecken. Damit sich der Spritznebel nicht auf Scheiben, Chromteile, Reifen, Gummidichtungen usw. niederschlägt, muß man sie abdecken bzw. – je nach Möglichkeit und Kosten – abmontieren. Am besten deckt man mit staubfreiem Packpapier ab. Zeitungspapier eignet sich nicht! Es gibt auch besondere Abdeckpapiere für Lackierungen bzw. durchsichtigen Abdecklack. Schmale Chromleisten, Gummidichtungen u.a. deckt man mit gut haftenden evtl. hitzefesten selbstklebenden Kreppbändern ab, die auch die Abdeckpapiere zusammenhalten. Für große Flächen gibt es breites Klebeband von der Rolle (**11**.25). Abdeckhüllen aus Baumwolle mit Aluminiumbeschichtungen lassen sich mehrfach verwenden. Thermoplastische Lackierungen sollen mit zwei Lagen Papier abgedeckt werden, damit nicht die Lösemittel des Reparaturlacks durch die Abdeckung die Altlackierung angreifen.

Alle Teile, die nicht lackiert werden sollen und nicht zu entfernen sind, deckt man sorgfältig ab. Kontrollieren Sie den einwandfreien Sitz aller Abdeckungen vor und während der Lackierung.

Die Glasfaser-Polyester-Technik zum Ausgleich größerer und tiefer Unebenheiten (Löcher) ist eine vorläufige Lösung. Man bettet hierbei Glasvliese (Glasfasermatten) mit Hilfe von Polyesterharz ein (einkleben). Türen, Hauben und ähnliche nichttragende Teile können damit ausgebessert werden. Die auszubessernden Stellen werden gleichsam mit „maßgeschneiderten" Fasermatten regelrecht geflickt, paßgenau ausgebessert.

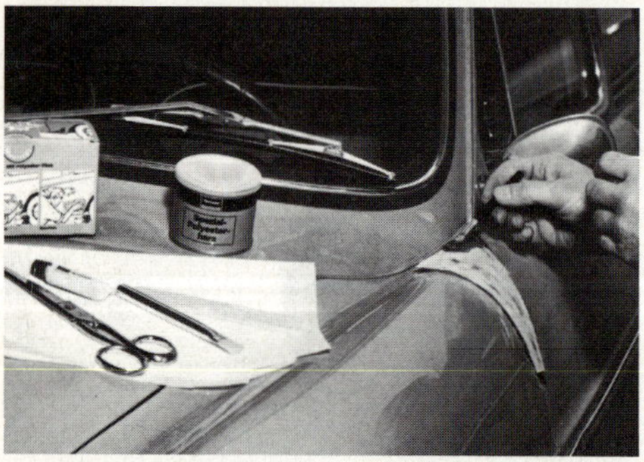

11.26 Einbetten (Einkleben) des Glasfaservlieses in Polyesterharz

Arbeitsgang. Man schneidet aus dem Glasvlies ein Stück heraus, das etwa 3 cm größer ist als die Reparaturstelle. Die Ecken werden abgerundet, einzelne Fäden abgeschnitten. Die Reparaturstelle wird gesäubert, angeschliffen und evtl. mit dem Hammer mehrfach leicht eingebeult. Lackreste sind natürlich zu entfernen. Das Polyestermaterial setzt man aus den zwei Komponenten nach Anweisung an und verrührt es gut. Die Mischung muß innerhalb der angegebenen Topfzeit verarbeitet werden. Man trägt sie mit einem Pinsel ziemlich dick auf das umgebende blanke Blech auf (**11**.26).

Das mit Harz getränkte Vlies wird auf das Loch gelegt, an den Rändern gut angedrückt und mit Harz nachgetränkt. Tränkt man das Vlies vorher nicht, muß man es nach dem Einlegen besonders gut mit Harz nachstreichen. Für diesen Arbeitsgang zieht man Gummi- oder Plastikhandschuhe an. Bei größeren Löchern oder Vertiefungen wird das Verfahren mehrfach wiederholt, nachdem die vorhergehende Schicht ausgehärtet ist (≈30 Min.). Stellen, die sich beim Aushärten wölben, drückt man erneut an, übergelaufenes Harz entfernt man sofort mit Reinigungsmittel. Noch vorhandene leichte Vertiefungen werden mit Polyesterspachtel nachgespachtelt. Zum Schleifen nimmt man grobes und dann 400er Naßschleifpapier, bis die Stelle dem Karosserieblech angeglichen ist. Für kleinere Löcher gibt es Faserspachtel. Das sind mit Glasfasern versetzte Spachtelmassen.

11.6.2 Fahrzeuglacke

Durch neue Rohstoffgrundlagen gibt es auch bei den Fahrzeuglacken kürzere Arbeitszeiten, hohen Festkörpergehalt, Lösemittelfreiheit und schnellere Trocknung. Die zunehmende Verwendung von Härtern und anderen Zusätzen erfordert noch mehr Aufmerksamkeit und Genauigkeit bei der Verarbeitung. Damit treten die Bereiche des Arbeits- und Umweltschutzes stärker in den Vordergrund.

In der Reparaturlackierung benutzt man vor allem vier Lackarten: Kunstharzlacke, Zweikomponenten-Acryllacke, Polyurethan-Acryllacke und zunehmend festkörperreiche Lacke. Trotz der Abkehr von Nitrolacken werden weiterhin frühere Techniken angewendet bzw. Anlagen benutzt (z.B. Nitro-Kombilacke). Das bedeutet ein immer umfangreicheres Wissen und Können für den Fahrzeuglackierer.

Kunstharzlacke auf der Basis spezieller Alkydharz-Kombinationen trocknen durch Sauerstoffaufnahme (Oxidation). Sie sind bei 20 °C nach ≈ 45 Min. staubtrocken, bei nur 60°-Trocknung nach 60 Min. Abkühlung montagefest. Gut eignen sie sich für Werkstätten ohne Trocknungsanlage. Bei Ofentrocknung verwendet man Alkyd-Melaminverbindungen.

Eine beachtliche Eigenschaft dieser verbesserten Lacke besteht darin, daß man sie durch vorgeschriebene Härterzugaben praktisch in einen 2K-Lack „umwandeln" kann. Dadurch verkürzt sich die Trockenzeit, die Durchtrocknung verbessert sich. Anwendbar ist dieses Verfahren zwischen 20° und 80 °C.

Gespritzt wird, wie bei den meisten Lacken, in 1½ Kreuzgang bei 3 bis 5 bar Spritzdruck. Vorher ist einheitlich mit Füller zu spritzen. Die Kunstharzlacke verlaufen gut, haben gute Füllkraft und sind sehr wetterbeständig.

> Kunstharzlacke auf Alkydharz-Basis können luft- und ofentrocknend verarbeitet werden. Durch Zugabe vorgeschriebener Härtermengen kann man sie in 2K-Lacke umwandeln.

Zweikomponenten-Acryllacke sind luft- und ofentrocknend, doch genügt in der Regel eine beschleunigte Trocknung. Trocknung: bei 20 °C in ≈ 20 Min. staubtrocken, bei Ofentrocknung (ohne Ablüftzeit) bei 60 °C in ≈ 30 Min. abdeckfähig. Die Topfzeit kann bei 20 °C ≈ 12 Std. betragen. Untergründe sind gut ausgehärtete, luftgetrocknete Altlackierungen bzw. vom selben Hersteller aufgetragene Grundierfüller, 2K Füllprimer oder Reaktionsfüller. Auch diese Lacke eignen sich besonders für die handwerkliche Reparaturlackierung.

Der Auftrag erfolgt gewöhnlich in 1½ Kreuzgang, vom ersten halben Kreuzgang an satt im Verlauf gespritzt (s. Verarbeitungshinweise). Da diese 2K-Lacke mit Feuchtigkeit reagieren, ist absolute Wasserfreiheit aller Geräte, Mischgefäße usw. erforderlich. Bei über 80% Luftfeuchtigkeit dürfen sie nicht verarbeitet werden. Fehlstellen und Läufer können nach Lufttrocknung über Nacht (bzw. bei Ofentrocknung nach Abkühlung) mit 400er Schleifpapier ausgeschliffen und erneut überspritzt werden. Manchmal kann das Beipolieren mit Polierpaste oder Lackpolish ausreichen.

Die 2K-Acryllacke haben neben der leichten Ausbesserung die Vorteile harter Lackfilme, hohes Widerstandsvermögen gegen äußere Einflüsse einschließlich Benzin. Sie zeigen guten Glanz und neigen wenig zur Vergilbung.

Neben 2K-Acryllacken werden zunehmend 2K-Lacke auf Polyurethan-(PUR) und Epoxi-Basis eingesetzt.

Zweischichten-Aufbau. Der Aufbau aus farbigem Grundlack und abschließendem Klarlack wird immer mehr bevorzugt. Kunden verlangen zunehmend eine farbige Grundlackierung mit einem schützenden Klarlacküberzug. Ein anderer Zweischichtenaufbau besteht darin, einen stark füllenden Grundfüller aufzutragen und nur einmal mit 2K-Acryllack zu spritzen.

Bei der Verarbeitung von 2K-Acryllacken ist die empfohlene Spritztechnik anzuwenden. Auf absolute Feuchtigkeitsfreiheit aller Geräte, Gefäße usw. ist zu achten. Vorteil: Die Lackfilme sind leicht ausbesserbar.

Polyurethan-Acryllacke (PUR-Acryllacke). Mit diesen Lacken kann man $^1/_3$ an Trockenzeit (und damit Energie) sparen. Durch schnelleres Antrocknen und weniger Abdunstzeit erreicht man kürzere Spritzzeiten. Die Lacke bieten eine schnelle und sichere Verarbeitung, sind schneller benzinfest, zeigen eine noch bessere Härte, Waschanlagenfestigkeit, längeren Glanz als die 2K-Acryllacke und sind gegen Streusalz sehr widerstandsfähig. Zunehmend setzt man sie auch im Nutzfahrzeugsektor ein.

Die Farbpaletten enthalten 6000 bis 7000 Farbtöne. Auch die im Abschnitt 4.3 beschriebenen Mischsysteme finden immer mehr Anwendung. Ferner kann man zahlreiche Zweischicht-Metallic-Töne ausmischen.

Festkörperreiche Lacke (High-Solid-Lacke) sind Neuentwicklungen mit hohem Festkörpergehalt (70 bis 75%, herkömmliche Fahrzeuglacke 40 bis 50%). Das bedeutet weniger Spritzaufträge, damit Arbeitszeitersparnis und weniger Standzeit in den Kabinen. High-Solid-Lacke werden in beachtlich hoher Viskosität verarbeitet (30 bis 70 s/DIN, herkömmliche Lacke 16 bis 19 s/DIN). Der Spritzdruck beträgt ≈ 6 bar, wobei die sicherste Materialsteuerung durch einen Farbdruckkessel gewährleistet wird. Die Trocknung kann beschleunigt bei 20 bis 80 °C oder bei Raumtemperatur erfolgen. Weniger Lösemittel bedeutet auch weniger Spritznebel und damit Entlastung der Umwelt. High-Solid-Lacke eignen sich auch für Reparaturlackierungen.

Kunstharz-Emaillacke, Kombinationen bestimmter Alkydharzlacke, werden für strapazierfähige Lackierungen von Lastwagen, Land- und Baumaschinen verwendet. Sie füllen gut, trocknen schnell und sind wetterfest. Je nach Untergrundbeschaffenheit und gewünschtem Lackiereffekt sind Grundierung, Füller oder Spachtel aufzutragen. Man kann diese Lacke auch dünn streichen. Gespritzt werden sie in ≈ $1^1/_2$ Kreuzgängen. Bestimmte Härter statt Verdünnung verkürzen die Trockenzeit.

Kunstharz-Chassislacke liegen ebenfalls auf Alkydharz-Basis und sind nur in dunklen Farbtönen üblich. Auch hier ist mit Grundierung, Füller oder Spachtel vorzuarbeiten. Sie können auch gestrichen werden.

Metalleffekt-Lacke. Die Wirkungen ergeben sich durch Aluminiumpulver als Pigmente oder Aluminiumzusätze zu Lackfarben. Die Oberflächen reflektieren das einfallende Licht in alle Richtungen. Die Verarbeitung ist nur durch Spritzen möglich. Sattes Spritzen gibt dunklere, Nebeln und trocknes Spritzen hellere Effekte. Da das Bindemittel Effekt und Farbton beeinflußt, kann man nur mit Originallack ausbessern.

Vor allem durch die Umwelteinflüsse wurde von der Einschicht- auf Zweischicht-Metallic-Lackierung mit Klarlackversiegelung umgestellt. Sie zeichnen sich durch gute Haltbarkeit und brillanteres Aussehen aus (**11.27**). Klarlacke auf Kunstharzbasis wurden weitgehend von 2K-PUR-Acryllacken abgelöst.

Metallic-Basislack (Grundlack) liegt auf Kunstharzbasis (≈ 20 µm dick), ist luft- und ofentrocknend und soll in ≈ 15 Min. matt auftrocknen. (Warum matt?) Diese Lacke sind nicht auf nichtdurchgehärtete, luftgetrocknete Kunstharzlacke und evtl. Nitrolacke sowie thermoplastische Acryllacke aufzubringen (sonst Haftminderung, Hochziehen bzw. Rißbildung). Alle Vorarbeiten sind äußerst sorgfältig auszuführen; Schleifspuren beeinträchtigen den Metalleffekt. Auftrag in der Regel in 1 bis 2 wolkenfreien Kreuzgängen.

Klarlack auf 2K-PUR-Acrylbasis ist glasklar (≈ 50 µm dick), ebenfalls luft- und ofentrocknend und hat eine längere Topfzeit. Geräte und Gefäße müssen absolut trocken sein! Gespritzt wird gewöhnlich in 1½ bis 2 Kreuzgängen. Fehlstellen können sofort nach Trocknung geschliffen und auspoliert werden.

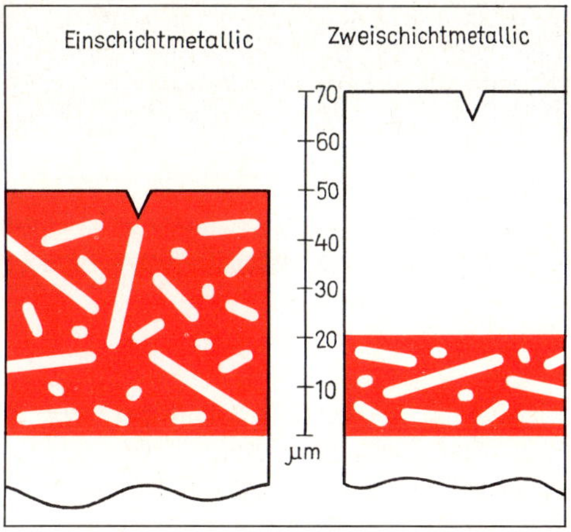

11.27 Da Metallic-Basislacke bei der Zweischichtenlackierung nicht ungeschützt dem Wetter ausgesetzt werden, kann man sie höher pigmentieren

Bei PUR-Acryllacken gibt es verschiedene Härter: kurze Härter für Beispritzarbeiten, kleine Teillackierungen und niedrige Spritzraumtemperaturen; normale Härter (Standardhärter) für PKW-Ganzlackierungen oder mehrere, gleichzeitig zu lackierende Einzelteile. Die Lacke eignen sich auch für höhere Raumtemperaturen (≈ 30 °C) bzw. Sommertemperaturen und für große Flächen an Bussen und LKWs.

Verdünnungen können ebenfalls PUR-Acryllacke steuern. Aktivierende Zusätze statt Verdünnungen bringen schnellere Trocknung, verkürzen aber auch die Topfzeit. Beispiele: kaltes Wetter, schnell abzuklebende Mehrfarbenlackierungen. Konzentrierte Aktivatoren bringen schnellere Aushärtung und Abklebefestigkeit, z. B. bei Beschriftungen.

Durch sinnvolle Kombination verschiedener Härter, Verdünnungen und evtl. Beschleunigerzugaben kann man für alle Anlagen, Temperaturen und Lackierobjekte die Arbeitsweisen sinnvoll verändern.

Nitro-Kombinationslacke (Nitrokombilacke) haben als Bindemittel Nitrocellulose und Zusätze von ausgewählten Alkydharzen, die dem Lack Fülle, Elastizität und Wetterbeständigkeit geben. Sie trocknen durch Verdunstung des Lösemittels (physikalisch). Der Trockenvorgang ist kurz und setzt sehr schnell ein. Da jedoch ein Teil des Lösemittels zurückgehalten wird, kann die vollkommene Durchhärtung bis zu ≈ 16 Std. dauern. Die getrockneten Lackfilme zeigen Hochglanz. Bei Bedarf können Abreib- und Ausgleicharbeiten ausgeführt werden, um z. B. Fehlstellen zu beseitigen. Unbedingt erforderlich ist das richtige Verdünnungsmittel. Der Lack- und Lösemittelverbrauch sind verhältnismäßig groß.

Bei Reparaturlackierungen können die starken Verdünnungs- (bzw. Löse-)mittel auf ungeeigneten Altlackierungen Faltenbildung hervorrufen. Darum ist die alte Lackierung genau zu bestimmen und nur nach Herstelleranweisung zu arbeiten.

Nitrokombilacke haben zwar stark an Bedeutung verloren, doch setzt man sie vor allem wegen ihrer raschen Trocknung noch für bestimmte Lackierungen ein (z. B. Großraumfahrzeuge).

Tagesleuchtfarben (PUR-Acryl-Basis) haben als farbgebende Pigmente in sich gefärbte Kunststoffteilchen. Sie reflektieren die Strahlen des sichtbaren Lichts, wandeln zusätzlich kurzwellige Strahlen in sichtbares Licht um (s. Abschn. 4.1) und reflektieren es ebenfalls. Phosphoreszierende Nachtleuchtfarben dagegen speichern Licht und geben es im Dunkeln wieder ab. Tagesleuchtfarben dienen für Warn- und Signaleffekte, z. B. Feuerwehr- und Straßendienst-Fahrzeuge.

Sie dürfen nur auf 2K-Füller weiß verarbeitet werden. (Warum nur auf weißem Grund?) Durchschliffe sind mit weißem Füller nachzuspritzen. Leuchtfarben werden (nach Anweisung) in 3 bis 4 Kreuzgängen aufgespritzt, wobei ≈ 100 µm Trockenfilmdicke zu erreichen ist. Zur ausreichenden Wetterbeständigkeit ist ein Klarlacküberzug erforderlich, gemischt mit derselben Tagesleuchtfarbe nach Anweisung. Ausbesserungen sind sehr schwierig, weil bei diesen lasierenden Farben Farbtonänderungen auftreten.

Leichtmetall-Klarlack (gewöhnlich 2K-Lack auf PUR-Acrylbasis) wird für farblose, wasserhelle Lackierungen auf Leichtmetall genommen (z. B. Aluminiumblech glatt, gespiegelt oder gebürstet). Sorgfältiges Reinigen, Entfetten und evtl. mögliches Aufrauhen sind erforderlich. Entfettete Flächen nicht mehr mit bloßen Händen berühren. (Warum nicht?)

Verdünnungen sollen das Spritzmaterial auf die richtige Konsistenz bringen und anschließend verdunsten. Außerdem müssen sie auf zahlreiche Eigenschaften der Lacke eingestellt sein, z. B. Lösefähigkeit, Verlaufsförderung, Filmstruktur, Filmdicke, Trocknungsgeschwindigkeit. Ungeeignete Verdünnungen oder „Universalverdünner" bedeuten eine große Gefahr für das Gelingen der Lackierung.

- ungeeignete Lösemittel = Ausfallen (Zersetzen) des Lacks;
- zu langsames Antrocknen = Staubeinfall;
- zu schnelles Trocknen = lange Druckempfindlichkeit, Verlaufsstörungen, Luftblasen;
- ungeeignete Verdünnungsmittel = Hochziehen des Lacks, vermindertes Deckvermögen und Füllkraft.

> Für alle Lackmaterialien sind nur die vorgeschriebenen Verdünnungsmittel (bzw. Härter) zu nehmen, auch keine „Universal-Verdünner".

11.28 Spritzauftrag von Unterbodenschutz

Unterbodenschutz bei Kraftfahrzeugen ist heute schon fast selbstverständlich. Dazu gibt es salzbeständige, streich- und spritzbare Anstrichmittel, z. B. auf der Basis von Bitumen-Kautschuk oder synthetischem Kautschuk (deshalb auch die überwiegend schwarze oder dunkle Farbgebung) oder Mischpolymerisaten. Lufttrocknung bei 20 °C, Aushärtung nach 36 Stunden. Bestimmte Teile – vor allem bewegliche – darf man nicht beschichten (**11.**28).

Ledereffektlacke dienen zur Beschichtung von Autodächern, evtl. auch für Armaturenbretter u. ä. Teile. Außer Schwarz sind verschiedene andere Farbtöne üblich. Der Effekt entsteht durch schichtweisen Aufbau: eine deckende Schicht in $^1/_2$ bis 1 Kreuzgang vorspritzen, matt auftrocknen lassen. Darauf unverdünnt mit vorgeschriebener Düse spritzen, matt auftrocknen lassen. Danach ein 3. und evtl. ein 4. Mal wie zuvor (andere Techniken sind möglich).

Abdecklacke oder „Abziehlacke" nimmt man an Stelle von Papierabdeckungen für Fenster, Zierleisten usw. Die durchsichtigen, leicht getönten Lacke behindern das Rangieren der abgedeckten Fahrzeuge in der Werkstatt nicht. Nach dem Lackieren werden sie als geschlossene Filme einfach abgezogen.

11.6.3 Spritztechnik

Zur Erhöhung der Deckfähigkeit und der Schichtdicke werden mehrere Schichten im Kreuzgang gespritzt. Durch den Wechsel von horizontalen und vertikalen Spritzstreifen entsteht ein einheitliches Spritzbild. Oxidativ trocknende Beschichtungsstoffe werden naß in naß gespritzt, bei physikalisch trocknenden die nächste Schicht erst nach dem „Anziehen" der vorhergehenden.

Regeln für die Arbeit mit der Spritzpistole

1. Die Spritzpistole wird immer senkrecht auf das Objekt gehalten, d.h., der Düsenkopf steht im rechten Winkel zum Objekt (**11**.29).

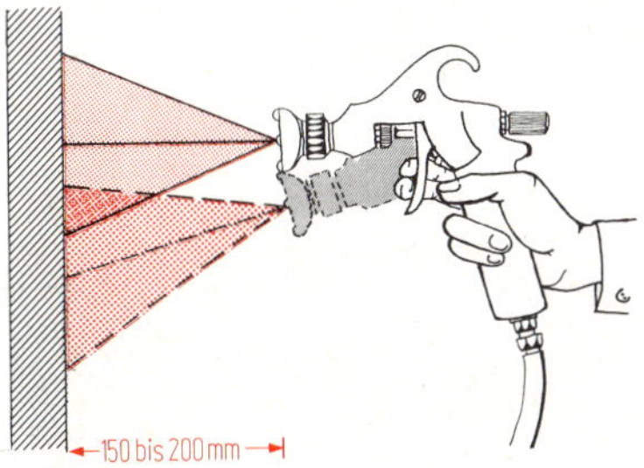

11.29 Halten der Spritzpistole

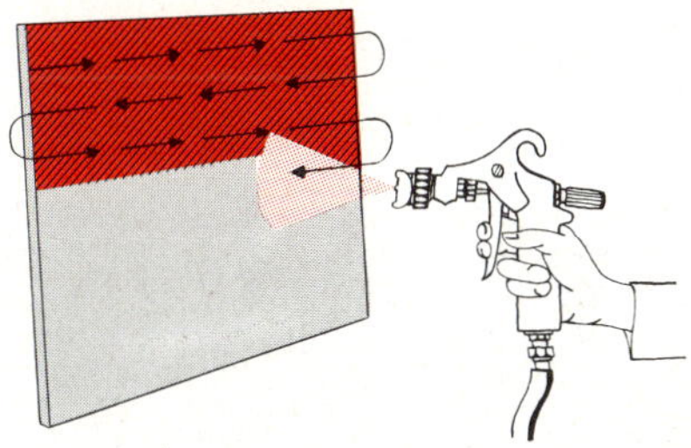

11.30 Anlegen und Überdecken der Spritzstreifen

2. Man bewegt die Spritzpistole gleichmäßig und parallel zum Gegenstand. Dabei legt man gerade und gleichmäßige Spritzstreifen an. Jeder Streifen überdeckt den vorhergehenden um die Hälfte, so daß sich kein Ansatz ergibt (**11**.30).
3. Der Abstand zum Objekt beträgt gewöhnlich 15 bis 20 cm (**11**.31). Zu großer Abstand führt zu geringem Farbauftrag und damit zu starkem Farbnebel (= rauhe Oberfläche). Zu geringer Abstand bedeutet mehr Farbe und schnellere Bewegungen, weil sonst die Farbe „läuft".

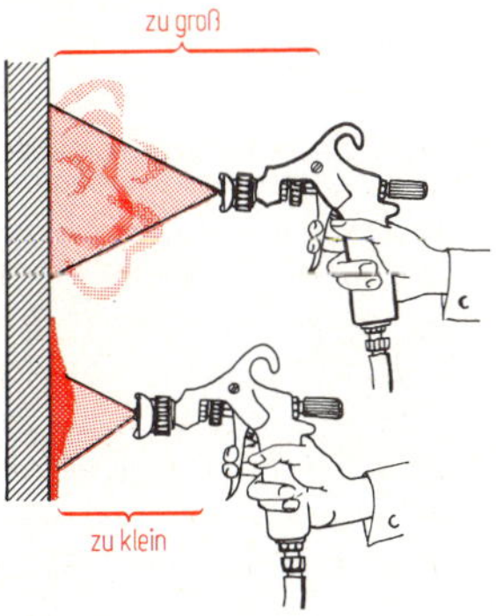

11.31 Abstand der Spritzpistole zur Fläche

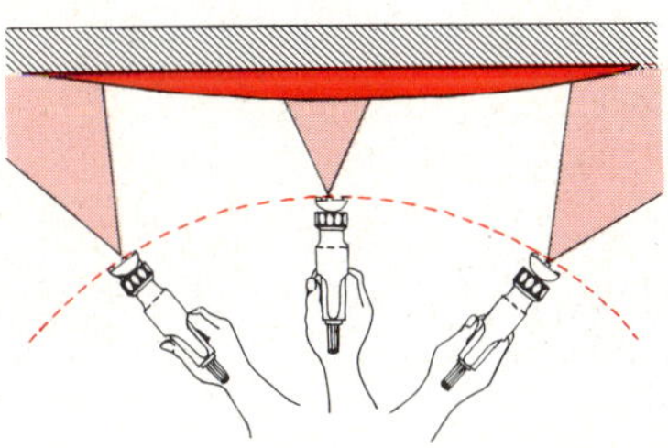

11.32 Spritzen mit Bewegung des Handgelenks

4. Man darf die Pistole nicht mit wechselndem Abstand führen und nicht mit bogenförmigen Handbewegungen – sonst entsteht ein ungleichmäßiger Farbauftrag (**11**.32).

Regeln für die Spritztechnik bei Fahrzeugen

1. Senkrechte Flächen spritzt man abwechselnd von rechts und links in Streifen (**11**.30). Der erste Streifen beginnt an der Oberkante (ohne vorbeizuspritzen).
2. Bei waagerechten Flächen beginnt der Spritzende mit der Kante, die ihm am nächsten liegt (**11**.33). Dann setzt sich der Farbnebel nicht auf den schon gespritzten Teilen ab, wo er unsauber auftrocknet.
3. Sehr lange Objekte (z. B. Lkw-Aufbauten) spritzt man abschnittweise (**11**.34). Die Teilstücke sollen 0,60 bis 1,00 m breit sein und sich um ≈0,10 m überdecken.

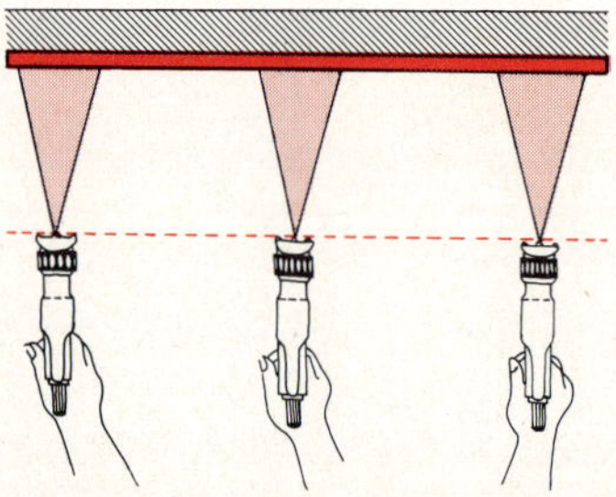

11.33 Spritzen waagerechter Flächen

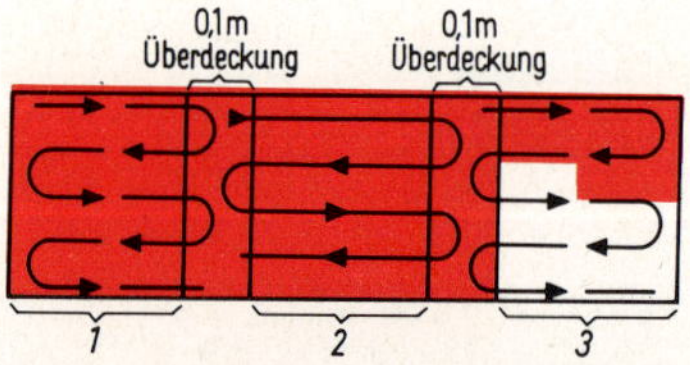

11.34 Spritzfolge bei langen Arbeitsstücken

11.35 Spritzen von Rändern und Kanten

4. Bei Rändern um ein Objekt trägt man zunächst bei schräger Pistolenhaltung eine Umrandung auf (**11**.35). und spritzt dadurch zugleich die Kanten mit. Anschließend wird die Fläche wie eine senkrechte Fläche fertiggespritzt.
5. Bei Außenecken hält man die Pistole zunächst genau auf die Ecke. Wenn man Innenecken ebenso spritzt, ergibt sich dort ein geringerer Auftrag (**11**.36). Deshalb legt man zunächst an jeder Seite einen senkrechten Streifen an und spritzt aus der Ecke heraus mit waagerechten Streifen (**11**.37).

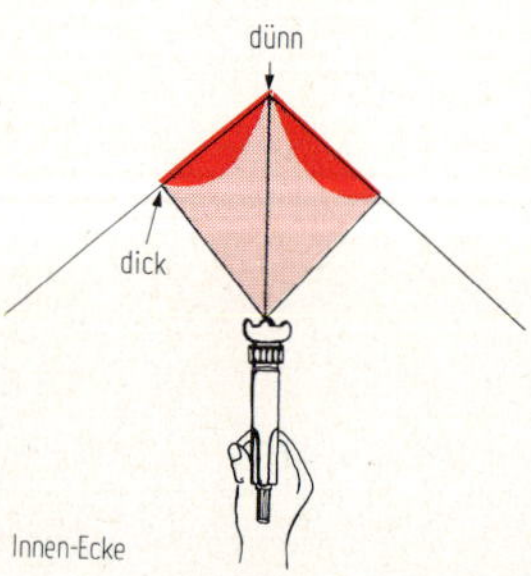

11.36 Spritzen von Innenecken

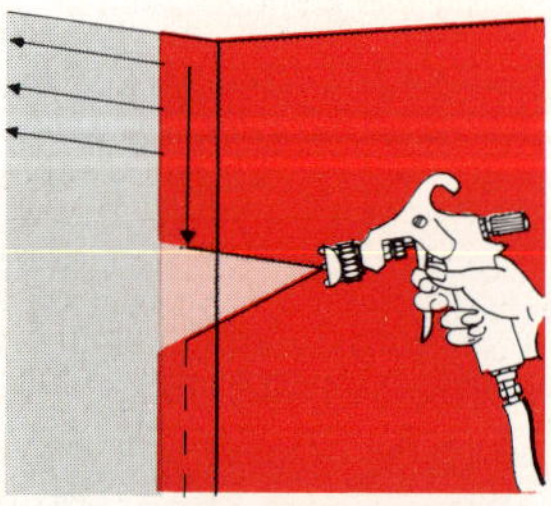

11.37 Spritzen aus der Ecke heraus

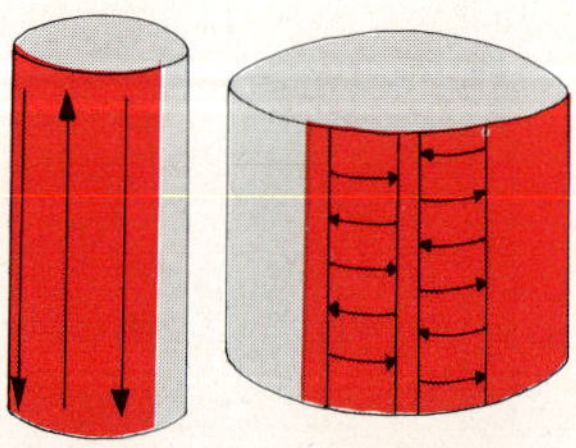

11.38 Spritzen zylinderförmiger Objekte

6. Runde oder zylindrische Gegenstände spritzt man mit einem Rundstrahl bei senkrechter Pistolenhaltung und trägt 3 bis 4 übereinandergreifende Streifen auf (**11**.38). Größere Arbeitsstücke werden wie senkrechte Spritzflächen behandelt, jedoch wegen ihrer gebogenen Oberfläche mit kürzeren Spritzstreifen.

Eine beachtliche Erleichterung bietet ein drehbarer Werkstückhalter für runde und gebogene Gegenstände. Ohne abzusetzen, kann man den Spritzstrahl damit gleichmäßig am Werkstück vorbeiführen. Bild **11**.39 zeigt dieses Verfahren am Beispiel einer Radkappe. Durch zwei verschiedene Neigungen deckt man beide Spritzstreifen, ohne den Fingerzug nachzulassen.

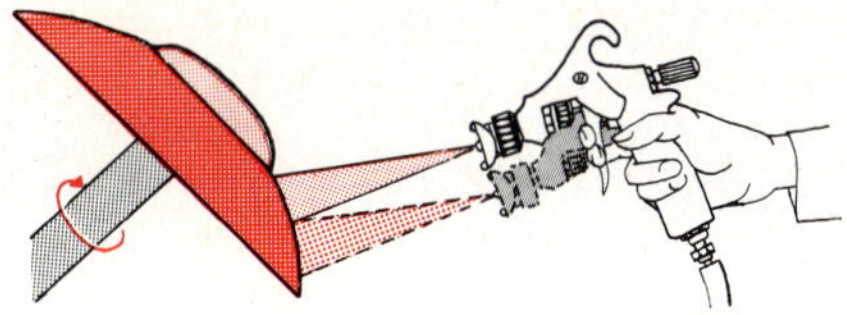

11.39 Spritzen mit drehbarem Werkstückhalter

Staubfreiheit ist selbstverständlich für Spritzkabinen und -stände. Darum wird die Zuluft vorher gefiltert. Die Kabinen sollen unter einem geringen Überdruck stehen, der die Staubansaugung weitgehend verhindert. Daß die zu lackierenden Fahrzeuge und Fahrzeugteile staubfrei in die Spritzkabine kommen, ist selbstverständlich. Nahtstellen und Fugen bläst man deshalb mit öl- und wasserfreier Druckluft aus.

Tabelle **11.40** **Störungen und Fehler beim Spritzen**

Störung Fehler	Ursachen
Flatterstrahl = stoßweiser Lackaustritt aus der Düse 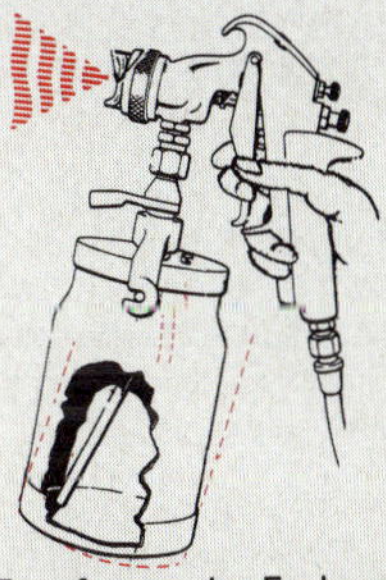 Tropfen an der Farbnadelpackung	Ansaugende des Steigrohrs taucht nicht richtig ein Steigrohr ist lose = falsche Luftansaugung zu wenig verdünntes Material Luftloch im Becherdeckel ist verstopft Becher ist lose verschraubt Farbdüse ist nicht angezogen teilweise verstopfte Düse Packungsschraube ist lose oder Packung zu trocken
Tropfen an der Farbdüse 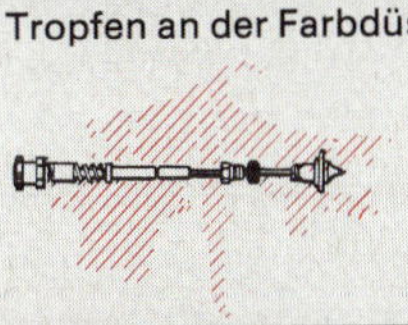	schlecht schließende Farbnadel, abgenutzt oder beschädigt verunreinigte Düse Packungsschraube ist stark angezogen oder trocken lahme oder defekte Farbnadelfeder Nadel und Düse passen nicht aufeinander
Rundstrahl läßt sich nicht sauber einstellen	defekter Dichtring hinter der Farbdüse oder im Konussitz der Farbdüse im Pistolenkörper
Gestörtes Spritzbild	verbohrte (verschmutzte) Luftkappe
gespaltener Strahl 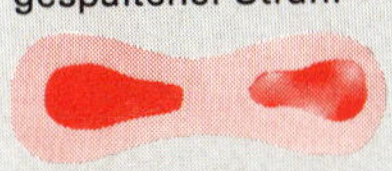	zu geringe Lackmenge bei zu hohem Druck
Materialanhäufung im Zentrum 	zu hohe Viskosität des Materials bei zu schwachem Druck

11.6.4 Lackiertechniken

Wir unterscheiden zwischen industrieller und handwerklicher Fahrzeuglackierung und behandeln hier vor allem die letzte (**11**.41).

Tabelle **11**.41 **Fahrzeuglackierungen**

Industrielle (Werks-) Lackierung	Erstlackierung eines Fahrzeugs, meist Einbrennlackierung, auch lufttrocknende Verfahren
Handwerkliche Lackierung	
Reparaturlackierung	Teillackierung: Lackaufbau an einem, evtl. mehreren beschädigten Fahrzeugteilen; auch Ersatzteillackierung grundierter Austauschteile Beilackierung: Ausbessern kleinerer Beschädigungen
Neulackierung	zweite oder dritte Lackierung, oft zugleich Reparaturlackierung
Ganzlackierung	Neuaufbau gewöhnlich bei größeren Vorarbeiten, auch Altlackentfernung bis zum Blech, alle Teile demontieren
Verkaufslackierung	(Gebrauchtwagenlackierung) Ganzlackierung mit weniger Vorarbeiten zu niedrigem Preis
Sondertechniken	Schutzlackierung: Unterbodenbearbeitung, Hohlraumversiegelung, Korrosionsschutz bestimmter Teile Innenlackierung von Armaturbrett, Kofferraum u.ä. Teilen Speziallackierung, z.B. Ralley-Streifen

11.6.4.1 Reparaturlackierung

Der Übergang von den früheren Einkomponenten-Werkstoffen auf Kunstharz- oder Nitro-Basis zu den Zweikomponenten-Produkten brachte eine rationellere Reparaturlackierung. Die Trocknung bzw. Aushärtung dieser Erzeugnisse führte zu verbesserter Qualität und erforderte weniger Arbeitsgänge. 2K-Erzeugnisse brauchen keine hohe Einbrenntemperatur, Trockentemperaturen von 20°C genügen. Dadurch werden zugleich Reifen, Kunststoffteile und Elektronikbauteile weniger belastet.

Lackprobe. Die alte Lackart bestimmt vorwiegend die neue Lackiertechnik. Sonst drohen Unverträglichkeit und nach einiger Zeit auffällige Farbtonunterschiede. Deshalb ist es wichtig, die alte Lackart zu erkennen. Zur Probe nimmt man einen mit Nitroverdünnung oder Blechreinigungsmittel benetzten weißen Lappen. Bei Nitro- oder thermoplastischer Acryllackierung verfärbt sich der Lappen. Jüngere luftgetrocknete Kunstharzlackierungen können mit Quellerscheinungen reagieren. Ältere luft- oder ofengetrocknete Lackierungen sprechen auf diese Probe nicht an. Bei fabrikneuen Ersatzteilen werden die aufgetragenen Schutzschichten restlos entfernt und mit Reaktionsprimer grundiert.

Der Zweischichten-Aufbau ist sehr vorteilhaft. Einmal trocknet der Decklack schneller, zum anderen ergeben sich gute Glanzerhaltung, hoher Widerstand gegen Industrie-

Tabelle **11**.42 **Zweischichten-Aufbau**

Reinigen und Schleifen	Silikonentferner, Mattschliff mit 360er Papier, gut entrosten und mit 180/240er Papier ausschleifen
Spachteln	grobe Stellen mit Ziehspachtel grau, nach dem Trocknen mit Feinspachtel weiß glätten, Schleifen mit Rutscher oder naß mit 180/240er Papier
Fleckspachteln	mit weißem Feinspachtel
Schleifen	naß mit 180/240er Papier, gut abledern, austrocknen
Füllerspritzen	schnelltrocknender Füller mit Zusatzlösung (Grundfüller)
Schleifen	360/400er Papier Naßschliff, gut nachwaschen, abledern, austrocknen
Decklackspritzen	Zweikomponenten-Acryllack mit genauer Spritzviskosität, 1. Kreuzgang voll verlaufend, darauf $1^1/_2$ weitere; Lufttrocknung oder bei 60°C

schmutz, Streusalz und Benzin. Auch hier sollte der Füller schnell getrocknet werden. Mit Kunstharzmaterialien soll man keinen Zweischichten-Aufbau durchführen (**11**.42).

Der Zweischichten-Aufbau erspart mindestens einen Arbeitsgang. Statt des Zweikomponenten-Acryllacks eignen sich auch Kunstharzlacke mit Zusatzlack.

Die Naß-in-Naß-Technik rationalisiert durch Verwendung von 2K-Erzeugnissen noch mehr und erspart aufwendige Schleifarbeit (auch für Umlackierungen geeignet, **11**.43).

Tabelle **11**.43 **Naß-in-Naß-Technik**

entrosten, Schadstellen spachteln, schleifen	Schleifen mit Rutscher oder naß mit 180/240er Papier
Silikon entfernen	sorgfältiges Reinigen der gesamten übrigen Altlackierung
Isolieren	Spachtelstellen zweimal mit 2K-Fillsealer vorspritzen
2K-Fillsealer spritzen	direkt danach das ganze Fahrzeug in einem Spritzgang mit 2K-Fillsealer überziehen
Decklackspritzen	nach ≈15 Min. naß in naß fertiglackieren, am besten mit 2K-Acryllack

Die Oberflächenwirkungen zwischen nassem und trockenem Lacküberzug bzw. mit verschiedenen Körnungen geschliffenen Flächen sind immer unterschiedlich, wie Bild **11**.44 zeigt.

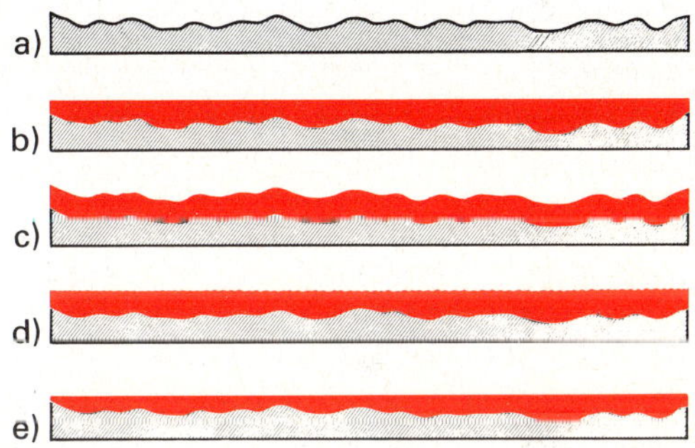

11.44 Oberflächenwirkungen
a) unbearbeitetes Karosserieblech
b) nasser Lacküberzug
c) trockener Lacküberzug
d) trockener Lacküberzug mit 280er Körnung geschliffen
e) wie zuvor, mit 400er Körnung geschliffen

Der Aufbau mit Polyester-Grundmaterialien eignet sich bei größeren Spachtelarbeiten. Die Zeitersparnis liegt im Spachteln und den folgenden Schleifvorgängen (**11**.45).

Tabelle **11**.45 **Polyester-Aufbau**

Reinigen und Schleifen	wie beim Dreischichten-Aufbau
Spachteln	grobe Schadensstellen mit Zweikomponenten-Spachtel, nach dem Trocknen kleinere Stellen mit Feinziehspachtel; größere Fehlstellen mit Zweikomponenten-Füller auffüllen
Schleifen	Naßschliff mit 180/240er Papier, Nachschliff mit 280/320er, gut abledern und austrocknen
Füllerspritzen	Isolieren mit Zweikomponenten-Füller, möglichst ohne Schleifen weiterarbeiten
Decklackspritzen	Zweikomponenten-Acryllack oder Kunstharzlack

Der Polyester-Aufbau erspart 3 Arbeitsgänge und eignet sich vor allem, wenn viel Spachtelarbeit anfällt.

Zweischicht-Metallic-Lackierung. Dieser Aufbau mit einem Klarlacküberzug zeigt mehr Glanz und Widerstand gegen äußere Einflüsse (Industriegase, Wetter, Stöße) als die Einschichttechnik. Leichtere Polierreparatur und der Farbtonausgleich sind andere Vorteile.

> Zweischicht-Metallic-Lackierungen bieten mehrere Vorteile: besserer Glanz und Widerstand gegen äußere Einflüsse, leichtere Polierreparatur und bessere Farbtonangleichung.

Die Farbtonübereinstimmung zwischen Reparaturfläche und Originallackierung ist eine wichtige Forderung. Veränderungen der Spritztechnik führen zu Farbtonanpassungen. Eine einheitliche Lichtreflexion ergibt sich, wenn die Bronzeteilchen des Metalliclacks tief unten im Lackfilm liegen. Darüber entscheidet die Verdunstungsgeschwindigkeit der Verdünnung:

Langsam flüchtige Verdünnung, bei der nur wenig bis zur Spritzfläche verdunstet = nasser, satter Lackfilm; Bronzeteile liegen unten = tiefer, dunkler Farbton. Damit verbunden ist eine langsame Pistolenführung in kürzerem Spritzabstand.

Das Gegenteil: lösemittelarme, trockene Lackfilme = helle Farbtöne. Die Pistole ist schnell und in größerem Abstand zu führen.

Weitere Merkmale dieser Spritztechnik:

dunkle Farbtöne	helle Farbtöne
kleinerer Spritzstrahldurchmesser	größerer Spritzstrahldurchmesser
größere Lackdurchflußmengen in der gleichen Zeiteinheit	kleinerer Lackdurchfluß in derselben Zeiteinheit
kurze Zwischenabdunstung	lange Zwischenabdunstung
geringer Luftdruck	höherer Luftdruck

Ursprünglich wolkige Metalleffektflächen können durch Übernebeln (höherer Luftdruck, größerer Spritzabstand und verringerter Lackdurchfluß) beseitigt werden; es gibt dann hellere Farbtöne.

Genau zu beachten sind außerdem: Luftfeuchtigkeit, Raumtemperatur und Ventilation im Spritzraum. Dies kann man mit bestimmten Verdünnungen beeinflussen (**11.46**).

Tabelle **11.46** **Zweischicht-Metallic-Lackierung**

Reinigen und Schleifen	beizulackierende Flächen mit 600er Schleifpapier feinschleifen und gründlich reinigen
Grundlack	Metallic-Basislack mit zweimal 1/2 Kreuzgang deckend und wolkenfrei nicht zu satt spritzen (s. Hinweise zur Farbtonangleichung zuvor); an den Übergängen zur mattgeschliffenen Altlackierung mit geringerem Druck spritzen
Klarlack	nach ≈ 15 Min. Ablüftung Überzug mit 2K-Acryl-Klarlack nach Hersteller-anweisung
Nachbearbeitung	kleine Fehler oder Staubeinschlüsse nach dem Trocknen durch Schleifen und Polieren beseitigen, dabei Klarlack keinesfalls durchschleifen.

11.6.4.2 Ganzlackierung, Verkaufslackierung

Lackierfolge. Vor einer Ganz-, Neu- oder Verkaufslackierung muß die Spritzfolge überlegt werden. Sie ist vom Modell abhängig und verhindert Überschneidungen mit getrockneten Rändern. Zuerst spritzt man die schwer zugänglichen Stellen, z.B. Motorhaube, Haubenkanten, Schienen und Türverschlüsse (bei leicht geöffneter Tür). Bei der Ganzlackierung geht man nach Bild **11.47** vor.

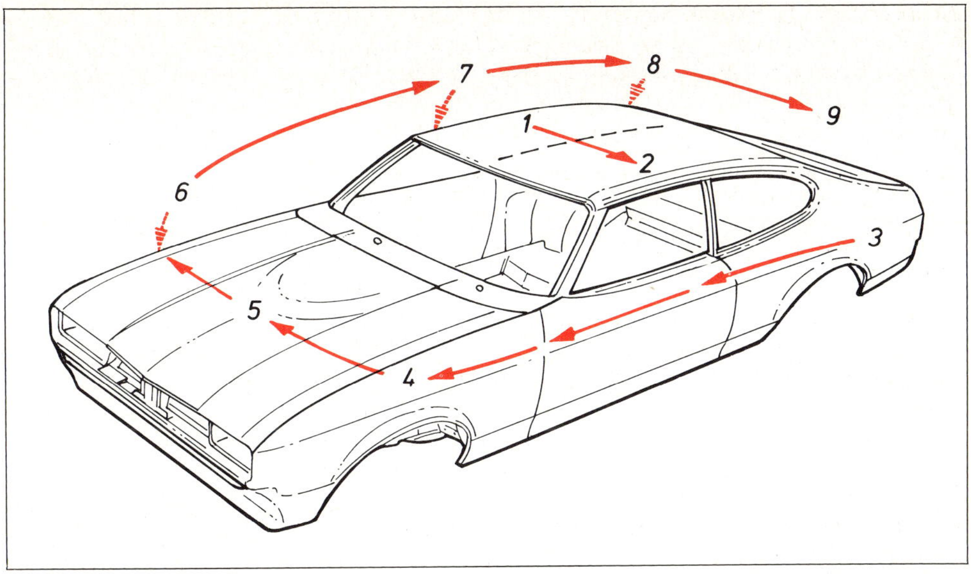

11.47 Beispiel eines Spritzplan-Schemas

Ganzlackierung ist die teuerste Reparaturlackierung, zumal alle Teile demontiert werden. Ältere Lackierungen müssen gewöhnlich vollkommen bis zum Blech entfernt werden, weil sonst die Haftung erschwert wird (**11**.48).

Tabelle **11**.48 **Ganzlackierung**

gut erhaltene Altlackierung	Mattschliff naß mit 400er Körnung, gründlich nachspülen und trockenledern, Wasserrückstände mit Preßluft ausblasen
stark verwitterte Altlackierung	Anschleifen naß mit 240er Körnung, nachspülen usw. wie zuvor, die gesamte Altlackierung mit Füller überspritzen, getrockneten Füller mit 400er Papier naß schleifen, nachspülen abledern (auch mit 2K-Fill sealer möglich)
Lackierung	mit Kunstharzlack lufttrocknend oder 80 °C-Härtelack (bzw. 2K-Acryllack) spritzen

11.6.4.3 Nutzfahrzeug-Lackierung

Der Lackaufbau soll universell (vielseitig) für möglichst alle Untergründe, wie Stahlblech, Aluminium, verzinktes Blech oder Glasfaser-Kunststoffe geeignet sein (**11**.49).

Tabelle **11**.49 **Nutzfahrzeug-Lackierung**

Vorarbeiten	entsprechend den vorkommenden Untergründen nach Tabelle **11**.51
Grundieren und Füllern	Fahrzeugteile bzw. das ganze Fahrzeug einmal mit EP-Zweikomponenten-Grundierfüller
Reinigen	nach ≈ 60 Min. mit einem Staubbindetuch abreiben, nicht schleifen
Decklackspritzen	einmal mit 2K-Acryllack, besser mit High-Solid-Lack (2K-Compactlack)

Verkaufslackierung. Tabelle **11**.50 zeigt ein Beispiel mit viel Spachtelung und einem einheitlichen Füller.

Tabelle **11.50** **Verkaufslackierung**

Reinigen und Schleifen	Silikonentferner anwenden, Mattschliff mit 360er Papier, Schadensstellen mit 180/240er Papier gut ausschleifen
Spachteln	grobe Stellen mit Ziehspachtel grau, nach dem Trocknen mit 180/240er Papier und Rutscher beischleifen
Grundieren	blanke, entfettete Blechstellen mit Zinkchromatgrund spritzen oder streichen
Spachteln	mit Kombinations- oder Kunstharzspachtel
Schleifen	Naßschliff mit 180/240er Papier, gut abledern und austrocknen
Füllerspritzen	in 1/2 Kreuzgang dünn auftragen (je nach Fabrikat)
Decklackspritzen	nach 10 Minuten Abdunsten ohne Zwischentrocknung Kunstharzlack spritzen

Verkaufs- oder Gebrauchtwagen-Lackierungen sollen wenig kosten. Ersparnisse sind bei den Schleifarbeiten und Trockenzeiten möglich.

Lackaufbau auf verschiedenen Untergründen. Unterschiedliche Werkstoffe bzw. Altlackierungen erfordern einen anderen Lackaufbau (**11.51**).

Tabelle **11.51** **Lackaufbau auf verschiedenen Untergründen**

Werkstoff	Untergrund	Vorbehandlung	Grundieren	Lackieren
thermoplastische Altlackierungen	gewöhnlich Werkslackierung	anschleifen, Silikonentferner, deformierte Teile abschleifen, spachteln; Reaktionsgrund und Füller	–	2K-Acryllack oder Altlackierung mit Epoxi- oder 2K-Füllprimer isolieren, danach 2K- oder KH-Decklack
Stahlblech	Karosseriebleche	anschleifen, Rostspuren entfernen, entfetten bzw. Silikonentferner	z. B. Epoxi-Füllprimer, 2K-Füllprimer, Reaktionsfüller	KH-Lack und Härter, 2K-Acryllack, Metallic-Basislack
Kunststoffe (z. B. Stoßstangen, Spoiler, Radhäuser, Front- und Heckteile, Dachaufbauten, Seitenrammschutz, Kühlergrill)	Glasfaser-Polyester-(GUP-) Neuteile	Trennmittel entfernen, Silikonentferner, schleifen mit 400er und Polyester-Füllspachtel	z. B. Epoxi-Füllprimer, 2K-Füllprimer	2K-Acryllack, nicht über 60 °C trocknen; auch Zweischicht-Metallic nach Anweisung
Lackieranweisungen beachten, da Änderungen möglich sind!	PUR-Integralschaum-Neuteile	Silikonentferner, schleifen 600er, 2K-PUR-Spachtel (keinen anderen), isolieren mit 2K-Füllprimer	nicht grundierte Teile mit Reaktionsprimer	2K-Acryllack, auch Zweischicht-Metallic nach Anweisung
Holz	Lkw-Pritschen (Nadelholz)	lose Anstriche entfernen, neue harzreiche Hölzer mit Nitroreinigungsverdünnung abreiben, allseitig mit Holzschutzgrund	KH-Haftgrund oder Epoxi-Grundfüller allseitig, nur wenig spachteln	Grundierung mit KH-Autolack, ebenso Lackierung bzw. mit KH-Emaillelack

11.6.5 Farbtongenauigkeit

Ihre Kunden finden es ebenso wie Sie selbst nicht schön, wenn man am Auto jede Teillackierung deutlich durch Farbtonunterschiede erkennt.

Leider sind der Farbtongenauigkeit bei Teillackierungen Grenzen gesetzt. Der Originalfarbton hat sich im Lauf der Zeit durch Alterung, Verschmutzung, Vergilbung, Ausbleichung, unterschiedliche Pflege usw. mehr oder wenig verändert. Die Kennzeichnung des Farbtons (möglichst mit Herstellerangabe) muß man meist erst suchen, da die Stellen dafür nicht genormt sind. Häufig deckt der Ausbesserungslack nicht vollkommen. Unterschiedlich zum Altlack ist immer der Glanz der Teillackierung. Gewisse Farbtonunterschiede kann man mit Mischlacken ausgleichen.

Farbtonvergleiche nimmt man grundsätzlich nur bei Tageslicht und gewaschenem, gründlich aufpoliertem Fahrzeug vor. Trotzdem reicht der visuelle Farbtonvergleich bei den zahlreichen Farbtönen nicht mehr aus. Farbtonfächer helfen. Meßapparate sind zwar besser, aber für die meisten Betriebe zu teuer. Schon diese „Vorarbeiten" erfordern übrigens oft einen erheblichen Zeitaufwand.

Farblich gestaltete Fahrzeuge s. Abschn. 14.7

Um eine hohe Farbtongenauigkeit zu erreichen, spritzt man möglichst ein ganzes Teil. Bei kleinen örtlichen Ausbesserungen nach entsprechender Vorbereitung spritzt man die Randzonen von innen nach außen. Bei gekrümmten Teilen spritzt man evtl. nur bis in die Krümmung hinein und läßt die Farbe langsam auslaufen.

11.6.6 Lackierfehler, Pflege der Fahrzeuglackierung

Lackierfehler können viele Ursachen haben. Diese Ursachen muß man jedoch erkennen, um die Fehler durch geeignete Verfahren abstellen zu können. Wichtig ist selbstverständlich, mögliche Fehler schon beim Lackieren zu vermeiden (**11**.52).

Tabelle **11**.52 **Lackier- und Verarbeitungsfehler**

Fehler	Ursachen	Verhütung/Beseitigung
Abplatzen einzelner Schichten	schlechte Filmhaftung durch unzureichendes Anschleifen, falsche Aufbaufolge, ungeeignetes Verdünnungsmittel; Schleifwasser unvollkommen beseitigt	sorgfältig vorarbeiten, evtl. Reaktionsgrund verwenden; Abschleifen bis zur intakten Schicht, neu aufbauen und neu lackieren
Abplatzen aller Schichten	Untergrund schlecht vorbehandelt, nicht gut gesäubert, ungenügend angeschliffen	wie zuvor
Abklebekanten sichtbar	Nachlackierung ohne Bearbeitung der Klebekanten	Kanten leicht anschleifen (brechen) und nachpolieren
Apfelsinenschaleneffekt	Spritznarben durch Verlaufstörungen	richtiges Verdünnungsmittel nehmen, Spritzviskosität genau einstellen, richtige Spritztemperatur; in schweren Fällen planschleifen und überlackieren

Tabelle **11**.52 Fortsetzung

Fehler	Ursachen	Verhütung/Beseitigung
Absetzen des Lacks	unterschiedliche Wichte der Bestandteile läßt Pigmente absinken	Lack sorgfältig aufrühren (elektrischer Rührer), Lacke mit Spritzkonsistenz nicht lange aufbewahren
Blasen	mehrfache Einwirkung starker Feuchtigkeit; Dunstentwicklung bei zu kurzer Ablüftzeit oder zu kurzer Durchlaufzeit	Schleifwasserrückstände vermeiden, vollkommene Trocknung vor dem Abdecken; genügend lange ablüften; Fingerabdrücke vermeiden
schlechtes Deckvermögen	mangelhaftes Lackaufrühren oder zu starkes Verdünnen, evtl. zu dünn gespritzt	Lack nicht zu dick auftragen, Deckvermögen durch geeigneten Vorlack verbessern
Decklack blättert von Grundierung ab	Lack löst sich durch schlechte Adhäsion zwischen beiden Schichten	bis zur Grundierung abschleifen, Füller spritzen, schleifen, Decklack spritzen
Entmischung	zu starkes Verdünnen; ungeeignete Verdünnungsmittel trennen Bindemittel vom Pigment (Lack unbrauchbar)	richtige Verdünnung mit dem richtigen Verdünnungsmittel
Farbnebel	nicht abgedeckte angrenzende Flächen bei Teillackierung	angrenzende Flächen sorgfältig abdecken; evtl. Polierreparatur, sonst anschleifen und nachlackieren
Farbtonunterschiede	schlechte Tonanpassung oder falsche Viskosität	nachlackieren
Flecken	ungesättigte oder nicht isolierte Spachtelstellen, nachfallender Spachtel	sorgfältige Untergrundvorbereitung, richtiges Spachteln; schleifen und nachspritzen
Gardinen und Läufer	zu dicker Auftrag mit zu dünnem Lack, große Temperaturunterschiede Lack–Fahrzeug, Pistolenabstand zu klein, ungenügende Trockenzeit	Lack richtig auftragen, Temperaturen beachten; anschleifen und aufpolieren, sonst neu spritzen
Glanzverlust (Wegschlagen)	verwitterter, stark saugender Untergrund, ungeeignete oder zu viel Verdünnung, kalter Luftzug, Feuchtigkeit, unzureichende Einbrennung, mangelnde Belüftung	richtige Materialanwendung in vorschriftsmäßigen Räumen (Raumtemperatur, Belüftung)
Haftungsmängel	ungenügende Vorbehandlung, falsche Grundierung	sorgfältige Untergrundvorbehandlung, spezielle Grundierungen bzw. Imprägnierungen
Krater	Silikon-Verunreinigungen, Wasserreste usw. auf Grundierung oder Lack; Öl in der Druckluft, falsche Verdünnung	sorgfältige Untergrundvorbereitung, Wasser- und Ölabscheider mehrmals täglich entleeren; Polier- oder Lackierreparatur
Krater (Fischaugen)	lackunverträgliche Bestandteile aus der Grundierung oder im Lack	Polier- oder Lackierreparatur je nach Tiefe
Kräuseln	zu dicker Lackauftrag mit fehlerhafter Trocknung (besonders im Sommer), Lösemittel löst unteren Film an	im Sommer Sommerverdünnung verwenden und rasch trocknen, schnell verflüchtende Lösemittel einsetzen

Tabelle **11**.52 Fortsetzung

Fehler	Ursachen	Verhütung/Beseitigung
Kriechen	lackabweisender Untergrund läßt Lack zusammenlaufen, Feuchtigkeit, Fett oder Silikon nicht ganz entfernt	Feuchtigkeit, Fett- und Silikonreste restlos entfernen
Lackabhebung	geschwollene, teils abgehobene Lackstellen; Materialien vertragen sich nicht, Vorlack stark verschmutzt	Bestimmen der Altlackierung; Aufbau mit Werkstoffen desselben Herstellers
Nachfallen des Lacks	unterschiedliches Saugvermögen bei ungrundiertem Spachtel, auch ungenügende Trockenzeiten	richtiger Aufbau, Trockenzeit einhalten
Poren	nadelartige Vertiefungen bei zu hoher Viskosität, niedrigem Luftdruck, zu schnelle Ofentrocknung	richtiges Spritzen bzw. richtige Ofentrocknung
Risse	unterschiedliche Dehnung bei falschem Aufbau (mager auf fett), nicht gut aufgerührter Lack, magerer Lack auf fettem Spachtel o. ä.	richtiger Aufbau (fett auf mager); bis zum Füller abschleifen, Füller auftragen, schleifen und decklackieren
Schmutz, Staub, Fremdkörper	Unsauberkeit vor der Kabine, unsaubere Arbeitskleidung, unzureichende Vorluftfilterung, schmutzige Lackbehälter bzw. Pistole; unsauberer Untergrund	Sauberkeit! leichter Überdruck im Spritzraum, Türen abdichten, Boden feucht halten, Filter erneuern, Luftwirbel vermeiden; Lack mehrmals sieben, Pistole sorgfältig reinigen; Untergrund mit Staubbindetuch reinigen; schleifen und polieren
Schleifspuren	zu grobe Körnung vor dem Lackieren; Spuren im Blech vor der Grundierung entstanden	Naßschliff mit feiner Körnung
Trocknungsmängel	oxidativ trocknende Lacke zu großer Schichtdicken, Einbrennen bei unzureichender Temperatur bzw. Dauer	richtiges Lackieren bzw. Einbrennen
Tropfenbildung	Lack stellenweise zu dick aufgetragen	Tropfen vorsichtig mit scharfem Messer abschneiden, leicht schleifen und polieren
trüber (weißer) Lackfilm	Abkühlung d. Oberfläche kurz nach dem Spritzen oder beim Trocknen	leichte Fälle auspolieren, sonst Mattschliff und neu lackieren
Wolken im Metalleffektlack	ungleichmäßiger Lackauftrag	in schweren Fällen Mattschliff und neu lackieren

Lackpflege. Ohne Pflege leidet die Lackierung. Sie verliert ihren Glanz und die Widerstandsfähigkeit gegen Angriffe der Schadstoffe. Ungepflegte Lackierungen schützen das Blech nicht mehr gegen Korrosion. Wir merken uns deshalb folgende Pflegeregeln:

1. Staub und Schmutz spritzt man regelmäßig mit reichlich Wasser ab.
2. Regelmäßige Pflege mit erprobten Mitteln hält den Verfall der Lackschicht auf. Ungeeignete Reinigungs- und Pflegemittel dagegen zerstören den Schutzfilm der Lackschicht.
3. Perlt bei neuen Lackierungen das Wasser nicht mehr tropfenförmig ab, trägt man ein Konservierungsmittel auf. Kunstharzlacke darf man jedoch in den ersten Wochen nicht mit Pflegemitteln behandeln.
4. Poliermittel sollen leicht angreifen, aber weder schleifen noch kratzen. Man bezieht sie für die Werkstatt vom jeweiligen Lackhersteller.

Aufgaben zu Abschnitt 11.6

1. Warum müssen Untergründe vor dem Lackieren rost-, salz-, fett- und wasserfrei sein?
2. Genügt bloßes Abreiben mit Verdünnungsmittel zum Entfetten? Begründen Sie die Antwort.
3. Warum müssen Silikonrückstände beseitigt werden?
4. Welchen Spachtel können Sie auf blanken Aluminiumflächen einsetzen?
5. Welche Vorteile bietet ein Polyester-Füllspachtel?
6. Mit welcher Körnung schleifen Sie Spachtelstellen?
7. Welche Aufgaben haben Grundiermittel?
8. Was versteht man unter einem Reaktionsgrund?
9. Wie verarbeiten Sie KH-Zinkchromatgrund?
10. Wozu verwendet man Polyester-Sealer?
11. Kann man auf Kunstharz-, Nitro- oder Nitrokombi-Grundierung mit Polyester-Spachtel arbeiten?
12. Nennen Sie einige Füller und ihre Eigenschaften.
13. Warum muß ein Polyester-Füller isoliert werden?
14. Warum sind die Kenntnis und genaue Einhaltung der Topfzeiten bei 2K-Erzeugnissen wichtig?
15. Wann wendet man die Glasfaser-Polyester-Technik an?
16. Beschreiben Sie die Verarbeitung von Glasfaser-Polyester.
17. Welche Eigenschaften haben thermoplastische Acrylharzlacke?
18. Warum ist eine Zweischicht-Metallic-Lackierung einer Einschicht-Metallic-Lackierung überlegen?
19. Beschreiben Sie einen Zweischichten-Aufbau.
20. Was können Sie bei KH-Lacken durch vorgeschriebene Härterzugabe erreichen?
21. Beschreiben Sie eine Zweischicht-Metallic-Lakkierung.
22. Für welche Techniken benutzt der Fahrzeuglakkierer Klarlacke?
23. Wie arbeiten Sie mit Abdecklacken?
24. Welche Regeln gibt es für das Halten und Führen der Spritzpistole?
25. Wie führen Sie die Spritzpistole bei Fahrzeuglackierungen?
26. Warum muß man stets den richtigen Spritzabstand einhalten?
27. Erläutern Sie das Spritzen gebogener Fahrzeugteile.
28. Was versteht man unter Reparatur-, Neu- und Verkaufslackierung?
29. Beschreiben Sie das Verhalten alter Lacke bei der Nitroprobe.
30. Warum müssen Sie die alte Lackart bestimmen?
31. Wie bereiten Sie eine stark unterrostete Altlakkierung zum Lackieren vor?
32. Wozu eignet sich der Polyester-Aufbau vorzugsweise?
33. Wodurch ist die Farbtongenauigkeit bei Teillakkierungen erschwert?
34. Wie erreichen Sie trotzdem eine hohe Farbtongenauigkeit?
35. Wodurch können einzelne Lackschichten abplatzen?
36. Wie vermeiden Sie den Apfelsinenschalen-Effekt?
37. Warum dürfen Sie Lacke mit Spritzkonsistenz nicht lange aufbewahren?
38. Wie verhindern Sie Blasen im Lackfilm?
39. Wodurch entstehen Gardinen und Läufer im Lackauftrag?
40. Welche Folgen treten bei zu viel Verdünnung auf?
41. Eine Lackierung zeigt fischaugenähnliche Krater. Woher kommt das und was kann man hier tun?
42. Woran liegt es, wenn ein Lack kriecht?
43. Was können Sie tun, um Risse im Lack zu vermeiden?
44. Wie und wozu betreibt man Lackpflege?
45. Ein Kunde mit neuem kunstharzlackierten Auto will Pflegemittel einsetzen. Was sagen Sie ihm?

12 Anstrichtechnik auf Kunststoffen und anderen Untergründen

12.1 Kunststoffe

Zählen Sie Kunststoffgegenstände und -bauteile auf, die Ihnen in der jüngsten Zeit begegnet sind. In welche Bereiche gehören sie? Woraus wurden solche Gegenstände früher hergestellt?

12.1.1 Vorzüge und Arten

Ohne Kunststoffe können wir uns den Alltag nicht mehr vorstellen. Unser hoher Lebensstandard wäre ohne den Einsatz von Kunststoffen nicht möglich. Immer mehr finden sich Kunststoffe auch als Baustoffe und Anstrichträger.

Kunststoffe sind vollwertige Werkstoffe mit z.T. besonderen Eigenschaften, die man kennen muß, um sie nutzen zu können. Auf bestimmten Gebieten sind Kunststoffe den herkömmlichen Werkstoffen vielfach überlegen.

Vorzüge

Konstantheit. Kunststoffe sind durch ihre genau vorgezeichnete Herstellung und Mengenproduktion äußerst konstant in Qualität, Menge und Preis.

Werkstoffe nach Maß. Zahlreiche Rezepte ermöglichen von einem Kunststoff verschiedene Ausführungen, Typen, Abmessungen usw. für bestimmte Zwecke. Man kann gewünschte Eigenschaften erzielen und andere zurückdrängen.

Günstige Eigenschaften. Die Wärmeempfindlichkeit der meisten Kunststoffe läßt sich zum Schweißen oder Verformen ausnutzen (Bodenbeläge, Lichtreklamen). Fast alle Kunststoffe isolieren gut (z.B. Kunststoffschäume) und sind gegen zahlreiche Chemikalien beständig.

Natur- und Kunststoffe ergänzen sich vielfach. z.B. ergeben Holzspäne mit Kunstharzen harte Spanplatten, Glasfaserkunststoffe sind gute Balkonverkleidungen, Kunstharzlacke auf den Metallkarosserien unserer Autos verlängern die Lebensdauer.

Leicht und schnell zu verarbeiten. Für die Verarbeitung der Kunststoffe (besonders im Bauwesen) braucht man kaum spezielle maschinelle Einrichtungen. Die rasche Verarbeitung verkürzt die Bauzeiten (z.B. Montage- oder Fertigbau, Folien für den Winterbau).

Farbgebungen. Kunststoffe werden in der Regel durchgehend eingefärbt, d.h. in der ganzen Masse. Dabei geben lösliche Farbstoffe durchsichtige Färbungen, mit nichtlöslichen Pigmenten erzielt man durchscheinende bis deckende Einfärbungen. Überwiegend arbeitet man mit verschiedenen Spezialtypen der Farbmittel.

Arten. Wie in Abschn. 3.9 dargelegt, gibt es nach den Eigenschaften drei Kunststoffarten: Thermoplaste (Plastomere), Duroplaste (Duromere) und Elastomere. Plastomere werden in unserem Berufsfeld wegen ihrer elastischen, wärmeverformbaren Eigenschaften vor allem als Wand- und Bodenbeläge vielseitig verwendet. Bei Bodenbelägen nutzt man auch die Schweißfähigkeit. Duromere sind nach entsprechender Vorbehandlung wegen ihrer harten, kaum veränderbaren Oberflächen bei vielen Bauteilen geeignete Anstrichuntergründe.

Erkennungsmerkmale. Um Kunststoffe im Bauwesen auch noch nach vielen Jahren des Gebrauchs und der Bewitterung zu erkennen, gibt es für den Handwerker einfache Hinweise. Sie erstrecken sich vor allem auf Aussehen und Griffigkeit, Wärme- und Chemikalienbeständigkeit, Festigkeit und Ergebnis der Brennprobe (**12.**1).

Tabelle **12**.1 **Erkennungsmerkmale von Kunststoffen**

Bezeichnung (Abkürzung)	Aussehen Griff	Festigkeit	beständig gegen
Polyvinyl-chlorid hart PVC	transparent bis milchig, überwiegend eingefärbt, hart, glatt	schwer zerbrechlich bis unzerbrechlich	O F B A W S C
Polystyrol schlagfest PS	milchig bis undurchsichtig, eingefärbt, hart, Weißbruch beim Biegen	schwer zerbrechlich	O F B W
Schaumpolystyrol	weiß, leichte Narbung, geringes Gewicht	leicht zerbrechlich	Benzin, Testbenzin und Nitroverdünnung lösen sofort
Polyäthylen hart PE	milchig, steif, selten eingefärbt	unzerbrechlich	O F B A E C Fl W
Acrylglas PMMA	transparent, hart bis zäh, auch getönt	unzerbrechlich	O F B A E C Fl W
Phenoplaste PF	undurchsichtig, hart, gedeckte Farben, vergilbend	leicht bis schwer zerbrechlich	O F B A E
Aminoplaste UF	wie zuvor, jedoch helle Farben und keine Vergilbung	je nach Füllung leicht bis schwer zerbrechlich	wie zuvor, zusätzlich Fl C S
Glasfaser-Polyester GUP	glatte bis leicht rauhe Oberfläche, eingefärbt, Glasfaser leicht markiert	schwer oder unzerbrechlich	alle hier genannten
Polyurethan hart, geschäumt PUR	gelblich-braun	zäh, sehr fest	B A W O S

Erläuterungen

A = Alkohol
B = Benzin
C = Citrusfrüchte
E = Essig
F = Fette
Fl = Fleckenwasser
O = Öle
S = Seife, Soda
W = Waschmittel

Ist der Handelsname eines Kunststoff-Bauteils bekannt (Lieferschein, Rechnung), kann man ihn häufig nach einem Waren- oder Anwendungsverzeichnis bestimmen.

Dieses Erkennen ist nötig, wenn man Kunststofferzeugnisse streichen oder lackieren will. Eine einwandfreie Bestimmung ist für den Laien jedoch nur bei artreinen Kunststoffen möglich, nicht bei gemischten (Mischpolymerisate).

Kunststoffe im Bauwesen. Die Tabelle **12**.1 bringt unter anderem häufige Einsatzgebiete von Kunststoffen im Bauwesen und im Fahrzeugbau. Über ein Viertel aller in der Bundesrepublik verbrauchten Kunststoffe geht heute in die Baubranche. Damit ist das Bauwesen der größte Abnehmer von Kunststoffen, und der Verbrauch steigt auch dort ständig. Der wichtigste Baukunststoff ist Polyvinylchlorid (PVC). Im Fahrzeugbau finden die glasfaserverstärkten Polyester (GUP) zunehmend Anwendungen. Für die Beschichtung aller Bau- und Fahrzeug-Kunststoffe hat die Lackindustrie geeignete Werkstoffe und Beschichtungsverfahren entwickelt. Sie sollten sich mit diesen Techniken vertraut machen, denn Kunststoffe haben Zukunft.

Verwendung	**Brennprobe** Anzünden mit kleiner Flamme	Geruch der Schwaden
Fenster, Dachrinnen, Rollläden, Wellplatten, Fußleisten	brennt in der Flamme grün gesäumt, erlischt außerhalb der Flamme	Salzsäure mit Beigeruch
technische Teile, Fensterrahmen, Sitzteile, Gehäuse	brennt nach Entzünden leuchtend und stark rußend weiter	süßlich, ähnlich Leuchtgas
Unterlagstoffe (Untertapeten), Deckenplatten, Isolierungen, Wärmedämmung	leuchtend und stark rußend	wie zuvor
Haushaltsartikel, Spielwaren, Körbe, Eimer; Kfz-Kotflügelverbreiterungen	brennt nach Entzünden weiter, leuchtend mit blauem Kern, tropft ab	schwach wie Paraffin
Schilder, Lampenteile, Kfz-Scheiben, Modelle, Badewannen, Lichtkuppeln	brennt nach Entzünden weiter, leuchtend, etwas rußend	scharfer, fast stechender Geruch
Elektroteile, Steckdosen, Gehäuse, Sitzschalen	kaum entzündbar, erlischt außerhalb der Flamme, rußend, evtl. verkohlend	Phenol oder Formaldehyd
Tisch- und Möbelbeläge, Schulmöbel	kaum entzündbar, verkohlt, zerspringt, meist weiße Kanten	Ammoniak, widerlicher Beigeruch
Fensterrahmen, Tore, Bootskörper, Rohre, Behälter; Kfz-Karosserien, Stoßstangen, Spoiler	brennt leuchtend und rußt, brennt nach Entzündung weiter, verkohlt	etwas süßlich
Fenster, Möbelteile, Zierbalken; Kfz-Front-, -Heck- und -Seitenteile, Spoiler	brennt nach Entzündung blasig weiter	stark

12.1.2 Anstriche und Anstrichmittel

Der Anstrichuntergrund Kunststoff wird in zunehmendem Maße gebräuchlich. Gründe für Anstriche oder Lackierungen von Kunststoffen können u. a. sein:

Neue Kunststofferzeugnisse

a) Veredeln der Oberfläche nach der Montage, dadurch Steigern der Abriebfestigkeit, Absperrungen, Entflammungsschutz, Erhöhen der Wetterbeständigkeit usw.;

b) weiße, helle oder farbige Lackierungen auf dunklen Kunststoffen (z. B. Gehäuse, Schalterschränke) aus optischen Gründen zur Anpassung an die Gesamtfarbkonzeption, Vielfarbigkeit;

c) Kennzeichnung und Beschriftung von Rohren, Kabelschläuchen, Behältern usw.;

d) Lackierung klarsichtiger Kunststoffe (z. B. Leuchtbuchstaben, Signallichter, für Reflexwirkungen);

e) Auftrag von Bronzelacken, da Kunststoffe mit eingebetteten Bronzen optisch wenig befriedigen;

f) Effektlackierungen (z. B. Hammerschlag-, Kräusel- oder Reißlacke).

Gebrauchte Kunststofferzeugnisse

a) Renovierungsanstriche, (z. B. Ausbesserung oder farbige Umgestaltung abgenutzter, vergilbter, verblichener, durch Korrosion unansehnlich gewordener Kunststoffe.) Nach neuesten Erkenntnissen müssen Kunststoffenster nach längerer Bewitterung auch anstrichtechnisch behandelt werden. Verfärbungen, Versprödungen und Einlagerungen von Fremdstoffen sind die Hauptgründe dafür. Ebenso erfordern Glasfaser-Polyester (z. B. Balkonverkleidungen) Beschichtungen.

b) durch Gebrauch der Kunststoffe bedingte Lackierungen, wie bei den neuen Kunststoffen erwähnt, dabei Erneuerungen oder Änderungen (z. B. Rohrkennzeichnungen);

c) in Zukunft sicher wieder Erneuerung dieser Anstriche oder Lackierungen, wobei sowohl auf den Untergrund Kunststoff als auch auf den Altanstrich beschichtet wird. Dabei wird oft ein Neuanstrich billiger kommen, als wenn man das Objekt entfernen, neu beschaffen und montieren müßte.

Anstrichmittel. Die Anstrichmittel müssen möglichst auf den zu behandelnden Kunststoff abgestimmt sein. Dies bedeutet, daß das Kunstharz des Kunststoffobjekts und des geeigneten Anstrichmittels dieselben oder verwandte Grundlagen haben sollen. Im Angebot sind auch Kunststofflacke aus zueinander passenden Grund- und Deckfarben. Dabei übernehmen die Grundfarben das leichte Anquellen bzw. Verankern des Anstrichs auf dem Kunststoff. Die zugehörenden Deckfarben (Lackfarben) lassen sich dann wesentlich zuverlässiger aufbringen. Weitere Entwicklungen und Vereinfachungen sind zu erwarten (**12**.2).

Tabelle **12**.2 **Kunststoffbeschichtungsmittel**

Kunststoff ► / Beschichtungsmittel ▼	Polyurethan hart, geschäumt	Glasfaser-Polyester	Aminoplaste (Melaminharz)	Phenoplaste	Acrylharz	Polyäthylen hart	Schaum-polystyrol	Polystyrol schlagfest	PVC hart
Alkydharzlacke	+	+	+	+	+	+	−	−	+
Polyurethanlacke	+	+	+	+	+	+	−	−	+
Epoxidharzlacke	−	+	−	−	+	+	−	−	+
Cyclokautschuklack	−	−	−	−	+	○	−	−	+
Nitro-Kombinationslacke	+	−	−	−	×	×	○	+	−
PVC-Mischpolymerisatharz-Lacke	−	−	−	−	+	○	−	+	+
Acrylharz-Lackfarben	+	+	+	+	+	−	+	+	+

+ geeignet ○ geeignet, Vorversuch × bedingt geeignet − nicht geeignet bzw. nicht üblich

Zur Anwendung kommen sowohl physikalisch trocknende als auch durch Reaktion erhärtende Zweikomponenten-Erzeugnisse. Bei allen Anstrichmitteln für Kunststoffe sind die Lösemittel von entscheidender Bedeutung. Neben den Verarbeitungseigenschaften, dem Verlauf und der Trocknung bestimmen sie den Grad der Anlösung thermoplastischer Kunststoffoberflächen. Falsch gewählte Lösemittel können zu Anstrichschäden und unschönem Aussehen führen (z. B. Wechsel zwischen matt und glänzend). Ebenso dürfen nur die empfohlenen Verdünnungsmittel zugesetzt werden (z. B. zur Erzielung der Spritzkonsistenz).

Bei Anstrichen auf Kunststofferzeugnissen dürfen nur die empfohlenen Verdünnungsmittel in den angegebenen Mengen zugegeben werden.

12.1.3 Anstrichausführung

Vorarbeiten. Übliche Lacke bereiten Schwierigkeiten im Anlösen der Kunststoffoberflächen bzw. in der Haftung auf glatten Flächen. Formtrennmittel bzw. antistatische Mittel kommen oft hinzu. Jedoch gibt es immer mehr antistatische Kunststoffe. Silikonöl bei Kunststoffen zu entfernen, ist nicht immer ratsam. Die folgenden Verfahren müssen sehr sorgfältig ausgeführt werden.

Verunreinigungen entfernen bei bereits eingebauten, verwitterten Bauteilen, z.B. Spülen mit alkalischen Reinigungsmitteln oder Anlaugmittel, gründlich nachwaschen.

Das Entfetten ist eine häufige Vorbereitung; jedoch ist vorher zu prüfen, ob sich der Kunststoff in dem ausgewählten Lösemittel nicht löst.

Das Aufrauhen kann mit feinem bis mittelfeinem Schleifpapier (besser Schleifvlies) erfolgen, anschließend sorgfältiges Entfernen des Schleifstaubs.

Das Anquellen (mildes Anlösen) bei Thermoplasten fördert die Haftung. Das Lösemittel darf nicht zu lange einwirken. Benetzen Wassertropfen die leicht angequollene Oberfläche gut und laufen sie nicht ab, war das Anquellen richtig ausgeführt.

Haftgrund-Anstriche ersetzen in zunehmendem Maß das Anquellen; sie sind für bestimmte Kunststoffe bzw. -gruppen entwickelt worden (z.B. Einkomponentenprimer).

Staubfreiheit erzielt man durch das Abwischen mit einem Antistatikum, einer Wasser-Feinwaschmittel-Lösung. Trockenes Abreiben bringt erneute Aufladung und neue Staubansammlungen.

Glatte, harte Oberflächen (z.B. Resopal-Beläge) sollen sorgfältig angeschliffen und entstaubt werden.

Die Arbeitsräume müssen bei Kunststoff-Anstrichen und -Lackierungen besonders staubfrei sein. Daher ist für gefilterte Frischluft zu sorgen.

Die Raumtemperatur soll ≧20°C betragen; eine niedrige Luftfeuchtigkeit fördert die Haftung.

Anstrich

Spritzauftrag zeigt wegen der glatten Kunststoffflächen die besten Ergebnisse. Geeignet sind dafür Türen- und Tischflächen, Behälter, Abdeckhauben, vor allen in größerer Stückzahl (**12**.3).

Pinselauftrag wird vor allem bei eingebauten Bauteilen erforderlich sein (z.B. Fenster). Man arbeitet sehr zügig mit einem breiten, weichen Plattpinsel. Dabei ist möglichst nicht oder nur sehr wenig zu verschlichten.

Thermoplaste sollen nach Möglichkeit nur mit lufttrocknenden Anstrichmitteln bearbeitet werden.

12.3 Spritzen einer Kunststoff-Abdeckhaube

Wegen der zahlreichen Thermoplaste und ihrer häufigen Mischungen untereinander (Mischpolymerisate) entstehen verschiedene Typen und damit verbundene Eigenschaften. Allgemein gültige Regeln wie bei anderen Anstrichuntergründen können deshalb nicht gegeben werden.

PVC. Als Beispiel führen wir den im Bauwesen sehr oft vorkommenden Thermoplast Polyvinylchlorid (PVC) weich und hart an. PVC reagiert auf leichtes Anlösen, braucht deshalb keinen Haftverbesserer. Bei Weich-PVC besteht die Gefahr der Weichmacherwanderung; austretende Weichmacher verhindern u.a. eine vollständige Trocknung. Reaktionslacke schließen diese unerwünschte Wanderung aus. Vorteilhaft sind die aus Grund- und Decklacken bestehenden Systeme. Oft genügt schon ein Lackauftrag mit nur einer Schicht. Gewöhnlich eignen sich die Fabrikate sowohl für Weich- als auch für Hart-PVC. Mit geeigneten Lacken und richtigen Werkzeugen dürfte die Lackierung der PVC-Kunststoffe im Bauwesen nicht schwierig sein.

Schlagfestes PVC ist frei von Weichmacherwanderung. Man wäscht es mit einem Gemisch aus Leichtbenzin und Spiritus (1:1) ab und reibt sofort nach.

Acrylglas ist vor dem Lackieren in lauwarmem Wasser abzuwaschen und mit einem Antistatikum nachzureiben. Beim Folienschnitt auf Acrylglas muß man sehr vorsichtig sein, damit es keine Einschnitte gibt.

Nur richtig verdünnte Spritzlacke führen zu wolkenfreien Flächen (DIN-Becher benutzen). Weitere Forderungen: gleichmäßige Temperatur von Lackiergut und Verdünnung (Lagerung), sehr saubere Lackierräume, trockene Acrylplatten, Arbeit mit Flachstrahleinstellung. Man arbeitet von sich weg nach hinten.

Duroplaste werden nicht von Lösemitteln angegriffen. Man verwendet einen Haftgrund, auf den ein glänzender Lack aufgetragen wird. Matte bis seidenglänzende Lacke zeigen eine besonders gute Haftung. Vorhandene Trennmittel, Fett usw. werden mit Nitroverdünnung oder durch Abschleifen und Nachreiben mit Nitroverdünnung entfernt.

Glasfaser-Polyester haben durch die Glasfaserarmierung eine besondere Oberflächengestalt. Wegen evtl. Markierungen der Glasfasern, besonders nach längerer Bewitterung, sind mehrere Aufträge nötig. Trennmittel bei neuen Bauteilen entfernt man mit besonderen Reinigungsmitteln. Angeschliffen wird mit 300er bis 400er Körnung, Fehlstellen (Lunker) bessert man mit geeigneten Polyester-Spachteln aus. Polyester-Grundfarben sind z. B. bestimmte Alkydharz- oder DD-(PUR-)Lackfarben. Nach dem Durchtrocknen ist naß zu schleifen und evtl. nachzuspachteln. Decklacke sind in der Regel DD-(PUR-), Acrylharz- und ungesättigte Polyesterlacke, auch Alkydharzlacke. Sie müssen stark füllen und sollen dickere Schichten ergeben.

12.1.4 Kunststoffenster

Diese Fensterkonstruktionen sind in stetiger Zunahme begriffen und hatten 1980 bereits $\approx 40\%$ Anteil an der Gesamtfensterherstellung. Neben den ursprünglichen weißen bzw. hellen Profilen gibt es auch farbige, jedoch nur in wenigen Farbtönen. Kunststoffenster werden aus Hart-PVC, schlagfestem PVC und Glasfaser-Polyester (GUP) hergestellt. Sie können auch innen verstärkende bzw. tragende Einlagen haben, z. B. aus Leichtmetall.

Für diese Fenster haben sich Grundfarben auf der Basis von Polyurethan (PUR) oder Acrylharzen bewährt, ebenso als Schlußanstrich-Lackfarben. Wegen der Temperaturbelastung der Kunststoffenster sollen nicht zu dunkle Farbtöne genommen werden. (Warum? Denken Sie an Grundlagen der Farbenlehre und den thermoplastischen Charakter der Profile.)

Einzelheiten über die Anstrichausführung enthält Tabelle **12.4**.

Tabelle **12.4** **Anstrichausführung**

	Erstanstriche neue Fenster	Instandsetzung alter, bewitterter Fenster
Vorbehandlung	Reinigung durch zweimaliges Abreiben mit Nitroverdünnung (Lappen wechseln), Abschleifen mit Nylon- oder Perlon-Schleifvlies	Reinigung durch Abwaschen mit Anlaugmittel, gut mit Wasser nachwaschen, anschleifen wie nebenstehend
Grundanstrich	Grundfarbe weiß (PUR-Basis)	Vorstrichfarbe, für Kunststoffe geeignet (z. B. PUR-Basis)
Zwischenanstrich	Vorstrichfarbe auf Alkyd- oder Acrylbasis in gewünschtem Farbton	
Schlußanstrich	Lackfarbe hoch- oder seidenglänzend in gewünschtem Farbton	

12.2 Papier und Pappe

Überlegen Sie, welche Bedeutung Papier und Pappe als Untergründe für die Farbberufe haben. Haben Sie schon Anstriche darauf ausgeführt? Was gab es dabei zu beachten?

12.2.1 Herstellung, Arten und Eigenschaften

Zur Papierherstellung braucht man verschiedene Grund- und Zusatzstoffe:

Holzschliff (feines Sägemehl) für einfachere Papiere (Naturellpapiere) ist billig und vergilbt meist rasch;

Zellstoff, über Cellulose aus Nadelhölzern gewonnen, für festere Papiere gebleichte Cellulose mit großem Weißgehalt;

Lumpen (Hadern) für hochwertige Papiere;

Altpapier, gewöhnlich zusammen mit einem anderen Stoff, auch für Pappen.

Der mit Wasser angesetzte Ausgangsstoff wird mit Leimen und evtl. Farb- und Füllstoffen im Holländer (Rührbottich) verrührt. Über das umlaufende, endlose Sieb der bis zu 100 m langen Papiermaschine und durch Trockenwalzen verschiedener Art entsteht die fertige Papierbahn.

Papierarten lassen sich schon durch Ansehen und Anfühlen unterscheiden. So gibt es Kunstdruckpapier, glattes oder rauhes Papier in den verschiedensten Farben.

Maschinenglattes Papier = Zustand, in dem das Papier die Maschine verläßt, also nicht nachbehandelt; für einfache Drucksachen, Zeitungen und Bücher.

Ein- oder zweiseitig geglättet (kalandriert) = mit Hilfe hochpolierter Stahlzylinder auf Kalandern geglättet; für bessere Bücher und Drucksachen.

Genarbtes, geprägtes Papier = durch Stahlzylinder leicht strukturiertes Papier; z. B. gutes Aquarellpapier, Tapetenpapiere.

Gestrichenes Papier = eine oder beide Oberflächen mit Kaseinfarben weiß oder farbig gestrichen; hochwertige Druckpapiere.

Farbiges Papier = Farbstoffe bereits der Papiermasse zugegeben; für farbige Plakate, Prospekte usw.

Rauhfaserpapier = mit eingepreßten Scherhaaren, Fasern oder Holzmehl; vor allem für Wandbekleidung.

(Tapetenpapiere s. Abschn. 15.1.1)

DIN-Formate. Papiere und Pappen sind nach DIN genormt. Ausgangsformat ist DIN A0 (≈ 1 m^2 groß). Durch Bogenhalbierung entsteht jeweils das nächstkleinere Format. Für Papiere nimmt man vorzugsweise die A-Reihe, für Pappen oft die B-Reihe, für Umschläge die C-Reihe. Um Quer- oder Hochformat eindeutig zu bestimmen, nennt man grundsätzlich zuerst die Breite und dann die Höhe (**12.**5).

Tabelle **12.**5 **DIN-Formate der A-Reihe**

Format	mm	Benennung	Verwendungsbeispiele
DIN A0	841 × 1189	Vierfachbogen	
DIN A1	594 × 841	Doppelbogen	
DIN A2	420 × 594	Bogen	Zeichenbogen
DIN A3	297 × 420	Halbbogen	Zeichenbogen
DIN A4	210 × 297	Viertelbogen	Briefbogen
DIN A5	148 × 210	Blatt	Mitteilungen, Bücher
DIN A6	105 × 148	Halbblatt	Postkarten
DIN A7	74 × 105	Viertelblatt	Besuchskarten

Papiergewicht. Papiere unterscheidet man außer nach Stoff und Oberflächenbeschaffenheit auch nach Gewicht (Flächengewicht). Das Flächengewicht gibt an, wieviel 1 m^2 der Papiersorte wiegt (z. B. 150 g/m^2 = 1 m^2 des Papiers wiegt 150 g). Danach teilt man Papiere, Kartons und Pappen ein:

10 bis 49 g/m^2 = Dünndruckpapiere
50 bis 150 g/m^2 = normales Druckpapier, viele Tapetenpapiere
151 bis 200 g/m^2 = Dickdruckpapier (Halbkarton)
201 und mehr g/m^2 = Karton und Pappe

Laufrichtung. Papier ist sehr wasserempfindlich (hygroskopisch). Durch Feuchtigkeit verändert es seine Abmessungen, wirft sich und reißt leicht. Beim Streichen oder Kleben dehnt es sich vor allem in der Dehnrichtung, weniger in der Laufrichtung. (In der Laufrichtung „läuft" das Papier durch die Papiermaschine. Dabei legen sich die Fasern überwiegend in diese Richtung.) Weil sich die Fasern quer zur Laufrichtung leichter absetzen können, dehnen sie sich bei Feuchtigkeit in „Dehnrichtung" stärker. Tapetenpapiere werden bereits im Werk in der Laufrichtung bedruckt. Zur Prüfung der Laufrichtung gibt es zwei Verfahren:

Feuchtigkeitsprobe. Man schneidet aus der Bogenseite ein etwa spielkartengroßes Stück heraus, legt es einen Augenblick vorsichtig in eine Schale mit Wasser und nimmt es dann mit der nassen Seite auf die flache Hand. In der sich bildenden Krümmung liegt die Laufrichtung (**12.**6 a). Dasselbe gilt für angefeuchteten Karton (**12.**6 b).

Reißprobe. Beim langsamen Einreißen eines Stücks Papier in zwei Richtungen zeigt die Laufrichtung geradere Kanten (**12.**6 c).

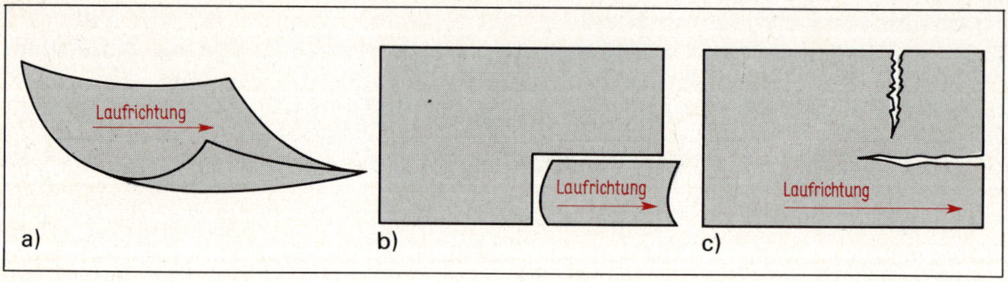

12.6 Laufrichtung
a) Feuchtigkeitsprobe bei Papier
b) Feuchtigkeitsprobe bei Karton
c) Reißprobe bei Papier

> Bei den Papierformaten wird stets die Breite vor der Höhe angegeben, um Hoch- und Querformat unterscheiden zu können. Nach dem Papiergewicht unterteilt man zwischen Papier, Karton und Pappe.
>
> Wichtig für das Kleben von Papieren ist die Laufrichtung, denn quer zu ihr dehnen sich die Papiere stärker.

Kartons sind dicker und schwerer als Papiere, aber dünner und leichter als Pappen. Für die Herstellung nimmt man meist hochwertigere Stoffe als für Pappen.

Pappe. Wie beim Papier werden die Eigenschaften der Pappe vor allem durch die Oberfläche bestimmt. Jedoch kann man auf Pappe verschiedene Papiere aufkaschieren und so einen anderen Untergrund schaffen. Pappen sind dick und daher saugfähig, z.B. für Wasser und Leime. Wasserabweisend nennt man Pappen, die beim Benetzen das Wasser tropfenförmig abperlen lassen. Pappen brechen leicht und bilden dabei unsaubere Kanten. Dickere Pappen schneidet man mit Klingenschneidern am Stahllineal oder mit Pappenschneidemaschinen (Papierschneider).

Eigenschaften. Oberfläche. Man unterscheidet zwischen der Sieb- und der Filzseite. Die bei der Herstellung dem Sieb zugewandte Seite (Siebseite) erkennt man an der Siebmarkierung. Durch Anhäufung von Füllstoffen hat die Filz- oder Schönseite eine geschlossene Oberfläche; sie trägt die Druckmuster der Tapeten.

Transparenz ist der Grad der Lichtdurchlässigkeit. Holzfreie Papiere sind im allgemeinen transparenter als holzhaltige. Sehr transparente Papiere braucht man für Schrift- und andere Pausen.

Leimung. Je nach dem Prozentsatz der Leimzugaben bei der Herstellung spricht man von voll-, $^3/_4$- oder $^1/_2$-geleimten Papieren. Schreibpapiere müssen eine Volleimung haben. Tapetendruck im Tiefdruckverfahren erfolgt auf saugfähigem Papier.

Anstrichgerechte Eigenschaften des Papiers. Papier läßt sich am besten im verklebten bzw. „aufgezogenem" Zustand streichen. Verklebt kennt der Maler es als Tapetenunterlagen, Tapeten oder Rauhfaserpapiere (Rauhfaser). Aufgezogene, ausreichend dicke Papiere dienen für Entwürfe, Farbskizzen, Schriften usw. Dazu näßt man das Papier von der Rückseite gleichmäßig und satt mit einem Schwamm an und klebt es von der Vorderseite her mit Klebestreifen an allen Kanten des Reißbretts auf. (Randstreifen als Zuschlag einrechnen!) Lufteinschlüsse streicht man von der Mitte her nach den Seiten aus, wobei man am oberen, waagerechten Rand beginnt. Nach dem Trocknen lassen sich die aufgezogenen Bögen vollflächig streichen oder bemalen. Große Flächen können wir auch spritzen.

Anstrichgerechte Eigenschaften der Pappe. Die Bedingungen sind etwa gleich dem Papier. Trotz der Dicke werden sich einseitig gestrichene Pappen bei nicht ausreichender Verklebung, Vernagelung oder Heftung wölben. Die Spannung der Anstriche zieht die Flächen nach einer Seite.

Beklebt man Pappen (z.B. als Träger von Bildern oder Zeichnungen), muß man auf der anderen Seite genau gegenüberliegend ein gleichgroßes Stück aus demselben Material aufkleben. Nur so vermeidet man Wölbungen der Pappflächen.

12.2.2 Anstrichmittel

Leim- und Dispersionsfarben sollen nicht zu dünn sein und genügend decken. Sie sind flott aufzutragen, wenn möglich mit einem Farbroller, damit keine Pinselspuren zurückbleiben. Die gestrichenen Flächen dürfen nicht an einer Heizung „getrocknet" werden. Rauhe und strukturierte Papiere müssen in ihrer ganzen Oberfläche wie bei Rauhfaser „zugestrichen" werden, weil Fehlstellen nachher auffällig sichtbar bleiben.

Temperafarben werden auf naturfarbenen Papieren oder Pappen bzw. Plakatkartons für Schrift oder größere Farbflächen eingesetzt. Sie sind nur wenig zu verdünnen, damit das Deckvermögen nicht leidet.

Papierlacke werden nur zu Überzügen angewendet. Sie müssen farblos, geschmeidig, abriebfest und wasserunempfindlich sein. Es kommen nur Kunstharz- und keine Öllacke in Betracht (z. B. PVA-, Acethyl-, Äthyl- und bestimmte Spiritus- bzw. Nitrolacke). Solche Überzüge werden aufgesprüht (gespritzt). Papierlacke müssen schnell verdunsten, um den Untergrund nicht zu sehr aufzuweichen.

Fixative sind farblose Überzüge zum Verfestigen von Kohle-, Blei- oder Kreidezeichnungen. Sie dürfen die Farbtöne nicht verändern und müssen matt auftrocknen. Sie bestehen aus hellen Kunst- oder Naturharzen, die in Spiritus gelöst sind. Gewöhnlich werden Fixative mit Blasröhrchen aufgesprüht.

12.2.3 Verwendung und Anstriche

Maler verwenden Papier hauptsächlich als Rollenmakulatur (laut VOB 18366 „Papier für Tapetenunterlagen") oder als Tapeten in der Tapeziertechnik. Zum Abdecken von Fußböden, Möbeln und dergleichen nimmt man heute weitgehend besser geeignete und haltbarere Kunststoffolien aus Polyäthylen. Lediglich zum Bekleben von Fenstern und Gebäudeteilen (z. B. bei Mineralfarbanstrichen, Verputzarbeiten) wird Papier noch unter Verwendung von Tapetenkleister benutzt (**12**.7).

12.7 Abdecken einer Türfläche mit Papier und selbstklebenden Kreppstreifen

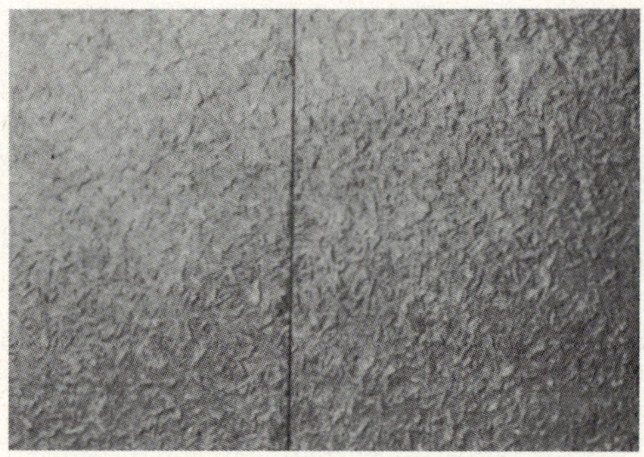

12.8 Nicht ganz einwandfrei geschlossene Stöße geben auch durch sorgfältiges Überstreichen nicht immer die Gewähr, daß die Stöße unsichtbar bleiben

Papier soll nur mit Leimfarbe, Dispersions-, Tempera- oder Plakatfarben gestrichen oder bemalt werden, weil es bei Ölfarbe „bricht". Rauhfaser wird häufiger gestrichen; sie muß absolut fest sitzen. Je nach Rauhfaserart ist in ein bis zwei Arbeitsgängen sauber und gut deckend anzulegen (**12**.8). Besonders sorgfältig überstreicht man die Stöße. Schlechte Rauhfaserstöße lassen sich jedoch nicht mit Farbe zuschlämmen.

Lackierer verwenden Papier in der Fahrzeug-, Möbel- und Apparatelackierung zum Abdecken, Abkleben, sofern sie nicht selbstklebende Bänder, Papiere usw. oder Abziehfolien benutzen (s. Abschn. 11.6.1).

> Bei allen Abklebearbeiten ist vorher zu überlegen, ob altes Zeitungspapier wegen der leicht löslichen Druckfarbe ein geeignetes Abdeckmaterial ist. Rollenmakulatur oder unbedruckte Restrollen von Druckereien sind in jedem Fall neutral.

Für die Schablonentechnik gibt es besonderes Schablonenpapier, das glatt und schnittfest ist. Die Rückseite wird vorher mit Leinölfirnis geölt. Die Formen, Schriften oder Zeichen werden auf die Vorderseite gezeichnet, schwierigere Darstellungen überträgt man mit Graphitpapier. Geschnitten wird mit scharfen Schablonenmessern (s. Abschn. 14.4).

Beim Anfertigen von Schablonen braucht man Halter (Stege), die eine Verbindung von Innen- zu Außenformen herstellen. Ohne Halter würden bestimmte Innenformen nach dem Schneiden ohne jede Verbindung sein und herausfallen. Die Halter sollen optisch gut gewählt sitzen und bei allen Buchstaben in bestimmter Folge wiederkehren (**12**.9).

12.9 Buchstaben aus einer Schablonenschrift mit Stegen

Schmuckschablonen-Arbeiten werden durch Reihung oder andere Anordnungen von Ornament-, Buchstaben- oder anderen Schablonen auf verschiedenen Untergründen und in unterschiedlichen Techniken erzielt. Es bestehen zahlreiche Möglichkeiten der Werkstoff- und Formenwahl – z.B. Positiv- und Negativschablonen (**12**.10), Neben- und Übereinanderschablonieren, enge oder weite Reihung.

Eine beachtliche Rolle spielen Abdeckbänder als Krepp- oder Filmstreifen in allen Farbberufen. Sie sind vor allem aus der farbigen Gestaltung kaum fortzudenken (**12**.11).

12.10 Schablonenarbeit in Positiv- und Negativformen

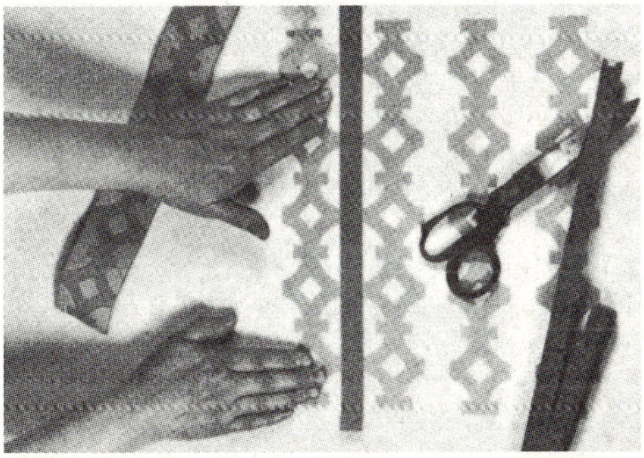

12.11 Lackarbeit mit ausgestanzten Selbstklebe-Schablonen verschiedener Formen

Rauhfasertechniken. Wegen der leichten Verarbeitung und mehrfachen Überstreichbarkeit ist Rauhfaser ein guter Untergrund für Schablonier- und Maltechniken. Die in mehreren Strukturen erhältliche Rauhfaser bringt unterschiedliche, plastische Wirkungen farbig gestalteter Flächen. Eignung besteht vor allem für Kinder- und Jugendzimmer. Selbstgefertigte Schablonen werden mit Reißzwecken leicht auf der Rauhfaser befestigt. Schabloniert wird von den Rändern her nach innen hinein. Man kann in mehreren Farben arbeiten. Zum Ausmalen entwirft man zunächst in natürlicher Größe. Das Motiv wird auf die Rauhfaser gepaust und mit Tempera- oder Abtönfarben ausgemalt.

Schriftenmaler verwenden Papier auch als Detailpapier (d.h. mit quadratischer Einteilung) für Entwürfe. Als Transparent- oder Pauspapier wird es in Rollen gehandelt. Pausen werden u.a. in der farbigen Raumgestaltung, der Möbelmalerei und Schriftgestaltung verwendet.

Siebdrucker brauchen das Papier als Plakatpapier und als Druckträger. Infolge der strengen und gewöhnlich stark „aufliegenden" Siebdruckfarben werden mittlere bis schwere Papiere bevorzugt. Papierschablonen für Entwurf und einfache Drucke (z.B. Flächendruck) sind ebenfalls üblich. Dabei haften geschnittene oder gerissene Papiere durch die Farbe am Sieb; sie dienen als Schablone. Verwendet werden auch Schnittschablonen, z.B. die des mehrschichtigen Schellackpapiers.

Das Plakat ist ein wichtiges Werbemittel aus Papier oder Karton. Mit der Feder werden Plakate, Hinweisschilder o.ä. kaum noch geschrieben; der Filzstift bürgert sich immer mehr ein. Der Filzstift stellt geringere Anforderungen an das Papier, jedoch ist bei einfachen Papieren ein Auslaufen möglich. Für anspruchsvolle Arbeiten (z.B. mit Plakatfarben) sind weiße oder hellfarbige bzw. ausgesprochene Plakatkartons erforderlich. Dunkelfarbige Kartons gibt es für helle Schriften. Zum Üben und für einfache Arbeiten sind Tapetenrückseiten, Makulaturpapier u.ä. geeignet, desgleichen Packpapier oder aufgezogene, selbst gestrichene Papiere. Nicht zu sehr saugende Kartons sind auch geeignet.

Die erforderlichen Linierungen (Grundlinie, Obergrenze und evtl. Untergrenze bei Schriften) zieht man mit spitzem Bleistift in genauem Abstand leicht, wie es die einzelne Schrift verlangt. Bei Plakatkartons bleiben sie am besten stehen, da Radierungen Glanz hervorrufen können. Man arbeitet gut auf leicht geneigter Tischfläche bzw. geneigtem Reißbrett.

Pappe wird vor allem gebraucht für Plakate des Schriftenmalers u.ä. Berufe, ausgeschnittene Buchstaben für Werbezwecke und als Druckträger im Siebdruck (etwa dauerhafte Hinweise, Plakate, Schilder). Je nach Art und Dicke kann Pappe mit Leim- und Dispersionsfarbe sowie Temperafarben gestrichen oder gespritzt werden. Die Saugfähigkeit ist bei einfachen, billigen Pappen bedeutend größer als bei gepreßten, teureren. Bei wasserhaltigen Farben sind ausreichend dicke Pappen zu wählen. Bei einseitigen dicken Aufstrichen wird nach dem Trocknen fast immer ein Wölben auftreten, was sich durch Aufkleben oder Anheften vermeiden läßt. Für anspruchsvollere stabilere Objekte sollte man Weichfaser-Dämmplatten oder Hartfaserplatten nehmen, die sich auch gut bekleben lassen. Allerdings wölben sich die Platten nach der Glanzseite hin, wenn sie nicht ausreichend mit einem Träger verbunden sind.

12.2.4 Gipskartonplatten

Die Montage dieser Bauplatten wird auch von Malerfirmen ausgeführt. Die abgeflachten, kartonummantelten Längskanten müssen unter Einlage spezieller Bewehrungsstreifen sauber verspachtelt werden. Dazu liefern die Hersteller besondere Fugenfüller, verarbeitungsfertig oder mit Wasser anzusetzen. Die Fugenfüllung erfolgt von Hand oder mit besonderen Spachtelgeräten. Man drückt die Fugen voll aus, legt den Bewehrungsstreifen ein und drückt sauber nach. Nach der Trocknung spachtelt man in mindestens zwei Arbeitsgängen nach, wobei ein etwa 25 cm breiter Übergang zum Plattenkarton zu schaffen ist (**12**.12). Wesentlich leichter arbeitet man mit selbstklebenden Bewehrungsstreifen, die trocken mit einem Abroller abgerollt werden (**12**.13).

a) b) c) d)

12.12 Anbringen von Gipskartonplatten
a) Auftragen der Ansatzmasse
b) Ansetzen
c) Ausrichten mit Wasserwaage und Gummihammer
d) Verspachtelung der Stoßfugen mit Gewebeeinlage

Außer dem Ansetzen von Gipskartonplatten (**12**.12) gibt es die Technik der Montage auf tragende Unterkonstruktionen. Die Vorteile liegen hier vor allem im Gewinnen zusätzlicher Wandabstände (Hohlräume), die zum Hinterlegen mit Dämmstoffen (z.B. Mineralwolle) benutzt werden können. In der Altbaurenovierung schafft man durch Plattenmontage die Grundlage für planebene Wand- und Deckenflächen, die zugleich Leitungen aufnehmen können. Andere Möglichkeiten ergeben sich durch Montagewände; das sind leichte, nichttragende Innenwandsysteme aus Unterkonstruktionen mit Plattenbelegungen.

Anstrich. Auf Gipskartonplatten können fast alle auf Putz üblichen Anstrichmittel aufgetragen werden, jedoch keine mineralischen. Geeignet sind wasch- und scheuerbeständige KD-Farben, Kunststoffputze, Mehrfarbeneffekt-Anstrichmittel, Alkydharz-Lackfarben, DD- und Epoxidharz-Lackfarben u.a. Werkstoffe. Für Feuchträume sind geeignete Plattentypen auszuwählen. In allen Fällen ist ein Grundanstrich mit Grundanstrichmittel erforderlich, um die Saugfähigkeit herabzusetzen und eine gleichmäßige Saugfähigkeit herbeizuführen. Das Entfernen von Altanstrichen auf Gipskartonplatten ist schwierig, da meist die Kartonummantelung beschädigt wird. Anstrichausführung s. Tabelle **9**.38.

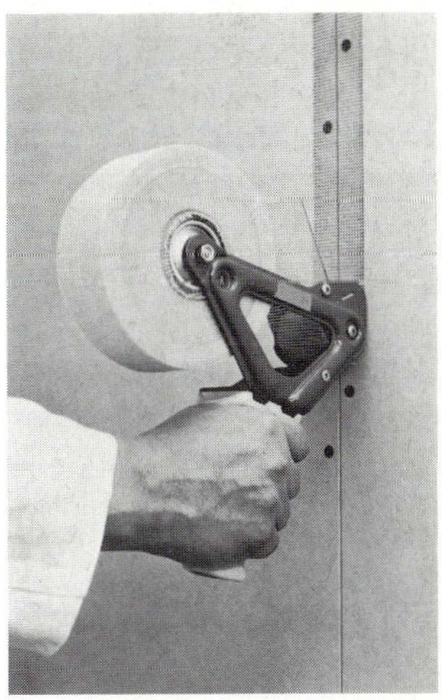

12.13 Abrollen selbstklebender Bewehrungsstreifen mit dem Abrollgerät

Für gestalterische Zwecke an Wänden und vor allem Decken gibt es Kantenausbildungen, die flächenteilend wirken und nicht verspachtelt werden dürfen (**12**.14), außerdem zahlreiche Formen von Deckenplatten auf Gipskartonbasis sowie reine Gipsdeckenplatten.

Tabelle 12.14 **Kantenausbildungen bei nicht zu verspachtelnden Gipskartonplatten**

Schnittzeichnungen	Bestell-Bezeichnung	Anwendungsbereich
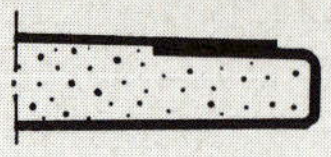	abgeflachte kartonummantelte Längs-Kante	für fugenlose Wand- und Deckenbekleidungen
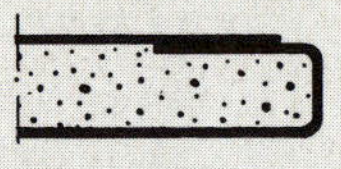	volle kartonummantelte Längs-Kante	für sichtbaren Plattenstoß, Klemmbefestigung und freie Auflagerung
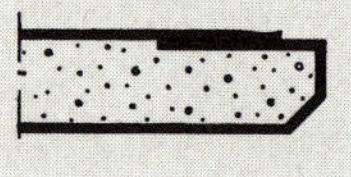	gefaste kartonummantelte Längs-Kante	für sichtbaren Plattenstoß
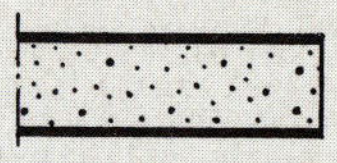	scharfkantig geschnittene Kante	für geklebte oder offene Fugen
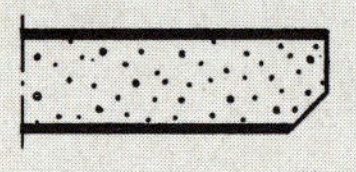	scharfkantig geschnittene gefaste Kante	für sichtbare Plattenstöße

12.3 Textilien und Chemiefasern

Textilien begegnen dem Maler als Spannstoffe, vor allem aber als Textiltapeten (s. Abschn. 15.1.1). In den verwandten Berufen dienen sie vielfach als Schriftträger (Transparente). Vliese (dünne, nicht gewebte, sondern durch Bindemittel verbundene Fasern – s. Abschn. 9.5.1) setzt man zum Überbrücken von Rissen und Fugen ein. Bei Kunststoff-Wandbekleidungen bilden Textilien oft die Träger der Kunststoffschichten.

Arten. Rohstoffe für Textilien sind tierischer (Wolle) oder pflanzlicher Herkunft (Baumwolle, Hanf, Jutefasern), zunehmend auch Chemiefasern. Zum Erkennen macht man die Brennprobe:

Pflanzliche Fasern brennen gut und gleichmäßig, glimmen etwas nach, hinterlassen kaum Asche und riechen nach verbranntem Papier;

tierische Fasern verbrennen schlecht, mit flackernder Flamme, bilden graue Asche und riechen nach verbranntem Horn;

Chemiefasern schmelzen bei Annäherung an die Flamme und bilden festhaftende Aschenknötchen.

Bindungen. Die Fäden werden in Webstühlen zu Geweben verarbeitet. Diese bestehen aus mindestens zwei Fadengruppen oder -richtungen: Die senkrechten Fäden bilden die Kette, die waagerechten den Schuß. Aus ihren Kreuzungen (für die verschiedene Möglichkeiten bestehen) ergeben sich die Bindungen. Nach einer bestimmten Fadenzahl wiederholt sich eine Bindung im Gewebe immer wieder. Daraus entsteht wie bei der Tapete der Rapport. Wir unterscheiden drei Grundbindungen:

a) Leinenbindung (Tuch- oder Taftbindung), die festeste Bindung, bei der Schußfäden immer nur über oder unter einem Kettfaden laufen (**12.**15a);

b) Köperbindung, wobei der Schußfaden mehrere (mindestens zwei) Kettfäden überspringt und durch Verschiebung der Bindungsstellen Schräglinien im Gewebe entstehen (**12.**15b und c);

c) Atlas- oder Satinbindung, in der Regel aus zweierlei Fäden, mit besonders glatter Oberfläche (**12.**15d).

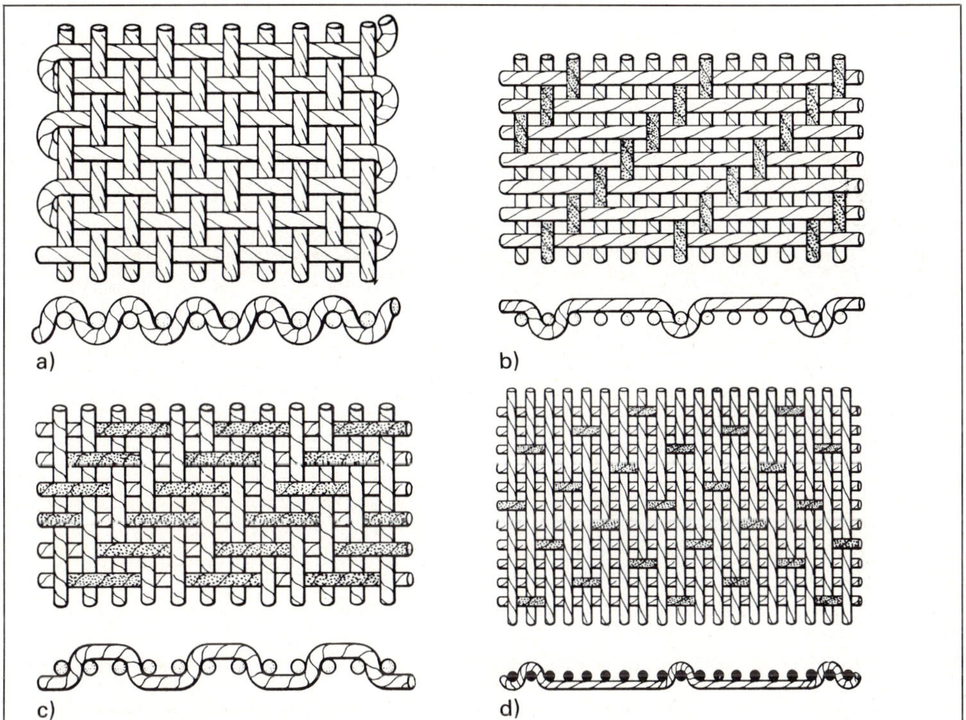

12.15 Grundbindungen

a) Leinwandbindung
b) Einseitiger oder ungleichseitiger Köper
c) Gleichseitiger oder Doppelköper
d) Atlas- oder Satinbindung

Raumtextilien aus tierischen oder pflanzlichen Fasern sind Nessel, Leinen, Molton, Rupfen, Rips, Damast und Druckstoffe.

Nessel ist ein Baumwollgewebe. Man nimmt ihn vor allem für billige Transparente oder einfache Bespannungen, seltener als Streifen für Fugen und Risse.

Halbleinen hat z. T. Baumwollfäden und ist etwas stärker als Nessel.

Reines Leinen besteht aus Flachs- oder Hanffäden und hat eine gleichmäßige Zugfestigkeit (vorteilhaft beim Spannen). Man nimmt es besonders für Wandbespannungen (s. Abschn. 15.4).

Rupfen (Spannjute) ist ein einfacher, grobfädiger Spannstoff. Verfeinerte Ausführungen können als Wandbekleidungen eingefärbt oder bedruckt sein. Es gibt auch Ausführungen zum nachträglichen Überstreichen.

Jute (hanfähnlich) dient für grobe Gewebe (Textiltapeten, Wandbekleidungen, auch überstreichbare) und als Träger von Bodenbelägen.

Chemiefasern gibt es als bahnenförmige Wandbekleidungen, netzartige Gebilde, in Vliesform oder als vielfaches Material für Textilböden. Manchmal sind sie mit Textilfasern gemischt. Jede der vielfältigen synthetischen Fasern hat besondere Eigenschaften, ist gewissermaßen eine „Faser nach Maß". Chemiefasern sind unverrottbar, d.h. gegen Fäulnis beständig (wasserabweisend). Sie sind auch abrieb- und sehr reißfest. Chemiefasern (und auch andere) können in ihren Eigenschaften durch sog. Ausrüstungen verbessert werden (z.B. antistatische, bakterizide, eindruckverbessernde, flammhemmende, schmutzabweisende oder verschleißfeste Ausrüstung). Die Arten und Eigenschaften zeigt Tabelle **12.**16.

Tabelle **12.**16 **Arten und Eigenschaften der Chemiefasern**

auf Cellulose-Basis	auf synthetischer Basis
Reyon weich, schmiegsam, für Heimtextilien und Dekorationsstoffe	**Polyamid** PA (Enkalon, Nylon, Perlon) reiß- und scheuerfest; für Heimtextilien, Teppiche, Teppichböden, Seile, Beimischungen zu anderen Fasern
Zellwolle sehr vielseitig, weich im Griff; für Dekorationsstoffe, Teppiche	**Polyacrylnitril** PAC (Dolan, Dralon, Redon) leicht und seidig, sehr lichtbeständig; für Dekorations- und Möbelstoffe, Teppichböden, Autoverdecke
Kupferspinnfaser feinwollig, gekräuselt; für Teppiche	**Polyester** PE (Diolen, Trevira) reiß- und scheuerfest, temperaturbeständig, schwer entflammbar; für Wandbekleidungen, Teppichböden, Seile
Acetatfaser wollig und weich; für Mischgewebe, modische Gewebe	**Polypropylen** PP (Meraklon) elastisch und scheuerfest, formbeständig, großes Volumen; für Teppichböden, Wandbekleidungen

Die Verwendung der Chemiefasern erstreckt sich, wie Tabelle **12.**16 zeigt, vor allem auf Wand- und Bodenbeläge, von denen hohe Strapazierfähigkeit, leichte Reinigung und Bakterienfreiheit gefordert werden. Je nach Art der Faser ist für die Verarbeitung eine bestimmte Raumtemperatur vorgeschrieben (z.B. 20°C). Stärkere Erwärmung kann zu Dehnungen führen. Für Wandbespannungen kommen Chemiefasern weniger in Betracht, können jedoch eine gute Wirkung erzielen.

Filz besteht aus Tierhaaren, die in Schichtdicken von mehreren Millimetern eng miteinander verfilzt und gepreßt werden. Filzwandbekleidungen gibt es in Bahnenform, verspannbar oder zu kleben (s. Abschn. 15.4). Sie sind wärme- und schallisolierend, fett-, wasser- und schmutzabweisend ausgerüstet, flammhemmend und mottensicher. Durch Aufnahme und Abgabe der Raumluftfeuchtigkeit wirken sie klimatisierend. Lieferbar sind sie in vielen Sorten und Farben, zum Verkleben mit einem klebefähigen Papierträger ausgestattet. Ein weiteres Anwendungsgebiet für Filze sind Bodenbeläge (Nadelvlies).

Raumtextilien bestehen aus tierischen, pflanzlichen oder chemischen Fasern. Sie werden überwiegend gewebt. Mischungen von Fasersorten sind üblich. Faserart und -dicke, evtl. Ausrüstung und Webart bestimmen die Eigenschaften und Verwendung.

Anstrichgerechte Eigenschaften der Textilien. Gewöhnlich brauchen Textilien keinen Anstrich. Sie müssen sich aber für Beschriftungen und einwandfreies Verkleben eignen, sonst entsprechend vorbereitet werden. Verklebungen und Verspannungen müssen für evtl. Anstriche, Beschriftungen oder Bemalungen gleichmäßig straff und fadengerade verarbeitet sein. Das Gewebe soll keine zu großen Knoten oder Fehlstellen haben.

Grundierung. Die starke Saugfähigkeit der Gewebe führt zu unerwünschter Ausdehnung der Fäden. Ein Grundanstrich mit Leimwasser setzt die Saugfähigkeit herab und spannt zugleich die Fäden. Kunstharzdispersion verdünnt man je nach Gewebe 1 : 1 bis 1 : 3. Zur Anstrichkontrolle kann man eine geringe Menge Weißpigment (Lithopone) beigeben. Der Grundanstrich darf nicht zu stark eingerieben werden, damit das Gewebe fadengerade bleibt. Nach dem Trocknen entfernt man evtl. Knoten und Fasern vorsichtig mit feinem Schleifpapier. Auf diesem Grundanstrich läßt sich gut mit Dispersions- und Plakatfarbe weiterarbeiten. Häufig genügt ein einmaliger Auftrag durch Spritzen oder Rollen.

> Textilien für Raumbespannungen oder als Schriftträger sollen möglichst fehlerfrei sein und fadengerade, straff sitzen. Sie sind am besten vom Bearbeiter selbst auf ihren Anstrich vorzubereiten.

Anstrichmittel. Außer den genannten Plakat- und Dispersionsfarben gibt es spezielle Stoffmalfarben für Gewebe. Sie sind gebrauchsfertig, durch Wachsemulsionen abgebunden, ziehen nicht in die Gewebefasern ein und trocknen schnell. Die Fixierung erfolgt durch nachträgliche Wärmebehandlung (Bügeln). Die Verarbeitung ist durch Pinselauftrag, Schablonieren und Siebdruck möglich.

Anstrich- und Maltechniken. Die früher übliche Technik des Einbettens von Nessel in Kleber für Anstrich- und Tapeziergründe ist völlig fortgefallen. Statt dessen bettet man Rupfen oder Glasfasergewebe ein, die aus dekorativen Gründen nach der Trocknung ein- bis zweimal überstrichen werden (s. Abschn. 15.2.2). Es ist darauf zu achten, daß die Anstriche mit einem gleichmäßigen Glanz stehenbleiben.

12.4 Verschiedene Untergründe

Außer Glas (s. Abschn. 12.4.2) können Gummi- und bituminöse Untergründe gelegentlich anstrichtechnisch behandelt werden.

12.4.1 Gummi und bituminöse Untergründe

Gummi versprödet im Lauf der Jahre, vor allem dünne Schichten oder schmale Profile. Gestrichen wird es allenfalls industriell (z. B. mit KD-Farben hohen Dehnvermögens). Die üblichen Anstrichmittel sind von Gummi (z. B. Dichtungen) fernzuhalten.

Asphalt ist ein Gemisch aus Bitumen (Destillationsrückstand) und Mineralstoffen. In Anstrichmitteln kann er bei einfachen Schwarzlacken enthalten sein. Bei Straßenmarkierungsarbeiten ist Asphalt Träger spezieller, vor allem dickschichtiger Aufgußmittel.

Bitumen setzt man für einfache isolierende Grundanstriche ein, z. B. bei Kellerrohren. Sie müssen vor folgenden Deckanstrichen abgesperrt werden (besondere Isolierlacke). Auch Abbeizen ist möglich. Bituminöse Anstrichmittel verwendet man im Bautenschutz.

Teer ist anstrichtechnisch wie Bitumen zu behandeln. Teer-Anstrichmittel (gelöstes Steinkohlenteerpech) benutzt man im Bautenschutz, als Schutzanstriche auf Beton oder Stahl sowie zum Imprägnieren von Holz, das im Erdboden verbaut werden soll (Pfähle).

Altanstriche als Untergründe sind bei den einzelnen Anstrichtechniken mitbehandelt.

12.4.2 Glas

12.4.2.1 Herstellung und Eigenschaften

Herstellung. Glas besteht aus Kieselsäure, Kalk und Alkalien. Man gewinnt es aus Quarzsand, Kalkstein, Soda und Pottasche. Die Kieselsäure ist der eigentliche Glasbildner, Soda und Pottasche sind die Flußmittel, d.h., sie ermöglichen die Schmelze. Kalkstein (kohlensaurer Kalk) dient als Stabilisator, verleiht dem Glas Härte, Glanz und Wasserunlöslichkeit. Das Gemenge wird in Schmelzwannen bei ≈ 1450 °C in zwei Abschnitten geschmolzen: der Rauhschmelze und der eigentlichen Glasflußschmelze.

Die Verwendung von Altglas bei der Glasherstellung hat zunehmende Bedeutung – nicht nur aus wirtschaftlichen Gründen, sondern auch für den Umweltschutz. In vielen Städten stehen bereits öffentliche Sammelbehälter. Altglas wirkt bei der Glasschmelze auch als Katalysator.

Glas stellt man vornehmlich nach zwei Verfahren her, nach dem Guß- oder Walzenverfahren und dem Ziehverfahren.

Beim Guß- oder Walzenverfahren wird die flüssige Glasmasse auf einen warmen, eisernen Tisch gegossen und zwischen gekühlten Walzen auf die gewünschte Glasdicke ausgewalzt (Temperatur ≈ 1200 °C).

Beim Ziehverfahren wird das Glasband nach oben in einen Kühlschacht gezogen (Schachthöhe ≈ 8 m) und die Glasdicke durch die Geschwindigkeit bestimmt.

Über Sorten, Abmessungen, Dicken, Anwendungen von Glas und Verglasungstechniken s. Abschn. 13.

Eigenschaften. Glas ist ein glatter und spröder Anstrichuntergrund. Es ist lichtdurchlässig, schlecht wärme- und stromleitend, sehr beständig gegen Luft, Wasser und viele Lösemittel. Glas ist homogen, d.h., das Material besteht meist aus e i n e r durchgehenden, gleichmäßig gearteten Schicht (Ausnahmen s. Abschn. 13). Glas hat keine Poren, Anstriche können also nicht eindringen. Durch Ätztechniken oder Sandstrahlen macht man Glas undurchsichtig.

Anstrichgerechte Eigenschaften. Wegen seiner Eigenschaften gehört Glas zu den schwierigen Anstrichuntergründen. Bei Verwendung als Außenschild oder zu beschriftende Schaufensterscheibe kommen noch die klimatischen Einwirkungen hinzu (Schwitzwasserbildung). Außerdem verändert mit zunehmender Dicke die Eigenfarbe des Glases bestimmte Farben. Einwandfreie Haftung und Haltbarkeit der Farben sind nur mit besonderen Anstrichmitteln zu erreichen.

Voraussetzung für gute Haftfähigkeit ist eine saubere Glasfläche, frei von Schmutz und Fett. Dazu nimmt man einen mit Spiritus getränkten und in feingemahlenen Kreidestaub getauchten sauberen Lappen. Der Spiritus verdunstet, den Kreidestaub entfernt man mit einem anderen, trockenen Lappen. Die saubere Fläche wird nicht mehr mit der Hand berührt.

12.4.2.2 Anstrichmittel und -techniken

Glas wird bei der Glasschilderherstellung in verschiedenen Techniken bearbeitet. Fenster- oder Türscheiben sollen den Einblick verwehren (durchscheinend gemacht werden), oder Glas soll als Träger von Schrift dienen.

> Alle Anstrichmittel sollen möglichst geschmeidig sein und gut haften. Sie müssen den Ausdehnungen des Glases bei Erwärmungen folgen können.

Bei Lackfarbenanstrichen ist ein fetter Grundanstrich mit einer ziemlich pastosen Farbe erforderlich. Es muß in allen Fällen sehr dünn aufgetragen werden. Man prüft die Verteilung jedes Farbauftrags sorgfältig im Gegenlicht. Dunkle Anstriche auf großen Glasflächen sollen vermieden werden; das Glas kann durch starke Sonneneinstrahlung reißen.

Es ist von Fall zu Fall zu überlegen, ob Glas auf der Vorder- oder auf der Rückseite gestrichen werden soll. Schwitzwasser kann einen Anstrich auf der Innenseite zerstören, vor allem bei falsch gewählten Werkstoffen. Bei Außenanstrichen können die wechselnde Außentemperatur und das Arbeiten des Glases Anstriche auf Glas zerstören.

Alkydharz-Lackfarben nimmt man z.B. für einfache Anstriche. Fette Alkydharzlacke haben sich gut bewährt.

Spezialglasfarben sind in der Hinterglasbeschriftung üblich, haben sowohl die geeigneten Bindemittel als auch das nötige sehr feine Pigmentkorn. Es gibt sie transparent, halbtransparent und volldeckend.

Temperafarben lassen sich für Innenarbeiten verwenden, z.B. Fensterbeschriftungen. Sie erhalten am besten nach dem Trocknen einen farblosen Lacküberzug.

Lichtschutz- oder Lichtfilterlacke verhindern den Durchlaß von UV-Strahlen (ultraviolettes Licht), d.h., die Strahlen werden reflektiert, zerstreut oder in andere Energie umgewandelt. Sie vermindern auch die Wärmestrahlung, Blendung und bieten einen Vergilbungsschutz für ausgestellte Waren. Es gibt glasklare, farbig leicht getönte oder auch matte Typen auf der Grundlage besonderer Kunstharze.

> Lichtschutz- und Lichtfilterlacke sind ein typisches Beispiel, wie man sich der Anwendung neuer Werkstoffe bzw. Techniken für bisher kaum gekannte Einsatzgebiete bedienen kann. Die Anwendung setzt gute Kenntnisse über die Stoffe, ihre Verarbeitung (z.B. hier „Lackfluten") und die wichtigsten wissenschaftlichen Vorgänge voraus.

Anstrichtechniken auf Glas fallen vor allem in den Bereich von Schrift und Werbung. Bei Schaufenstern, Vitrinen und Ladentüren ist Glas als Untergrund bereits gegeben.

Deckende, mehr oder weniger vollflächige Anstriche auf Glas sind in erster Linie erwünscht, um eine Durchsicht oder Einsicht zu verhüten. Jedoch gibt es dafür auch selbsthaftende Fensterfolien. Fette Lackfarben (langölige Alkydharze) sind geeignet. Noch besser ist Transparentweiß, wie man es zum Hinterlegen von Glastransparenten benutzt. Die Farben werden mit einer feinen Lackwalze gegen das Licht aufgetragen, wobei die Randzonen zuerst vorzustreichen sind. Diese Bereiche werden (z.B. durch Kondenswasser) im Lauf der Zeit zuerst zerstört.

Schreiben auf Glas. Üblich ist die Beschriftung der Glasvorderseite mit Alkydharz-Lackfarbe. Dazu verwendet man Schreibpinsel und Malstock. Die Schriftformen paust man auf das Glas oder klebt sie mit Abklebeband glatt hinter die Glasfläche. Die Schrift soll bei einmaligem Auftrag vollkommen decken; kleine Fehler sind nach dem Trocknen mit einer Schneidefeder zu korrigieren. Oder man klebt Schriftfolien auf die Vorderseite der Scheibe, schneidet die einzelnen Formen aus und legt sie deckend an (evtl. Stupfen). Beide Techniken zeigen die Schrift von ihrer lesbaren Seite. Jedoch ersetzen selbsthaftende Buchstaben u.a. Techniken diese Verfahren heute weitgehend.

Hinterglasbeschriftung. Die Schrift und andere Formen werden hinter der Glasscheibe aus aufzuklebenden Folien (Blei-, Zinn-, Selbstklebe- u.a. Folien) herausgeschnitten. Das Glas schützt die Schriften und Zeichen, man bekommt scharfe Kanten und hat für mehrfarbige u.a. Techniken zahlreiche Möglichkeiten. Lesen Sie darüber in Fachliteratur nach.

Aufgaben zu Abschnitt 12

1. Welche typischen Eigenschaften haben Werkstoffe aus Kunststoffen?
2. Wie unterscheiden sich Plastomere und Duromere?
3. Wie kann man mit einem einfachen Verfahren die Kunststoffart bestimmen?
4. Aus welchen Gründen können Kunststoffobjekte anstrichtechnisch behandelt werden?
5. Warum ist auf Kunststoffen zuerst zu Schleifen und dann zu entfetten?
6. Worauf achten Sie beim Pinselauftrag, wenn Sie Kunststoffobjekte streichen?
7. Warum ist in der Regel auf glasfaserverstärktem Polyester zu schleifen?
8. Wie groß ist ein Bogen DIN A4, DIN A5, DIN A6?
9. Welches Maß ist beim Bogenformat zuerst anzugeben? Warum?
10. Erklären Sie das Papiergewicht 180 g/m^2.
11. Was bedeutet die Laufrichtung des Papiers, und warum ist sie wichtig für die Verarbeitung?
12. Wie prüft man die Laufrichtung des Papiers?
13. Wie zieht man einen Zeichenbogen auf?
14. Wozu werden Gipskartonplatten verwendet?
15. Worauf ist beim Anstrich auf Rauhfaser zu achten?
16. Warum sollen Abklebearbeiten nicht mit Zeitungspapier ausgeführt werden?
17. Warum erfordern Schriftschablonen Stege?
18. Warum soll man Papier, Pappe und Textilien nicht mit fetten Lackfarben streichen?
19. Wozu dienen Fixative?
20. Beschreiben Sie das Fugenverspachteln bei Gipskartonplatten.
21. Welche Anstrichmittel eignen sich nicht für Gipskartonplatten?
22. Wo begegnen uns in der Raumausstattung Textilien?
23. Erklären Sie die Begriffe Kette und Schuß bei textilen Bindungen.
24. Welche drei Grundbindungen gibt es?
25. Welche Eigenschaften hat Filz?
26. Wie grundiert man textile Gewebe?
27. Nennen Sie geeignete Mal- und Schreibfarben auf textilen Untergründen.
28. Welche Vorteile bietet eine Grundierung auf zu beschriftenden Textilien?
29. Welche Vorteile bieten Stoffmalfarben?
30. Beschreiben Sie das Einbettungsverfahren mit Glasfaservlies.
31. Beschreiben Sie ein zuverlässiges Glasreinigungsverfahren.
32. Welche Haupteigenschaft wird von Anstrichmitteln auf Glas wegen der Glasausdehnung gefordert?
33. Warum ist zu überlegen, ob Glasflächen außen oder innen undurchsichtig gestrichen werden sollen?
34. Warum sollen dunkle Anstriche auf großen, sonnenbeschienenen Glasflächen unterbleiben?
35. Beschreiben Sie das Schriftschreiben auf einer Vorderglasfläche.
36. Welche Vorteile bietet die Hinterglasbeschriftung?
37. Wie erlangt man auf Glas „wolkenfreie" Farbaufträge?

13 Sondertechniken

13.1 Verglasungstechnik

In einigen Ländern der Bundesrepublik Deutschland führen Maler auch Verglasungen aus. In allen Bundesländern aber fallen für den Maler bei Fensteranstrichen kleinere Reparaturen an den Verglasungen an.

13.1.1 Glassorten und Abmessungen

Flachglas. Unter diesem Begriff werden Fenster-, Kristallspiegel- und Drahtspiegelglas erfaßt. Fensterglas ist gezogenes Glas (s. Abschn. 12.4.2) mit beiderseits feuerblanken glatten Oberflächen und gleichmäßiger Dicke. Vereinzelte, nicht störende kleine Blasen oder Schlieren sind zulässig. Flachgläser haben eine Dichte von $\approx 2{,}5\ g/cm^3$ (**13**.1).

Tabelle **13**.1 **Scheibennormung**

Bezeichnung	Dicke in mm	Liefermaße in cm		
Dünnglas	0,6 bis 1,2 1,2 bis 1,8 1,75 bis 2,0	60 · 126 80 · 160 60 · 188	 größte Maße	
Fensterglas MD = mittlere Dicke DD = doppelte Dicke	 2,8 3,8	 48 · 60 48 · 120 44 · 141 46 · 144	 73 · 143 73 · 160 73 · 170 60 · 174	 60 · 200 größtes Maß: 132 · 246
Spiegelglas	3,0 8,0 4,0 10,0 5,0 bis 19,0 6,0	318 · 2,00 316 · 6,00 318 · 6,00 318 · 6,00	318 · 750 318 · 900 300 · 450	

Spiegelglas ist nach dem Floatverfahren gegossen (Guß auf flüssiges Zinn), verzerrungsfrei, mit klarer Durchsicht. Das 4 bis 21 mm dicke Spiegelglas ist auch farbig lieferbar. Eine Abart ist das Spiegelrohglas mit strukturierter Oberfläche.

Drahtspiegelglas ist beiderseitig plangeschliffen, poliert, klar durchsichtig und reflektierend. Es hat Drahteinlage und ist 6 bis 8 mm dick.

Gußglas mit oder ohne Drahteinlage (z. B. Draht- und Drahtornamentglas; Welldraht-, Ornamentglas, farbiges Gußglas) ist lichtdurchlässig, aber nur beschränkt durchsichtig. Die Dicken sind je nach Muster und Sorten unterschiedlich.

Farbglas ist z. B. farbiges Gußglas, Antikglas oder Spiegelglas.

Glas mit Sicherheitseigenschaften kennen wir vor allem vom Auto. Es gibt Drahtspiegelglas mit weitgehend splitterbindender Drahteinlage, ausreichend widerstandsfähig gegen Feuer. Einscheibensicherheitsglas (vorgespanntes Glas = innere Spannung durch Wärme) ist sehr elastisch, biegebruchfest, schlagfest und temperaturwechselbeständig. Ähnliche Eigenschaften hat das vom Auto her bekannte Verbundsicherheitsglas mit oder ohne Drahteinlage. Es ist zwei-, drei-, vier- und mehrscheibig von 3 bis 60 mm Dicke lieferbar.

Mehrscheiben-Isolierglas ist eine Einheit aus mehreren Glasscheiben, die durch hermetisch abgeschlossene und entfeuchtete luftgefüllte Zwischenräume getrennt sind (an den Rändern organisch verbunden; erhöhte Dämmwerte).

Verbundglas mit Zwischenlage besteht aus zwei oder mehreren Glasscheiben, verbunden durch hochelastische Schichten. Es ist ein splitterbindendes Sicherheitsglas mit ausreichendem Lichtstreuvermögen.

Fensterarten. Zur Vermeidung von Wärmeverlusten und aus Gründen des Schallschutzes hat man sich vom Einscheibenfenster (Einfachfenster) zunehmend anderen Fensterarten zugewandt: zu Einfach- und Verbundglasfenster, Isolierverglasung, Kastenfenster (**13**.2).

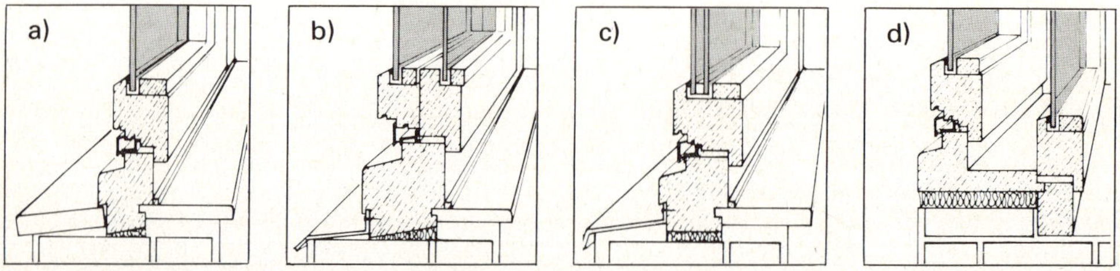

13.2 Fensterarten nach den verwendeten Glassorten
a) Einfachfenster, b) Verbundfenster, c) Isolierverglasung, d) Kastenfenster

Folgende Normblätter finden beim Bau mit Glas besondere Beachtung: DIN 1249 Tafelglas (Dicken, Sorten, Prüfung, Maßangaben), DIN 1259 Begriffe für Glasarten, Begriffe für Glaserzeugnisse, DIN 18055 Fenster-Anforderung und Prüfung, DIN 18361 Verglasungsarbeiten.

Der Einbau von Isoliergläsern, auch in Altbauten, hat gegenüber der herkömmlichen Verglasung mit einfachem Fensterglas erheblich zugenommen. Die günstigen Wärmedurchgangs- und Schalldämmwerte und die Verordnungen zur Wärmedämmung sind Ursachen dafür. Die Verglasung mit Isolierglas bringt jedoch neue Techniken mit sich, die erlernt werden müssen.

13.1.2 Glasauswahl, Verglasungssysteme, Glasschneiden

Die meisten Fenster werden noch immer aus Holz gefertigt. Daneben setzen sich Kunststoffenster zunehmend durch. Metallfenster findet man vor allem in Hallen und Werkstätten.

Fenstersysteme (Öffnungsarten). Ein brauchbarer Fensterbeschlag muß allen Aufgaben eines Fensters gerecht werden und sich den Eigenarten des Holzes und der Verglasung anpassen. Beschläge müssen leichtgängig sein und das Fenster dicht schließen. Durch unterschiedlich konstruierte Beschläge gibt es verschiedene Öffnungsarten bei Fenstern. Die wichtigsten Systeme zeigt Bild **13**.3.

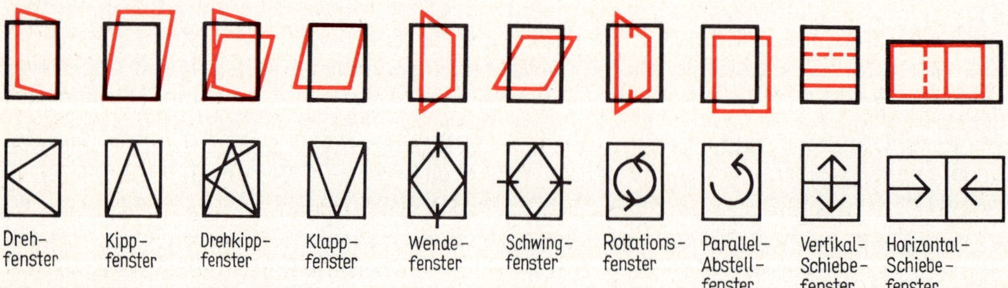

13.3 Öffnungsarten bei Fenstern

Glasauswahl. Die Glasdicken bestimmt man nach den zu erwartenden Belastungen (**13**.4) und den Beanspruchungen beim Öffnen und Schließen. Hinzu kommt die Verglasungshöhe, d.h. die Stockwerkshöhe. Erleichtert wird die Glasauswahl durch DIN 18056 und die Richtlinien der Glashersteller.

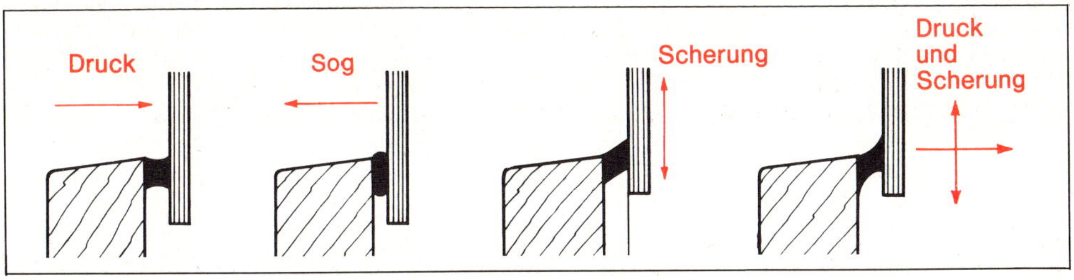

13.4 Belastungen (Lastfälle) bei Fenstern

Beanspruchungsgruppen für Holz-, Aluminium-, Stahl- und Kunststoff-Fenster schaffen einheitliche Grundlagen für den Fensterbau (VOB DIN 18361 „Verglasungsarbeiten"). Die Richtlinien erhält man durch das Institut für Fenstertechnik e.V. in Rosenheim. Für die sich aus Fenstergröße und Scheibendicke ergebende Belastbarkeit sind darin Grenzwerte festgelegt. Ihnen entsprechen bestimmte Fensterformate, die bei der jeweiligen Glasdicke nicht überschritten werden dürfen (**13**.5).

Tabelle **13**.5 **Grenzwerte der Belastbarkeit**

Glassorte	quadratisches Fensterformat	rechteckiges Fensterformat
MD (mittlere Dicke)	1,00 bis 1,25 m^2	1,25 bis 1,50 m^2
DD (doppelte Dicke)	1,75 bis 2,00 m^2	2,00 bis 2,50 m^2

Die Scheibendicke ist nach den zu erwartenden Belastungen und den daraus gebildeten Beanspruchungsgruppen zu wählen.

Verglasungssysteme. Die Beanspruchungsgruppen sind nach Verglasungssystemen gegliedert. Hierbei wird nach dem Kittbettmaterial, einer evtl. Versiegelung, der Glashaltung und den Abstandshaltern unterschieden. Dadurch ergibt sich die Verglasungsart (**13**.6, S. 272).

Zum Verglasen braucht man Lineal, Glasschneider, Aushaumesser, Kittmesser, Glashammer, Glasbrechzange und Einschießpistole für Glashaltestifte. Man kann mit einem Diamant- oder Stahlrad-Glasschneider arbeiten. Diamantschneider sind sehr empfindlich; Stahlradglasschneider sind zwar billiger, nutzen aber auch schneller ab.

Zum Glasschneiden legt man die Scheibe auf einen mit Filz bespannten Glastisch, zur Not auf eine glatte, ebene Fläche vollflächig auf (z.B. Sperrholzplatte auf einem Tisch). Diese Platte darf nicht durchfedern. Das Lineal muß an der vorgezeichneten Schneidlinie (Fettstift) einen Spielraum haben, den die Werkzeugaußenkante bis zur Diamant/Stahlrad-Mitte bestimmt. Statt einer Fettstiftlinie genügt auch die schwache Einzeichnung beider Endpunkte der Schneidlinie mit dem Glasschneider. Dann setzt man den Glasschneider ganz dicht an der oberen Glaskante an und zieht ihn mit ruhigem Schnitt unter gleichmäßigem Druck in einem Zug durch. Dabei muß es im Schnitt etwas knirschen. Bevor man das Lineal wegnimmt, prüft man, ob die Schnittspur überall durchläuft. Wenn nicht, wird nachgeritzt. Die Glasscheibe legt man mit der geritzten Linie an die

Tabelle **13.6** **Verglasungssysteme und Beanspruchungsgruppen**

Beanspruchungs-gruppen	Einfachverglasung freiliegende Dichtstoffase	Einfachverglasung Glashalteleiste innen	Isolierverglasung Glashalteleiste innen
Gruppe 1 Plastische, auch erhärtende Materialien im Kittbett	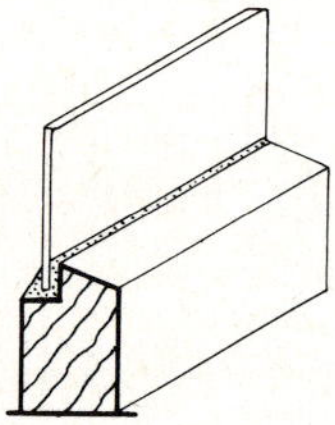	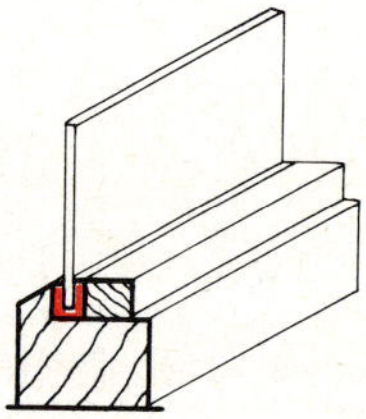	
Gruppe 2 Nur plastisches Material, weil mit Bewegungen im Kittbett zu rechnen ist	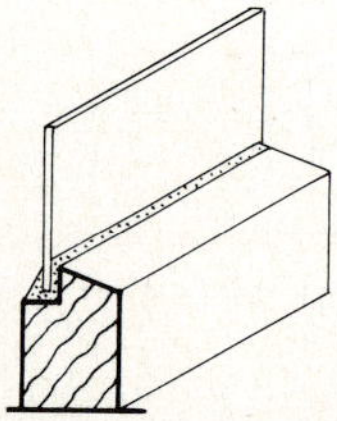	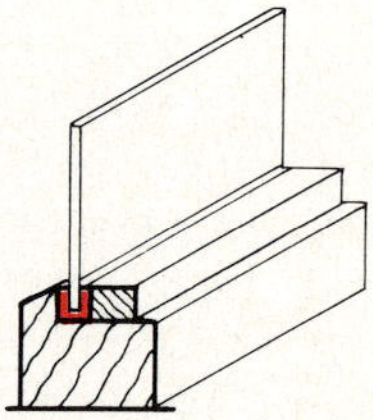	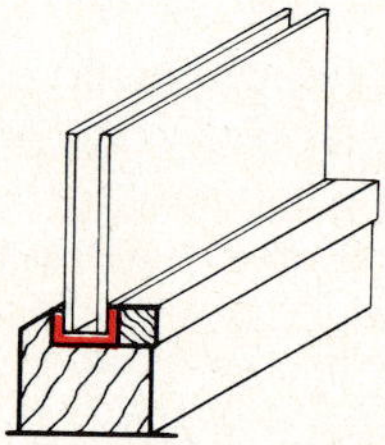
Gruppe 3 Äußere Kittvorlage plastisch versiegeln, das übrige Kittbett plastisch voll ausspritzen oder die äußere Vorlage durch ein Kittband herstellen und den Hohlraum plastisch ausfüllen		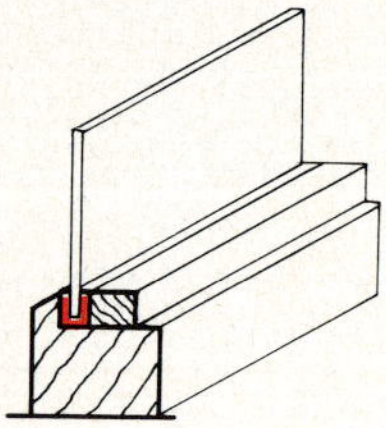	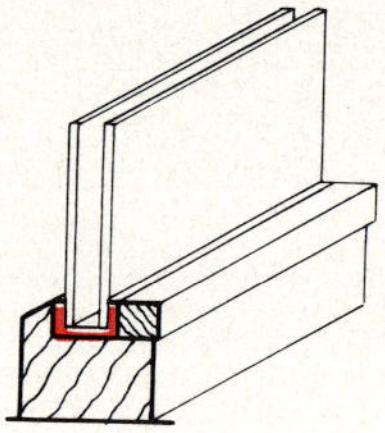
Gruppe 4 Für größere Fenster, die zusätzlich (z. B. durch Abstandhalter) stabilisiert werden müssen. Aufbau wie zuvor		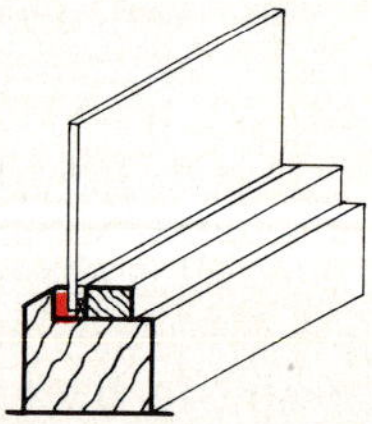	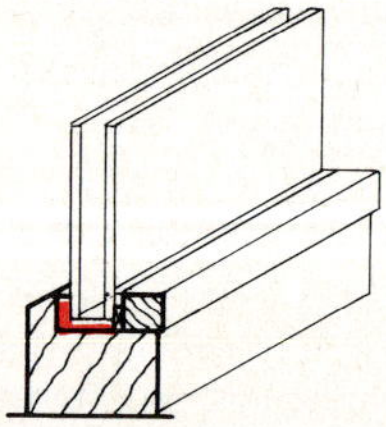
Gruppe 5 Fenster, bei denen mit einer starken atmosphärischen Belastung zu rechnen ist (innen und außen). Aufbau wie zuvor, jedoch ist auf der inneren und äußeren Kittvorlage eine elastische Versiegelung aufzubringen		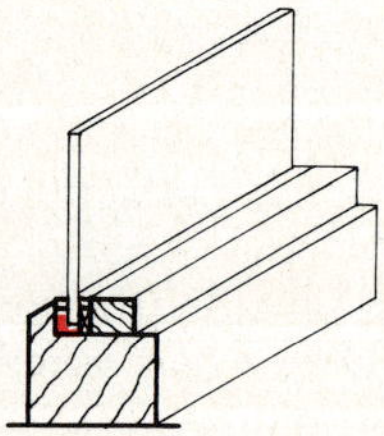	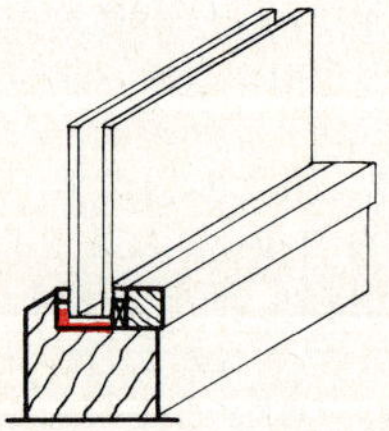

Tischkante, schlägt leicht mit dem Griffende darauf – und der Abfall bricht ab. Das Glas muß sofort nach dem Schneiden gebrochen werden, weil es im Schnittbereich unter Spannung steht. Beim Stahlradschnitt soll die Schneidlinie mit Schneidöl (Terpentinöl) vorgenäßt werden.

Zum Abknicken des Abfallstücks, vor allem bei schmalen Streifen, nimmt man die Glasbrechzange. Notfalls nimmt man die jeweils passende Einfräsung des Glasschneiders. Gußglas und Drahtglas schneidet man mit einem Stahlrädchen.

Schneiden Sie das Glas sofort genau auf das nötige Maß. Nachschneiden ist schwierig und kann zu Glasbruch führen.

13.1.3 Verglasen

Richtlinien. Zu beanstanden sind u. a. vorschriftswidrige Fensterkonstruktionen, unzureichende Festigkeit, ungenügende Befestigung der Rahmen, unebene Glasauflageflächen, ungeeignete Klemmleisten. Der Spielraum zwischen Scheibe und Glasfalzgrund muß etwa ein Drittel der Glasfalzhöhe betragen.

Die Verklotzung sorgt für eine Gewichtsverteilung der Scheiben, so daß Verspannungen verhindert werden und die Beschläge einwandfrei funktionieren. Dabei dürfen die Scheibenkanten an keiner Stelle den Rahmen berühren. Verwendet werden imprägnierte, mit Holzschutzgrund getränkte Hartholzklötzchen. Entsprechend den verschiedenen Fensterarten gibt es Richtlinien für das Setzen der Klötze (**13**.7). Einzelheiten bringt DIN 18361 „Verglasungsarbeiten".

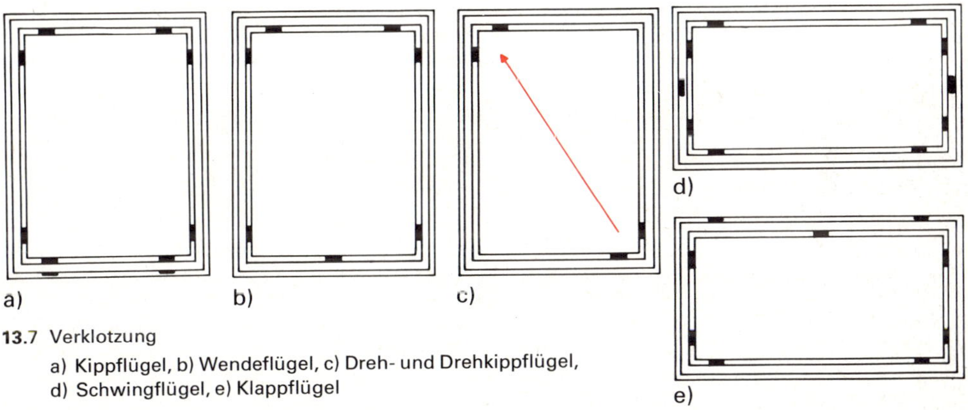

13.7 Verklotzung
a) Kippflügel, b) Wendeflügel, c) Dreh- und Drehkippflügel,
d) Schwingflügel, e) Klappflügel

Die Verklotzung der Glasscheiben richtet sich nach den Öffnungsarten der Fenster und ist nach DIN 18361 durchzuführen.

Glashalteleisten sind je nach Fensterkonstruktion innen und außen anzutreffen (**13**.8, Seite 274). Sie dienen zum Anpressen der Dichtungsbänder bzw. Dichtstoffe. Glashalteleisten müssen vor dem Einsetzen mindestens zweimal geschlossenporig grundiert/gestrichen werden. Können sie erst nachträglich angebracht werden, sind die Scheiben in der Zwischenzeit durch 10 cm lange Abschnitte mit Zwischenlage zu sichern.

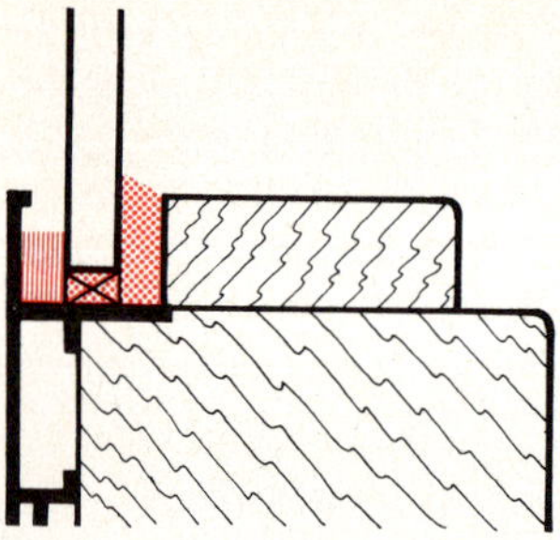

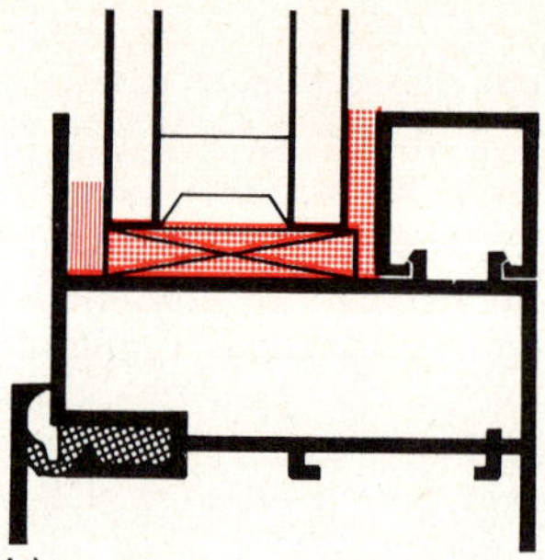

13.8
Glashalteleisten
a) Dichtungsfalz mit Glashalteleiste bei Einfachverglasung
b) Dichtungsfalz mit Glashalteleiste bei Isolierverglasung

Kitte und Dichtstoffe. Die Verwendung von Kitt (Holz- und evtl. Metallfenster), Dichtungs- und/oder Versiegelungsmasse ergibt sich durch die erwähnten Beanspruchungsgruppen (**13.**5). Leinölkitt darf nur für kleinere Scheiben genommen werden. Kitte müssen am Glas und anschließenden Bauteil gut haften. Diese Werkstoffe werden heute aus der Kittspritze verarbeitet (**13.**10). Dichtprofile und Dichtstreifen müssen gegen Einflüsse der Atmosphäre beständig sein und im vorkommenden Temperaturbereich ihre Eigenschaften behalten. Versiegelungsmassen müssen am Glas und am anschließenden Bauteil so haften, daß sie die auftretenden Bewegungen aufnehmen, ohne abzureißen.

Leinölkitt soll bei offenporigem Anstrich nicht genommen werden. Plastisches Material verwendet man, wenn mit Bewegungen im Kittbett zu rechnen ist. Elastisches Material setzt man ein, wenn stärkere Bewegungen auftreten können, und zur Dichtung der Fugen.

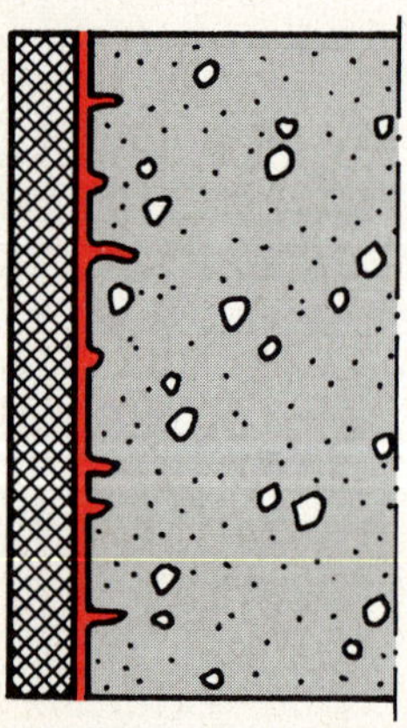

13.9 Sperrender Voranstrich geschlossenporig

Verglasen mit der Kittspritze und Glashalteleisten

a) Holzfenster werden vor dem Verglasen grundiert und einmal vorgestrichen, die Falze stets geschlossenporig (**13.**9).

b) Das ausgehängte Fenster wird auf eine glatte Unterlage (Tischplatte) gelegt. Alle Falze müssen vollkommen eben und kornfrei sauber sein. Bei Neuverglasungen Altglasreste, Stifte und alle Kittreste entfernen.

c) Die Scheibengröße wird gemessen: einschließlich Falze, jedoch bei Holzfenstern allseitig 3 mm Spielraum beachten (ab 4 m^2 Glasgröße und 2,50 m Kantenlänge 4 mm).

Die folgenden Arbeitsgänge müssen wegen der richtigen Verklotzung immer bei eingehängtem Fensterflügel ausgeführt werden.

d) In die sauberen Falze wird das Kittmaterial bandförmig gespritzt (Flachdüse $\approx 6 \cdot 30$ mm). Die Kittspritze ist im Winkel von $\approx 45°$ zu halten (**13.**10 a).

e) Danach wird, wie zuvor beschrieben, verklotzt.

f) Hierauf wird die Scheibe in den Rahmen gestellt und dabei satt in die Kittvorlage eingedrückt (**13.**10 b).

g) Den Hohlraum zwischen Glas und Rahmen spritzen wir mit der Kittspritze satt und sorgfältig aus (Flachdüse wie bei d). Die Kittspritze halten wir wieder im Winkel von $\approx 45°$, führen jedoch die Düse parallel zu dem auszuspritzenden Hohlraum (**13.**10 c).

h) Danach werden gleich die grundierten/gestrichenen Glashalteleisten gesetzt und befestigt. Die Schrauben oder (gestauchte) Nägel dürfen nicht mehr als 20 cm auseinander sein und sollen ≈ 10 mm vom Glas entfernt sein. Abschließend wird der etwa 3 mm breite Hohlraum zwischen Glas und Leisten satt ausgespritzt (**13.**10 d). Glashalteleisten müssen am Bau abgenommen und wieder eingebaut werden können!

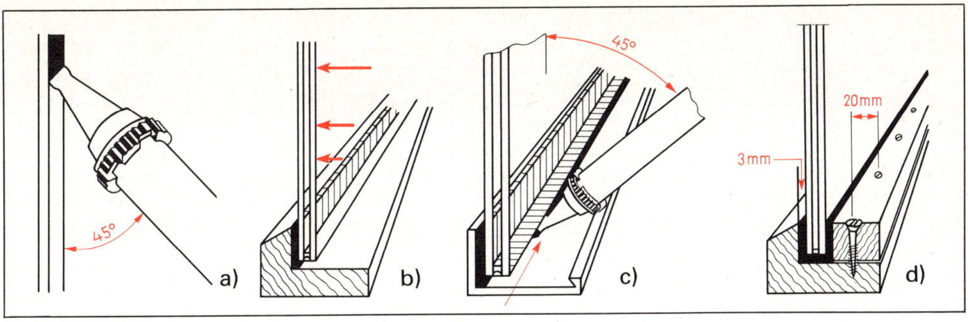

13.10 Verglasen mit der Kittspritze und Glashalteleisten

a) Kittspritze im Winkel von ≈ 40° halten
b) Scheibe satt in die Kittvorlage drücken
c) Hohlraum zwischen Glas und Rahmen mit der parallel gehaltenen Spritze ausfüllen
d) Setzen der Glashalteleisten und Ausspritzen des gegenüberliegenden Hohlraums

Unbelastete Rahmenverglasungen nennt man das Verglasen von Fenstern, Türen und Trennwänden mit Glasfüllungen, die als Windfänge oder Zwischenwände dienen. Unbelastet bedeutet, daß diese Konstruktionen geringer belastet werden als die unter „Glasauswahl" genannten Einrichtungen. Die Rahmen für diese Verglasungen können aus Holz, Metall oder Kunststoff bestehen. Holz herrscht auch hier noch vor.

Bei Holzrahmen erfolgt die Auflage auf Kittvorlagen. Man kann jedoch auch Profilstreifen aus synthetischem Kautschuk oder ähnlichen Stoffen verwenden (Trockenverglasung). Zur Befestigung dienen Glaserecken oder Stifte, als Abschlüsse Glashalteleisten.

Das Stiften muß so geschehen, daß die Glaskanten nicht verletzt werden und das Glas richtig gehalten wird. Wir setzen den Stift nur wenig über der Scheibe an und treiben ihn mit 2 bis 3 Schlägen ein. Mit weiteren Schlägen wird er dann eingeschlagen und mit dem schräg gehaltenen Hammer gegen die Scheibe gedrückt (**13.**11).

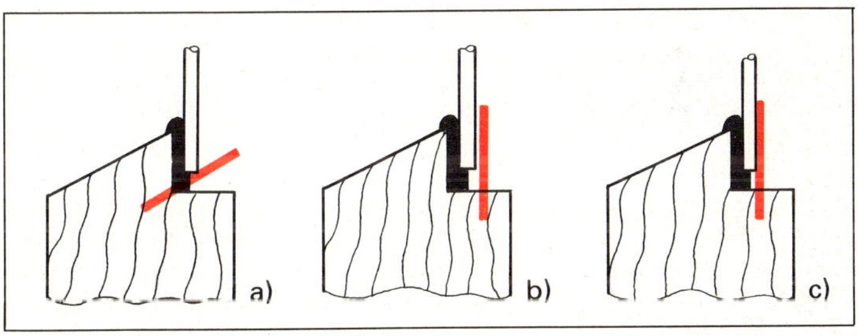

13.11
Setzen der Glaserstifte

a) Schräg gesetzte Stifte beschädigen die Glaskante
b) Mit Abstand gesetzte Stifte halten die Scheibe nicht
c) Richtig: gerade und dicht gesetzte Stifte

Verglasen mit Scheiben unter 2,31 m² Fläche. Bei der Verglasung mit formbaren Dichtstoffen ohne Glashalteleisten werden die Scheiben in Glasfalzhöhe und -breite satt in den Dichtstoff eingelegt. Sie sind mit einer Dichtstoffnase zu versehen, die man an den Ecken auf Gehrung abstreicht. Stifte müssen von den Dichtstoffen voll überdeckt sein.

Verglasen mit Scheiben über 2,31 m² Fläche. Vor dem Einsetzen müssen alle Scheibenecken abgekappt werden. (Warum?) Scheiben mit einer größten Scheibenseite

bis 250 cm müssen mindestens 8 mm
über 250 bis 400 cm müssen mindestens 10 mm
über 400 bis 600 cm müssen mindestens 12 mm
über 600 cm müssen mindestens 15 mm im Falz liegen.

Verglasen mit farbigem Gußglas erfolgt nach Herstelleranweisungen. Zu beachten sind dabei u.a. sauberer Scheibenzuschnitt, unverletzte Kanten, Einzelflächen der Scheiben $\leqq 1{,}5\ m^2$, wärmeabsorbierendes Rahmenmaterial, zwischen Scheibe und Glasfalzgrund ein Spielraum von etwa $^1/_3$ der Glasfalzhöhe. Diese Hinweise gelten für die von der Sonne direkt bestrahlten Gläser.

Einscheibenisolierglas wird in Klemmrahmen oder U-Profile eingesetzt. Dabei muß zwischen Glas und Metall ein Trennmaterial (z.B. Preßspan) eingelegt werden. Glaskanten dürfen nicht an Metallteile oder andere Glaskanten stoßen. Herstellerhinweise sind zu beachten.

Mehrscheiben-Isolierglas ist nach den bestehenden Verglasungsrichtlinien zu verglasen. Sie enthalten u.a. Anforderungen an die Glasfalzausbildung, Tabellen zur Ermittlung der Beanspruchungsgruppen, Hinweise zur Verklotzung und Arbeitsfolgen für die Verglasungssysteme. Bild **13**.12 zeigt daraus zwei Beispiele.

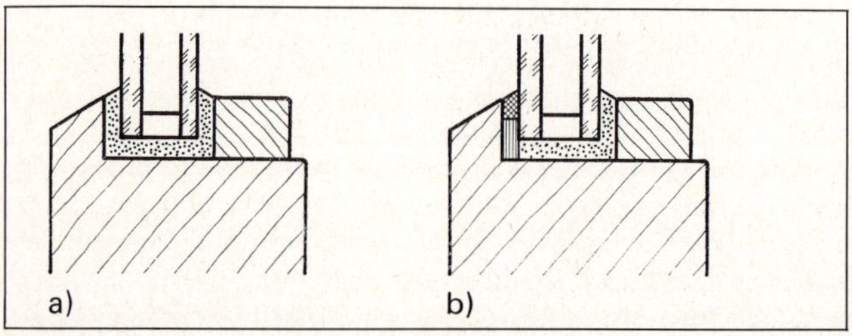

13.12
Verglasen mit Mehrscheiben-Isolierglas
a) mit plastisch bleibendem Dichtstoff
b) mit plastisch und elastisch bleibendem Dichtstoff auf Vorlegeband

Verbundsicherheitsglas wird ebenfalls nach Herstellerrichtlinien und den technischen Vorschriften der VOB verglast. Glashalteleisten sind erforderlich. Die Dicken der Dichtstoffvorlagen dürfen keinesfalls unterschritten werden. Einige Phasen der Versiegelung zeigt Bild **13**.13.

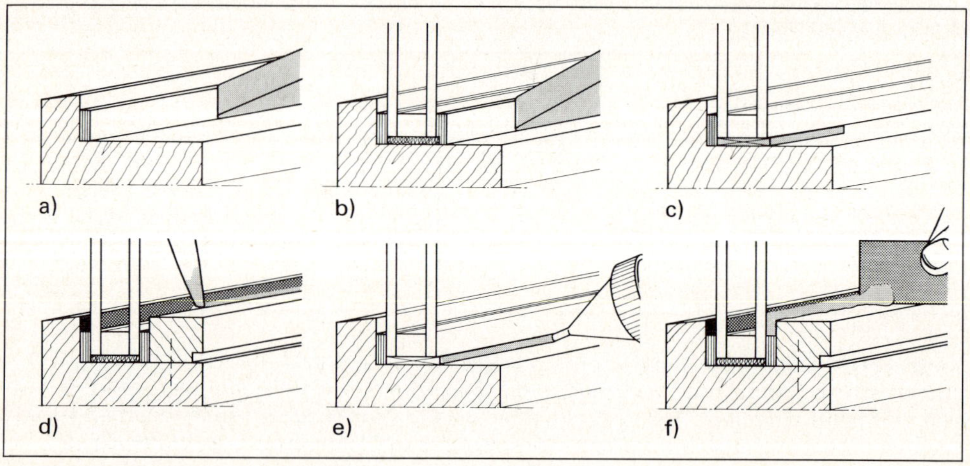

13.13 Abdichtung bei Isolierverglasung
a) Vorlageband auf sauberen, trockenen Anschlag anlegen
b) gereinigte Scheibe einsetzen
c) Raum zwischen Scheibenkante und Falzgrund ausfüllen
d) Bei Innenversiegelung Vorlageband an die Scheibe anlegen
e) Versiegelungsmaterial einspritzen zwischen Glas und Rahmen
f) Mit Abstreifer gegen die Dichtungsfase abziehen

Versiegelung ist die Verwendung eines elastisch bleibenden, ausreichend haftenden Dichtstoffs. Eine Versiegelung kann auf eine bereits teilweise durchgeführte Abdichtung erfolgen. Ist ein entsprechend dimensioniertes Bandprofil auf der zu versiegelnden Seite mit einer offenen Fuge versehen, das die Versiegelungsmasse aufnimmt, ist die Versiegelung Bestandteil einer Glasabdichtung.

Die nicht zum Tafelglas gehörenden Glassorten werden vor allem nach Herstelleranweisungen verglast. Technische Vorschriften und Richtlinien sind zu beachten.

Schadensbeseitigung. Verglaste Fenster kontrolliert man nach folgenden Gesichtspunkten auf Schäden:

a) Kittfase bzw. Dichtmasse prüfen, ob sie sich vom Glas gelöst hat, so daß Feuchtigkeit eindringen kann.

b) Glashalteleisten durch leichte Messereinstiche prüfen auf Zustand und Anstrich.

c) Sind Kittfasen bzw. Glashalteleisten zu beanstanden, können auch die Leimfugen angegriffen sein.

d) Fehlende Schwitzwasserversiegelungen bzw. feststellen, ob noch versiegelt werden muß (**13**.14).

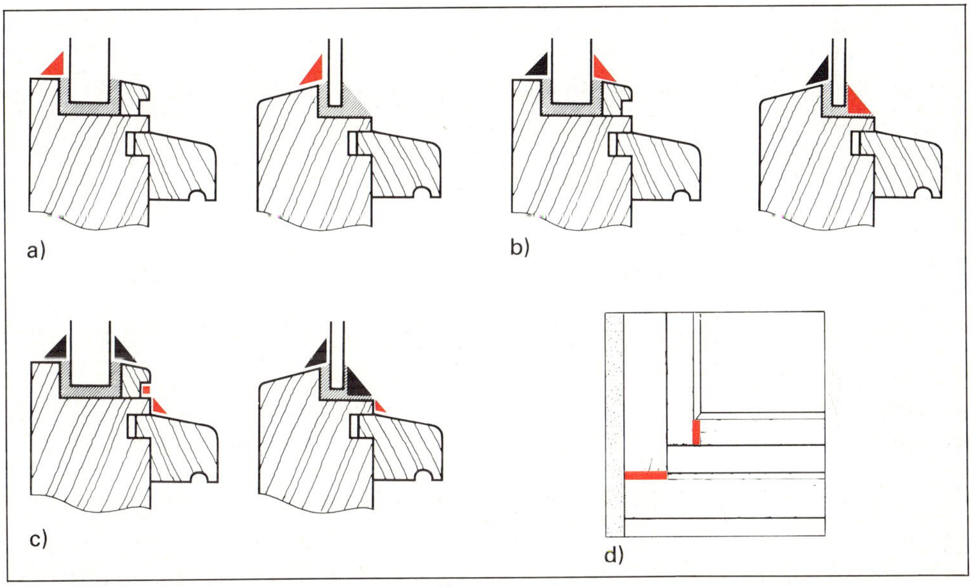

13.14 Abdichtungsmaßnahmen bei der Instandsetzung
a) Anbringen fehlender Schwitzwasser- bzw. Naßraumversiegelung
b) Defekte Glasdichtungen nachversiegeln oder erneuern
c) Außenliegende Glashalteleiste und Flügelholz zusätzlich versiegeln sowie Versiegelung der Glasleistenstäbe
d) Versiegeln aufgerissener Leim- und Konstruktionsfugen

Neben anstrichtechnischen Maßnahmen sind hier Dichtmassen einzusetzen (s. Abschn. 8.4). Bei allen Fensterabdichtungen ist jedoch zu überlegen, ob man überstreichbare Massen einsetzen sollte. Man arbeitet am besten mit Handspritzpistolen aus den gelieferten Kartuschen. Kitt- und Anstrichreste, Staub und andere Unsauberkeiten sind sorgfältig zu entfernen. Die Fugen müssen trocken sein. In der Regel ist auch hier ein Fugenprimer vorzustreichen, der ≈ 20 Minuten trocknen muß.

13.2 Wärmedämmtechniken

Die Wärmeschutzverordnung der Bundesregierung ist verbindlich für alle Gebäude. Hauptzweck ist die Energieeinsparung sowohl bei neu zu errichtenden Gebäuden als auch bei Altbaumodernisierungen. Es geht um verbesserte Wärmedämmung von Fenstern (z. B. Isolierverglasung) und Außentüren, Außenwänden innen und außen, Dächern und Decken. Wärmedämmungen sollen den Wärmefluß zwischen Innen- und Außenseiten eines Gebäudes wirtschaftlich regulieren, in Grenzen halten. Das bedeutet im Winter geringere Heizkosten und bestimmte Grenztemperaturen im Sommer.

Der Maler führt seit langem bestimmte Wärmedämmtechniken in Neu- und Altbauten aus. Die Werkstoffe dafür kennt er von anderen Techniken her (z. B. Schaumstoffplatten, Unterlagstoffe und Tapeten, mineralische Faserdämmstoffe, Gipskarton-Verbundplatten, mehrschichtige Leichtbauplatten und Korkdämmplatten). Ein Teil dieser Werkstoffe wird durch Klebetechniken verarbeitet. Wenn keine streich- oder klebbaren Oberflächen vorhanden sind, kann man sie mit üblichen Malertechniken herrichten und vorbereiten. In manchen Fällen ist gleichzeitig ein Feuchtigkeitsschutz damit verbunden. Das ist wichtig, weil Feuchtigkeit (Wasserdampf) der größte Feind der Wärmedämmung ist.

> Der Maler und Lackierer kann zahlreiche wärmedämmende Stoffe verarbeiten und ihre Oberflächen mit Techniken seines Handwerks bearbeiten.

13.2.1 Wärmefluß und Wärmeleitfähigkeit

Wärmefluß. Wärme hat, wie wir aus Abschn. 2.8 wissen, das Bestreben, die Temperatur eines Stoffs oder zwischen zwei benachbarten Stoffen auszugleichen. Sie fließt auf kältere Teile über. So wandert Wärme im Winter von unseren Zimmern nach außen ab und dringt im Sommer von außen herein (**13**.15). Wärmedämmtechniken sollen diesen unerwünschten Wärmefluß verhindern.

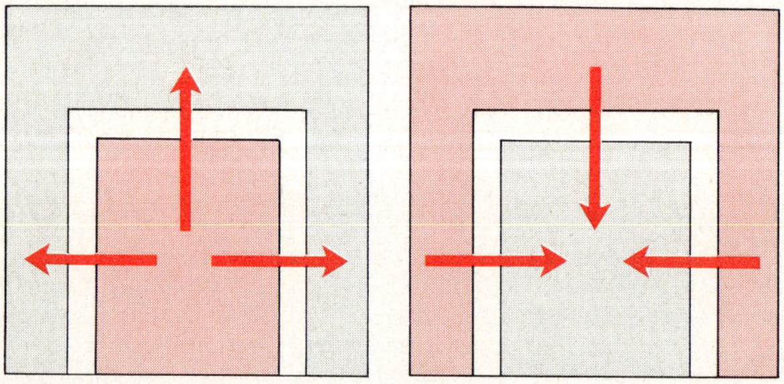

a) b)

13. Wärmefluß a) im Winter von innen nach außen
b) im Sommer von außen nach innen.

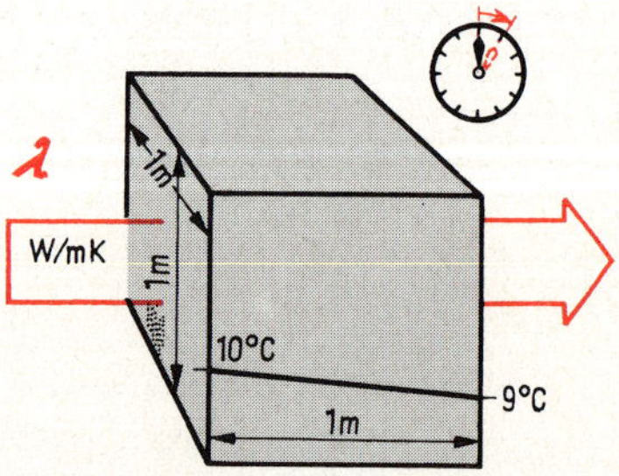

13.16 Wärmeabfluß nach dem Wärmeleitkoeffizienten λ

> Wärme ist übertragbare Energie. Ihre Maßeinheit ist Kilowatt je Stunde (kW/h).

Wärmeleitfähigkeit. Der Wärmefluß ist bei den Stoffen verschieden groß. Man sagt, die Stoffe haben ihre spezifische (arteigene) Wärmeleitfähigkeit (s. a. Abschn. 2.8). So gibt es gute und schlechte Wärmeleiter.

Wärmeleitzahl. Das Maß für die Wärmeleitfähigkeit ist die Wärmeleitzahl λ (griech., sprich klein lambda). Das ist die Wärmemenge, die man in 1 Stunde durch 1 m^2 einer 1 m dicken Stoffschicht leiten muß, um ihre Temperatur um 1°C zu erhöhen (**13**.16). DIN 4108 „Wärmeschutz im Hochbau" bringt die Rechenwerte der Wärmeleitzahl für die verschiedenen Baustoffe (**13**.17).

Tabelle **13**.17 **Wärmeleitzahl λ einiger Stoffe**

1,75 Schwerbeton B ≧ B 160	0,70 Gips- und Kalkgipsmörtel
1,40 Zementmörtel	0,40 Leichtbeton-Vollsteine
1,05 Fliesen	0,14 Nadelholz (lufttrocken)
0,99 Kalksand-Vollsteine	0,09 Holzwolle-Leichtbauplatten
0,87 Kalk- und Kalkzementmörtel	0,026 Polyurethan-Hartschaum (3 mm Dicke)

Für Wärmedämmtechniken braucht man Stoffe mit geringer Wärmeleitfähigkeit, z. B. Hartschaumstoffe.

Je kleiner die Wärmeleitzahl eines Stoffs, desto besser ist seine Wärmedämmung.

Mit Hilfe weiterer, schwieriger Werte und Formeln wird für das jeweilige Objekt die erforderliche Dämmschichtdicke errechnet. Diese Werte geben die Hersteller von Dämmstoffen als Tabellen heraus, die man in Werkstoffprospekten findet.

Feuchtigkeit. Trotz sorgfältiger Abdichtung kann es zur Durchfeuchtung der Wärmedämmung kommen. Ursache in bewohnten Gebäuden ist vor allem der Wasserdampf (Atem, Kochen, Waschen usw.). Dampfsperren (z. B. Aluminiumfolien) unterhalb der Dämmschicht verhindern, daß dieser Feind in die Dämmschicht eindringt und kondensiert (**13**.18). Einige Verbunddämmstoffe sind bereits mit solchen Dampfsperren ausgerüstet.

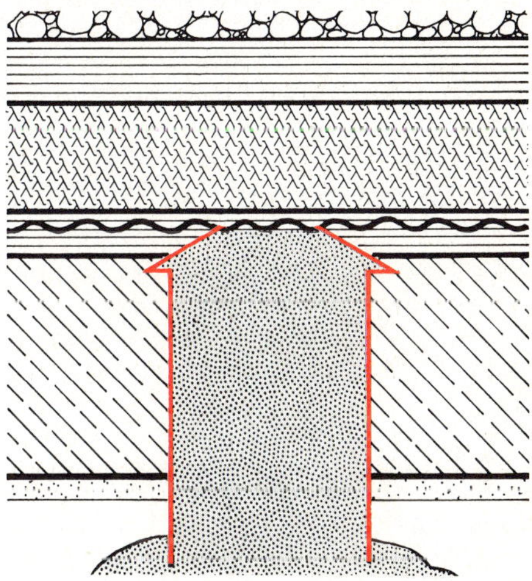

13.18 Wirkung einer Dampfsperre

13.2.2 Wärmedämmstoffe und Anwendung

Dämmstoffe. Dem Maler und Lackierer stehen vor allem folgende Wärmedämmstoffe zur Verfügung, die er mit seinen Techniken verarbeitet:

Unterlagstoffe für Innendämmungen (s. Abschn. 15.1.3)

Isolierende Polystyrol-Deckenplatten für direkte Verlegung oder abgehängte Decken (s. Abschn. 15.3)

Profilholzbretter oder Paneele, durch Klammersysteme zu montieren; verbesserte Dämmwerte durch Hinterlegen mit Isoliermatten

Textile Wandbekleidungen zum Spannen, ebenfalls mit Hinterlegungen von Dämmstoffen (s. Abschn. 15.4)

Verbund-Dämmstoffe, z.B. Polystyrol-Hartschaum + Pappe oder Gipskarton, Polyurethan-(DD-)Hartschaum + Bitumen, Metallfolien oder Glasvliesbeschichtungen
Kunststoff-Bodenbeläge auf wärme-isolierenden Trägern (z.B. Kork oder Filz), Teppichböden, Unterlagen für Teppichböden, s. Abschn. 15.5)

Außenanwendungen sind vor allem mit Polystyrol- und anderen Hartschaumplatten üblich (≈4 bis 8 cm dick). Sie werden mit Dispersions- oder gefülltem Kunststoffkleber verlegt, mit Kunststoffputzen überzogen und evtl. mit KD-Farben gestrichen.

Arbeitsbeispiel

a) Auf gereinigtem, sauberem und gesundem Mauerwerk Polystyrol-Hartschaumplatten mit empfohlenem Kleber (Auftrag nach Anweisung) an die Wände setzen. Ansetzen im Verband plan, lot- und waagerecht. An den Anschlußstellen zu anderen Bauteilen (z.B. Fenster, Türen) 8 bis 10 mm Abstand einhalten.

b) Stoßfugen über 2 mm Breite, Versatz- und Schadensstellen mit Dämmspachtel ausspachteln.

c) Schutz aller freiliegenden Dämmstoffecken mit Aluminium-Winkel, belegen oder einkleben.

d) Dünnschichtputz nach Anweisung ansetzen und mit rostfreier Glättekelle 3 bis 4 mm dick plan und gleichmäßig aufziehen.

e) Dämmputzgewebe mit der Kelle in den nassen Putz einbetten, an Nähten 5 cm, an Ecken 10 cm überlappen. An freiliegenden Dämmstoffkanten läßt man das Gewebe 5 cm überstehen.

f) Freiliegende Dämmstoffkanten satt in Armierungsmasse einbetten.

g) Beschichten der freigelassenen, nicht mit Dämmplatten belegten Zonen (Fenster, Türen usw.) mit Dünnschichtputz.

h) Ausgesparte Fugen mit Fugenfüller und Kittpistole dicht ausspritzen.

i) Auftrag von Kunststoffputz mit rostfreier Glättkelle, plan und gleichmäßig in ≈3 mm Schichtdicke. Das Bildbeispiel **13**.19 zeigt eine Sockelausbildung.

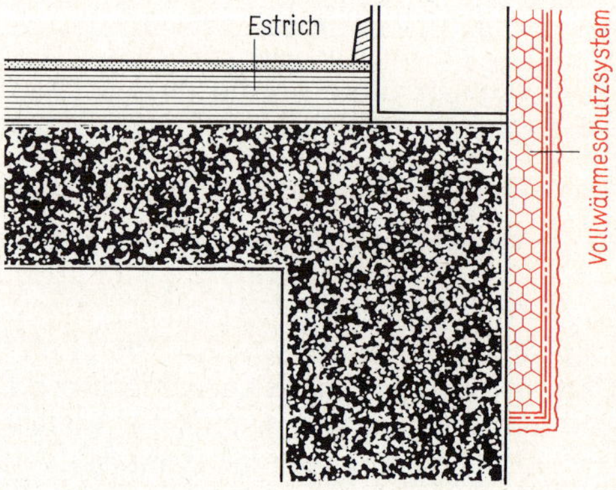

13.19 Sockelausbildung bei einem Vollwärmeschutzsystem

Aufgaben zu den Abschnitten 13.1 und 13.2

1. Nennen Sie einige Öffnungsarten für Fenster.
2. Von welchen Belastungen hängt die Wahl der Glasdicke ab?
3. Was sind Beanspruchungsgruppen?
4. Nennen Sie zwei Verglasungssysteme und beschreiben Sie die Unterschiede.
5. Welches Werkzeug brauchen Sie für Verglasungsarbeiten?
6. Warum muß man eine Glasscheibe sofort und in einem Zug aufs richtige Maß zuschneiden?
7. Wozu braucht man Glashalteleisten?
8. Warum sollen Sie bei offenporigem Anstrich nicht mit Leinölkitt verglasen?
9. Welche Aufgaben hat die Verklotzung, wonach richtet sich ihre Art?
10. Welche Spielraummaße sind beim Glas für Scheibengrößen bis 2,50 m Kantenlänge und darüber einzuhalten?
11. Welche Regeln müssen Sie beim Setzen von Glashaltestiften bzw. Glaserecken beachten?
12. Wo finden Sie Hinweise und Richtlinien zur Verglasung der Glassorten, die nicht zum Flachglas gehören?
13. Wozu versiegelt man Verglasungen?
14. Warum müssen die Haftflächen bei Versiegelungen vollkommen sauber sein?
15. Sie sollen eine Altverglasung auf ihre Brauchbarkeit beurteilen. Worauf müssen Sie achten?
16. Warum wird heute auf Wärmedämmtechniken großer Wert gelegt?
17. Mit welchen Stoffen führt der Maler Wärmedämmtechniken aus?
18. Erklären Sie den Zusammenhang zwischen Wärmefluß und Wärmedämmung.
19. Was versteht man unter der spezifischen Wärmeleitung eines Stoffs?
20. Warum ist die Wasserdampfdiffusion ein Feind der Wärmedämmung?
21. Beschreiben Sie eine Außen-Wärmedämmung mit Malertechniken.

13.3 Schrifttechniken

13.3.1 Schriftarten

Folgende Merkmale bestimmen die Techniken der Schrift: der *Werkstoff*, aus oder mit dem Schrift hergestellt wird, der *Untergrund*, auf dem die Schrift angebracht ist, und die für die *Herstellung* verwendeten Werkzeuge, Apparate oder Hilfsmittel.

Geschriebene und aufgemalte Schriften. In Abschn. 12.4.2.2 haben wir Schriftherstellungen durch Schreiben oder Folienschnitt kurz beschrieben. Davon lassen sich Techniken auf anderem Untergrund ableiten.

Schriftschablonen. Nicht selten werden Schriften in sehr kleinem Grad verlangt, die sauber, gleichmäßig und schnell geschrieben werden sollen. Kommt eine „frei geschriebene" Schrift nicht in Frage, kann man Schriftschablonen verwenden. Zum Schreiben benutzt man Tuschefüllhalter mit auswechselbaren Röhrenfedern verschiedener Strichbreiten.

In zunehmendem Maß werden Schrifttechniken entwickelt, die das mühevolle Zeichnen, Konstruieren, Ausmalen oder Ausschneiden der Schrift ersparen. Solche Schriften eignen sich für viele Anwendungen. Zahlreiche Schriftarten und -größen sowie Zeichen, Symbole, Figuren, Rasterfolien, Linien usw. stehen zur Wahl. Diese Schriften sind ebenso als Vorlagen für Vergrößerungen wie für den Siebdruck geeignet.

Bei Abreibeschriften befinden sich Schriften und Zeichen auf der *Rückseite* transparenter Bögen, wo sie nur leicht anhaften. Die Durchsichtigkeit der Bögen und Anlegemarken ermöglichen Anlegen und Ausgleichen. Jeder Buchstabe wird nach genauem Anlegen mit einem breiten Holz- oder Kunststoffstäbchen an allen Stellen gleichmäßig angerieben. Dadurch verliert er seine Haftung gegenüber dem Trägerpapier und geht vollkommen auf den neuen Untergrund über. Mit einem darübergelegten Transparentpapier reibt man leicht nach. Bei geeignetem Untergrund schützt ein farbloser Sprühlack vor Beschädigungen und mutwilligem Entfernen (**13.**20).

a) b) c)

13.20 Abreibeschriften

a) Schriftbogen mit Hilfe von Anlegemarken genau auflegen
b) Schrift abreiben
c) Folie abziehen

Abziehschriften befinden sich ebenfalls auf einem Trägerpapier, jedoch auf der Vorderseite eines gedeckten Papiers. Die Entfernung und Übertragung geschieht hier durch Anfeuchten mit Wasser. Geeignet sind vor allem glatte, wenig saugende Untergründe. Die ausgeschnittenen Zeichen werden zum Anordnen und Ausgleichen auf den Untergrund gelegt. Danach taucht man mehrere Zeichen in eine Schale Wasser und legt sie einige Minuten beiseite. Anschließend wird jedes Zeichen an die ermittelte Stelle gehalten und das Trägerpapier (nicht umgekehrt) unter dem Zeichen weggezogen. Die noch feuchten Zeichen lassen sich anfangs in ihrer Lage noch korrigieren. Nach Abdecken mit Löschpapier wird jede Zeile mit einer geeigneten Gummiwalze übergerollt.

Schablonenschriften. Dafür verwendet man selbstklebende Schneidfolien, worauf die Formen mit dem Bleistift vorgezeichnet werden. Mit einer Schneidefeder werden sie ausgeschnitten und von der Trägerfolie abgehoben. Nach Entfernen der Trägerfolie kleben wir die ausgeschnittene Schablone auf den Untergrund. Das früher übliche Ausstupfen der Buchstaben mit dem Pinsel wird heute weitgehend durch Ausspritzen oder Aussprühen (Sprühdosenlack) ersetzt. In der gleichen Technik erstellen wir auch Einfach- oder Mehrfach-Zierlinien.

Selbstklebende Fertigschriften sind in kompletten Alphabeten im Fachhandel zu bekommen. Es sind einwandfrei ausgestanzte Formen aus Hart-PVC in zahlreichen Ausführungen und Farben. Bei ihrer Verwendung sind die Einteilung und Anordnung zu beachten. Die Buchstaben werden einfach vom Trägerpapier abgezogen. Sie haften sofort auf trokkenen, fettfreien, ebenen oder auch gebogenen Untergründen (z. B. Schilder, Türen). Ein besonderes, mit Einteilungen versehenes Montagepapier erleichtert das Arbeiten (**13**.21).

> Die besprochenen Schrifttechniken verlangen nach wie vor grundlegende Fertigkeiten: richtige Auswahl von Schriftart, -größe und -farbe, das Kombinieren von Schriften und exaktes Anordnen.

a) b) c)

13.21 Buchstabenübertragung selbstklebender Schriften

a) Schutzpapier entfernen, Buchstaben auslegen und ausrichten
b) Übertragungspapier über die ausgemittelte Schriftzeile legen
c) Übertragungspapier abziehen, Kanten andrücken – die Schrift haftet

Plastische Kunststoff-Buchstaben. Diese aus Kunststoff im Spritzguß gefertigten feinpolierten Buchstaben großer und kleiner Alphabete haben sich in der Werbung durchgesetzt. Es gibt auch hier mehrere Größen und Schriften bis zu ≈ 30 cm Höhe, farbig und auch mit Konturen. Der wetterbeständige Kunststoff erlaubt auch Außenanwendungen. Sie werden nach besonderen Verfahren (z.B. durch Dübel) dauerhaft montiert. Schablonen in natürlicher Größe dienen zum Ausmitteln der Abstände (**13**.22).

13.22 Die Vormontage plastischer Kunststoff-Buchstaben mit Schablonen, die genau auf die Stellen der Buchstaben gebracht werden, um an den gekennzeichneten Kreuzen den Ort für Dübel oder Haftplättchen anzugeben

Ausgeschnittene Buchstaben lassen sich in gewünschter Form und Größe aus Karton, Schaumpolystyrol oder anderen Werkstoffen herstellen, indem man die Formen auf der Rückseite spiegelverkehrt aufträgt. Für den Entwurf verwendet man kariertes Papier. Buchstabenabstände brauchen hier nicht eingehalten zu werden, da man die Abstände später mit den Buchstaben ermittelt.

Schaumpolystyrol-Buchstaben ermöglichen vor allem sehr plastische Formen, da es dieses Material in mehreren cm Dicke gibt. Die Formen werden ebenfalls von Papier übertragen. Zum Ausschneiden benutzt man Styroporschneider, die mit elektrisch geheizten Drähten arbeiten und wie eine Laubsäge geführt werden. Gleiche Buchstaben kann man durch übereinandergelegte Platten in einem Zug mehrfach bekommen. Die ausgeschnittenen Buchstaben legt man lose aus, um die Abstände zu ermitteln. Als Richtlinie benutzt man am besten ein Lineal. Geklebt wird mit Hartschaumkleber für Schaumpolystyrol.

Schriftherstellung mit besonderen Geräten. Das Episkop projiziert undurchsichtige Vorlagen (Fotos, Schrift usw.) auf die Arbeitsfläche. Der Abstand des Geräts und die Optik bestimmen das Maß der Vergrößerung. Ein Epidiaskop vergrößert sowohl undurchsichtige als auch durchsichtige Vorlagen (Negative, Diapositive). Das Antiskop ist besonders für Berufe der Schriftherstellung geeignet. Man kann es für senkrechte oder waagerechte Projektion einsetzen. Die in der Schriftsetzerei heute üblichen Fotosetzgeräte werden auch handwerklich zur Schriftgewinnung eingesetzt.

Das Neoprint-Verfahren ist eine Art Stempelverfahren. Es arbeitet mit verschiedenen Buchstabenformen und -größen in Stempelform und den Farben Schwarz und Rot. Der Buchstabenabstand wird durch eine einstellbare Skala reguliert. Die Farbe ist lichtecht, wisch- und wetterbeständig.

Der Grusograph-Schriftprojektor ist eine der letzten Erfindungen auf dem Schriftgebiet (**13**.23). Die Buchstaben sind auf stabilen, glasklaren Kunststoffstreifen in 20 mm Höhe aufgereiht. Die Streifen werden in eine Schiebekassette geschoben und durch ein lichtstarkes Vergrößerungsgerät auf eine Papierbahn geworfen, wo man sie leicht nachzeichnen kann. So lassen sich Schriften von 50 bis 250 mm Höhe projizieren, mit einem Zusatzgerät bis zu 600 mm Höhe.

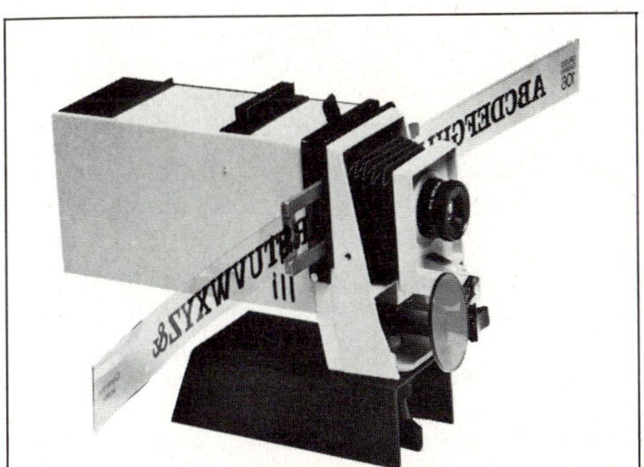

13.23 Grusograph-Schriftprojektor

13.3.2 Fahrzeugbeschriftung

Beschriftete Fahrzeuge gehören heute in den Alltag. Überlegen Sie, welche Fahrzeuge aus welchen Handelszweigen Ihnen begegnet sind. Wie waren sie beschriftet? (Art, Größe und Farbe)

Für die Auswahl der Farben spielt ihre symbolische Wirkung eine Rolle (s. Abschn. 4.6). Starkfarbige Flächen sollen neutrale Schriftfarben bekommen, z. B. Schwarz, Weiß oder Grau. Neigen zwei Farben zum „Flimmern" (z.B. Blau auf Rot), hilft gewöhnlich ein Konturieren der Buchstaben. Starkleuchtende Flächen kann man vorher mit Weiß unterlegen; es steigert die Leuchtkraft.

13.24 Beschriftung einer Fahrzeugtür mit vorgesetztem Werkzeichen

Typ und Form des Fahrzeugs sind zu berücksichtigen; denn Schrift und Fahrzeug müssen in einem guten Größenverhältnis zueinander stehen. Entsprechend sind die zu beschriftenden Flächen auszusuchen, wobei man Vorder- und Rückfront nicht vergessen darf. Die an sich langgestreckte Form der meisten Fahrzeuge soll nicht durch senkrechte Unterteilungen, aber auch nicht zu kontrastreiche waagerechte Teilungen beeinträchtigt werden. Die wichtigsten Wörter sollen sich nach Möglichkeit in Augenhöhe befinden (**13**.24). Lange Wörter nicht in Versalien anbringen.

Untergrund und Beschriftung. Eine gute Haltbarkeit der Beschriftung wird nur bei Beachtung der Lackierart und entsprechenden Vorarbeiten erreicht. Die zu beschriftende Wagenfläche kann man kaum anschleifen. Sie muß besonders sorgfältig gereinigt werden, vor allem von Pflegemitteln bei Altlackierungen.

Werk-Einbrennlackierungen sind sehr lösemittelfest und besonders vorzureinigen. Vor dem Schablonenanlegen reinigt man mit Silikonentferner, anschließend mit Verdünnung. Nach dem Folienausschneiden reinigt man noch einmal vorsichtig mit Verdünnung nach. Zur Haftvermittlung hat sich das dünne Spritzen ($^1/_2$ Kreuzgang) von farblosem Zwischenprimer bewährt. Nach dem Abdunsten beschriftet man mit Kunstharzlack oder Acryl-Autolack (bei letztem entfällt der erwähnte Zwischenprimer).

Acryl-Lackierungen sind ebenfalls lösemittelfest und sollten deshalb innerhalb von 3 Tagen nach der Lakkierung beschriftet werden, am besten ebenfalls mit Acryl-Autolack. Ältere Lackierungen reibt man leicht mit Nitroverdünnung an.

Thermoplastische Acryl-Lackierungen lassen sich nur mit thermoplastischen Acryl-Autolacken beschriften. Hier kann man auch keine Spritzfolie einsetzen. Man reinigt mit Silikonentferner und entfernt später auch damit das Anlegemittel. Zwischen den Spritzgängen muß das Lösemittel gut abdunsten. Abdeckpapier bzw. Folie sind sofort zu entfernen, sonst können sie festkleben.

Kunstharz-Lackierungen, luftgetrocknet oder bei 80°C, sind mit Silikonentferner zu reinigen und mit einem Kunststoff-Schleifkissen leicht anzurauhen. Es wird farbloser Zwischenprimer vorgespritzt, $^1/_2$ Kreuzgang. Nach dem Abdunsten beschriftet man mit Kunstharz-Autolack.

PVC-Planen-Beschriftung erfordert eine Vorprobe. Nofalls muß die Lackfabrik geeignete Werkstoffe nachweisen (Probe einsenden). Die Plane wird mit Nitroverdünnung gereinigt. Zur Beschriftung dienen besondere Schriftfarben. Nach der Beschriftung darf die Plane erst am nächsten Tag gerollt oder der Witterung ausgesetzt werden.

Abzieh-Schneidlacktechnik. Die Verwendung von leicht abgetöntem Schneidlack (aluminiumfarben) ersetzt heute vielfach die Bleifolien. Diese Lacke lassen sich auf allen Autoteilen einsetzen, geben keine Falten und brauchen kein Haftmittel. Auf diesen schnelltrocknenden Schneidlacken läßt sich das Schriftbild schon nach 20 bis 30 Min. aufpausen und nach ≈20 Min. ausschneiden. Voraussetzung sind vollkommen trockene Untergründe. Nitro-Schriftfarben sind nicht geeignet. Zur Erzielung einer guten Schichtdicke soll der Schneidlack zweimal aufgespritzt werden.

Das Siebdruckverfahren eignet sich vor allem, wenn eine kleinere Serie Fahrzeuge gleiche Beschriftungen erhalten soll. Die Anwendung auf Türen (ausgehängt), Seiten- und Rückteilen der Fahrzeuge ist möglich (s. Abschn. 13.4).

Schablonen-Spritzverfahren. Hier werden die Schriften aus selbstklebendem, transparentem Spezialpapier herausgeschnitten.

Schriftzüge und Firmenzeichen bekannter Unternehmen werden als abziehbare Kunststoffolien durch Spezialfirmen geliefert. Der Untergrund ist mit einer Wasser-Spülmittel-Lösung anzufeuchten; nach dem Abziehen der Schutzfolie wird das Zeichen genau angelegt. Auf noch feuchtem Grund kann man die Lage noch korrigieren. Danach drückt man mit einem Kunststoff-Quetscher (Rakel) von der Mitte nach den Rändern an, wobei alles Wasser entfernt werden muß. Die Kanten sind besonders sorgfältig anzudrücken.

Abziehverfahren. Es gibt Abziehbilder für zahlreiche Erzeugnisse (Markenfabrikate, Firmenzeichen); gedruckt sind die Bilder auf zweischichtigem Papier. Man streicht einen mitgelieferten Kleber mit dem Pinsel gleichmäßig auf das Bild; der Kleber soll ≈3 bis 15 Min. abziehen. Inzwischen streicht man die zu beklebende Fahrzeugfläche mit einer Wasser-Spülmittel-Lösung ein und legt das Abziehbild blasenfrei an. Nach dem Anreiben zieht man von einer Ecke her das dicke Schutzpapier ab. Das noch verbleibende Seidenpapier ermöglicht ein letztes Anrollen; es läßt sich nach gutem Anfeuchten ebenfalls abziehen. Die das Bild umgebenden Kleberreste werden mit Testbenzin entfernt, und zwar über die Kanten der Bilder nach außen. Zum Schluß wird alles mit einer Wasser-Spülmittel-Lösung nachgewaschen.

13.4 Siebdruck

Die Siebdrucktechnik hat im Zug der technischen Entwicklung heute einen hohen Stand erreicht und wird auch in unserem Berufsfeld angewendet. Im Siebdruckverfahren lassen sich auch kleine Auflagen und Stückzahlen schnell herstellen, vor allem Schilder, Beschriftungen, Plakate und figürliche Darstellungen und Dekorationen an Raumteilen und Möbeln sowie in der Fahrzeugbeschriftung.

Vorteile

a) Die Technik ist leicht erlernbar und läßt sich auf allen Untergründen anwenden (Papier, Pappe, Holz, Kunststoff, Putz, Glas, Textilien, Metall usw.).

b) Es werden nur wenige, einfache Geräte gebraucht.

c) Siebdruck läßt sich auf waagerechten und senkrechten Flächen einsetzen, also auch an Deckenflächen. Dazu auf Flächen beliebiger Größe, auch auf gekrümmten Flächen.

d) Er ermöglicht kleine Druckauflagen und solche von mehreren tausend Stück. Ein besonders lohnenswertes Anwendungsgebiet ist die Anfertigung von Verkehrs- und Hinweisschildern.

Die Siebdruckschablone ist der eigentliche Druckträger. Er wird mittels einer Einspannvorrichtung wegklappbar an einer Arbeitsplatte montiert. Mit einer Rakel (Gummiabstreifer) wird die Druckfarbe über die ganze Fläche verteilt und durch die freien Maschen des Gewebes gedrückt. An diesen Stellen bedeckt sie nachher die darunterliegenden Flächen, das Druckgut. Siebdruck ist demnach ein Durchdruckverfahren, ein Beschichtungsverfahren.

Im Grund ist das Siebdruckverfahren eine Schablonentechnik, bei der eine pastose Druckfarbe durch ein Sieb mit feinen Maschen auf eine Fläche (Druckgut) aufgetragen wird. Jeder Untergrund kann bedruckt werden, wenn man mit geeigneten Schablonen arbeitet und die richtige Druckfarbe nimmt.

Siebdruckeinrichtung. Zum Siebdrucken braucht man:

a) den Siebdruckrahmen aus Metall, Aluminium, seltener aus Holz. Er ist in mehreren Größen erhältlich (z. B. DIN A0, A1, A2) oder auch selbst herzustellen. Spannleisten oder Klemmgeräte gehören dazu (**13**.25);

b) einen Drucktisch, der auf einer Seite eine drehbare Vorrichtung hat, woran der Druckrahmen befestigt und an Scharnieren hoch- bzw. heruntergeklappt werden kann (**13**.26). Praktischer und rationeller arbeitet man an einem Siebdrucktisch mit einer Vakuumdruckplatte (Vakuum = luftleerer Raum). Durch Ansaugen wird das Druckgut (z. B. Papier, Pappe) während des Druckvorgangs festgelegt, fixiert;

13.25 Siebdruckrahmen

13.26 Tischplatte mit Siebdruckzwingen und -rahmen

c) das Siebdruckgewebe, feinmaschig, möglichst abrieb- und reißfest, aus Polyamid- (Perlon, Nylon) oder Polyestergaze als Schablonenträger. Feinheit etwa 10000 bis 14400 Maschen je cm^2 bei einer Maschenweite von 25 und 50 µm;

d) Gummirakel in mehreren Breiten, aus Holz, Kunststoff oder Metall, mit einer Ziehkante aus Gummi (**13**.27);

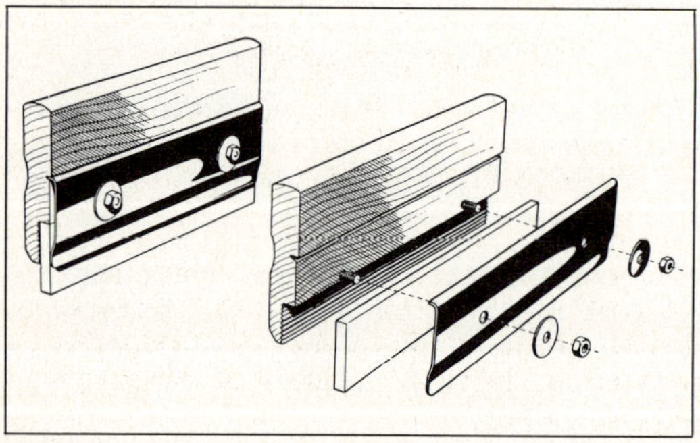

13.27 Gummirakel

13.28 Spanngerät mit aufgespanntem Rahmen

Aufspannen des Druckgewebes. Die Gaze, das Gewebe oder Sieb werden auf den Rahmen zugeschnitten und ≈3 cm über den Rahmen hinausragend auf einer Seite durch Annageln oder Festklammern mit der Klammerpistole, mit Siebklebstoff oder mit Hilfe von Klemmleisten befestigt. Man spannt zuerst zur Mitte der gegenüberliegenden Seite und befestigt dort, dann nach den beiden Seiten.

Beim Spannen des Gewebes ist darauf zu achten, daß es fadengerade (winklig) aufgezogen wird und straff sitzt.

Zweckmäßig ist die Benutzung von Spanngeräten oder bereits fabrikmäßig gespannter Rahmen (**13**.28). Eine zusätzliche Verklebung des Gewebes entlang des Rahmens, das Aufnageln von Leisten oder Einschieben von Spannleisten – bei entsprechend profilierten Rahmen – verstärken die Haltbarkeit des Siebs.

Die Druckschablone (Kopiervorlage) kann durch verschiedene Verfahren gewonnen werden: Tuschezeichnung auf transparente Folie, Verwendung von Abreibeschriften (**13**.20), durch Ausschneiden von Motiven (Buchstaben, Zeichen) aus lichtundurchlässigem Material oder durch Schneiden spezieller Siebdruckfilme. Diese Arbeiten werden auf einer ebenen Glasplatte ausgeführt. Alle Kopiervorlagen im Siebdruck entsprechen dem späteren Druckbild, sie sind diapositiv.

Druckschablonen können durch manuelle (mit der Hand) oder fotomechanische Verfahren hergestellt werden. Dabei müssen die später druckenden und nicht druckenden Partien scharf voneinander getrennt sein.
Alle druckenden Elemente müssen vollkommen deckend erstellt werden.

Die Kopie ist das Übertragen der Druckschablone auf das Drucksieb. Dazu wird das Sieb im verdunkelten Raum bei Gelblicht mit einer lichtempfindlichen Kopierlösung gleichmäßig beschichtet und getrocknet. Dann befestigt man die Druckschablone auf der Glasscheibe eines Kopiergeräts und legt das Drucksieb mit der Gewebeseite zum Glas darauf (**13**.29). Mit dem Licht einer Kopierlampe wird nun eine bestimmte Zeit belichtet (**13**.30 a auf S. 288). Ein Belichtungsversuch ist anzuraten.

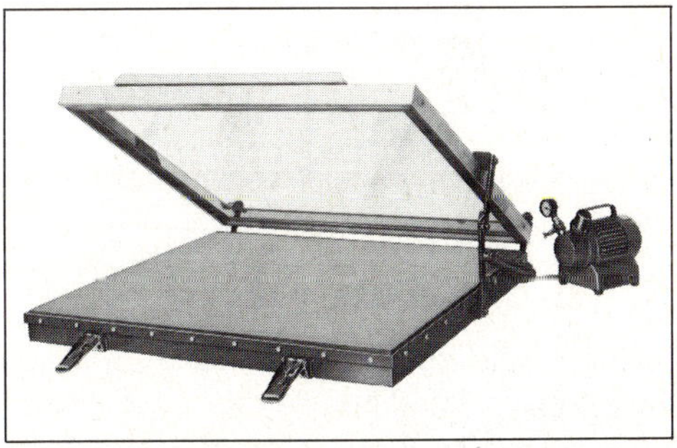

13.29 Tischkopiergerät mit Vakuumansaugung

Die lichtdurchlässigen Partien der Druckschablone werden bei der Kopie gehärtet. Die lichtundurchlässigen, bedeckten Teile werden dabei nicht gehärtet, bleiben wasserlöslich. Sie werden anschließend in einem Wasserbad herausgewaschen und sind im Sieb die farbdurchlässigen Partien.

a) b) c)

13.30 Arbeitsgänge beim Siebdruck

a) Die seitenverkehrt eingelegte Kopiervorlage bei der Belichtung
b) Druckfertiges Sieb mit eingelegtem Druckpapier, durch Anschlagmarken in der Lage fixiert
c) Drucken mit leicht nach vorn gehaltener Rakel

Für das Kopieren und Drucken gibt es auch ein Vielzweckgerät für beide Arbeitsgänge. Zusätzlich ist es für alle Entwurfs-, Zeichen- und Schneidearbeiten geeignet (**13.31**), besonders für den handwerklichen Siebdruck und kleinere Auflagen.

13.31 Kopier- und Druckeinrichtung in einem Gerät, Kopierlampen im unteren Bereich

Fotoschablonen. Neben den erwähnten manuellen Techniken zur Gewinnung von Druckschablonen haben sich Fotoschablonen gut eingeführt. Für den Plakatdruck und für Rasterdrucke ist diese Technik unentbehrlich geworden. (Raster: Betrachten Sie durch ein Vergrößerungsglas Schrift und Bild einer Tageszeitung und einer Farbigen Illustrierten.) Bei der Herstellung von Fotoschablonen werden bestimmte Einzeltechniken der Fotografie angewendet.

Die direkte Kopiermethode wirkt auf einer lichtempfindlichen Schicht direkt auf das Siebgewebe. Ein wichtiger Vorteil liegt darin, daß man fotografisch gewonnene Diapositive anwenden und große Plakate drucken kann.

Bei dem Verfahren wird eine flüssige Kopierlösung, die durch Kaliumbichromat lichtempfindlich gemacht wurde, gleichmäßig auf das saubere, gespannte und entfettete Sieb aufgetragen. Die Schicht trocknet in einer Dunkelkammer und wird dabei lichtempfindlich. Das Druckmotiv bringt man mit Hilfe eines Dias durch Belichten auf, aber auch durch Bearbeiten einer durchsichtigen Folie mit bestimmten Deckfarben. Beim anschließenden Entwickeln werden die Teile des Gewebes freigelegt, die beim Drucken Farbe durchlassen sollen.

Die indirekte Kopiermethode (Naßkopie) wird mit einem Pigmentpapier und einer Übertragungsfolie, also indirekt durchgeführt. Dieses Verfahren ist zwar umständlicher, aber für Drucke geeignet, die größte Feinheiten in der Darstellung bringen sollen (z.B. kleine Schriften).

Das Pigmentpapier wird zusammen mit der Übertragungsfolie in einer Entwicklerschale lichtempfindlich gemacht, sensibilisiert. Belichtet wird ebenfalls mit dem Dia „Schicht auf Schicht" liegend. Bei der Entwicklung in einem Wasserbad wird das Pigmentpapier unter Wasser abgezogen. Danach wird die gehärtete Gelatineschicht (der eigentliche Bildträger) auf einer Glasplatte auf, besser in das gespannte Sieb gedrückt (übertragen) und getrocknet. Erst dann wird die Folie vollkommen abgezogen und die Schablone entschichtet.

Die direkte Kopiermethode ist ziemlich einfach; hier bringt man die lichtempfindliche Schicht direkt auf das Sieb.

Bei der indirekten Kopiermethode geschieht die Übertragung auf das Sieb mit Hilfe eines lichtempfindlich gemachten Pigmentpapiers, also indirekt.

Drucken. Bei der Wahl der Druckfarben muß man die Art der Schablone berücksichtigen, damit sie nicht durch die Einwirkung des in der Farbe enthaltenen Lösemittels auf dem Sieb zerstört wird.

Die Innenkanten des Rahmens werden mit Klebeband abgeklebt, damit keine Farbe zwischen Rahmen und Gewebe fließen kann (**13**.32). Den Rahmen schraubt man an der Schwinge fest oder befestigt ihn beweglich auf der Druckunterlage.

Anlegen der zu bedruckenden Fläche winkelgerecht unter dem Sieb. Der Rahmen ist hochgeklappt. Das Sieb darf nicht auf der Druckfläche aufliegen. Zwischen Sieb und Druckunterlage muß ein Abstand von ≈2 mm sein.

Damit jedes Druckgut winkelgerecht unter das Sieb kommt, macht man mit Selbstklebeband o.ä. auf der Druckunterlage eine Markierung (**13**.30b).

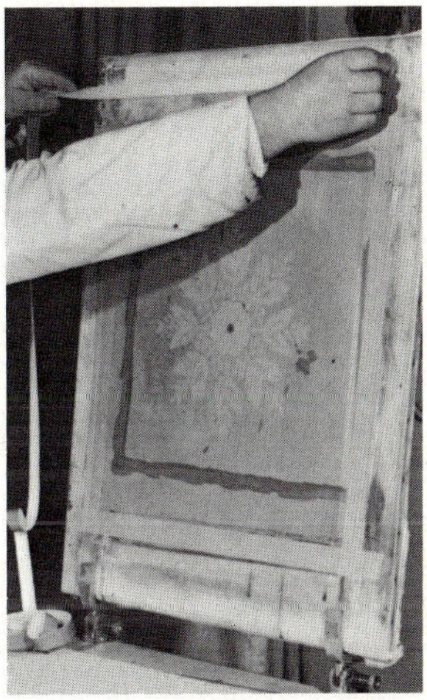

13.32 Verkleben des Gewebes am Rahmen

Die erste untergelegte Druckfläche dient zum Probedruck. Damit sich leichtes Druckgut (z.B. Papier) durch das Herunterklappen des Rahmens nicht verschiebt, sprüht man die Druckplatte mit einem Adhäsiv-Spray ein. Danach wird etwas Druckfarbe auf einer Seite des Siebs aufgegossen und mit der Rakel unter gleichmäßigem Druck und einer Winkelhaltung von ≈75° über die ganze Fläche gezogen (**13**.30c, **13**.33 und **13**.34, Seite 290).

Hochklappen des Rahmens und Prüfen der Druckqualität ist der nächste Schritt. Dabei ist auf die Viskosität der Farbe zu achten, denn sie bestimmt die Konturenschärfe.

Der Farbverbrauch beträgt bei einer Druckgröße von DIN A3 ≈150 g Farbe für 100 Drucke. Die bedruckten Gegenstände legt man zum Trocknen in Trockengestelle.

Damit das Sieb bei längerer Druckunterbrechung nicht eintrocknet, besprüht man es mit einem „Sieböffner". Danach ist zwei- bis dreimal auf Makulatur zu drucken.

Nach dem Druck sind alle Arbeitsgeräte, besonders die Siebdruckschablone und Rakel, zu reinigen. Dazu benutzen wir nur das Reinigungsmittel, das für die jeweilige Farbsorte vorgesehen ist. Es gibt auch Siebwaschanlagen zum Reinigen. Gereinigte Siebe kann man mit Entschichtungsmitteln für eine neue Verwendung vorbereiten.

13.33 Rakeln

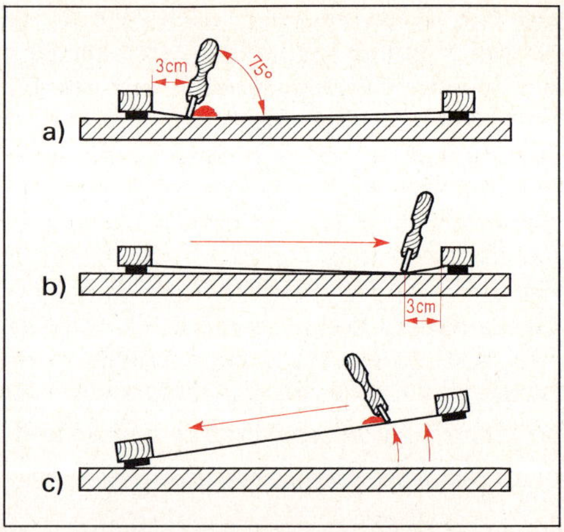

13.44 So arbeitet man richtig mit der Rakel

a) Rakel aufsetzen, mit beiden Händen außen fassen, unter gleichmäßigem Druck ziehen.
b) Rakel nicht bis zum Ende ziehen!
c) Mit geringem Druck Farbe zurückstreichen (sie tropft nicht durch), wodurch ein schnelles Eintrocknen des Siebes verhindert wird.

Für die verschiedenen Untergründe sind spezielle Siebdruckfarben lieferbar. Für jede Sorte gibt der Hersteller genaue Vorschriften, die unbedingt beachtet werden müssen.

Plakat-, Öl- oder Lackfarben eignen sich nicht; sie sind zu grobkörnig und verstopfen das Druckgewebe.

Nach dem Drucken muß das Sieb sofort mit einem der Farbe entsprechenden Lösemittel gereinigt werden. Die Schablone löst sich beim Reinigen ab; das Gewebe ist für weitere Druckarbeiten verwendbar.

13.5 Vergoldertechniken

Die Ölvergoldung wird bevorzugt angewendet. Das Anlageöl (Mixtion) wird auf den geglätteten, grundierten bzw. abgesperrten Untergrund (auch außen) aufgetragen. Darauf kann das Blattgold nach bestimmter Zeit (z.B. ≈12 Std.) angelegt werden. Den richtigen Zeitpunkt erfährt man, wenn beim Darüberstreichen mit dem Fingerrücken ein leichtes Pfeifen ertönt. Es darf kein erhebliches Kleben sein – sonst „ersäuft" das Blattgold. Mit dem Vergoldermesser nimmt man ein Blättchen Gold aus dem „Büchlein".

Dabei hilft ein leichtes Anblasen am vorderen Goldrand. Die Größe schneiden wir auf dem Vergolderkissen mit dem Vergoldermesser zu. Mit dem Anschießer fährt man über die leicht angefettete Wange und hebt so das Blättchen auf. Mit dem Vergolderpinsel oder einem Wattebausch drücken wir das Gold leicht an und bessern Lücken gleich aus.

Bei Verzierungen werden erst die glatten Teile und dann die tieferen Flächen mit etwas Goldzugabe angelegt. Nach dem Antrocknen wird mit dem Vergolderpinsel abgekehrt, jedoch keinesfalls gegen den Blattanschluß. Abgekehrte Reste werden gesammelt.

Polimentvergoldung ist eine reine Innenvergoldung. Der vollkommen trockene Untergrund (meist Holz) erhält eine Leimgrundierung. Darauf wird mehrmals ein leimgebundener Kreidegrund aufgetragen und zuletzt naß geschliffen. Dann tragen wir das in verschiedenen Farben lieferbare Poliment (Tonerde im Leimwasser) viermal mit einem Haarpinsel auf. Durch Wasserzugabe wird jeder folgende Auftrag etwas schwächer abgebunden. Der letzte getrocknete Auftrag wird mit einem weichen Haarpinsel auf Seidenglanz poliert. Mit einer Netze (Spiritus : Wasser = 1 : 2) wird nacheinander ein kleines Stück angenäßt und sofort Gold angelegt. Nach völliger Trocknung (≈2 bis 3 Std.) polieren wir unter leichtem gleichmäßigem Druck mit dem Achatpolierer auf Hochglanz.

Die Hinterglasvergoldung finden wir vor allem bei Schriftvergoldungen. Es gibt Mattvergoldung in Schneidetechnik, Glanzvergoldung in Schneidetechnik sowie kombinierte Matt- und Glanzvergoldung. Lesen sie darüber in Fachliteratur nach.

Lassen Sie sich eine Vergoldertechnik vom Fachmann vorführen, z.B. bei der überbetrieblichen Unterweisung. Achten Sie auf die Werkzeuge und ihre Handhabung.

Aufgaben zu den Abschnitten 13.3 bis 13.5

1. Beschreiben Sie die Technik mit Abreibeschriften.
2. Welche Vorteile bieten selbstklebende Schriften?
3. Kann man diese Schriften zusätzlich durch Überzüge schützen? Mit welchen?
4. Aus welchen Stoffen und wie können Sie selbst ausgeschnittene Buchstaben herstellen?
5. Mit welchen Apparaten kann man Schrift übertragen bzw. vergrößern?
6. Worauf ist bei der Beschriftung eines Fahrzeugs zu achten, wenn man an die Lackart denkt?
7. Welche Vorteile bietet die Verwendung eines Abzieh-Schneidlacks?
8. Wie kann man Firmenzeichen auf das Fahrzeug übertragen? Beschreiben Sie ein Verfahren.
9. Welche Vorteile bietet der Siebdruck dem Malerhandwerk?
10. Beschreiben Sie das Prinzip des Siebdrucks.
11. Wie sollen Gummirakel beschaffen sein, und wozu dienen sie?
12. Warum muß das Druckgewebe straff und fadengerade aufgezogen werden?
13. Welche Möglichkeiten bestehen für die Anfertigung der Druckschablone?
14. Was bewirkt die Belichtung bei einer Fotoschablone?
15. Warum muß zwischen Sieb und Druckfläche ein geringer Abstand sein?
16. Warum muß die Druckfarbe die richtige Viskosität haben?
17. Beschreiben Sie den eigentlichen Druckvorgang.
18. Auf welche Merkmale kontrollieren Sie die gedruckten Bogen?
19. Welche Vergoldertechnik wird am häufigsten durchgeführt?
20. Wozu dient der Vergolderpinsel?
21. Was versteht man unter Poliment?
22. Wo wendet man die Hinterglasvergoldung an?

---

14 Schmucktechnik

14.1 Vorbereitung

Mehr als bei gewöhnlichen Anstrichen muß man Schmuckwirkungen planen und probieren. Zeichnung und Farbe spielen dabei eine große Rolle. Wo haben Sie farbig geschmückte Wände (Wandmalereien) schon gesehen? Denken Sie an Bauwerke aus dem Altertum und dem Mittelalter, aber auch an spätere Zeiten. Kennen Sie Beispiele, in denen Wandmalereien von großen Künstlern ausgeführt worden sind? Wie wirken solche Malereien auf Sie?

Die Vorbereitung einer Dekoration geschieht stufenweise. Am Anfang steht die Idee. Sie wird skizziert, gezeichnet, vergrößert und übertragen.

Die Idee muß dem Objekt angemessen sein und soll seine Wirkung erhöhen. Sie muß deshalb sinnvoll, ihr Motiv verständlich sein.

Die Skizze ist ein grober Entwurf unter Beachtung der Kompositionsgesetze (**14.1**). Komponieren nennt man das Anordnen und Zusammenfügen von verschiedenen Elementen zu einem harmonischen Ganzen. Bei der Skizze unterscheiden wir eine lineare und eine flächige Darstellung (**14.2**).

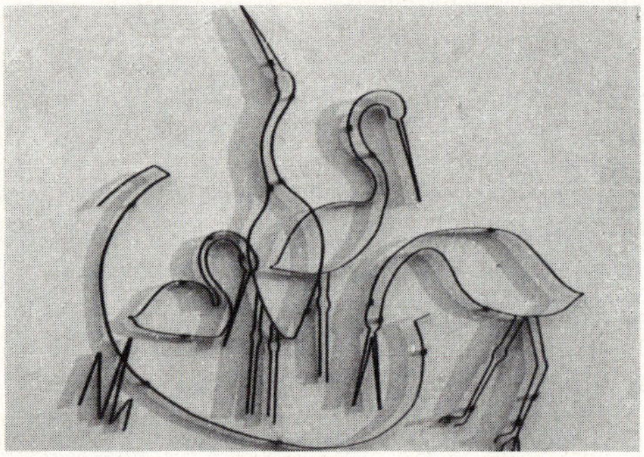

a)

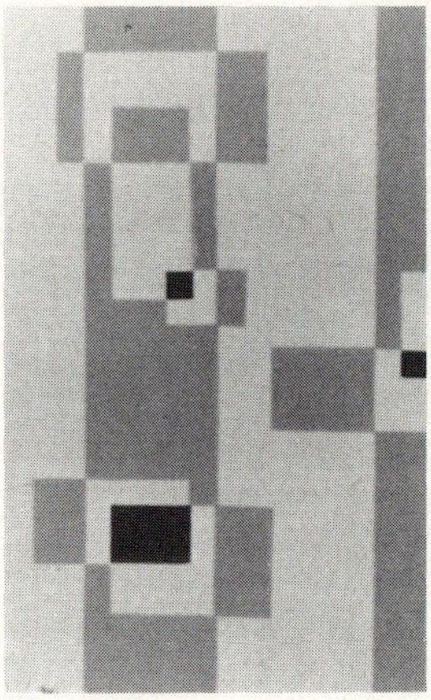

b)

14.2 Komposition
a) in linearer Darstellung
b) in flächiger Darstellung

14.1 Maßstäbliche Skizze

14.3 Vergrößern der Zeichnung auf Karton mit Hilfe eines Quadratnetzes

Vergrößern kann man die Zeichnung durch Augenmaß unter Festlegung bestimmter Punkte, maßstabgerecht durch Messen und Übertragen auf Karton oder dickes Packpapier, durch ein Quadratnetz (Netzvergrößerung, **14**.3) oder durch ein Episkop bzw. einen Bildprojektor.

Zum Übertragen sticht man den Karton mit Pausnadel oder -rädchen auf eine Pause. Die Rückseite der Pause wird leicht abgeschliffen und die Pause mit einem Pausbeutel auf die Fläche übertragen. Wichtig ist das richtige Anlegen der Pause (Abstände beachten!).

14.2 Kalk-Schmucktechniken

Die Fresco-Technik (ital. a fresco = „auf das Frische") ist ein altes, hochentwickeltes Verfahren für Innen- und Außenwandmalereien. Voraussetzung ist ganz frischer Kalkmörtelputz (Mörtelgruppe I a) auf einem Mauerwerk, das Feuchtigkeit aufnehmen kann. Man trägt deshalb nur soviel Putz als Malschicht auf, wie man an einem Tag bemalen kann. Die kalk- und lichtbeständigen Pigmente werden in gelöster, gesättigter Kalklauge (Sinterwasser) angerührt. Der Kalkmörtel bindet gemeinsam mit der durch langborstige Pinsel aufgetragenen Farbe ab. Dadurch wird die Farbe wasserunlöslich und wetterbeständig. Man beginnt mit den helleren Tönen und geht allmählich zu den kräftigeren über. Man kann deckend oder lasierend malen. Die Lasurtechnik läßt als typisches Kennzeichen die Putzstruktur mitwirken.

In Secco-Technik (ital. secco = trocken) malt man mit Kalk- oder Kalkkaseinfarben auf trockenen Kalkputz. Der Kalk wird vorgenäßt, mit Kalkmilch gestrichen und mit kalkbeständigen Pigmenten „naß in naß" bemalt. Kaseinzusätze erhöhen das Bindevermögen.

Die Sgraffito-Technik (ital. sgraffiare = kratzen) ist ebenfalls ein altes Verfahren, das heute beliebt geworden ist. Einfache und klare Formen sowie eine auf Linie und Fläche beschränkte Zeichnung sind Voraussetzungen. Man bringt auf einer oder mehreren verschiedenfarbigen Putzschichten eine Pause auf und kratzt je nach Motiv die Einzelteile in einer anderen Putzfarbe aus (**14**.4).

14.4 Sgraffito an einer Fassade

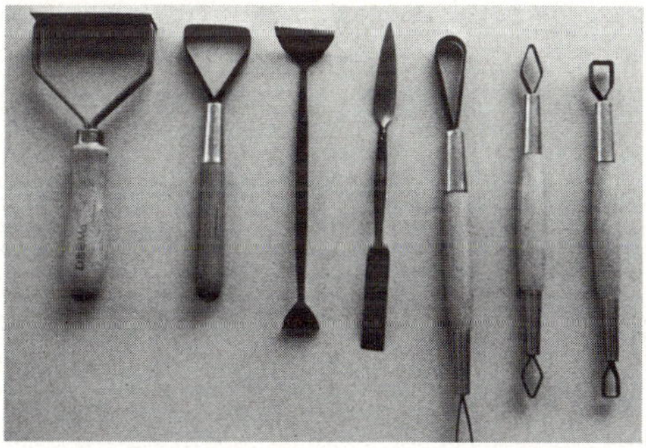

14.5 Sgraffito-Werkzeuge: Schaber, Kratzer, Schneidemesser, Schlingen

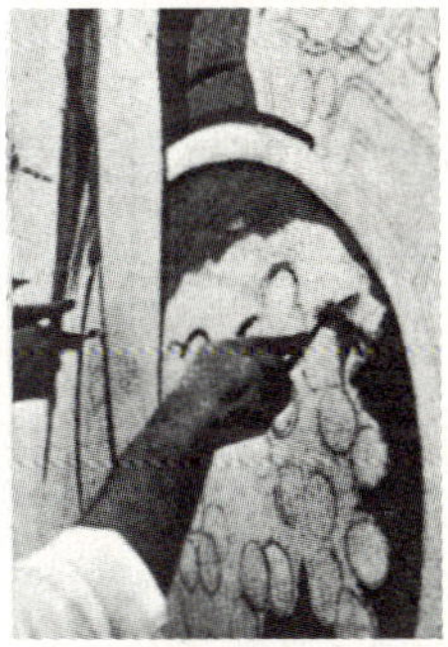

14.6 Arbeit an einem Sgraffito

Das Einschichten-Sgraffito erfordert nur eine kratzfähige Putzschicht mit überstrichener Kalkfarbe. Nach Abzug des Wassers wird die Zeichnung aufgepaust oder eingeritzt. Die gewünschten Flächen oder Linien werden mit Spezialwerkzeugen herausgekratzt, freigelegt (**14**.5).

Beim Mehrfarben-Sgraffito trägt man auf einen Spritzbewurf mit Kalkmörtel einen Ausgleichputz (Kalkmörtel 1 : 3) auf. Darauf werden die gefärbten Mörtelschichten „naß in naß" aufgetragen, die dunklen Töne zuerst. Schichtdicke jeweils 3 bis 5 mm. Sgraffito-Fertigmörtel sind lieferbar (Kalkteig und feinkörniger Sand 1 : 2 bis 1 : 3, dazu Pigmente). Der Putz muß weich und gut schneidbar sein, Kanten dürfen nicht wegplatzen. Man führt die Werkzeuge möglichst „mit freier Hand" (**14**.6).

14.3 Silikat-Schmucktechniken

Silikatputze gibt es als Reibe-, Streich- oder Scheibenputze. Sie wirken bei sachgerechter Ausführung sehr dekorativ. Auf trockenen, festen, griffigen und normal saugenden Untergründen ergeben sie fugenlose Wandbeläge. Aufgetragen werden sie nach Anweisung im Streich- oder Spritzverfahren oder mit der Traufel (einem Putzauftrag-Werkzeug). Strukturen erzielt man durch kreisförmiges Verreiben oder durch Abreiben mit der Filz- bzw. Schwammscheibe.

Mineralfarbenmalereien mit speziellen Silikatfarben (Keimsche Silikattechnik) sind sehr beständig gegen Licht, Witterung, Industriegase. Sie eignen sich auch für Innenräume. Wir unterscheiden Keim-Künstlerfarben (A-Technik) und Dekorfarben (B-Technik).

Bedingung ist ein völlig sauberer Untergrund. Ungeeignet sind Leim-, Dispersions-, Öl- und Lackfarbenanstriche. Glatte Untergründe werden mit Keim-Ätzflüssigkeit aufgerauht und nachgewaschen. Stark saugende Putze grundiert man mit Keim-Fixativ. Die Farben der A-Technik verwendet man am besten auf neuem Putz, auf den vorher ein etwa 0,5 mm dicker mitgelieferter Malgrund aufgetragen wurde. Der Putz darf nicht schnell trocknen. Nach etwa einer Woche wird der Malgrund mit Keim-Ätzflüssigkeit behandelt, mit Keim-Fluat getränkt und nachgewaschen. Die Farben der A-Technik verdünnt man mit destilliertem Wasser. Die pulverförmigen Farben der B-Technik werden mit Fixativ 2 : 3 angerührt und sofort verarbeitet. Man kann deckend oder lasierend malen. Mehrmaliges Übersprühen mit Keim-Fixativ bindet die Malereien ab.

14.4 Leimfarben-Schmucktechniken

Sie werden wegen der verhältnismäßig geringen Lebensdauer leimgebundener Anstrichmittel nur begrenzt verwendet.

Durch Schablonieren überträgt man sich wiederholende Schmuckelemente. Man zeichnet das Ornament oder die Schrift auf Schablonenpapier und schneidet sie mit dem Schablonenmesser aus. Damit keine Teilstücke herausfallen, läßt man Stege stehen. Schabloniert wird mit möglichst neuen, kurzgebundenen Ringpinseln oder Schablonierpinseln. Ornamente lassen sich gut auf einer Haftbildtafel entwickeln (**14**.7).

Abdecktechniken mit selbstklebender Abdeckfolie lassen sich auch neben Leimfarbe mit anderen Bindemitteln durchführen. Aus Folien geschnittene Ornamente oder Schriften haben eine besonders gute Kantenschärfe.

Zum Wickeln einer Fläche nimmt man zusammengeknülltes Leder, einen Lappen oder ein Gardinenstück. Das Knäuel wird in Farbe getaucht, etwas ausgedrückt und unregelmäßig auf der Fläche abgerollt (**14**.8).

14.7 Entwickeln von Ornamenten auf der Haftbildtafel

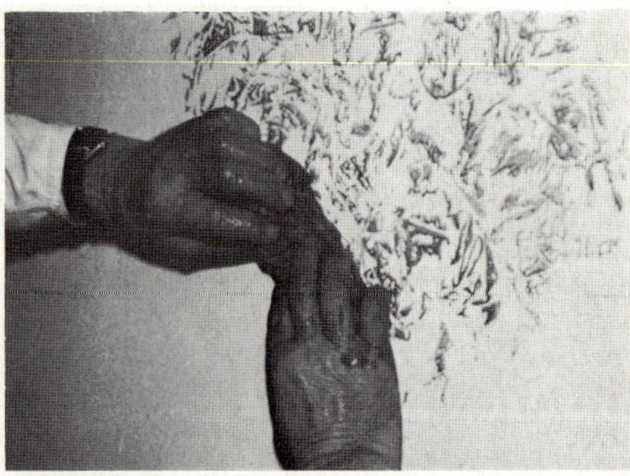

14.8 Wickeln

14.9 Tupfen

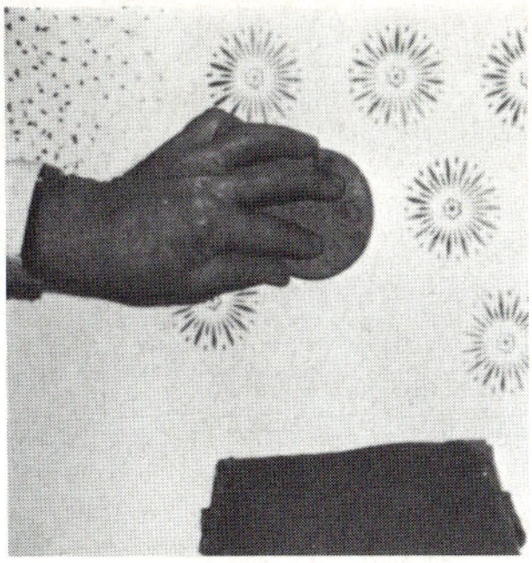

14.10 Stempeln

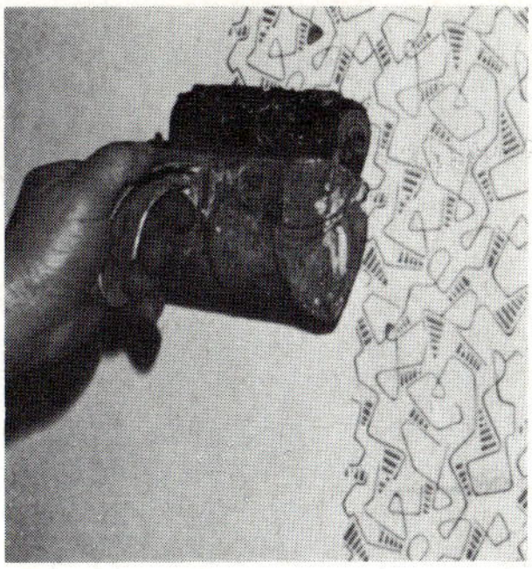

14.11 Aufrollen

Beim Tupfen dreht man die Tupfbürste, den Tupfpinsel oder einen Schwamm ständig (**14.9**).

Das Stempeln geschieht mit fertigen Gummistempeln oder selbstgefertigten Kartoffel- oder Korkstempeln. Die Farbe entnimmt man einem Stempelkissen aus Schaumstoff oder Filz (**14.10**).

Zum Rollen dient ein Walzapparat oder Abrollgerät. Die Farbe gelangt aus einem Farbbehälter über eine Übertragungswalze zur Musterwalze, die tapetenähnliche Wirkungen erzeugt (**14.11**). Die Farbe muß entsprechend konsistent sein und ansatzfrei aufgerollt werden.

Zum Linienziehen (Abschluß- oder Zierstriche, Bänder) benutzt man den Strichzieher und das Malerlineal (**14.12**). Man kann aber auch mit dem röhrenförmigen Linierapparat arbeiten. Hier wird die Strichbreite an der Düse eingestellt (**14.13**).

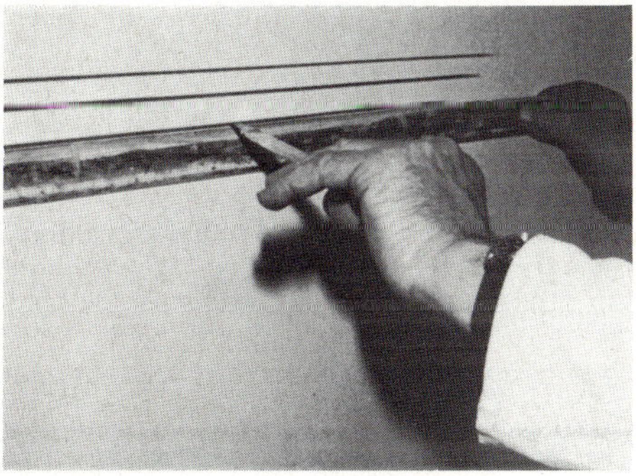

14.12 Strichziehen mit Lineal und Strichziehpinsel

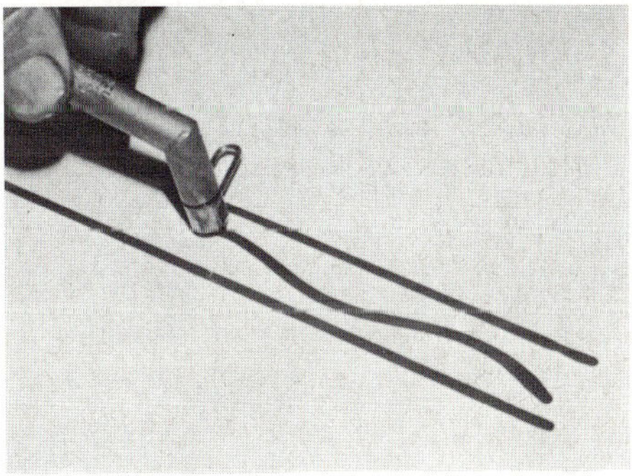

14.13 Strichziehen mit dem Linierapparat

14.5 Dispersionsfarben-Schmucktechniken

Plastische KD-Farben ergeben durch Licht- und Schattenwirkungen lebendige und reizvolle Wirkungen. KD-Plastikmassen können nur auf tragfähigen, griffigen und sauberen, trockenen, ebenen und schon grundierten Untergründen aufgetragen werden. Man verwendet eingefärbte Massen oder weiße, die nach der Strukturierung mit deckenden oder lasierenden KD-Farben weiterbehandelt werden. Überziehen mit klaren Dispersionen erhöht die Wasch- und Scheuerfestigkeit.

Plastische Massen müssen gleichmäßig dick aufgetragen werden, zwischen 400 und 600 g/m². Je nach der Viskosität kann man sie mit der Kelle aufziehen, aufspachteln oder aufspritzen. Sie müssen auf der Fläche „stehen" und dürfen weder zusammenlaufen noch absacken.

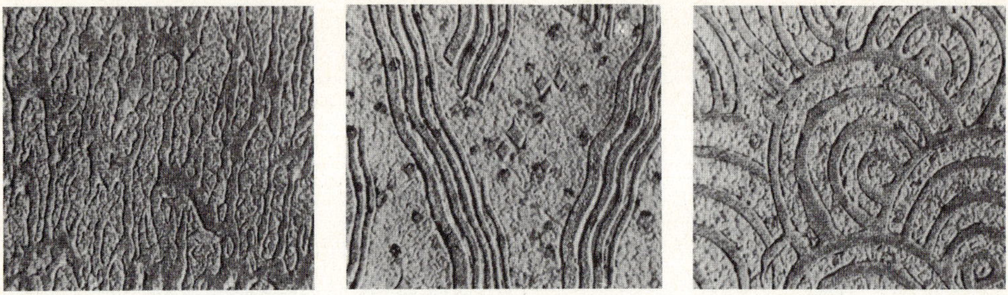

a) b) c)

14.14 Plastik-Dessins
a) Walze, b) Kamm, c) Finger

Bei der Strukturierung sind der Phantasie kaum Grenzen gesetzt. Man nimmt Stupfbürste, Pinsel (drehen), Spachtelmesser, Plastikwalze (**14**.14a), Stahl- oder Gummikamm (**14**.14b) oder einfach die Finger (**14**.14c). Mit Schablonen lassen sich selbstklebende Folien zuschneiden und aufkleben (**14**.15). Mit der Garniertube ist ein Linierauftrag möglich (**14**.16). Schließlich kann man die Strukturen metallisieren oder lasieren (**14**.17).

14.15
Plastische Arbeit, im Abklebeverfahren ausgeführt. Die scharfe Begrenzung der Farbflächen wurde durch Abdecken mit selbstklebenden Bändern erreicht

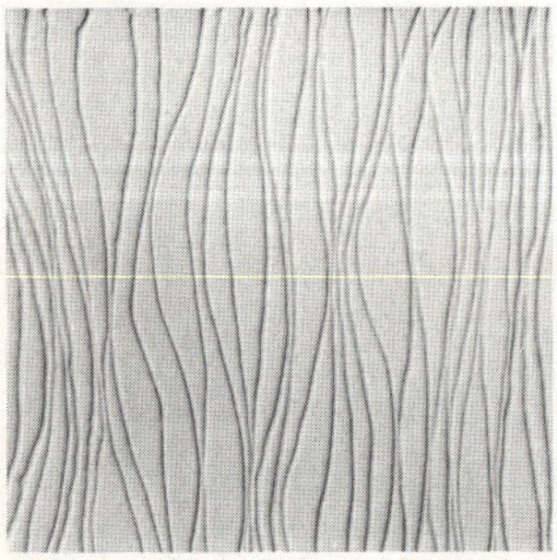

14.16 Linienauftrag mit der Garniertube auf eine gespachtelte Fläche, darauf überstrichen und gestupft

a) b)

14.17 Plastische Belebungen
a) Auftrag der Plastikmasse auf grundierter Fläche mit einer Tortenspritze, Überrollen mit Farbe und Einblasen von Goldbronze, farbloser Überzug
b) Zweimaliger Auftrag von Plastikmasse auf grundiertem Holzgrund, Überstreichen und Lasieren, farbloser Überzug

Flächenaufteilung mit Selbstklebe-Abdeckbändern überträgt man vom Entwurf maßstäblich auf die Wand (am besten durch Abschnüren der Linien). Nacheinander klebt man die Teilflächen außen herum und erhält so scharfe Kanten. Sobald die erste Farbe getrocknet ist, zieht man die Klebebänder im spitzen Winkel ab und arbeitet mit der zweiten Farbe weiter.

Malereien mit KD-Farben verlangen eine Untergrundvorbereitung wie entsprechende Anstriche. Malgrund ist ein heller, mittlerer oder dunklerer Deckanstrich (Putze außen: Mörtelgruppe II; innen: Gruppe I, ferner Holz, Spanplatten, Gipsputz). Eine leichte Struktur durch Roller oder Stupfer macht die Malerei lebendiger. Die Zeichnung wird aufgepaust und mit Volltonfarben ausgemalt. Der Auftrag erfolgt mit längerem Borsten- oder Haarpinsel glatt oder leicht strukturiert. Sandbeigaben variieren die Oberfläche, ebenso beliebiges Übermalen oder Naß-in-naß-Malen. Die getrocknete Malerei kann mit farblosem Schutzüberzug versehen werden.

Die Kammzugtechnik eignet sich wegen der haltbaren KD-Farben für Holzverkleidungen, Sockel und ähnlich beanspruchte Flächen. Man grundiert, spachtelt und streicht im gewünschten Farbton mit KD-Farbe vor. Nach dem Trocknen sperrt man mit farbloser Kunststoffdispersion ab und schleift die Fläche leicht über. Die Wirkung der Technik beruht auf einem dunklen Untergrund mit weißen oder hellen Strukturfarben (oder umgekehrt). Die aufgetragene Farbe wird sofort mit Kämmen (gekauft oder selbstgemacht aus Gummi, Leder, Kunststoff oder Karton) zügig abgezogen (**14**.18). Ein Kammzug in zwei Schichten übereinander erhöht die Wirkung. Nach guter Trocknung lackiert man zum Schutz mit farblosem Mattlack.

14.18 Kammzugarbeit

14.6 Schmucktechniken auf Holz und Holzwerkstoffen

Schmucktechniken auf Holz und Holzwerkstoffen sind Lasur-, Beiz-, Kammzug-, Schleif- und Gießtechniken (**14**.19).

Tabelle **14**.19 **Schmucktechniken**

Technik	Merkmale
Lasurtechniken	Naturholz mit fungizidem Holzschutzgrund oder Spanplatten mit ölfreiem Grundiermittel; Musterschnitte durch Klebebänder- oder Folienabdeckungen (**14**.20); ein- bis zweimaliger Lasurfarbenauftrag, mit Modler vertreiben; farblosen Seidenglanzlack auftragen
Beiztechniken	wässern, (mehrmals) seifen und ausbürsten für einen glatten Untergrund (Spezial-Holzseifen in Faserrichtung mit Schwamm auftragen, ausbürsten, auswaschen); nachschleifen; Beizen satt auftragen, Überschuß mit Schwamm abnehmen, dann vertreiben; nach leichtem Schliff am besten matt lackieren
Kammzug-Lasurtechnik	glatte, vorbereitete Holzfläche mit Einlaßgrund versehen; Zwischenanstrich mit getönter Kunstharzfarbe; nach Schleifen Kammzugtechnik wie Abschn. 14.5

Fortsetzung s. nächste Seite

Tabelle **14**.19 Fortsetzung

Technik	Merkmale
Schleiflacktechnik	vorbehandelte, plangespachtelte Flächen gut schleifen (**14**.21), darauf abgetönter Vorlack; darauf wieder Vorlack und mit 360er Papier schleifen; Hoch- oder Seidenglanzlackierung mit 600er in einer Richtung gleichmäßig; danach mit angeteigtem Bimsmehl und Schleifmodler in einer Richtung (**14**.22); mit Talkum auspolieren; Musterschliff durch Bleifolienaufziehen
Gießlacktechnik	auf vorbehandeltem Holz weißen oder satt getönten Lack auf waagerecht liegende Fläche walzen; in die nasse Fläche Buntlack in Linien o. ä. gießen (ziehen), auch auftropfen; Farben müssen auseinanderlaufen, durch Verdünnung regulieren

14.20 Abkleben der Lasurfelder

14.21 Spachteln mit Japan- und Flächenspachteln

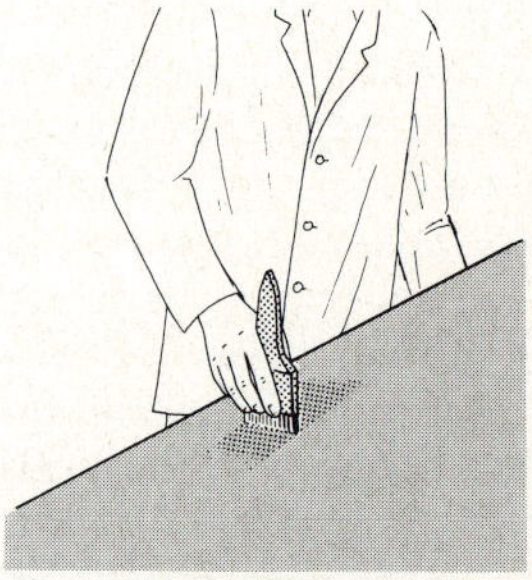

14.22 Schleifen mit dem Schleifmodler

14.7 Farblich gestaltete Kraftfahrzeuge

Ist Ihnen schon aufgefallen, daß in kaum einem Fachbuch etwas über Farbgestaltung von Fahrzeugen zu finden ist? Andererseits sehen wir zunehmend zwei- oder mehrfarbige Lackierungen bei Personenwagen. Auch Lieferwagen (Nutzfahrzeuge) lackiert man in verschiedenen Farbtönen, z. B. aus Gründen der Werbung. Farbig abgesetzte Fahrzeuge sehen nicht nur schöner aus, sie sind auch im Verkehr schneller wahrnehmbar, sicherer.

Personenwagen. Farbliche Gestaltungen von Fahrzeugen fallen unter die Sonderlackierungen (z. B. auch Ralley-Streifen). Technisch gibt es dafür mehrere Möglichkeiten. Fließende, verlaufende Übergänge werden ohne Abklebearbeiten gespritzt (Lackfläche vorsichtig anschleifen, evtl. Haftvermittler spritzen, Lack auf längere Trockenzeit einstellen, evtl. abschließende Klarlackierung). Man kann, auch abhängig vom Kundenwunsch und Fahrzeugtyp, mehr oder weniger auffällige Farben und Formen wählen. (Einige Lackhersteller und Autofabriken versenden Gestaltungsbogen, die man als Entwürfe benutzen kann.)

Fest umgrenzte Formen werden mit selbstklebenden Folien, Filmen oder farbigem Abklebefilm abgeklebt. Dekorative Elemente, (z. B. Sterne, Blumen) lassen sich mit Schablonen aufbringen. Das erwähnte Überziehen mit Klarlack wiederholt man, damit die höherstehenden neuen Flächen egalisiert werden.

Gestaltungshinweise. Die Karosserieform muß beachtet werden; ein großer, langer Wagen muß anders gestaltet werden als ein kompakter Kleinwagen.

Beispiele Harmonische Farbtöne zum Grundfarbton des Wagens, z.B. zu einem rotstichigen Grau ein passender, stärkerer Rotton.

Kontrastfarben als Streifen um die Karosserie laufend, winkelförmig über die Motorhaube in verschiedenen Breiten und Formen oder Diagonalstreifen über die Motorhaube (aber bitte nur eins davon).

Abstufungen derselben Farbe in mehreren, gleichmäßigen Helligkeitsstufen mit Weiß, also aufhellen (**14**.23).

14.23 a) Absetzen in einer Farbe im oberen und unteren Bereich
b) Farbiger Längsstreifen im Zierleistenbereich
c) Zwei verschiedene Farbtöne im mittleren und unteren Bereich
d) Farbiges Dach und dieselbe Farbe im unteren Bereich

Das Mischen aus den etwa 45 Basisfarben des jeweiligen Herstellers sollte gekonnt sein. Man muß stets im selben Programm gleicher Bindemittelbasis bleiben. Eine Hilfe bietet das probeweise Ausmischen kleiner Mengen.

Nutzfahrzeuge. Neben Farbflächen werden hier Schrift und Zeichen zur Anwendung kommen (s. Abschn. 13.3.2). Als Farbträger kommt bei Lkw auch die Wagenplane in Betracht, die an sich schon farbiger sein kann.

In der Farbgestaltung wird man auf die Branche (Unternehmensart) Rücksicht nehmen müssen, z.B. Lebensmittelfahrzeug in lebendigen, helleren Farben; Weiß und Blau für Kühlfahrzeuge, Kohlenfahrzeuge schwarz. Denn: „Farbe hilft verkaufen!“ Bei den oft großen Flächen dieser Fahrzeuge ist zu bedenken, daß dunkle Flächen die Wärme (Sonnenstrahlen) absorbieren und in den Innenraum leiten. Vorderfront und Heckflächen sind oft weitere geeignete Träger bestimmter Farben bzw. Schriften.

Zum Üben bzw. Erstellen von Farbskizzen liefern mehrere Lkw-Hersteller Farbbogen, Silhouetten (Umrisse) von Fahrzeugen und farbige Beispiele.

Aufgaben zu Abschnitt 14

1. Erklären Sie die Arbeitsweise bei einer Schmucktechnik.
2. Wodurch erklärt sich die lange Haltbarkeit der Fresco-Malereien?
3. Beschreiben Sie die Sgraffito-Technik in den einzelnen Phasen.
4. Was wissen Sie über Haltbarkeit und Anwendung von Mineralfarben-Malereien?
5. Erläutern Sie die Technik des Schablonierens.
6. Wie arbeitet man mit dem Strichzieher und dem Malerlineal, um einen exakten Strich zu ziehen?
7. Nennen und beschreiben Sie einige Verfahren zum Strukturieren plastischer KD-Farben.
8. Erklären Sie das Kammzugverfahren.
9. Warum erfordern Holz bzw. Holzwerkstoffe für Lasurtechniken einen Grundanstrich? Womit führen Sie ihn aus?
10. Worauf beruht die Gießlacktechnik?
11. Wie können Pkw mit zwei oder mehr Farben (Farbtönen) farbig gestaltet werden?
12. Warum soll eine solche Farbgestaltung abschließend mit Klarlack überzogen werden?
13. Worauf ist zu achten, wenn man Mischtöne aus Basisfarben erstellt?
14. Nennen Sie Beispiele für farbig gestaltete Lkw.

15 Tapeten, Wand-, Decken- und Bodenbeläge

Tapeten und Wandbeläge faßt man unter dem Begriff „Wandbekleidungen“ zusammen (**15**.1).

Tapete ist eine fertige Wandbekleidung. Die Vorderseite ist mit Farbauftrag versehen, bedruckt, beflockt oder mit dekorativen Materialien belegt. Die Rückseite besteht aus tapezierfähigem Papier.

Wandbelag ist eine Wandbekleidung, deren Schauseite mit Farbauftrag versehen, bedruckt, beflockt oder mit dekorativen Materialien belegt ist. Oft hat sie zusätzliche raumphysikalische Eigenschaften (z.B. Schalldämmung, Wärmeisolierung). Die Rückseite kann aus unterschiedlichen Materialien, jedoch nicht aus Papier bestehen.

Tabelle **15**.1 **Wandbekleidungen**

Tapeten	Wandbeläge	Wandbekleidung für nachträgliche Behandlung (tapetenähnliche Stoffe)
Papiertapeten Velourstapeten Textiltapeten Kunststofftapeten Metalltapeten Naturwerkstoff-Tapeten Wandbildtapeten	Textile Wandbeläge Kunststoff-Wandbeläge	Strukturpapier überstreichbar (Rauhfaser) Strukturiertes Kunststoffpapier überstreichbar Textilgewebe, Textilvlies überstreichbar

Tapete ist eine fertige Wandbekleidung mit einer Rückseite aus tapezierbarem Papier. Wandbelag ist eine Wandbekleidung, deren Rückseite aus verschiedenen Materialien, jedoch nicht aus Papier besteht.

15.1 Tapeten

15.1.1 Geschichte, Herstellung, Arten und Eigenschaften

Geschichte. Ursprungsland der Tapete (griech. tapes, lat. tapeta = Teppich) ist China. Im Altertum wurden bereits Wände mit Geweben behängt oder bespannt, um die Räume behaglich zu machen. Die Verwandtschaft zwischen Tapete und Teppichen ist sehr eng. Im Mittelalter waren teppichartige Wandbehänge den späteren Tapeten sehr ähnlich.

Die Anfänge der Papiertapete liegen am Ausgang des 17. Jahrhunderts. Damals bestrich man größere Papierbögen mit Farbe, bemalte sie, klebte sie aneinander und spannte sie auf die Wand. Erst später konnte man Druckplatten herstellen und damit Muster gleichmäßiger und zeitsparender auftragen. Natürlich waren solche Tapeten sehr teuer und für den einfachen Bürger unerschwinglich. Erst 1830 gelang es mit der inzwischen erfundenen Papiermaschine, Papier in Rollen herzustellen, und 1839 folgte der erste maschinelle Druck einer Tapetenrolle.

Fast 200 Jahre lang wurde die Produktion der Tapete in Muster und Qualität immer wieder erneuert und verbessert. Jede Stilrichtung, jede Epoche der letzten beiden Jahrhunderte hat Muster nach ihrem eigenen Schönheitsempfinden hervorgebracht.

Herstellung. Künstler entwerfen die Dessins (Vorlagen, Muster, **15.**2), die in der Formstecherei auf Walzen übertragen werden (**15.**3). Für die modernen Druckverfahren stellt man die Walzen durch Ätzen oder Gravieren her. In der Druckmaschine wird das Muster auf Spezial-Tapetenpapier (Rollenform) gedruckt (**15.**4). Die „Endlos-Tapete" durchläuft zum Trocknen auf Förderbändern einen beheizten Raum oder Trockenkanal. Nach der Prüfung wird sie auf Rollenlänge zugeschnitten und rollenweise in Folien und Kartons verpackt.

15.2 Entwurf der Tapete im Atelier

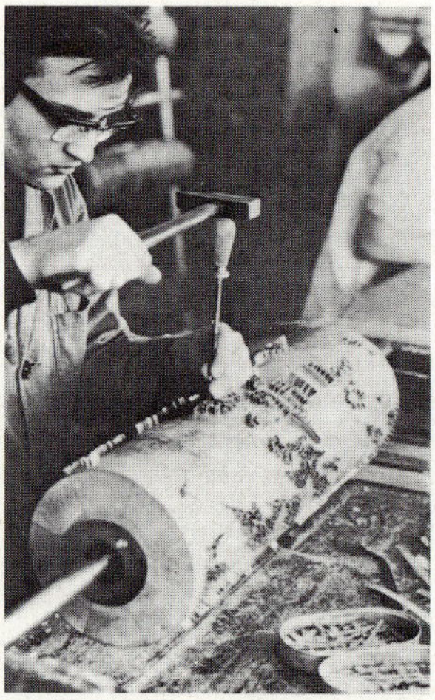

15.3 Herstellen einer Tapetendruckwalze in der Formstecherei

15.4 Tapetendruckmaschine. Hier handelt es sich um eine moderne Duplex-Prägemaschine, die in einem Arbeitsgang kaschiert, prägt und druckt. Sie liefert in einer Fertigungsstunde ≈ 180 Stück 10 m lange Tapetenrollen

Die Güte der Tapete wird im wesentlichen bestimmt durch die Qualität des künstlerischen Entwurfs, die Art des Papiers, die Eigenschaften der Druckfarben (Wirkung, Lichtbeständigkeit, Feuchtigkeitsbeständigkeit usw.) und die Technik des Druckens (Auswahl des Druckverfahrens und der Farbe, nachträgliche Oberflächenbehandlung usw.).

Die vielfältigen Werkstoffe und Drucktechniken ermöglichen die Herstellung verschiedenartiger Tapetenqualitäten, die sich im Preis stark voneinander unterscheiden. Für wertvollere Tapeten benutzt man stärkeres Papier, lichtechte und stark gebundene Farben und versieht die Oberfläche fast aller Sorten mit einem wasserbeständigen oder gar abwaschbaren Überzug. Als letzte Entwicklung kam die trockene Abziehbarkeit hinzu.

Arten. Nach dem Material der Schauseite unterscheidet man Papier-, Velours-, Textil-, Kunststoff-, Metall-, Naturwerkstoff- und Wandbildtapeten.

Papiertapeten

Naturelltapeten sind kaum noch auf dem Markt. Es sind leichte Tapeten aus holzhaltigem Papier, naturfarben, fast ausschließlich Leimdrucktapeten (Hochdruckverfahren). Die unbedruckten Teile erscheinen als Grundfarbe und dunkeln daher verhältnismäßig schnell nach. Papiergewicht ≈65 bis 85 g/m².

Fondtapeten bilden eine umfangreiche Gruppe, weil die meisten modernen Tapeten einen Fond haben. Zuerst wird eine Grundfarbe (Fond) als Basis für das Muster aufgedruckt und macht die Tapete lichtbeständiger. Musterdrucke gibt es in fast allen Druckverfahren: Leim-, Flexo-, Tief- und Siebdruck, auch Kombination mehrerer Verfahren. Fondtapeten können glatt oder gaufriert (leicht geprägt) sein. Papiergewicht ≈90 bis 180 g/m².

Fondtapeten ohne Musteraufdruck sind Uni- oder Eintontapeten. Sie werden oft als Ergänzung bedruckter Fondtapeten eingesetzt (z.B. für eine Wandfläche). Üblich ist das Kleben „auf Sturz", d.h. jede zweite Bahn wird auf den Kopf gestellt. Dadurch markieren sich die Stöße kaum.

Reliefdrucktapeten. Ein mittelschweres, festes Papier wird mit pastöser Farbe bedruckt, meist im Tiefdruck. Der mit Weißpigmenten angereicherte Farbbrei gibt „aufgelegte" Strukturen. Die Tapeten können leichte Untergrundfehler abdecken.

Abart: Prägung hochwertiger Öl- und Kunstharzfarben oder Ölkitte, ausgezeichnete Oberflächeneigenschaften (z.B. Salubra).

Prägetapeten dupliert. Schweres, festes, mehrschichtiges Papier, auch Vlies, Baumwollfasern o.ä. Oberfläche durch Prägung strukturiert. Die Prägung soll nach dem Tapezieren erhalten bleiben. Naß- oder Trockenprägung sowie Kaschieren (Zusammenkleben) zweier Papierbahnen kurz vor dem Bedrucken gibt Qualitätsunterschiede.

Abart: Prägetapeten dupliert unbedruckt wie zuvor, jedoch ohne Musteraufdruck.

Hochgeprägte Tapeten sind unbedruckt und haben eine besonders starke Reliefwirkung (**15**.5). Es sind mehrschichtige Spezialpapiere oder Papiere aus reiner Baumwollfaser. Diese Tapeten lassen sich farbig überstreichen oder in anderen Techniken behandeln.

Metalliséetapeten sind durch besondere Drucktechnik in mattschimmernden Gold-, Silber- oder Perlmutt-Tönen angelegt, auch leicht geprägt. Sie sind verwandt mit den herkömmlichen Bronzetapeten.

Seidenglanztapeten haben Musterprägung durch geheizte Walzen, in der Regel einfarbig, Glimmer- und Metallstaubzusätze. Hochwertige, teure Sorten sind unter Verwendung von Ölfarbpasten mit damastartigen Mustern versehen und haben seidenartigen Glanz (z.B. Tekko).

Velourstapeten bestehen aus schwerem, festem Papier mit aufgebrachter Faserschicht mit oder ohne Muster. Gewöhnlich elektrostatische Beflockung mit Chemiefasern auf klebstoffbeschichteten Papierbahnen, Musteraufdruck in Leim. Die aufrecht stehenden Fasern ergeben erhabene Muster und samtartigen Charakter. Lieferbar sind auch druckunempfindliche, überwiegend waschbeständige Ausführungen. Abarten sind Tapeten im Wildledercharakter.

15.5 Hochgeprägte Tapete

15.6 Kettfädentapete

Textiltapeten

Das Angebot dieser Tapeten ist heutzutage sehr umfangreich. Sie werden auf der Basis von Naturfasern (pflanzliche, tierische, anorganische Fasern) oder aus Chemiefasern (Cellulose und Synthesefasern) hergestellt. Trägermaterialien geben dem textilen Obermaterial Stabilität und die Fähigkeit zur Kleisteraufnahme. Üblich sind ein- oder mehrschichtige Papiere, Vlies oder Polystyrol-Hartschaumstoff. Der Musteraufdruck ist sowohl auf den Textilien als auch auf dem Papierträger möglich.

Kettfädentapeten. Senkrecht laufende Kettfäden (Garnscharen) oder entsprechend gestaltete textile Streifen (auch mit Metallfäden) werden auf das Tapetenpapier aufgebracht (**15**.6). Das Trägerpapier kann mit oder ohne Musterdruck, weiß oder farbig sein.

Gewebe- oder Gelegetapeten. Nähgewirkte, Seidengewirke, auch andere „offene" (durchsichtige) Gewirke oder Gewebe werden aufkaschiert, so daß die Fondfarbe des Papiers mitwirkt. Ein zusätzlicher Musteraufdruck, auch im Siebdruck, ist möglich (Bindungen s. Abschn. 12.3).

Textilvliestapete. Ein leichter Textilvlies ist auf ein Trägerpapier aufkaschiert. Farbiger Vlies und Farbdruck sind üblich.

Glasgewebe-Textiltapeten. Glasfasergewebe, in verschiedenen Tönungen, wird auf Papier kaschiert, wodurch man die besonderen Eigenschaften beider Werkstoffe miteinander verbindet, kombiniert: die Schwerentflammbarkeit des Glasfasergewebes und seine Struktur mit der Verarbeitbarkeit durch den Papierträger. Überstreichen mit Kunststoff-Dispersionsfarbe ist möglich, ebenso das Abziehen des Gewebes bei Renovierung.

15.7 Eine Tapete erhält PVC-Beschichtung. Dabei wird das Kunststoff-Granulat durch Erhitzung verflüssigt und über eine Walze auf das Papier aufgetragen.

Kunststofftapeten

PVC-Tapeten. Diese glatten oder heißverformten Tapeten stellt man auf verschiedene Art her. Z. B. wird PVC auf Papier beschichtet, bedruckt und warmverformt; im Heißdruckverfahren Papier, Farbe und PVC in einem Arbeitsgang verbunden (**15.7**). Hohe Strapazierfähigkeit und Abziehbarkeit sind bei PVC-Tapeten gegeben.

PVC-Prägetapeten. Die vorher beschriebene Tapete wird im Kalander heiß mit Strukturen versehen.

PVC-Tapeten mit Reliefstruktur. Mehrere unterschiedliche Verfahren des Aufschäumens von PVC geben dicke, beständige und druckelastische Strukturen. Gute Isoliereigenschaften, hohe Waschbeständigkeit und Atmungsaktivität sind die Vorteile der überstreichbaren oder abziehbaren Ausführungen.

Metalltapeten

Auf einem Metallträger sind Metallfolie, ein metallisierter Kunststoffvlies oder eine legierte Metallfolie aufkaschiert. Die Oberflächen sind glatt, gaufriert gemustert, angeätzt oder künstlich oxidiert. Gedruckt wird im Tief- oder Siebdruck. Mehr oder weniger geschlossener Farbauftrag führt zu unterschiedlicher Wirkung des Metalls. Papiergewicht ≈ 160 g/m^2. Diese Tapeten sind sehr empfindlich gegen Knicken und verlangen vollkommen trockene und neutrale Untergründe. Man erkennt sie durch Anbrennen von einer Ecke her: Der Papierträger verbrennt, das Metall bleibt übrig.

Abart: Metalltapeten mit Reliefstruktur haben stärker eingeprägte Strukturen.

Naturwerkstofftapeten

Auf schweres Papier sind Holz oder Gras, Bast-, Hanf- oder Schilfgeflechte oder auch Kork kaschiert. Diese Tapeten kommen aus Korea und Japan und sind handgearbeitet. Die scheinbare Unregelmäßigkeit der Oberfläche ist beabsichtigt. Dadurch und durch Farbe, Webart oder Verknüpfung der Geflechte ergibt sich die besondere Wirkung. Die Tapeten sind recht haltbar, widerstandsfähig und evtl. lichtecht eingefärbt.

Wandbildtapeten

Wandbildpapiertapeten (Bildwände, Fotodrucke) sind großformatige, ein- oder mehrfarbige hochwertige Drucke. Meist bestehen sie aus mehreren Teilen. Lieferbar sind sie in verschiedenen Größen und zahlreichen Motiven (Größen bis $\approx 4{,}17 \times 2{,}48$ m und Sonderformate). Türdekortapeten sind gleichartige Drucke zur Türendekoration.

Wandbildtapeten auf Spezialfotopapier (Fototapeten) haben mittelschweres bis schweres, festes Spezialfotopapier. Sie sind schwarzweiß oder farbig bedruckt, können aber auf rein fotografischer Basis hergestellt werden. Diese hochwertigen Erzeugnisse erfordern eine besondere Verarbeitungstechnik.

Rauhfaser. Hersteller und Handwerk sind sich noch nicht darüber einig, ob Rauhfaser zu den Tapeten zählt. Eine verbindliche Normung aller Wandbekleidungen ist bisher nicht erschienen. Da Rauhfaser zu den tapetenähnlichen Stoffen zählt und in der Regel nachträglich überstrichen wird, wurde sie in Abschn. 15.2.2 eingeordnet.

Tapete und Stoff. Die Zahl der Kollektionen, die Tapeten zusammen mit passenden Stoffen bringen, nimmt zu. Für die Musterung und Kombination dieser beiden Werkstoffe gibt es zahlreiche Möglichkeiten. Zusammen mit den auch vom Maler zu verlegenden Bodenbelägen erweitert sich das Aufgabengebiet des Malers erheblich. Man spricht in diesem Zusammenhang vom „Bedarfsbündel Wohnen". Zur Wahrnehmung dieser Aufgaben werden vor allem umfangreiche Kenntnisse der Farbenlehre und der Farbenharmonien verlangt.

Tapeten werden nach den Materialien der Schauseite eingeteilt in Papier-, Velours-, Textil-, Kunststoff-, Metall-, Naturwerkstoff- und Wandbildtapeten.

Tapeten mit besonderen Eigenschaften

Kleisterbeschichtete Tapeten sind klebefertig. Sie haben rückseitig eine Kleisterschicht, die durch Wasseraufnahme direkt vor dem Tapezieren aktiviert und damit klebend wird. Ansetzen von Tapetenkleister, Einkleistern und Weichen entfallen. In Deutschland haben sich diese Tapeten nicht so recht durchgesetzt.

Wasserbeständigkeit. Alle Tapeten sind heute zumindestens wasserbeständig, d.h. beim Verarbeiten gegen Feuchtigkeit weitgehend unempfindlich. Frische Kleisterflecken können mit einem feuchten Schwamm entfernt (abgetupft) werden. Bei waschbeständigen Tapeten kann die Oberfläche mit einem Schwamm gereinigt werden. Hoch-waschbeständige Tapeten können wir mit verdünnten Waschmitteln und Schwamm oder weicher Bürste reinigen (z.B. Kunststofftapeten). Bei einer scheuerbeständigen Tapete ist dies mit erhöhtem Aufwand mehrmals möglich. Die Symbole (Zeichen) für die Wasserbeständigkeit zeigt Bild **15**.21. Sie gelten auch für Wandbeläge.

Abziehbare Tapeten haben mehrere Vorteile: Zeitersparnis, kein Benutzen von Einweichwasser, kein feuchter Tapetenabfall, trockene Wandflächen. Die Abziehbarkeit kann auf mehrere Arten erreicht werden: Tapetenwechselgrund aus Rohpapier oder flüssig, bestimmte Unterlagstoffe und durch die Tapete selbst (s. Abschn. 15.1.3).

Spaltbare Tapeten lassen sich trocken so abziehen, daß ein Teil der Tapete (evtl. auch eine besondere Schicht) nach einem Trennschnitt an der Fußleiste und Abziehen von unten nach oben auf der Wand verbleibt (z.B. Kunststoff- und Textiltapeten). Der auf der Wand verbleibende Teil dient als Unterlagstoff für die Neutapezierung. Solche Tapeten müssen mit Spezialkleister verklebt werden. (Warum?)

Restlos abziehbare Tapeten bestehen aus besonderen Tapetenpapieren. Beispiel: Die Vorderseite ist nur aus Zellulose gefertigt, die Unterschicht aus Zellulose und Holzschliff. Diese dichtere Schicht nimmt nur eine bestimmte Kleistermenge auf. Das erfordert jedoch eine längere Weichzeit (≈ 15 Minuten). Glatte, nichtsaugende Untergründe (z.B. Rollenmakulatur) sind Voraussetzung. Im Kantenbereich müssen die Tapeten genügend Kleister haben, z.B. durch Nachkleistern. Allen Tapetenrollen liegen Verarbeitungshinweise (Einlegezettel) bei.

Schwerentflammbarkeit. Es werden immer mehr Tapeten und Wandbeläge schwerentflammbar hergestellt. Neben den erwähnten Glasgewebeerzeugnissen sind es herkömmliche Textiltapeten aus Spezialgewebe oder durch besondere Verfahren (Ausrüstungen) schwerentflammbar gemachte Oberschichten.

> Abziehbarkeit von Tapeten erzielt man durch bahnenförmige oder flüssige Tapetenwechselgründe, besondere Unterlagstoffe und die Tapete selbst. Bei spaltbaren Tapeten bleibt ein Teil auf dem Untergrund und dient als Unterlagstoff. Restlos abziehbare Tapeten lassen sich vollkommen und trocken vom Untergrund abziehen. Sie sind genau nach Anweisung zu verkleben.

15.1.2 Tapetenabschlüsse

Wertvollere Tapeten, auch Stiltapeten (Stilmöbeleinrichtungen) erhalten einen wirkungsvollen Abschluß durch Tapeten-, Kunststoff- oder Stuckleisten. Tapetenfelder auf größeren Wandflächen kann man mit Tapetenleisten und Eckornamenten „einrahmen". Ein oberer Abschluß wird auch zur Vollendung der Raumgestaltung gesetzt.

Tapetenleisten gibt es in zahlreichen Abmessungen, Profilen, Farben und Vergoldungen. Billige Leisten sind kaum noch auf dem Markt. Zierleisten und Ornamente setzt man auch häufig auf Türen. Auswahl und Anwendung der Tapetenleisten müssen überlegt werden. Man befestigt sie mit dünnen Stahlstiften. Zum Nageln legt man über die Nagelstellen ein Stück grober textiler Wandbekleidung (Jute), damit die Leistenoberfläche nicht beschädigt wird. Tapetenleisten kann man auch mit einem geeigneten nichttropfenden Tubenkleber anbringen. Man streicht nacheinander die Leistenrückseiten ein und drückt die Leisten in derselben Reihenfolge kräftig an.

Tapetenkordeln sind in einigen Gegenden und in bestimmten Räumen noch üblich (Hotels, Läden usw.). Vor dem Anbringen muß die Kordel stark gespannt werden, damit sie später nicht durchhängt. Die Kordelstifte werden im Abstand von etwa 30 cm zwischen die Kordelbiesen gesetzt, so daß der Rundkopf unsichtbar bleibt.

Abschlußprofile aus Styropor gibt es in zahlreichen Abmessungen und Profilierungen (**15**.8). Sie sind auch bei Wandbelägen gut geeignet und verdecken die oft in den oberen Wandbereichen auftretenden Risse (Altbauten). Geklebt wird mit einem lösemittelfreien Hartschaumkleber. Gehrungen schneidet man mit einem scharfen Schneider oder einer sehr feinen Säge in der Gehrungslade. In den Ecken paßt man die Stücke zunächst „trocken" ein. Alle Profile sind wand- und deckenbündig zu setzen. Überstreichen mit Dispersionsfarben: Nach einem Grundanstrich vor dem Verlegen überstreicht man am besten alles, einschließlich der Stöße, noch einmal. (Abschlußprofile aus Gips werden auch von Malerfirmen gesetzt.)

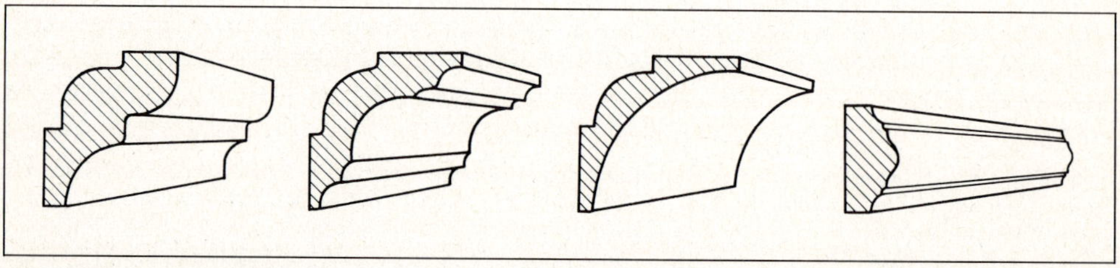

15.8 Styropor-Abschlußprofile

Tapetenborten werden ebenfalls in der Raumgestaltung eingesetzt. Verschieden breite, gewebte Borten sind speziell für Tapeten geschaffen worden. Sie eignen sich auch gut für Tapetenfelder. Man klebt sie mit Dispersionskleber unter Beachtung des Musters bei Ansätzen und Gehrungen oder verwendet Selbstklebeborten.

15.1.3 Unterlag-, Grundanstrich-, Isolier- und Dämmstoffe

Ursprünglich sollten die Stoffe den Untergrund glätten, einen einheitlichen Tapeziergrund schaffen, das Tapezieren auf Stoß sicherer machen und in bestimmten Fällen einen gleichmäßig hellen Untergrund geben. Mit den neueren Unterlagstoffen kamen andere Aufgaben hinzu: Risseüberbrückung, Kälte-Wärme-Dämmung, Abziehbarkeit von alten Tapeten bei Neutapezierungen.

Unterlagstoffe bestehen aus Rohpapier, Kunststoffschaum, Wollfilzpappe oder Metallfolien.

Tapetenunterlage aus Rohpapier (Rollenmakulatur) verwendet man bei schweren Tapeten und bei solchen, die beim Trocknen große Spannungen verursachen können. Zugleich wird ein gleichmäßig saugender und heller Untergrund geschaffen. Die hohen Spannungen am Tapetenstoß werden abgefangen, aufspringende Stöße weitgehend vermieden. Man klebt mit Spezial- oder Normalkleister mit 10% Dispersionskleberzugabe, bei Tapeziergeräte-Kleister Ansatz 1:40. Beim anschließenden Verkleben schwerer Tapeten sind Unterlagstoff und Tapete mit demselben Kleister zu verarbeiten.

Tapetenwechselgrund aus Rohpapier gibt es in zwei Ausführungen:

Ersttapete mit Stripeffekt in mehreren Farbstellungen, als Uni-Tapete wirkend. Es ist eine vollwertige Ersttapete mit Abzieheffekt. Man kann darauf auch Prägetapeten und Rauhfaser kleben und abziehen. Verkleben wie zuvor. Die spätere Tapezierung ist möglich.

Spaltbare Rollenmakulatur ist zweischichtig und dicker (**15**.9). Einsatz bei schweren Tapeten, an Stelle von „Rollenmakulatur" und bei Rauhfaserklebung. Beim späteren Abziehen der Tapete bleibt der eine Teil als übertapezierbarer Unterlagstoff. Geklebt wird mit 2 T Spezialkleister + 1 T Dispersionskleber.

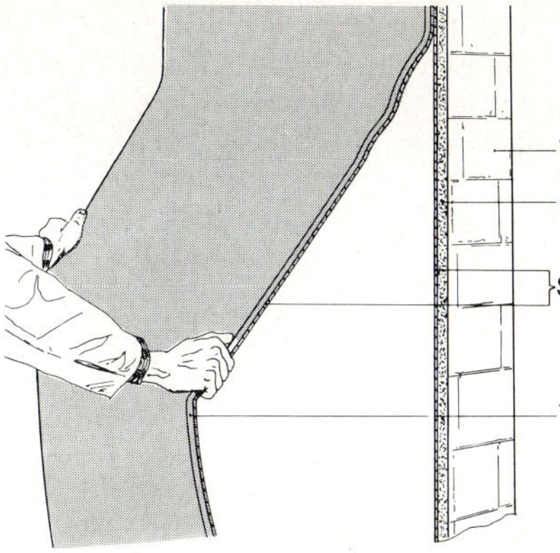

15.9 Spaltbare Rollenmakulatur

Hartschaum-Unterlagstoff (Untertapeten) sind maßgenaue, kaschierte oder unkaschierte Bahnen oder Platten bis zu 10 mm Dicke aus Polystyrol-Hartschaum. Druckunempfindliche Sorten sind z.B. mit Filzpappe oder festem Karton kaschiert. Hartschaumbahnen mit Strip-Effekt gibt es zum späteren Abziehen der Alttapeten. Extrudierter Hartschaum wird in einem besonderen Verfahren hergestellt. Er ist feinzellig und hochverdichtet. Dadurch gewinnt man ein besonders druckfestes Erzeugnis und ein hohes Maß an Wärmedämmung. Strip-Effekt ist vorhanden. Hartschaum-Unterlagstoff wendet man häufig bei Fensterstürzen (Kältebrücken) und an Außenwänden an.

Latex-Schaumstoffbahnen kamen in den letzten Jahren auf, weil sie zugleich temperatur- und (wegen ihrer offenen Poren) schallisolierend sind. Hinzu kommt, daß man sie ein- oder beidseitig mit verstärkenden bzw. egalisierenden Werkstoffen kaschieren (bekleben) kann, die wie der Schaumstoff selbst atmungsfähig sind. Die etwa 5 bzw. 6 mm dicken Bahnen werden mit Dispersionskleber verlegt. Man tapeziert darauf mit dem für die Tapete empfohlenen Kleister.

Metallfolien sind Unterlagstoffe zum Absperren und Dämmen. Diese mehrschichtigen Stoffe werden gegen durchschlagende Feuchtigkeit, Alkalien, Salpeter und andere Salze eingesetzt. Man klebt sie auf Stoß mit Dispersionskleber auf die gereinigte Wand.

Bei den Grundanstrichstoffen gibt es Tapetenwechselgrund und Feinmakulatur. Sie glätten den Untergrund bzw. ermöglichen später das Abziehen der Alttapeten.

Flüssiger Tapetenwechselgrund dient zum späteren Abziehen der alten Tapeten. Er ist nach Herstellerangaben zu verarbeiten. Der Untergrund muß gleichmäßig und satt eingestrichen werden. Darauf klebt man mit dem Kleister, der für die Tapetenart empfohlen wird.

Flüssige Feinmakulatur empfiehlt sich vor allem bei leichten bis mittelschweren Tapeten zur Untergrundglättung. Sie wird nach Anweisung angesetzt und gleichmäßig aufgetragen. Meist ist das Schleifen der getrockneten Flächen erforderlich, besser das Abreiben mit einem Holzklotz.

Tiefengrundanstrichmittel (Tiefgrund) zur Vorbereitung mineralicher Tapeziergründe und für Gipskartonplatten (s. Abschn. 8.4).

Lösemittelfreien Tiefgrund nimmt man zum Festigen sandender Putzoberflächen, zum Binden abgewaschener, wasserlöslicher Anstrichflächen, nach dem Spachteln auf Gipsputz (besonders wenn schwere Tapeten zu kleben sind) und wenn Klebestoff auf den Untergrund statt auf die Tapetenrückseite aufgetragen wird.

Lösemittelhaltigen Tiefgrund setzt man auf Span- und Tischlerplatten und zum Abbinden noch verbliebener Anstrichreste ein. Wichtig ist eine ausreichend lange Trockenzeit. (Warum?)

Unterlagstoffe dienen zur Untergrundglättung; sie schaffen einen einheitlichen Tapeziergrund und geben dem Untergrund einen einheitlichen Farbton. Manche Unterlagstoffe dienen zur Risseüberbrückung und haben gute Kälte-Wärme-Dämmwerte. Grundanstrichstoffe dienen zur Tapeziergrund-Vorbereitung und zur Glättung.

Unterlag- und Grundanstrichstoffe können für das spätere Abziehen der Alttapeten geeignet sein.

Dämmstoffe dämmen Wärme und Schall, zugleich überbrücken sie Risse (s. Abschn. 9.5.1).

Genoppte Wollfilzbahnen sind ziemlich dicke Unterlagstoffe, die mit ihren zahlreichen Noppen nur eine Punktverklebung erhalten. Dadurch ist eine Luftzirkulation zwischen Wand und Wollfilzbahn möglich. Die helle Vorderseite ist gut tapezierbar. Man klebt mit einem Dispersionskleber im Zahnspachtelauftrag. Für geringe Feuchtigkeit gibt es eine rückseitig imprägnierte Ausführung.

Dampfsperren sind drei- bis fünfschichtig aufgebaute Spezial-Isolierbahnen als Sperren gegen Schimmelpilze. Gleichzeitig haben sie gute Dämmwerte gegen hohe Luftfeuchtigkeit. Die dampfsperrende Schicht ist eine gummiartige Kunststoffolie bzw. eine 0,1 mm dicke Aluminiumfolie. Die Außenhaut besteht aus einer klebefähigen Spezialpapierbahn. Auch anders aufgebaute Dampfsperren sind im Handel.

Heizkörper-Reflexionsfolien sind dünne Polystyrol-Hartschaumfolien (oder -platten), die mit Aluminiumfolie beschichtet sind. Am besten werden sie vor der Heizkörpermontage in die Heizkörpernische geklebt, können aber auch nachträglich angebracht werden. Sie strahlen die Wärme in den Raum ab, bevor sie in die gewöhnlich dünne Nischenwand eindringen kann.

15.1.4 Klebstoffe

Wir unterscheiden bei den Klebstoffen für Tapezierungen Tapetenkleister und Dispersionskleber. Je nach Tapetenart werden sie allein oder kombiniert eingesetzt.

Normal-Tapetenkleister werden auf der Basis von Methylcellulose hergestellt. Sie sind schnell löslich, vollkommen neutral, kalk- und zementbeständig, frost- und gärungsbeständig und trocknen fleckenlos auf. Ihre Lösungen sind „kurzabreißend" (Probe mit dem Rührholz durch Ablaufen **15.**10), leicht verstreichbar und ermöglichen ein sicheres Ablaufen und Verschieben der Tapetenbahnen an der Wand.

15.10 Das kurze „Abreißen" eines richtig angesetzten Tapetenkleisters

Spezial-Tapetenkleister besteht aus einer Kombination von Methylcellulose und einem Kunstharz in Pulverform. Sie sind besonders klebekräftig, wasserarm und werden vor allem für haftfeste Tapezierungen und bei schweren Tapeten genommen.

Textiltapeten-Kleber sind für Textiltapeten entwickelt worden.

Für Normal- und Spezial-Tapetenkleister gelten verschiedene Ansatzverhältnisse, die sich auch nach den zu verklebenden Tapeten oder Wandbelägen richten. Die Ansätze sind auf den Packungen aufgedruckt.

Tapeziergeräte-Kleister bestehen aus reiner Methylcellulose mit Kunstharz- und fungiziden Zusätzen. Ansatz in der Regel 1:35 bis 1:40, danach 30 Minuten ziehen lassen. Dann haben sie die für die Verarbeitung mit Tapeziergeräten nötige besondere Konsistenz.

Dispersionskleber sind weiße, niedrigviskose Klebstoffe auf Kunstharzbasis für Unterlagstoffe, Isolierbahnen, bestimmte Tapeten und Wandbeläge. In der Regel eignen sie sich für mehrere Arten der Tapeten oder Wandbeläge. Als Zusätze zu Tapetenkleistern verbessern sie die Haftfähigkeit (Klebkraft). Dispersionskleber müssen eine hohe Anfangshaftung aufweisen und sollen gegen Feuchtigkeit unempfindlich sein.

Alle Kleber sind genau nach Anweisung zu verarbeiten. Verdünnungen sind nur in den angegebenen Grenzen erlaubt, z.B. für Grundierungen. Kleber trägt man überwiegend mit dem Farbroller gleichmäßig auf den Untergrund auf. Werden spachtelbare Kleber mit dem Zahnspachtel aufgetragen, ist die vorgeschriebene Zahnung zu nehmen. Der Zahnspachtel gewährleistet stets eine gleichmäßige und ausreichende Klebermenge auf der ganzen Fläche (**15.**11).

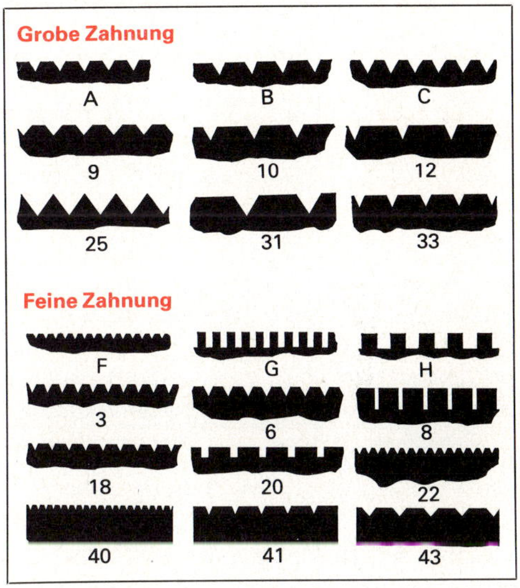

15.11 Zahnungen für Kleberaufträge verschiedener Arten

Hartschaumfolien-Kleber verwendet man grundsätzlich für Erzeugnisse aus Polystyrol, z.B. Unterlagstoffe. Eine Verwendung anderer Klebstoffe ist wegen evtl. ungeeigneter Lösemittel nicht statthaft.

Alle Erzeugnisse aus Hartschaum (wie Unterlagstoffe, Profile und Deckenplatten) sind stets mit geeigneten Hartschaumklebern zu verarbeiten.

15.1.5 Werkzeuge und Geräte

Tabelle **15.**12 **Werkzeuge zur Untergrundvorbereitung**

Name	Beschreibung	Verwendung
Perforierwalze (Perforator)	Stachelwalze, etwa 20 cm oder mehr breit, auch mit 2 V-förmigen Walzen bzw. Elektroantrieb	zum Lochen alter Tapeten, damit das Abweichwasser schneller eindringt
Tapetenschaber	Kombination einer gezahnten mit einer flachen Klinge im Handgriff	Aufreißen und Abstoßen alter Tapeten nach dem Anfeuchten
Schraubenzieher	nur mit isoliertem Griff verwenden	große für Dübel, Türen, Fenster; kleine für Schalter und Steckdosen

Daneben werden die für Malerarbeiten üblichen Werkzeuge und Geräte benutzt, wie Hammer und Zange, Spachtel und Gipsbecher, evtl. elektrische Schleifmaschine, Japanspachtel, Malerleiter.

Tabelle **15.13** **Tapezierwerkzeuge**

Name	Beschreibung	Verwendung
Tapezierbürste	reines Roßhaar, besser mit Rundbart, amerikanische = schmal und hoch mit Griffleiste	für Tapeten und Wandbeläge, bei denen die Bürste nicht untersagt ist; bei Deckentapezierungen extra breite verwenden
Tapezierschere (**15.**14)	aus Stahl geschlagen, keine Gußschere, rostabweisender Stahl, blank poliert oder vernickelt, auch teflonbeschichtet	zum Zuschneiden und Abschneiden der Tapeten; für Rauhfaser fein gezahnte Ausführungen
Andrückrollen	Gummirollen bis ≈ 15 cm, PVC-Rollen bis ≈ 18 cm Breite; Moosgummirollen sind sehr weich	für Tapeten, Wandbeläge, Unterlag- und Isolierstoffe nach Anweisung
Nahtroller	Plastik oder synthetischer Gummi, sollen nicht tonnenförmig sein Stahlwalze	für Tapeten und Wandbeläge nach Anweisung für großen Druck bei bestimmten Wandbelägen
Tapetenabreißer	Stahlschiene mit Griff und scharfer Kante	zum Abreißen glatter Tapeten, gezahnt für Rauhfaser
Tapezierspachtel bzw. -kelle	Kunststoffblatt mit bestimmten Kantenformen Dreiecksform aus Leichtmetall	zum Glätten und Andrücken von PVC-Tapeten und schweren Wandbelägen zum Wandschnitt an Türen, Fußleisten usw.
Beschneidelineal	bis zu 60 cm Kantenlänge	zum Abkürzen von Tapetenbahnen auf dem Tisch, auch in Raumecken benutzbar
Tapeziertisch (**15.**15)	standfeste, zusammenklappbare Tische, zwei- oder mehrteilig, Holz- oder Stahlrohrunterbau, für Wandbeläge bis zu 90 cm Breite (auch ansteckbare Zusatzplatten); Ablegeplatten	

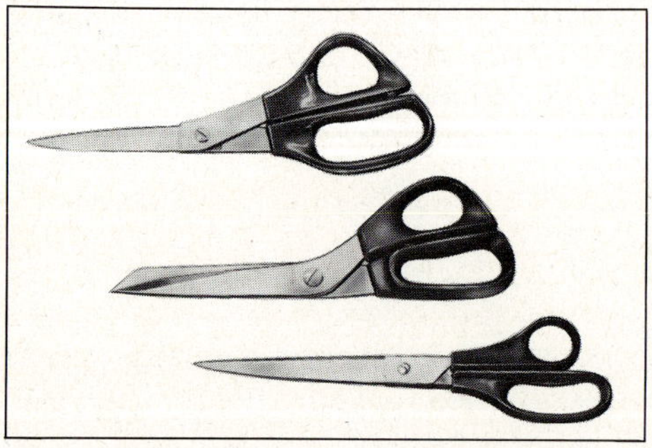

15.14 Tapezierscheren

15.15 Zusammenklappbarer Tapeziertisch

Für das Tapezieren ist die Wahl der Andrückrolle bzw. des Nahtrollers sehr wichtig. Falsch eingesetzte Werkzeuge dieser Art können die Tapetenoberflächen verformen und Nähte durch Eindrücken sichtbar machen.

Tabelle **15**.16 **Schneidewerkzeuge**

Name	Beschreibung	Verwendung
Präzisionsschneider	zum Gebrauch von Klingen, Zwangsführung am Stahllineal o. ä.	zum Abtrennen von Selfkanten bei Wandbelägen (Tapeten kaum noch)
Allzweckmesser (Cutter-, Stanley- oder Schiller-messer)	mit stufenlos einstellbarer, fest-stehender oder versenkbarer Klinge	für Wandschnitte und doppelten Nahtschnitt am Stahllineal oder Tapezierspachtel
Klingenschneider mit Gleit-fuß (**15**.17)	ein Metallfuß gleitet beim Schnitt auf dem Untergrund und verhindert Beschädigungen	für doppelten Nahtschnitt bei Tapeten und Wandbelägen, nicht für leichte Tapeten
Abbrechmesser	abbrechbare Klingen geben im-mer scharfe Messer	Universalmesser für Tapeten, Wand- und Bodenbeläge, lange Klingen für Schaumstoffe u. a. dicke Werkstoffe
Eckenschneider	Schneider mit winkelförmiger Anlage	für Tapeten und Wandbeläge für Innenecken
Gewebeschneider	mit Messerführung für faden-gerades Schneiden	für Textiltapeten und textile Wandbeläge

Die Verwendung des richtigen und stets scharfen Schneidewerkzeugs ist bei der Vielzahl der Tapeten und Wandbeläge Voraussetzung für saubere Schnitte und dicht schließende Stöße.

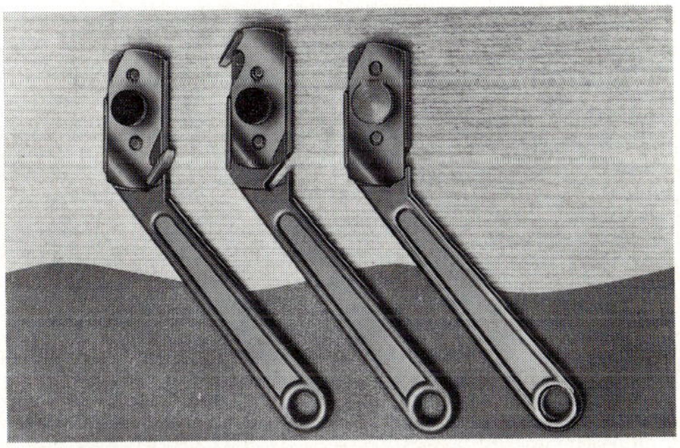

15.17 Gleitfußschneider in verschiedenen Arbeitsstellungen

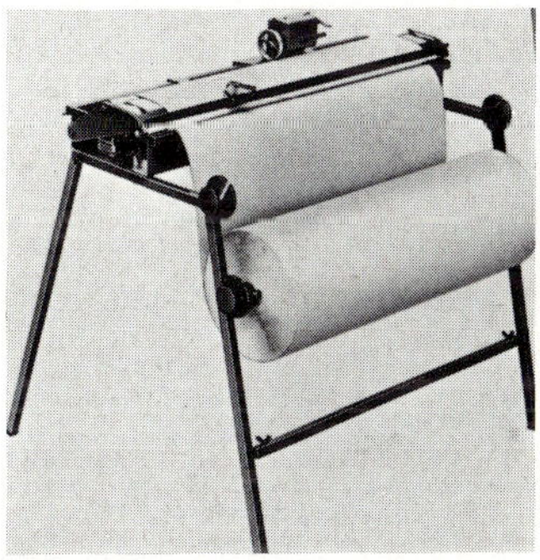

15.18 Stand-Tapeziergerät

Tapezier-(Kleister-)Geräte ersetzen das Tapeten- und Wandbeläge-Einkleistern mit der Bürste und ermöglichen ein gleichmäßiges, vollkommenes und rationelles Einkleistern. Die Kleistermenge ist nach den jeweiligen Anforderungen regulierbar. Je nach Fabrikat gibt es Tisch- und Standgeräte in den Breiten 60 bis 105 cm (**15**.18). Eine eingebaute Ablängeschiene, ein Streifenschneider, eine Zählautomatik für eingekleisterte Bahnen oder geteilte Walzen für verschiedene Tapetenbreiten können vorhanden sein. Alle Metallteile der Geräte sind rostfrei. Auf dem Deutschen Malertag 1981 in Köln waren erstmals elektrisch betriebene Tapeziergeräte zu sehen. Sie liefern „auf Knopfdruck" gleichmäßig eingekleisterte Tapetenbahnen in der eingestellten Länge. Die eingekleisterte Bahn legt sich automatisch in Schlaufen.

Deckentapeziergeräte erleichtern das Tapezieren von Decken, indem sie die eingekleisterte Bahn halten und das Anlegen an der Decke vereinfachen. In der Regel sind es Einmann-Geräte (**15**.32).

15.1.6 Untergründe und Vorarbeiten

DIN 18366 „Tapezierarbeiten" schreibt vor, daß der Auftragnehmer seine Bedenken schriftlich vor Arbeitsaufnahme anzumelden hat, wenn er größere Unebenheiten, Ausblühungen, Schimmelbildung, Spannungs- und Setzrisse, feuchte Flächen, Kalktreiber, Sinterschichten, Verunreinigungen, klaffende Fugen oder alkalische Untergründe festgestellt hat.

> Der Untergrund muß mindestens ebenso fest sein wie die folgende Klebung.

Tabelle **15**.19 **Untergründe und Vorarbeiten**

Untergrund	Beschaffenheit	Abhilfe/Vorarbeiten
Neuputz	ausreichend abgebunden, trocken, frei von Alkalien, fest	überwiegend wie bei Anstricharbeiten (s. Tabelle **9**.28)
Altputz	nicht mürbe und verrottet	Doppelfluat oder Grundanstrichmittel, gut durchtrocknen lassen; sonst Neuputz, Bauplatten o. ä. Maßnahmen. Hydraulisch abbindende Spachtelmassen einsetzen
	Putzrisse	(s. Abschn. 9.5.1) evtl. Unterlagstoffe
	Kältebrücken (Merkmale: Staubanhaftung oder Schimmelpilze)	ausreichend dicke Unterlagstoffe aus Polystyrol-Hartschaum o. ä.
	Feuchtigkeit, Salzausblühungen	(s. Abschn. 9.2.1) in schweren Fällen Tapezieren unmöglich
	Öl- und Teerflecke	Auswaschen mit Testbenzin; ölbindendes Isoliermittel; Ölflecken über Öfen und Herden wie zuvor, evtl. Neuputz
	Fettflecken in Küchen	mit Natronlauge auswaschen und gut nachwaschen
	Wasserränder, Rauch- und Rußflecke	Ursache beseitigen; nach mechanischer Entfernung Feinmakulatur, Fluat, Isolierlack oder Unterlagstoff. Nikotinflecken (Gaststätten) mit Salmiakwasser oder Isoliergrund
	Nägel, Bilderhaken, Abzweigdosen	Nägel entfernen; Dosendeckel abnehmen und vorstreichen, auch Alufolie kleben ist möglich; aufgedübelte Fußleisten vor dem Arbeiten abnehmen
Sichtbeton	unbedingte Trockenheit, neutral, frei von Schalölresten	Abwaschen mit Ammoniakwasser oder Netzmittellösung; Stoßstellen beispachteln; Unterlagstoff kleben ist ratsam

Tabelle **15**.19 Fortsetzung

Untergrund	Beschaffenheit	Abhilfe/Vorarbeiten
Beton	Trockenheit, neutral	Hydrospachtelüberzüge, evtl. grundieren: 2 T Farbenleim + 1 T Dispersionskleber mit Quarzzugabe
Gipskartonplatten	sauber verspachtelte Stöße, nicht federnd, keine Beschädigungen	Tiefengrundierung unbedingt erforderlich, darauf mit Tapetenwechselgrund arbeiten
Holzwerkstoffe	nicht federnd, sauber verspachtelte Stöße, keine herausragenden Schrauben usw.	Planebenheit mit Rutscher schleifen, gut abstauben und nachspachteln; Tischlerplatten mit Tiefengrundierung, Spachtelungen mit Dispersionsspachtel

Tapezieruntergründe verlangen wegen der gewöhnlich geringen Tapetendicke saubere, glatte Klebeflächen. Für dauerhafte Klebungen sind überwiegend mäßig, aber gleichmäßig saugende Untergründe erforderlich.

Alte Anstriche

Lacke und Ölfarben müssen zur Erzielung einer guten Haftfähigkeit angeschliffen, mit verdünntem Salmiakgeist angelaugt und nachgewaschen werden. Darauf streicht man als Haftbrücke verdünnten Dispersionskleber (+ 20% Wasser) oder weiße Fassadenfarbe.

Dispersionsfarben. Früher übliche wischbeständige Anstriche sind mit Wasser unter Zugabe von Tapetenablöser erst einzuweichen, dann mit dem Spachtel abzustoßen und nachzuwaschen. Nach Bedarf tiefengrundieren, spachteln. Wasch- und scheuerbeständige Dispersionsfarben prüft man auf Haftung. Festsitzende Anstriche kann man evtl. überkleben. Vorher lose Teile abstoßen, nach Bedarf tiefengrundieren, dann spachteln.

Leimfarbenanstriche sind vollkommen abzuwaschen. Ein Tapetenablöser zum Wasser erleichtert die Arbeit. Danach immer zuerst tiefengrundieren und dann spachteln. Man verwendet auch maschinelle Leimfarbenentferner mit rotierenden Bürsten.

Alte Tapeten

Sie sollen vor einer Neutapezierung restlos entfernt werden. Die heutigen schwereren Tapeten und Wandbeläge führen durch erhöhte Spannungen zum Ablösen der Alttapeten und damit zu Blasen und losen Stellen. Außerdem findet man nach dem Ablösen Risse und andere ausbesserungsbedürftige Stellen. Einfache bis mittelschwere Tapeten kann man evtl. nach sorgfältiger Überprüfung überkleben. Dabei Stöße sorgfältig abschleifen und beispachteln, neue Stöße niemals genau auf die alten kleben! Nicht überkleben darf man Bronzedruck-, Präge-, strukturierte, Metall- und hoch waschbeständige Tapeten. Bei abziehbaren Tapeten übernimmt der haftende Papierträger die Aufgaben eines Unterlagstoffs. Auf gute Haftung und gleichmäßig verbleibende Trägerschicht ist zu achten. Beschädigte Unterlagstoffe sind ebenfalls zu entfernen.

Das Ablösen alter Tapeten erleichtert man sich durch chemische Zusätze zum Einweichwasser (Tapetenablöser), durch eine Perforierwalze, einen Tapetenabschaber oder Tapetenablösegerät (elektrisch oder Propangas **15**.20, S. 314). Die gut eingeweichten Tapeten sind möglichst in langen Bahnen oder großen Stücken von oben nach unten abzuziehen. Mehrschichtige Tapezierungen bearbeitet man lagenweise.

15.1.7 Tapetenbedarf, -auswahl und -zuschnitt

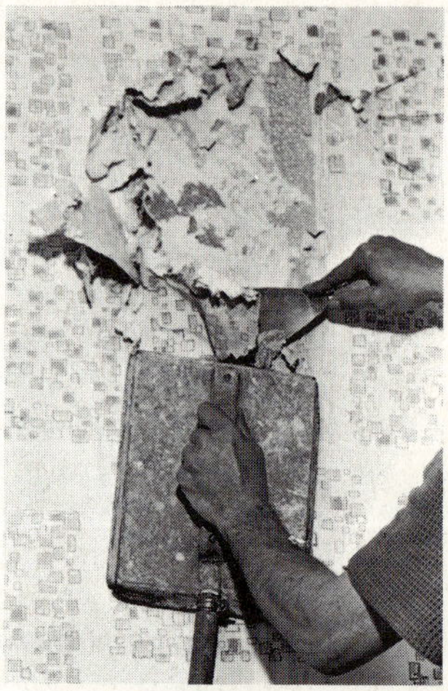

15.20 Tapetenablösen mit dem Dampfablöser

Der Tapetenbedarf ist abhängig von der Rollenbreite und -länge, einer evtl. vorhandenen Rapportlänge (= Abdruck einer vollen Musterlänge), von der Raumhöhe und den im Raum befindlichen Abzugsflächen (Türen, Fenster), wobei Zuzüge über Türen und unter Fenstern zu beachten sind. Das Ergebnis hinter dem Komma wird aufgerundet.

Bei einer Länge l von 10,05 m und einer Nutzbreite b von 0,53 m reicht die Rolle für 5,00 m^2 Tapezierfläche ohne Rapport. Der Verbrauch läßt sich also berechnen:

a) Ermitteln des Raumumfangs = $(l + b) \cdot 2$

b) Umfang · Raumhöhe h = Tapezierfläche = $(l + b) \cdot 2 \cdot h$

c) Fläche geteilt durch 5 (m^2/Rolle) = Rollenzahl = $\frac{(l + b) \cdot 2 \cdot h}{5}$

Beispiel $l = 5{,}00$ m; $b = 4{,}00$ m; $h = 3{,}00$ m

$$\frac{(5{,}00 + 4{,}00) \cdot 2 \cdot 3{,}00}{5} = 10{,}8 = \mathbf{11\ Rollen}$$

Türen und Fenster (Öffnungen) normaler Größe werden der Einfachheit halber übermessen, da es beim Zuschneiden ohnehin Verschnitt gibt.

Mit Paßrapport: Anzahl der Bahnen feststellen. Zimmerhöhe durch das Rapportmaß des Musters teilen. Das Ergebnis auf die nächste ganze Zahl aufrunden: Zimmerhöhe 300 cm, Rapport 42 cm = 300 : 42 = 7,15 Rapporte, aufrunden auf 8 Rapporte. 8 Rapporte ergeben 3,36 m. Die Rollenlänge wird nun durch diese Zahl geteilt; das ergibt die Anzahl der Bahnen je Rolle.

Mit Versatzrapport wie zuvor, jedoch zum aufgerundetem Rapport Zugabe eines halben Rapports (= 8,5 Rapporte).

Der erfahrene Tapetenfachmann ermittelt den Tapetenbedarf, indem er die Zimmerwände abschreitet und die Rollenbreite als Bahnenzahl anhält. Nach der Höhe des Raums berechnet er dann die Anzahl der Bahnen, die eine Rolle ergibt.

Beispiel 36 Bahnen, $h = 3{,}00$ m (= 3 Bahnen je Rolle) also 36 : 3 = **12 Rollen**

Tapetenauswahl. Die Vielzahl der alle zwei Jahre herauskommenden neuen Tapeten bereitet selbst dem Fachmann Schwierigkeiten, aus dem großen Angebot die passende Tapete für einen Raum zu finden. Es gibt immer mehr geeignete Tapeten. Dazu braucht man praktische Erfahrung und dauernde Übung. Das im Abschn. 4 (Optik und Farbenlehre) über Farbkontraste, Farbdynamik und Farbe im Raum Gesagte gilt im Prinzip auch für das Auswählen der Tapeten und Wandbeläge (s. Abschn. 4.5 bis 4.7). Es ist darauf zu achten, daß Tapeten/Wandbeläge, Raumtextilien, Bodenbelag und andere Elemente der Ausstattung miteinander harmonieren, in die Raumgestaltung einbezogen werden. Dabei werden sehr oft Art, Größe und Farbe einer Tapetenmusterung eine große Rolle spielen. Ein gutes Übungsmittel sind die farbigen Raumbilder der Tapeten-Kollektionen.

> Farbe, Muster, Struktur und Glanz sind bei Tapeten wesentliche Merkmale, die bei der Auswahl und Verarbeitung entscheidend zur Raumgestaltung beitragen.

Symbole zur Kennzeichnung. Seit einigen Jahren gibt es einheitliche Symbole, die von allen Tapetenherstellern auf den Rollenenden aufgedruckt werden. Seit Juni 1978 sind diese, teils geänderten Symbole einheitlich in der europäischen Wandbekleidungsindustrie (**15**.21). Damit kann und soll der Verarbeiter bereits vor Öffnen der Klarsichtpackung die Ausrüstungen und besonderen Merkmale der Tapete feststellen (z. B. Wasserbeständigkeit, Lichtbeständigkeit, Abziehbarkeit, Rapport).

Tabelle **15**.21 **Symbole der Wandbekleidungs-Industrie**

	wasserbeständig spongeable épongeable
	waschbeständig washable lavable
	hoch-waschbeständig super-washable lessivable
	scheuerbeständig scrubbable lessivable et ponçable
	ausreichende Lichtbeständigkeit sufficient lightfastness résistance correcte à la lumière
	gute Lichtbeständigkeit good lightfastness bonne résistance à la lumière
	restlos abziehbar strippable strippable
	trocken abziehbar
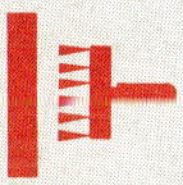	Wand einkleistern paste the wall adhésif sur le mur
	vorgekleistert ready pasted pré-encollé
	spaltbar peelable pelable
	ansatzfrei free match raccord libre
	gerader Ansatz straight match raccord droit
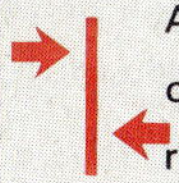	versetzter Ansatz offset match raccord sauté
(z. B. e.g. p. ex.) 53 / 26,5	Musterhöhe/Versatz design repeat/distance offset hauteur du raccord/décalage
	dupliert duplexed duplexé
	abgestimmter Stoff coordinating fabric tissu coordonné
	in Pfeilrichtung tapezieren direction of hanging sens de la pose
	gestürzt kleben reverse alternate lengths inverser les lés

* Das Zeichen „trocken abziehbar“ ist das Prüfzeichen des Deutschen Tapeteninstituts, es gilt nur in Deutschland

Prüfrichtlinien für Tapeten. Durch Vergleich der umgelegten Musterstücke vor Öffnen der Klarsichtpackung muß der Verarbeiter die Liefermenge kontrollieren, die Anfertigungsnummer vergleichen, (alle Tapeten einer Lieferung müssen aus einer Anfertigung stammen) sowie die Musterung und Farbstellung prüfen.

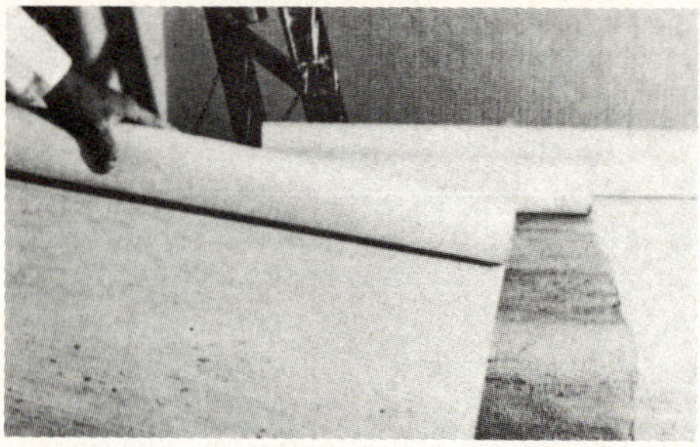

15.22 Prüfen der Farbtonübereinstimmung bei Tapetenrollen (Fächerprobe)

Nach dem Öffnen und Entfernen der Klarsichtpackung macht er die Fächerprobe auf Farbtongleichheit (**15.22**) und den Seitenvergleich (Vergleich des Stoßes durch Nebeneinanderhalten, was bei Unitapeten u.a. unbedingt erforderlich ist). Beim Zuschneiden der Bahnen folgt die Fehlerkontrolle. Erst danach sind die Endstücke der Rollen abzuschneiden und bis zur Abnahme der Tapezierung aufzuheben. Im Farbton abweichende Rollen sind auf einer besonderen Fläche zu tapezieren.

Vor jeder Tapezierung sind die „Prüfrichtlinien für Tapeten" durchzuführen, da sonst bei Reklamationen kein Ersatz geleistet wird.

1. Feststellen, ob die richtige Tapete geliefert wurde, durch Vergleich der umgelegten Musterdrucke in der Klarsichtpackung.
2. Kontrolle der Liefermenge bzw. ob die gelieferte Rollenzahl ausreicht. Erforderliche Nachbestellung fehlender Rollen unter derselben Anfertigungsnummer.
3. Vergleich und Kontrolle der Anfertigungsnummer. Rollen anderer Anfertigung sind umzutauschen oder gesondert zu verarbeiten.

Danach wird erst die Klarsichtpackung geöffnet. Anweisungen (Einlegezettel) der Hersteller sind unbedingt zu beachten. Die Endstücke der Rollen hebt man bis zur Abnahme der Tapezierung auf.

Beim Zuschneiden hält man gemusterte Tapeten genau aneinander, um den Ansatz festzustellen. Da die kantenfertigen Tapeten heute keine Ansatzpfeile haben, nimmt man ein bestimmtes Musterelement als ständig wiederkehrendes Ansatzzeichen. Alle Rollen sind stets nur in einer Richtung aufzuschneiden. Oft ist das Numerieren der Bahnen an der Oberkante mit Bleistift angebracht.

Abtrennen kann man die Bahnen (unter Zugabe für den Fußleistenbeschnitt) auf verschiedene Weise: Rollenende umlegen und mit dem Haumesser durchtrennen (**15.23**), Abschneiden mit der Schere bei schweren Textiltapeten, Abreißen mit einem Tapetenabreißer (**15.24**) und bei Tapeziergeräten mit den eingebauten Abreißvorrichtungen. Hinweise des Herstellers beachten!

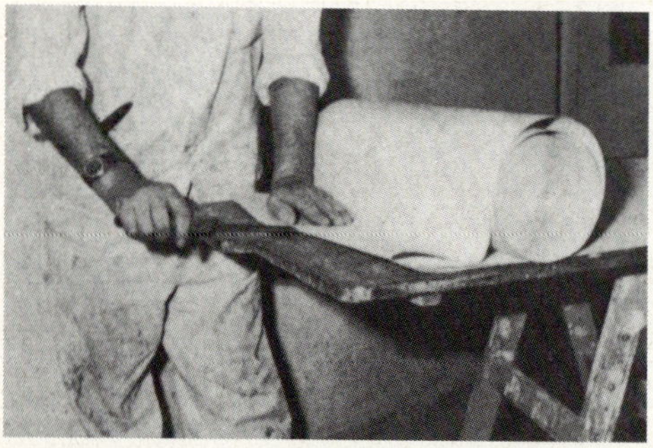

15.23 Zuschneiden der Bahnen

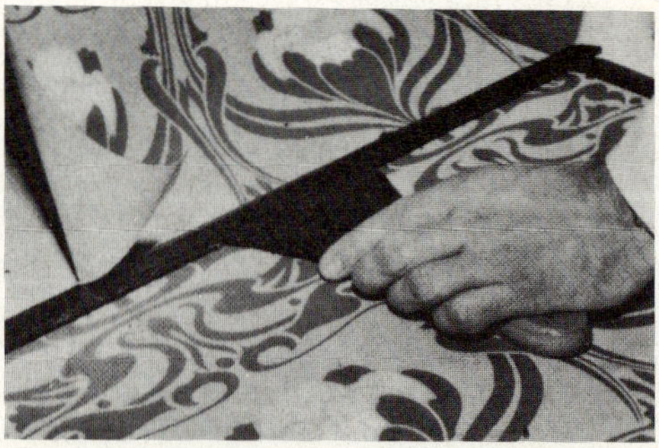

15.24 Verwenden des Tapetenabreißers

15.1.8 Tapezieren

15.1.8.1 Normaltapeten

Die zahlreichen Tapetenarten und Untergründe machen ausführliche Darstellungen unmöglich. Bei allen Tapezierungen, vor allem mit normalen Tapeten, kehren jedoch bestimmte Handgriffe und zu bedenkende Merksätze wieder.

Die günstigsten Temperaturen für das Tapezieren liegen zwischen 18 und 20 °C.

Schnurschläge für die obere Linie Wand–Decke, sicher aber am Tapezierbeginn zur genauen Ermittlung einer Senkrechten, darf man nicht vergessen. Der senkrechte Schnurschlag ist des öfteren zu wiederholen, z. B. auf einer anderen Wand (**15**.25).

Der Kleisteransatz richtet sich nach der Saugfähigkeit des Untergrunds, dem Tapetenpapier und der Dicke der Tapete (z. B. mehrschichtig). Die Hinweise für Ansatz und Mengen sind genau zu befolgen.

15.25 Ausloten und Schnurschlag

> Lieber dicken Kleister dünn auftragen als umgekehrt. Dickerer Ansatz für stark saugende dickere Tapeten. Ein konzentrierter Kleister läßt sich immer noch verdünnen. Knotenhaltiger oder schlecht gequollener Kleister hat verminderte Klebekraft und kann sich unter der Tapete markieren.

Zum Einkleistern dreht man die Bahnen um, schiebt die oberste an die gegenüberliegende Tischkante und kleistert sie bis zur Hälfte gleichmäßig ein. Dann zieht man die Tapetenbahn an die vordere Tischkante und kleistert den Rest ein (**15**.26). Mit dem Tapeziergerät kleistert man nach Anweisung ein (**15**.27).

15.26 Einkleistern der Tapetenbahn

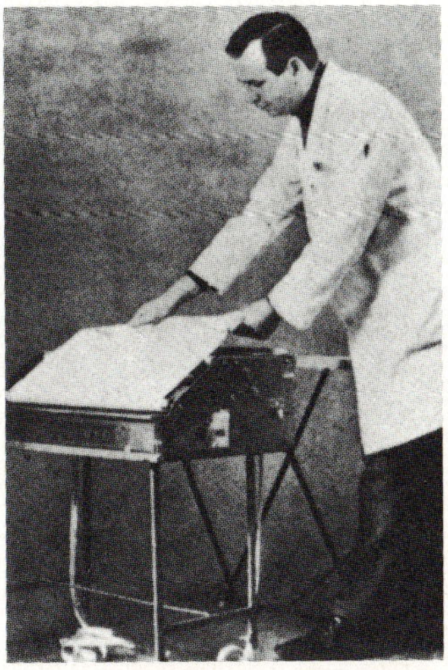

15.27 Einkleistern mit dem Tapeziergerät

Die folgende Bahn darf noch keinen Kleisterstreifen erhalten, denn durch zweimaliges Weichen können Flecken auf der Sichtseite bleiben.

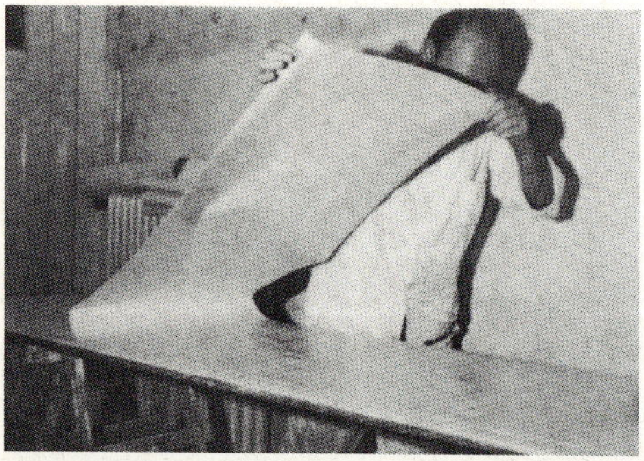

15.28 Zusammenlegen der eingekleisterten Tapetenbahn

Beim Zusammenlegen der eingekleisterten Bahnen achtet man darauf, daß das obere Stück etwa halbe Bahnenlänge hat (**15**.28).

Die Weichzeit ist unterschiedlich. Sicher ist, daß man eine Bahn ankleben kann, wenn sich die Kanten nicht mehr hochstellen. Die vollkommen trokken abziehbaren Tapeten müssen ≈ 15 Minuten weichen.

Kantenbeschnitt. Die heutigen Tapeten sind fast alle „kantenfertig". Das verlangt große Vorsicht beim Einkleistern. Zum Beschneiden bestimmter Spezialtapeten hat sich der an der Metallschiene geführte Tapetenschneider mit auswechselbarer Klinge bewährt.

Vom Licht weg. Obwohl heute fast nur noch „auf Stoß" tapeziert wird, beginnt man im allgemeinen immer noch am Fenster – vom Licht weg. Großgemusterte, schwere Spezialtapeten fängt man in der Wandmitte an zu kleben und geht symmetrisch nach beiden Seiten weiter.

Zum Anlegen nimmt man die über den Unterarm gelegte Bahn langsam auseinander. Um Kleisterflecken an der Decke zu vermeiden, kann man oben einen Streifen umschlagen oder legt einen weißen Papierstreifen etwas überstehend ein.

Angebürstet, angerollt und angedrückt wird mit dem richtigen Werkzeug (**15**.29). Man beginnt von oben her und geht nach den Seiten vor. Falsch angelegte Bahnen nimmt man in der ganzen Länge ab und legt sie neu an. Nur kleine Fehler lassen sich durch Zurechtschieben korrigieren.

Beim Tapezieren auf Stoß streicht man die Wandstellen, auf denen sich die Bahnen stoßen, etwa 10 cm breit mit Dispersionsfarbe oder Vorlack im Grundton der Tapete vor. Kleinere Stoßöffnungen treten dann nicht in Erscheinung.

Den Überstand des unten umgelegten Teils beschneidet man nach sorgfältigem Eindrücken in den Winkel Fußleiste – Wand. Dafür verwendet man Beschneidelineale oder Tapezierspachtel (**15**.30). Fußleisten und

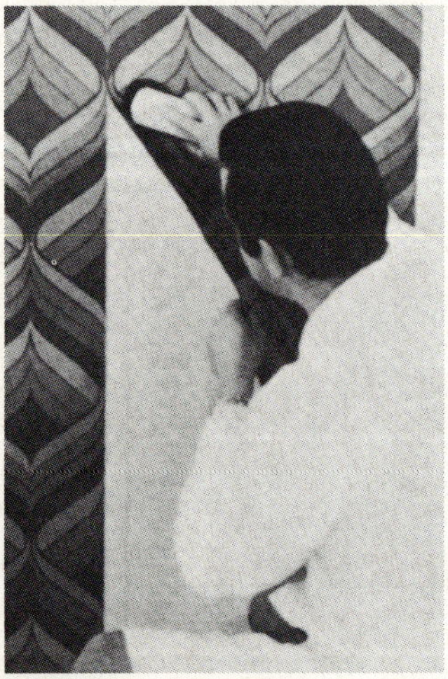

15.29 Kleben der Tapetenbahn

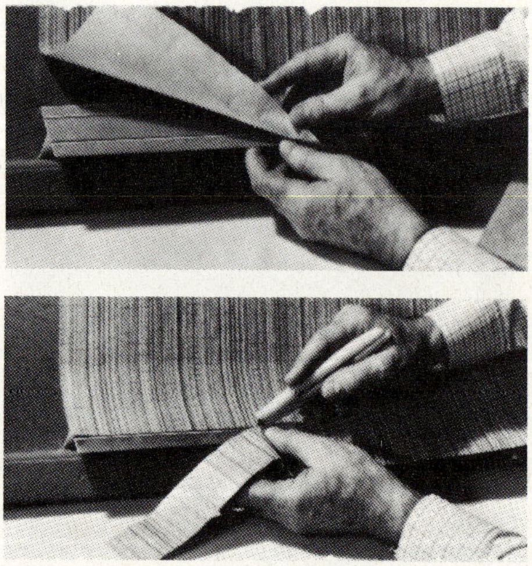

15.30 Fußleistenbeschnitt am Schneidelineal

Türenkanten dürfen nicht überklebt werden (VOB 18366 „Tapezierarbeiten"). Den oberen Überstand markiert man am besten am Tapezierspachtel, bevor man ihn beschneidet.

Die Nahtstellen werden kaum noch „überlappt" ausgebildet. Für alle Nahtausbildungen eignet sich der glatte, nicht tonnenförmige Nahtroller am besten. Bei empfindlichen Tapeten legt man vor dem Nahtandrücken etwas Makulaturpapier o. ä. unter.

Der doppelte Trennschnitt bei schweren Tapeten und verschiedenen Wandbelägen gibt einen sauberen Nähteschluß. Dazu wird die folgende Bahn (auch bei Polystyrol-Unterlagstoff) einige cm überklebt. Etwa auf die Mitte der Überlappung legt man ein Stahllineal und schneidet mit einem Klingenschneider beide Bahnen durch (**15**.31). Das Abfallstück zieht man heraus und schließt nach erneuter Klebereingabe den Stoß.

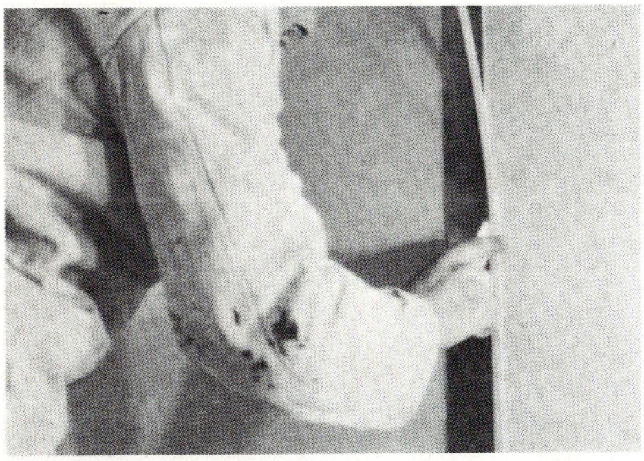

a)

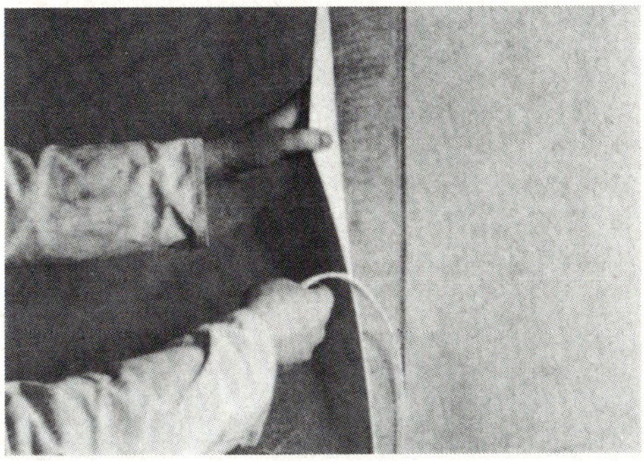

b)

15.31 Doppelter Trennschnitt
a) Durchtrennen beider Bahnenkanten
b) Herausziehen des Abfallstreifens

Das Trocknen der Tapeten darf nicht durch zu starkes Heizen beschleunigt werden, sonst können die Stoßnähte aufgehen. Zugluft ist zu vermeiden. Wenig geöffnete Fenster genügen zum Entweichen der Feuchtigkeit. Tapeten mit Überzügen (Kunststofftapeten) trocknen mindestens 3 bis 4 Tage.

15.1.8.2 Spezialtapeten

Den Begriff Spezialtapeten kennt die Fachliteratur einschließlich der Technischen Richtlinien nicht mehr. Doch lassen sich Tapeten bestimmter Dicke oder Oberfläche (z. B. Metall), mit einer besonderen Untergrundvorbereitung, vor allem aber mit einer speziellen Verarbeitungstechnik als „Spezialtapeten" bezeichnen. Dazu gehören Velours-, Textil-, Metall-, Naturwerkstoff- und Wandbildtapeten. Bei ihrer Verarbeitung gelten diese Regeln:

Der Untergrund muß fest, trocken und vor allem völlig glatt sein (kleinere Ausnahmen bei schweren Textiltapeten). Gespachtelt wird grundsätzlich mit hydraulisch abbindenden Massen. Zusätzlich Tiefengrundierungen.

Tapetengrundpapier (Makulatur) ist nötig bei dünnen Textiltapeten, feinen Naturwerkstoff- und Wandbildtapeten.

Metalltapeten sind äußerst empfindlich gegen Feuchtigkeit und Alkalität. In jedem Fall ist Tiefengrundierung erforderlich. Keinen Leim- oder Dispersionsspachtel einsetzen; Beiputzstellen neutralisieren. Gleichmäßiger Kleberauftrag (nach Anweisung) auf den Untergrund. Beim Andrücken mit der Tapezierwalze oder einem weichen Tuch Knicke vermeiden. Kleisterflecke sofort entfernen. Bei einigen Erzeugnissen wird abwaschen und abledern der tapezierten Wände empfohlen.

Spezialkleister. In der Regel kann man sagen: Spezialtapeten verlangen Spezialkleister. Bei einigen Tapeten ist laut Anweisung $\approx$ 20% Dispersionskleber zuzugeben.

Selfkanten (unbedruckte Seitenstreifen) gibt es noch bei bestimmten Tapeten (z.B. Velourstapeten). Man beschneidet sie meist in trockenem Zustand (Anweisung beachten).

Der Kleisterauftrag kann evtl. auf den Untergrund erfolgen, so daß die eingerollte Tapetenbahn auf der Wand abgerollt wird (z.B. Metalltapeten). Eingekleisterte Bahnen der meisten Spezialtapeten dürfen – auch beim Zusammenlegen – nicht geknickt werden. Kleisterflecken entfernt man sofort von der Sichtseite mit einem feuchten Schwamm und sauberem Wasser (nur abtupfen).

Zum Andrücken braucht man weiche Moosgummirollen statt der Tapezierbürste. Kunststofftapeten kann man kräftig mit einem Tapezierspachtel anreiben, um den ein weiches Tuch gelegt wurde.

Überstände beschneidet man grundsätzlich am Beschneidelineal bzw. Tapezierspachtel mit einem sehr scharfen Klingenschneider.

Herstelleranweisungen sind genau zu beachten.

> Velours-, Textil-, Metall-, Naturwerkstoff- und Wandbildtapeten sind nach besonderen Verarbeitungsregeln sorgfältig zu verkleben. Beachten Sie die einliegenden Hinweiszettel genau. Reklamationen infolge falscher Verarbeitung können sehr teuer werden.

15.1.8.3 Tapezieren schwieriger Raumteile

Leibungen und Nischen. Obwohl Fensterleibungen oft unsaubere Kanten haben, sollte man versuchen, den umzulegenden schmalen Streifen an der Bahn zu lassen. Dazu wird der Streifen mehrfach mit der Schere im rechten Winkel eingeschnitten; dann legt er sich sauber um. Breitere Streifen klebt man vorher gesondert hinein. Die umzulegende Bahnenkante muß 1 bis 2 cm um die Ecke reichen. Auch bei Garderoben-, Kamin- und anderen Nischen darf niemals der Tapetenstoß genau auf der Kante liegen.

Raumecken können durchgehend geklebt werden, wenn nur ein schmaler Streifen um die Ecke geführt wird. Sonst wird die Bahn so getrennt, daß man zum größten Maß 1 bis 2 cm hinzugibt, um durch die Ecke zu kommen. Auch hier waagerechtes Einschneiden des umzulegenden Streifens. Die Restbahn ist an der neuen Wand auszuloten.

Muster über Türen sind fortlaufend zu kleben, d.h. ohne Musterunterbrechung. Den dabei abfallenden Streifen kann man vielleicht später noch benutzen; er sollte deshalb nicht zusammenkleben. Bei Spezial- und Uni-Tapeten muß das Türenstück von derselben Rolle geschnitten werden, also fortlaufend.

Bei Rundbogen klebt man zuerst die senkrechten Leibungen; dabei soll die Tapete etwa 2 cm um die Kante gehen (einschneiden wie bei Fensterkanten). Der in den Bogen zu klebende Streifen wird etwa 0,5 cm schmäler geschnitten und sauber eingeklebt.

Treppenhäuser bieten infolge der teilweisen hohen Wände, durch die Treppenstufen und die unterschiedlichen Bahnenlängen oft erhebliche Schwierigkeiten. Grundsätzlich sollten zwei Tapezierer eingesetzt werden. Beim Bahnenzuschnitt ist auf ausreichende Längen bei den steigenden Wänden zu achten.

Deckentapezierungen

Rationelles Tapezieren ist nur mit einem Deckentapeziergerät oder einer zweiten Arbeitskraft möglich (**15**.32).

Ein fester Untergrund ist unbedingt erforderlich. Grundanstrichmittel, sauber ausgebesserte Risse.

Leichte Unebenheiten sind im Lampenlicht erkennbar. Man verdeckt sie durch Spachtelarbeiten oder geeignete Muster.

Pastoser Kleisteransatz und kurze Weichzeiten lassen die Tapete gut haften.

Klebeplan. Beim Tapezieren des ganzen Raums wird natürlich zuerst die Decke beklebt. Ein Klebeplan der Bahnenfolge kann wertvolle Hilfe leisten.

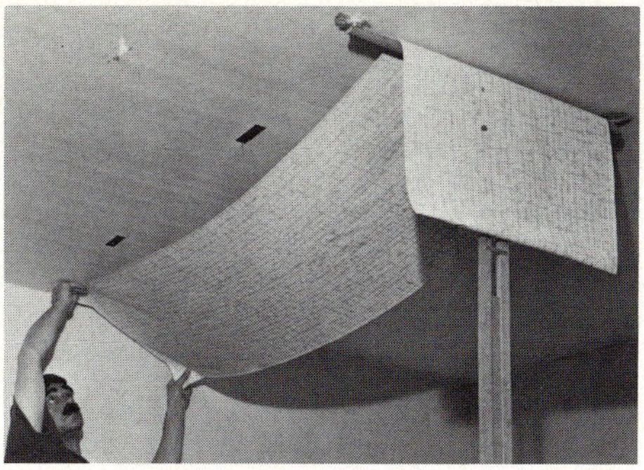

15.32 Arbeiten mit einem Deckentapeziergerät

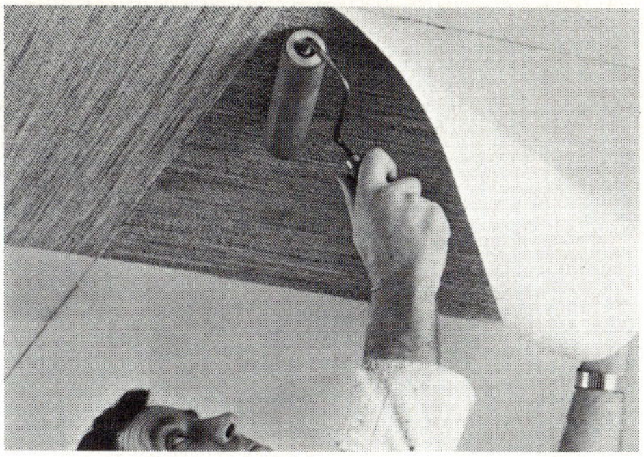

15.33 Kleben von textilen Deckenkassetten

Tapezierbare Deckenkassetten (z. B. textile) sind für bestimmte Räume zu erwägen (**15**.33).

Überstand. Die Bahnen sind mit jeweils 5 bis 10 cm Überstand zuzuschneiden. Den geringen Überstand an der Wand schneidet man am Tapezierspachtel ab. In der Decken-Wand-Ecke gibt es etwa nur 3 mm Überlappung.

Mit dem Lichteinfall kleben! Überlappungen machen sich an Decken auffällig bemerkbar. Beginn am besten in der Deckenmitte und von dort nach beiden Seiten.

Rauhfaserklebung ist an Decken sehr beliebt. Auf gut vorbereiteten Flächen wird sie mit Spezialkleister 1:20 verarbeitet. Beim Nähteandrücken nicht zu stark anrollen, weil sich sonst die Körnung eindrücken könnte. Ein Anstrich darf erst nach guter Durchtrocknung erfolgen.

15.1.8.4 Tapezierfehler

Tabelle **15**.34 **Übersicht Tapezierfehler**

Fehler	Ursache	Abhilfe/Vermeidung
Farbtonunterschiede in den Bahnen	Verarbeitung von Rollen aus verschiedenen Druckgängen	Rollenvergleich laut Prüfrichtlinien
Tonunterschiede über den Türen	Türstücke nicht fortlaufend von derselben Rolle geschnitten	bei Uni- u. a. Tapeten sind diese Stücke von derselben Rolle zu nehmen
senkrechte verfärbte Streifen	Tapetenbahnen nicht richtig eingekleistert, daher zweimaliges Weichen	richtiges Zurechtlegen und Einkleistern
Schattierungen (Verfärbungen) in den Bahnen	unterschiedliche Weichzeiten oder Tapete nicht auf Sturz geklebt, obwohl es gefordert wurde	gleichmäßige Weichzeit aller Bahnen; Sturzklebung bei Hinweisen beachten
Verfärbungen	starke Alkalität der Wände, evtl. auch alte Bronzetapeten überklebt	Putz genügend trocknen lassen, Kopierstifttest, evtl. fluatieren; Bronzetapeten restlos entfernen
rauhe Tapetenoberflächen	unsauberer Untergrund	Wände abreiben, evtl. Makulatur streichen, nachschleifen
	Knoten im Kleister	kaltes Leitungswasser verwenden, Kleister zügig einstreuen und gut durchschlagen
	Überklebung alter plastischer Tapeten	diese Tapeten immer entfernen; Spezialtapeten notfalls abschleifen und überspachteln
	stellenweise Unebenheiten auf dem Träger abziehbarer Tapeten	abziehbare Tapeten nicht mit Spezialkleister geklebt

Fortsetzung s. nächste Seite

Tabelle **15**.34 Fortsetzung

Fehler	Ursache	Abhilfe/Vermeidung
unebene Tapetenoberflächen	unregelmäßiger Putz, alte Ausbesserungs- oder Gipsstellen	Makulatur in Spachtelkonsistenz oder Glättputz aufbringen
durchgeschlagene Flecken	Rost	Rohre, Deckel usw. mit Isolierlack streichen
	Wasser	Putz fluatieren, mit Wasser nachwaschen
	Kleister	Kleisterflecken sofort nach dem Kleben einer Bahn feucht entfernen
Schimmelpilze	feuchte Wände, schlecht belichtete und belüftete Räume	Pilzgiftmittel oder Fluat streichen, Räume öfter lüften, Untertapeten oder Dampfsperren kleben
Blasen	ungenügende Weichzeiten	Wartezeiten beachten; schwere Tapeten nicht übereinanderliegend weichen lassen
	ungenügende Haftung (vor allem auf waschbaren Tapeten)	waschbare Tapeten restlos entfernen; Hartschaumunterlagen mit Haftbrücke vorstreichen
	Luftblasen nicht sorgfältig ausgestrichen (**15**.35)	Anbürsten oder Anreiben mit vorgeschriebenen Werkzeugen in richtiger Technik
Falten	schiefes Anlegen der Bahn, danach nur teilweise zurechtgerückt	Tapete senkrecht aushängen lassen; bei falscher Anlage vollständig abnehmen
	Falten in der Tapete (**15**.36)	durch Quellung an der Wand entstandene Falten gehen beim Trocknen in der Regel zurück
Falten in den Ecken	Tapeten in den Ecken nicht richtig getrennt, schlecht herumgeführt	in den Raumecken trennen, herumgeführte Streifen öfter waagerecht einschneiden

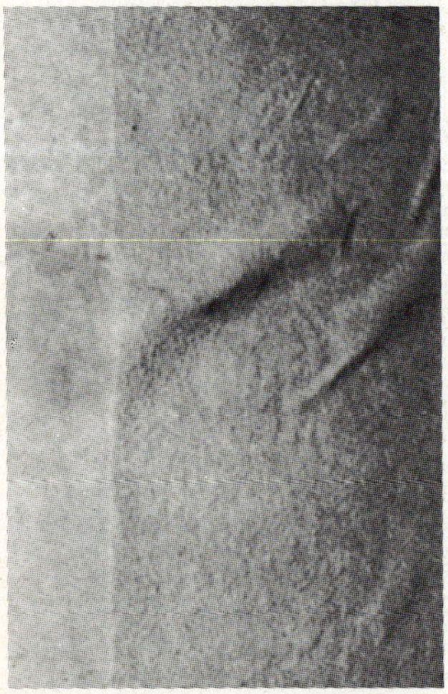

15.35 Tapezierfehler: Luftblasen unter der Tapete

15.36 Tapezierfehler: Falten in der Tapete

Tabelle **15**.34 Fortsetzung

Fehler	Ursache	Abhilfe/Vermeidung
Knickstellen	leichtsinniges Festdrücken von Falten	Bahn abziehen und Stellen glätten
Risse	Untergrundrisse machen sich bemerkbar	sorgfältige Untergrundvorbereitung
	Spannungsrisse bei zu schneller Trocknung oder wenn die Makulatur noch nicht getrocknet war	keine „künstliche" Trocknung; Makulatur 24 Std. trocknen lassen
Stöße gehen auf	zum Rand hin zu mager eingekleistert	richtiges Einkleistern
	„künstliche" Trocknung (**15**.37)	Stöße gehen bei starker Wärmeeinwirkung auf
	Stöße ungenügend angedrückt	richtiges Andrücken mit richtigem Werkzeug
	unzureichender, nicht fester Putz	Druckprobe; Tiefengrundierung
	Stöße fallen mit alten Tapetenstößen aufeinander	Nahtstöße nicht übereinanderkleben
	zu dünner oder kein Spezialkleister	richtigen Kleister im richtigen Ansatz verwenden
	Zugluft	Vermeidung von Zugluft
	helle Streifen in der Naht dunkler Tapeten (**15**.38)	unsauberer Nahtschluß; Nahtstreifen vorstreichen
Flecken	in der Regel Kleisterflecken	Kleister von der Sichtseite sofort vorsichtig und feucht abtupfen
Falscher Musteransatz	außer unsauberem Stoß kann ungleichmäßige Weichzeit dazu führen	stets gleiche Weichzeit für alle Bahnen, auch bei dünnen Tapeten
Stöße der Untertapeten (Unterlagstoffe) sichtbar	Unterlagstoffe auf unebenen Putz geklebt oder Stöße nicht beigespachtelt	Kanten der Unterlagstoffe (Polystyrol) leicht schleifen, beispachteln und evtl. grundieren

15.37 Tapezierfehler: unsauberer Stoß

15.38 Tapezierfehler: helle Streifen in der Naht dunkler Tapeten

Aufgaben zu Abschnitt 15.1

1. Erklären Sie den Unterschied zwischen Tapete und Wandbelag.
2. Welche Merkmale hat eine Prägetapete dupliert?
3. Welche Merkmale hat eine Velourstapete?
4. Nennen Sie die Vorzüge der Kunststofftapete.
5. Was versteht man unter Naturwerkstofftapeten?
6. Beschreiben Sie die beiden Verfahren zum Befestigen von Tapetenleisten.
7. Wie klebt man Polystyrol-Profile?
8. Nennen Sie einige Tapeten-Unterlagstoffe.
9. Welche Aufgaben erfüllen Tapeten-Unterlagstoffe?
10. Wozu dient flüssiger Tapetenwechselgrund?
11. Wodurch unterscheiden sich Normal- und Spezialtapetenkleister?
12. Warum gibt man in bestimmten Fällen Dispersionskleber zum Tapetenkleister zu?
13. Wozu dient eine Perforierwalze?
14. Wie soll ein Nahtroller beschaffen sein?
15. Welche Vorteile bieten Kleistergeräte gegenüber dem Einkleistern von Hand?
16. Warum müssen Sie Gipskartonplatten vor dem Tapezieren tiefengrundieren?
17. Kann man auf alten Dispersionsanstrichen kleben? Begründen Sie die Antwort.
18. Welche Vorarbeiten sind bei Altanstrichen zu leisten?
19. Welche Regeln gelten für das Tapezieren auf alten Tapeten?
20. Nennen Sie eine einfache Formel zum Ermitteln des Tapetenbedarfs.
21. Zeichnen Sie 8 Symbole zur Tapetenkennzeichnung und erklären Sie ihre Bedeutung.
22. Welche drei Kontrollen müssen Sie vor dem Verkleben von Tapeten durchführen?
23. Welche Regeln gelten für den Kleisteransatz und das Einkleistern?
24. Wonach richtet sich die Weichzeit der Tapeten?
25. Woran erkennen Sie eine genügend geweichte Tapete?
26. Wie erhält man einen sauberen Beschnitt des Überstands an der Fußleiste?
27. Erklären Sie den doppelten Trennschnitt.
28. Wie müssen die Untergründe bei Spezialtapeten beschaffen sein?
29. Wie tapeziert man Fensterleibungen?
30. Was heißt: Muster sind über den Türen fortlaufend zu kleben?

15.2 Wandbeläge

15.2.1 Arten und Eigenschaften

Man unterscheidet textile und Kunststoff-Wandbeläge, über deren Arten und Eigenschaften der Tapezierer Bescheid wissen muß.

Textile Wandbeläge

Wandbelag aus Glasseide gibt es in Bahnenform mit besonderen Strukturen. Er ist sehr beständig gegen äußere Einflüsse, isoliert und ist nicht brennbar. Die unkaschierten Bahnen verschiedener Webarten sind in mehreren Farben für Wandbespannungen und auch als Dekostoffe geeignet, oder man bettet sie in Dispersionsfarben ein.

Wandbeläge aus natürlichem oder synthetischem Material sind gewebt, getuftet, genadelt oder gewirkt, mit oder ohne Rückenbeschichtung bzw. Träger. Sie können naturfarben oder eingefärbt sein, auch mehrfarbig. Ihre Wirkung beruht auf dem Material, der Herstellungstechnik und der Farbgebung. Man klebt sie meist mit transparent auftrocknendem Kleber. Hier ist auch der Filzwandbelag mit Träger zum Verkleben einzuordnen.

Wandbelag aus Fotoleinen. Mit fotografischen Emulsionen beschichtete Gewebe werden fotomechanisch nach Dias oder Fotos mit Motiven versehen. Diese hochwertigen Erzeugnisse sind lichtecht und reflexionsfrei. Sonderanfertigungen sind handkoloriert. Die Verarbeitung erfordert vollkommen glatte Untergründe und besondere Sorgfalt.

Kunststoff-Wandbeläge

Wandbelag aus Kunststoffolien. Die Folien sind mit den Unterlagstoffen durch Nähte, Verschweißungen oder andere Verfahren haltbar verbunden. Die Träger erleichtern die Handhabung und ermöglichen die Klebung. Zusätzlich sind Kunststoffüberzüge anzutreffen.

Bei Wandbelägen aus kunststoffbeschichtetem Träger sind die Gewebe, Gewirke, Vliese, Schaumstoffe oder andere Materialien fest mit einer Kunststoffschicht verbunden. Gewebe und Gewirke werden im Rakelverfahren ein- bis zweimal beschichtet, danach kann man sie in einem Kalander wie Tapeten prägen (**15**.39).

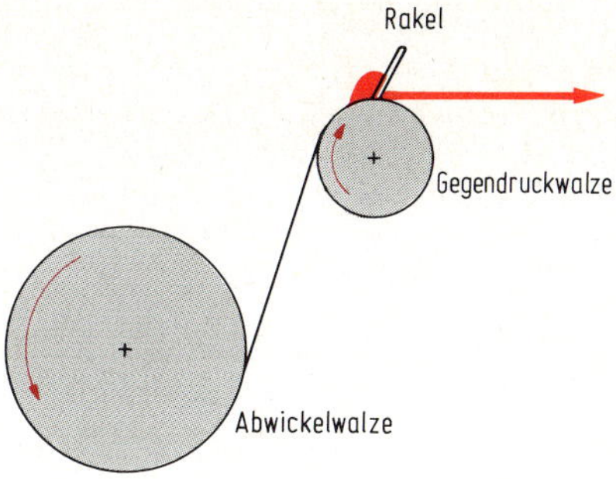

15.39 Beschichten einer Gewebebahn mit PVC-Masse (nach dem Rakelfahren)

Wandbelag aus Kunststoffverbundfolien. Hier sind zwei oder mehrere Kunststoffolien ganzflächig fest miteinander verbunden. Man kann sie mit bestimmten mehrschichtigen Bodenbelägen vergleichen, jedoch sind sie nicht so dick wie diese.

Wandbeläge aus Kunststoffschaum mit oder ohne rückseitigem Träger, in dickeren Schichten, sind sehr elastisch, stoßfest und strapazierfähig. Sie dämpfen spürbar den Raumschall.

> Kunststoff-Wandbeläge lassen sich mit üblichen Haushaltsmitteln gut reinigen, sind stoß- und kratzfest, weich, alterungsbeständig und unverrottbar. Träger verstärken die Erzeugnisse und dienen dem Verkleben.

15.2.2 Wandbeläge für nachträgliche Behandlung

Diese „tapetenähnlichen Stoffe" sind nach dem Verkleben überstreichbar. Einige Erzeugnisse können in Dispersionsfarben eingebettet werden, andere sind abziehbar wie entsprechende Tapeten. Wir unterscheiden Strukturpapier (Rauhfaser, Prägepapier, Reliefpapier), strukturiertes Kunststoffpapier sowie Textilgewebe und -vliese.

Rauhfaser überstreichbar ist ein mittelschweres, holzhaltiges Papier, dessen Oberfläche durch Zusätze von Holzfasern fein, mittel oder grob strukturiert ist (**15**.40). Rauhfaser kann ein- oder mehrschichtig sein. Zweischichtige Rauhfaser hat ein besonderes Deckpapier, das die aufgetragenen Fasern festhält. Es dient als Untergrund beim Überstreichen. Der Anstrich darf nur auf gut getrocknete Rauhfaser aufgebracht werden. (Warum?)

Prägepapier überstreichbar ist unbedruckt, strukturiert. Die Papiere sind mittelschwer, fest oder wasserfest mit fertigen Kanten. Sie lassen sich gleich nach dem Verkleben und Trocknen oder auch später mit Dispersionsfarben überstreichen.

15.40 Rauhfaser, Typ Superfaser, zweischichtig, mit besonders starker Struktur

Reliefpapier überstreichbar ist wie zuvor ausgerüstet, jedoch mit plastischen Massen strukturiert (**15**.41).

Textilgewebe sind einfarbige Leinen- und Jutegewebe. Sie sind in verschiedenen Fadendicken und Webarten lieferbar, werden verklebt oder in Dispersionsfarben eingebettet und nachträglich überstrichen.

Baumwollvlies gibt es z. B. geprägt und ist nach dem Verkleben ebenfalls überstreichbar.

Glasseidengewebe werden, wie schon erwähnt, in Dispersionskleber oder -farben eingebettet und nach dem Trocknen überstrichen. So entstehen strapazierfähige Wandbeläge einer besonderen Struktur (**15**.42).

15.41 Reliefpapier überstreichbar

15.42 Glasseidengewebe, in Dispersionsfarbe eingebettet und überstrichen

15.2.3 Klebetechniken

15.2.3.1 Unterlagstoff aus Polystyrol-Hartschaum

Je nach Beschaffenheit des Untergrunds (rauh, glatt, wellig, Außenwand, Kältebrücken) und dem Verwendungszweck wählt man diesen Unterlagstoff in Dicken von 2 bis 5 mm, in extremen Fällen kaschiert bzw. bis zu 10 mm Dicke (Bahnen 1 m breit oder Platten). Saubere und feste, „klebfähige" Untergründe sind erforderlich; denn sie sollen später Tapeten und Wandbeläge tragen.

Alte Anstriche, Tapeten usw. sind zu entfernen, Ölfarbenanstriche anzurauhen. Stark saugende Flächen grundiert man mit verdünntem Kleber, mäßig feuchte Wände werden fluatiert. Dauernd feuchte Wände sind durch den Auftraggeber (bauseits) trockenzulegen. Stellen mit Schimmelpilzbefall sind gründlich abzubürsten und mit Pilzgiftlösung zu behandeln. Stark saugende Untergründe erfordern Tiefgrund. Sehr unebene Wände sind bei kaum gemusterten oder Uni-Tapeten zu spachteln (Wand- oder Füllspachtel); feine Risse können offenbleiben. Geklebt wird mit Hartschaumkleber für Polystyrol-Bahnen oder Platten.

Verklebung. Man streicht nur eine Bahnenbreite der Wand satt ein, damit der Kleber nicht zu schnell einzieht; alle Kanten und Raumecken besonders dick. Die auf etwas mehr als Bahnenlänge lose aufgerollte Bahn wird auf der Wand abgerollt, mit der flachen Hand und einer breiten Gummiwalze (nicht zu stark!) angedrückt. Hartschaumplatten lassen sich ebenso verarbeiten. Der Trennschnitt an der Fußleiste muß geübt werden, denn der starre Schaumstoff läßt sich nur schwer in den unteren Winkel drükken. Die Platten sind genau zu stoßen; eine leichte Überspachtelung der Stöße wird vor allem bei ungeradem Untergrund notwendig sein. Falls kein genaues Stoßen der Bahnen möglich ist, arbeitet man mit dem doppelten Trennschnitt.

Polystyrol-Hartschaumbahnen müssen mindestens 24 Stunden trocknen, bevor tapeziert wird. Der Auftrag einer Haftbrücke zur besseren Kleisterannahme ist anzuraten: Hartschaumkleber + 10 bis 25% Wasser.

15.2.3.2 Kunststoff-Wandbeläge

Die Auswahl richtet sich nach dem Zweck, oft auch nach dem Untergrund, denn dickere Wandbeläge können kleine Untergrundunebenheiten verdecken. In dauernd bewohnten Räumen sollte man wegen der erschwerten Wandatmung nicht alle vier Wände damit ausstatten.

Die Wände sind wie für das Tapezieren schwerer Tapeten vorzubereiten. Mit zunehmender Dicke der Beläge werden die Anforderungen an den Untergrund geringer. Ein Grundanstrich mit Tiefgrund ist erforderlich, sonst könnten die auftretenden Spannungen evtl. den Feinputz absprengen. Ideale Untergründe sind Bauplatten und Holzwerkstoffe (Gipskarton-, Span- und Tischlerplatten).

Werkzeuge und Geräte. Wegen der verschiedenen Werkstoffe und des unterschiedlichen Aufbaus sowie der besonderen Breiten braucht man neben den üblichen Tapezierwerkzeugen:

Gummiwalzen, Tapezierspachtel und saubere Tücher zum Anreiben, denn mit der Tapezierbürste kann man nicht bei Kunststoffbelägen arbeiten:

Farbroller sind praktisch zum Kleberauftrag, weil wegen der breiten Bahnen in der Regel größere Flächen auf einmal eingestrichen werden müssen.

Klingenschneider ersetzen weitgehend die Tapezierschere (**15**.43).

Ein Stahllineal von 60 bis 80 cm Länge braucht man vor allem für den Kantenschnitt.

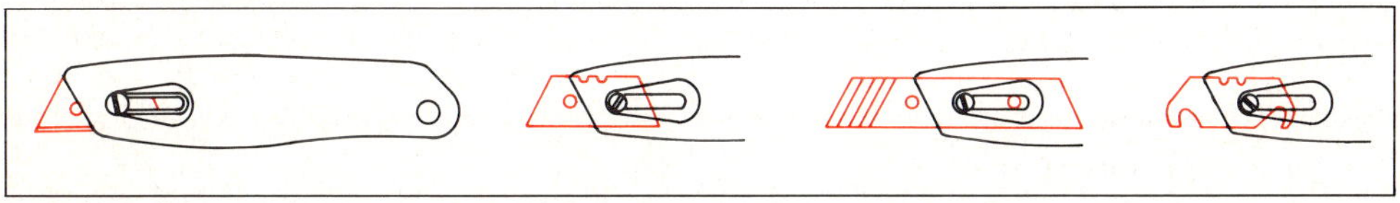

15.43 Klingenschneider mit auswechselbaren Klingen, auch für Bodenbelagarbeiten geeignet

Beim Verarbeiten bahnenförmiger Kunststoff-Wandbeläge sind geeignete Werkzeuge zum Andrücken und scharfe Schneidegeräte wichtige Hilfsmittel.

Kleber. Die verschiedenen Kunststoff-Wandbeläge sind je nach Anweisung mit Kunstharz-Dispersionskleber oder Spezial-Tapetenkleister und einem Zusatz von Dispersionskleber zu verarbeiten. Die Herstellerhinweise sind zu beachten. Besonders wichtig ist die Konsistenz, darum niemals unnötig verdünnen. Das Wasser kann zur Folienseite hin nicht abwandern. Im allgemeinen trägt man auch hier den Kleber satt auf.

15.44 Anlegen von Kunststoff-Wandbelag, hier abgerollt mit Zugabe oben

Verarbeitung

Vergleich der Rollennummern, ob die Beläge aus derselben Fertigung (Charge) stammen. Auch ein Farbvergleich ist erforderlich.

„Auf Sturz" darf nur bei ausdrücklicher Anweisung geklebt werden.

Nur bei ≧20°C darf man Kunststoff-Wandbeläge verarbeiten. Vorher lagert man sie in warmen Räumen.

Etwas Zugabe ist trotz der leichten Dehnbarkeit anzuraten (**15**.44).

Webkanten sind in einigen Fällen bei Gewebeträgern in 2 bis 3 cm Breite vorher zu entfernen. Beim doppelten Nahtschnitt an der Wand ist dies nicht nötig; man legt die Überlappung einschließlich Gewebekanten genügend breit. Für den Trennschnitt ist ein Klingenschneider mit Gleitfuß am sichersten.

Tabelle **15**.45 **Kunststoff-Wandbeläge**

Untergrund	Kleber	Vorarbeiten	Verklebung
Kunststoff-Wandbelag auf Gewebeträger			
sauber, fest, leicht saugfähig, trocken, möglichst glatt, evtl. Flächenspachtel bzw. Tiefgrund für gleichmäßiges Saugvermögen	transparent auftrocknender Dispersionskleber evtl. + 10 bis 20% Spezialkleister 1 : 20	Bahnen möglichst für Kleben auf Sturz zuschneiden	Kleber mit Streichroller auf den Untergrund in Bahnenbreite, Bahnen sauber oben anlegen bzw. bei ≈ 3 cm Zugabe im Deckenwinkel später nachschneiden; mit Kunststoff-Tapezierspachtel kräftig andrücken, alle Überstände am Beschneidelineal mit Cuttermesser sauber abschneiden; Überlappung der folgenden Bahnen (≈ 6 cm) und doppelter Nahtschnitt, bei dünnen Belägen ≈ 30 Min warten; Nähte vor dem Schließen mit Kleber nachstreichen; in den Ecken getrennte Bahnen gut eindrükken (**15**.46); bei Außenecken ≈ 10 bis 20 cm um die Ecke führen, keine Stöße auf einer Ecke
Wandbelag auf Kunststoffschaum			
wie oben	Verklebung mit Fliesenkleber, leichtere Ware mit Dispersionskleber ohne Zugaben	Bahnen möglichst für Kleben auf Sturz zuschneiden	Kleberauftrag mit feingezahntem Spachtel auf den Untergrund; Auftrag auf Belagrückseite verlängert die offene Zeit; für oberen und unteren Beschnitt kann man zunächst ≈ 10 cm ohne Kleber lassen und später nachkleben; mit Kunststoff-Tapezierspachtel kräftig andrücken; bei Fußleistenschnitt Bahn etwas stauchen, nicht dehnen (**15**.47); Stöße mit doppeltem Nahtschnitt; Ecken wie bei Kunststoff-Wandbelag auf Gewebeträger; alle Kleberflecken sofort mit sauberem Wasser entfernen und nachreiben

15.46 Eindrücken eines Kunststoff-Wandbelags in die Raumecke mit einem Kunststoff-Spachtel

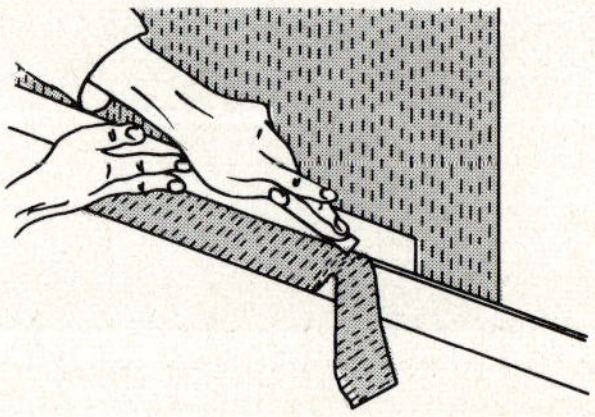

15.47 Trennschnitt des Wandbelags an der Fußleiste

15.2.3.3 Kunststoff-Wandplatten

Wandplatten sind auf Polyvinylchlorid-(PVC-)Basis oder als Schaumstoffplatten im Handel. Sie können glatt oder leicht strukturiert sein, sind strapazierfähig, unverrottbar und leicht zu reinigen. In Wasch-, Bade- und Duschräumen sollen sie nicht verlegt werden, weil sie nicht verfugt werden und daher Feuchtigkeit durchlassen.

Die Untergründe müssen fest, glatt, eben, spannungsfrei, trocken und ohne Risse sein. Am besten ist ein abgeriebener, verlängerter, saugfähiger Zementmörtelputz. In Neubauten sollen die Fußleisten schon gesetzt sein. Span- und Gipskartonplatten eignen sich nach Tiefengrundierung.

Das Verlegen von Kunststoff-Wandplatten erfordert vollkommen ebene Untergründe. Unebenheiten machen sich störend bemerkbar, weil die Platten nicht verfugt werden. Deshalb sind sie auch in Naßräumen nicht geeignet.

Werkzeuge. Um die waagerechten und senkrechten Fugenverläufe auszumitteln, braucht man eine Wasserwaage. Ein Zahnspachtel mit feiner Zahnung dient zum Kleberauftrag, eine Gummiwalze oder ein Filzbrett zum Andrücken. Hinzu kommen Stahllineal und Klingenschneider. Für Ausschnitte (z.B. Lichtschalter) nimmt man eine scharfe Schere. Schleifpapier, grob und fein, glättet die geschnittenen Kanten.

Wandeinteilung. Die maschinell gestanzten Platten haben genaue Abmessungen – die Wände nicht. Zum einwandfreien Verlegen sind deshalb Vorarbeiten nötig.

Bei unebenem Boden setzt man die Verlegehöhe von der tiefsten Stelle her ab. Die so gewonnene obere Linie wird mit der Wasserwaage an allen Wänden abgesetzt, bei wandhohen Verlegungen etwa in Augenhöhe (≈ 1,60 m). An dieser oberen Begrenzungslinie dürfen keine angeschnittenen Platten liegen. Ebensowenig darf man an Türen, Fenstern und Raumecken zu schmale Plattenteile legen. Vor dem Verlegen prüft man alle Platten auf Farbgleichheit.

Musterverlegungen mit zwei Farbtönen sind möglich, z.B. senk- oder waagerechte Reihungen, versetzte Reihen, Schachbrett. Dabei beginnt man möglichst in der Wandmitte.

Fehler in der Wandeinteilung und -ausmittelung lassen sich nach begonnener Verlegung nicht wieder korrigieren. Entfernen und Neuverlegen der Platten aber kosten viel Geld.

Kleber. Je nach Plattenfabrikat eignen sich helle Neoprenekleber (synthetischer Kautschuk) schnellanziehend, Kontaktkleber für beidseitigen Auftrag (auf Untergrund und Plattenrückseite) und besondere Dispersionkleber (pastos mit hoher Anfangshaftung).

Verarbeitung. Die Kleber trägt man satt und gleichmäßig auf. Je nach Klebeart und Untergrund streicht man etwa 1 bis 1,5 m^2 ein. Durch die Fingerprobe wird der richtige Zeitpunkt der Kleberablüftung ermittelt: Es darf dann kein Kleber mehr am Finger haften. Die meisten Fabrikate lüften in 10 bis 15 Minuten ab.

Die erste Platte legt man sehr genau an (**15**.48), denn sie ist richtungweisend für alle anderen. Jede Platte wird nur von einer Seitenkante eingelegt, also nicht gleich vollflächig. Beginnt man an den abgesetzten Geraden, fallen die schmalen Plattenteile unten an, wo man sie weniger wahrnimmt. Alle Platten werden mit der Gummirolle angerollt oder mit dem Filzbrett vollflächig angeklopft.

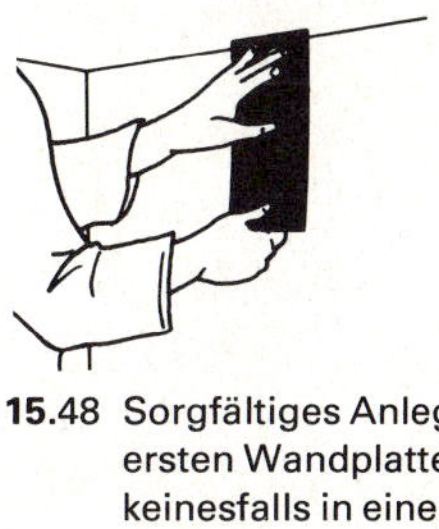

15.48 Sorgfältiges Anlegen der ersten Wandplatte, keinesfalls in einer Ecke

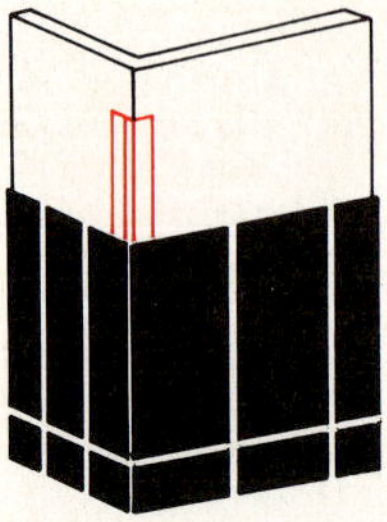

15.49 Vorspringende Ecke, bei der zuerst das Eckwinkelprofil aus PVC gesetzt wird

Eckstöße müssen sehr gerade verlaufen und evtl. vorgespachtelt werden. Man klebt zuerst die ganzen Platten der Ecke und paßt zerschnittene einzeln genau ein. Bei vorspringenden Ecken kann man manche Erzeugnisse durch vorsichtiges Erwärmen „um die Ecke biegen". Setzt man vorher Eckwinkelprofile (**15**.49), müssen die Platten einzeln genau eingepaßt werden.

Man trennt Platten durch Anritzen mit einer Stahlnadel auf der Vorderseite und Abbrechen nach rückwärts. Auch am Stahllineal kann man sie durchtrennen. Die geschnittenen Kanten glättet man mit Schleifpapier. Ausschnitte für Rohre usw. zeichnet man mit dem Bleistift vor, wärmt die Platte rückseitig an und schneidet mit der Schere oder dem Messer aus.

15.3 Kunststoff-Deckenplatten

15.3.1 Untergründe, Werkzeuge und Kleber

Sichtplatten aus Polystyrol werden auf Neuputz, Beton, Gasbeton o.ä. Untergründe verlegt, wenn der Untergrund eben und ausreichend trocken ist. Stark saugende Untergründe brauchen eine Tiefengrundierung. Sollen große Unebenheiten, Schalöle u.a. Untergrundschwierigkeiten überbrückt werden, verlegt man auf Lattenroste. Altanstriche, Tapeten usw. sind zu entfernen, Dispersionsanstriche gut aufzurauhen. Einzelne kleinere Risse überdecken die Platten.

Hart-PVC-Deckenplatten brauchen ebene Decken. Man befestigt sie auf Putz mit Klammerapparaten und ausreichend langen Klammern. Diese Platten haften nur rein mechanisch und überdecken alte Anstriche und Tapeten. Auf Beton ist diese Technik nicht möglich, doch kann man auf glatten Betonflächen dafür geeignete PVC-Deckenplatten kleben.

Werkzeuge. Ein scharfer Klingenschneider mit Spezialklingen, ein Stahlwinkel mit $\geqq$60 cm Länge und ein Zahnspachtel für Kleberauftrag sind die wichtigsten Werkzeuge. Hinzu kommen für Polystyrol-Deckenplatten eine saubere stabile Arbeitsplatte, zum Andrücken der Platten eine w e i c h e Gummiwalze, ein Streichroller und saubere Tücher.

Für das Zuschneiden von Plattenteilen gibt es besondere Schneidmesser (**15**.50) sowie feinzahnige Sägen bzw. elektrisch angetriebene Hartschaumplatten-Schneider. Die letzten ergeben besonders scharfe Schnitte und vermeiden lästigen Schneidstaub.

15.50 Hartschaumschneidemesser und Profilleisten-Gehrungslade

15.51 Anlegen der Hart-PVC-Deckenplatten mit einem Richtkreuzgerät

Hart-PVC-Deckenplatten werden am besten mit dem Richtkreuzgerät verlegt (**15**.51). Dieses in der Höhe verstellbare Gerät trägt die Platte, drückt sie gegen die Decke und erfordert nur eine Arbeitskraft. Geheftet wird mit Spezialklammern und einem Anschießgerät.

Als Kleber verwendet man Dispersionskleber, die für Plattenklebung geeignet sein müssen, d.h. schnelles Anziehen und stark gefüllt. Der Auftrag erfolgt vollflächig auf der Plattenrückseite; keine Randbeklebungen.

15.3.2 Verlegen von Polystyrol-Deckenplatten

Bei der direkten Verlegung erhalten die Platten direkten Kontakt mit dem Untergrund. Man beginnt in der Mitte der Deckenfläche (**15**.52). Dazu sind exaktes Abschnüren und Ermitteln des Deckenmittelpunkts erforderlich, wo man die erste Platte anlegt. Es ist auch darauf zu achten, daß die gegenüberliegenden Deckenstreifen immer gleich breit sind. Hier werden geteilte Platten einzeln eingepaßt, oder man streicht diese Streifen (vorher) mit Dispersionsfarbe.

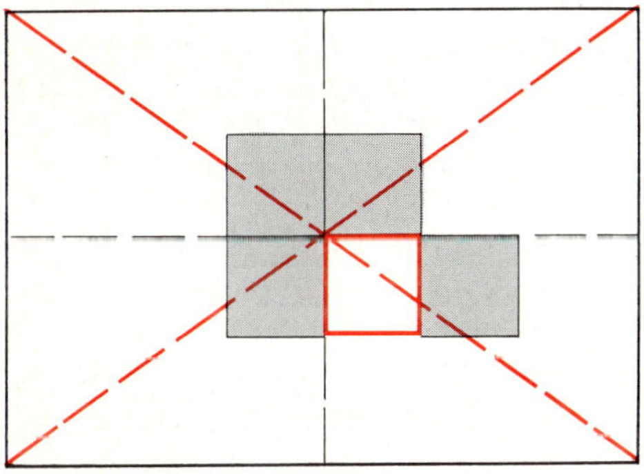

15.52 Ausmessen einer Decke, Bestimmung des Mittelpunkts und Verlegebeginn

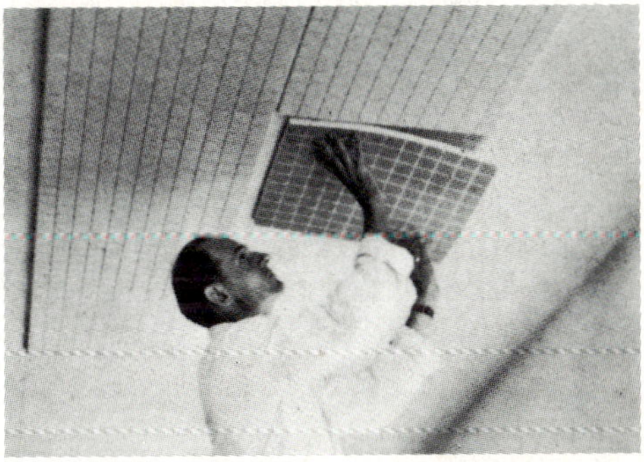

15.53 Beim Anlegen einer Polystyrol-Sichtplatte wird vor der Stelle oberhalb des späteren Sitzes angelegt.

Die Verlegung geht am rationellsten, wenn zwei Arbeitskräfte eingesetzt werden; das erspart zeitraubendes Leiterauf- und -absteigen.

Alle Platten sind etwas vor der eigentlichen Verlegefläche anzulegen und unter leichtem Druck in die eigentliche Lage zu schieben. Dadurch verteilt sich der Kleber gleichmäßig und vollständig (**15**.53). Beim Zertrennen von Platten darf keine Fasenkante abfallen, denn sie gestalten das einheitliche Deckenbild. Jede Platte ist sofort nach dem Kleberaufstrich anzulegen.

Verlegen auf Deckenabstand erfolgt bei sehr fehlerhaftem Putz, um Putz einzusparen oder hohe Räume zu „korrigieren". Hinzu kommt eine bessere Isolierung. Dazu werden Lattenroste aus trockenen ungehobelten Latten von $\geqq 3 \times 6$ cm Querschnitt angebracht. Sie sind im Abstand von je 50 cm (Lattenmitte) zu setzen (**15**.54, Seite 332). Eine zusätzliche Querlattung im Abstand von 25 cm ist noch sicherer. Um das Arbeiten der Lattenroste aufzufangen und ein vollflächiges Kleben zu ermöglichen, sollen die Konstruktionen zuerst mit gewöhnlichen Hartschaum-Isolierplatten (100 × 150 cm o.ä.) beklebt und zusätzlich geheftet werden.

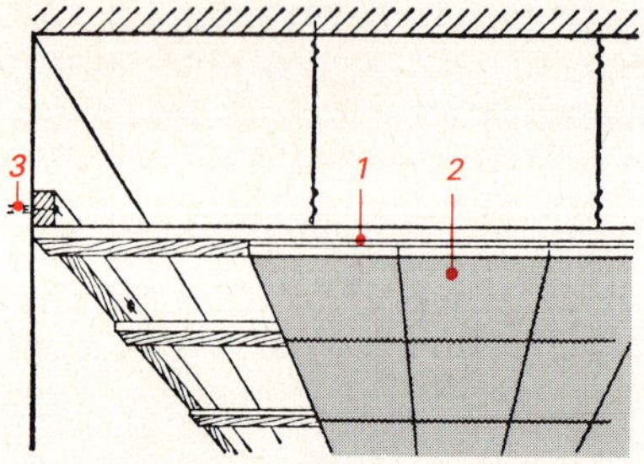

15.54 Sichtplattenverlegung auf abgehängtem Lattenrost

1 unterlegte normale Polystyrol-Isolierplatten
2 Polystyrol-Sichtplatten
3 seitliche Verankerung der tragenden Konstruktion

Gestaltungen mit Polystyrol-Deckenplatten sind unter Beachtung der Deckengröße und -form, der Raumnutzung und der übrigen Farbwirkungen im Raum möglich. Dazu gibt es die Schachbrettverlegung, oder man verschiebt jede zweite Plattenreihe um eine halbe Breite. Der Wechsel zwischen glatten und gerillten Platten bzw. das Arbeiten mit farbig gestrichenen Platten sind andere Möglichkeiten. Auch ein andersfarbig abgesetzter Rand um einen hellen Deckenspiegel ist möglich. Für Anstriche auf Hartschaumplatten nimmt man Dispersionsfarben, die Polystyrol nicht anlösen.

15.3.3 Verlegen von Hart-PVC-Deckenplatten

Das Ausmessen der Decke und der Verlegebeginn geschieht wie bei Polystyrol-Deckenplatten (**15**.51). Die Klammern sind in gleichmäßigen Abständen in den Rillen, an den Kreuzungen der Platten und den Außenkanten zu setzen (**15**.55). Die folgende Platte deckt in der Regel die Klammern an den Kanten der vorhergehenden Platte zu. Kann man beim Wandabschluß nicht mit ganzen Platten arbeiten, heftet man mit Nägeln umlaufend ein U-Kunststoffprofil; dort werden die Plattenteile mit der einen Kante eingeschoben. In den Raumecken ist das Profil auf Gehrung zu schneiden.

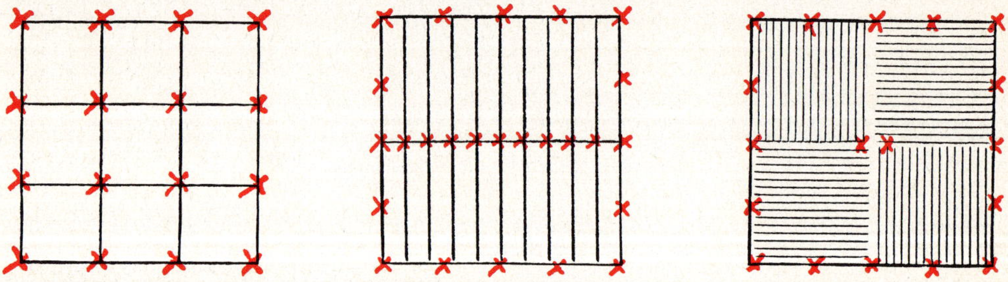

15.55 Setzen der Heftklammern bei verschiedenen Plattenformen

15.4 Spanntechniken

Spannstoffe sind textile Stoffe oder Kunststoffe, die sich an Wänden und Decken dauerhaft anbringen lassen. Diese Technik wird zunehmend auch vom Malerhandwerk ausgeübt.

Textile Spannstoffe bestehen aus den Faserarten Bast, Baumwolle, Jute, Leinen, Seide, Kunstseide oder Chemiefasern. Die Gewebearten können Chintz, Molton, Rips, Satin oder Velours sein (s. Abschn. 12.3).

Leinen-Wandbekleidung ist der häufigste Spannstoff. (Halbleinen hat Kettfäden aus reinen Baumwollgarnen.) Leinen läßt sich straff verspannen. Es sorgt durch Aufnahme und Abgabe der Luftfeuchtigkeit für ein angenehmes Raumklima. Die Auswahl an Farben und Mustern ist sehr groß. Durch Ausrüstungen ist Leinen pflegeleicht und antistatisch (nicht staubanziehend). Durch Leistennagelung kann man es auf Altanstrichen und -tapeten verspannen.

Da Leinen bis zu ≈3,00 m Breite hergestellt wird, eignet es sich für wandhohe Bespannungen, indem man die Breite als Höhe nimmt. Verspannt wird auf gedübelte oder geklebte Vierkantleisten (**15**.56). Die Spannstoffe sind fadengerade zu verspannen, d.h. unter gleichmäßigem Zug. Geheftet wird mit Klammerapparaten. Die Kanten können durch Leinenborten abgedeckt werden. Ausführliche Anweisungen für die Spanntechnik sind im Fachhandel zu haben.

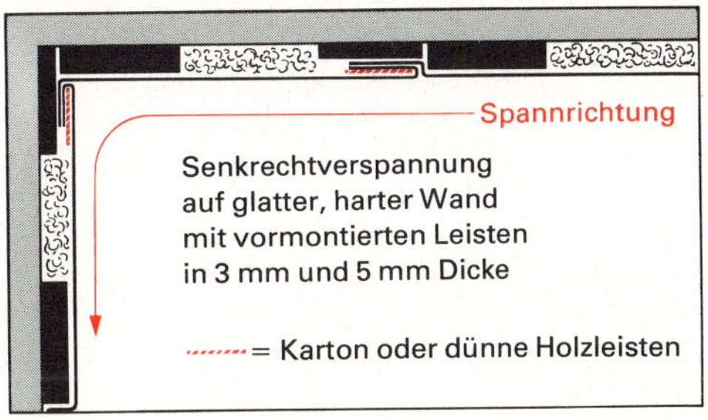

15.56 Grundrißschema der Leistenmontage für Senkrechtspannung

Wollfilz-Wandbekleidungen auf Wollfilzbasis bzw. aus reiner Schurwolle werden in ca. 160 bis 180 cm breiten Bahnen geliefert. Es gibt mehrere Ausführungen und zahlreiche Farbtöne. Eigenschaften: ruhige Oberfläche, mottensicher, schmutzabweisend ausgerüstet, repräsentativer Charakter. Das Verspannen erfolgt mit Hilfe eines aufklappbaren Kunststoffprofils.

Spannstoffe aus Kunststoff sind Kunststoffolien und Kunststoff-Verbundfolien. Sie werden weniger benutzt.

Spanntechniken. Technische Vereinfachungen beim Verspannen (z.B. Profile und Klammertechniken) führten zur Verbreitung der Spanntechniken. Kunststoffprofile zum Aufklappen und Einklemmen der Bahnen werden auf die Wand gesetzt, geklebt oder aufgedübelt. Durch Hochheben der Profillaschen und Einklemmen der Bahnenkanten (auch an den Stößen) spannt und hält man die Bahnen (**15**.57 und **15**.58). Der Vorteil liegt auch im leichten Herausnehmen der Spannstoffe zum Reinigen oder Ersetzen durch andere Dessins. Die Klammermethode arbeitet mit aufgedübelten Holzleisten, in die Heftklammern mit Heftpistolen eingeschossen werden. Der Vorteil liegt darin, daß man die bis zu 3 m breiten Bahnen in Raumhöhe für eine Wand in einem Stück verarbeiten kann (**15**.59).

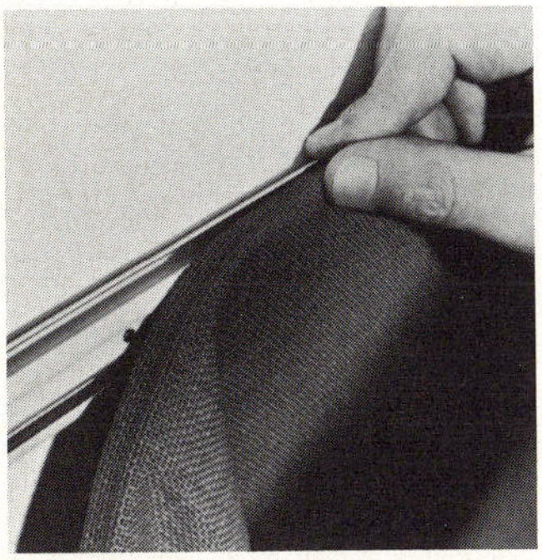

15.57 Einlegen des Spannstoffs in die Trägerleiste beim MHZ-System

15.58 Clipstick-System für Filz-Wandbekleidung

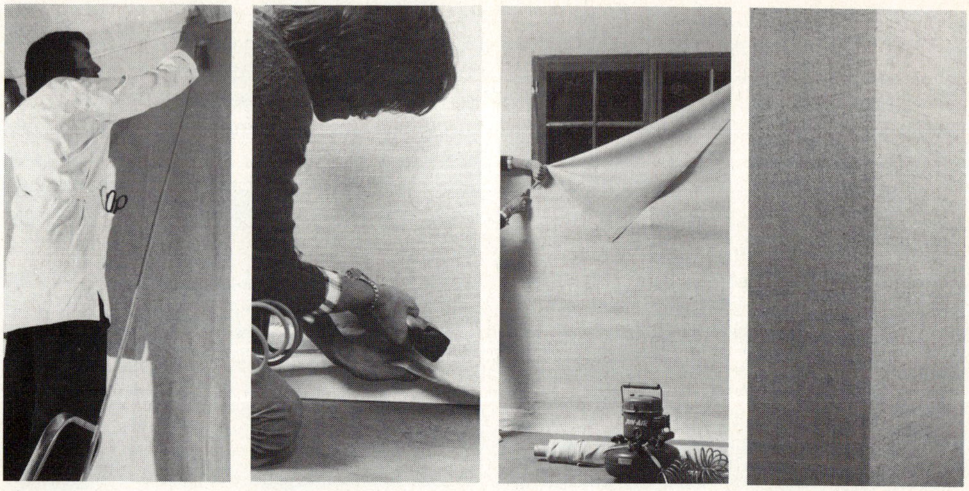

a) b) c) d)

15.59 Klammerheftung von Spannstoffen

a) Das oben schon befestigte Leinen wird nach unten verspannt. Die Heftklammern setzt man dicht schräg, damit sie die Fäden des Gewebes festhalten.
b) Das Leinen wird straff nach unten gezogen und an der unteren Spannleiste, dicht über der Fußleiste, festgeklammert
c) Fenster mit Leinen überspannt. Vorher wurden rundum Spannleisten gesetzt und die Fensterfläche mit einem Klingenschneider sauber herausgeschnitten.
d) Beispiel für eine sauber verspannte Eckausbildung.

Beiden Techniken mit Spannstoffen ist gemeinsam, daß man auf unverputzten Untergründen arbeiten kann. Durch zusätzliche Hinterfüllung mit Glasfaserbahnen o. ä. Isolierstoffen erreicht man verbesserten Schallschutz und Wärmeschutz.

Aufgaben zu den Abschnitten 15.2 bis 15.4

1. Nennen Sie textile Wandbeläge mit fertiger Oberfläche.
2. Erläutern Sie die Verklebung und nachträgliche Anstrichtechnik mit Rauhfaser.
3. Beschreiben Sie die Verklebung von Unterlagstoff aus Polystyrol-Hartschaum.
4. Welche Werkzeuge braucht man zum Verkleben von Kunststoff-Wandbelägen?
5. Warum sind scharfe und exakt arbeitende Klingenschneider bei Wandbelägen erforderlich?
6. Warum soll der Kleberauftrag auf die Wand in nur etwas mehr als einer Bahnenbreite erfolgen?
7. Welche Kleber verwendet man für Unterlagstoff aus Polystyrol-Hartschaum?
8. Wozu wird auf diesen Unterlagstoffen ein Haftgrund aufgestrichen? Woraus besteht er?
9. Warum ist bei der Verlegung von Kunststoff-Wandplatten vorher eine genaue Wandeinteilung erforderlich?
10. Worauf ist bei dieser Technik zu achten, wenn man Ecken ausbilden muß?
11. Wie zertrennt man eine Kunststoff-Wandplatte?
12. Begründen Sie, warum Kunststoff-Deckenplatten immer in der Deckenmitte zuerst geklebt werden.
13. Warum sind zertrennte Randplatten zuerst „trocken" einzupassen?
14. Welche Vorteile bietet die Plattenverlegung auf Deckenabstand?
15. Nennen Sie einige Beispiele zur Gestaltung mit Styropor-Deckenplatten.
16. Nennen Sie einige Spannstoffe für Wandbekleidungen.
17. Welcher Vorteil liegt darin, daß Leinen-Wandbekleidung bis zu 3,00 m Breite gefertigt wird?
18. Beschreiben Sie die Technik des Spannens mit Heftklammern.

15.5 Bodenbeläge

15.5.1 Arten und Beanspruchungsgruppen

Bei elastischen Kunststoff-Belägen dient das weicheingestellte PVC als Bindemittel für Füll- und Farbstoffe; es überwiegt in der Nutz- und Laufschicht (**15.**60).

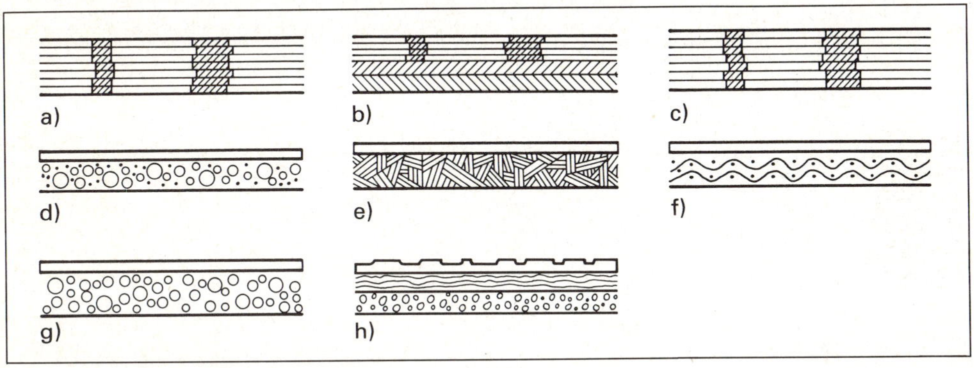

15.60 PVC-Belagsarten nach ihrem Aufbau

a) einschichtiger homogener Belag
b) mehrschichtiger Bodenbelag
c) einschichtiger Belag mit Zuschlag- und Füllstoffen
d) PVC-Belag mit Korkträger
e) PVC-Belag mit Filzträger
f) PVC-Belag mit Gewebeunterlage
g) PVC-Belag mit Schaumstoffträger
h) Strukturschaumbelag (CV-Belag)

Bei PVC-Einschichtbelägen weist die Schicht im ganzen Querschnitt eine durchgehende und gleichartige Stoffzusammensetzung auf; es sind homogene PVC-Beläge, durchgehend nutzbar. Eine evtl. stellenweise Abnutzung wirkt sich kaum aus, da auch die Musterung durchläuft. Hergestellt werden sie ähnlich wie die Folien auf schweren Kalandern oder auf besonderen Streich- oder Walzenmaschinen. Die „hochgepreßten" Beläge werden in schweren Pressen angefertigt. Einschichtbeläge sind sehr strapazierfähig.

PVC-Mehrschichtbeläge haben zwei oder mehrere Schichten, die fest und dauerhaft miteinander verbunden sind. Dabei weist die Laufschicht überwiegend PVC auf, die unteren Schichten sind füllstoffreicher. Während der Herstellung schweißt man die einzelnen Schichten aufeinander.

PVC-Ein- und Mehrschichtbeläge a u f T r ä g e r n entstehen durch Aufbringen des Belags auf bestimmte Unterlagen. Man nennt sie – wie bei PVC-Wandbelägen – Träger, da sie den eigentlichen Belag tragen. Dazu werden Filz, Jutegewebe, Kork, Korkment, Glasfaser, Schaumstoffe oder synthetische Bahnen verwendet. Die Beläge stellt man durch mehrfaches „Aufstreichen" der PVC-Pasten nach dem Rakelverfahren oder durch nachträgliches Aufkaschieren der Träger auf fertige Bahnen her. Die verbesserten Isoliereigenschaften dieser Beläge werden weitgehend durch die Art und Dicke des Trägers bzw. des eigentlichen Belags bestimmt. Ihre Strapazierfähigkeit reicht für Wohnräume aus.

Strukturschaum-Beläge (**C**ushioned-**V**inyls = CV-Beläge) sind besondere, drei- oder vierschichtige Bodenbeläge. Die einzelnen Schichten bestehen aus verschiedenen Materialien (z. B. PVC – PVC-Polsterschicht – Latex – Glasvliesträger; PVC – PVC-Schaum mit Glasfaserschicht – PVC-Schaumträger). Die ziemlich starke, angenehme Struktur der Oberfläche entsteht durch ein Treibmittel beim Musterdruck. Dabei dehnen sich bedruckte und unbedruckte Elemente unterschiedlich aus; es bleibt eine erhabene Struktur stehen. Wegen ihrer Elastizität, der hohen Isoliereigenschaften und der ansprechenden Musterung stehen sie bei den elastischen Belägen an erster Stelle. Sie sind sehr strapazierfähig.

Gummi-Bodenbeläge auf der Basis von synthetischem Kautschuk gibt es in verschiedenen Plattengrößen. Vor allem als dicke Beläge (≈ 10 mm) mit einer Noppenstruktur sind sie als trittsichere, strapazierfähige Beläge in öffentlichen Gebäuden anzutreffen. Ihre Verlegung ist der PVC-Verlegetechnik verwandt.

Textile Bodenbeläge. Textiler Bodenbelag ist der Sammelbegriff für Teppichböden und Textilböden. Teppichböden sind gewebte, getuftete oder gewirkte Bahnen-(Auslege-) Waren, auch als Fliesen. Typisch ist der auf einem Grundgewebe stehende Flor = Polschicht. Textilboden hat an Stelle der Polschicht eine aus liegenden Fasern gebildete Nutzschicht, mit einer Trägerschicht fest verbunden, vernadelt = Nadelfilz.

Textile Bodenbeläge werden überwiegend aus synthetischen, speziell entwickelten Fasern gefertigt (z.B. texturierte Garne; bauschige, gekräuselte, sehr strapazierfähige Garne). Bei Mischgarnen vereinigt man die Vorzüge synthetischer Garne mit denen der Naturfasern. Anteilmäßig überwiegen die Chemiefasern (**15.61**).

Tabelle **15.61** **Fasern für textile Bodenbeläge**

- Teppichfasern
  - Naturfasern
    - Pflanzliche Fasern
      1. Baumwolle
      2. Jute
      3. Sisal
    - Tierische Fasern
      1. Wolle
      2. Seide
  - Chemiefasern
    - Zellulose-Fasern
      1. Zellwolle
    - Synthetische Fasern
      1. Polyamide (PA)
      2. Polyacryl (PAC)
      3. Polypropylen (PP)
      4. Polyester (PE)

Bei textilen Bodenbelägen gibt es zahlreiche Arten und Oberflächenbilder. Sie können durch besondere Garne, Web-, Wirk-, Preß- und andere Techniken, Färbetechniken und Kombinationen daraus gewonnen werden. Man unterscheidet vom Oberflächenbild her:

Bouclé = mehr oder weniger unterschiedlich hohe, geschlossene Schlingen;
Velours = Belag mit aufgeschnittenen Schlingen.

Nadelfilzbeläge bestehen aus Fasern, die durch chemische Bindemittel oder Wärmeverfahren gebunden sind. Dabei sind mehrere textile Schichten möglich, mit oder ohne Träger. Zusätzliche Rückenausstattungen zur Verbesserung der Eigenschaften sind üblich. Desgleichen gibt es mehrere strukturelle oder farbliche Oberflächengestaltungen.

Eigenschaften. Textile Bodenbeläge haben die nachstehend aufgeführten Eigenschaften, die sich nach Art, Aufbau und Dicke etwas unterscheiden. Optisch bieten textile Bodenbeläge durch Farbe, Muster und/oder Struktur angenehme Oberflächenbilder. Sie sind fußwarm und haben meßbare Isolier- und Dämmeigenschaften. Spezielle Ausrüstungen machen textile Bodenbeläge pflegeleicht, schwerentflammbar, bakterizid (keimtötend) und antistatisch.

Linoleumbeläge. Leinöl, Kork- oder Holzmehl sowie die erforderlichen Pigmente sind die Ausgangsstoffe für eine Masse, die bei ≈ 120°C in schweren Walzwerken (Kalander) auf ein Jutegewebe aufgewalzt wird. Nach mehreren Wochen der „Reife" ist das Linoleum verarbeitungsfähig.

Eigenschaften: hohe Strapazierfähigkeit, kein Vergilben der Farben und Muster, leichte Reinigung und Pflege durch neue Verfahren.

Beanspruchungsgruppen. Die Lebensdauer eines Bodenbelags ist von der Dicke seiner Nutzschicht und vom Verschleiß abhängig. Geprüft wird nach DIN-Normen von den Herstellern oder entsprechenden Instituten. Man teilt die Bodenbeläge in Beanspruchungsgruppen ein. Die Beanspruchungsgruppen für Kunststoff-Bodenbeläge und Textilbeläge sind wegen der Verschiedenartigkeit beider Beläge etwas unterschiedlich. Bei beiden geht man jedoch von bestimmten Räumen und vom Grad der Benutzungshäufigkeit aus. Die ermittelten Eignungsbereiche werden durch Symbole ausgedrückt, die auch die Hersteller zur Kennzeichnung ihrer Beläge benutzen (**15**.62 und **15**.63).

Tabelle **15**.62 **Einsatzbereiche Kunststoff-Bodenbeläge** (Beispiel)

Symbol	Beanspruchung	Einsatzbeispiele
I	leicht	Schlaf- und andere wenig benutzte Räume
II	mäßig	Wohn- und Schlafräume, Altenheime, Hobbyräume
III	mittel	Wohnräume, Dielen, Hotelzimmer, Aufenthaltsräume
IV	stark	Schulen, Krankenhäuser, Büros, Geschäfts- und Verkaufsräume, Speiseräume
V	sehr stark	Geschäfts- und Verkaufsräume, Gaststätten, Turnhallen, Schulen, Schalterräume, Treppen in öffentlichen Bauten

Tabelle **15**.63 **Einsatzbereiche von Teppichböden** (Beispiel)

Eignungsbereiche und ihre Symbole	Beanspruchung	Benutzungshäufigkeit	Einsatzbeispiele
Ruhebereich 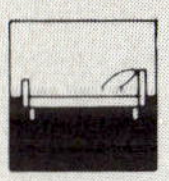	leicht bis mittel	mäßig	Schlafzimmer Gästezimmer Hotelzimmer
Wohnbereich 	stark	häufig bis sehr häufig	Konferenzräume, Geschäfte, Büros, Treppen in Wohnhäusern, Gänge und Aufenthaltsräume in Theatern, Hotels usw. Wohnzimmer, Eßzimmer, Hotelzimmer, Dielen usw.
Arbeitsbereich 	sehr stark	ständig	Großraumbüros, Treppen für Publikumsverkehr, Schalterhallen, Schulen, Hotelhallen, Theater, Restaurants usw.

Zusätzliche Eigenschaften:

 rollstuhlgeeignet
 antistatisch
 Fußbodenheizung
 treppengeeignet
 Feuchtraum

15.5.2 Verlegen

15.5.2.1 Kunststoff-Bodenbeläge

Untergründe. VOB DIN 18365 „Bodenbelagarbeiten" schreibt vor, daß der Handwerker vor dem Verlegen den Untergrund genau prüfen muß. Bedenken sind schriftlich anzumelden. Dies betrifft größere Unebenheiten, Spannungs- und Setzrisse des Untergrunds, zu feuchter Untergrund, zu poröse oder zu rauhe Oberfläche bzw. unrichtige Höhenlage (**15.64**). Die Prüfung auf Ebenheit soll immer vor dem Verlegen der nächsten Schicht erfolgen, z.B. Prüfen eines bauseits aufgebrachten Estrichs oder eines zu belegenden Altbelags durch den verlegenden Maler.

Tabelle **15.64** **Anforderungen an den zu belegenden Untergrund**

Der Untergrund, auf dem Bodenbeläge verlegt werden sollen, muß
eben
rissefrei
trocken
fest
raumbeständig sein

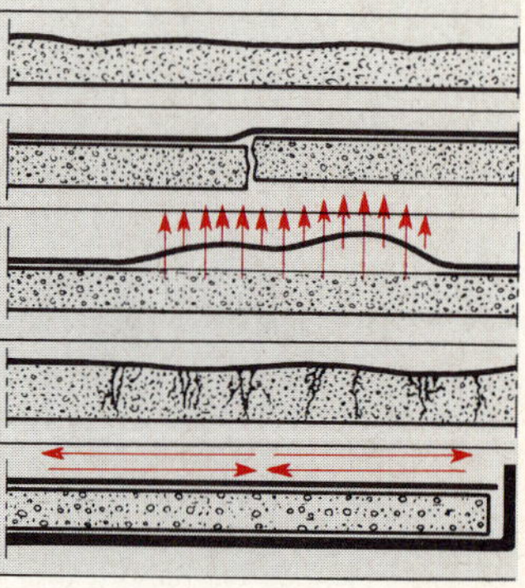

Estriche bilden die häufigste Untergrundart. Ihr Trockenheitsgrad beeinflußt die Bodenbelagarbeiten. Während z.B. Gußasphaltestriche unmittelbar nach dem Erkalten belegt werden können, braucht Zementestrich 2 bis 8 Wochen Trockenzeit. Für die Prüfung des Feuchtigkeitsgehalts gibt es verschiedene Methoden. Elektrische Meßgeräte (Feuchtigkeitsmesser) haben den größten Wert und bieten hohe Sicherheit. Beim CM-Gerät wird eine Stemmprobe mit Calciumcarbid vermischt. Die Feuchtigkeit der Probe verbindet sich mit dem Carbid. Der Druck des entstehenden Acetylengases kann abgelesen werden, der Feuchtigkeitsgehalt wird aus Tabellen ermittelt. Mit dem Elektrodengerät (**10.9**) kann man auch die Estrichfeuchtigkeit messen, doch dringen die Elektroden nicht sehr tief in den Estrich ein.

Bei nur geringer Feuchtigkeit helfen Isolieranstriche auf Bitumenbasis. Alle Estriche sollen gespachtelt sein. Gußasphalt muß gespachtelt werden, um Anlösungen durch den Kleber zu vermeiden. Gespachtelt wird mit besonderen Ausgleichmassen, die gewöhnlich auf Kunstharz-Zement-Basis beruhen.

Holzböden können belegt werden, wenn die Dielen festliegen oder durch Schrauben bzw. Schraubnägel festgelegt werden. Ausgetretene Böden sind mit der Schleifmaschine abzuschleifen. Am sichersten ist es, den ganzen Holzboden mit Spezialplatten zu belegen, die mit den erwähnten Schraubnägeln festgelegt werden. Andere Böden (etwa Kunststein, Terrazzo) können nach Anweisung der Belaghersteller mit geeigneten Klebern belegt werden.

Wie bei Anstrich- und Tapezierarbeiten werden auch bei Bodenbelegungen ausreichend trockene Untergründe verlangt. Die Feuchtigkeit ist festzustellen, gegebenenfalls sind geeignete Maßnahmen anzuwenden. Besondere Vorsicht ist bei Altbauböden anzuraten.

Werkzeuge. Für die Untergrundvorbereitung braucht man scharfe Schaber zum Estrichreinigen, ferner Ausgleichkellen und Traufeln für Spachtelungen, Handschleifsteine und bei Holzböden Bodenschleifmaschinen, Stahllineale $\geqq$2,00 m Länge und eine Wasserwaage. Zum Ablösen alter Beläge gibt es besondere Geräte. Sorgfalt ist auf gute und scharfe Schneidwerkzeuge zu legen (**15.65**).

Bei Schneidwerkzeugen gibt es neue Entwicklungen, die u.a. das Schneiden mit Messern ersetzen. So Rand- und Sockelleistenschneider für den Bahnenbeschnitt im Wandbereich (**15.66**) und ein Streifenschneider (**15.67**). Mit diesem schneidet man (möglichst aus Abfällen) Textilbelagstreifen zum Einlegen in Sockelleisten (s. **15.75**).

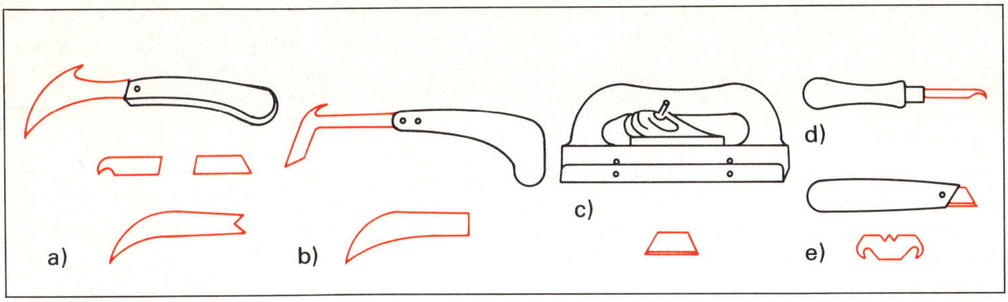

15.65 Schneidwerkzeuge für die Bodenverlegung
a) Verlegemesser mit Zusatzklingen
b) Verlegemesser mit Holzgriff
c) Nahthobel mit Ersatzklingen
d) Nahtschnittmesser mit Hakenklinge
e) Stanleymesser mit Zusatzklinge

15.66 Rand- und Sockelleistenschneider

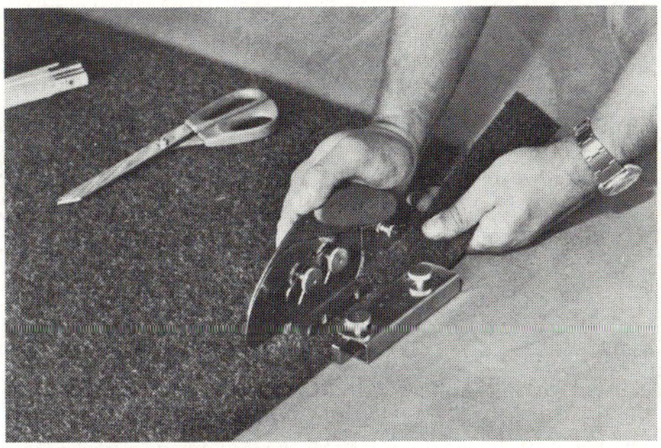

15.67 Streifenschneider

Zum Kleberauftrag verwendet man überwiegend Zahnspachtel (**15**.68); einige Kleber werden mit einem Malerspachtel auf die Belagrückseite aufgestrichen. Der Zahnspachtel muß die richtige Zahnung nach Herstelleranweisung haben. Abgearbeitete Zahnungen sind rechtzeitig auszuwechseln.

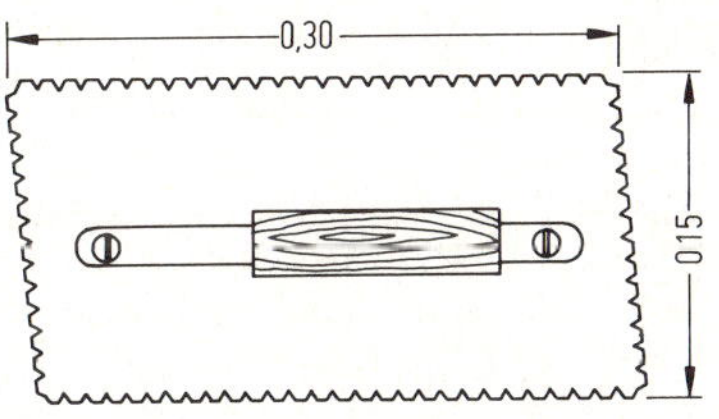

15.68 Zahnspachtel mit Handgriff

Bodenbelagklebstoffe

Neoprenekleber aus synthetischem Kautschuk für PVC-Beläge auf Estrichen, bei denen Härterzugabe eine höhere Temperaturbeständigkeit bewirkt. Da der Kleber feuergefährliche Lösungsmittel enthält, müssen Räume gelüftet werden; offene Feuer sind zu vermeiden. Mit Neoprenklebern wird „doppelt" geklebt, d.h., man streicht Belagrückseite und Unterboden mit ungezahntem Spachtel ein. Beide Kleberaufstriche müssen vor dem Verkleben eine bestimmte Zeit „ablüften". Verwendung: PVC-Bahnen und -Fliesen, Treppenbeläge und Schutzkanten.

Kunstharz-Lösemittel-Kleber für „einseitige" Verklebungen, d.h., der Kleber wird nur auf den Estrich aufgetragen. Hierfür ist jedoch die spezifische Eignung des Belags erforderlich, und der Verleger braucht eine gewisse Übung in der Verlegetechnik. Verwendung: PVC-, Filz-, Teppich- und Linoleumbeläge.

Latexkleber sind ohne Lösemittel; der Belag kann sofort eingelegt werden. Verwendung: PVC-Beläge auf Gewebe und Textilböden mit Latexrücken.

Dispersionskleber beruhen auf den echten Dispersionen (s. Abschn. 8.2.6.1). Sie finden bei bestimmten PVC-Filzbelägen und Teppichböden Verwendung. Sie sind frei von Lösemitteln und dadurch sicherer.

Entsprechend den verschiedenen Bodenbelagarten gibt es noch zahlreiche andere Kleber, z.B. Polyurethan-Kleber, Epoxidharz-Kleber für Gummibeläge, Wiederaufnahmekleber für spätere Wiederaufnahme verlegter Beläge und Sockelleisten-Kleber.

Aufmaß und Anordnung. Bei den heute üblichen 2 bis 4 m breiten Bahnen sind vor dem Verlegen weniger rechnerische Vorbereitungen als Teilungsüberlegungen angebracht.

a) Bahnen sollen möglichst auf die Hauptfensterwand zulaufen,
b) Nähte an Türen, Rohrdurchbrüchen, Wasserbecken usw. sind zu vermeiden,
c) nach der VOB sind die Teile, die Türschwellen überdecken sollen, nicht besonders einzusetzen; sie müssen Bestandteil der Bahnen bleiben.

Bei Fliesenverklebungen unterscheidet man die Parallel- und die Diagonalverlegung.

Parallelverlegung. Man beginnt in der Raummitte, die genau auszumessen ist (**15.69** a). Dabei laufen die Schnurschläge mit den Wänden parallel (= Parallelverlegung). Gegenüberliegende Ränder müssen stets gleich breit sein (**15.69** b). Jede Fliesenverlegung beginnt in der Kreuzmitte, so daß man von hier aus die Fliesen treppenförmig verlegt (**15.69** c und d). Es wird zuerst ein Viertel des Raums fertiggestellt. Marmorierte Platten sind in ihrer Marmorierung im Wechsel zu verlegen (**15.69** e).

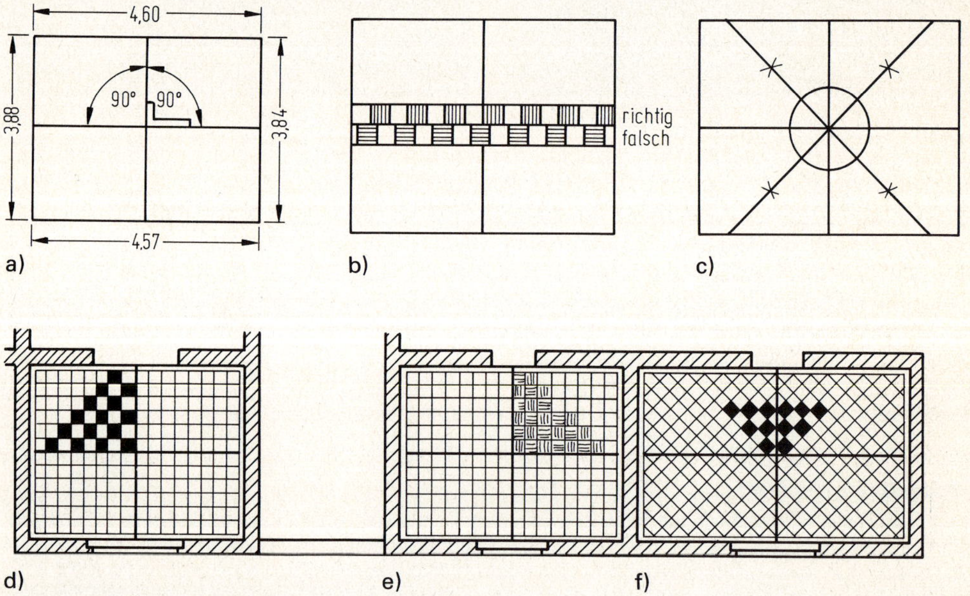

15.69 Verlegung von Bodenplatten

a) Ausmessen des Raums und Festlegen der Raummitte
b) Ermittlung der Randstreifen an den Wänden
c) Schnurschlagkreuz für die Diagonalverlegung
d) bis f) Skizzen für den Verlegebeginn

Die Diagonalverlegung ist zeitraubender und bringt mehr Verschnitt. Beim Verlegebeginn treffen sich in der Raummitte vier Platten genau mit ihren Ecken (**15**.69f), während die vier Raumecken mit Viertelplatten abschließen. Eine sorgfältige Raumeinfassung ist notwendig, da alle Randfliesen diagonal geteilt werden müssen.

Vor der eigentlichen Verlegearbeit
- sorgfältige Untergrundprüfung
- Auswahl des richtigen Klebers
- bei Bahnen Prüfung der Verlegerichtung und bei Platten die Ausmessung des Unterbodens für die vorgesehene Plattenanordnung.

Verlegeregeln

a) Alle PVC-Beläge müssen ≧12 Stunden vor dem Verlegen bei ≧15°C ausgelegt werden. Diese Mindesttemperatur gilt auch während der Verlegezeit.

b) Für den späteren Nahtschnitt sind die Bahnen in den Nähten gut 2 cm zu überlappen, da man die Nähte am besten erst nach der eigentlichen Verlegung schneidet. An den Wandkanten muß ein kleiner Dehnungsraum von 3 mm offenbleiben.

c) Verklebung mit Neoprene-Klebern z.B. so, daß der Kleber mit glattem, ungezahntem Spachtel beidseitig und gleichmäßig aufgetragen wird, nachdem man je die Hälfte einer Bahn zurückgeschlagen hat.

d) Um Kleberansätze in der Bahnenmitte zu vermeiden (wo jeweils die beiden eingestrichenen Hälften zusammenkommen), legt man schmale Folienstreifen entlang dieser Kanten. Sie müssen vor der eigentlichen Verlegung entfernt werden. Man kann auch Belagstreifen in die Nähte legen (**15**.70).

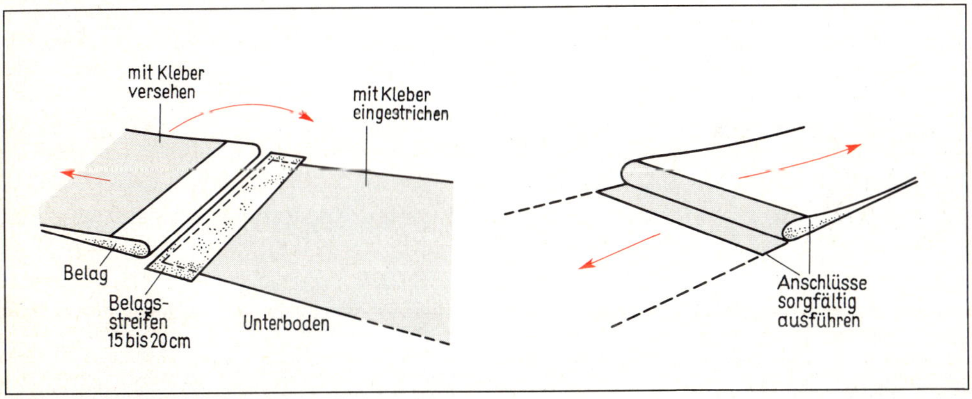

15.70 Einlegen des Belagstreifens in der Bahnmitte

e) Die Ablüftung des Neoprene-Klebers ist richtig, wenn beim Berühren der Kleberschicht kein Anhaften festzustellen ist. Ein zu langes Ablüften bringt ungenügende Haftung.

f) Die Bahnen werden ohne Lufteinschlüsse „eingeschoben", die mittlere Bahn zuerst; das Anreiben geschieht mit bloßen Händen (**15**.71, Seite 342).

g) Beim nachträglichen Nähteschnitt wird zuerst die Kante der oben liegenden Bahn am Stahllineal geschnitten. Die untere Kante schneidet man dann an der soeben abgetrennten genau senkrecht entlang. Dabei wird der Belag nur stark eingeritzt und der Streifen nach hinten abgezogen.

h) Nach Entfernen der eingelegten Folienstreifen wird der Belag in den Nähten kräftig mit einer Hammerkante angerieben.

i) Für das Verschweißen der Nähte gibt es elektrische Heißluft-Schweißgeräte, die mit PVC-Schweißdrähten arbeiten (**15**.72, Seite 342).

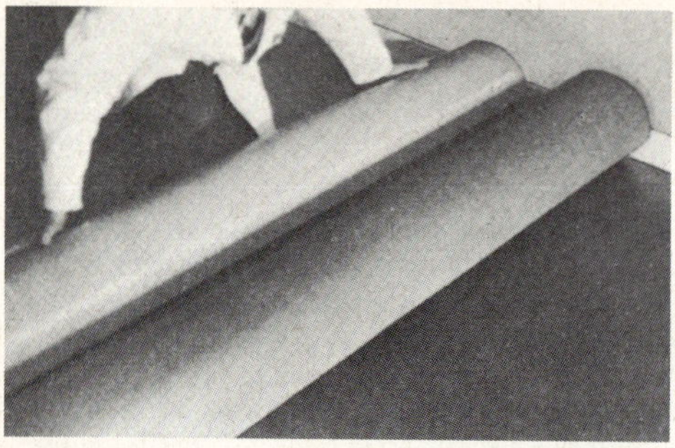

15.71 Einschieben der Bahn in das Kleberbett

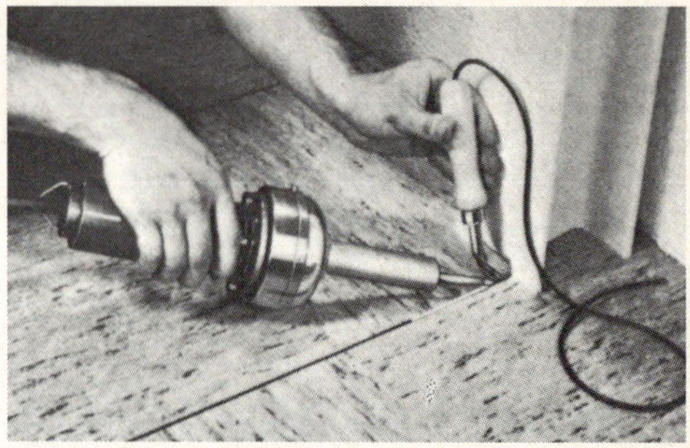

15.72 Elektrisches Heißluft-Schweißgerät für Bodenbeläge

15.5.2.2 Textile Bodenbeläge

Diese Beläge können in drei Techniken verlegt werden: Vollflächiges Verkleben, Spannen oder Verlegen auf besonderen, doppelseitigen Klebebändern (**15.**73). Obwohl ein lose verspannter Textilboden seine eigentümlichen Gebrauchseigenschaften am besten zeigt, ist vollflächiges Verkleben vielfach erwünscht. Die Unterböden müssen dieselben Anforderungen aufweisen wie bei anderen Belegungen. So sind z.B. Unebenheit und Feuchtigkeit Gefahrenquellen.

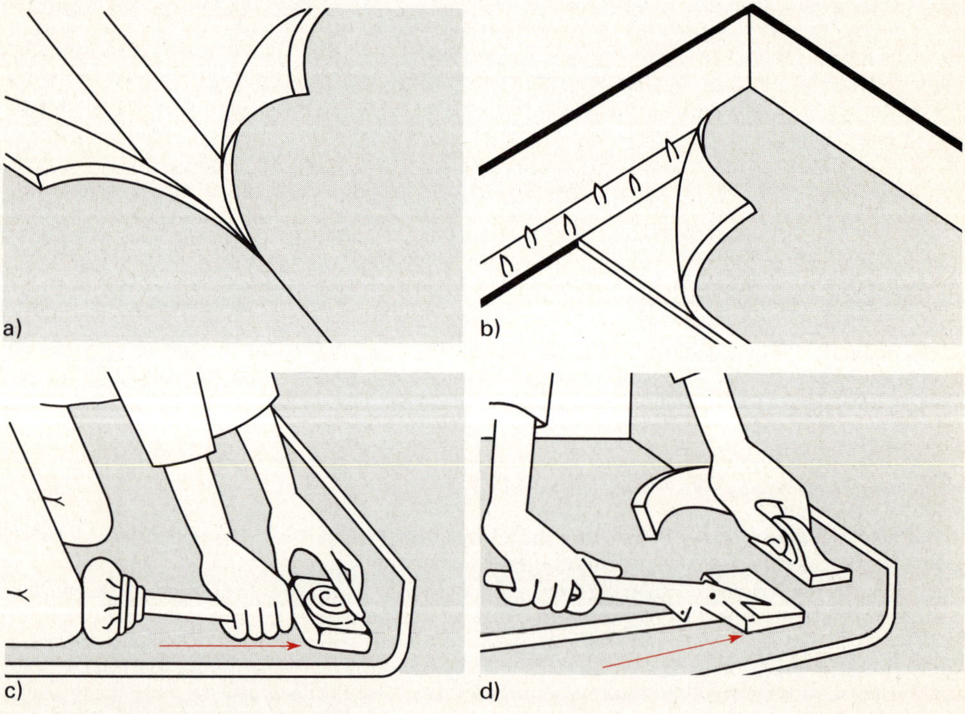

15.73 Verlegetechniken für Textilböden
a) auf doppelseitigem Klebeband
b) Einhaken in Nagelleisten
c) d) durch Verspannen mit Knie- und Hebelspanner

Vorbereitende Tätigkeiten. Eine Verlegeskizze erspart Verschnitt und Ärger (**15**.74). Ein vorhandener Rapport ist bei gemusterter Ware zu beachten. Farbauswahl und Fehlerfreiheit sind zu kontrollieren. Die Bahnen werden „am Kopfende" sofort nach dem Abschneiden mit Kreide numeriert. Die Flor- oder Strichrichtung (Laufrichtung der Fasern) muß stets die gleiche sein, also keine Verlegung „auf Sturz". Zum Schneiden nimmt man besondere Teppichschneider, die in den Noppenreihen zu führen sind.

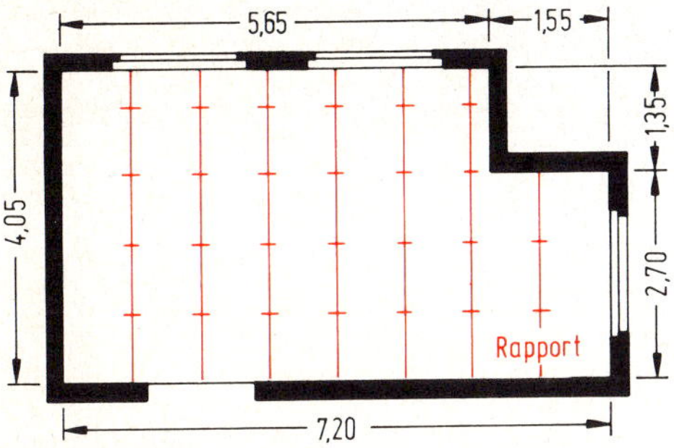

15.74 Verlegeskizze für gemusterte Ware mit Rapport

15.75 „Stauchen" der Bahnenkanten bei Textilböden

Zum Verkleben dienen z.B. Dispersionskleber mit langen „offenen" Zeiten. Sie sind leicht zu verarbeiten und greifen Latex-Rückenbeschichtungen nicht an. Helle Kunstharz- oder Neoprene-Kleber wendet man auf sehr harten und festen Untergründen an (z.B. auf Estrich oder Parkett). Auftrag nur auf den Untergrund. Gepreßte Teppichböden werden mit lösemittelhaltigen Kunstharzklebern verlegt, die eine kürzere Abbindezeit verlangen.

Das Verlegen geschieht ähnlich wie in Abschnitt 15.5.2.1 beschrieben. (Sollen vorher dämmende Unterlagen verlegt werden, sind diese nach Anweisung zu verkleben; der Textilboden wird darauf am besten verspannt.) Der Kleberauftrag erfolgt ebenfalls bei zurückgerollten Bahnenhälften. An den Stößen darf der Kleber nicht den Flor beschmutzen. Vielmehr wird die Kante der folgenden Bahn an die bereits liegende Kante von oben herangedrückt (**15**.75). Dabei kann die Kante ganz leicht „gestaucht" werden. Anschließend werden die Nähte mit einer Roßhaar- oder Nylonbürste senkrecht abgeklopft, so daß sie verschwinden. An den Fußleisten ist der Belag stark in die Ecke zu drücken. Das Übermaß wird an einer Schiene abgeschnitten, bevor der Kleber haftet. Einige Millimeter Wandabstand sind einzuhalten.

Sockelleisten zum seitlichen Abschluß gibt es für alle Beläge und in zahlreichen Ausführungen (**15**.76). Auch für andere Zwecke einschließlich der Treppenbelegung stehen zweckmäßige Kunststoff- und Metall-Profile zur Verfügung (**15**.77).

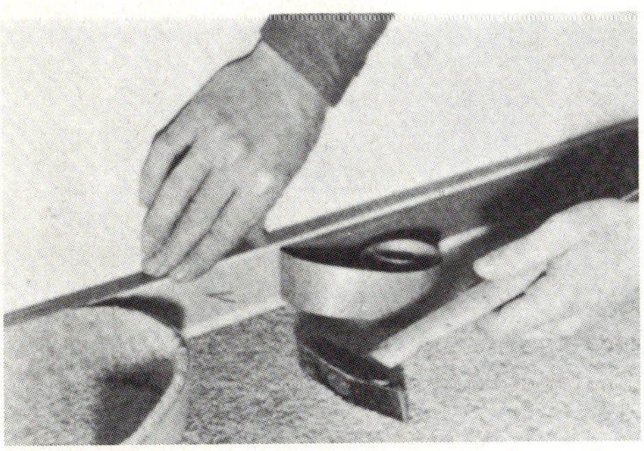

15.76 Nageln der Sockelleiste und Einkleben schmaler Belagstreifen in die Leiste

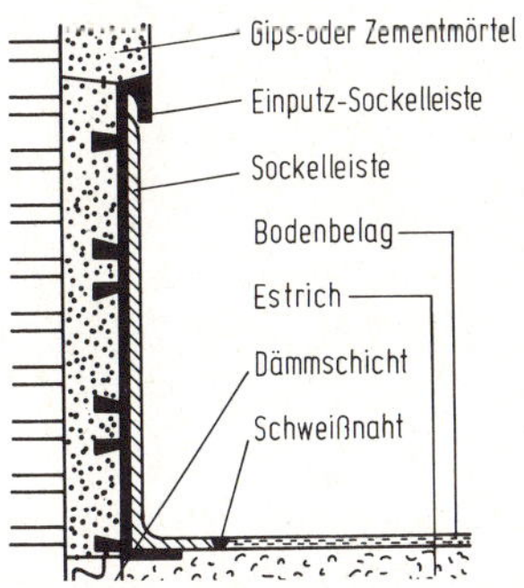

15.77 Einputz-Sockelleiste mit einer Weich-PVC-Sockelleiste

15.5.3 Entfernen von Altbelägen

Dieses Verfahren wird zunehmend verlangt, weil Beläge der ersten Jahre und auch später verlegte aus verschiedenen Gründen erneuert werden sollen. Nur PVC-Beläge, manchmal auch verklebte Textilbeläge, eignen sich für eine Neubelegung mit Textilbelägen im Spannverfahren. Diese Altbeläge müssen ohne Mängel sein (keine Ausbrüche, starke Risse usw.), festliegen und keine auffälligen Stoßfugen zeigen.

Die Altbeläge entfernt man mit Hilfe schwerer, elektrisch angetriebener Maschinen (Stripper), bei denen ein querstehendes Messer unter den Belag greift und ihn bis zum Untergrund streifenweise abhebt. Die der Maschine entsprechenden breiten Streifen müssen vorher im Belag vorgeschnitten werden. Selbstverständlich muß der freigelegte Unterboden für eine Neuverlegung hergerichtet werden (z. B. Spachteln).

Aufgaben zu Abschnitt 15.5

1. Welche Vorteile haben einschichtige Kunststoff-Bodenbeläge gegenüber mehrschichtigen?
2. Wodurch unterscheiden sich Teppichböden von Textilböden (Nadelfilz)?
3. Welche Möglichkeiten bestehen, textile Bodenbeläge in Struktur und Farbe zu beleben?
4. Was versteht man unter Einsatzbereichen bei Bodenbelägen?
5. Welche Eigenschaften muß ein verlegereifer Unterboden aufweisen?
6. Unter welchen Bedingungen kann man alte Holzböden belegen?
7. Was versteht man unter der Fingerprobe bei Neoprene-Kleber?
8. Wodurch unterscheiden sich die Verlegearten Parallel- und Diagonalverlegung?
9. Wie erfolgt der Nähteschnitt bei Kunststoff-Bodenbelägen?
10. Auf welche Arten kann man Teppichböden verlegen?

Anhang

DIN-Vorschriften

DIN 18350 VOB Teil C – Putz- und Stuckarbeiten
DIN 18361 VOB Teil C – Verglasungsarbeiten
DIN 18363 VOB Teil C – Anstricharbeiten
DIN 18365 VOB Teil C – Bodenbelagarbeiten
DIN 18366 VOB Teil C – Tapezierarbeiten

Technische Merkblätter

Der Bundesausschuß Farbe und Sachwertschutz und der Hauptverband des Deutschen Maler- und Lackiererhandwerks geben in Zusammenarbeit mit Instituten und anderen Fachverbänden Technische Merkblätter heraus. Bisher sind folgende Merkblätter erschienen:

Nr. 1: Außenanstriche auf Beton und Betonfertigteilen mit geschlossenem Gefüge
Nr. 2: Beschichtungen und Imprägnierungen auf Kalksandstein-Sichtmauerwerk
Nr. 3: Lasierende Behandlungen von Außenverkleidungen, Fenstern und Außentüren aus Holz (Stand 1980)
Nr. 4: Zinkstaub-Anstrichmittel und Anstriche auf Zinkstaub-Grundanstrichen
Nr. 5: Beschichtungen auf Zink und verzinktem Stahl (Stand 1982)
Nr. 6: Anstriche auf Bauteile aus Aluminium
Nr. 7: Prüfrichtlinien für Tapeten vor der Verarbeitung
Nr. 8: Beschichtungen (Anstriche), Tapezier- und Klebearbeiten auf Beton mit geschlossenem Gefüge, innen
Nr. 9: Beschichtungen (Anstriche) auf Außenputzen
Nr. 10: Beschichtungen (Anstriche), Tapezier- und Klebearbeiten auf Innenputzen
Nr. 11: Beschichtungen, Tapezier- und Klebearbeiten auf Gasbeton (Stand 1981)
Nr. 12: Verarbeitung und Oberflächenbehandlung von Gipskartonplatten in der Innenausbautechnik
Nr. 13: Beschichtungen auf Ziegel-Sichtmauerwerk
Nr. 14: Beschichtungen auf Asbestzement
Nr. 15: Brandschutzbestimmungen auf Holzbaustoffen und Stahlbauteilen
Nr. 16: Technische Richtlinien für Tapezierarbeiten-Stoffe Teil I
Untergründe und Verarbeitungshinweise für Tapezierarbeiten Teil II
Nr. 17: Beschichtungen, Tapezier- und Klebearbeiten auf Wänden aus „Wandbauplatten aus Gips"
Nr. 18: Technische Richtlinien für Fensteranstriche (Stand 1980)
Nr. 19: Risse in Außenputzen und ihre Überbrückung mit Beschichtungssystemen und Armierungen (Stand 1978)
Nr. 20: Beurteilen des Untergrundes für Beschichtungs- und Tapezierarbeiten, Stand 1979
Nr. 21: Wärmedämmung im Verbundsystem an Fassaden und anderen Bauteilen, Stand 1982

Fachzeitschriften

Das Deutsche Malerblatt, Stuttgart
Das Maler- und Lackiererhandwerk, Bochum
Die Mappe, München

Fachbücher

A. Bungardt, Fachkunde für Raumausstatter, Band 3: Das Verarbeiten von Bodenbelägen (5. Aufl., Stuttgart 1981)
K. F. Ehlers, Siebdruck (2. Aufl., München 1972)
W. Hart, Handbuch der Verlegetechnik (3. Aufl., Stuttgart 1969)
G. Hebing, Vergolden und Bronzieren (9. Aufl., München 1974)
E. Jakubowski, Malerfachrechnen (Stuttgart 1983)
E. Jakubowski, Tapezieren heute, Band 1 und Band 2 (2. Aufl., Stuttgart 1979)
Lexikon der Anstrichtechnik, Band 1: Grundlagen (6. Aufl., München 1981), Band 2: Praktische Anwendungen (München 1983)
L. Schleifer, Techniken des Malers, Band 1 und Band 2 (3. Aufl., Ulm 1981)
H. Wulff, Große Farbwarenkunde (8. Aufl., Köln 1974)

Bildquellenverzeichnis

Arbeitsgemeinschaft Holz e.V., Düsseldorf: Bild **10**.1 bis **10**.7, **13**.3

Atlas Copco Deutschland GmbH, Essen: Bild **7**.16 bis **7**.20, **11**.29 bis **11**.39

Bärschneider, Aschaffenburg: Bild **15**.18

BASF Farben + Fasern AG, Unternehmensber. K + E Druckfarben, Stuttgart: Bild **4**.17 bis **4**.23

Bayer AG Farbenfabriken, Leverkusen: Bild **10**.19

Beiersdorf AG, Hamburg: Bild **11**.25, **12**.7, **12**.11

Berufsgenossenschaft Bau, Frankfurt: Bild **7**.31, **7**.32, **7**.34

Bleiweiß-Verband, Köln: Bild **11**.13

Brander-Wettbewerb 1969, Bochum-Gerthe: Bild **14**.16, **14**.17

Broscio & Co, Hamburg: Bild **7**.11

Alfred Bungardt, Frankfurt: Bild **12**.15

Caparol-Werke, Ober-Ramstadt: Bild **4**.12, **9**.42, **9**.44a bis f, **15**.6, **15**.42

Comet-Pinselfabrik H. L. Sterkel GmbH, Ravensburg: Bild **7**.2, **7**.4, **7**.10

Conze & Schmid KG, Velbert: Bild **15**.55

Das Deutsche Malerblatt, Stuttgart: Bild **4**.5 bis **4**.7, **4**.13, **4**.14, **5**.5, **5**.7

Desowag-Bayer Holzschutz GmbH, Düsseldorf: Bild **10**.14 bis **10**.16, **10**.33

Deutsche Tapetenwerbung, Frankfurt: Bild **4**.28, **4**.29, **4**.31 bis **4**.33

Die Mappe, München: Bild **5**.14, **7**.3, **11**.47, **15**.54

DLW Aktiengesellschaft, Bietigheim: Bild **15**.64, **15**.70

Dyckerhoff Zementwerke AG, Wiesbaden: Bild **9**.12

3M Deutschland GmbH, Düsseldorf: Bild **7**.22a bis f, **11**.19

EMM-Siebdruck-Maschinenfabrik, Nordheim: Bild **13**.25, **13**.26, **13**.28 bis **13**.31

Friedrich Erfurt & Sohn, Wuppertal: Bild **15**.5, **15**.9, **15**.33, **15**.40

Erichsen GmbH & Co, Hemer-Sundwig: Bild **10**.34

Festo Maschinenfabrik, Esslingen: Bild **7**.23a bis c, **11**.19

Filzfabrik Fulda GmbH, Fulda: Bild **15**.58

Flux-Geräte GmbH, Stuttgart: Bild **10**.43

Ford-Werke, Köln: Bild **11**.44

Wilhelm Frank GmbH, Leinfelden-Echterdingen (Roto-Fachschriftenreihe, W. Nutsch: Holzwerkstoffe I u. II): Bild **10**.22 bis **10**.26

Glasurit-Werke GmbH, Hiltrup: Bild **12**.3

Karl Gröner Verlag, Ulm/Söflingen: Bild **13**.20, **13**.22 bis **13**.24, **13**.35

L. Hasenbach, Camberg: Bild **7**.29, **7**.30

Henkel KGaA, Düsseldorf: Bild **8**.57, **12**.8, **15**.10, **15**.23, **15**.24, **15**.26, **15**.35 bis **15**.38

Herbol-Werke AG, Köln: Bild **4**.37, **13**.14

A. Hickethier, Ein-mal-eins der Farbe (Otto Maier Verlag Ravensburg): Bild **4**.16

E. Hohenhövel, Wolfsburg: Bild **15**.27

Hostmann-Steinberg, Druckfarbenfabrik, Celle: Bild **4**.10, **4**.11

Chr. Huss, Stuttgart: Bild **15**.14

Ibegla Glasverkauf GmbH, Köln: Bild **13**.12

Wolfgang Imhof, Fulda: Bild **7**.12 und zahlreiche Zeichnungen

Institut für Anstrichstoffe, Stuttgart: Bild **9**.6a und b, **9**.17

Industrieverband Polyurethan-Hartschaum e.V., Stuttgart: Bild **13**.15, **13**.18

Ispo-Werke, Kriftel/Ts.: Bild **13**.19

Alexander Koch GmbH, Stuttgart: Bild **15**.20, **15**.32

Korbach Werkzeug Co, Mettmann: Bild **15**.11, **15**.13, **15**.66, **15**.67

Leinen-Studio, Düsseldorf: Bild **15**.56, **15**.59a bis d

Fa. Leister, Kägiswil/Schweiz: Bild **7**.27, **15**.72

Lithopone-Kontor GmbH, Köln: Bild **8**.4, **8**.48

Lohwald-Werke, Augsburg: Bild **2**.10, **8**.38

Mannesmann Leichtbau GmbH, München: Bild **7**.33

Marburger Tapetenfabrik, Kirchhain: Bild **15**.2 bis **15**.4, **15**.7, **15**.29

Martor Argentax, Solingen: Bild **15**.17, **15**.30

MHZ Hachtel & Co, Stuttgart: Bild **15**.57

Mipolam-Vertrieb, Wahn-Porz: Bild **15**.74

nmc-Industrie-Vertrieb, Viernheim: Bild **15**.8

Pegulan AG, Frankenthal: Bild **4**.34, **15**.75

Jürgen Reith, Fulda: Bild **11**.4

Rheinische Tapetenfabrik, Bonn: Bild **15**.41

Rheinhold & Mahla VKI, Mannheim: Bild **15**.52

Rigips-Vertriebs GmbH, Bodenwerder: Bild **12**.12 bis **12**.14

Sanitaria GmbH, Ludwigshafen: Bild **7**.17

Schuller-Kopplin GmbH, Lübeck: Bild **9**.35 bis **9**.37

Sikkens GmbH, Garbsen: Bild **7**.28

Spies-Foto, Mannheim: Bild **15**.50

Technisches Merkblatt Malerhandwerk: Bild **9**.11

Teroson GmbH, Heidelberg: Bild **8**.44, **8**.45, **11**.26, **11**.28, **13**.2 bis **13**.9, **13**.13

Vereta Tapetenfabrik, Einbeck: Bild **15**.25

Verlag Georg D.W. Callwey, München: Bild **7**.6, **10**.9

Verlag Mensch und Arbeit, München (O. Werkmeister: Die Axt im Haus): Bild **4**.9, **4**.10

Erich Weigl, Ober-Mörlen: Bild **4**.27, **4**.30, **4**.35, **4**.36, **14**.1 bis **14**.13 und zahlreiche Zeichnungen

Verfasser: Bild **4**.4, **5**.15, **5**.16, alle Schriftbeispiele

Sachwortverzeichnis

(f. bzw. ff. auch folgende Seite bzw. Seiten)